RaumFragen: Stadt – Region – Landschaft

Reihe herausgegeben von

Olaf Kühne, Tübingen, Deutschland

Sebastian Kinder, Tübingen, Deutschland

Olaf Schnur, Berlin, Deutschland

RaumFragen: Stadt – Region – Landschaft | SpaceAffairs: City – Region – Landscape

Im Zuge des „spatial turns" der Sozial- und Geisteswissenschaften hat sich die Zahl der wissenschaftlichen Forschungen in diesem Bereich deutlich erhöht. Mit der Reihe „RaumFragen: Stadt – Region – Landschaft" wird Wissenschaftlerinnen und Wissenschaftlern ein Forum angeboten, innovative Ansätze der Anthropogeographie und sozialwissenschaftlichen Raumforschung zu präsentieren. Die Reihe orientiert sich an grundsätzlichen Fragen des gesellschaftlichen Raumverständnisses. Dabei ist es das Ziel, unterschiedliche Theorieansätze der anthropogeographischen und sozialwissenschaftlichen Stadt- und Regionalforschung zu integrieren. Räumliche Bezüge sollen dabei insbesondere auf mikro- und mesoskaliger Ebene liegen. Die Reihe umfasst theoretische sowie theoriegeleitete empirische Arbeiten. Dazu gehören Monographien und Sammelbände, aber auch Einführungen in Teilaspekte der stadt- und regionalbezogenen geographischen und sozialwissenschaftlichen Forschung. Ergänzend werden auch Tagungsbände und Qualifikationsarbeiten (Dissertationen, Habilitationsschriften) publiziert.

Herausgegeben von
Prof. Dr. Dr. Olaf Kühne, Universität Tübingen
Prof. Dr. Sebastian Kinder, Universität Tübingen
PD Dr. Olaf Schnur, Berlin

In the course of the "spatial turn" of the social sciences and humanities, the number of scientific researches in this field has increased significantly. With the series "RaumFragen: Stadt – Region – Landschaft" scientists are offered a forum to present innovative approaches in anthropogeography and social space research. The series focuses on fundamental questions of the social understanding of space. The aim is to integrate different theoretical approaches of anthropogeographical and social-scientific urban and regional research. Spatial references should be on a micro- and mesoscale level in particular. The series comprises theoretical and theory-based empirical work. These include monographs and anthologies, but also introductions to some aspects of urban and regional geographical and social science research. In addition, conference proceedings and qualification papers (dissertations, postdoctoral theses) are also published.

Edited by
Prof. Dr. Dr. Olaf Kühne, Universität Tübingen
Prof. Dr. Sebastian Kinder, Universität Tübingen
PD Dr. Olaf Schnur, Berlin

Sandra Sieber · Olaf Kühne · Jörg Dettmar ·
Ralf Vogler
(Hrsg.)

Landschaft und Naherholung

Bedeutung und Nutzung für den Tagestourismus und die Naherholung im Stadt–Land–Kontext

Springer VS

Hrsg.
Sandra Sieber
Fachgebiet Entwerfen und Freiraumplanung,
Fachbereich Architektur
Technische Universität Darmstadt
Darmstadt, Deutschland

Olaf Kühne
Forschungsbereich Geographie/Institut für
Politikwissenschaft
Universität Tübingen
Tübingen, Deutschland

Jörg Dettmar
Fachgebiet Entwerfen und Freiraumplanung,
Fachbereich Architektur
Technische Universität Darmstadt
Darmstadt, Deutschland

Ralf Vogler
Fakultät International Business Institute
of Tourism, Travel & Hospitality (ITTH)
Hochschule Heilbronn
Heilbronn, Deutschland

ISSN 2625-6991 ISSN 2625-7009 (electronic)
RaumFragen: Stadt – Region – Landschaft
ISBN 978-3-658-45409-8 ISBN 978-3-658-45410-4 (eBook)
https://doi.org/10.1007/978-3-658-45410-4

Die Deutsche Nationalbibliothek verzeichnet diese Publikation in der Deutschen Nationalbibliografie; detaillierte bibliografische Daten sind im Internet über https://portal.dnb.de abrufbar.

Planung/Lektorat: Cori Antonia Mackrodt
Springer VS ist ein Imprint der eingetragenen Gesellschaft Springer Fachmedien Wiesbaden GmbH und ist ein Teil von Springer Nature.
Die Anschrift der Gesellschaft ist: Abraham-Lincoln-Str. 46, 65189 Wiesbaden, Germany

Inhalt

Teil IV

Teil V

Landschaft und Naherholung – Bedeutung und Nutzung für den Tagestourismus und die Naherholung im Stadt-Land-Kontext – eine Einführung

Sandra Sieber, Olaf Kühne, Jörg Dettmar & Ralf Vogler

Abstract

Im Kontext der Corona-Pandemie stiegen Naherholungsaktivitäten deutlich an. Angesichts steigender Raumüberwindungskosten ist damit zu rechnen, dass sich daraus ein Trend entwickelt. Naherholung ist von bestimmten landschaftlichen Voraussetzungen abhängig, sie produziert auch unintendierte Nebenfolgen. Was darunter verstanden wird und wie damit umgegangen wird, ist nicht zuletzt davon abhängig, von welcher theoretischen Grundposition auf die Herausforderungen geblickt wird.

Keywords

Landschaft, Naherholung, suburbaner Raum, Metropolregion, Erholung, Tourismus

Im Kontext der Corona-Pandemie ließ sich in Bezug auf Freizeitaktivitäten ein Bedeutungsgewinn des Nahraums feststellen, die ‚heimische alltägliche Landschaft' wurde verstärkt zur Ressource für die Erholung (unter vielen: Epple et al. 2023; Kent 2020; Venter et al. 2021). Inwiefern sich dieser Trend angesichts gestiegener Raumüberwindungskosten und Inflation infolge der Nachwirkungen der Pandemie sowie geopolitischer Entwicklung, wie dem Angriffskrieg Russlands gegen die Ukraine fortsetzen wird, bleibt abzuwarten. Nicht allein die eine (temporär?) höhere Nachfrage nach Naherholung lässt das Thema im Kontext von Landschaft als relevant erscheinen, sondern auch eine – im Vergleich zum Übernachtungstourismus – geringere Inanspruchnahmen von Ressourcen, wenngleich auch Naherholung Auswirkungen auf

S. Sieber et al. (Hrsg.), *Landschaft und Naherholung*, RaumFragen: Stadt – Region – Landschaft, https://doi.org/10.1007/978-3-658-45410-4_1

jene Räume hat, in denen sie stattfindet. Das sind Themen, mit denen wir uns in diesem Band befassen möchten.

Zwei Begriffe sind zentral in dem Titel unseres Buches. Landschaft und Naherholung. Auf beide sei kurz eingegangen. Beginnen wir mit dem ersten der beiden: Landschaft. Der Begriff der Landschaft weißt einen ‚großen semantischen Hof' (Hard 1969) auf, er ist mit vielen Assoziationen verbunden und stark kontextualisiert, diese Kontextualisierung betrifft eine unterschiedliche Verwendung in verschiedenen Sprachen, bis hin zu einer nicht erfolgten Ausprägung der ‚Syntheseanleitung' Landschaft (etwa Bruns und Kühne 2015; Bruns und Münderlein 2024; Bruns und Paech 2015; Drexler 2013). Dies betrifft auch unterschiedliche Zugänge zu dem, was ‚Landschaft' genannt wird, eine heimische Landschaft wird anders bewertet und mit Emotionen begegnet als eine Landschaft, der im Modus des Commonsenses begegnet wird, also den allgemein in einer Gesellschaft verfügbaren Deutungen, Kategorisierungen und Wertung – in diesem Falle zu Landschaft. Dies betrifft auch unterschiedliche wissenschaftliche Zugriffe auf Landschaft. Diese folgen zum einen fachlichen Spezifika (und Interessen), zum anderen aber auch bestimmten theoretischen Grundausrichtungen und Forschungsprogrammen (Lakatos und Musgrave 1974). In Bezug auf Landschaft wurden vier grundlegende theoretische Positionen etabliert (ausführlich dazu: D'Angelo 2021; Kühne 2019, 2024; Winchester et al. 2003; Wylie 2007):

1) Die essentialistische Position ist bemüht, das ‚wahre Wesen' der Landschaft (im Singular!) zu ergründen. Ist dieses gefunden, gilt es, die essentiellen Eigenschaften gegen akzidentielle (also zufällig auftretende) Gegenstände zu schützen, was der essentialistischen Position eine starke Normativität verleiht (die sich planerisch nutzen lässt).
2) Positivistische Zugriffe sind versucht – dem modernen Wissenschaftsverständnis folgend – ‚Landschaft' als Objekt mittels messen, wiegen und zählen in Ebenen gegliedert empirisch abzubilden. Dies kann Grundlage einer Modellierung künftiger Zustände sein. Verbreitet ist dieses Verständnis in der naturwissenschaftlichen Landschaftsforschung.
3) Konstruktivistische Ansätze haben sich bis dato stark differenziert (etwa in einen sozialkonstruktivistischen, diskurstheoretischen, autopoietisch-systemtheoretischen Zugriff), gemeinsam ist ihnen indes, dass sie Landschaft nicht als materielles Objekt oder Ausdruck einer Wesenheit begreifen, sondern ein soziales Konstrukt, das im gesellschaftlichen Aushandlungsprozess hergestellt wird und dann in materielle Räume projiziert wird. Insbesondere in den Sozial- und Kulturwissenschaften ist dieses Verständnis verbreitet.
4) Nicht-repräsentationale Ansätze gliedern Landschaft nicht in die Ebene der Objekte und die der Konstruktion, sondern verstehen Landschaft als relationales, stets reversibles Gewebe aus materiellen, nicht-materiellen, lebenden, nicht-lebenden ‚Dingen' (wie etwa die Akteurs-Netzwerk-Theorie oder der Neopragmatismus.

Auch diese Deutung von Landschaft findet sich insbesondere in den Sozial- und Kulturwissenschaften.

Diese Gliederung dient der Erzeugung eines nützlichen Verständnisses bestimmter Perspektiven auf Landschaft, erhebt keinen Anspruch auf Vollständigkeit überzeitliche Gültigkeit oder (absolute) Trennschärfe. So bedient sich die kritische Landschaftsforschung aller dieser Grundpositionen, der Neopragmatismus, wenn er als Meta-Theorie interpretiert wird, nutzt theoretische Perspektiven – in Kombination – als Werkzeuge zum Verständnis komplexer Fragestellungen, hier zum Thema Landschaft, unter Ausschluss des Essentialismus, da dieser Kontingenz ablehnt und Kontingenz der zentrale Bezugspunkt des Neopragmatismus ist (Kühne et al. 2024). Auch wenn die oben skizzierten grundlegenden theoretischen Positionen zum Thema Landschaft in der dargestellten Reihenfolge entwickelt wurden, bedeutete dies nicht, dass die vorgelagerten Verständnisse im Sinne eines ‚Paradigmenwechsels' (Kuhn 1970) abgelöst worden wären, sie unterliegen in unterschiedlichen wissenschaftlichen (und planungspraktischen) Kontexten einer Aktualisierung. Dabei vollziehen Wissenschaft treibende Personen durchaus prägnante Wechsel in ihrer theoretischen Grundausrichtung, so vertrat Georg Simmel in seinem Text ‚Florenz' von 1908 ein deutlich essentialistisch geprägtes Landschaftsverständnis (Simmel 2019a), während seine fünf Jahre später erschienene ‚Philosophie der Landschaft' (Simmel 2019b) als ein Klassiker der konstruktivistischen Perspektive auf Landschaft gilt (Kühne und Edler 2022).

Daraus wird die zeitliche Gebundenheit dessen, was wie als ‚Landschaft' gelten kann und was nicht. Dies bezieht sich nicht allein auf theoretische Zugänge, sondern auch auf diejenigen Objekte, die einer Synthese als ‚Landschaft' unterliegen sollen und welche nicht. Zwischen den konkurrierenden Positionen sind durchaus erbitterte Auseinandersetzungen zu finden, die sich für Außenstehende nicht immer erschließen (Kühne und Fischer 2022), etwa um die Frage, ob suburbane Räume oder urbane Räume als ‚Landschaft' gelten können sollen oder nicht (dazu etwa: Hofmeister und Kühne 2016; Hokema 2013; Körner 2010; Prominski 2024). Vergleichbares gilt auch um die Diskussion um den ‚richtigen' theoretischen Zugriff auf Landschaft (wobei der Neopragmatismus als Meta-Theorie einen Vorschlag zur Theorienkomplementarität unterbreitet).

Was deutlich wird: ‚Landschaft' unterliegt (mindestens) einem dreifachen Wandel, dem der sozialen Deutungen, Wertungen und Kategorisierungen (worunter auch wissenschaftliche Zugriffe fallen), auch individuelle Vorstellungen von Landschaft wandeln sich, durch Sozialisation unterschiedlicher Landschaftsverständnisse oder die Erfahrung unterschiedlicher als Landschaft gedeuteter materieller Räume (wie auch die Auseinandersetzung mit beidem). Aber auch die materiellen Grundlagen der Synthese zu ‚Landschaft' unterliegen einem Wandel. Da dieser ‚dreifache Landschaftswandel' (Kühne und Jenal 2020) in der Regel durchaus zeitversetzt abläuft, ergeben sich Widersprüche und Konflikte. Was wiederum Bücher wie diesem Relevanz verleiht.

Ähnlich wie mit dem Begriff der Landschaft verhält es sich mit dem Begriff der ‚Naherholung'. Auch dieser kann nicht eindeutig definiert werden. Dies liegt jeweils an den beiden Begriffskomponenten. ‚Nah' indiziert eine gewisse aber dennoch nicht allzu große Distanz zwischen dem Subjekt und dem Objekt der Naherholung. Diese Distanzdefinition gestaltet sich umso schwieriger, beim Versuch Naherholung von Tagestourismus abzugrenzen. Eine exakte Grenzziehung ist hier aufgrund der Erlebenskomponente des Subjektes schwerlich möglich (Epple und Reif 2025). Doch auch die andere Begriffskomponente ‚Erholung' ist schwerlich zu fassen. Ihre Bedeutung ist je nach disziplinärem Zugang gänzlich unterschiedlich (Hall und Page 2014) und darüber hinaus in der Praxis hochgradig individualisiert (Colton 1987).

Der Sammelband ist entstanden im Rahmen des Verbundprojekts NaTourHuKi (Nachhaltiges Tourismuskonzept für Hanau und den westlichen Teil des Main-Kinzig-Kreises im Kontext des Regionalparks RheinMain, gefördert vom Bundesministerium für Bildung und Forschung (BMBF) im Rahmen der BMBF-Fördermaßnahme „Stadt-Land-Plus" (Februar 2020 bis Januar 2025)), dessen Untersuchungsraum das hessische Kinzigtal ist. Er baut auf dem Symposium „Von der Erwartung zur Erzählung – Landschaft, Erholung und Tourismus" vom Dezember 2022 auf (siehe Sieber et al. 2025). Ein Teil der Beiträge hat daher einen räumlichen Bezug zum hessischen Kinzigtal. Dieses steht stellvertretend für die hybriden Räume der Metropolregionen und die divergierenden Ansprüche, die an sie gestellt werden. Die behandelten Themen und Fragestellungen finden sich daher in vielen Ballungsräumen. Erholung, Naherholung, Tourismus und Tagestourismus können offensichtlich sehr unterschiedlich definiert werden und entsprechend auch sehr vielgestaltige Ausformungen haben. In diesem Buch geht es vor allem um Erholung und Tagestourismus in unbesiedelten Teilen der Landschaft oder grünbestimmten städtischen Freiräumen. Auch hier kann man viel Energie aufwenden für typologische Differenzierungen und Begriffsklärungen.

Unbestritten ist, dass insbesondere in Großstädten und städtischen Verdichtungsräumen der Bedarf nach geeigneten Räumen oder Flächen hoch ist. Gründe dafür liegen in dem Bevölkerungswachstum, einer zunehmenden Verdichtung der Städte aber auch in der offensichtlich nach wie vor großen Sehnsucht nach ‚Natur' bzw. Erholung in der ‚Natur' (siehe Münderlein 2025; Hartmanshenn 2025; Sieber et al. 2025). Gerade die Corona Pandemie hat vielen Stadtbewohner:innen sehr eindringlich deutlich gemacht, welche Bedeutung entsprechende Flächen und Zugangsmöglichkeiten für die Lebensqualität und Krisenbewältigung haben (siehe Langenbrinck und Schmidt 2022).

Grundsätzlich soll die Erholungsvorsorge in Deutschland eigentlich in der Regional-, Bauleit- oder Landschaftsplanung berücksichtigt werden. Die kommunale Bauleitplanung schafft naturgemäß keine regionalen Erholungskonzepte, die Regionalplanung ist in ihren Festlegungen wiederrum wenig konkret und die Landschaftsplanung liegt in weiten Teilen Deutschlands oder nur in veralteten Fassungen vor (siehe Heiland 2019)

In den klassischen Erholungsgebieten, wie den Naturparks oder etablierten Tourismusregionen, gibt es planerische Konzepte zur Entwicklung. Auch Nationalparks oder Biosphärenreservate haben entsprechende Planungen, meist auch zur Besuchslenkung (Forst et al. 2019).

Erholungsvorsorgeplanung ist außerhalb von etablierten ‚Tourismus-Destinationen' oft nur ein Stückwerk. Auch in der Metropolregion FrankfurtRheinMain ist dies der Fall. Es gibt zwar den regionalen Flächennutzungsplan und daran gekoppelt einen regionalen Landschaftsplan, der aktuell vom Regionalverband FrankfurtRheinMain neu erarbeitet wird, der aber entsprechend der Gebietskulisse des Verbandes den Ballungsraum, aber nicht angrenzende periphere Räume abdeckt (siehe auch Abb. 3 in Sieber et al. 2025). Für den Betrachtungsraum des Forschungsprojektes NaTourHuKi im Main-Kinzig-Kreises bedeutet dies, dass der westliche Teil des Kinzigtals durch den Regionalverband FrankfurtRheinMain mit einem Landschaftsplan perspektivisch Vorgaben für die Erholungsvorsorge bekommt, der östliche Teil aber keine entsprechenden Konzepte haben wird (siehe Regionalverband FrankfurtRheinMain 2023).

Die Überlagerung von Naherholung und Tagestourismus in den Stadtlandschaften der Ballungsräume und angrenzender Landschaften ist angesichts eines sich stetig ändernden Freizeitverhaltens hoch und nimmt u. a. durch z. B. Elektro-Fahrräder weiter zu. Diese ermöglichen es nun auch weniger trainierten Menschen weitaus größere Entfernungen per Rad zurückzulegen. Besonders die Corona-Pandemie hat offensichtlich als eine Art Beschleuniger für das Wachstum des Radverkehrs gewirkt (siehe Sunder et al. 2021).

Trotzdem haben bislang Naherholung und Tagestourismus in der Landschaft keine wirkmächtige koordinierte Lobby wie z. B. der Naturschutz. Es gibt nur sektorale Interessenvertretungen für konkrete Aktivitäten z. B. für das Radfahren oder Wandern. Auch der Tagestourismus führt im Tourismus – trotz erheblicher Zuwachsraten – immer noch ein Schattendasein (siehe Epple und Reif 2025).

Zunehmende Zahlen an Erholungssuchenden bedeuten – wie eingangs erwähnt – aber auch eine Zunahme von Flächennutzungskonflikten in der Landschaft. Erholungsnutzung kollidiert z. B. im hessischen Kinzigtal mit Naturschutzzielen, der landwirtschaftlichen oder der forstlichen Nutzung. Und auch unterschiedliche Formen der Mobilität kollidieren schon länger miteinander z. B. sportliches Radfahren und das Spazierengehen (siehe Bösel 1997).

Im Sinne einer nachhaltigen Entwicklung geht es gerade in Metropolregionen bzw. Ballungsräumen darum, Lösungsansätze zu suchen, die einen gesellschaftlichen Mehrwert bieten und Perspektiven für Landschaften unter Berücksichtigung der natürlichen Ressourcen aufzeigen. Dazu sind wissenschaftliche Klärungen von Begrifflichkeiten, die Überprüfung klassischer Planungskonzepte und -instrumente und rechtliche Rahmenbedingungen sinnvoll.

Mit solchen Ansätzen kann ein Beitrag dazu geleistet werden, den eingangs erwähnten (möglicherweise nicht nur temporären) Bedeutungsgewinn der Naherholung so zu gestalten, dass die daraus erwachsenden Konflikte einer Regelung zugeführt werden. Der Sammelband beleuchtet, die Rolle von Freiräumen und ‚Landschaften' für den (Tages-)Tourismus und die Naherholung aus einer interdisziplinären Perspektive. Dies umfasst sowohl wissenschaftliche Beiträge als auch Berichte aus der Planung und der kommunalen Praxis. In den Beiträgen werden Unterschiede und Gemeinsamkeiten zwischen Naherholung und Tagestourismus aus Sicht der Tourismuswissenschaft, der Regional-, Stadt- und Landschaftsplanung analysiert. Es wird eingegangen auf Elemente der Infrastruktur und deren Bedeutung bei Besuchslenkung und nachhaltig ausgerichteter Naherholung; auf Aspekte der Bildung für nachhaltige Entwicklung (BNE) und Naturerfahrung in urbanen Kontext; auf Narrative, Wertungen und Bewertbarkeit von Landschaften der Metropolregion; sowie auf Nutzungskonflikte und mögliche Lösungsstrategien. Betrachtet werden vor allem Landschaften in Ballungsräumen und deren Übergänge in den ländlichen Raum.

Der **erste Teil** vereint Beiträge, die sich näher mit dem hessischen Kinzigtal beschäftigen. Sieber et al. (2025) legen dar, wie das Forschungsprojekt NaTourHuki versucht, mit dem Fokus auf Naherholung und Tagestourismus im hessischen Kinzigtal Anstöße für eine nachhaltige Entwicklung zu geben. Der transdisziplinäre Ansatz versucht Lösungsansätze für Flächennutzungskonflikte und Chancen einer regionalen Erholungskonzeption aufzuzeigen.

In dem Beitrag von Dettmar (2025) wird die Geschichte der Kulturlandschaft des Kinzigtals seit der Römerzeit analysiert. Schon im Mittelalter haben massive Eingriffe des Menschen die natürlichen Gegebenheiten der Kinzigaue grundlegend verändert. In dem Beitrag wird deutlich, warum bestimmte Entwicklungen stattfanden und wie dies die Wahrnehmung des Raumes in der ansässigen Bevölkerung bis heute bestimmt. So sieht der Autor eine Verbindung zwischen der mittelalterlichen Handelsstraße „Via Regia" und dem reibungslosen Bau einer Autobahn in den 1980er und 90er Jahren mitten durch die Kinzigaue. Auch die politische Zersplitterung bis in das 20 Jh. hat Spuren hinterlassen. Dies zeigt sich darin, dass die Bedeutung des Kinzigtals als regionaler Identitätsfaktor nur eine geringe Rolle spielt.

Reusch et al. (2025) beschäftigen sich in ihrem Beitrag mit Narrativen der Naherholung im Kinzigtal. Mittels Interviews versuchen die Autorinnen herauszufinden was Einheimische und Ortsfremde über das Auental ‚erzählen'. Als Einheimische wurden Beschäftige kommunaler Verwaltungen ausgewählt. Diese Gruppe beschreibt das Kinzigtal als für die Naherholung attraktiven Landschaftsraum, bestehende Lärm- und Umweltbelastungen durch die Verkehrsinfrastruktur spielen keine Rolle. Demgegenüber sind diese Belastungen im Kinzigtal für die interviewten ortsfremden Studierenden der TU Darmstadt ein wesentliches charakteristisches Element dieser trotzdem als interessant wahrgenommen Landschaft.

Sieber (2025a) zeigt im folgenden Beitrag einen Versuch auf, der Atmosphäre des Kinzigtals näher zu kommen. Diese experimentelle Form der Landschaftserfassung nutzt einen multisensualen Ansatz aus der Stadtgeographie. So lässt sich eine rein visuelle Erfassung des Landschaftsbildes ergänzen, was gerade in Stadtlandschaften bzw. in durch Infrastrukturen gekennzeichneten Räumen interessant ist. Denn gerade diese Räume können in klassischen Verfahren der Landschaftsbildbewertung immer nur als ‚Mängellandschaften' erfasst werden.

In einem weiteren Artikel beschäftigt sich Sieber (2025b) mit Aspekten der räumlichen Gerechtigkeit im Stadt-Land Ausgleich am Beispiel des Kinzigtals. Hier ist die massive Verkehrsinfrastruktur, insbesondere die A66, einerseits wichtiges Element der ökonomischen Prosperität durch die Anbindung des Kinzigtals an das Rhein-Main-Gebiet, andererseits aber auch Ursache massiver Umweltbelastungen vor allem durch Lärm. Daran hat auch der Freizeitverkehr einen gewichtigen Anteil. Dies ist besonders relevant für Naherholung- und Tagestourismus in dem Raum. Eine nachhaltige Strategie muss dieses Spannungsfeld von nicht nachhaltigem Profit und vermeintlich von Verzicht gekennzeichneter Nachhaltigkeit zur Kenntnis nehmen, auch wenn es nur bedingt Lösungen bieten kann.

Im **zweiten Teil** geht es um Ansätze und Bausteine der Naherholung in ‚Stadtlandschaften'. Hartmanshenn (2025) skizziert für Frankfurt am Main die Nutzung der grünen Infrastruktur von der Innenstadt über den Grüngürtel bis in angrenzende Regionen im Wechselspiel von Naherholung und Tagestourismus. Die Anforderungen wachsen durch zunehmenden Erholungsdruck, bei teilweise mangelnder Sensibilität der Erholungssuchenden gegenüber diesen Landschaften. Dazu kommen weitere Anforderungen, die diese Grünräume etwa für Klimaanpassung oder Biodiversität erbringen sollen.

Der Beitrag von Schultz und v. Detten (2025) beschäftigt sich mit Wegekonzepten für Erholungslandschaften am Stadtrand als strategische Bausteine für deren integrierte nachhaltige Entwicklung. Im Kontext landschaftsbezogener Wege- und Erholungskonzepte, an den Beispielen in München, Freiburg im Breisgau und Osnabrück, wird ein Ansatz aufgezeigt, der gezielt an wahrnehmungsleitenden Strukturen anknüpft, um die intuitive Navigation der Erholungsuchenden zu unterstützen. Dabei wird der Zusammenhang von Wegen und Orientierung, Stadtrand und Resilienz sowohl aus wissenschaftlicher wie aus planungspraktischer Perspektive analysiert. Eine wichtige Erkenntnis ist, dass die noch übliche Einteilung in Alltags- und Freizeitmobilität vor dem Hintergrund des Mobilitätswandels nicht mehr zielführend ist. Es wird deutlich, dass gerade in städtischen Verdichtungsräumen ‚Freizeitlandschaften' und ‚Alltagslandschaften' nicht getrennt voneinander gedacht werden sollten (vgl. auch Stolte 2025).

Behre und Stemmer (2025) untersuchen in ihrem Beitrag wie das Instrument ‚Grüne Infrastruktur' (GI) in der Erholungsplanung im ländlichen Raum eingesetzt werden kann. Grundlage ist eine Analyse der Erholungsfunktion im Kreis Lippe mit der

Herausarbeitung prioritärer Räume mit besonderer Bedeutung für die Erholung. Bei der Entwicklung und Sicherung der grünen Infrastruktur spielen die Ökosystemleistungen eine zentrale Rolle. Basierend auf den Ergebnissen eines Forschungsvorhabens wird gezeigt wie die Naherholungsfunktion durch das Instrument GI gestärkt werden kann. Neben den oft in GI-Konzepten prioritär gesehenen Regulierungs- und Unterstützungsfunktionen für Ökosysteme, spielen im Rahmen der Erholungsplanung die Sicherung und Entwicklung der bislang weniger beachteten (sozio-)kulturellen Ökosystemleistungen eine wichtige Rolle. So wird nach Einschätzung von Behre und Stemmer in einer darauf aufbauenden Erholungsplanung, die Multifunktionalität von Räumen mit besonderer Eignung für die Erholung durch die Berücksichtigung eines breiten Spektrums unterschiedlicher Ökosystemleistungen möglich.

Schemel (2025) beschäftigt sich in seinem Beitrag mit einem ganz besonderen Naherholungsraum in Städten, der für Kinder von hoher Bedeutung ist. Städtische Naturerfahrungsräume bieten Kindern eine nachhaltige Naherholungsmöglichkeit. Für den dringend benötigten ‚Naturkontakt' in den Städten braucht es eine extensiv gestaltete, ‚inszenierte' und belastbare ‚Wildnis' in denen Kinder diese Lebensräume und sich selbst im Umgang mit Pflanzen und Tieren erleben können. Entsprechende Flächen können als städtische Grünfläche ausgewiesen werden und haben eine rechtliche Verankerung im Bau- wie im Naturschutzrecht. Der Autor beschreibt die wissenschaftlich belegte positive Wirkung von Naturkontakt auf die Kindesentwicklung. Bei den Erfahrungsberichten aus fünf Beispielen in deutschen Städten wird deutlich, wie wichtig die Initiative von Bürger:innen bei der Entstehung von Naturerfahrungsräumen ist.

Im **dritten Teil** geht es um Tourismus und Tagestourismus, deren Unterschiede und Gemeinsamkeiten, bestimmte Formen von freizeitbezogener Mobilität und Nachhaltigkeitsansätze im Destinationsmanagement.

Epple und Reif (2025) beschäftigen sich mit der definitorischen Klärung der Kategorien Tourismus und Tagestourismus. Sie beschreiben auf der Basis einer interdisziplinären Literaturanalyse aus der Tourismuswissenschaft, der Geographie und der Raumplanung die vielfachen Überschneidungen der Begrifflichkeiten. Sie führen aus, dass es nicht zielführend ist, Tagestourismus als Sparte des Tourismus zu verstehen, sondern argumentieren für ein integratives Verständnis. Vorgeschlagen wird eine begriffliche Differenzierung von nicht-touristischen und touristischen Tagesreisen sowie der Naherholung. Als entscheidende Faktoren für die Unterscheidung werden drei konstitutive Elemente des Tourismus sowie das Verlassen oder Nichtverlassen des gewöhnlichen Wohnumfeldes empfohlen.

In dem Beitrag von Stolte (2025) geht es um das Radfahren als Element des Alltags- und Freizeitverkehrs. Im Zusammenhang mit Freizeitaktivitäten spielt die Fahrradnutzung, verstärkt durch die Pandemie, eine immer größere Rolle. Allerdings macht der Beitrag deutlich, dass bislang über die Radfahrenden wenig geforscht wurde und es hier erhebliche Datenlücken gibt. Das führt auch zu definitorischen Problemen bei einer typologischen Einordnung der Radfahraktivitäten. Die Autorin nutzt deshalb bestehende Radfahrtypologien, um erste Erkenntnisse über die Radfahrenden im Freizeit- und Ausflugsradverkehr zu gewinnen. Insgesamt lässt sich anhand der bisherigen Erkenntnisse feststellen, dass Radfahrende im Freizeit- und Ausflugsradverkehr in erster Linie aus sportlichen und gesundheitlichen Gründen unterwegs sind. Die Autorin legt einen Schwerpunkt auf die Frage, wie die Landschaft beim Radfahren wahrgenommen wird. Die Ergebnisse von Befragungen zeigen, dass die Landschaft als Ort zur Entspannung vom Alltag dient, um Neues zu entdecken und die Nähe zur ‚Natur' erleben zu können. Während der Alltagsradverkehr vor allem zum möglichst direkten Erreichen eines Ortes dient, werden im Freizeit- und Ausflugsradverkehr auch Umwege für ein landschaftliches Erlebnis in Kauf genommen.

Die Forderung nach mehr Nachhaltigkeit ist auch im Tourismus ein wichtiges Thema. Scherhag (2025) setzt sich in seinem Beitrag mit dem Thema des ‚nachhaltigen Destinationsmanagements' auseinander. Anspruch und Wirklichkeit klaffen hier nach seiner Einschätzung noch weit auseinander. Was für einzelne touristische ‚Points of Interest' noch erreichbar erscheint, wird auf der Ebene von regionalen Destinationen sehr komplex. Hier bedarf es einer zielgerichteten Kooperation vieler Akteure, um als nachhaltiges Reiseziel glaubhaft zu sein. Ein Destinationsmanagement könnte dies moderieren. Allerdings haben Destinationsmanagementorganisationen (DMO) bislang zu wenig Durchsetzungskompetenzen gegenüber Partikularinteressen von touristischen Betrieben oder anderen Stakeholdern. Verbindliche Vorgaben durch die Politik erscheinen dem Autor sinnvoll, da auch die verschiedenen Zertifizierungsmodelle dies nicht ausreichend regeln können. Außerdem wird in dem Beitrag deutlich, dass neben den ökologischen Komponenten der Nachhaltigkeit, die wirtschaftlichen und sozialen Dimensionen bislang zu wenig beachtet werden.

Nicht nur das Thema Nachhaltigkeit wird zur Vermarktung von touristischen Zielen benutzt, auch ‚Authentizität' hat als Vermarktungslabel große Präsenz. Kühne et al. (2025) befassen sich mit Authentizität von Landschaften als Element des Tourismus. Aus einer landschaftstheoretischen Perspektive analysieren die Autoren welche Bedeutung unterschiedliche Arten von Authentizität bei der Konstruktion von Landschaft haben. Im Tourismus sind authentizitätsbezogenen Konstruktionen weit verbreitet. Am Fallbeispiel Mallorca wird aufgezeigt, wie eine Vielzahl von ‚authentischen Landschaften' konstruiert werden kann. Mit dem im Beitrag verfolgten sozialkonstruktivem Ansatz, lässt sich dies deutlich herausarbeiten und er erscheint wesentlich zielführender als eine essentialistische Auffassung von Landschaft und Authentizität.

Der **vierte Teil** dreht sich um das Thema ‚Narrative' in Naherholung und Tourismus. Domsalla (2025) setzt sich in seinem Beitrag zunächst mit Definitionen, den kulturellen Schemata und der kulturellen Attraktivität von Narrativen auseinander. Narrative sind auch in der Wirtschaft und der politischen Propaganda seit langem gebräuchlich. Der Autor versucht am Beispiel des hessischen Kinzigtals (im Kontext des Projektes NaTourHuKi) aufzuzeigen, wie sich der Rückgriff auf bestimmte kulturelle Schemata von Landschaft für die Entwicklung der Landschaft mit stärkerer Ausrichtung auf Tagestourismus und Naherholung einsetzen lässt. Dies kann auch genutzt werden, um ein entsprechend konstruiertes Narrativ permanent zu aktualisieren. Narrative helfen nach Einschätzung des Autors, um kulturelle Prozesse zu verstehen und eigene Praktiken daran auszurichten.

Die Landschaftsplanung ist in Deutschland nicht nur ein Instrument der Umweltvorsorgeplanung sondern auch der Erholungsplanung. Münderlein (2025) analysiert in seinem Beitrag das etablierte Erholungsnarrativ in der Landschaftsplanung. Die Bedeutung von Landschaft als Erholungsressource wird wesentlich aus der positiven Wirkung auf Gesundheit und Wohlbefinden des Menschen hergeleitet. Der Autor legt dar, dass die Erholungsplanung in ihren Grundzügen auch heute noch auf einer starken Kontrastierung von städtischen und ländlichen Räumen beruht. Er stellt das planerische Erholungsnarrativ der Landschaft individuellen Motiven von Erholungssuchenden gegenüber. Als empirische Basis werden dafür Befragungen von Erholungssuchenden im Geo-Naturpark Bergstraße-Odenwald genutzt. Hier scheint sich zu bestätigen, dass die befragten Menschen tatsächlich das Narrativ idealtypischer Erholungslandschaft immer noch stark verinnerlicht haben. Neue Impulse zur Aktualisierung dieses immer wieder reproduzierten Narratives scheinen bislang nur wenig zu bewirken.

Im **fünften Teil** geht es um rechtliche Aspekte landschaftsbezogener Naherholung.

Konflikte zwischen Naturschutzzielen und Erholungsnutzung werden immer wieder thematisiert. In Vorranggebieten für den Naturschutz mit sensiblen Lebensräumen und bedrohten Arten wird die Erholungsnutzung oft eingeschränkt oder gelenkt. Dies ist z. B. auch ein zentrales Thema bei der Entwicklung eines nachhaltigen Ansatzes für den Tagestourismus und der Naherholung im hessischen Kinzigtal.

Der Beitrag von Mengel (2025) setzt sich mit den Zieldimensionen in Naturschutz und Landschaftspflege auseinander. Dies steht im Kontext mit den entsprechenden Bestimmungen im Bundesnaturschutzgesetz (§ 1). Die Bedeutung der Zieldimension ‚Erleben und Wahrnehmen von Natur und Landschaft' des Naturschutzgesetzes gerade im urbanen Umfeld wird ausgeführt. Danach ist eine Verengung des Naturschutzes auf den Artenschutz oder die Konstruktion normativer Maßstäbe aus ökologischen Faktoren nicht aus den gesetzlichen Festlegungen abzuleiten. Dies ist zwar heute noch oft in der Naturschutzpraxis der Fall, entspricht aber nicht mehr dem Stand des Fachdiskurses. Am Beispiel des Freiflächenentwicklungsplanes Frankfurt am Main verdeutlicht der Autor, dass sowohl im Hinblick auf die betrachteten Handlungsgegenstände als auch bezüglich der normativen Maßstäbe ein zeitgemäßes Verständnis des Aufgabenfeldes ‚Naturschutz und Landschaftspflege' ein breites Betrachtungs- und Bedeutungsspektrum erlaubt und sogar einfordert.

Schüle und Vogler (2025) beschäftigen sich in ihrem Beitrag aus einer anderen Perspektive ebenfalls mit dem Konflikt zwischen Erholung und Naturschutz. Sie beschreiben eine unübersichtliche Regelungsdichte zwischen der Bundes- und Länderebene. Als Problem wird ein eingeengtes juristisches Verständnis des Erholungsbegriffes in verschiedenen naturschutzrechtlichen Regelungen beschrieben. Aus Sicht von Schüle und Vogler ist eine juristische Definition von Erholung nicht notwendig, da entsprechende Regelungsziele auch ohne dies erreicht werden können.

Erholungsvorsorge/-planung im Kontext der Landschaftsplanung

Das Nachdenken über Naherholungsmöglichkeiten für die Bevölkerung von Großstädten beginnt Mitte des 19. Jh. als Konsequenz des massiven Stadtwachstums und der katastrophalen Zustände in vielen hochverdichteten Stadtquartieren. Die Grünflächenplanung wird Anfang des 20. Jh. vor allem aus sozialen und medizinischen Gründen zu einem integrierten Element der Stadtplanung in Deutschland (siehe Wagner 1915; Milchert 1980). Volksparke zur ‚Gesundung von Geist und Körper' entstehen im Kontext der bürgerlichen Reformbewegung in nahezu allen deutschen Großstädten (siehe Hennecke 2008). Auf der regionalen Ebene entwickelt man zu dieser Zeit erste raumplanerischen Konzepte regionaler Grünsysteme in Groß-Berlin und dem Ruhrgebiet (siehe Blotevogel und Schelhaas 2011). Vorrangig ging es dabei um raumordnerische Ansätze zur Begrenzung eines unkontrollierten Siedlungs- und Industriewachstums. Damit verbunden waren aber auch Überlegungen der Erholungsvorsorge für die Bevölkerung. Dies waren die Anfänge einer Erholungsplanung, die nach dem Zweiten Weltkrieg fortgesetzt wurde mit der Zielrichtung, Erholungsgebiete für die Erholungssuchenden aus den Großstädten und Ballungsräumen zu entwickeln (siehe Runge 1990).

Die Leitbilder der Erholungsvorsorge schafften Gegenwelten zu den technisierten Städten und idealisierten möglichst naturnahe ‚Landschaften' als Kontrast (siehe Buchwald 1956). „Dieser Argumentation folgend, beginnt die Landschaftsplanung die Erholungswirkung der gesunden Landschaft in großräumigen Schutzgebieten für größere Teile der Bevölkerung nutzbar zu machen. Die Naturparkentwicklung in Deutschland lässt sich planungsgeschichtlich in diesem Kontext einordnen, da sie in ihren Anfängen, ganz im Sinne von Naturschutzparks, auf Landschafts- und Naturschutz abzielte, um ab Mitte des 20. Jahrhunderts verstärkt Aufgabenfelder wie die Schaffung von Erholungsressourcen und nachhaltiger Regionalentwicklung zu verfolgen" (Münderlein 2025, S. 350 f.). Dabei kommt es allerdings bis heute durchaus auch zu Problemen zwischen klassischen Naturschutzzielen und der landschaftsbezogenen Erholungsvorsorge (siehe Mengel 2025; Schüle und Vogler 2025).

Bis in die Gegenwart wird in der Landschaftsplanung im Grundsatz das Narrativ der ‚gesunden Landschaft' versus der ‚gesundheitsschädlichen Stadt' benutzt. Als Erholungslandschaft ist geeignet, was nicht städtisch, industriell oder durch Infrastrukturen stark überformt ist. Die Vorstellung der idealisierten ‚natürlichen Landschaft' als Sehnsuchtsraum ist dabei immer noch bei vielen Menschen wirkmächtig (siehe Münderlein 2025).

Gleichzeitig sind die ‚Alltagslandschaften' gerade in den Ballungsräumen Lebens- und auch Erholungsort für viele Menschen. Hier entstehen durchaus neue Narrative für interessante Stadtlandschaften, die kulturelle Erlebnisdichte und spannungsvolle Kontraste im ständigen Wechselspiel von ‚Stadt und Natur' bieten. So ist es z. B. im Ruhrgebiet gelungen, mit der industriellen Kulturlandschaft ein neues Narrativ zu setzen (siehe Ganser 1999) und ‚Industrienatur' dabei als Baustein zu benutzen (siehe Dettmar und Ganser 1999). Auch im Rhein-Main-Gebiet arbeitet der Regionalpark RheinMain seit fast 30 Jahren am Erlebniswert der Stadtlandschaft (siehe Dettmar 2012 und Sieber et al. 2025). Auch in der Landschaftsplanung findet dies im Kontext der Erholungsvorsorgeplanung ihren Niederschlag (siehe Mengel 2025).

Literaturverzeichnis

Behre E. & Stemmer, B. (2025). Grüne Infrastruktur als Instrument der Erholungsplanung im regionalen und lokalen Maßstab. In S. Sieber, O. Kühne, J. Dettmar & R. Vogler (Hrsg.), *Landschaft und Naherholung – Bedeutung und Nutzung für den Tagestourismus und die Naherholung im Stadt-Land-Kontext.* (S. 201–224). Wiesbaden: Springer VS.

Grundriss der Raumordnung und Raumentwicklung. (2011). Hannover: Verl. der ARL.

Bösel, D. (1997). Konflikte zwischen Fußgängern und Radfahrern. *Verkehrszeichen,* 17–28. https://orlis.difu.de/handle/difu/59331.

Bruns, D. & Kühne, O. (2015). Zur kulturell differenzierten Konstruktion von Räumen und Landschaften als Herausforderungen für die räumliche Planung im Kontext von Globalisierung. In B. Nienaber & U. Roos (Hrsg.), *Internationalisierung der Gesellschaft und die Auswirkungen auf die Raumentwicklung. Beispiele aus Hessen, Rheinland-Pfalz und dem Saarland* (Arbeitsberichte der ARL, Bd. 13, S. 18–29). Hannover: Selbstverlag. https://shop.arl-net.de/media/direct/pdf/ab/ab_013/ab_013_02.pdf. Zugegriffen: 26. November 2018.

Bruns, D. & Münderlein, D. (2024). Interkulturelle Konstruktion. In O. Kühne, F. Weber, K. Berr & C. Jenal (Hrsg.), *Handbuch Landschaft* (2., überarbeitete und erweiterte Auflage, S. 609–616). Wiesbaden: Springer VS.

Bruns, D. & Paech, F. (2015). „Interkulturell_real" in der räumlichen Entwicklung. Beispiele studentischer Arbeiten zur Wertschätzung städtischer Freiräume in Kassel. In B. Nienaber & U. Roos (Hrsg.), *Internationalisierung der Gesellschaft und die Auswirkungen auf die Raumentwicklung. Beispiele aus Hessen, Rheinland-Pfalz und dem Saarland* (Arbeitsberichte der ARL, Bd. 13, S. 54–71). Hannover: Selbstverlag. https://shop.arl-net.de/media/direct/pdf/ab/ab_013/ab_013_05.pdf. Zugegriffen: 26. November 2018.

Buchwald, K. (1956). Gesundes Land – gesundes Volk. Ein Beitrag zum Gesundheits- und Erholungsproblem. In Baden-Württembergische Landesstelle für Naturschutz und Landschaftspflege (Hrsg.), *Landschaftsschutz und Erholung* (Bd. 24, S. 56–71).

Colton, C. W. (1987). Leisure, recreation, tourism: A symbolic interactionism view. *Annals of Tourism Research, 14*(3), 345–360.

D'Angelo, P. (2021). Il paesaggio. Teorie, storie, luoghi. Bari: GLF editori Laterza.

Dettmar, J. (Hrsg.). (1999). *IndustrieNatur – Ökologie und Gartenkunst im Emscher Park.* Stuttgart (Hohenheim): Ulmer.

Dettmar, J. (2025). Genese einer zeitgenössischen Kulturlandschaft – das hessische Kinzigtal. In S. Sieber, O. Kühne, J. Dettmar & R. Vogler (Hrsg.), *Landschaft und Naherholung – Bedeutung und Nutzung für den Tagestourismus und die Naherholung im Stadt-Land-Kontext.* (S. 49–92). Wiesbaden: Springer VS.

Dettmar, J. (2012). Weiterentwicklung des Regionalparks RheinMain. In J. Monstadt, T. Robischon & B. Schönig (Hrsg.), *Die diskutierte Region. Probleme und Planungsansätze der Metropolregion Rhein-Main* (Interdisziplinäre Stadtforschung, Bd. 14, 1. Aufl., S. 231–254). Frankfurt am Main: Campus Verlag.

Domsalla, M. (2025). Narrative als Werkzeug der Landschaftsgestaltung – eine Annäherung. In S. Sieber, O. Kühne, J. Dettmar & R. Vogler (Hrsg.), *Landschaft und Naherholung – Bedeutung und Nutzung für den Tagestourismus und die Naherholung im Stadt-Land-Kontext.* (S. 329–346). Wiesbaden: Springer VS.

Drexler, D. (2013). Die Wahrnehmung der Landschaft – ein Blick auf das englische, französische und ungarische Landschaftsverständnis. In D. Bruns & O. Kühne (Hrsg.), *Landschaften: Theorie, Praxis und internationale Bezüge. Impulse zum Landschaftsbegriff mit seinen ästhetischen, ökonomischen, sozialen und philosophischen Bezügen mit dem Ziel, die Verbindung von Theorie und Planungspraxis zu stärken* (S. 37–54). Schwerin: Oceano Verlag.

Epple, K. & Reif, J. (2025). Tagestourismus und Naherholung. Eine begriffliche Annäherung. In S. Sieber, O. Kühne, J. Dettmar & R. Vogler (Hrsg.), *Landschaft und Naherholung – Bedeutung und Nutzung für den Tagestourismus und die Naherholung im Stadt-Land-Kontext.* (S. 245–270). Wiesbaden: Springer VS.

Epple, K., Wittmann, C., Conradi, Y. M. & Bolik, I. (2023). Tagestourismus und Naherholung im Kinzigtal – Potentiale einer Alltagslandschaft. In O. Kühne, T. Freytag, T. Sedelmeier & C. Jenal (Hrsg.), *Landschaft und Tourismus* (RaumFragen, 597–612). Wiesbaden: Springer.

Forst, R., Porzelt, M. & Scherfose, V. (Hrsg.). (2019). *Konflikte durch Erholungsnutzung in Großschutzgebieten und deren Entschärfung durch innovatives Besuchermanagement. Internationale Naturschutzakademie Insel Vilm, 05. bis 08. September 2016* (BfN-Skripten, Bd. 520). Bonn: Bundesamt für Naturschutz.

Ganser, K. (1999). *Liebe auf den zweiten Blick. Internationale Bauausstellung Emscher Park.* Dortmund: Harenberg.

Hall, C. M., & Page, S. J. (2014). *The geography of tourism and recreation: Environment, place and space.* Routledge.

Hard, G. (1969). Das Wort Landschaft und sein semantischer Hof. Zu Methode und Ergebnis eines linguistischen Tests. Wirkendes Wort 19, 3–14.

Hartmanshenn, T. (2025). Bedeutung und Entwicklungsfähigkeit von StadtLandschaften für Naherholung (und Tagestourismus): der Frankfurter Grüngürtel. In S. Sieber, O. Kühne, J. Dettmar & R. Vogler (Hrsg.), *Landschaft und Naherholung – Bedeutung und Nutzung für den Tagestourismus und die Naherholung im Stadt-Land-Kontext.* (S. 153–175). Wiesbaden: Springer VS.

Heiland, S. Gegen Marginalisierung und Verstummen. Zur Zukunft der Landschaftsplanung unter sich verändernden gesellschaftlichen Rahmenbedingungen. *2019,* 145–153.

Hennecke, S. (2008). Der Volkspark für die Gesundung von Geist und Körper – Das ideologische Spannungsfeld einer bürgerlichen Reformbewegung zwischen Emanzipation und Disziplinierung des Volkes. In S. Schweizer (Hrsg.), *Gärten und Parks als Lebens- und Erlebnisraum. Funktions- und nutzungsgeschichtliche Aspekte der Gartenkunst in Früher Neuzeit und Moderne [Tagung im Juni 2007 auf Schloss Dyck]* (S. 151–165). Worms: Wernersche Verlagsgesellschaft mbH.

Hofmeister, S. & Kühne, O. (2016). StadtLandschaften: Die neue Hybridität von Stadt und Land. In S. Hofmeister & O. Kühne (Hrsg.), StadtLandschaften. Die neue Hybridität von Stadt und Land (S. 1–10). Wiesbaden: Springer VS.

Hokema, D. (2013). Landschaft im Wandel? Zeitgenössische Landschaftsbegriffe in Wissenschaft, Planung und Alltag. Wiesbaden: Springer VS.

Kent, A. J. (2020). Mapping and Counter-Mapping COVID-19: From Crisis to Cartocracy. *The Cartographic Journal* 57 (3), 187–195. https://doi.org/10.1080/00087041.2020.1855001

Körner, S. (2010). *Amerikanische Landschaften. J. B. Jackson in der deutschen Rezeption.* Stuttgart: Steiner.

Kuhn, T. S. (1970). The structure of scientific revolutions (2. Aufl., 2 Bände). Chicago: The University of Chicago Press. (Originalarbeit erschienen 1962).

Kühne, O. & Edler, D. (2022). Georg Simmel Goes Virtual: From ‚Philosophy of Landscape' to the Possibilities of Virtual Reality in Landscape Research. *Societies 12* (5), 122. https://doi.org/10.3390/soc12050122

Kühne, O. & Fischer, J. D. (2022). Pillepallescapes. Journeys to the edges of socially shared landscape constructions. Human Geographies 16 (2), 157–174. http://www.humangeographies.org.ro/volume-16-issue-2-2022/1623-abstract. Zugegriffen: 8. Dezember 2022.

Kühne, O. & Jenal, C. (2020). The Threefold ‚Landscape Dynamics' – Basic Considerations, Conflicts and Potentials of Virtual Landscape Research. In D. Edler, C. Jenal & O. Kühne (Hrsg.), *Modern Approaches to the Visualization of Landscapes* (S. 389–402). Wiesbaden: Springer VS.

Kühne, O. (2019). Landscape Theories. A Brief Introduction. Wiesbaden: Springer VS.

Kühne, O. (2024). *Redescribing Horizontal Geographies. A Neopragmatist Approach to Spatial Contingency, Complexity, and Relationships.* Cham: Springer.

Kühne, O., Berr, K. & Vogler, R. (2025). Landschaft als Authentizitätsenklave in der touristischen Inszenierung – von essentialistischen Abgründen zu sozialkonstruktivistischen Begründungen. In S. Sieber, O. Kühne, J. Dettmar & R. Vogler (Hrsg.), *Landschaft und Naherholung – Bedeutung und Nutzung für den Tagestourismus und die Naherholung im Stadt-Land-Kontext.* (S. 313–326). Wiesbaden: Springer VS.

Kühne, O., Koegst, L. & Berr, K. (2024). Oilscapes of Louisiana – Neopragmatic Reflections on the Ambivalent Aesthetics of Landscape Constructions. Wiesbaden: Springer Fachmedien.

Lakatos, I. & Musgrave, A. (Hrsg.) (1974). Kritik und Erkenntnisfortschritt (Abhandlungen des Internationalen Kolloquiums über die Philosophie der Wissenschaft, Bd. 4). Braunschweig: Vieweg.

Langenbrinck, G. & Schmidt, F. (Bundesministerium für Wohnen, Stadtentwicklung und Bauwesen, Hrsg.). (2022). Die Corona-Pandemie und Grün in der Stadt – Rückschlüsse durch Rezeptionen aus dem internationalen Raum. https://gruen-in-der-stadt.de/uploads/files/Kurzexpertise_CoronaundStadtgru%CC%88n_getaggt.pdf.

Mengel, A. (2025). Natürliches und kulturelles Erbe, Alltagserfahrung und Erholungsnutzung. Bedeutungszuordnungen von Landschaften und Freiräumen im urbanen Kontext. In S. Sieber, O. Kühne, J. Dettmar & R. Vogler (Hrsg.), *Landschaft und Naherholung – Bedeutung und Nutzung für den Tagestourismus und die Naherholung im Stadt-Land-Kontext.* (S. 375–395). Wiesbaden: Springer VS.

Milchert, J. 200 Jahre städtische Grünflächenpolitik. *Garten+Landschaft 1980* (9), 703–796.

Münderlein, D. (2025). Vom planerischen Erholungsnarrativ der Landschaft zu individuellen Erholungsmotiven. In S. Sieber, O. Kühne, J. Dettmar & R. Vogler (Hrsg.), *Landschaft und Naherholung – Bedeutung und Nutzung für den Tagestourismus und die Naherholung im Stadt-Land-Kontext.* (S. 347–372). Wiesbaden: Springer VS.

Prominski, M. (2024). Landschaft Drei. In O. Kühne, F. Weber, K. Berr & C. Jenal (Hrsg.), *Handbuch Landschaft* (2., überarbeitete und erweiterte Auflage, S. 1003–1010). Wiesbaden: Springer VS.

Regionalverband FrankfurtRheinMain. Schätze der Region. 44 Bedeutsame Landschaften im Ballungsraum Frankfurt/Rhein-Main. *2023*. https://www.region-frankfurt.de/index.php?object=tx,3255.5&ModID=7&FID=3255.1110.1.

Reusch, L., Conradi, Y. & Bolik, I. (2025). Erzählungen über das Kinzig-Auental. Potentiale ortsbezogener Narrative für eine landschaftsbezogene Erholung in der Metropolregion FrankfurtRheinMain. In S. Sieber, O. Kühne, J. Dettmar & R. Vogler (Hrsg.), *Landschaft und Naherholung – Bedeutung und Nutzung für den Tagestourismus und die Naherholung im Stadt-Land-Kontext.* (S. 93–110). Wiesbaden: Springer VS.

Runge, K. (1990). *Die Entwicklung der Landschaftsplanung in ihrer Konstitutionsphase 1935–1973* (Landschaftsentwicklung und Umweltforschung, Nr. 73). Berlin: TU, Univ.-Bibliothek, Abt. Publ.

Schemel, H.-J. (2025). Naturerfahrungsräume für Kinder – Spielen in städtischer Wildnis. In S. Sieber, O. Kühne, J. Dettmar & R. Vogler (Hrsg.), *Landschaft und Naherholung – Bedeutung und Nutzung für den Tagestourismus und die Naherholung im Stadt-Land-Kontext.* (S. 225–242). Wiesbaden: Springer VS.

Scherhag, K. (2025). Herausforderung Nachhaltiges Destinationsmanagement. In S. Sieber, O. Kühne, J. Dettmar & R. Vogler (Hrsg.), *Landschaft und Naherholung – Bedeutung und Nutzung für den Tagestourismus und die Naherholung im Stadt-Land-Kontext.* (S. 291–312). Wiesbaden: Springer VS.

Schüle, L. & Vogler, R. (2025). Rechtliche Rahmenbedingungen der landschaftsbezogenen Erholungsnutzung. Problemlagen und mögliche Lösungsansätze nicht nur aus juristischer Perspektive. In S. Sieber, O. Kühne, J. Dettmar & R. Vogler (Hrsg.), *Landschaft und Naherholung – Bedeutung und Nutzung für den Tagestourismus und die Naherholung im Stadt-Land-Kontext.* (S. 397–410). Wiesbaden: Springer VS.

Schultz, H. & v. Detten, B. (2025). Landschaftsbezogene Wegekonzepte. Zugänge zu Erholungslandschaften am Stadtrand. In S. Sieber, O. Kühne, J. Dettmar & R. Vogler (Hrsg.), *Landschaft und Naherholung – Bedeutung und Nutzung für den Tagestourismus und die Naherholung im Stadt-Land-Kontext.* (S. 177–200). Wiesbaden: Springer VS.

Sieber, S. (2025a). Erfassung des Alltäglichen. Zugänge der stadtgeographischen Atmosphären-Forschung als Basis einer experimentellen Landschaftsbewertung in der Metropolregion FrankfurtRheinMain. In S. Sieber, O. Kühne, J. Dettmar & R. Vogler (Hrsg.), *Landschaft und Naherholung – Bedeutung und Nutzung für den Tagestourismus und die Naherholung im Stadt-Land-Kontext.* (S. 111–130). Wiesbaden: Springer VS.

Sieber, S. (2025b). Läuft doch, oder? Regionale Gerechtigkeit und nachhaltige Entwicklung, ein Zielkonflikt? In S. Sieber, O. Kühne, J. Dettmar & R. Vogler (Hrsg.), *Landschaft und Naherholung – Bedeutung und Nutzung für den Tagestourismus und die Naherholung im Stadt-Land-Kontext.* (S. 131–150). Wiesbaden: Springer VS.

Sieber, S., Beil, M., Dettmar, J., Heidemann, K., Mosbacher, B., Schmidt, K., Schwemm, A., Siegl, C. & Wittmann, C. (2025). Zwischen Autobahn und Idylle. Naherholung und Tagestourismus als Bausteine der sozial-ökologischen Transformation in einer Metropolregion – das Verbundprojekt NaTourHuKi. In S. Sieber, O. Kühne, J. Dettmar & R. Vogler (Hrsg.), *Landschaft und Naherholung – Bedeutung und Nutzung für den Tagestourismus und die Naherholung im Stadt-Land-Kontext.* (S. 19–47). Wiesbaden: Springer VS.

Simmel, G. (2019a). Florenz. In A. Mahler (Hrsg.), *Philosophie der Landschaft. Ästhetik der Alpen, Rom, Florenz, Venedig* (3. Aufl., S. 68–74). Stühlingen an der Wutach: Mahler Verlag.

Simmel, G. (2019b). Philosophie der Landschaft. In A. Mahler (Hrsg.), *Philosophie der Landschaft. Ästhetik der Alpen, Rom, Florenz, Venedig* (3. Aufl., S. 7–23). Stühlingen an der Wutach: Mahler Verlag.

Stolte, D. (2025). Freizeit- und Ausflugsradverkehr. Eine Analyse von Typologien und ihrem Bezug zum Außenbereich. In S. Sieber, O. Kühne, J. Dettmar & R. Vogler (Hrsg.), *Landschaft und Naherholung – Bedeutung und Nutzung für den Tagestourismus und die Naherholung im Stadt-Land-Kontext.* (S. 271–290). Wiesbaden: Springer VS.

Sunder, M., Hagen, T. & Lerch, E. (2021). Mobilität während und nach der Corona-Krise. Erneute Analysen für Deutschland, Frankfurt. https://www.bmvi.de/SharedDocs/DE/Anlage/StV/fahrrad-monitor-deutschland-corona-befragung-2020.pdf?__blob=publicationFile. Zugegriffen: 26. April 2024.

Venter, Z.S., Barton, D.N., Gundersen, V., Figari, H. & Nowell, M.S. (2021). Back to nature: Norwegians sustain increased recreational use of urban green space months after the COVID-19 outbreak. Landscape and Urban Planning 214, 104175. https://www.sciencedirect.com/science/article/pii/S0169204621001389. Zugegriffen: 26. April 2024.

Wagner, M. (1915). *Das Sanitäre Grün der Städte. Ein Beitrag zur Freiflächentheorie.* Berlin.

Winchester, H.P.M., Kong, L. & Dunn, K. (2003). Landscapes. Ways of imagining the world. London: Routledge.

Wylie, J. (2007). Landscape. Abingdon: Routledge.

Teil I

Zwischen Autobahn und Idylle

Naherholung und Tagestourismus als Bausteine der sozial-ökologischen Transformation in einer Metropolregion – das Verbundprojekt NaTourHuKi

Sandra Sieber, Marion Beil, Jörg Dettmar, Kerstin Heidemann, Bernhard Mosbacher, Kjell Schmidt, Annika Schwemm, Christoph Siegl & Christl Wittmann

Abstract

Der Beitrag fokussiert die Genese, Zusammenarbeit und Vorgehensweise eines inter- und transdisziplinären Verbundprojekts im Bereich der sozial-ökologischen Transformationsforschung. Dies erfolgt am Beispiel des Projekts ‚Nachhaltiges Tourismuskonzept für Hanau und den westlichen Teil des Main-Kinzig-Kreises im Kontext des Regionalparks RheinMain' (kurz NaTourHuKi), in der BMBF-Fördermaßnahme Stadt-Land-Plus. Das Verbundprojekt befasst sich seit 2020 mit der Frage, wie Tourismus und Naherholung im Kinzig-Auental naturverträglich gesteuert und die Potenziale der Kinzig-Kommunen für den Tagestourismus gestärkt werden können. Ein Schwerpunkt ist dabei die nachhaltig ausgerichtete Weiterentwicklung der ‚Kinzigroute' des Regionalpark RheinMain, orientiert am Verlauf des bestehenden Radfernwegs R 3. Dieser Text fungiert als Einleitung für weitere Artikel in diesem Band, die fachspezifische Forschungsfragen und Ergebnisse aus dem Projekt NaTourHuKi thematisieren.

Keywords

NaTourHuKi, Metropolregion, Ballungsraum, Landschaft, Naherholung, Tagestourismus, Interdisziplinär, Transdisziplinär, sozial-ökologische Transformation, Stadt-Land-Ausgleich, Stadt-Land-Plus

S. Sieber et al. (Hrsg.), *Landschaft und Naherholung*, RaumFragen: Stadt – Region – Landschaft, https://doi.org/10.1007/978-3-658-45410-4_2

1 Reale Herausforderungen als Basis inter- und transdisziplinärer Forschung – das Projekt NaTourHuKi

Das hessische Kinzig-Auental liegt am östlichen Rand der Metropolregion Frankfurt/Rhein-Main zwischen Frankfurt und Fulda (Abb. 1 bis Abb. 3). Landschaftlich gerahmt wird das Kinzigtal vom Vogelsberg im Norden und dem Spessart im Süden. Aufgrund der unterschiedlichen Ansprüche von Landwirtschaft, Naturschutz und Erholungssuchenden sowie der Bedeutung des Auentals als Infrastrukturkorridor (vgl. Dettmar 2025) ergeben sich in dem Gebiet diverse Flächennutzungskonflikte: Nachhaltige Transformationsschritte, wie die Stärkung des Radverkehrs oder der Naherholung, stehen in Konflikt mit den bestehenden Belastungen durch die Verkehrstrassen, können aber auch für den Naturschutz zum Konfliktpotenzial werden. Andere flächenbezogenen Konflikte bestehen zwischen landwirtschaftlicher Nutzung und Erholungs- bzw. Freizeitnutzung, zwischen Naturschutz und Landwirtschaft oder zwischen Siedlungsentwicklung und Landwirtschaft/Naturschutz (Bolik et al. 2022; Dettmar 2022a). Die im Projekt erfassten Konflikte beziehen sich also auf unterschiedliche gruppenbezogene Interessen/Vorstellungen, wie bestimmte Flächen aktuell oder perspektivisch genutzt werden. Dies umfasst auch problematische Nutzungen wie z. B. der Hundeauslauf auf Grünlandflächen, wo Hundekot das Mahdgut unbrauchbar macht und wirtschaftliche Schäden bei den Landwirten verursacht. Weniger relevant erscheinen bisher Konflikte, die sich aus der Veränderung des Landschaftsbildes im Kinzigtal ergeben können (vgl. Dettmar 2025).[1]

Um Lösungen für regionale Flächennutzungskonflikte zu finden und bestehende Chancen im Kontext der Freizeit- und Erholungsnutzung im Kinzig-Auental bessser zu nutzen, haben sich die Projektbeteiligten aus Praxis und Wissenschaft 2019 zu dem Verbundprojekt zusammengeschlossen. Das Projekt ‚Nachhaltiges Tourismuskonzept für Hanau und den westlichen Teil des Main-Kinzig-Kreises im Kontext des Regionalparks RheinMain' (kurz NaTourHuKi, vgl. Kap 2.1)[2] startete im Februar 2020. Es ist inter- und transdisziplinär angelegt und trifft die Zielstellung der BMBF-Fördermaßnahme ‚Stadt-Land-Plus' für eine nachhaltige Entwicklung von städtischem und ländlichem Raum (Stadt-Land-Plus 2023). Es betrachtet einen Korridor von ca. 50 km Länge, von der Kinzigmündung in Hanau bis Steinau an der Straße im Main-Kinzig-Kreis (Abb. 1 und Abb. 2).

1 Zum Einstieg in die Thematik der landschaftsbezogenen Konflikte siehe ‚Landschaftskonflikte' von Berr und Jenal (2019).

2 Das Verbundforschungsprojekt ‚Nachhaltiges Tourismuskonzept für Hanau und den westlichen Teil des Main-Kinzig-Kreises im Kontext des Regionalparks RheinMain' (NaTourHuKi) wird vom Bundesministerium für Bildung und Forschung (BMBF) gefördert. Beteiligte in dem Projekt sind die Technische Universität Darmstadt (Verbundleitung), Hochschule Heilbronn, Frankfurt University of Applied Sciences, Stadt Hanau mit dem Umweltzentrum, Spessart Tourismus und Marketing GmbH sowie Regionalpark Ballungsraum RheinMain gGmbH. Weitere Informationen sind verfügbar unter www.natourhuki.de.

Abbildung 1 Erweiterter Betrachtungsraum mit Kern-Betrachtungsraum im Verbund-Projekt NaTourHuKi (‚Nachhaltiges Tourismuskonzept für Hanau und den westlichen Teil des Main-Kinzig-Kreises im Kontext des Regionalparks RheinMain') inkl. Bahnhalte und Rad-Erreichbarkeit. (Quelle: TU Darmstadt, FG Entwerfen + Freiraumplanung 2021, ergänzt 2023/24)

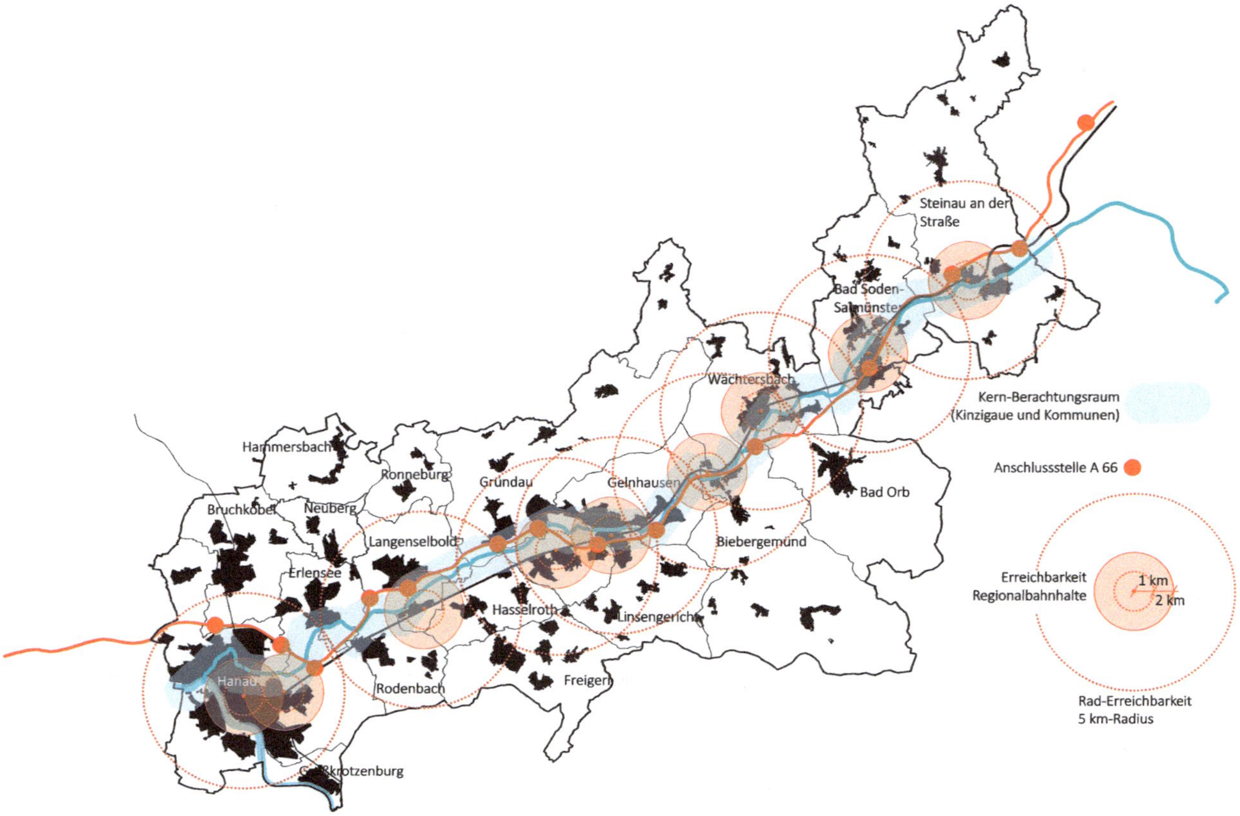

Abbildung 2 Angebote und Stärken des Kinzigtals und seiner Kommunen für Naherholung und Tourismus. (Quelle: TU Darmstadt, FG Entwerfen + Freiraumplanung, 2024).

Anstoß und Basis einer nachhaltigen Weiterentwicklung im Stadt-Land-Kontext ist im Projekt NaTourHuKi die gemeinsame Arbeit an einer Tourismusstrategie für das Kinzig-Auental von Hanau bis Steinau an der Straße. Das Projekt geht davon aus, dass der Bedarf an regionalen Erholungsmöglichkeiten und Tourismusangeboten in der Metropolregion (vgl. 2.1) in den nächsten Jahrzehnten aufgrund der weiter wachsenden Bevölkerung und regionaler Mobilität erheblich steigen wird, was bestehende Nutzungskonflikte verschärft. Gleichzeitig bieten (Tages-)Tourismus und Naherholung auch wirtschaftliche Chancen für die Kommunen und Einheimische im Kinzigtal. Die Initiierung und Planung von Freizeitrouten übernimmt im Ballungsraum RheinMain seit den 1990er-Jahren der Regionalpark RheinMain (siehe Exkurs). Die geplante Weiterentwicklung der Kinzigroute (siehe Kap. 2.1) ist ein wichtiger Baustein für die geplante Tourismusstrategie im Projekt NaTourHuKi und soll mit den aktuellen Tourismuskonzepten der Stadt Hanau und des Main-Kinzig-Kreises verzahnt werden (siehe Kap. 2.2).

Der Beitrag fokussiert die Genese, Kooperation und Vorgehensweise des Verbundprojekts als Beispiel für eine inter- und transdisziplinäre Forschung im Bereich der sozial-ökologischen Transformation, die dem Ansatz folgt, dass sich Konflikte – hier die Flächennutzungskonflikte im Kinzigtal – durch Kommunikationsprozesse und Ko-Kreation lösen lassen (Lang et al. 2012, S. 28–37).[3]

2 Nachhaltiger Tagestourismus und naturverträgliche Naherholung

2.1 Chancen und Herausforderungen der Metropolregion

Das hessische Kinzigtal im Main-Kinzig-Kreis (MKK) ist ein teils ländliches Gebiet (vgl. SPESSARTregional 2022, S. 9 und Bolik et al. 2022) im Osten der ‚Metropolregion FrankfurtRheinMain' (Regionalverband Frankfurt RheinMain 2023). Die ‚Metropolregion FrankfurtRheinMain'[4] zählt sich laut Selbstauskunft zu den wirtschaftsstärksten Regionen Deutschlands und Europas. Sie umfasst ein Gebiet von 14 800 Quadratkilometern in Hessen, Rheinland-Pfalz und Bayern mit etwa 5,8 Millionen Einwohnenden, verteilt auf 18 Landkreise und sieben kreisfreie Städte (Regionalverband Frankfurt RheinMain 2023). Nach Growe (2018, S. 1507) dient das Konzept der Metropolregionen dazu „Agglomerationen hochwertiger Funktionen abzugrenzen und regionale Kooperationen zur Stärkung von Entwicklungsmotoren anzustoßen", es fungiert seit den 1990er-Jahre als wichtige raumordnerische Strategie

3 Siehe dazu auch ausführlicher Sieber et al. 2024: Gemeinsam in Fluss kommen – Flächenkonflikte im hessischen Kinzig-Auental durch nachhaltige Tourismusansätze lösen?

4 Sie wurde als eine von elf Metropolregionen in Deutschland durch den Beschluss der Ministerkonferenz für Raumordnung vom 28. April 2005 benannt (Regionalverband Frankfurt RheinMain 2023).

Abbildung 3 Der Main-Kinzig-Kreis und seine Verortung in der Metropolregion FrankfurtRheinMain (TU Darmstadt, FG Entwerfen + Freiraumplanung, 2024)

(ebd.). Im Zentrum der Metropolregion liegt der ‚Ballungsraum Frankfurt/Rhein-Main' (= Gebiet des Regionalverbandes FrankfurtRheinMain) mit einer Größe von 2 500 Quadratkilometer und 2,4 Millionen Einwohnenden verteilt auf 75 Städte und Gemeinden (Mitgliedskommunen des Regionalverbandes[5], Regionalverband Frankfurt RheinMain 2023). Der Main-Kinzig-Kreis mit dem hessischen Kinzigtal gehört zur ‚Metropolregion FrankfurtRheinMain', aber nur in Teilen zum „Regionalverband FrankfurtRheinMain" (Abb. 3), gleichzeitig ist er mit ‚SPESSARTregional' (einem „Zusammenschluss von 14 Kommunen im östlichen Teil des Main-Kinzig-Kreises, der seit 2008 durch LEADER gefördert wird" (BMI 2019)), Mitglied im bundesweiten

5 Mitglieder im Regionalverband sind die kreisfreien Städte Frankfurt am Main und Offenbach, Städte und Gemeinden im Hochtaunuskreis, im Main-Taunus-Kreis und im Kreis Offenbach sowie einzelne Städte und Gemeinden der Main-Kinzig-Kreis, im Wetteraukreis und im Kreis Groß-Gerau (Regionalverband Frankfurt RheinMain 2023).

‚Netzwerk Daseinsvorsorge', das „sich als Arbeitsgemeinschaft für Daseinsvorsorge und Lebensqualität in ländlichen Räumen gegründet" hat (BMI 2020).

Teile des Main-Kinzig-Kreises und damit Teile der Metropolregion (vgl. Abb. 3), gehören auch zum ‚Naturpark Hessischer Spessart' (Zweckverband Naturpark Hessischer Spessart 2023), der (bayerische) ‚Naturpark Spessart' grenzt im Süden und der Naturpark ‚Vulkanregion Vogelsberg' im Norden an (Naturparke Deutschland 2023a). Der südliche Teil der Metropolregion gehört zum ‚Geo-Naturpark Bergstraße-Odenwald e. V.' (Geo-Naturpark Bergstraße-Odenwald e. V. 2022; vgl. Münderlein 2025) und zum Naturpark ‚Neckartal-Odenwald', im Westen der Metropolregion liegen der ‚Naturpark Taunus' und der ‚Naturpark RheinTaunus' (Naturparke Deutschland 2023a). Damit ist die Metropolregion FrankfurtRheinMain gekennzeichnet von einer hohen Siedlungs- und Infrastrukturdichte und einer großen Vielfalt siedlungsnaher Kulturlandschaften, die als Naturparks geschützt sind und gleichzeitig der Bevölkerung der Metropolregion als Erholungsmöglichkeit dienen, deren Gesundheit fördern sowie den nachhaltigen Tourismus und die Bildung für nachhaltige Entwicklung (BNE) unterstützen (Naturparke Deutschland 2023b).

Im Zentrum der Metropolregion und des Ballungsraums liegt auch der ‚Regionalpark RheinMain' (Regionalpark Ballungsraum RheinMain gGmbH 2023a). Die Zielstellung des ‚Regionalpark RheinMain' ist es, die „verbliebenen und manchmal auch vergessenen Landschaften der Region" (Regionalpark Ballungsraum RheinMain gGmbH 2023a) sichtbar zu machen (siehe Exkurs Regionalpark RheinMain). Die Regionalparkrouten umfassen aktuell 550 Kilometer (perspektivisch über 1 000 km), mit derzeit über 300 Ausflugszielen. Die Routen sollen das „besondere Erholungs- und Erlebnisangebot gleich vor der Haustüre" erschließen und gerade das typische kleinteilige Nebeneinander von Landwirtschaft, Siedlung und Infrastruktur im Ballungsraum Rhein-Main erlebbar machen. Damit adressiert der Regionalpark RheinMain den Begriff der Zwischenstadt (vgl. Sieverts 2008 [1997]) oder Stadtlandschaft (vgl. auch Dettmar 2018) „die weder Stadt noch Land ist, aber Eigenschaften von beidem besitzt" (ebd, S. 14), in der Siedlungen nicht nahtlos ineinander übergehen, sondern immer wieder durch land- und forstwirtschaftliche Flächen oder Schutzgebiete unterbrochen werden (Regionalpark Ballungsraum RheinMain gGmbH 2023b). Im Stadtgebiet von Frankfurt ist es vor allem der Grüngürtel, der als regionaler Grünzug fungiert (vgl. Hartmanshenn 2025).

Exkurs

Regionalpark RheinMain

Der Regionalpark als Gemeinschaftsprojekt der Region

Der Regionalpark RheinMain wurde vor knapp 30 Jahren als Gemeinschaftsprojekt der Kreise und Kommunen der Region gegründet (Regionalpark Ballungsraum RheinMain gGmbH 2023b). Mittlerweile reicht die Gebietskulisse vom Rheingau bis zum Spessartrand, von der Wetterau bis zum Hessischen Ried. Die Entwicklung neuer Regionalparkrouten (Regionalpark Ballungsraum RheinMain gGmbH 2023c) und Erlebnispunkte (Regionalpark Ballungsraum RheinMain gGmbH 2023d) geschieht vor Ort in den Kommunen, in enger planerischer Abstimmung mit der Regionalpark-Dachgesellschaft (Regionalpark Ballungsraum RheinMain gGmbH 2023e). Kernziele des Regionalparks sind der Schutz der Landschaft und die Qualifizierung der Freiräume vor allem in den Grünzügen der Region (Regionalpark Ballungsraum RheinMain gGmbH 2023b)

Um diese Kernziele zu erreichen setzt der Regionalpark auf das positive Erleben der Landschaft. Die Menschen der Region sollen für derer vielfältige Landschaft sensibilisiert und begeistert werden. Naherholung und regionale Identitätsstiftung durch die Vermittlung von kulturlandschaftlichen Werten gehen dabei Hand in Hand.

Der Regionalpark als aktiver Gestalter

Um die Landschaftsräume als wichtige Qualität der Region zu sichern, müssen sie nicht nur planerisch geschützt, sondern aktiv als Landschaft gestaltet und im Sinne der Multifunktionalität weiterentwickelt werden. Dies geschieht zum Beispiel durch landschaftsarchitektonische Projekte, Renaturierungen oder die Veranschaulichung historischer Spuren in der Landschaft. Markierte Wege als Regionalparkrouten erschließen und verknüpfen die Landschaften. Als planerische Grundlage für die Routen des Regionalparks dient das Netz der Regionalparkkorridore als Bestandteil des Regionalen Flächennutzungsplans (Region FrankfurtRheinMain 2024).

Regionalparkrouten unterscheiden sich von üblichen Feldwegen: Gestaltete Anlagen und Erlebnispunkte an den Wegen laden zum Verweilen ein oder vermitteln spannende Geschichten über Landschaft. Die Routen führen vorbei an landwirtschaftlicher Kulturlandschaft, bebauten Raum, idyllischen ‚Landschaftsinseln', Monumenten der Industriekultur, historischen Gärten und Parks sowie bedeutenden Stätten der Vor- und Frühgeschichte bis zur Gegenwart. Neben der heimatlichen ‚Geschichte zum Anfassen' wird die Sensibilität für die hiesige Umwelt und Natur, aber auch der kindliche Entdeckergeist geweckt.

Heute sind bereits über 350 Projekte realisiert und damit attraktive Ausflugsziele entstanden. Sie werden über das Regionalparkroutennetz verbunden, das von jedem Ort der Region einen schnellen Einstieg ermöglicht. Von dem 1 500 km großen Routennetz sind bereits über 550 km realisiert. Kernstück bildet die 190 km lange Regionalpark Rundroute, die im zentralen Ballungsraum in einem großen Bogen rund um Frankfurt verläuft. Die beiden Regionalparkportale samt ihrer Gästeführer sind Anlaufpunkt und Bildungsort für weitere Entdeckungen in der Region.

Neben den Infrastrukturen ist der Regionalpark auch auf anderen Feldern aktiv. So finden jedes Jahr verschiedene Veranstaltungen statt, die entlang der Routen einladen gemeinsam die Region zu feiern und zu erleben. In Kooperationsprojekten mit anderen Akteuren der Region wie dem Regionalverband oder den Naturparken versucht der Regionalpark zudem Bildungsprojekte für Jung und Alt in der Region umzusetzen. Regelmäßige Kooperationen mit wissenschaftlichen Partnern ermöglichen einen Wissenstransfer zwischen planerischer Praxis und landschaftsästhetischer Idee.

Ein wichtiger Ausgangspunkt für das Projekt NaTourHuKi war die weiterführende Planung der „Kinzigroute“ des Regionalpark RheinMain im Kinzig-Auental. Aktuell führt die rund 15 km lange Route von der Kinzigmündung in Hanau nur bis nach Langenselbold im Main-Kinzig-Kreis (Regionalpark Ballungsraum RheinMain gGmbH 2023f) und soll perspektivisch entlang der Kinzig bis zur Kinzigquelle bei Sterbfritz (Sinntal) weitergeführt werden.

Wie die meisten Routen des Regionalpark RheinMain verläuft auch die ‚Kinzigroute‘ durch mehrere Kommunen und Landkreise. Die Routen sprechen unterschiedliche Gruppen von Nutzenden an, sie haben je nach Örtlichkeit ‚Profiteure‘ aber auch ‚Betroffene‘. Konflikte und Erwartungen, die mit der Planung einer neuen Route verbunden sind, müssen mit Beteiligten vor Ort bearbeitet und von ihnen getragen werden, genau wie die spätere Umsetzung und Unterhaltung. Die Realisierung einer ‚Kinzigroute‘ ist damit weniger die Planung einer konkreten Route, als der Prozess der Aktivierung und Steuerung lokaler Beteiligter um Reflexions- und Kommunikationsprozesse über nachhaltige Landschaftsentwicklung in Gang zu bringen, zu verselbstständigen und zu verstetigen.

Mit dieser Grundidee wurde 2018, initiiert durch Kontakte zwischen dem Regionalpark RheinMain, dem Fachgebiet Entwerfen + Freiraumplanung der TU Darmstadt und dem Umweltzentrum der Stadt Hanau das Verbundprojekt NaTourHuKi konzipiert. Weitere Projektbeteiligte sind die Hochschule Heilbronn (Fakultät International Business) mit dem Schwerpunkt nachhaltiger Tourismus, die Frankfurt University of Applied Sciences (Research Lab for Urban Transport) mit dem Schwerpunkt nachhaltige Mobilität und die Spessart Tourismus und Marketing GmbH als Vertretung des Main-Kinzig-Kreises und Destinationsmanagementorganisation (DMO) für den Spessart und das Kinzigtal.

2019 wurde der Antrag in der Fördermaßnahme ‚Stadt-Land-Plus‘ des Bundesministeriums für Bildung und Forschung (BMBF) eingereicht. Dieser wurde 2020 bewilligt. Das Projekt startete im Februar 2020 und hat mit zwei Förderphasen eine Laufzeit bis 2025. Die BMBF-Fördermaßnahme „Stadt-Land-Plus“ will mit ihren Projekten Impulse für eine sozial-ökologische Transformation (Stadt-Land-Plus 2023, zum Begriff vgl. exemplarisch Luks 2019, S. 3–18) setzen sowie übertragbare Lösungsstrategien entwickeln und erproben (Abb. 4). Innerhalb der BMBF-Fördermaßnahme „Stadt-Land-Plus“ ist das Projekt dem Cluster ‚Regionale Gerechtigkeit‘ zugeordnet und fokussiert damit einen Interessensausgleich zwischen urbanen und ländlichen Räumen (Stadt-Land-Plus 2023) als Teilaspekt der räumlichen Gerechtigkeit (zum Begriff vgl. Rosenfeld 2018, S. 837).

2.2 Herangehensweisen und Ziele

Transdisziplinäres Arbeiten – wie im Projekt NaTourHuKi – ist die Zusammenarbeit unterschiedlicher wissenschaftlicher Disziplinen (interdisziplinäres Arbeiten) und

Abbildung 4 Das Projekt NaTourHuKi entstand als lokale Antwort auf Flächennutzungskonflikte im Kinzigtal mit praxisnahen Zielen und hat als Forschungsprojekt im Bereich der sozial-ökologischen Transformation aber auch übergeordnete Ziele (Quelle: TU Darmstadt, FG Entwerfen + Freiraumplanung 2023)

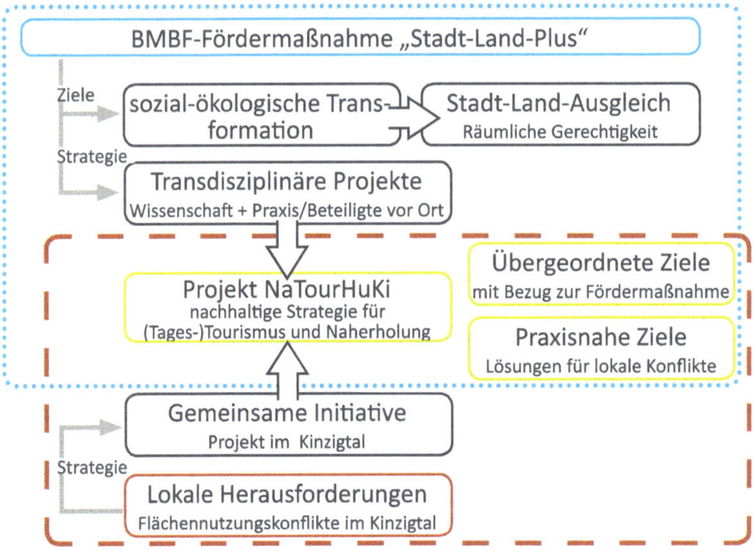

Projektbeteiligter aus der Praxis. Damit treffen unterschiedliche wissenschaftliche Herangehensweisen (Methoden, Fachjargon etc.) auf institutionelle oder unternehmerische Abläufe und Kommunikationsstrukturen der Praxisbeteiligten. Das Finden einer gemeinsamen Projektsprache (Grundverständnis) und Herangehensweise ist daher ein wichtiger und anspruchsvoller Baustein des transdisziplinären Arbeitens (vgl. Sieber et al. 2024). Das Projekt NaTourHuKi nutzt verschiedene Strategien, um dieses gemeinsame Grundverständnis innerhalb des Projektes zu erarbeiten und nach außen zu kommunizieren:

1) Es nutzt das Thema des ‚nachhaltigen Tourismus' als niedrigschwelliges Querschnittsthema: Ein nachhaltiges Konzept für regionale Naherholung und Tagestourismus kann ein Querschnittsthema und Ansatz sein, um die Kommunikation über eine nachhaltige Entwicklung im Kinzigtal zu aktivieren und so Lösungen in der Region/mit der Region zu generieren (Aktivierung von thematisch und strukturell nicht verbundenen Beteiligten durch ein Querschnittsthema).
2) Genutzt wird die Idee des ‚Narrativ' als Kommunikationselement: Narrative können als „ein Erzählmuster, das für sich genommen etabliert und mit einem gewissen Legitimitätsstatus versehen ist" (Seibel 2007, S. 3) (verbindende und anschlussfähige Erzählung) bzw. als „Prinzip der Erzeugung von Sinn und Bedeu-

tung" (Keller et al. 2020, S. 36) verstanden werden (vgl. Domsalla 2025). Im Projekt NaTourHuKi wurden einerseits „kleine Narrative" (Gadinger et al. 2022, S. 18; Willinger 2022a, S. 8) untersucht, um das Selbstverständnis der Kommunen im Kinzigtal zu beleuchten (vgl. Reusch et al. 2025). Andererseits soll ein eigens entwickeltes Narrativ (Designernarrativ, vgl. Gadinger et al. 2022, S. 18 und Williger 2022a, S. 8) als Instrument aus dem Tourismus-Marketing genutzt werden, um Ideen und Konzepte für eine gemeinsame nachhaltige Entwicklung der Region und deren Leitbilder zu erarbeiten. Ein solches Narrativ muss sowohl an kleine lokale Narrative (das Selbstverständnis der Kommunen) wie an „große Narrative" (Williger, 2022a, S. 8) anschlussfähig sein. Zudem kann das Narrativ auch als ein weiteres niedrigschwelliges Querschnittsthema in der Kommunikation mit lokalen Beteiligten aus unterschiedlichen Kontexten fungieren (vgl. Willinger 2022b).

Eine weitere Strategie im Projekt soll die Verstetigung einer nachhaltigen Entwicklung im Bereich Naherholung und Tourismus über die Projektlaufzeit hinaus ermöglichen. Regionale Organisationen – hier der Regionalpark RheinMain, das Umweltzentrum Hanau und die Spessart Marketing GmbH – sind als Instrumente zur Aktivierung und Verstetigung von Beginn an Teil des Projekts. Insbesondere der Regionalpark RheinMain kann durch seine vermittelnde Struktur regionale, institutionelle wie kommunale Grenzen überwinden und dadurch langfristig tragfähige Strukturen zur Verstetigung einer nachhaltigen Entwicklung im Bereich der Freizeit- und Erholungsnutzung in der Region und mit der Region initiieren[6].

Mit diesen drei Strategien versucht das Projekt NaTourHuKi dazu beizutragen die bestehenden Flächen- und Nutzungskonflikte zwischen Erholungssuchenden, Landwirtschaft und Naturschutz (Dettmar 2022a) durch die Initiierung eines gemeinsamen Problem- und Chancenbewusstseins in der Region sowie dessen institutioneller Verstetigung zu lösen oder zumindest zu entschärfen.

Damit ist das praxisnahe Ziel des Projektes benannt (Abb. 4): Nachhaltiger (Tages-)Tourismus (vgl. zur Begriffsdefinition Epple und Reif 2025) und naturverträgliche Naherholung sollen durch Maßnahmen der Besuchslenkung, der Umweltbildung (Exkurs Umweltbildung, Naturerfahrung und Nachhaltigkeit) und des Marketings (Exkurs Nachhaltiger Tourismus vor Ort) gestärkt und Konflikte minimiert werden (vgl. Dettmar 2022a). Zur Erfassung der lokalen Konflikte und Defizite sowie der Stärken und Entwicklungschancen stand das Projekt in engem Austausch mit relevanten Beteiligten und Institutionen (z. B. im Bereich Naturschutz, Land- und Forstwirtschaft sowie der Tourismusbranche). Auf der Basis dieses Austauschs und der Grundlagenermittlung wurde im Projekt eine umfangreiche Stärken-Schwächen Analyse durchgeführt (SWOT-Analyse, vgl. Dettmar 2022a) (Abb. 5). Als räumliche

6 Die Regionalpark Ballungsraum RheinMain gGmbH fungiert selbst nicht als Träger der freizeitorientierten Infrastruktur der Regionalparkrouten, dies übernehmen lokale Trägerstrukturen, vgl. dazu Exkurs Regionalpark RheinMain.

Abbildung 5 Beispiele für Stärken/Chancen des Kinzig-Auentals (oben, grauer Rahmen) und Beispiele für Schwächen/Risiken des Kinzig-Auentals (unten, roter Rahmen) (Quelle: TU Darmstadt, FG Entwerfen + Freiraumplanung 2022)

Verbindung und Rückgrat einer nachhaltigen Mobilität in Kombination mit dem entwickelten Erzählstrang soll die Kinzigroute des Regionalpark RheinMain fungieren, die sich in Teilen am Verlauf des bestehenden Radfernwegs R 3 orientieren wird (vgl. Kap. 2.1).

Exkurs

Nachhaltiger Tourismus vor Ort – Spessart Tourismus und Marketing GmbH

Die Destinationsmanagementorganisation (DMO) Spessart Tourismus und Marketing GmbH (STM) wurde 2016 gegründet, um „die Entwicklung als Freizeit- und Erholungsgebiet sowie als attraktiver Wohn- und Wirtschaftsort" (Spessart Tourismus und Marketing GmbH 2017, S. 5) konsequent und professionell voranzutreiben. Die Destination Spessart umfasst den gesamten Main-Kinzig-Kreis (MKK) in Hessen (siehe Abb. 1, 2, 3) mit seinen mehr als 430 000 (Stand: 31.12.2022) Einwohnerinnen und Einwohnern aus 29 Städten und Gemeinden (Hessisches Statistisches Landesamt 2023).

Tourismus und vor allem Tagestourismus spielt in der Region eine wichtige Rolle. Im Jahr 2023 wurden mehr als 1,3 Millionen Übernachtungen erfasst (Hessisches Statistisches Landesamt 2024, S. 11), womit sich die Zahlen langsam wieder an die vor-Pandemie-Zeit (2019: ca. 1,4 Mio. Übernachtungen, Hessisches Statistisches Landesamt 2020, S. 9) annähern. Für den Tagestourismus gibt es wenige konkrete Zahlen, allerdings hat eine Untersuchung für das RheinMain-Gebiet vor der Pandemie ergeben, dass Tagestourismus fast „90 % aller touristischen Aufenthaltstage in der Region" generiert (Arbeitskreis Tourismus FrankfurtRheinMain 2018, S. 18). Eine regionale Untersuchung ergab, dass es im Jahr 2016 12,5 Millionen Aufenthaltstage im MKK durch Tagestourismus gab (BMWi 2017, S. 7), was mehr als 85 Prozent der Aufenthaltstage entspricht (BMWi 2017, S. 8). Diese Besucherinnen und Besucher, aber auch die Bevölkerung des MKK will die STM ansprechen und den Spessart mit seinen Angeboten in den Bereichen Wandern, Radfahren, Wohlfühlen (Gesundheit), Kultur und Kulinarik vermarkten (Spessart Tourismus und Marketing GmbH 2021, S. 6).

Seit 2018 hat die STM zusätzlich noch die Aufgabe des Standortmarketings übernommen, „um die Attraktivität der Region als Lebensmittelpunkt insbesondere für junge Familien herauszustellen und diese mittelfristig als Fachkräfte für lokale Unternehmen und Einwohner des Kreises zu gewinnen" (Spessart Tourismus und Marketing GmbH o. J.). Außerdem soll „das Image des Main-Kinzig-Kreises als Wirtschaftsregion mit innovativen Kompetenz- und Zukunftsfeldern" gestärkt werden (Spessart Tourismus und Marketing GmbH o. J.).

Sowohl im Tourismus- als auch im Standortmarketing arbeitet die STM eng mit Politik und regionaler Wirtschaft zusammen – auch, um die Region als Wirtschaftsstandort und Wohnort zu fördern. Bei ihrer Arbeit legt die STM ihren Fokus auf Nachhaltigkeit und die Berücksichtigung der Wünsche von Besucher:innen und Bewohner:innen gleichermaßen.

Gäste und Einheimische gleichermaßen im Blick
Seit der Gründung der STM stehen nicht nur die Besucher:innen, sondern auch die Bewohner:innen immer im Fokus der Aktivitäten und Projekte der STM. Dem zugrunde liegt die Annahme, dass viele für Gäste interessante Aspekte (z. B. Freizeitmöglichkeiten, Infrastruktur, ...), auch für die Bevölkerung interessant sind (Wittmann und Helleisz 2022, S. 153). Ein gelungenes Beispiel für die Schaffung von Angeboten für Gäste und Einheimische gleichermaßen ist die Lern- und Erlebnislandschaft Ardeas Seenwelt (siehe unten) und die Etablierung von fast 50 Spazierwander-Rundwegen im MKK in Zusammenarbeit mit dem Naturpark Hessischer Spessart. Die sogenannten Spessartspuren und -fährten werden sowohl von Einheimischen als auch von Gästen stark nachgefragt und frequentiert. Die Einstellung, als Anspruchsgruppe nicht nur die Gäste zu sehen, sondern zu gleichen Teilen auch die Bevölkerung ist bei der STM besonders hervorzuheben.

Daher ist die Ansiedelung des Standortmarketings unter dem Dach der STM, in Abstimmung mit deren Gesellschaftern Landkreis MKK und IHK Hanau, Gelnhausen, Schlüchtern, eine konsequente Entscheidung und bietet Möglichkeiten, Projekte enger abzustimmen und Synergien zu nutzen. Die Verzahnung zeigt sich auch bei den Projekten des Standortmarketings: Im Zuge der Aktion „Hands on MKK" haben Studierende die Möglichkeit, Praktika bei regionalen Unternehmen zu machen. Ergänzt wird dies durch ein Freizeitprogramm, um den MKK zu erleben. Die Aktion soll auch weiterhin Interessierten die Möglichkeit geben, Leben, Wohnen und Arbeiten im MKK auszuprobieren.

Verstärkt im Fokus: Nachhaltigkeit
Das Thema Nachhaltigkeit hat bei der STM in den letzten Jahren immens an Bedeutung gewonnen. Diverse Projekte bearbeiten das Thema, so unter anderem das Projekt Ardeas Seenwelt. Hier wurde rund um den Kinzigstausee ein Lern- und Erlebnispfad geschaffen (auf und entlang bestehender Wege und Wartungsstraßen), der Interessierten das Leben im und am Stausee näherbringt. Auch ein Wasserspielplatz und ein Kiosk sind in Zusammenarbeit mit regionalen Anbietern entstanden. Diese Lern- und Erlebnislandschaft hat sich bereits in kurzer Zeit als beliebtes Ausflugsziel für Besucher:innen und Bewohner:innen unterschiedlicher Altersgruppen entwickelt.

Seit 2020 ist die STM auch Teil des trans- und interdisziplinären Forschungsprojektes NaTourHuKi, und bringt als Vertretung des MKK ihre Expertise im nachhaltigen (Tages-) Tourismus und der Naherholung ein. Die Verzahnung von differenten wissenschaftlichen Disziplinen und unterschiedlichen Beteiligten aus der Praxis birgt das Potenzial, diverse Sichtweisen, Arbeitsweisen und Methoden zusammenzubringen und durch gegenseitige Wissensübertragung einen Mehrwert für das Projekt und die Region zu schaffen.

Noch konkreter wird das Thema Nachhaltigkeit im Zuge der Zertifizierung zum ‚Nachhaltigen Reiseziel' angegangen. 2021 startete die STM den Zertifizierungsprozess als erste Destination in Hessen. Im Zuge dessen wurden u. a. freiwillige Partnerbetriebe akquiriert, eine Analyse der Nachhaltigkeitssituation durchgeführt und interne Prozesse nachhaltiger gestaltet und neu geschaffen. Die Ergebnisse wurden in einen Nachhaltigkeitsbericht integriert, der Grundlage für ein abschließendes Audit durch ‚TourCert' war[7]. Nach der Zustimmung des Zertifizierungsrates wurde das Zertifikat im Juni 2023 übergeben. Damit ist der Prozess jedoch nicht abgeschlossen – vielmehr war er der Startschuss für weitere, kontinuierliche Arbeit daran, die Destination Spessart nachhaltig aufzustellen.

Mit ihrer Arbeit hat sich die STM in den letzten Jahren im Bereich Tourismus- und Standortmarketing etabliert und den Spessart sowohl nach innen als auch nach außen gestärkt. Als nachhaltig orientierte DMO, die eng mit Politik und Wirtschaft zusammenarbeitet und Bevölkerung und Gäste gleichermaßen als Anspruchsgruppe sieht, setzt die STM nachhaltige Impulse in der Region.

Durch die BMBF-Förderinitiative ‚Stadt-Land-Plus' – mit dem Ziel einer sozial-ökologischen Transformation und ihrem Fokus auf einen Stadt-Land-Ausgleich (vgl. 2.1) – ergeben sich aber auch übergeordnete Projektziele (Abb. 4). Aus der Analyse und Bewertung des Untersuchungsraumes (Grundlagenermittlung, SWOT-Analyse, vgl. Dettmar 2022a) haben sich im Laufe eines projektinternen Zielworkshops sechs zentrale Projektziele herauskristallisiert:

1) Lebensqualität für Ortsansässige und Besuchende verbessern
2) Regionale Identität entwickeln
3) Flächennutzungskonflikte entschärfen/Stadt-Land-Ausgleich nachhaltig gestalten
4) Kinzig-Auental als Rückgrat regionaler Vernetzung entwickeln
5) Stadt-Land-Ausgleich durch nachhaltige Entwicklung von Tagestourismus und regionaler Naherholung fördern
6) Etablierung eines operativen Netzwerks „Nachhaltiger Tourismus"

Dabei besteht eine enge Verknüpfung zu einigen der ‚17 Ziele der nachhaltigen Entwicklung' (Sustainable Development Goals, SDG (Bundesregierung 2024; United Nations 2024)). Mit ausgewählten Nachhaltigkeitsindikatoren soll mittelfristig überprüft werden, inwieweit diese Ziele erreicht werden.

2.3 Eine nachhaltige Strategie für Tagestourismus und Naherholung

Um Schritte zum Erreichen der übergeordneten und praxisnahen Ziele zu initiieren, zu bündeln und zu verstetigen wird im Projekt NaTourHuKi eine ‚nachhaltige Strategie für Tagestourismus und Naherholung' erarbeitet. Die Strategie wird von den

7 TourCert berät u.a. Unternehmen im Tourismusbereich, aber auch Destinationen in Bezug auf nachhaltige Wirtschaftsweisen und zertifiziert diese auch.

Projektbeteiligten aus Wissenschaft (mit der Expertise in den Bereichen Tourismus, Mobilität, Landschaftsplanung) und Praxis (als Vertreter der Region) vorstrukturiert und mit lokalen Initiativen und Institutionen weiter ausdifferenziert. Die Strategie soll die Analysen, Bewertungen und Entwicklungsvorstellungen für einen nachhaltigen Tourismus und eine naturverträgliche Naherholung zusammenfassen (vgl. Dettmar 2022b) sowie räumliche Konkretisierungen und mögliche Konfliktlösungen aufzeigen (die Strategie, die verbindet).

Parallel dazu werden zusammen mit Politik, Verwaltung und relevanten Initiativen und Beteiligten die Überlegungen für ein Kooperationsmodell und eine Trägerstruktur weiterentwickelt. Beides zusammen bildet die Basis zur weiteren Umsetzung der Tagestourismus- und Naherholungsstrategie nach dem Auslaufen von NaTourHuKi im Jahr 2025. Ziel ist es, eine Trägerstruktur für die Kinzig-Regionalparkroute und ein Kooperationsmodell für die Zusammenarbeit im Bereich Umweltbildung und nachhaltigem Tourismus (als Kernelementen der nachhaltigen Tagestourismus- und Naherholungsstrategie) zu finden, in der die Kommunen, der Kreis und andere regional etablierte Organisationen aktiv zusammenarbeiten (die Struktur, die verstetigt). Ein wichtiger Schritt in diese Richtung ist die Zertifizierung der Destination Spessart als nachhaltiges Reiseziel im Jahr 2023 (siehe Exkurs Nachhaltiger Tourismus vor Ort).

Komprimiert zusammengefasst werden könnte das Eintreten für einen nachhaltigen Tourismus und eine naturverträgliche Naherholung durch eine gemeinsame Charta. Diese wäre eine Absichtserklärung und Unterstützung durch die politischen Entscheidungsträger:innen aus den Kommunen und dem Kreis sowie Initiativen und Beteiligten in der Region. Sie könnte die gemeinsame Übereinkunft und Selbstverpflichtung zu Grundsätzen einer nachhaltigen Entwicklung des Auentals im Sinne der Zertifizierung zum ‚Nachhaltigen Reiseziel' (vgl. Kap. 2.2) bekräftigen (die Idee, die trägt).

Exkurs

Umweltbildung, Naturerfahrung und Nachhaltigkeit – Das Umweltzentrum Hanau

Das Umweltzentrum Hanau (2024a) ist ein Veranstaltungs-, Beratungs- und Seminarhaus (Abb. 6) für Umweltbildung, Nachhaltigkeit und Bildung für nachhaltige Entwicklung (BNE) (BMBF 2024). Die Grundlage der Bildungsarbeit stellen die 17 Ziele für nachhaltige Entwicklung (Sustainable Development Goals, SDG) der Vereinten Nationen dar (Bundesregierung 2024; United Nations 2024). Bildung für nachhaltige Entwicklung fördert zukunftsfähiges Denken und Handeln und versetzt Menschen in die Lage, die Auswirkungen eigener Entscheidungen auf zukünftige Generationen abzuschätzen.

Im Zuge der Landesgartenschau 2002 wurde das Umweltzentrum Hanau gemeinsam vom Land Hessen und der Stadt Hanau gegründet (Fördergesellschaft Landesgarten-

Abbildung 6 Das Umweltzentrum in Hanau (Quelle: Umweltzentrum Hanau, 2023)

schauen 2024). Innenstadtnah ist es an der Kinzig-Aue im Stadtteil Lamboy-Tümpelgarten gelegen. Während der Landesgartenschau von April bis Oktober wurden über 300 Kurse für Schulen und Kindertagesstätten im Programm des ‚Grünen Klassenzimmers' durchgeführt (Umweltzentrum Hanau 2024b). Danach finanzierte das Land Hessen für 3 Jahre den Aufbau eines Umweltbildungszentrums für Hanau und Region. Seit 2005 wird das Bildungszentrum für Umwelt und Nachhaltigkeit in städtischer Regie des Magistrats der Stadt Hanau geführt.

Veranstaltungen, Kurse, Workshops, Projekte, Beratung und Begleitung von Schulen, Kindertagesstätten, Familien, Vereinen, Unternehmen u. v. m. sind ein wichtiger Baustein der Bildungsarbeit des Umweltzentrums. Alle Kurse und Angebote sind auf den Grundlagen der Bildung für nachhaltige Entwicklung konzipiert. Es ist mit dem Zertifikat ‚Lernen und Handeln für unsere Zukunft – Zertifizierter Bildungsträger für nachhaltige Entwicklung' des Landes Hessen ausgezeichnet (Stadt Hanau 2024a, Hessisches Ministerium für Umwelt, Energie, Landwirtschaft und Verbraucherschutz 2024).

Im Haus des Umweltzentrums sind Informationen, Materialien und eine Ausstellung zu allen Themen der Nachhaltigkeit sowie Ideen für die Umsetzung im eigenen Alltag zu finden. Die 2005 vom Umweltzentrum konzipierte Bionik-Wanderausstellung ‚Ideenlabor Natur' steht deutschlandweit für Bildungseinrichtungen kostenlos zur Verfügung (Umweltzentrum Hanau 2024c). Der Modellgarten im Außengelände bietet Anregungen und Informationen für Bürgerinnen und Bürger zur nachhaltigen Gestaltung ihres eigenen Gartens, um damit zur Artenvielfalt und Klimaanpassung beizutragen. Das Haus und der Garten sind auf Barrierefreiheit geprüft und von 2023 bis 2026 zertifiziert nach ‚Reisen für Alle' (Reisen für Alle 2024a, Reisen für Alle 2024b).

Das Umweltzentrum betreut als regionales Beratungszentrum im Auftrag des Hessischen Kultusministeriums und des Umweltministeriums das ‚Netzwerk Umweltschulen in Hanau und Region' (Stadt Hanau 2024b). Auch die Aktivitäten des 2014 gegründeten BNE-Netzwerks ‚Nachhaltig vernetzt – Hanau und Region' werden durch das Umweltzentrum koordiniert (Stadt Hanau 2024c). Seitdem sind Partnerinnen und Partner aus verschiedenen Branchen und Bereichen, z. B. Unternehmen, Sozial- und Bildungseinrichtungen, Initiativen, Vereine und Einzelhandel beteiligt, um Nachhaltigkeit in und um Hanau sichtbar zu machen. Daneben ist das Umweltzentrum seit 2020 an der Initiative ‚FairTrade Town' Hanau maßgeblich beteiligt und organisiert gemeinsam mit anderen Akteurinnen und Akteuren Veranstaltungen und Aktionen rund um den fairen Handel (Stadt Hanau 2024d; Fairtrade Deutschland e. V. 2024).

Seit 2017 organisiert das Umweltzentrum zusammen mit dem BNE-Netzwerk die jährliche Verleihung des Nachhaltigkeitspreises der Stadt Hanau (Nachhaltigkeitspreis Hanau 2024). Dabei werden Projekte und Aktivitäten ausgezeichnet, die einen wertvollen Beitrag zur Nachhaltigkeit in Hanau und Region leisten. Seither wurden über 170 Projekte eingereicht und umgesetzt.

Das Programm des Umweltzentrums beinhaltet auch Öffentlichkeitsarbeit und Naturführungen auf dem Grünen Ring Hanau (Umweltzentrum Hanau 2024d). Diese ca. 60 km lange Rad- und Wanderroute verbindet die Naturräume rund um Hanau miteinander. Regelmäßig und auf Anfrage werden Führungen zu den Przewalski-Pferden angeboten. Die Urwildpferde werden in Hanau-Großauheim auf dem ehemaligen US-Army-Trainingsgelände ‚Campo Pond' in einem Beweidungsprojekt als Landschaftspfleger für das FFH- und Natura-2000-Gebiet eingesetzt (Umweltzentrum Hanau 2024e).

Von Februar 2020 bis Januar 2025 ist die Stadt Hanau mit dem Umweltzentrum Praxispartnerin im Projekt NaTourHuKi. Die Stadt Hanau mit dem Umweltzentrum konzentriert sich bei NaTourHuKi auf die Themen Nachhaltigkeit, Bildung für nachhaltige Entwicklung, Naturschutz und Naturerfahrung, Inklusion und Integration. Das Projekt NaTourHuKi soll ein Anstoß sein, um die Kinzig als blaue Infrastruktur im Stadtbild sichtbar werden zu lassen und gleichzeitig das Bewusstsein für die ökologischen Zusammenhänge rund um die Kinzig-Lebensräume zu verbessern. Im Fokus liegt dabei die Vereinbarkeit von Naherholung, Naturschutz und Naturerfahrung sowie die Sensibilisierung der Bevölkerung für einen verantwortungsbewussten Umgang mit der Natur im Rahmen einer nachhaltigen Erholung. Besuchslenkung und verschiedene Bildungskonzepte wie z. B. der ‚Naturknigge' des Umweltzentrums sollen dies unterstützen (Umweltzentrum Hanau 2024f). Mit verschiedenen Projekten und dem Fokus auf der Implementierung von Inklusion und Integration wird im Konzept zum nachhaltigen Tagestourismus ein ‚Hanau für alle' etabliert (Umweltzentrum Hanau 2024g). Es werden neue Angebote in Form von barrierefreien Touren und Führungen für Menschen von jung bis alt sowie aus verschiedenen Kulturen geschaffen.

2.4 Kommunikationsbausteine

Das transdisziplinäre und praxisorientierte Projekt ‚NaTourHuKi' steht in kontinuierlichem Austausch mit der Region bzw. ihren Institutionen und Initiativen. Relevante Beteiligte sind u. a. Unternehmen im Bereich Tourismus, Kultur und Gastronomie, die Kleinstädte im Untersuchungsraum mit ihren Verwaltungen und politischen Vertreter:innen sowie lokale Vereine und Verbände im Bereich Naturschutz. Zentrale Kommunikationsformen im Projekt waren neben dem direkten Austausch, Informations- und Beteiligungsveranstaltungen sowie Workshops, die sowohl fachlich fokussiert als auch transdisziplinär gestaltet wurden. So hat z. B. die Spessart Tourismus und Marketing GmbH als Praxispartnerin Workshops mit interessierten Stakeholdern (z. B. aus Tourismus, Naturschutz und Kultur) unter Anwendung des St. Galler Modells für Destinationsmanagement organisiert.[8] Die über zwei Jahre hinweg stattfindenden Workshops setzten sich mit den Besuchsströmen (Gäste und Einheimische) im Kinzigtal auseinander. Das Umweltzentrum als weiterer Praxispartner, veranstaltete u. a. interaktive Workshops mit dem räumlichen Fokus auf die Stadt Hanau und inhaltlichem Schwerpunkt u. a. auf Umweltbildung, Naturschutz, Naturerfahrung, Nachhaltigkeit und Inklusion (siehe Exkursbox). Zu den Workshops waren regionale Stakeholder und Multiplikatoren eingeladen, um deren Expertise einzubinden.

In Zusammenarbeit aller Projektbeteiligten wurden im Jahr 2022 zwei Informations- und Beteiligungsveranstaltungen sowie ein wissenschaftliches Symposium organisiert. Bei den Informations- und Beteiligungsveranstaltungen (einmal online und einmal im Comoedienhaus Wilhelmsbad in Hanau) wurden Zwischenergebnisse und mögliche Lösungsbausteine/Strategien des Projekts präsentiert und zur Diskussion gestellt. Als ein konkreter, aber grundsätzlich noch ergebnisoffener, Kommunikationsbaustein fungierten dabei auch grafische ‚Szenarien' (vgl. Abb. 7). Die Arbeit mit grafischen Elementen als Kommunikationsmittel hat sich im Projekt als sehr zielführend erwiesen (im Gegensatz zu rein sprachlichen Beschreibungen).

Das wissenschaftliche Symposium ‚Von der Erwartung zur Erzählung – Landschaft, Erholung und Tourismus' (am Fachbereich Architektur der TU Darmstadt) war interdisziplinär angelegt und richtete sich an die Disziplinen Landschaftsarchi-

8 Das St. Galler Modell für Destinationsmanagement® (SGDM®) ist ein alternativer Destinationsmanagement- und Marketing-Ansatz. Das Modell ist marktorientiert und stellt die Nachfrage von Gästen und Ortsansässigen in den Fokus: Es arbeitet mit nachfragegerechten, strategisch relevanten Besuchsströmen (vgl. Beritelli 2013).

Abbildung 7 Bildhaft und ergebnissoffen – Szenarien für Aufwertungen im Kinzig-Auental (von links oben nach rechts unten): Gestaltung von Ortseingängen (z. B. Begrünung im Gewerbegebiet), Abschirmung zur Bundesstraße mittels Bäumen, Aufenthaltsmöglichkeiten am R3 durch Gestaltung bestehender Infrastrukturgebäude zur Trinkwassergewinnung („Wasserhäuschen"), Kinzigrenaturierung und Kinzigzugang, Auwald-Erlebnispfad im urbanen Raum, Umweltbildung und Naturschutz mittels Landschaftslotsen (Rangern) (Quelle: TU Darmstadt, FG Entwerfen + Freiraumplanung und foundation 5, 2022)

tektur/Landschaftsplanung, Stadtplanung, Geografie, Tourismuswissenschaften und Soziologie. In drei Themenblöcken wurden Perspektiven von Tagestourismus und Naherholung in Krisenzeiten und den Bezug zu Landschaft und Erholung sowie die Wahrnehmung/Narrative von Landschaften vorstellt und diskutiert. Verbindende Querschnittsthemen waren auch hier der nachhaltige (Tages-)Tourismus bzw. die nachhaltige Naherholung und die Rolle von Narrativen und Erzählungen in diesem Kontext. Das Symposium bildet den Ausgangspunkt für den vorliegenden Band.

3 Herausforderungen und erste übertragbare Ergebnisse

In der zweiten Projektphase (von Februar 2023 bis Ende Januar 2025) stehen für das Projekt NaTourHuKi mehrere Herausforderungen bei der Etablierung und Verstetigung nachhaltigkeitsbezogener Transformationsschritte im Kinzigtal im Fokus: Die Fertigstellung der nachhaltigen Strategie für (Tages-)Tourismus und Naherholung in Kooperation mit Beteiligten aus der Region, die Etablierung eines Kooperationsmodells und einer Trägerstruktur für die Weiterführung der Regionalpark Kinzigroute (als räumlichen Kern einer nachhaltigen Strategie für (Tages-)Tourismus und Naherholung), sowie die Initiierung erster Realisierungen im Main-Kinzig-Kreis. Im Rahmen der Zertifizierung zum ‚Nachhaltigen Reiseziel' für die Destination Spessart (inkl. des Kinzigtals) wurde Ende 2023 auch ein ‚Nachhaltigkeitsrat' initiiert, in dem Vertreter:innen lokaler Institutionen gemeinsam an Strategien und Umsetzungen im Bereich nachhaltiger Tourismus und naturverträgliche Naherholung arbeiten und die Themen so langfristig in der Region verankern.

Noch nicht abgeschlossen ist die gemeinsame Weiterentwicklung eines tragenden und verbindenden Narrativs für das Kinzig-Auental mit Beteiligten vor Ort. Die charakteristischen weiten Wiesen- und Auenräume (vgl. Bolik et al. 2022) könnten einen Ausgangspunkt für ein solches Narrativ bilden, dass dazu einlädt das Auental und seine Kommunen zu besuchen und gleichzeitig achtsam und naturverträglich mit seinen Kulturlandschaften und Schutzgebieten umzugehen. Das Narrativ einer Kinzigroute im Auental hätte das Potenzial, Tagesgästen und Ortsansässigen die Möglichkeit zur Entschleunigung, Erholung und Entspannung von Hektik und Stress im Alltag zu offerieren, gerade im Kontext der ‚Metropolregion Frankfurt/Rhein-Main' mit ihren Gegensätzen.

Als übertragbare Erkenntnis für transdisziplinäre Projekte und die sozial-ökologische Transformationsforschung kann festgehalten werden, dass sich die Arbeit an einem gemeinsamen Querschnittsthema (nachhaltiger Tourismus), als tragfähiger Referenzrahmen zur transdisziplinären projektinternen Diskussion sowie zur kooperativen Formulierung von Projektzielen erwiesen hat. Auch konnten über das Querschnittsthema lokale und regionale Akteur:innen zusammengebracht und dadurch ko-kreativ der Umgang mit Flächen im Untersuchungsraum reflektiert werden. Die Arbeit mit und an einem Narrativ war kein methodischer Baustein im Projektantrag, sondern wurde im Projektverlauf aus dem Querschnittsthema entwickelt. Dennoch verknüpft sich mit einem Narrativ die Hoffnung, dass es sich als tragende Idee zur informellen Verstetigung nachhaltiger Zielstellungen und Alltagspraktiken erweist. Querschnittsthemen und Narrative sind dabei gleichermaßen Kommunikationsstrategie (anschlussfähig in der in- u. externen Kommunikation) wie Kommunikationselement (Vermittlung und Verstetigung der „Idee, die trägt").

Mit dem Querschnittsthema als verbindendem Element und niedrigschwelligem Kommunikationsinstrument verbindet sich auch der Ansatz, bislang sektoral behandelte Ansätze und Planungen besser zu verzahnen. So wurde im Projekt z. B. geprüft, welche kommunalen Flächen an der Kinzig im Zuge von Gewässer-Renaturierungen (Umsetzung der EU-Wasserrahmenrichtlinie) auch für eine Erholungsnutzung geeignet werden, umso Synergien zwischen Naturschutz und Naherholung zu generieren. Ein anderes Beispiel ist die Besuchslenkung: Hier hat sich im Zuge des Projektes institutionsübergreifend ein Bewusstsein für die Notwendigkeit gemeinsamer Ansprachen und Kampanien entwickelt, um so bestehenden Konflikten zwischen Radfahrenden, Erholungssuchenden und den Interessen von Landwirtschaft und Naturschutz kreisweit zu begegnen.

Weitere bewährte und übertragbare Elemente zur Initiierung von transformativen Reflexions- und Kommunikationsprozessen, waren Bausteine wie Netzwerkarbeit bzw. -aufbau (Workshops mit Stakeholdern und Multiplikatoren, z. B. die Workshops ‚St. Galler Modell', die Beteiligungsverfahren des Umweltzentrums der Stadt und die ‚NaTourHuKi-Tagungen' in 2022), Sensibilisierung bzw. Schaffen von Bewusstsein (z. B. Workshops, Bildungsangebote und der Leitfaden ‚Naturknigge' des Umweltzentrums der Stadt Hanau) sowie die Verstetigung mittels tragfähiger Strukturen (z. B. Strategie, Charta und Kooperationsmodell).

4 Fazit und Ausblick

Der Beitrag behandelt die Genese, Kooperation, Arbeitsweise und Kommunikationsbausteine des Verbundprojekts NaTourHuKi. Es steht hier als Beispiel für eine inter- und transdisziplinäre Forschung im Bereich der sozial-ökologischen Transformation.

Im Fazit zeigen die Erfahrungen aus NaTourHuKi, dass transdisziplinäres Arbeiten ein gemeinsamer Aushandlungs- und Annährungsprozesse ist – projektintern wie mit Beteiligten aus der Region – der als solcher erst genommen werden muss. Durch die Einbindung von Praxispartnern und Beteiligten aus der Region entsteht eine sektorübergreifende Perspektive, die in Bezug auf Flächenkonflikte in metropolitanen Räumen unerlässlich ist. Denn gerade hier prallen verschiedene Akteur:innen mit unterschiedlichen Ansprüchen und Perspektiven auf engstem Raum aufeinander. Die hohe Dichte der Flächennutzung prädestiniert den Raum für die Multicodierung von Flächen und das multiperspektivische Herangehen bei Planungen. Die Arbeit in NaTourHuKi hat jedoch bestätigt, das bestehende Planungsroutinen auf solch eine multi-perspektivische Herangehensweise nicht ausgelegt sind. Hier stehen nachhaltige Transformationsschritte noch aus, bergen andererseits aber auch große Potenziale.

Mit Blick auf die Idee einer sozial-ökologischen Transformation kann der vermeintliche Nachteil der Metropolregion – die hohe Dichte heterogener Flächennutzungen – aber auch als Stärke gestehen werden: Sie bietet ihren Bewohner:innen in unmittelbarer Nähe alle Vorteile von Stadt und Land, kurze Wege bieten Andockstellen für nachhaltige Mobilität und nachhaltige Formen von Freizeit, Urlaub und Erholung. ‚Das Beste von Stadt und Land', könnte somit fast ein Motto, ein ‚Narrativ' für das Kinzigtal und seine Kommunen sein.

Literaturverzeichnis

Arbeitskreis Tourismus FrankfurtRheinMain (Hrsg.). (2018). Wirtschaftsfaktor Tourismus in der Region FrankfurtRheinMain. https://www.dwif.de/images/news/PDF_2018/Wirtschaftsfaktor_Tourismus_FrankfurtRheinMain_dwif.pdf. Zugegriffen: 15. März 2024.

Berr, K. & Jenal, C. (Hrsg.). (2019). Landschaftskonflikte (RaumFragen: Stadt – Region – Landschaft). Wiesbaden: Springer Fachmedien Wiesbaden.

Bolik, I., Conradi, Y.M., Epple, K. & Wittmann, C. (2022). Zentrale Kleinstädte und landschaftsbezogene Erholung. In N. Gribat, B. Ülker, S. Weidner, B. Weyrauch & J. Ribbeck-Lampel (Hrsg.), Kleinstadtforschung (S. 121–146). Transcript Verlag.

Bundesministerium des Innern, für Bau und Heimat (Hrsg.). (Januar 2019). Netzwerk Daseinsvorsorge. MORO Informationen Nr. 19/1 2019, Berlin. https://www.bbsr.bund.de/BBSR/DE/veroeffentlichungen/ministerien/moro-info/19/moroinfo-19-1-dl.pdf?__blob=publicationFile&v=1. Zugegriffen: 19. März 2024.

Bundesministerium des Innern, für Bau und Heimat (Hrsg.). (Januar 2020). Netzwerk Daseinsvorsorge. MORO Informationen Nr. 19/2 2020, Berlin. https://www.bbsr.bund.de/BBSR/DE/veroeffentlichungen/ministerien/moro-info/19/moroinfo-19-2-dl.pdf?__blob=publicationFile&v=1. Zugegriffen: 19. März 2024.

Bundesministerium für Bildung und Forschung (Hrsg.). (2024). Bildung für nachhaltige Entwicklung. https://www.bmbf.de/bmbf/de/bildung/bildung-fuer-nachhaltige-entwicklung/bildung-fuer-nachhaltige-entwicklung_node.html. Zugegriffen: 15. März 2024.

Bundesministerium für Wirtschaft und Energie (Hrsg.). (2017). Wirtschaftsfaktor Tourismus für den Main-Kinzig-Kreis. Berlin. https://www.bmwk.de/Redaktion/DE/Publikationen/Tourismus/wirtschaftsfaktor-tourismus-in-deutschland-lang.html. Zugegriffen: 21. September 2024.

Conradi, Y.M., Epple, K., Sieber, S., Stolte, D. & Wittmann, C. (2022). Gemeinsam in Fluss kommen – Flächenkonflikte im hessischen Kinzigtal durch nachhaltige Tourismus-ansätze lösen? Tagung Landscapes for Future.

Das St. Galler Modell für Destinationsmanagement. Geschäftsfeldinnovation in Netzwerken. (2013). St. Gallen: Verlag Institut für Systemisches Management und Public Governance (IMP-HSG).

Das Zertifikat. „Lernen und Handeln für unsere Zukunft – zertifizierter Bildungsträger für nachhaltige Entwicklung"; Qualitätssicherung in der Bildung für nachhaltige Entwicklung (BNE) Hessen. (2012). Wiesbaden: Hessisches Ministerium für Umwelt, Energie, Landwirtschaft und Verbraucherschutz, Referat I 3 B „Aus- und Fortbildung, Bildung für Nachhaltige Entwicklung". https://landwirtschaft.hessen.de/sites/landwirtschaft.hessen.de/files/2021-07/0035_639_broschuere_das_zertifikat_a4.pdf. Zugegriffen: 21. Spetember 2024.

Dettmar, J. (2018). Landschaftsarchitektonische Strategien für die Stadtlandschaft – zum Verhältnis von Theorie und Praxis. Mit Anmerkungen zur transdisziplinären Landschaftsforschung. In K. Berr (Hrsg.), Transdisziplinäre Landschaftsforschung (S. 133–153). Wiesbaden: Springer Fachmedien Wiesbaden.

Dettmar, J. (2022a). Nachhaltiges Tourismuskonzept für Hanau und den westlichen Teil des Main-Kinzig-Kreises im Kontext des Regionalparks RheinMain. https://irp.cdn-website.com/

off887fd/files/uploaded/4_220221_Pr%C3%A4sentation_NaTourHuKi_Klein.pdf. Zugegriffen: 15. März 2024.

Dettmar, J. (2022b). Zukunftsvisionen und Szenarien im Projekt NaTourHuKi, Beteiligungs- und Informationsveranstaltung am 29.6. von 16.00–19.00 Uhr. https://irp.cdn-website.com/off887fd/files/uploaded/Siedlung.%20Landschaft.%20Wege%20-%20Szenarien%20f%C3%BCr%20das%20Kinzigtal.pdf. Zugegriffen: 15. März 2024.

Dettmar, J. (2025). Genese einer zeitgenössischen Kulturlandschaft – das hessische Kinzigtal. In S. Sieber, O. Kühne, J. Dettmar & R. Vogler (Hrsg.), *Landschaft und Naherholung – Bedeutung und Nutzung für den Tagestourismus und die Naherholung im Stadt-Land-Kontext.* (S. 49–92). Wiesbaden: Springer VS.

Domsalla, M. (2025). Narrative als Werkzeug der Landschaftsgestaltung – eine Annäherung. In S. Sieber, O. Kühne, J. Dettmar & R. Vogler (Hrsg.), *Landschaft und Naherholung – Bedeutung und Nutzung für den Tagestourismus und die Naherholung im Stadt-Land-Kontext.* (S. 329–346). Wiesbaden: Springer VS.

Epple, K. & Reif, J. (2025). Tagestourismus und Naherholung. Eine begriffliche Annäherung. In S. Sieber, O. Kühne, J. Dettmar & R. Vogler (Hrsg.), *Landschaft und Naherholung – Bedeutung und Nutzung für den Tagestourismus und die Naherholung im Stadt-Land-Kontext.* (S. 245–270). Wiesbaden: Springer VS.

Fairtrade Deutschland e.V. (Hrsg.). (2024). Nachhaltige Entwicklungsziele – SDGs. https://www.fairtrade-towns.de/kampagne/nachhaltige-entwicklungsziele. Zugegriffen: 15. März 2024.

Fördergesellschaft Landesgartenschauen Hessen und Thüringen mbH (Hrsg.). (2024). 2002 – Hanau. https://www.foerdergesellschaft-landesgartenschauen.de/2002-hanau. Zugegriffen: 15. März 2024.

Gadinger, F., Jarzebski, S. & Yildiz, T. (2022). Narrative in der Stadtentwicklung: Urbane Erzählungen zwischen Alltag und Diskurs. In Bundesinstitut für Bau-, Stadt- und Raumforschung (BBSR) (Hrsg.), Narrative in der Stadtentwicklung. Ergebnisse aktueller Forschung im BBSR (BBSR-Online-Publikation, 2022, 29, Stand: Mai 2022, S. 16–25). Bonn: Bundesinstitut für Bau-, Stadt- und Raumforschung (BBSR) im Bundesamt für Bauwesen und Raumordnung (BBR).

Geo-Naturpark Bergstraße-Odenwald e.V (Hrsg.). (2023). GEO-NATURPARK Bergstraße-Odenwald, UNESCO Global Geopark. https://geo-naturpark.net/. Zugegriffen: 15. März 2024.

Growe, A. (2018). Metropolregion. In H.H. Blotevogel (Hrsg.), Handwörterbuch der Stadt- und Raumentwicklung (S. 1507–1515). Hannover: Akademie für Raumforschung und Landesplanung.

Hartmanshenn, T. (2025). Bedeutung und Entwicklungsfähigkeit von StadtLandschaften für Naherholung (und Tagestourismus): der Frankfurter Grüngürtel. In S. Sieber, O. Kühne, J. Dettmar & R. Vogler (Hrsg.), *Landschaft und Naherholung – Bedeutung und Nutzung für den Tagestourismus und die Naherholung im Stadt-Land-Kontext.* (S. 153–175). Wiesbaden: Springer VS.

Hessisches Statistisches Landesamt (Hrsg.). (2020). Statistische Berichte. Gäste und Übernachtungen im hessischen Tourismus im Dezember 2019. https://www.statistischebibliothek.de/mir/servlets/MCRFileNodeServlet/HEHeft_derivate_00009202/GIV1m_19-12_a.pdf. Zugegriffen: 15. März 2024.

Hessisches Statistisches Landesamt (Hrsg.). (2023). Statistische Berichte. Die Bevölkerung der kreisfreien Städte und Landkreise Hessens am 31. Dezember 2022 nach Alter und Geschlecht. Fortschreibungsergebnisse auf Basis Zensus 09. Mai 2011. Fortschreibungsergebnisse auf Basis Zensus 09. Mai 2011. https://www.statistischebibliothek.de/mir/servlets/MCRFileNodeServlet/HEHeft_derivate_00012086/AI6-j_22_a.pdf;jsessionid=C2E6C03A998A94DF9FF3E5024782E51A. Zugegriffen: 15. März 2024.

Hessisches Statistisches Landesamt (Hrsg.). (2024). Statistische Berichte. Gäste und Übernachtungen im hessischen Tourismus im Dezember 2023. https://statistik.hessen.de/sites/statistik.hessen.de/files/2023-02/GIV1m_22-12.pdf. Zugegriffen: 15. März 2024.

Keller, R. (2013). Diskursanalyse. In K. Umlauf, S. Fühles-Ubach & M. Seadle (Hrsg.), Handbuch Methoden der Bibliotheks- und Informationswissenschaft (S. 425–443). DE GRUYTER SAUR.

Keller, R., Landwehr, A., Liebert, W.-A., Schneider, W., Spitzmüller, J. & Viehöver, W. (2020). Diskurse untersuchen. Ein Gespräch zwischen den Disziplinen. Weinheim: Beltz Juventa.

Landesbetrieb Landwirtschaft Hessen (Hrsg.). (2023). „Der Grüne Daumen" – ein „Grünes Klassenzimmer"-Angebot der Hessischen Gartenakademie. https://llh.hessen.de/pflanze/landesgartenschauen/der-gruene-daumen-ein-gruenes-klassenzimmer-angebot-der-hessischen-gartenakademie/. Zugegriffen: 15. März 2024.

Lang, D. J., Wiek, A., Bergmann, M., Stauffacher, M., Martens, P., Moll, P., Swilling, M. & Thomas, C. J. (2012). Transdisciplinary research in sustainability science: practice, principles, and challenges. Sustainability Science 7 (S1), 25–43. https://doi.org/10.1007/s11625-011-0149-x

Luks, F. (2019). (Große) Transformation – die neue große Nachhaltigkeitserzählung? In F. Luks (Hrsg.), Chancen und Grenzen der Nachhaltigkeitstransformation (S. 3–18). Wiesbaden: Springer Fachmedien Wiesbaden.

Menschen in Hanau (Hrsg.). (2024). Fairtrade-Town Hanau. https://menschen-in-hanau.eu/fairtrade-town-hanau/. Zugegriffen: 15. März 2024.

Münderlein, D. (2025). Vom planerischen Erholungsnarrativ der Landschaft zu individuellen Erholungsmotiven. In S. Sieber, O. Kühne, J. Dettmar & R. Vogler (Hrsg.), *Landschaft und Naherholung – Bedeutung und Nutzung für den Tagestourismus und die Naherholung im Stadt-Land-Kontext.* (S. 347–372). Wiesbaden: Springer VS.

Nachhaltigkeitspreis Hanau (Hrsg.). (2024). Der Nachhaltigkeitspreis. https://nachhaltigkeitspreis.hanau.de/. Zugegriffen: 15. März 2024.

Naturparke Deutschland (Hrsg.). (2023a). Naturparke Finden. www.naturparke.de. Zugegriffen: 15. März 2024.

Naturparke Deutschland (Hrsg.). (2023b). Leitbild Naturparke in Deutschland. https://www.naturparke.de/naturparke/leitbild.html. Zugegriffen: 15. März 2024.

Presse- und Informationsamt der Bundesregierung (Hrsg.). (2024). Richtschnur der Politik. https://www.bundesregierung.de/breg-de/themen/nachhaltigkeitspolitik/nachhaltigkeitsziele-erklaert-232174. Zugegriffen: 15. März 2024.

Regionalpark Ballungsraum RheinMain gGmbH (Hrsg.). (2023a). Der Regionalpark RheinMain. www.regionalpark-rheinmain.de. Zugegriffen: 19. September 2023.

Regionalpark Ballungsraum RheinMain gGmbH (Hrsg.). (2023b). Idee und Ziele. https://www.regionalpark-rheinmain.de/wir-fuer-sie/idee-und-ziele/. Zugegriffen: 19. September 2023.

Regionalpark Ballungsraum RheinMain gGmbH (Hrsg.). (2023c). Regionalpark Routen. https://www.regionalpark-rheinmain.de/routen-und-touren/regionalpark-routen/. Zugegriffen: 13. Februar 2024.

Regionalpark Ballungsraum RheinMain GmbH (Hrsg.). (2023c). Der Regionalpark RheinMain. www.regionalpark-rheinmain.de. Zugegriffen: 15. März 2024.

Regionalpark Ballungsraum RheinMain gGmbH (Hrsg.). (2023d). Regionalpark Erlebnispunkte. https://www.regionalpark-rheinmain.de/regionalpark-erlebnispunkte/. Zugegriffen: 13. Februar 2024.

Regionalpark Ballungsraum RheinMain gGmbH (Hrsg.). (2023e). Gesellschaften und Kommunen. https://www.regionalpark-rheinmain.de/wir-fuer-sie/gesellschaften-und-kommunen/. Zugegriffen: 13. Februar 2024.

Regionalpark Ballungsraum RheinMain gGmbH (Hrsg.). (2023f). Regionalpark Kinzigroute. www.regionalpark-rheinmain.de/portfolio-item/regionalpark-kinzigroute/. Zugegriffen: 19. September 2023.

Regionalverband Frankfurt RheinMain (Hrsg.). (2023). Die Metropolregion kurz erklärt. https://www.region-frankfurt.de/Unsere-Themen-Leistungen/Kooperation-Metropolregion/Die-Metropolregion-kurz-erkl%C3%A4rt/. Zugegriffen: 15. März 2024.

Reisen für Alle (Hrsg.). (2024a). Über das Projekt. Barrierefreiheit als Qualitäts- und Komfortmerkmal in Deutschland. https://www.reisen-fuer-alle.de/_304.html. Zugegriffen: 21. September 2024.

Reisen für Alle. (2024b). Umweltzentrum Hanau. https://www.reisen-fuer-alle.de/umweltzentrum_hanau_249.html?action=detail&item_id=3714. Zugegriffen: 21. September 2024.

Reusch, L., Conradi, Y. & Bolik, I. (2025). Erzählungen über das Kinzig-Auental. Potentiale ortsbezogener Narrative für eine landschaftsbezogene Erholung in der Metropolregion FrankfurtRheinMain. In S. Sieber, O. Kühne, J. Dettmar & R. Vogler (Hrsg.), *Landschaft und Naherholung – Bedeutung und Nutzung für den Tagestourismus und die Naherholung im Stadt-Land-Kontext.* (S. 93–110). Wiesbaden: Springer VS.

Rosenfeld, M. T. W. (2019). Gleichwertigkeit der Lebensverhältnisse. In Akademie für Raumforschung und Landesplanung (Hrsg.), Handwörterbuch der Stadt- und Raumentwicklung (S. 837–849). Hannover: Akademie für Raumforschung und Landesplanung.

Schönhammer, R. (2013). Einführung in die Wahrnehmungspsychologie. Sinne, Körper, Bewegung (UTB Psychologie, Bd. 3142, 2., überarbeitete, aktualisierte und erweiterte Auflage). Wien: facultas.wuv.

Seibel, W. (2007). Hegemoniale Semantiken und radikale Gegennarrative. Beitrag zum Arbeitsgespräch des Kulturwissenschaftlichen Kollegs Konstanz. https://www.exzellenzcluster.uni-konstanz.de/uploads/media/Seibel-Heg-Semantiken-090122.pdf. Zugegriffen: 15. März 2024.

Sieber, S., Epple, K., Wittmann, C., Stolte, D. & Conradi, Y. M. (2024). Gemeinsam in Fluss kommen – Flächenkonflikte im hessischen Kinzig-Auental durch nachhaltige Tourismusansätze lösen?. In M. Leibenath, I. Gailing & A. Birnbaum (Hrsg.), Landscapes for Future –

Landschaften und sozial-ökologische Transformationen (RaumFragen: Stadt – Region – Landschaft, 1. Auflage). Wiesbaden: Springer Fachmedien Wiesbaden GmbH; Springer VS.

Sieverts, T. (2008). Zwischenstadt. Zwischen Ort und Welt Raum und Zeit Stadt und Land (Band 118 der Reihe Bauwelt Fundamente, 3., unveränderter Nachdruck der 3. Auflage). Gütersloh, Berlin: Bauverlag BV (Stadtplanung/Urbanistik).

Spessart Tourismus und Marketing GmbH (Hrsg.). (Mai 2017). Strategischer Entwicklungsplan. Für den Tourismus in der Destination Spessart. Spessart Tourismus und Marketing GmbH. https://www.spessartregional.de/wp-content/uploads/AG_Tourismus_Naherholung_Info_Strategischer-Entwicklungsplan_Spessart.pdf. Zugegriffen: 15. März 2024.

Spessart Tourismus und Marketing GmbH (Hrsg.). (März 2021). Fortschreibung des Strategischen Entwicklungsplans. Für den Tourismus in der Destination Spessart. https://www.spessartregional.de/wp-content/uploads/AG_Tourismus_Naherholung_Info_Fortschreibung_Strategie-Tourismus.pdf. Zugegriffen: 15. März 2024.

Spessart Tourismus und Marketing GmbH (Hrsg.). Main-Kinzig-Kreis: Leben, Wohnen, Arbeiten. https://www.main-kinzig.com/. Zugegriffen: 15. März 2024.

Spessart Tourismus und Marketing GmbH (Hrsg.). Über uns. Spessart Tourismus und Marketing GmbH. https://www.spessart-tourismus.de/ueber-uns. Zugegriffen: 15. März 2024.

SPESSARTRegional (Hrsg.). (2022). Lokale Entwicklungsstrategie 2023–2027. Vernetzt. Innovativ. Nachhaltig. https://www.spessartregional.de/wp-content/uploads/SPESSARTregional_Lokale-Entwicklungsstrategie-2023-2027.pdf. Zugegriffen: 15. März 2024.

Stadt Hanau. (2024a). Auszeichnungen. https://www.hanau.de/aktuelles/auszeichnungen/index.html. Zugegriffen: 13. Februar 2024.

Stadt Hanau. (2024b). Umweltschulen in Hanau und Region. https://www.hanau.de/vielfalt-leben/bildung/umweltbildung/index.html. Zugegriffen: 13. Febuar 2024.

Stadt Hanau. (2024c). Nachhaltig vernetzt – Hanau und Region. https://www.hanau.de/vielfalt-leben/bildung/umweltzentrum/nachhaltig-vernetzt/index.html. Zugegriffen: 13. Februar 2024.

Stadt-Land-Plus (Hrsg.). (2023). BMBF-Fördermaßnahme Stadt-Land-Plus. https://www.zukunftsstadt-stadtlandplus.de/infos-ueber-stadt-land-plus.html. Zugegriffen: 15. März 2024.

Umweltzentrum Hanau. (2024a). Umweltzentrum Hanau. Das Bildungszentrum für Umwelt und Nachhaltigkeit. https://www.hanau.de/vielfalt-leben/bildung/umweltzentrum/index.html. Zugegriffen: 21. September 2024.

Umweltzentrum Hanau. (2024b). Bildungsangebote des Umweltzentrums Hanau, https://www.hanau.de/vielfalt-leben/bildung/umweltzentrum/036501.html. Zugegriffen: 13. Februar 2024.

Umweltzentrum Hanau. (2024c). Wanderausstellung Ideenlabor Natur. https://ideenlabor-natur.de/. Zugegriffen: 13. Februar 2024.

Umweltzentrum Hanau. (2024d). Naturerlebnis – Grüner Ring. https://www.hanau.de/freizeit/gruener-ring/index.html. Zugegriffen: 13. Februar 2024.

Umweltzentrum Hanau. (2024e). Przewalski Wildpferde. https://www.hanau.de/freizeit/urwildpferde/index.html. Zugegriffen: 13. Februar 2024.

Umweltzentrum Hanau. (2024f). Naturknigge für das Verhalten im Grünen. https://www.hanau.de/vielfalt-leben/bildung/umweltzentrum/147101.html. Zugegriffen: 13. Februar 2024.

Umweltzentrum Hanau. (2024g). Nachhaltiger Tourismus. https://www.hanau.de/vielfalt-leben/bildung/umweltzentrum/036479.html. Zugegriffen: 13. Februar 2024.

United Nations – Department of Economic and Social Affairs Sustainable Development (Hrsg.). (2024). The 17 GOALS. https://sdgs.un.org/goals. Zugegriffen: 15. März 2024.

Williams, A. M. & Shaw, G. (2009). Future play: tourism, recreation and land use. Land Use Policy 26, S326–S335. https://doi.org/10.1016/j.landusepol.2009.10.003

Willinger, S. (2022a). Narrative: Ein neues Thema für die Stadtforschung im BBSR. In Bundesinstitut für Bau-, Stadt- und Raumforschung (BBSR) (Hrsg.), Narrative in der Stadtentwicklung. Ergebnisse aktueller Forschung im BBSR (BBSR-Online-Publikation, 2022, 29, Stand: Mai 2022, S. 8–15). Bonn: Bundesinstitut für Bau-, Stadt- und Raumforschung (BBSR) im Bundesamt für Bauwesen und Raumordnung (BBR).

Willinger, S. (2022b). Stadtentwicklung anders erzählen: Neue Narrative der Koproduktion. In Bundesinstitut für Bau-, Stadt- und Raumforschung (BBSR) (Hrsg.), Narrative in der Stadtentwicklung. Ergebnisse aktueller Forschung im BBSR (BBSR-Online-Publikation, 2022, 29, Stand: Mai 2022, S. 44–53). Bonn: Bundesinstitut für Bau-, Stadt- und Raumforschung (BBSR) im Bundesamt für Bauwesen und Raumordnung (BBR).

Wittmann, C. & Helleisz, L. (2022). Neue Aufgaben des Destinationsmanagements: Zwischen Tourismus und Lebensqualität. Standort 46 (3), 151–156. https://doi.org/10.1007/s00548-022-00771-9

Zube, E. H. & Pitt, D. G. (1981). Cross-cultural perceptions of scenic and heritage landscapes. Landscape Planning 8 (1), 69–87. https://doi.org/10.1016/0304-3924(81)90041-1

Zweckverband Naturpark Hessischer Spessart (Hrsg.). (2023). Willkommen im Naturpark Hessischer Spessart! www.naturpark-hessischer-spessart.de. Zugegriffen: 15. März 2024.

Autor:innen

Sandra Sieber ist wissenschaftliche Mitarbeiterin an der TU Darmstadt und arbeitet im Projektmanagement des Verbundprojekts ‚NaTourHuKi'.

Marion Beil ist Leiterin des Umweltzentrum Hanau und Projektleiterin im Verbundprojekt ‚NaTourHuKi'.

Jörg Dettmar ist Professor am Fachbereich Architektur der TU Darmstadt. Im Verbundprojekt ‚NaTourHuKi' hat er die Verbundkoordination.

Kerstin Heidemann arbeitet im Umweltzentrum Hanau im Projektmanagement des Verbundprojekts ‚NaTourHuKi'.

Bernhard Mosbacher ist Leiter der Spessart Tourismus und Marketing GmbH und Projektleiter im Verbundprojekt ‚NaTourHuKi'.

Kjell Schmidt ist Leiter der Regionalpark Ballungsraum RheinMain gGmbH und Projektleiter im Verbundprojekt ‚NaTourHuKi'.

Annika Schwemm arbeitet im Umweltzentrum Hanau im Projektmanagement des Verbundprojekts ‚NaTourHuKi'.

Christoph Siegl arbeitet beim Regionalpark Ballungsraum RheinMain gGmbH im Projektmanagement des Verbundprojekts ‚NaTourHuKi'.

Christl Wittmann arbeitet bei der Spessart Tourismus und Marketing GmbH im Projektmanagement des Verbundprojekts ‚NaTourHuKi'.

Genese einer zeitgenössischen Kulturlandschaft – das hessische Kinzigtal

Jörg Dettmar

Abstract

Der Artikel versucht wesentliche Faktoren zur Entwicklung der Kulturlandschaft im hessischen Kinzigtal seit der Römerzeit aufzuzeigen. Das Kinzigtal verbindet heute den Ballungsraum RheinMain mit Hanau am Westrand und den ländlichen Raum des Main-Kinzig-Kreises im Osten. Aus der chronologischen Betrachtung der über 2000-jährigen Geschichte wird deutlich, dass schon im Mittelalter massive Eingriffe des Menschen die natürlichen Gegebenheiten in der Kinzigaue grundlegend verändert haben. Im Laufe der Jahrhunderte wächst und schrumpft die Bevölkerung und Siedlungstätigkeit immer wieder, mal wird der Wald zurückgedrängt mal erobert die Sukzession ehemals kultivierte Flächen zurück. Durch die alte Handelsstraße Via Regia gewann das Kinzigtal im Mittelalter erheblich an wirtschaftlicher und kultureller Bedeutung, dies scheint bis in das 20. Jh. hinein zu wirken und erklärt vielleicht den reibungslosen Bau einer Autobahn in den 1980er und 90er Jahren mitten durch die Kinzigaue. Auch die politische Zersplitterung in viele Territorien bis in das 19. Jh. hinterlässt offensichtlich bis heute Spuren, wenn es um naturraumbezogene Identitäten geht. Das Kinzigtal ist heute eine spannungsreiche Landschaft mit vielfältiger Flächenkonkurrenz im Spannungsbogen zwischen wertvollem Naturschutzraum, intensiver Landwirtschaft, massiver Verkehrsinfrastruktur und zunehmenden Siedlungsflächen.

Keywords

Kulturlandschaft, hessisches Kinzigtal, Naturschutz, Infrastruktur, Siedlungsentwicklung, Identitäten

S. Sieber et al. (Hrsg.), *Landschaft und Naherholung*, RaumFragen: Stadt – Region – Landschaft, https://doi.org/10.1007/978-3-658-45410-4_3

1 Einleitung

Die hessische Kinzig verläuft vom eher ländlichen Raum zwischen Spessart und Vogelsberg bis zur Mündung im Main in Hanau am Rand des Ballungsraum RheinMain. Das Tal weist eine große naturräumliche und kulturgeschichtliche Vielfalt auf. Heute findet sich hier ein Patchwork aus Siedlungsflächen, technischer Infrastruktur, intensiv und extensiv genutzten Arealen der Land- und Forstwirtschaft, ausgedehnte Naturschutzflächen sowie Überflutungs- bzw. Retentionsbereiche in der Kinzigaue. Die unterschiedlichen Nutzungen greifen mit ihren jeweiligen Routinen ineinander, es gibt Konflikte, Synergien und viel Dynamik. Der Raum hat Bereiche, die als Stadtlandschaft (Hofmeister und Mölders 2019), Zwischenstadt (Vicenzotti 2019), Infrastrukturlandschaft (Matern 2016), als Relikte historischer „Kulturlandschaft" (Heiland 2019), als industrialisierte Landwirtschaft (Meyer und Pfriemer 2012) und als regionaler Schwerpunkt für Naturschutz (Hupke 2019) beschrieben werden können. Die Mischung ist individuell, die Ausprägungen sind Ergebnis menschlicher Nutzungen der Naturräume über viele Jahrhunderte hinweg, dies wird hier chronologisch aufgezeigt. Der Blick zurück in die verschiedenen Kulturepochen ist wichtig, um zu verstehen wie und warum sich ein Raum in einer bestimmten Weise entwickelt hat. Die Folgen menschlicher Eingriffe haben das Kinzigtal bereits im Mittelalter massiv verändert. Es wird aufgezeigt, dass eine Reihe dieser historischen Gegebenheiten bis heute nachwirken.

Das Kinzigtal hat als Erholungsraum viel Potential, weil es eine reiche Naturausstattung und verschiedene kulturelle Highlights bietet. Es ist damit zu rechnen, dass die Nachfrage und Nutzungsintensität von lokalen und regionalen Besuchern weiter ansteigen wird. Gleichzeitig ist der Auenbereich heute massiv geprägt durch überregionale Verkehrsinfrastrukturen mit Autobahnen und Bahnlinien. Damit ist seit den 1960er und 70er Jahren eine starke Siedlungsentwicklung verbunden, die auch Ausdruck der Attraktivität des Kinzigtals als Wohn- und Arbeitsstandort ist.

Im Rahmen des Verbundforschungsprojektes „NaTourHuKi" (vgl. Sieber et al. 2025) wird versucht für das Kinzigtal eine nachhaltige Perspektive für Naherholung und Tagestourismus zu entwickeln. Das Verständnis der Landschaft und ihrer Genese im oben beschriebenen Zugang ist dabei ein wichtiges Element. So lässt sich nachvollziehen warum das Kinzigtal wie selbstverständlich als Verfügungsraum für Infrastruktur dient und genau daraus die Chance für großflächigen Naturschutz entstand. Demgegenüber ist die Erholungsinfrastruktur bislang eher punktuell begrenzt geblieben.

Verfolgt wird hier im Wesentlichen ein positivistischer Zugang zur Beschreibung des Raumes, an einzelnen Stellen werden konstruktivistische Perspektiven einbezogen.

2 Naturraum

Das Kinzigtal erstreckt sich in West-Ost Richtung von der Untermainebene, durch das Büdinger-Meerholzer Hügelland, Spessart mit Büdinger Wald und Vogelsberg bis zum Schlüchterner Becken (siehe Abb. 1). Dies ist eine vereinfachte und modifizierte Einteilung gegenüber der naturräumlichen Gliederung von Klausing (Klausing 1988). Sie wurde entwickelt im Rahmen der Erstellung des Kompensationskonzeptes Kinzig im Jahr 1994 (Archivinformationssystem Hessen) um neben den geologischen und morphologischen Faktoren auch der Landschaftscharakteristik und Nutzung gerecht zu werden (MKK 2008). Das Kinzigtal wurde hier über den Bereich des Gelnhäuser Kinzigtals hinaus, wie es bei Klausing (1988) abgegrenzt ist, bis Schlüchtern erweitert (siehe Abb. 1). Ausschlaggebend dafür war die Zugehörigkeit zur Rinnenlage und die Verbreitung hydromorpher Böden mit überwiegender Grünlandnutzung. Geologisch wird das Kinzigtal von Auelehmen mit eingeschlossenen kiesigen und sandigen Lagen gebildet, die aus angeschwemmten Lößlehmen, Buntsandsteinverwitterung und umgelagerten tertiären Sedimenten bestehen. Das Kinzigtal bildet von Schlüchtern ab eine sich immer mehr verbreiternde flache Talaue, die sich von einer Höhenlage von 200 m über NN bis zur Mündung in den Main auf 100 m über NN absenkt. Durch die sich ändernde Gewässerdynamik sind im Unterlauf Altarme und

Abbildung 1 Naturräumliche Einteilung des Kinzigtals (Main-Kinzig-Kreis 2008)

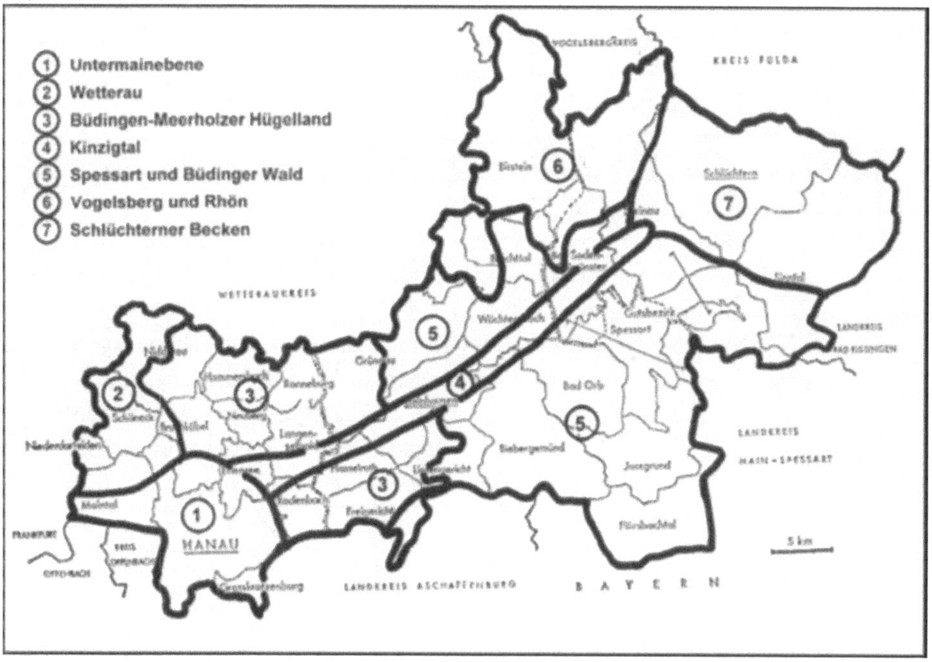

Flutmulden entstanden, die zu unterschiedlichen Feuchtigkeitsverhältnissen in der Aue geführt haben. Aus den Auelehmen haben sich braune Aueböden und Gleye, Nassgleye und stellenweise anmoorige Böden entwickelt. Die potenzielle natürliche Vegetation ist ein artenreicher Stieleichen-Hainbuchen-Auenwald und entlang des Gewässers ein Erlen-Eschen-Baumweiden-Uferwald. Auf stärker Grundwasser beeinflussten Standorten würden örtlich Erlenbruchwälder vorkommen. Das Kinzigtal wird heute überwiegend landwirtschaftlich als Grünland genutzt. Durch Drainagen und Veränderung der Vorfluter sind die natürlichen Grundwasserstände auf vielen Flächen gesenkt, so dass auf nährstoffreichen Böden Ackerbau möglich ist. Das Grünland ist durch Frisch- und Feuchtgrünland geprägt. Vereinzelt kommen noch Nasswiesen und -brachen, aber auch Röhrichte und Seggenrieder vor. Die für die Kinzigaue ehemals charakteristischen artenreichen Wassergreiskraut- und Silauwiesen sind stellenweise auch noch vorhanden.

3 Kulturraum – Epochen der Kulturlandschaftsentwicklung

Die Betrachtung der kulturellen Überformung des Kinzigtals beginnt in der Antike mit der Römerzeit.

3.1 Römerzeit (1. Jh. v. Chr. bis 3. Jh. n. Chr.)

Die Römer waren vor allem nahe der Kinzigmündung in den Main aktiv, hier gab es verschiedene Kastelle u. a. das Kastell Kesselstadt und das Kastell Salisberg (Jüngling 1994a). Der Obergermanisch-Raitische Limes kreuzt die Kinzig weiter östlich bei Erlensee-Rückingen, wo es ein weiteres Kastell gab (Jüngling 1994b). An das Kastell erinnert das südlich zur Kinzig hin gelegene Kastellbad, von dem die meisten Grundmauern rekonstruiert sind. Dies ist Teil des seit 2005 bestehenden UNESCO-Weltkulturerbes „Obergermanisch-Raetischer Limes". Die Römer nutzen die Kinzig auch über den Limes hinaus für den Transport von Holz, Waren oder Soldaten mit Booten und getreidelten Flössen (Kopp o. J.).

Um 260 n. Chr. erobern die Alemannen auch das Kinzigtal (Landesgeschichtliches Informationssystem Hessen. Historisches Ortslexikon Main-Kinzig-Kreis) und siedeln hier an verschiedenen Orten bis in das 5. Jh. Zeugnis dieser Phase gibt z. B. die Stadt Steinau, deren Name auf die Alemannen zurückgehen soll. Steinau oder „Steinaha", wie der Ort damals genannt wurde, bedeutet „Stelle am steinigen Wasser" (Heckert o. J.).

Abbildung 2 Rekonstruierte Fundamente des „Römerbads" in Erlensee. Foto Wippermann 2021

3.2 Frühes Mittelalter

Ab dem 5. Jh. n. Chr. erfolgt die fränkische Landnahme in der Region und auch erste Siedlungen der Franken entstehen im Kinzigtal (Heckert o. J.). Eine stärkere Einbindung in das Frankenreich geschieht durch die Reichsklöster Fulda und Hersfeld.

800 n. Chr. werden infolge einer starken Bevölkerungszunahme selbst die Seitentäler an den Gewässeroberläufen im Einzugsgebiet der Kinzig besiedelt. Für die Ausweitung des Ackerbaus werden große Waldflächen gerodet. Dies führt an den Oberläufen der Flüsse zu einer ersten Phase starker Erosionen des humosen Oberbodens, der sich an den Unterläufen der Kinzig wieder ablagert. Auensedimente aus Erosionen werden in folgenden Jahrhunderten noch weiter angeschwemmt (siehe Kap. 3.3), so dass diese Ablagerungen z. B. im Waldgebiet Bulau in Hanau/Erlensee stellenweise mehr als vier Meter dick sind (Sondey 2008).

3.3 Hochmittelalter

Ende des 10. Jh. spielt das Benediktinerkloster Schlüchtern als überregionales Machtzentrum eine bedeutende Rolle im Kinzigtal. Bis in das 12. Jh. nimmt das Bevölkerungswachstum stark zu. Dies führt zu weiteren noch viel umfangreicheren Rodungen („hochmittelalterliche Rodungsperiode") für Siedlungsflächen aber auch zur weiteren Ausdehnung der Ackerflächen. Neben der damals üblichen Dreifelderwirtschaft werden auch die Waldflächen landwirtschaftlich genutzt. Waldweide gibt es sowohl auf den Hängen als auch in den Auwäldern der Kinzigaue, wie z. B. für die Bulau bei Hanau belegt (Meise 2003). Dazu kommen Erzbergbau- und Hüttenaktivitäten im Kinzigtal z. B. in Gründau und Gelnhausen (Freymann 1991) sowie Salzgewinnung aus Solequellen im heutigen Bad Soden-Salmünster und Bad Orb (Hanna o. J.), die zusätzlich große Holzbedarfe haben, was zu einer weiteren Ausdünnung der Wälder führt (Kopp o. J.).

Die großflächigen Rodungen und die Beackerung der Mittelgebirgshänge von Spessart und Vogelsberg stellen massive Eingriffe dar und verändern die Kinzigaue grundlegend und nachhaltig. Im Abschnitt zwischen Schlüchtern und Hanau hat sich das Hochflutbett der Kinzig auf der gesamten Talbodenbreite durch die Anspülung der erodierten Böden von den Hängen durchschnittlich um 2 bis 3 m, stellenweise auch noch wesentlich mehr erhöht (Seidenschwann 1994). Diese gewaltigen Erosionen an den Hägen werden auch ausgelöst durch heftige Starkregen in der niederschlagsreichen Phase von 1000 bis 1300 (Seidenschwann 1994). In einer verhältnismäßig kurzen Zeitspanne von ca. 200 Jahren verändern sich die Bodenverhältnisse in der Aue und der Kinziglauf grundlegend. Die neu entstehenden Biozönosen und die im Laufe der Zeit verschiedenen Formen der landwirtschaftlichen Nutzung basieren bis in die Gegenwart auf diesen anthropogen bedingten Bodenverhältnissen.

In der Kinzig-Aue dominiert aufgrund der Vernässung und der regelmäßigen Überschwemmungen die Wiesen- und Weidennutzung, im Westen bei Hanau, Rodenbach und Erlensee gibt es auch größere Auewaldbestände. Die Bürger der Altstadt Hanau besitzen ein althergebrachtes Recht, Schweine in den umliegenden Wäldern, besonders der Bulau, zu mästen. Die ältesten Belege dafür liegen aus dem Jahr 1240 vor (Meise 2003). Das niederschlagreiche Klima befördert einerseits den Ackerbau auf den Hängen, bewirkt aber auch weiter Erosionen, Überschwemmungen und Schlammablagerungen im Auenbereich. Der höhere Wasserstand in der Kinzig begünstigt die Schifffahrt zwischen Hanau und Gelnhausen (Lotz 1983). Der zu dieser Zeit bereits teilweise begradigte Kinziglauf von Hanau nach Gelnhausen hat eine Länge von 27–28 km Flussaufwärts werden vermutlich kleine Boote mit Schleppseilen (Treideln) gezogen, flussabwärts ist rudern möglich (Lotz 1983).

Die Wasserburg Hanau wird erstmals 1143 erwähnt. Um die Burg herum entwickelt sich in der Folgezeit eine Siedlung und 1303 verleiht ihr König Albrecht I. das Markt- und Stadtrecht. Im 12. Jh. wird die Stadt Gelnhausen gegründet und parallel entsteht ebenfalls durch Kaiser Friedrich I. (Barbarossa) die Kaiserpfalz in Gelnhausen. Weitere Stadtgründungen an der Kinzig, wie Schlüchtern, Wächtersbach, Salmünster, sowie Steinau an der Straße gehen auf das 12. und 13. Jh. zurück. Die Bezeichnung „an der Straße" weist bis heute auf die Lage der Stadt an der alten Handelsstraße „Via Regia" zwischen den Messeplätzen Frankfurt am Main und Leipzig hin. 1252 wird die Via Regia erstmals offiziell in einer Urkunde des Markgrafen Heinrich von Meißen als Königsstraße (strata regia) erwähnt, ihre Anfänge reichen aber bereits ins 8. und 9. Jh. zurück (Hildebrand und Kramarczyk 1990). Die Via Regia oder auch „Kinzigtalstraße" löst um 1100 nach und nach bisherige Handelswege auf den Mittelgebirgskämmen wie z. B. die „Hohe Straße" oder „Antsanvia" ab. Der Waren- und Reiseverkehr verlagert sich im Laufe der Jahrhunderte talwärts. Mit der Gründung Gelnhausens 1170 und dem Bau der Kaiserpfalz des Stauferkaisers Friedrich I. (Barbarossa) verlieren die Höhenwege endgültig ihre Bedeutung. Die Via Regia von Frankfurt kommend verläuft im Kinzigtal über Langenselbold, Gelnhausen, Wächtersbach, Salmünster, Steinau und Schlüchtern. Die engste Stelle dieser Handelsstraße befindet sich in der Pfarrgasse/Haitzergasse in Gelnhausen. Hier ist die Straße nur drei Meter breit und die Breite der Fuhrwerke und der Ladung hat sich danach zu richten. Auch die Torhäuser der Städte sind Engstellen und nicht selten muss die Ladung ab- und nach der Durchfahrt wieder aufgeladen werden. Nach der Ortsdurchfahrt Gelnhausen heißt die Straße heute noch „Alte Leipziger Straße" (Bub 2016). Die Straße war unterschiedlich befestigt und verläuft außerhalb der Kinzigaue auf den etwas höher gelegenen Bereichen des Tals.

In Steinau wurde in der ehemaligen Amtshofscheune das „Museum an der Straße" eingerichtet. Hier lässt sich nachvollziehen welche große Bedeutung die Handelsstraße zu dieser Zeit für das Kinzigtal und dessen Städte hat. Die Straße prägt Steinau sehr stark, unzählige Menschen sind über die Straße in die Stadt gekommen, müssen hier übernachten, lassen ihre Wagen reparieren – und nehmen ihre Eindrücke von dieser Stadt mit auf die weite Reise (Heckert o. J.).

Die Stadtgründungen und das Siedlungswachstum brauchen Baumaterialien, neben dem Holz aus den Wäldern des Spessarts, des Vogelsbergs und auch der Flussauen werden in der Nähe der Städte soweit vorhanden geeignete Natursteine abgebaut. Viele Steinbrüche entstehen z. B. im Umfeld von Hanau, Gelnhausen oder Wächtersbach. Die Steinbrüche prägen hier im Laufe der Jahrhunderte das Erscheinungsbild der Hänge, das gilt z. B. für Gelnhausen, wo man für die Anlage aller wichtigen Bauten des staufischen Gelnhausens Sandsteine des Unteren Buntsandsteins in großem Umfang abbaut. Für die Kaiserpfalz, die Marienkirche, die Stadtmauer mit Türmen und Toren, Klöster, Rathaus, Mühlen und repräsentative Bürgerhäuser werden diese Sandsteine verwendet (Geschichtsverein Gelnhausen a). Bis in das 20. Jh. sind die Steinbrüche oberhalb der Altstadt sehr präsent.

Abbildung 3 Gelnhausen um 1870 am oberen rechten Bildrand ist ein Steinbruch zu erkennen (Landesgeschichtliches Informationssystem Hessen. Historische Bilddokumente „Die Kinzigbrücke mit dem Zollhaus in Gelnhausen, um 1870")

3.4 Spätmittelalter

Anfang des 14. Jahrhunderts nach der Schlacht bei Lucka 1307, endet das Reich der Staufer und die königliche Zentralgewalt wird im Bereich des Kinzigtals, abgelöst durch verschiedene Territorialhoheiten, zu den Größten zählen das Erzstift Mainz (u. a. Orb), das Hochstift Fulda (u. a. Salmünster, Steinau), die Grafschaft Hanau, die Grafschaft Isenburg (Büdingen) und die Grafschaft Rieneck (Landesgeschichtliches Informationssystem Hessen. Historische Karte). Zu diesem Zeitpunkt beginnt die Zersplitterung des Kinzigtals in verschiedene Herrschaftsbereiche mit jeweils sehr eigenständigen Interessen.

Dies betrifft auch die Via Regia, seit dem 14. Jh. kann für diese Route nicht mehr von der ursprünglichen „Via Regia" gesprochen werden. Die Handelsstraße besteht allerdings, trotz des Niedergangs in einzelnen Abschnitten, fort. Sie steht nun unter landesherrlicher Aufsicht, unter anderem der Fürstabtei Fulda in Hessen und des Erzstifts Mainz am Rhein und ist durch Straßenzwang privilegiert (Hildebrand und Kramarczyk 1990).

Neben der Handelsstraße dient, bis in das Spätmittelalter hinein, wie bereits erwähnt, auch die Kinzig zwischen Hanau und Gelnhausen zum Waren- und v. a. Holztransport (Flößerei). Für die Schifffahrt findet man besonders in Gelnhausen eindeutige Belege (Eckhold 1980). Da die Kinzig nur bis Gelnhausen schiffbar ist, hat Gelnhausen eine wichtige Bedeutung als Umschlagplatz für Waren von der Via Regia auf das Wasser. In Gelnhausen gibt es bis heute das „Schifftor", und bis in das 16. Jh. existiert eine Schiffleute-Zunft. Der Transport erfolgt allerdings nur talwärts, was letztlich unrentabel ist. Zusätzlich erschweren die Versandung und die Anlage zahlreicher Mühlen Schifffahrt und Flößerei (Eckhold 1980). Im Hochmittelter sind über 70 Mühlen an der Kinzig und ihrer Zuläufe entstanden (Klein 2003). Zunächst sind es vor allem Getreidemühlen, im Laufe der Zeit entstehen auch Lohmühlen (v. a. Steinau, Gelnhausen), Papiermühlen (Steinau), Sägemühlen (Hanau) und Walkmühlen (v. a. Hanau, Steinau). Es gibt immer wieder Konflikte zwischen den Mühlenbetreibern und der Schifffahrt durch das Abzweigen von Wasser für Mühlgräben (Ackermann 2020). Die zahlreichen Mühlgräben führen auch zu weiteren Landschaftsveränderungen, stellenweise kommt es zu Vernässungen (Klein 2003) anderswo fehlt Wasser für die Wiesen. Wenn andererseits Bauern Wasser aus der Kinzig für die Bewässerung der Wiesen ableiten erzeugt es wiederum Probleme für die Mühlen (Lotz 1983).

Ab ca. 1300 beginnt mit der „Kleinen Eiszeit" eine Klimawende mit deutlicher Abkühlung und zunehmender Trockenheit, die bis ca. 1700 andauert. Dies verursacht eine Agrarkrise, es kommt zu massiven Missernten. Wirtschaftskrisen und Kriegsereignisse sowie Epidemien, wie die Pest, bewirken zusätzlich starke Bevölkerungsrückgänge und die Aufgabe von Siedlungen auch im Kinzigtal. Es ist auch als spätmittelalterliche Wüstungsperiode (14.–15. Jh.) bekannt (Rösener 2010). Die brachgefallenen Orte und landwirtschaftliche Nutzflächen verwildern und die Wälder können sich stellenweise regenerieren. Bis in das 16. Jh. wird die Kinzig noch für die Schifffahrt und den Transport von Waren, v. a. Holz genutzt, dies endet da sie durch die Trockenheit nicht mehr schiffbar ist (Lotz 1983).

Abbildung 4 Mühle in Gründau-Lieblos – Besteht seit 1554 und wird im Laufe der Jahrhunderte als Mehlmühle, Ölmühle, Papiermühle und aktuell für die Stromerzeugung genutzt. Foto Dettmar 2023

3.5 Neuzeit

Ende des 16. Jh. wird in Hanau für den Zuzug von Hugenotten die Neustadt gegründet. Für deren Bau ist der Transport von Holz und Steinen aus den Wäldern und Steinbrüchen des Hinterlandes notwendig. Deshalb setzt Graf Phillipp Ludwig II. von Hanau-Münzenberg im Jahr 1599 die Summe von 1 000 Gulden aus, um die Kinzig von Bäumen und Hecken zu befreien und am Ufer Platz für einen Leinpfad zu schaffen. Daraufhin wird die Kinzig von der Bulau bis zur Mündung ausgeräumt (Ackermann 2020).

Um die Schifffahrt oder das Flößen auf der Kinzig zu erleichtern werden im Laufe der Jahrhunderte sicher Begradigungen der Kinzig durchgeführt, dies ist insbesondere für enge Kinzigschlaufen wahrscheinlich. Allerdings konnten bezogen auf das 16. und 17. Jh. dazu keine genaueren Angaben oder Karten gefunden werden.

Der Dreißigjährige Krieg (1618–1648) stellt auch im Kinzigtal einen massiven Einschnitt für die Entwicklung der Städte dar. Die alte Handelsstraße wird als Heerstraße genutzt und während des Dreißigjährigen Krieges wird z. B. Gelnhausen mehrfach von plündernden Söldnertruppen überfallen und gebrandschatzt. Diese Zerstörungen, Hungersnöte und Seuchen führten dazu, dass die Stadt zeitweilig nahezu unbewohnbar und entvölkert war. Johann Jacob Christoffel von Grimmelshausen schildert die Verwüstungen Gelnhausens in seinem Roman „Der abenteuerliche Simplicissimus" auf drastische Weise. Nach dem Dreißigjährigen Krieg kommen nur langsam wieder Menschen nach Gelnhausen, da es aber keine kaiserliche Förderung wie im Mittelalter gibt, siedeln sich nun arme Bauern und Handwerker aus der Umgebung an und errichten auf den alten Keller- und Sockelgeschossen der zerstörten Bauten ihre einfachen Fachwerkhäuser. Diese Bauten prägen die Altstadt Gelnhausens bis heute (Heckert o. J.).

Nicht nur der Dreißigjährige Krieg, sondern auch weitere verheerende Kriege bis in das frühe 18. Jh. führen in vielen Teilen Europas zu einem allgemeinen Niedergang der Städte, dem Rückgang des Fernhandels und dem Verfall der Straßensysteme. Zudem entstehen im Laufe der Zeit mit Wien, Berlin, Warschau, Moskau neue Herrschaftszentren von europäischer Bedeutung, woran sich die weitere Entwicklung des Verkehrswesens orientiert, sodass die Via Regia ihre dominierende Rolle als Ost-West-Landverbindung in Europa verliert (Europäisches Kultur- und Informationszentrum in Thüringen a).

Der letzte Versuch die Kinzig als Schifffahrtsweg auszubauen erfolgt Anfang des 18. Jh. Nach langem Bemühen wird 1699 auf Bestreben von Oberstleutnant Johann Gottfried von Glaubitz als Lehen vom Hanauer Grafen ein Vertrag über den Verkehr auf der Kinzig mit den verschiedenen Territorien entlang der Kinzig geschlossen. Darauf schlägt man in Steinau große Mengen Holz als Brennholz für das Salzwerk Orb. Im Frühjahr des Jahres 1700 räumen dafür bestellte Bauern die Kinzig von Steinau bis Salmünster um das Holz flößen zu können. Auch in diesem Zusammenhang können wieder Begradigungen der Kinzig erfolgt sein.

Letztlich scheitert aber um 1715 die Nutzung der Kinzig zum einen an dem vielfachen Widerstand verschiedener Grundbesitzer und Adeliger wegen ungelöster Entschädigungsfragen und möglicher Beeinträchtigung ihrer Mühlen endgültig (Ackermann 2020). Kleine und kleinste, ebenso wie mächtige Staaten-Gebilde, die jeweils ihre Souveränität demonstrieren, verhindern die Entwicklung eines durchgängigen Wasserweges, als alternativen Transport und Verkehrsweg zur parallel verlaufenden „Via Regia". Zum anderen tragen auch die schwierigen naturgegebenen Verhältnisse der mäandrierenden Kinzig, der ausgedehnte sumpfige Auengrund im Unterlauf und die geringe Wassermenge im Oberlauf zum Scheitern bei (Ackermann 2020).

Neben den schon angesprochenen Klimaveränderungen im Mittelalter, die zu höheren oder niedrigeren Wasserständen in der Kinzig führen, gibt es immer wieder auch außergewöhnliche Hochwasserereignisse mit größeren Überschwemmungen, auch der an die Aue angrenzenden Siedlungsflächen und es entstehen massive Schäden an den Kinzig-Mühlen. Derartige außergewöhnlich starke Hochwasserereignisse sind z. B. aus den Jahren 1557, 1590, 1748, 1766, 1774–1791 (insgesamt 170 Tage Hochwasser), 1793 überliefert (Lotz 1983), eine Auflistung weiterer großer Hochwasserereignisse finden sich bei Seidenschwann (1994). Es ist davon auszugehen, dass auch wegen dieser Dynamik die Kinzigaue bis zum Ende des 18 Jh. überwiegend durch Wiesen und Auewälder geprägt war.

Im 18 Jh. verändert sich die Landwirtschaft, es beginnt der Ersatz der über Jahrhunderte üblichen Waldweide durch die Stallfütterung. Gleichzeitig geht der Holzbedarf zurück, aus den lichten Hudewäldern werden nach und nach wieder dichtere Waldbestände. Anfang des 19 Jh. beginnt dann auch im Kinzigtal eine geregelte und nachhaltigere Forstwirtschaft. Die Wälder werden auch für die Jagd genutzt, wie z. B. die Bulau durch die Grafen von Hanau. Graf Johann Reinhard III. errichtet hier 1715 das kleine Jagdschloss Wolfgang. Trotzdem endet die Waldweide durch Schweine in der Bulau erst im Jahr 1878 (Meise 2003).

Als Nachfolgerin der mittelalterlichen Via Regia wird ab 1764 auf Anweisung des Fuldaer Fürstabts Heinrich von Bibra die Frankfurt-Leipziger Reichs- und Geleitstraße zwischen Frankfurt und Fulda als eine der ersten Landstraßen in Hessen zu einer Chaussee ausgebaut. Sie galt damals wegen ihrer Breite als sensationell und wird von vielen Fuhrleuten als technische Meisterleistung gerühmt. Ein Stück der historischen Reichsstraße zwischen Steinau und Bad Soden hat man vor einigen Jahren vom Grund der Kinzigtalsperre geborgen und ist heute im Freigelände des Museums Steinau ausgestellt. Die Straßenpflasterung stammt aus dem späten 18./frühen 19. Jh. (Europäisches Kultur- und Informationszentrum in Thüringen b).

Das Landschaftsbild vieler Kulturlandschaften auch des Kinzigtals verändert sich seit Anfang des 19. Jh. sehr stark. Es erfolgt der endgültige Übergang von der Dreifelderwirtschaft zur Fruchtwechselwirtschaft, damit verbunden ist die Teilung und Privatisierung der Allmenden und Marktwälder. Es kommt also zu einer grundlegenden Flurneuordnung (Kopp o. J.). Dies betrifft im Kinzigtal vor allem die Hangbereiche oberhalb der Aue. So entstehen z. B. ausgedehnte Ackerflächen im Büdinger-Meerhol-

Abbildung 5 Karte der Kreise Hanau, Gelnhausen und Schlüchtern um 1800 (MKK – Main-Kinzig-Kreis. 50+ Jahre Gebietsreform)

zer Hügelland. Der seit dem Mittelalter hier noch betriebene Weinanbau wird nach und nach aufgegeben und endet zuletzt in Gelnhausen Anfang des 20 Jh. (Scheid und Vinnen 2019). Waldbestände finden sich im Büdinger-Meerholzer Hügelland nur auf Bergrücken und Kuppen. In der Untermainebene, auch im Auenbereich der Kinzig erstrecken sich v.a. im Bereich Langenselbold noch größere Auewaldbestände.

Auf den Beginn des 19 Jh. kann man auch die Anfänge des Kurbetriebes in Bad Soden zurückführen. Im Mittelalter hatte man die salzhaltigen Quellen zur Salzgewinnung genutzt bis dies im 18. Jh. nicht mehr rentabel war. Nun entdeckt man das Salzvorkommen aus Zechsteinschichten neu und begreift es als Chance. Auf dieser Basis entwickelt sich in Soden schrittweise ein reger Kurbetrieb (Heckert o.J.).

Nach Ende der napoleonischen Zeit 1815 erfolgen erneut Umstrukturierung durch die Zusammenlegung verschiedener Territorien in Kreise (LAGIS Hessen). 1821 gibt es in der kurhessischen Provinz Hanau vier Kreise: Gelnhausen (Bieber, Gelnhausen, Langenselbold, Meerholz), Kreis Salmünster (Salmünster, Wächtersbach), Kreis Schlüchtern (Schwarzenfels, Steinau), Hanau (Hanau, Bergen, Dorheim, Windecken). Am 1. Januar 1830 wird dann der Kreis Salmünster bereits wieder aufgelöst. Dabei wurden das Amt Salmünster nebst dem Gericht Romsthal mit dem Kreis Schlüchtern und die Ämter Wächtersbach und Birstein mit dem Kreis Gelnhausen „vereinigt" (Kreis Salmünster). Die drei verbliebenen Landkreise ordnet man nach der Annektierung von Kurhessen durch Preußen 1866/67 dem Regierungsbezirk Kassel zu und damit in die preußische Provinz Hessen-Nassau. Die ehemalige Provinz Hanau wird aufgelöst. Dazu kommt der Landgerichtsbezirk Orb vom Königreich Bayern nach Preußen in den Kreis Gelnhausen. 1885 geht die Umsortierung weiter, der Kreis Hanau wird durch die Abtrennung des neuen Landkreises Frankfurt sowie der Ausgliederung der Stadt Hanau verkleinert. Seitdem bestanden die zwei Kreise (Gelnhausen und Schlüchtern, sie hießen erst nach dem Zweiten Weltkrieg Landkreise) sowie die nun kreisfreie Stadt Hanau und der Landkreis Hanau weitgehend unverändert bis in die 1970er Jahre. Allerdings wechselten Hanau und die drei Kreise noch zweimal den Regierungsbezirk, sie kamen 1944 zum Regierungsbezirk Wiesbaden und 1968 zum Regierungsbezirk Darmstadt (Main-Kinzig-Kreis).

3.6 Industrialisierung

Ab Mitte des 19. Jh. nimmt auch im Kinzigtal, insbesondere in Hanau, die Industrialisierung Fahrt auf. In der Folge nimmt die Siedlungsentwicklung und Verstädterung vor allem in der Untermainebene deutlich zu. Begünstigt durch die Lage an Main und Kinzig sowie an den Landstraßen von Frankfurt nach Leipzig bzw. Nürnberg und durch den frühen Bau einer Eisenbahnlinie nach Frankfurt (1848) wächst Hanau rasch zu einer lebhaften Industriestadt. Neben der Textilindustrie, der Tabak- und Holzindustrie entwickelte sich vor allem das Edelmetallgewerbe, das Hanau den Beinamen „Stadt des edlen Schmucks" verschafft. Die notwendige Infrastruktur wird ab etwa 1890 mit einer zentralen Wasser- und Elektrizitätsversorgung geschaffen (Kulturregion Frankfurt Rhein Main).

In dieser Phase der Industrialisierung verändert sich auch das restliche Kinzigtal. Der Bau der Kinzigtalbahn (Frankfurt–Fulda) 1867–1888, überwiegend durch und am Rand der Aue gebaut, überformt als lineare technische Verkehrsinfrastruktur mit den Aufschüttungen des Bahndamms und den Einschnitten an den Hängen die vorindustrielle Kulturlandschaft. Die Anbindung der Städte im Kinzigtal an das Rhein Main Gebiet führt zu einem weiteren Wachstumsschub für Wohnsiedlungen und Gewerbegebiete. Der Bahndamm am Rand der Aue leistet u. a. im Bereich zwischen Rodenbach und Gelnhausen Hailer auch einen Beitrag zum Hochwasserschutz.

Zu Beginn des 20. Jh. wird durch den zunehmenden Einsatz von Maschinen und Kunstdünger die Landwirtschaft weiter intensiviert. Viele Bachauen, auch im Kinzigtal, werden mehr und mehr entwässert, und die Umwandlung von Grünland in Acker nimmt zu. Insgesamt kommt es zu einer starken Ausräumung der Feldflur. In diesen Zusammenhang gehört auch die nun im größeren Maßstab anlaufende Begradigung der Kinzig, hat sie 1889 noch eine Länge von 92 km, beträgt die Fließstrecke 1983 nur noch 81 km (Lotz 1983).

Auch der Aus- und Aufbau der Militärinfrastruktur wird in der ersten Hälfte des 20. Jh. an einigen Stellen im Kinzigtal zu einem landschaftsprägenden Faktor. Es ent-

Abbildung 6 Hanau und das östlich angrenzende Kinzigtal vor dem Bau der Kinzigtaleisenbahn (1867–1888) Ausschnitt aus Historischer Karte – Kurfürstenthum Hessen Niveau Karte auf 112 Blättern, Kassel 1840–1861/107. Hanau 1:25 000 (Landesgeschichtliches Informationssystem Hessen. Historische Karte – Kurfürstenthum Hessen).

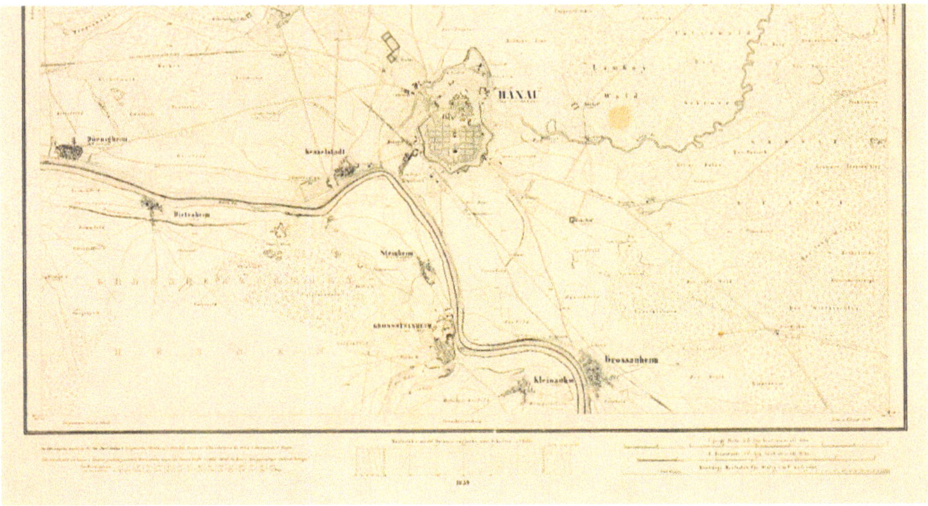

Abbildung 7 Kinzigaue bei Gelnhausen um 1910 mit kleinteiliger Parzellierung der Hänge (Landesgeschichtliches Informationssystem Hessen. Historische Bilddokumente: „Älterer Mann mit Schubkarre in der Nähe von Gelnhausen, um 1910").

stehen weitere Kasernen, z. B. 1910 in Hanau Lamboy für die Eisenbahnpioniere der Militäreisenbahn Hanau. Dazu kommt ein planmäßig angelegter Wasserübungsplatz für die Eisenbahnpioniere in der Kleinen Bulau nördlich der später gebauten Pionier-Kaserne mitten im Auwald. Der ‚Wasserübungsplatz Kinzig' wird von 1910 bis 1918 von Eisenbahnpionieren als Übungs- und Ausbildungsgelände genutzt. Zu sehen sind heute noch diverse langgestreckte Vertiefungen, über die die Brücken zu bauen waren; außerdem eisenbahntechnische Anlagen wie Brückenköpfe bzw. Widerlager, die zum Bau von Brücken über die Kinzig verwendet wurden (Landesamt für Denkmalpflege Hessen).

1938 errichtet die Wehrmacht an der Reichsstraße 8, zwischen Hanau und Wolfgang im Waldgebiet Bulau, direkt in und an der Kinzigaue die neue „Pionier-Kaserne". Auf dem rund 50 ha großen Gelände wird der Wald gerodet und es entsteht mit einer halbkreisförmigen Anordnung der Gebäude ein Kasernenkomplex. Dazu gehört auch eine umfangreiche Schieneninfrastruktur mit Anschluss an das Bahnnetz. Die Pionier-Kaserne wird von der Wehrmacht bis zum Ende des Zweiten Weltkriegs genutzt. Danach besetzte die US-Armee das Gelände, änderte den Namen leicht ab und stationierte dort zahlreiche Truppen. Dazu entstanden südöstlich der Kaserne die „Pioneer Housing Area" und auf der anderen Seite der Bundesstraße 8 die „Sportsfield Housing" als Wohnanlagen für die Soldaten und Zivilangestellte. Ende 2008 räumte die US-Armee die Pioneer-Kaserne und alle weiteren noch verbliebenen Standorte im Hanauer Stadtgebiet (Pioneer Kaserne Hanau).

Ein weiteres Beispiel für militärische Überformung der Landschaft findet sich in Gründau-Rothenbergen. Auf der Fläche des heutigen Industrieparks südlich der Jahnstraße und nördlich der A66 wird von 1935 bis 1937 im Zuge der nationalsozialistischen Kriegsvorbereitung ein Fliegerhorst gebaut. Dafür müssen Bauern ihr Land eintauschen, Wiesen werden trockengelegt, die Kinzig begradigt und ein Damm gegen Überschwemmungen aufgeschüttet. Auf Luftbildern aus den 1940er Jahren kann man die riesigen Ausmaße des Flugplatzes erkennen (siehe Abb. 8). Der Bau des Militärflugplatzes verändert auch das bäuerlich geprägte Alltagsleben. Die Einwohnerzahl steigt, es entstehen Arbeitsplätze, Soldaten prägen das Ortsbild. Aus dem Bauerndorf an der Reichs Straße wird deshalb ein militärisches Ziel im Zweiten Weltkrieg. Kurz bevor die Amerikaner im Frühjahr 1945 Rothenbergen vom Nationalsozialismus befreien, sprengen deutsche Soldaten den größten Teil der Militäreinrichtungen. Spuren der Militäranlage z. B. Bunkerreste sind heute noch sichtbar. Ab den 1950er Jahren entsteht dann auf der Fläche ein Industriegebiet (Heckert o. J.).

Der II. Weltkrieg trifft auch die Stadt Hanau massiv, ein verheerender Bombenangriff am 19. März 1945 zerstört sowohl die Innenstadt als auch weite Teile der Industrieanlagen, insgesamt sind hier rund 90 % der Bausubstanz vernichtet. Zahlreiche bis heute erkennbare Bombenkrater in der Bulau zeigen die Dimension der Luftangriffe (Kulturregion Frankfurt Rhein Main). Auch in anderen Städten wie z. B. Gelnhausen gibt es Kriegsschäden allerdings in einem deutlich geringeren Umfang (Geschichtsverein Gelnhausen b).

Abbildung 8 Karte des Fliegerhorstes Gründau-Rothenbergen/Gelnhausen (Archäologisches Spessartprojekt 2015)

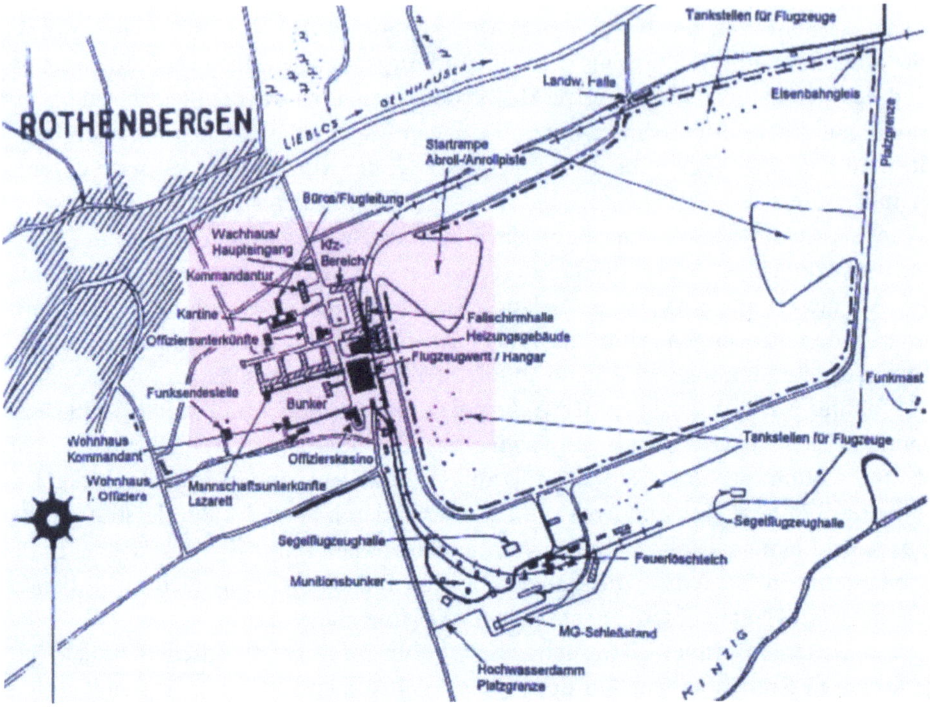

3.7 Nach 1945 – Wiederaufbau und Wirtschaftswunder

Nach dem Zusammenbruch von Nazi-Deutschland und dem Ende des II. Weltkriegs beginnt die Phase des Wiederaufbaus der zerstörten oder beschädigten Siedlungsbereiche, stellenweise entstehen Ersatzsiedlungen. Dies zieht sich bis in die 1950er Jahre.

Während ehemals militärisch genutzte Flugplätze wie z. B. in Gründau-Rothenbergen (siehe Abschnitt 3.6) wieder verschwinden, entstehen Anfang der 1950er Jahre in Langenselbold und Gelnhausen neue Segelflugplätze als die ersten größeren Sport- und Freizeitanlagen unmittelbar in der Kinzigaue.

Flurbereinigung und Siedlungswachstum in den 1950er und 60er Jahren verändern in relativ kurzer Zeit das Landschaftsbild und den Charakter des Kinzigtals erheblich. Im Kinzigtal (zwischen Hanau und Schlüchtern) werden im Zeitraum von 1945 bis 1970 (Beginn des Baus der A66 siehe nächste Seite) etwa 23 Flurbereinigungsverfahren durchgeführt (Schriftliche Mitteilung vom Amt für Bodenmanagement Büdingen vom 17. 08. 2013). Die Kinzig wird in diesem Zeitraum vor allem aus Hochwasserschutzgründen weiter begradigt und die Uferränder durch Steinschüttungen befestigt. Das Ziel der Flurbereinigung ist die Landwirtschaft weiter zu effektivieren. Dafür werden Feuchtgebiete entwässert, auch Bachläufe begradigt und befestigt. Der Einsatz von Düngern und Pflanzenschutzmitteln steigert sich erheblich (Kopp o. J.). Bei Flurbereinigungsmaßnahmen verschwindet die kleinteilige Landwirtschaft, die noch in den 1950er Jahren in dem Kinzigtal vorhanden ist. So verhandelt man z. B. 1953 zur Einrichtung des Segelflugbetriebes auf ca. 2 ha Wiesenfläche in der Langenselbolder Kinzigaue mit 90 Grundstückseigentümer (Aero Club Langenselbold). Auf historischen Luftbildern aus den Jahren 1950er Jahren kann man die kleinteilige Parzellierung vor der Flurbereinigung v. a. bei Ackerflächen am Rand der Kinzigaue gut erkennen. Sichtbar wird auf den etwas älteren Luftbildern aus den 1960er Jahren, dass nun im Bereich zwischen Erlensee und Gründau Ackerflächen bis unmittelbar an das Kinzigufer reichen (Hessisches Landesamt für Bodenmanagement und Geoinformation – Geoportal).

Dazu kommt ab ca. 1960 ein intensives Siedlungswachstum an den Ortsrändern fast aller Kommunen im Kinzigtal. Dies führt zu einem starken Verlust der traditionellen Grünstrukturen im Übergang der historischen Bebauung zur Kinzigaue. Auch dieses Wachstum ist auf den historischen Luftbildern dieser Zeit gut zu erkennen (Hessisches Landesamt für Bodenmanagement und Geoinformation – Geoportal).

Viele der bis in die 1950er Jahre noch erkennbare Elemente der vorindustriellen Kulturlandschaft verschwinden, das Kinzigtal wird an den Auenrändern und in der Aue deutlich strukturärmer und gleichförmiger. Auch der Charakter der zuvor stärker in die Landschaft eingepassten Siedlungen verändert sich, die Siedlungsstrukturen an den Hängen von Vogelsberg und Spessart aber auch in der Untermainebene und dem Büdinger-Meerholzer Hügelland werden zu einem sehr viel stärker dominierenden, das Landschaftsbild bestimmenden Element. Hinzu kommt der Ausbau der Starkstromtrassen, die heute durch das Kinzigtal führen (FLOSM Themenkarten online).

Die Transformation der Kulturlandschaft im Kinzigtal erreicht Ende der 1960er Jahre durch den massiven Ausbau der Verkehrsinfrastruktur mit Autobahnen und Bundesstraßen eine weitere Stufe. Dies kann man in Verbindung bringen mit der Neugründung des Main-Kinzig-Kreis (MKK) im Jahr 1974. Er entsteht aus dem Zusammenschluss der bis dahin vorhandenen drei Kreise Hanau, Gelnhausen und Schlüchtern sowie der Stadt Hanau, die im MKK einen Sonderstatus bekommt. „Geschichtlich betrachtet ist der MKK ein heterogenes Gebilde, das erst im Zuge der Gebietsreform 1974 entstanden ist. Dabei konnte nur teilweise an ältere, historisch gewachsene Raumeinheiten angeknüpft werden. Der heutige MKK umfasst eine großflächige Landschaft, die durch unterschiedliche Zugehörigkeiten von Beginn der spätmittelalterlichen Territorialisierung des Raumes an über zahlreiche Verwaltungsumstrukturierungen von 19. bis ins 20. Jh. hinein beträchtliche Veränderungen erfahren hat." (Landesgeschichtliches Informationssystem Hessen. Historische Karte). Das Zusammenwachsen des MKK in der Folge ist ein schwieriger Prozess. Das wichtigste Projekt nach dem Zusammenschluss ist der Weiterbau der A66 zwischen Hanau und Fulda (siehe Kapitel 3.8) (Main-Kinzig-Kreis 50+ Jahre Gebietsreform).

Im Jahr 2011 wird der Regionalverband FrankfurtRheinMain gegründet und der westliche Teil des Main-Kinzig-Kreises mit den Kinzig-Anrainerkommunen Hanau, Rodenbach, Erlensee und Langenselbold dem Ballungsraum RheinMain zugeordnet (Regionalverband FrankfurtRheinMain a). Damit sind auch formale Zuständigkeiten in der Flächennutzungs- und Regionalplanung und bei Förderkulissen verbunden. Der östliche Teil des Kinzigtals bleibt in der Zuständigkeit des Regierungspräsidiums Darmstadt. Trotz aller Abstimmung bei der der Regionalplanung bleibt eine gewisse „Heterogenität" und Zersplitterung so auch heute noch erhalten.

3.8 Nach 1960

3.8.1 Neubau von A45 und A66

Eine durchgehende Verkehrsverbindung und wichtige Handelsroute durch das Kinzigtal reicht wie beschrieben bis zur mittelalterlichen Via Regia zurück, aus der später die Frankfurt-Leipziger-Reichsstraße und schließlich die Bundesstraße 40 wird (siehe Kapitel 3.5). Bei Schaffung des neuen Main-Kinzig-Kreises 1974 fehlt es an einem zeitgemäßen schnellen Verkehrsweg für Autos zwischen dem Rhein-Main-Gebiet und dem Raum Fulda. Die Notwendigkeit einer solchen Anbindung fordern Politik und Wirtschaft ab den 1960ern verstärkt. Allerdings herrscht zu diesem Zeitpunkt noch Uneinigkeit über Art und Verlauf der Trasse, diskutiert wurde der Ausbau der bestehenden B40 mit Ortsumgehungen oder eine Autobahn von Frankfurt bis Fulda. Letzteres wird schließlich realisiert (Main-Kinzig-Kreis 50+ Jahre Gebietsreform).

Die Trassenführung der A45 und die Neutrassierung der Bundesstraßen 8 und 43 fest zu zurren, war offensichtlich kein leichtes Unterfangen. So berichtet der *Hanauer Anzeiger* am 17.12.1968 über ein Treffen des damaligen Landrates Martin Woythal (SPD) mit den Bürgermeistern aus Großkrotzenburg, Großauheim, Wolfgang, Niederrodenbach, Rückingen, Langendiebach und Langenselbold, bei dem man erst einmal keinen Konsens findet (Kleinerüschkamp 2019).

Zwischen Erlensee und Gründau-Rothenbergen wird schon Anfang der 1970er Jahre die B40 zweibahnig und kreuzungsfrei ausgebaut. Der Weiterbau der A66 von Hanau durch das Kinzigtal folgt dann ab den 1970er Jahren. Bis 1974 entstehen zunächst zwei kürze Teilstücke bei Gelnhausen und Bad Soden-Salmünster, bis Mitte der 1980er Jahre ist der größtenteils im Kinzigtal verlaufende Abschnitt vom Langenselbolder Dreieck bis kurz hinter die Anschlussstelle Bad Soden-Salmünster fertiggestellt. Mit dem Bau der A45 die Ende der 1970er Jahre in Nord-Süd Richtung quer durch die Bulau gebaut wird, entsteht östlich von Erlensee ein höhenfreier Knotenpunkt zwischen der Autobahn und der autobahnähnlich ausgebauten Bundesstraße B8. Man verbindet dann das bestehende kurze Teilstück bei Gelnhausen mit der bereits autobahnähnlichen B40 und stuft letztere 1984 zur A66 hoch. Seitdem nutzt die A66 auf rund 3 km eine gemeinsame Fahrbahn mit der A45 (Bundesautobahn 66).

Die Verkehrsbelastung auf der B40 nimmt in den 1960er Jahren massiv zu, der Zeitgeist des automobilen Fortschritts und der Glaube daran, dass dies die wirtschaftliche Entwicklung der Region befördert und gleichzeitig viele Verkehrsprobleme in den Städten löst, ist sehr groß (Main-Kinzig-Kreis 50+ Jahre Gebietsreform).

Es gibt 1968 nur wenige kritische Stimmen gegen den Autobahnausbau. In dem Hanauer Anzeiger erscheint am 16.12.1968 ein Bericht über den „Protest gegen die zweite Autobahnstraße durch das Waldgebiet der Bulau". Tenor ist, dass mit dem Bau der A45 in einen intakten Naturraum eingegriffen wird. Im Zuge des Baus sieht der damalige Bezirksvorstand Hanau-Gelnhausen der Schutzgemeinschaft Deutscher Wald und der Verein der Freunde und Förderer der Bulau „den letzten Erholungsraum gefährdet". Wer damals beispielsweise mit dem Rad den kürzesten Weg zwischen den Orten Hanau und Niederrodenbach durch die Bulau nutzen will, der muss sehr stark umdenken, weil gewohnte Wege auf einmal nicht mehr existierten und direkt an aufgeschütteten Erddämmen enden, die die Trassen aufnehmen sollen. Vor dem Bau der A45 war auch schon ein Gewirr aus mehrspurigen Trassen, Zubringern, Auf- und Abfahrten gebaut worden. So ist im *Hanauer Anzeiger* auch die Rede davon, dass der Bau der A66 nicht zu verhindern gewesen sei. Der Trasse sei bereits der nördliche Waldgürtel der Stadt Hanau zum Opfer gefallen. „Mit dem abermaligen Zerschneiden des Waldes würde den Bürgern des dichtbesiedelten Industriegebietes der letzte Walderholungsraum genommen. Es nützt nicht, sich auf Artikel 62 der Hessischen Verfassung zu berufen, wonach die Landschaft den Schutz und die Pflege des Staates genieße. Die Bedrohung der Gesundheit müsse umso ernster genommen werden, als fast unbemerkt von der breiten Öffentlichkeit bei Hanau-Wolfgang rund 40 ha schönster Eichenmischwaldungen als industrielles Bauland ausgewiesen worden seien, so die Naturschützer, die in diesem Zusammenhang auf die zeitgleiche Erweiterung des Industrieareals in Hanau-Wolfgang anspielen. Damit habe man eine Waldzerstörung, wie sie in Hessen bisher in einem solchen Ausmaß unbekannt war, heißt es weiter. Die übrig gebliebenen Flächen sollten laut Paragraph 19 des Hessischen Forstgesetzes als „Schonwald" ausgewiesen werden." (Kleinerüschkamp 2019).

3.8.2 Weiterbau und Lückenschluss der A66 1980er und 90er Jahre

Bis Anfang der 1980er Jahre werden Maintal, Hanau, Langenselbold, Gründau und Gelnhausen an die A66 bis nach Frankfurt angeschlossen. 1985 folgt das Teilstück zwischen Gelnhausen-Ost und Bad Soden-Salmünster. Die Autobahn hat ihr vorläufiges Ende am Dorf Ahl wo sie auf die B40 mündet. Der massive Verkehr mit mehr als 21 000 Fahrzeuge pro Tag belastet das Dorf, die Bewohner Ahls drängen auf einen schnellen Beginn der Bauarbeiten am Autobahnteilstück bis nach Schlüchtern. Ihrem Anliegen verschaffen sie durch eine Bürgerinitiative mit zahlreichen Aktionen Gehör. Im Dezember 1988 folgt der Planfeststellungsbeschluss für den nächsten Bauabschnitt bis nördlich Schlüchtern (Main-Kinzig-Kreis 50+ Jahre Gebietsreform).

Mit der Grenzöffnung 1989 und der Deutschen Einheit nimmt das Verkehrsaufkommen auf der wichtigen Ost-West-Verbindung nochmals stark zu. Für die unmittelbaren Anwohner bedeutet dies eine enorme Belastung durch Lärm, Schmutz und Abgase. Steinaus Beiname „an der Straße", der eigentlich auf die historische Handelsroute hinweist, wird zu in diesem Zeitpunkt eher negativ verstanden. Auch Arbeitgeber und Pendler in der Region sehnen dem Bau des Abschnitts entgegen. Sie versprechen sich von der Autobahn Kostenersparnisse durch kürzere Fahrtzeiten und einen stressfreieren Weg zur Arbeit. Die Verkehrsfreigabe des Autobahnteilstücks bis nach Schlüchtern am 16. Dezember 1994 bietet daher in Ahl und Steinau Anlass zum Feiern (Main-Kinzig-Kreis 50+ Jahre Gebietsreform).

„Doch nicht alle zeigen sich mit dem Weiterbau der A66 einverstanden: „Die A66 war eine falsche verkehrspolitische Entscheidung, wohl aus Profilierungsgründen einzelner Politiker oder auch aus militärischen Erwägungen." So lautet das Urteil des Bundes für Umwelt- und Naturschutz (BUND). Ein Ausbau der B40 mit Ortsumgehungen wäre ausreichend gewesen und hätte geringere Eingriffe in die „Naturräume und Erholungslandschaften" im Bereich Bad Soden-Salmünster und Steinau bedeutet. Im Februar 1989 klagt der BUND gegen die beschlossene Trassenführung. Da keine schnelle Einigung erzielt werden kann, ordnet der hessische Verkehrsminister im März 1989 den „Sofortvollzug" der Baumaßnahmen an. Diese beginnen wenige Tage später. Im Dezember 1989 einigt sich das Land dann mit dem BUND auf einen Kompromiss. Statt des bisher geplanten konventionellen Autobahndamms, der laut BUND einer „Abriegelung" des Tals für die Natur gleichgekommen wäre, wird der Bau der 985 m langen „Kinzigtalbrücke" quer über das Kinzigtal bei Bad Soden festgelegt." (Main-Kinzig-Kreis 50+ Jahre Gebietsreform).

Mit Eröffnung des A66-Abschnitts bis nach Schlüchtern 1994, ist der Main-Kinzig-Kreis von Ost nach West vernetzt (Main-Kinzig-Kreis 50+ Jahre Gebietsreform). Insgesamt etwa 10 größere Flurbereinigungsmaßnahmen wurden von 1970 bis Mitte der 1990er Jahre durchgeführt um den Bau der A66 möglich zu machen (Schriftliche Mitteilung vom Amt für Bodenmanagement Büdingen vom 17.08.2023). Dies führt durch die Zusammenführung und Umlegung von Flurstücken auch zu einer weiteren Veränderung der Landwirtschaftsflächen. Mit den Flurbereinigungen werden auch die eigentumsrechtlichen Voraussetzungen für die Einrichtung der Sand- und Kiesabbauflächen in der Kinzigaue geschaffen, die Baumaterial für den Autobahnbau liefern. Auch naturschutzrechtliche Ausgleichs- und Ersatzmaßnahmen, die durch den Autobahnbau notwendig werden, sind mit Flurbereinigungen verknüpft.

Rückblickend ist es erstaunlich, dass trotz der Hochzeit der deutschen Umweltbewegung in den 1970er und 80er Jahre der Widerstand gegen den Bau der A66 vergleichsweise gering ist. Soweit dies heute nachvollziehbar ist, gibt es nur die erwähnten Stellungnahmen des BUND (siehe oben). Offensichtlich hat eine sehr große Mehrheit der im Kinzigtal ansässigen Bevölkerung keine Probleme mit dem Autobahnbau, viele begrüßen ihn als eindeutige Verbesserung der Verkehrssituation und der Anbindung an das Rhein-Main-Gebiet. Entsprechend agiert die lokale und regionale Politik.

Abbildung 9 Die Kinzigtalbrücke der A66 bei Bad Soden. Foto Dettmar 2021

3.8.3 Sand- und Kiesabbau in der Kinzigaue für den Bau der A66

Eng verbunden mit dem Bau der A66 ist, durch die Förderung von Kies und Sand als Baumaterial, die Entstehung mehrerer Seen bei Hanau/Erlensee und Langenselbold in der Kinzigaue. Auch hier verändert sich die Kulturlandschaft, aus Wald- oder Wiesenflächen werden Abbaugebiete und schließlich Stillgewässer, die in der Folge dem Angelsport, dem Naturschutz oder der Erholung dienen.

Es gibt zwar einige wenige künstliche Gewässer in der Kinzigaue, die bereits in den 1950er Jahren durch Sand- und Kiesabbau entstanden sind, wie z. B. die Seenplatte in Rodenbach aber zu einem landschaftsbestimmenden Faktor größerer Ausdehnung werden die künstlichen Gewässer erst mit dem Bau der A66. Auch in Rodenbach dienen die Gewässer „Birken- und Schwalbensee" seit den 1970er Jahren vor allem dem Angeln, darüber hinaus sind hier im Rahmen des Freizeitparks Rodenbach 170 Campingdauerstellplätze und Ferienhäuser entstanden. Südlich der Kinzigtalbahn grenzt der Badesee Rodenbach an, der seit 1986 genutzt wird.

Bei dem 17 ha großen Erlensee beginnt der Abbau von Material für die A66 mitten in dem Auewaldgebiet Bulau in den 1970er Jahren und endet 1981. Er ist seitdem im Besitz eines Angelvereins, dient als Angelsee und seit 1989 Teil des NSG Erlensee in der Bulau. Der Kinzigsee (23 ha) und der Ruhlsee (17 ha) in Langenselbold entstehen ebenfalls im Zuge des Autobahnbaus in den 1970er Jahren in den Wiesen der Kinzigaue. Der Kinzigsee wird bereits in den 1980er Jahren als Badesee genutzt und dafür weiter ausgebaut. In den 1980er Jahren entwickelt man angrenzend an den See den Freizeitpark Kinzigsee mit ca. 500 Dauerstellplätzen für Camping und Ferien-

Abbildung 10 Das Naturschutzgebiet Ruhlsee. Foto Dettmar 2022

häuser. Nach den beiden Segelflugplätzen in Langenselbold und Gelnhausen ist dies eine weitere große Sport- und Freizeitinfrastruktur, die ein regionales Einzugsgebiet hat (Hessisches Landesamt für Naturschutz, Umwelt und Geologie – Badeseen in Hessen).

Der Abbau des Ruhlsee beginnt auch in den 1970er Jahren, er wird aber direkt nach Ende des Abbaus 1980 als NSG und 2008 als FFH Gebiet ausgewiesen. Ab 2009 erfolgt im Rahmen des „Kompensationskonzeptes Kinzig" (siehe Kapitel 3.11) eine großangelegte Renaturierung (Hessische Gesellschaft für Ornithologie und Naturschutz e. V.; Hufmann 2013)

3.9 Nach 1960 – Regionales Wassermanagement und Hochwasserschutz

Anfang der 1960er Jahre entsteht auch der Wasserverband Kinzig, ursprünglich als reiner Trinkwasser-Beschaffungsverband von den Städten Frankfurt und Hanau und den Landkreisen Gelnhausen, Hanau und Schlüchtern (heute Main-Kinzig-Kreis) gegründet. In den nächsten Jahrzehnten entwickelt sich der Verband immer mehr zum zentralen wasserwirtschaftlichen Organ der Region Main-Kinzig. Durch den Verband und auch die Stadtwerke der Städte wird die Trinkwasserinfrastruktur stark ausgebaut. Es entstehen Wasserschutzgebiete und zahlreiche Brunnen, die als kleine Hügel oder Schachtdeckel mit Rohranschlüssen in der ganzen Kinzigaue zwischen Erlensee und Steinau erkennbar sind. Noch etwas auffälliger sind größere Pumpwerke, die als kleine quadratischen Betonbauten z. B. in Langenselbold, Gründau und

Abbildung 11 Gebäude mit Pumpwerk zur Trinkwassergewinnung von Hessen Wasser in Gelnhausen. Foto: Dettmar 2021

Abbildung 12 Staumauer des Kinzigstausees. Foto Dettmar 2021

Gelnhausen in der Aue stehen. Diese Pumpwerke werden heute von Hessen Wasser betrieben.

Der Wasserverband Kinzig wird dann auch zuständig für den Hochwasserschutz an der Kinzig. Als erste zentrale Hochwasserschutzmaßnahme an der Kinzig entsteht von 1976 bis 1982 der Kinzigstausee, mit einem Stauvolumen von über 7 Mio. m^3 die größte Talsperre in Hessen (Structurae – Internationale Datenbank und Galerie für Ingenieurbauwerke). Der 125 ha große Stausee, mit massiver 14 m hoher und 550 m langer Staumauer, erstreckt sich zwischen Bad Soden-Salmünster Ahl und Steinau. Er dient außerdem der Niedrigwasserregulierung in der Kinzig sowie der Stromerzeugung und geht 1983 in Betrieb (Wasserverband Kinzig). Der betreffende Landschaftsraum, zuvor ein vergleichsweise enger Talauenbereich mit ca. 500 m Breite und 3,5 km Länge, der durch den Kinziglauf mit Uferrandgehölz und vor allem Wiesenflächen geprägt war, verschwindet im Wasser. Der massive Staudamm dominiert als technisches Bauwerk den Talraum an der Westseite des Sees sehr stark. Aus Wartungsgründen muss ca. alle 20 Jahre das Wasser abgelassen werden, nach 2002 geschieht dies auch 2022–2023, dann wird der alte Kinzigverlauf wieder sichtbar.

Lokale Hochwasserschutzmaßnahmen in Form von Dämmen gibt es bereits länger, ohne das genaue Entstehungszeiten angegeben werden können. Solche Deiche oder Mauern gibt es in Biebergemünd (Kinzig und Bieber), in Bruchköbel (Krebsbach), in Gelnhausen (Kinzig) und in Hanau (Kinzig, Fallbach, Krebsbach) (Main-Kinzig-Kreis 2020). Ein systematischer regionaler Hochwasserschutz beginnt aber erst in den 1970er Jahren. Der Bau des Stausees entspannt die Hochwassersituation für einige Zeit erheblich. Der Bau der A66 verändert durch die Aufschüttung von Dämmen den Retentionsraum der Kinzigaue, mit einer Reihe von Durchlassbauwerken versucht man die Retentionsleistung aufrecht zu erhalten. Ein 2010 errichtetes Hochwasserrückhaltebecken bei Bruchköbel dient ebenfalls dem Hochwasserschutz. Weitere Rückhaltebecken im Kinzigsystem sind an den Bächen Salz und Bracht bei dem Kinzigverband aktuell in Planung (Main-Kinzig-Kreis 2020).

Der verbesserte Hochwasserschutz und die Anbindung der Städte des Kinzigtals an die A66 ermöglicht in den 1980er und 90er Jahren die weitere Entwicklung von Gewerbegebieten in der Aue. So entstehen großflächig aufgeschüttete und stark versiegelte Gewerbeflächen vor allem in Lagenselbold (Am Bahnhof), Gründau-Lieblos (Kinzigtalzentrum), Gelnhausen (Roth und südlich der Kinzig nahe Bahnhof) und Wächtersbach (Industriestraße). Die notwendigen Aufschüttungen in der Aue reduzieren die Retentionsflächen. An diesen Stellen wird der Charakter der Kinzigaue wiederum massiv verändert. Es verschwinden die Wiesen- und Ackerflächen, das Landschaftsbild wird bestimmt von großen wenig attraktiven Gewerbebauten. Dazu kommt, dass es kaum eine Einbindung durch Begrünung der Ränder der Gewerbeareale gibt. Der Urbanisierungsprozess hat hier den Charakter des Kinzigtals weiter verändert.

3.10 Nach 1970 – Naturschutzmaßnahmen im Kinzigtal

1973 wird das neue Bundesnaturschutzgesetz eingeführt, die Umweltbewegung nimmt an Fahrt auf und Naturschutz ist in den 1970er und 80er Jahren ein wichtiges gesellschaftliches Thema. Der Eingriff in den Naturhaushalt durch Baumaßnahmen muss nun kompensiert werden. Dies verhindert zwar wie beschrieben die starken Eingriffe in das Kinzigtal nicht, zieht aber eine Reihe von Naturschutzmaßnahmen in den folgenden Jahrzehnten nach sich.

Zunächst werden in den 1970er und 80er Jahren eine Reihe von Naturschutzgebieten in der Kinzigaue ausgewiesen, um noch verbliebene wertvolle und typische Auenlebensräume oder bedrohte Pflanzen- und Tierarten zu schützen. Dazu zählen u. a. die Naturschutzgebiete Hässeler Weiher von Neuenhaßlau (1976), Röhrig von Rodenbach (1976), Kinzigaue von Langenselbold (1980, erweitert 1989 und 2008 zum FFH-Gebiet), Gründauaue bei Niedergründau (1986), Feuchtwiesen bei Aufenau (1986, erweitert 1994, 1999) und der Erlensee bei Erlensee (1989/1994 – 2008 in das FFH-Gebiet Erlensee bei Erlensee und Bulau bei Hanau integriert) (Nitsche & Nitsche 2002). Die Schutzgründe und -ziele können hier nicht im Einzelnen dargestellt werden, sind aber an verschiedenen Stellen im Internet abrufbar (Liste der Naturschutzgebiete im Main-Kinzig-Kreis).

1990 wird fast das gesamte Auesystem der Kinzig als Landschaftsschutzgebiet „Auenverbund Kinzig" (12 000 ha) ausgewiesen um die Funktionsfähigkeit des Naturhaushaltes und die Kinzig mit ihren Zuflüssen zu sichern. Neben dem Schutz geht es um die weitgehende Wiederherstellung naturnaher Gewässerabschnitte, die Umwandlung von Acker in Grünland und die Grünlandextensivierung (Leutnant 2010). Allerdings ist ein Landschaftsschutzgebiet eine eher schwache Schutzkategorie und tatsächliche Aufwertungen erfolgen vor allem im Rahmen von Kompensationsmaßnahmen.

Da von den Großeingriffen A66 und A45 noch erhebliche Mengen als Geldern für Kompensationsmaßnahmen vorhanden sind und die zu erwartende Bundesbahnausbaustrecke Hanau-Gelnhausen neue Eingriffe im Kinzigtal produzieren wird, entwickeln der Main-Kinzig-Kreis und das Regierungspräsidium 1994 das „Kompensationskonzept Kinzig" (Kokoki). Es enthält Vorschläge für entsprechende Naturschutzmaßnahmen im gesamten Kinzigtal (Leutnant 2010). Dazu zählen z. B. bezogen auf die Langenselboder Kinzigaue der Ankauf von Flächen zum Kiebitzschutz im Flos auf Langenselbolder Gebiet, die Entwicklung des Ruhlsees als Vogelschutzgewässer und die Herstellung von Flutmulden. In diesen Zusammenhang gehört auch das „Rahmenkonzept Kinzigrenaturierung". Diese Pilotstudie des Auenzentrums Hessen der Hessischen Gesellschaft für Ornithologie und Naturschutz (HGON) wird 1998 im Auftrag des Regierungspräsidium Darmstadt erstellt und enthält weitere Maßnahmenvorschlägen für den gesamten Auenbereich der Kinzig (Hufmann 1998).

In den folgenden Jahrzehnten werden auf dieser konzeptionellen Basis eine Vielzahl Kompensationsmaßnahmen in der Kinzigaue umgesetzt, dokumentiert ist dies

z. B. für die Kinzigaue von Langenselbold, hier sind für die Umsetzung von Planfeststellungsverfahren, Bauleitplanungen, Einzelbauvorhaben oder als vorlaufende Kompensationsmaßnahmen über Ökokonten im Main-Kinzig-Kreis (Main-Kinzig-Kreis Ökokontoführung) von 1990 bis 2010 etwa 60 Maßnahmen durchgeführt worden (Leutnant 2010). Im gesamten Kinzigtal sind es geschätzt weit über hundert Kompensationsmaßnahmen, die im Naturschutzregister Hessen, ein Datenbank- und GIS-gestütztes Naturschutz-Informationssystem des Landes Hessen (Hessisches Naturschutzinformationssystem – Natureg Viewer), in einer Übersichtskarte dokumentiert sind.

Weitere Ausweisungen von Naturschutzgebieten in der Kinzigaue folgen 1995 (Feuchtwiesen bei Ahl) und 1998 (Kinzigaue bei Gelnhausen) (Nitsche & Nitsche 2002). Die Einführung der Fauna-Flora-Habitat-Richtlinie (FFH) durch die EU 1992 und die an die Mitgliedsstaaten gesetzte Frist bis Mitte 1994 entsprechende Schutzgebiete aufzulisten, führt im Kinzigtal 1994 dazu, dass hier eine Reihe von Gebieten vorgeschlagen werden, u. a. auch das dann 2008 ausgewiesene FFH Gebiet Erlensee bei Erlensee und Bulau bei Hanau (ca. 600 ha). Der formale Gebietsschutz ist in Hessen durch die Verordnung über die Natura 2000-Gebiete in Hessen vom 16. 01. 2008 (GVBL I Nr. 4, S. 30) erfolgt (Regierungspräsidium Kassel Hessen. Schutzgebiete – Natura 2000 Gebiete). In der Kinzigaue erhalten 2008 auch das FFH-Gebiet „Kinzigaue von Langenselbold (135 ha) und der gesamte Lauf der Kinzig inklusive Randgehölz und beidseitigen Schutzstreifen zwischen Langenselbold und Wächtersbach (FFH Gebiet Kinzig zwischen Langenselbold und Wächtersbach – 60 ha) diesen Schutzstatus (Leutnant 2010).

Außerdem tritt im Jahr 2000 die EU-Wasserrahmenrichtlinie in Kraft. Sie fordert die konsequente Umsetzung einer ganzheitlichen Betrachtung von Gewässern, vor allem aus ökologischer Sicht. Es geht um einen umfassenden Gewässerschutz, Hochwasserschutz und Renaturierung, Schutz und Entwicklung von Gewässerökosystemen aber auch speziell um die Verbesserung der Wasserqualität (Bundesministerium für Umwelt, Naturschutz, nukleare Sicherheit und Verbraucherschutz).

Für die Kinzig werden in der Folge ein flussgebietsbezogenes Maßnahmenprogramm mit Bewirtschaftungsplan entwickelt sowie Umweltziele bis zum Jahr 2015 (2027) formuliert (Hufmann 2013). Seitdem sind einige Maßnahmen an der Kinzig oder den zugehörigen Bächen umgesetzt worden (Main-Kinzig-Kreis 2018). Beispielsweise hat man die lineare Durchgängigkeit der Kinzig oberhalb von Gelnhausen wiederhergestellt, und südlich von Langenselbold die Uferflächen für die natürliche Flussentwicklung bereitgestellt und naturnah entwickelt. Zur Anlage von Uferrandstreifen werden darüber hinaus im Westkreis Flurbereinigungsverfahren durchgeführt (Main-Kinzig-Kreis Umweltbericht 2020). Eine Übersicht zum Stand der Umsetzung an der Kinzig findet man im WRRL-Viewer des Hessisches Landesamt für Naturschutz, Umwelt und Geologie (Hessisches Landesamt für Naturschutz, Umwelt und Geologie. Hessisches Naturschutzinformationssystem – Natureg Viewer). Die punktuellen Maßnahmen haben bislang allerdings noch nicht zu einer grundlegenden Veränderung der Gewässersituation über die gesamte Laufstrecke von Hanau bis Steinau geführt. Die schleppende Umsetzung liegt vor allem an der mangelnden Verfügbarkeit von Grundstücken im Uferbereich aber auch an den knappen personellen Ressourcen in den Kommunen, die eigentlich in der Pflicht sind die WRRL umzusetzen.

Problematisch ist nach wie vor die schlechte Wasserqualität in der Kinzig, vor allem verursacht durch die intensive landwirtschaftliche Nutzung vieler Flächen im Gewässereinzugsbereich. Dies bereitet u. a. nach Hochwasserereignissen erhebliche Probleme für die Nutzung des Badesees in Langenselbold (Hessisches Landesamt für Naturschutz, Umwelt und Geologie – Badeseen in Hessen). Der chemische Gewässerzustand der Kinzig von Hanau bis Steinau wird 2020 vom HLNUG als schlecht angegeben (Main-Kinzig-Kreis Umweltbericht 2020). Das Einzugsgebiet der Unteren Kinzig ist mit unbefriedigend bewertet, die Kinzigzuläufe Krebsbach, Fallbach, Hasselbach und Rodenbach als schlecht. Im Vergleich zum „Bewirtschaftungsplan 2015–2021 Ökologischer Fließgewässerzustand" verschlechterte sich der ökologische Zustand einer Reihe von Bächen des Kinzigsystems, wie der Ulmbach, die Salz, der Hasselbach, der Krebsbach und der Rodenbach. In den Einzugsgebieten mit mäßigem bis schlechten Zustand besteht dringender Handlungsbedarf, um die Ziele der WRRL bis 2027 zu erreichen Main-Kinzig-Kreis Umweltbericht 2020).

Naturschutz und Gewässerschutz sind vor allem als Reaktion auf die Großeingriffe seit den 1980er Jahren zu einem maßgeblichen Faktor der Landschaftsentwicklung in der Kinzigaue geworden. Wenn man dies auf den Kernuntersuchungsraum des Forschungsprojektes „Nachhaltiges Tourismuskonzept für Hanau und den westlichen Teil des Main-Kinzig-Kreises im Kontext des Regionalparks RheinMain (NaTourHuKi) zwischen Hanau und Steinau bezieht und die Flächen der ausgewiesenen Schutzgebiete anschaut wird dies deutlich (NaTourHuKi). Der Kernraum umfasst das festgesetzte Überschwemmungsgebiet für das HQ100 (Regierungspräsidium Darmstadt 2021) sowie die daran angrenzenden Siedlungsflächen der Kommunen (siehe Abb. 13). Ohne das Stadtgebiet von Hanau sind dies rund 4 472 ha, davon hat man seit 2008 rund 19 % als FFH-Gebiet, 12 % als Naturschutzgebiet und 69 % als Landschaftsschutzgebiet ausgewiesen. Betrachtet man im ausgewählten Bereich nur die HQ100 Flächen ohne Siedlungsflächen (= 3 648 ha) machen FFH Gebiete 31 %, Naturschutzgebiete 18 % und 100 % stehen unter Landschaftsschutz. Hinzu kommen noch eine Reihe von Kompensationsflächen außerhalb der Schutzgebiete, deren Flächenanteil schwer zu ermitteln ist und temporäre Maßnahmen zur Steigerung der Biodiversität wie z. B. Randstreifen entlang von Wegen im Rahmen von „Main.Kinzig. Blüht.Netz" (Landschaftspflegeverband Main-Kinzig-Kreis e. V.).

Deutlich wahrnehmbar ist der Naturschutz vor allem in den größeren zusammenhängenden Schutzgebieten. So wird das gesamte Waldgebiet der Bulau naturnah bewirtschaftet, bestimmte Bereiche wie die Naturwaldzelle sind völlig aus der Bewirtschaftung genommen. Hier bestimmen Altholzbestände und hohe Totholzanteile das Bild. Östlich angrenzend im NSG Weideswiesen Erlensee sind während der Vegeta-

Abbildung 13 Kernuntersuchungsraum von NaTourHuKi – entspricht dem Überschwemmungsgebiet HQ100 (100 jähriges Hochwasserereignis – blau markiert) und angrenzender Siedlungsflächen (schwarz markiert) GIS Karte erstellt im Rahmen von NaTourHuKi (NaTourHuKi).

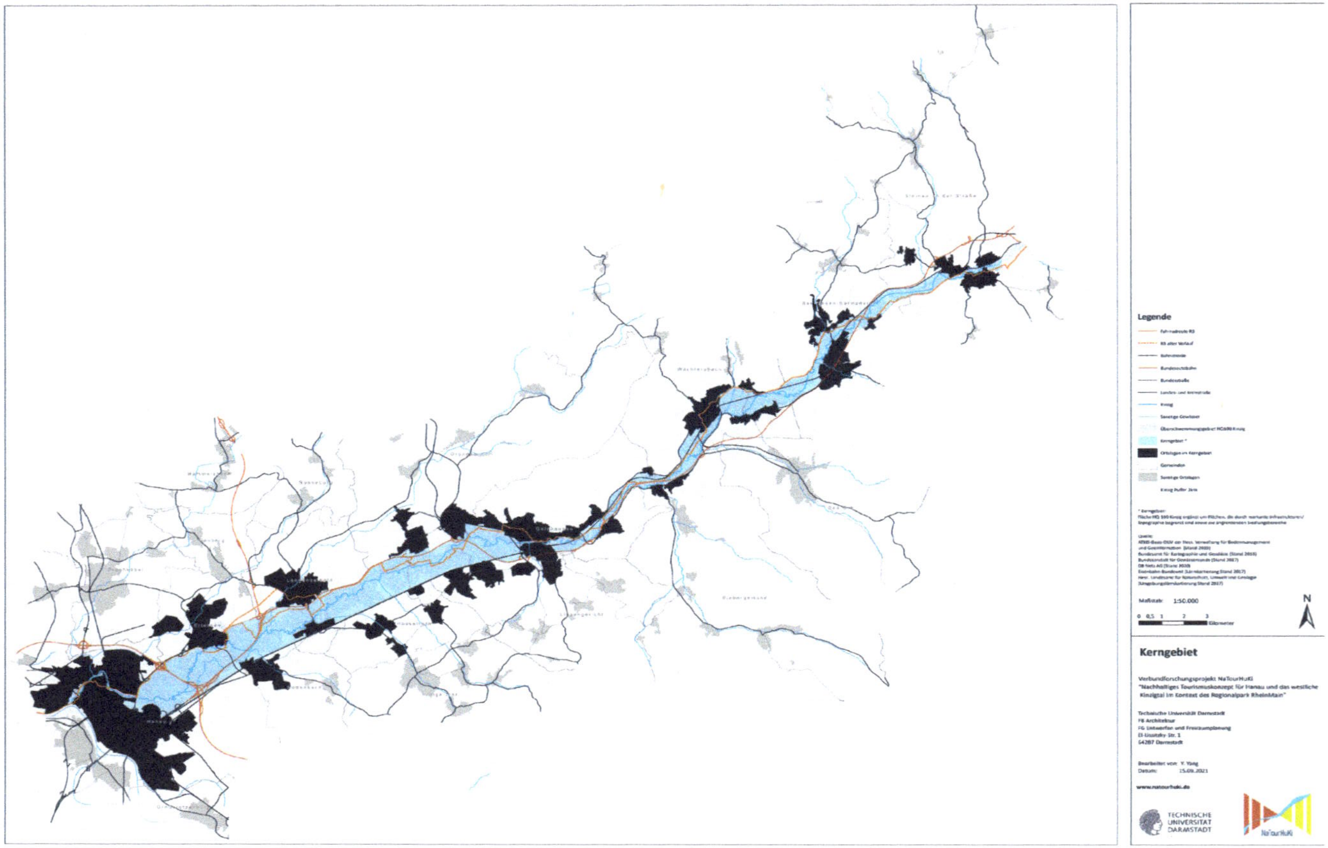

Abbildung 14 Wasserbüffel im Naturschutzgebiet Weideswiesen in Erlensee. Foto: Dettmar 2020

tionsperiode Wasserbüffel als „Landschaftspfleger" beobachtbar. Am Hässler Weiher in Neuenhaßlau übernehmen Heckrinder und Konik-Pferde diese Aufgabe. Durch eine Erweiterung um einige Hektar wird 2023 die für den Naturschutz vorgesehen Fläche hier deutlich erweitert (Mein Blättche Online 08/2023). Darüber hinaus gibt es z. B. im Flos in Langenselbold großflächige extensiv bewirtschaftete Wiesen, dies gilt u. a. auch für die Kinzigaue in Gelnhausen. Stellenweise findet man aufgewachsene Schilfröhrichtbestände, Weidengebüsche oder Hochstaudenfluren. Am Ruhlsee lassen sich größere Wasservogelbestände beobachten, auch am Kinzigstausee sind bestimmte Uferbereiche dem Naturschutz vorbehalten. Die stärker naturbelassenen oder extensiv bewirtschafteten Auenbereiche bieten eine hohe Arten- und Strukturvielfalt und fallen im Frühjahr durch ihren Blütenreichtum auf. Dies bildet einen starken Kontrast zu den artenarmen Mehrschnittwiesen oder den Ackerflächen auf intensiv landwirtschaftlich genutzten Flächen in der Aue.

3.11 Nach 1980 – Erholungs- und Freizeitangebote in der Kinzigaue

Die dargestellte Entwicklung des Kinzigtals liefert Gründe dafür warum der Landschaftsraum bis zum Ende des 20. Jh. vergleichsweise wenig als attraktiver Erho-

Abbildung 15 Der Kinzigbadesee in Langenselbold im Frühjahr 2020. Foto Dettmar 2020

lungsraum im Bewusstsein der Bevölkerung verankert ist. Dies ergeben zumindest Interviews mit politisch Verantwortlichen und Entscheidungsträgern in den Verwaltungen der Kommunen (Bolik et al. 2023).

Lokale Naherholungsangebote in der Kinzigaue wie z. B. Schwimmbäder oder Sportplätze gibt es in verschiedenen Kommunen. Regional bedeutsam als Erholungsflächen sind der Kinzig-Badesee in Langenselbold, weitere Badeseen z. B. in Hanau, Rodenbach sowie der Kinzigstausee. Darüber hinaus ziehen auch die die Segelflugplätze in Langenselbold und Gelnhausen Erholungssuchende an. Schlussendlich hat der Angelsport an der Kinzig und vielen Nebengewässer für die Mitglieder der Angelvereine eine wichtige Erholungsfunktion.

Die Kinzigaue wird von der ansässigen Bevölkerung zur Naherholung für das Spazierengehen und Hundeausführen vor allem dann genutzt, wenn es von den Siedlungsbereichen nahe und direkte Zuwegungen gibt. An vielen Stelle braucht es Ortskenntnisse um die Feldwege für Rundrouten zu nutzen. Autobahn, Bahn und die Kinzig stellen Barrieren dar und schaffen isolierte oder schwer zu erreichende Teilräume in der Aue. Dazu kommt die hohe Lärmbelastung in weiten Teilen der Aue.

Die Hessen Fernradwege entstehen erst ab Anfang der 1990er Jahre (Radrouten in Hessen), der Fernradweg R3 führt von Hanau nach Fulda durch das Kinzigtal. Erst Anfang der 2000er Jahre erfolgt dann eine gut sichtbare und lückenlose Ausschilderung des Radwegs (Allgemeiner Deutscher Fahrrad-Club Hessen e. V.). Der R3 hat heute viele wenig ansprechende Abschnitte im Kinzigtal und führt eher umständlich durch die Stadtgebiete von Hanau, Gelnhausen und Wächtersbach (Zobel et al. 2022).

Auch die Naturschutzflächen haben einen Anteil daran, dass das Kinzigtal bis heute nicht so sehr als Erholungsraum wahrgenommen wird. Die Schilder der Schutzgebiete machen vor allem darauf aufmerksam was hier verboten ist. Aus Sicht des Naturschutzes ist dies notwendig und wird trotzdem oft genug nicht beachtet. Insbesondere die Naturschutzverbände im MKK verweisen auf die Störungen oder Belastungen, die von Erholungssuchenden ausgehen und sehen eine weitere Ausweitung der Erholungsnutzung sehr kritisch (Schriftliche Stellungnahme der Naturschutzverbände im MKK 2022). Ein Problem ist vor allem mangelndes Wissen über die Notwendigkeit von Naturschutzmaßnahmen einerseits, andererseits mangelt es bei bestimmten Bevölkerungsgruppen offensichtlich auch an Akzeptanz. An verschiedenen Stellen wird versucht über Infotafeln an Schutzgebieten aufzuklären oder durch Führungen, Schulungen und Öffentlichkeitsarbeit dies zu verbessern, Angebote machen etwa das Umweltzentrum Hanau oder Naturschutzverbände wie die Hessische Gesellschaft für Ornithologie und Naturschutz (HGONI und die Gesellschaft für Naturschutz und Auenentwicklung (GNA). Aktive Besucherlenkung gibt es nur an wenigen Schutzgebieten wie z. B. dem NSG Ruhlsee in Langenselbold (Gesellschaft für Naturschutz und Auenentwicklung).

3.12 Nach 1990 – Ausbau/Neubau der Bahnstrecke Hanau-Fulda

1992 stellt die Deutsche Bundesbahn erste Überlegungen für die Linienführung einer Neu- und Ausbaustrecke zwischen Hanau und Erfurt vor. Die ABS/NBS Hanau–Erfurt wird, mit offener Linienführung, als neues Vorhaben in den Bundesverkehrswegeplan 1992 aufgenommen. Nach der Jahrtausendwende nimmt das Vorhaben an Fahrt auf und ab 2010 werden die Planungen für den Aus- und Neubau der Bahnstrecke Hanau–Würzburg/Fulda konkreter. Der Ausbau der Strecke zwischen Hanau und Gelnhausen wird 2024 beginnen. Im Rahmen eines Raumordnungsverfahrens wird im Sommer 2023 die Trasse für die Neubaustrecke zwischen Gelnhausen und Fulda mit Verlauf durch das Kinzigtal festgelegt. Die Umsetzung dieser Maßnahme wird rund 20 Jahre dauern und an einigen Stellen erneut massive Veränderungen des Landschaftsbildes im Kinzigtal bewirken. Gleichzeitig entstehen durch die Aus- und Neubaumaßnahmen erhebliche naturschutzrechtliche Kompensationsbedarfe, die zumindest zum Teil im Kinzigtal untergebracht werden sollen. Dies wird den Anteil der Naturschutzflächen weiter erhöhen und vor allem landwirtschaftliche Nutzflächen betreffen.

3.13 Nach 2000

3.13.1 Ausbau der Windenergie

In den letzten 20 Jahren sind am oberen Rand des Kinzigtals an den Hängen des Büdinger Waldes, des Vogelsberg und Spessart eine Reihe von Windenergieanlagen aufgestellt worden, die das Landschaftsbild verändert haben. Besonders wahrnehmbar ist dies z. B. im Bereich zwischen Gelnhausen und Wächtersbach an den Vogelsberghängen.

3.13.2 Klimawandel und Hochwasserschutz

Durch den Klimawandel bedingte gesteigerte Hochwassergefahren erfordern in den 2000er Jahren zusätzliche Planungen. 2015 wird Hochwasserrisikomanagementplan für das Gewässersystem Kinzig 2015 veröffentlicht (Regierungspräsidium Darmstadt 2015), in der Folge ergänzt von der Hochwasserrisikomanagementplanung im Risikogebiet Kinzig 2016–2021 (Regierungspräsidium Darmstadt 2021). Als Konsequenz sollen weitere Regenrückhaltebecken an den Zuläufen wie z. B. an der Salz bei Bad Soden Salmünster entstehen. Außerdem wird auf die notwendige Renaturierung im gesamten Kinzigsystem hingewiesen. Im Zuge der Umsetzung der EU Wasserrahmenrichtlinie sind auch an der Kinzig eine Reihe von Maßnahmen zur Renaturierung umgesetzt worden (Hessisches Landesamt für Naturschutz, Umwelt und Geologie. Wasserrahmenrichtlinie Hessen WRRL Viewer). Insgesamt reicht dies aber bislang nicht aus, es gibt ein erhebliches Umsetzungsdefizit der Wasserrahmenrichtlinie (siehe Abschnitt 3.10) (Hessisches Ministerium für Umwelt, Klimaschutz, Landwirtschaft und Verbraucherschutz 2021). Die bislang erfolgten Renaturierungen haben die Gewässercharakteristik nur punktuell verändert, sollte dies irgendwann an Dynamik zunehmen, hat dies tatsächlich wahrnehmbaren Einfluss auf die gesamte Aue.

Sehr viel stärker wahrnehmbar sind in der Kinzigaue aktuell schon die Konsequenzen zunehmender Trockenheit im Frühjahr und Sommer der letzten Jahre. Möglicherweise spielt auch die Trinkwassergewinnung aus dem Grundwasser in der Aue eine Rolle, hier werden sinkende Grundwasserstände registriert. Die Trockenheit hat unmittelbaren Einfluss auf die landwirtschaftliche Nutzung, in der Aue können sich z. B. die Mahdtermine und Erträge der Mähwiesen ändern. Deutlich sind auch eine Reihe von Trockenschäden bei Gehölzen in den Waldflächen. In der Bulau bei Hanau gibt es große auffallende Ausfälle etwa bei Buchen und Eschen. Auch das Ufersaumgehölz der Kinzig weist stellenweise Trockenschäden bei Erlen, Eschen und Weiden auf. Dies ist insofern erstaunlich als der Kinzigstausee bei Bad Soden Salmünster ja auch dazu dient Niedrigwasserperioden der Kinzig mit zusätzlichen Wasserabgaben zu puffern. Der Anstieg der Wassertemperatur führt nach Auskunft des Gewässerwartes (mdl. Auskunft) bereits heute zu Veränderungen der Fischbestände in der Kinzig.

Abbildung 16 Trockenheitsschäden am Ufersaumgehölz der Kinzig bei Langenselbold. Foto: Dettmar 2022

Es ist auf jeden Fall damit zu rechnen, dass die geänderten Klimaverhältnisse große Auswirkungen auf die Lebensräume in der Aue haben. Es ist zu erwarten, dass davon auch bestimmte Biozönosen oder Arten, die aus Naturschutzsicht besonders bedeutsam sind, betroffen sind. Hier lohnt ein genaueres wissenschaftliches Monitoring.

Trinkwassergewinnung in der Kinzigaue erfolgt bereits lange (siehe Abschnitt 3.9). Allerdings besteht auch hier aktuell das Problem eines sinkenden Grundwasserstandes, was einerseits mit den zunehmenden Trockenphasen (siehe oben) zusammenhängt, andererseits mit den weiterhin hohen Entnahmemengen auch für die Versorgung von Frankfurt (Sundermann 2021). Im Juli 2023 warnen die Bürgermeister der Kommunen im Versorgungsgebiet der Kreiswerke Main-Kinzig vor einem möglichen Trinkwassernotstand aufgrund niedriger Grundwasserstände und extrem hohem Verbrauch in der letzten Hitzeperiode (Gelnhauser Neue Zeitung 07/2023).

Aus diesem Grund plant der Wasserverband Kinzig einen Teil des von ihm produzierten Trinkwassers voraussichtlich ab 2025 direkt aus dem Kinzigstausee zu gewinnen um das Grundwasser zu schonen. Von 2025 will der Verband rund 5,5 Millionen Kubikmeter Trinkwasser pro Jahr produzieren, von denen – wie derzeit auch – rund zwei Drittel in die Wasserversorgung der Stadt Frankfurt eingespeist werden. Einschließlich des Baus neuer Leitungen soll die Investition bei 40 Millionen Euro liegen (Gelnhauser Neue Zeitung 07/2023).

4 Resümee und Schlussfolgerungen

Die hier dargelegte Entwicklung des Kinzigtals kann naturgemäß nicht mehr sein als eine Auswahl aus einer gewaltigen Masse von Ereignissen, die in den Jahrhunderten bis heute diese Kulturlandschaft geformt haben. Es wird versucht hier wesentliche Punkte herauszufiltern, die die Genese des Kinzigtals bis zum heutigen Zustand nachvollziehbarer machen.

Das Kinzigtal ist eine stark durch den Menschen geformte Kulturlandschaft und das nicht erst seit der industriellen Revolution. Die erste massive anthropogene Veränderung wird durch die Rodungsperiode im Hochmittelalter ausgelöst. Nach den Rodungen weiter Waldflächen auf den Hängen von Spessart und Vogelsberg lösen Starkregenereignisse gewaltige Bodenerosionen aus. Der gesamte Auenbereich der Kinzig wird von Schlüchtern bis Hanau mit meterdicken Schlammablagerungen überzogen und damit grundlegend verändert (siehe Abschnitt 3.3). Diese neuen Auenlehme verändern in der Folge die landwirtschaftliche Nutzung, ermöglichen Acker- und Grünlandnutzung und es entstehen neue Standorte, Lebensgemeinschaften und Ökosysteme.

Die Verlegung der Via Regia in das Kinzigtal um 1100 bewirken den Aufstieg, einen erheblichen Bedeutungsgewinn und ein großes Wachstum der Städte im 12. Jh. Dies ist tief im kollektiven Gedächtnis der Region verankert. Die Stadtgründungen und das Siedlungswachstum brauchen viel Baumaterialien, neben dem Holz aus den Wäldern des Spessarts, des Vogelsbergs und auch der Flussauen werden in der Nähe der Städte soweit vorhanden geeignete Natursteine abgebaut (siehe Kapitel 3.3). Neben der Frankfurt-Leipziger Reichsstraße (Via Regia) entsteht ein Netz von regionalen und lokalen Transportwegen, auch die Kinzig wird zwischen Gelnhausen und Hanau für den Schiffstransport genutzt. Damit hat sich die Kulturlandschaft im 12. und 13. Jh. deutlich weiterentwickelt.

Ab ca. 1300 beginnt mit der „Kleinen Eiszeit" eine dramatische Klimawende mit deutlicher Abkühlung und zunehmender Trockenheit, die über mehrere hundert Jahre andauert. Bis in das 16. Jh. wird die Kinzig noch für die Schifffahrt und den Transport von Waren, v. a. Holz genutzt, dies endet dann, da sie durch die Trockenheit nicht mehr schiffbar ist. Die „Kleine Eiszeit" verschärft im 14. und 15. Jh. die Agrarkrise mit massiven Missernten. Dazu kommen Wirtschaftskrisen, Kriegsereignisse und Epidemien wie die Pest, die auch im Kinzigtal einen starken Bevölkerungsrückgang und die Aufgabe von Siedlungen bewirken. Dies ist als spätmittelalterliche Wüstungsperiode (14.–15. Jh.) bekannt (siehe Abschnitt 3.4). Die brachgefallenen Orte und landwirtschaftliche Nutzflächen verwildern und die Wälder können sich großflächig regenerieren. Verwilderung, Sukzession und das Aufwachsen neuer Wälder überformen die intensiv genutzte Kulturlandschaft des Hochmittelalters in Richtung einer wieder stärker naturbelassenen Landschaft.

Bis in das frühe 18. Jh. führen immer neue kriegerische Ereignisse, darunter vor allem der Dreißigjährige Krieg (1618–1648) zu erneuten Verwüstungen und Zerstörungen im Kinzigtal, dabei wird z. B. die Stadt Gelnhausen fast völlig ausradiert (siehe Abschnitt 3.5). Auch die Frankfurt-Leipziger-Reichs- und Geleitstraße ist davon betroffen, der Transport von Waren schrumpft stark zusammen. Erst ab 1764 wird die Handelsstraße grundlegend erneuert und ausgebaut und erneut zu einem sehr wichtigen ökonomischen Wachstumsfaktor im Kinzigtal. Aus der Via Regia entstehen in der Folge der Jahrhunderte die Frankfurt-Leipziger-Reichs- und Geleitstraße, die Bundesstraße 40 und schließlich die Autobahn 66.

Mit dem Aufbau und der Nutzung einer leistungsfähigen Verkehrsinfrastruktur waren immer Chancen der Verbesserung der wirtschaftlichen Situation der Gemeinden und vieler Bürger im Kinzigtal verknüpft. Dies spielt sicher eine wichtige Rolle dabei, dass das Kinzigtal von großen Teilen der hier ansässigen Menschen wie selbstverständlich als Verkehrskorridor wahrgenommen wird.

Die politische Situation im 17. und 18. Jh. zeigt auch im Kinzigtal kleine und kleinste Staatengebilde (Territorien), die sehr egoistisch und konsequent ihre eigenen Interessen vertreten. Diese politische Zersplitterung verhindert eine regionale Zusammenarbeit u. a. auch die weitere Schiffbarmachung der Kinzig (siehe Abschnitt 3.5). Erst die französische Großmachtpolitik Napoleons führt zu einer grundlegenden Neuordnung und dem Zusammenschluss verschiedener Territorien. So entsteht z. B. für wenige Jahre das Großherzogtum Frankfurt und das Königreich Westfalen, die aber nach Napoleons Niederlage 1815 sofort wieder aufgelöst werden. Das Umsortieren von Verwaltungsgrenzen beginnt erneut. Es entstehen Landkreise, die aber nach kurzer Zeit auch wieder verändert werden (siehe Abschnitt 3.5).

Im 19. Jh. verändert sich das Landschaftsbild im Kinzigtal wiederum grundlegend durch die Modernisierung der Landwirtschaft. Die Dreifelderwirtschaft und Allmende verschwinden, es kommt zur Teilung und Privatisierung der Flurstücke sowie zur Etablierung der Fruchtwechselwirtschaft.

In der zweiten Hälfte des 19. Jh. nach der Übernahme durch Preußen kommt es zu weiteren Umsortierungen der Landkreise. Auch im 20. Jh. setzen sich die Neugliederungen fort u. a. nach dem II. Weltkrieg. Erst mit der Gebietsreform 1974 entsteht der Main-Kinzig-Kreis, mit der zurzeit noch gültigen Gebietskulisse. Diese lange Geschichte der Zersplitterung, Vereinigung, Umsortierung und Neugründung hinterlässt bis heute ihre Spuren. Es kann eine entscheidende Ursache für die nur gering ausgebildete Wahrnehmung des Kinzigtals als zusammengehöriger Natur-/Kultur-Raum sein. Es gibt kaum eine erkennbare landschaftsbezogene Identität zum Kinzigtal in den Orten und Städten. Die landschaftlichen Bezugsräume sind viel mehr z. B. der Spessart, der Vogelsberg oder der Büdinger Wald, die kulturellen Bezugsräume sind möglicherweise stärker durch historische Zugehörigkeiten geprägt. Den Entschluss der Stadt Hanau im Jahr 2026 den Main-Kinzig-Kreis zu verlassen und den Status einer Kreisfreie Großstadt zu bekommen, kann man durchaus zur wechselvollen Geschichte politischer Gliederungen in Beziehung setzen.

Es liegt nahe, dass die dargestellte Geschichte des Kinzigtals auch die weitere Entwicklung der Verkehrsinfrastruktur und der Siedlungsflächen nach dem II. Weltkrieg beeinflusst hat. Der historische Vorlauf erleichtert, dass das Kinzigtal im 20. Jh. wie selbstverständlich zu einem Verfügungsraum für Verkehrsinfrastrukturen wird und damit verbundene Siedlungsentwicklungen auslöst. Der Bau der Autobahn 66 wird als Voraussetzung und Chance für die bessere wirtschaftliche Entwicklung gesehen. Dies schafft darüber hinaus eine Lösung für den zunehmenden Autoverkehr auf der Bundesstraße 40, die mitten durch die Städte und Ortschaften verläuft. Auch der Ausbau der Gewerbegebiete entlang der A66 scheint in den 1970er und 1980er Jahren ganz selbstverständlich. Verkehrsachse, Wirtschaftsentwicklung und Ausweitung der Siedlungsflächen sind wichtige Elemente der regionalen Identität. In der Phase von 1950 bis 1990 wird das Kinzigtal in der Konsequenz also erneut massiv überformt. Erstaunlich ist, dass es vergleichsweise wenig Widerstand von Seiten des Naturschutzes gegen die Überformung des Kinzigtals und die Zerstörung auentypischer Lebensräume gibt (siehe Kapitel 3.8). Gerade in den 1970 und 80er Jahren ist die Umweltbewegung ansonsten in Deutschland sehr aktiv und es gibt Beispiele sehr großen Widerstands gegen Infrastrukturprojekte (z. B. die Odenwaldautobahn A45). Dafür fehlt es aber im Kinzigtal an größerer Resonanz in der Bevölkerung und das hat vermutlich mit der Geschichte des Raumes zu tun.

Neben dem Ausbau der Verkehrsinfrastruktur prägt in den 1950er und 60er Jahren die weitere Intensivierung der Landwirtschaft das Kinzigtal. Flurbereinigungen schaffen größere Flurstücke, Feuchtgebiete werden entwässert und Fließgewässer weiter begradigt und ausgebaut (siehe Abschnitt 3.7).

Erst in den 1980er Jahren wird der Naturschutz zu einem relevanten Faktor der das Kinzigtal spürbar verändert. Zum einen weist man eine Reihe von Natur- und Landschaftsschutzgebiete aus, zum anderen sind für die großen Eingriffe des Autobahnbaus und des Siedlungswachstums nach dem Naturschutzrecht umfangreiche Kompensationsflächen und -maßnahmen notwendig. Vieles davon bündelt sich in der Kinzigaue, auch in Kombination mit verstärktem Hochwasserschutz (siehe Kapitel 3.10).

Aus bis dahin konventionell bewirtschafteten Land- und Forstwirtschaftsflächen entstehen nun extensiv genutzte oder der Sukzession überlassene Bereiche, in denen sich neue Biozönosen entwickeln, die an Elemente der alten vorindustriellen Kulturlandschaft im Kinzigtal erinnern, aber nicht gleichzusetzen sind. Kontraste sind charakteristisch für diese Art von urbanisierter, durch Infrastrukturen und dem Naturschutz geprägter Landschaft. Eisvögel brüten unter Autobahnbrücken an der Kinzig, Dutzende von Störchen nutzen die Nisthilfen neben der Autobahn, die Biber fällen Bäume im Stadtgebiet von Hanau, in Naturschutzgebieten übertönt die hohe Lärmbelastung der A66 Vögel oder Amphibien, die durch Wiesen und dem Ufergehölz der Kinzig geprägte Aue endet abrupt vor den Hallen eines Gewerbegebietes oder der Staumauer des Kinzigstausees.

Das Kinzigtal und insbesondere die Kinzigaue bieten heute ein zeitgemäßes Abbild eines Übergangsraums von der Peripherie einer Agglomeration zum mehr oder weniger ländlichen Bereich. Das Patchwork der unterschiedlichen Nutzungen ist

Abbildung 17 Naturschutz unter der Autobahn – FFH Gebiet Kinzig unter einer Autobahnbrücke bei Gründau-Lieblos. Foto Dettmar 2021

vielfältig und abwechslungsreich, die Kontraste zwischen Natur und Technik sind stellenweise groß. Es gibt aber auch Bereiche, wo man sich der Illusion einer naturbelasseneren Landschaft hingeben kann, zumindest wenn man in der Lage ist die Lärmkulisse der Autobahn auszuschalten. Es ist eine „Gebrauchslandschaft" für Siedlung, Gewerbe, Verkehrsinfrastruktur, Landwirtschaft, Forstwirtschaft, Naturschutz, Wasserwirtschaft, Freizeitnutzungen und anderen, die fortwährend um Flächen konkurrieren. Sie ist einerseits Produkt von unzähligen Planungen auf nationaler, regionaler und kommunaler Ebene, die formal alle ineinander greifen ohne allerdings wirklich ein räumliches Gesamtbild zu definieren. Sie ist insofern das Resultat eines planvollen Chaos (Sieferle 2005) und Ausdruck der spezifischen Geschichte des Raumes, die es nachvollziehbar macht, warum es kaum landschaftsbezogene Identitäten zu geben scheint.

Aus planerischer Sicht liegt es nahe sich eine umfassend steuernde und verbindliche Entwicklungsplanung für die nachhaltige Entwicklung des Kinzigtals zu wünschen. Dies ist eigentlich Aufgabe der Raumordnung speziell der Regionalplanung. Die kann aber realistisch betrachtet nur einen Kompromiss in der Abwägung unterschiedlicher Nutzungsinteressen auf Basis der gesetzlichen Rahmenbedingungen leisten. Darüber hinaus ist im Kinzigtal die Regionalplanung aufgeteilt zwischen dem Regionalverband FrankfurtRheinMain (westlicher Teil) und dem Regierungspräsidium Darmstadt (östlicher Teil) (siehe Abschnitt 3.7). Der Regionale Flächennutzungsplan und der Landschaftsplans werden für den Ballungsraum RheinMain durch den Regionalverband FrankfurtRheinMain aktuell für das Zieljahr 2030 neu aufgestellt (Regionalverband RheinMain b). Der Regionale Flächennutzungsplan wird dann zusammen mit dem Regionalplan Südhessen, der derzeit beim Regierungspräsidium Darmstadt ebenfalls in der Neuaufstellung ist, ein gemeinsames Planwerk bilden (Regierungspräsidium Darmstadt).

Speziell für die Landschaftsentwicklung gibt es in Deutschland das Instrument der Landschaftsplanung. Diese ist aber in Hessen nicht gesetzlich vorgeschrieben, sondern erfolgt freiwillig (AKH 2014). Nur der westliche Teil des Kinzigtals bis zur Grenze der Region FrankfurtRheinMain in Langenselbold ist in dem zukünftigen Landschaftsplan des Regionalverbandes RheinMain enthalten (Regionalverband RheinMain c). Für den östlichen Teil wird es keine übergreifende Landschaftsplanung geben. Der Main-Kinzig-Kreis hat nicht vor einen eigenen Landschaftsrahmenplan zu erarbeiten. Damit gibt es keine übergreifende, zusammenhängende fachliche Steuerungsmöglichkeit für die Landschaftsentwicklung, den Landschaft- und Naturschutz und auch für die Erholungsplanung. Im Ergebnis bleibt es im Kinzigtal bei einem Nebeneinander vieler kommunaler und regionaler Planungen.

Insofern müssten sich die Akteure und Stakeholder in dem Raum darauf verständigen was die Landschaft im Kinzigtal in Zukunft leisten soll, wie sie genutzt wird, was sie ausmacht, welche Erscheinungsbilder sie hat und ob sie als Heimat von Bedeutung ist. Solche regionalen Leitbilder können auch auf der informellen Ebene entstehen, sie werden z. B. für Regionalparks in Deutschland (Konferenz der Regionalparks und Grünen Ringe – KORG) und bei den Regionalen in NRW entwickelt (Ministerium für Heimat, Kommunales, Bau und Digitalisierung NRW). Ansätze für das Kinzigtal entstehen im Rahmen vom Forschungsprojekt NaTourHuKi und lassen sich dann hoffentlich u. a. im Rahmen des Regionalparks RheinMain auch umsetzen (Regionalpark RheinMain).

Literaturverzeichnis

Ackermann, J. (2020). Die „Flöß- und Schiffbarmachung der Kinzig" (1599–1716). In: L. Vogel et al.: *Mehr als Stadt, Land, Fluss. Festschrift für Ursula Braasch-Schwersmann.* Schmidt, Neustadt an der Aisch, 70–74.

Aero Club Langenselbold. Chronik. Open Acess URL: http://www.ac-langenselbold.de/index.php/verein/chronik. Zugegriffen: 22. 11. 2023

AKH – Architekten- und Stadtplanerkammer Hessen. (2014). Landschaftsplanung in Hessen – eine Notwendigkeit. Open Acess URL: https://www.akh.de/positionen/landschaftsplanung-in-hessen. Zugegriffen: 22. 11. 2023

Allgemeiner Deutscher Fahrrad-Club (ADFC) Hessen e. V. Hessische Radfernwege. Open Acess URL: https://www.adfc-hessen.de/tourismus/radfernwege/projekt_details.html. Zugegriffen: 22. 11. 2023

Archäologisches Spessart-Projekt e. V. (2015). Flugplatz und Industriegelände Vom Fliegerhorst Gelnhausen zum Industriepark. Open Acess URL: https://www.spessartprojekt.de/wordpress/wp-content/uploads/2015/02/KW-Gruendau-Taf-07.pdf. Zugegriffen: 22. 11. 2023

Archivinformationssystem Hessen. Open Acess URL: https://arcinsys.hessen.de/arcinsys/start.action?oldNodeid=s182378. Zugegriffen: 22. 11. 2023

Bundesministerium für Umwelt, Naturschutz, nukleare Sicherheit und Verbraucherschutz (BMUV). Die Europäische Wasserrahmenrichtlinie und ihre Umsetzung in Deutschland. Open Acess URL: https://www.bmuv.de/themen/wasser-ressourcen-abfall/binnengewaesser/gewaesserschutzpolitik/deutschland/umsetzung-der-wrrl-in-deutschland. Zugegriffen: 22. 11. 2023

Bolik, I.; Conradi, Y.; Wittmann, Ch. & Epple, K. (2023). Zentrale Kleinstädte und landschaftsbezogene Erholung: Interessenausgleich im Kontext der Metropolregion? – Das Fallbeispiel Kinzigtal, in: N. Gribat et al. (Hg.): *Kleinstadtforschung – Interdisziplinäre Perspektiven.* Reihe: Urban Studies (S. 121–146) Bielefeld: Transcript Verlag. Open Acess URL: https://www.transcript-verlag.de/detail/index/sArticle/6319. Zugegriffen: 22. 11. 2023

Bub, C. (2016). Altstraßen in Hessen. Die Via Regia. Erstellt 2009–2016. Open Acess URL: www.altstrassen-in-hessen.de/altstrassen/viaregia.php. Zugegriffen: 22. 11. 2023

Bundesautobahn 66. Open Acess URL: https://de.wikipedia.org/wiki/Bundesautobahn_66. Zugegriffen: 22. 11. 2023

Bundesbahn. (1992). Jahresrückblick 1992. In: Die Bundesbahn. Band 69. Nr. 1, 1993. ISSN 0007-5876. S. 56

DB Netze – Ausbau-/Neubaustrecke Hanau–Würzburg/Fulda. Regierungspräsidien Darmstadt und Kassel bestätigen die Antragsvariante IV der Deutsche Bahn. Open Acess URL: https://www.hanau-wuerzburg-fulda.de/aktuelles-reader/regierungspraesidien-darmstadt-und-kassel-bestaetigen-die-antragsvariante-iv-der-deutsche-bahn.html. Zugegriffen: 22. 11. 2023

Eckoldt, M. (1980). Schifffahrt auf kleinen Flüssen Mitteleuropas in Römerzeit und Mittelalter. *Schriften des Deutschen Schifffahrtsmuseums* 14 (S. 84–86). Oldenburg, Hamburg, München.

Europäische Kultur- und Informationszentrum in Thüringen (Ekt) (a). Geschichte der Via Regia. Open Acess URL: www.via-regia.org/viaregiageschichte/abriss.php. Zugegriffen: 22. 11. 2023

Europäische Kultur- und Informationszentrum in Thüringen (Ekt) (b). Open Acess URL: https://www.via-regia.org/viaregiageschichte/Kleine_Geschichten/34.Steinau.hist.VIA.REGIA.pdf. Zugegriffen: 22. 11. 2023

FLOSM (Open Street Map) Themenkarten online. Open Acess URL: https://www.flosm.de/html/Stromnetz.html?lat=50.2281628&lon=9.21266563&r=39105.229&st=0&sw=powercable,powerline,powerline110k,powerline115k,powerline20k,powerline220k,powerline220v,powerline225k,powerline30k,powerline380k,powerline3k,powerline400k,powerline420k,powerline500v,powerline50k,powerline6k,powerline750k,powerline765k,powerlinedchigh,powerlinedclow. Zugegriffen: 22. 11. 2023

Freymann, K. (1991). *Der Metallerzbergbau im Spessart.* Dissertation. Mineralogisches Institut der Universität Würzburg 1987. Publiziert durch Geschichts- und Kunstverein Aschaffenburg e. V.

Geschichtsverein Gelnhausen e. V. (a). Blick in die Erdgeschichte, wichtiger Baustoff und bedeutender Arbeitsmarkt. Tafel 7 – Steinbrüche. Open Acess URL: https://geschichtsverein-gelnhausen.de/index.php/kulturweg-gelnhausen-4/73-tafel-7-steinbrueche. Zugegriffen: 22.11.2023

Geschichtsverein Gelnhausen e. V. (b). Stadtgeschichte. Open Acess URL: https://geschichtsverein-gelnhausen.de/index.php/gelnhausen/stadtgeschichte. Zugegriffen: 22.11.2023

Gesellschaft für Naturschutz und Auenentwicklung (GNA e. V.). Wiederherstellung und Optimierung des Ruhlsee-Lehrpfades. Open Acess URL: https://www.genau-lotto.de/projekteform-api/project-info-pdf/5538-1689340054.pdf. Zugegriffen: 22.11.2023

Gelnhauser Neue Zeitung. (13.07.2023). Hohe Wasserabnahmen im Juni – Kurz vor Trinkwassernotstand: Kommunen im Versorgungsgebiet Main-Kinzig rufen zum Sparen auf. Open Acess URL: https://www.gnz.de/lokales/main-kinzig-kreis/trinkwassernotstand-in-mainkinzig-kreiswerke-rufen-zum-wassersparen-auf-IDARC3ZEKJBRZCDKOSWIRZXCW4.html. Zugegriffen: 22.11.2023

Hanna, G.W. (ohne Jahresangabe). Zur Geschichte Bad Sodens. Die Quellen des Reichtums – Salz als Lebensgrundlage. Open Acess URL: https://www.badsoden-salmuenster.de/kultur/stadtgeschichte/zur-geschichte-bad-sodens.html. Zugegriffen: 22.11.2023

Heckert, P. (ohne Jahresangabe). Sammlungen – Ausflugziele Hessen – Kinzigtal. Open Acess URL: https://www.peterheckert.de/ausflugsziele-hessen/kinzigtal. Zugegriffen: 22.11.2023

Heiland, S. (2019): Kulturlandschaft. In: O. Kühne, F. Weber, K. Berr & C. Jenal (Hrsg.), *Handbuch Landschaft* (S. 651–665). Wiesbaden: Springer VS.

Hessisches Landesamt für Bodenmanagement und Geoinformation – Geoportal. Historische Luftbilder. Open Acess URL: www.geoportal.hessen.de/map?/WML=2217. Zugegriffen: 22.11.2023

Hessische Gesellschaft für Ornithologie und Naturschutz e. V. (HGON). Ruhlsee. Open Acess URL: https://www.hgon.de/beobachten/beobachtungsgebiete/ruhlsee/. Zugegriffen: 22.11.2023

Hildebrand, G. & Kramarczyk, L. (1990). *Des Reiches Straße. Alte Frankfurt-Leipziger Handelsstraße.* Würzburg: Weidlich.

Hessisches Landesamt für Naturschutz, Umwelt und Geologie (HLNUG). (2022). Gewässerschutz in Hessen – die europäische Wasserrahmenrichtlinie und ihre Umsetzung. Open Acess URL: https://www.hlnug.de/fileadmin/dokumente/wasser/WRRL/wrrl-BP_MP_final.pdf. Zugegriffen: 22.11.2023

Hessisches Landesamt für Naturschutz, Umwelt und Geologie (HLNUG). Badeseen in Hessen. Kinzigsee. Open Acess URL: https://badeseen.hlnug.de/badegewaesser/main-kinzigkreis/kinzigsee. Zugegriffen: 22.11.2023

Hessisches Landesamt für Naturschutz, Umwelt und Geologie (HLNUG). Hessisches Naturschutzinformationssystem (Natureg Viewer), Stand Juni 2023. Open Acess URL: https://natureg.hessen.de/mapapps/resources/apps/natureg/index.html?lang=de. Zugegriffen: 22.11.2023

Hessisches Landesamt für Naturschutz, Umwelt und Geologie (HLNUG). Wasserrahmenrichtlinie Hessen WRRL Viewer. Open Acess URL: https://wrrl.hessen.de/mapapps/resources/apps/wrrl/index.html?lang=de. Zugegriffen: 22.11.2023

Hessisches Ministerium für Umwelt, Klimaschutz, Landwirtschaft und Verbraucherschutz (HMUKLV). (2021). Umsetzung der Wasserrahmenrichtlinie in Hessen. Bewirtschaftungsplan 2021–2027. Open Acess URL: https://flussgebiete.hessen.de/fileadmin/dokumente/5_service/BP2021-2027/21-12-20_BP_Hessen2021-2027_final.pdf. Zugegriffen: 22.11.2023

Hofmeister, S. & Mölders, T. (2019). StadtLandschaft In: O. Kühne, F. Weber, K. Berr & C. Jenal (Hrsg.), *Handbuch Landschaft* (S. 731–741). Wiesbaden: Springer VS.

Hufmann, S. (2008). Natur- und Hochwasserschutz durch Revitalisierung des Kinzig – Fließgewässersystems (Main-Kinzig-Kreis/Hessen). Ein Projekt der Gesellschaft für Naturschutz und Auenentwicklung – GNA e.V. Gefördert durch die Deutsche Bundesstiftung Umwelt, Osnabrück, Abschlussbericht. https://docplayer.org/62503505-Natur-und-hochwasserschutz-durch-revitalisierung-des-kinzig-fliessgewaessersystems-main-kinzig-kreis-hessen.html MKK – Amt für Umwelt, Naturschutz und Ländlichen Raum Umweltbericht 2020. Open Acess URL: https://www.mkk.de/media/resources/pdf/mkk_de_1/buergerservice_1/lebenslagen_1/natur__umwelt__landwirtschaft_und_tierschutz_1/70_umwelt__naturschutz__laendlicher_raum_1/umweltbericht_1/MKK_Umweltbericht_2020.pdf. Zugegriffen: 22.11.2023

Hufmann, S. (2013). 10 Jahre Auenschutz an der hessischen Kinzig (Main-Kinzig-Kreis). *Auenmagazin* – Magazin des Auenzentrums Neuburg a.d. Donau. (05/2013), 14–20.

Hupke, K.-D. (2019) Naturschutz. In: O. Kühne, F. Weber, K. Berr & C. Jenal (Hrsg.), *Handbuch Landschaft* (S. 479–487). Wiesbaden: Springer VS.

Jüngling, P. (1994a). Hanau-Kesselstadt. Römische Militäranlagen und Vicus. In: *Führer zu archäologischen Denkmälern in Deutschland 27. Hanau und der Main-Kinzig-Kreis.* Stuttgart: Theiss-Verlag Stuttgart, 174–178

Jüngling, P. (1994b). Erlensee-Rückingen. Römisches Limeskastell mit Bad und Lagerdorf. In: *Führer zu archäologischen Denkmälern in Deutschland, 27. Hanau und der Main-Kinzig-Kreis.* Stuttgart: Theiss-Verlag, 115–119.

Kleinerüschkamp, T. (2019). Vor 50 Jahren: So sah Bulau vor 50 Jahren aus. Open Acess URL: https://www.op-online.de/region/main-kinzig-kreis/jahren-bulau-jahren-13341435.html. Zugegriffen: 22.11.2023

Klausing, O. (1988). Die Naturräume Hessens. Umweltplanung, Arbeits- und Umweltschutz. *Schriftenreihe der Hessischen Landesanstalt für Umwelt* 67.

Konferenz der Regionalparks und Grünen Ringe (KORG). Open Acess URL: https://www.korg-deutschland.de/. Zugegriffen: 22.11.2023

Kopp, P. (ohne Jahresangabe). Historische Entwicklung der Kulturlandschaft im Gebiet des Regionalverbandes FrankfurtRheinMain mit Angabe typischer kulturhistorischer Landschaftselemente (KHLE). Open Acess URL: https://www.klimaenergie-frm.de/media/custom/3313_107_1.PDF?1573655171. Zugegriffen: 22.11.2023

Kulturregion Frankfurt Rhein Main. Route der Industriekultur Rhein Main. Lokaler Routenführer Hanau. Open Acess URL: https://www.krfrm.de/projekte/route-der-industriekultur/routenfuehrer/lokaler-routenfuehrer-hanau/. Zugegriffen: 22.11.2023

Kreis Salmünster. Open Acess URL: https://de.wikipedia.org/wiki/Kreis_Salm%C3%BCnster. Zugegriffen: 22.11.2023

Landesamt für Denkmalpflege Hessen. Kulturdenkmäler in Hessen. Wasserübungsplatz Kinzig. Hanau. Open Acess URL: http://denkxweb.denkmalpflege-hessen.de/107144. Zugegriffen: 22.11.2023

Landesgeschichtliches Informationssystem Hessen (LAGIS). Historisches Ortslexikon Main-Kinzig-Kreis Open Acess URL: https://www.lagis-hessen.de/de/subjects/intro/sn/ol/include/435. Zugegriffen: 22. 11. 2023

Landesgeschichtliches Informationssystem Hessen (LAGIS). Historische Karte – Kurfürstenthum Hessen Niveau Karte auf 112 Blättern, Kassel 1840–1861/107: Hanau [1:25000] Open Acess URL: https://www.lagis-hessen.de/de/subjects/browse/id/2/current/107/sn/hkw. Zugegriffen: 22. 11. 2023

Landesgeschichtliches Informationssystem Hessen (LAGIS). Historische Bilddokumente „Die Kinzigbrücke mit dem Zollhaus in Gelnhausen, um 1870". Open Acess URL https://www.lagis-hessen.de/de/subjects/idrec/sn/bd/id/24-147. Zugegriffen: 22. 11. 2023

Landesgeschichtliches Informationssystem Hessen (LAGIS). Historische Bilddokumente „Älterer Mann mit Schubkarre in der Nähe von Gelnhausen, um 1910". Open Acess URL https://www.lagis-hessen.de/de/subjects/idrec/sn/bd/id/24-043. Zugegriffen: 22. 11. 2023

Landschaftspflegeverband Main-Kinzig-Kreis e. V. Main.Kinzig.Blüht.Netz. Open Acess URL: https://www.lpv-mkk.de/seite/516053/main.kinzig.bl%C3%BCht.netz.html. Zugegriffen: 22. 11. 2023

Leutnant, B. (2010). Die Kinzigaue im Raum Langenselbold. Aspekte des Naturschutzes. (Vortrag) Amt für Umwelt, Naturschutz und ländlichen Raum – Untere Naturschutzbehörde MKK. Open Acess URL: https://www.gfg-fortbildung.de/images/stories/gfg_pdfs_ver/Hessen/Kinzig/2010/10_kinzig_v4_leutnant.pdf. Zugegriffen: 22. 11. 2023

Liste der Naturschutzgebiete im Main-Kinzig-Kreis. Open Acess URL: https://de.wikipedia.org/wiki/Liste_der_Naturschutzgebiete_im_Main-Kinzig-Kreis. Zugegriffen: 22. 11. 2023

Main-Kinzig-Kreis. Open Acess URL: https://de.wikipedia.org/wiki/Main-Kinzig-Kreis

Main-Kinzig-Kreis. 50+ Jahre Gebietsreform. Open Acess URL: https://www.mkk.de/media/resources/pdf/mkk_de_1/landkreis_1/50_jahre_mkk_2/FINAL_2021_MKK_Ausstellung_Gebietsreform_1-15.pdf. Zugegriffen: 22. 11. 2023

Main-Kinzig-Kreis. Ökokontoführung. Open Acess URL: https://www.mkk.de/buergerservice/lebenslagen_1/natur_umwelt_landwirtschaft_tierschutz/70_umwelt__naturschutz__laendlicher_raum/landwirtschaft/oekokonto/oekokonto_1.html. Zugegriffen: 22. 11. 2023

Main-Kinzig-Kreis. (Hrsg.) (2008). Regionales Agrarumweltkonzept Main-Kinzig-Kreis, Amt für Umwelt, Naturschutz und ländlicher Raum. Open Acess URL: https://docplayer.org/77640818-Regionales-agrarumweltkonzept.html. Zugegriffen: 22. 11. 2023

Main-Kinzig-Kreis. (2018). Amt für Umwelt, Naturschutz und ländlichen Raum Wasser- und Bodenschutz Amt 70.1. Maßnahmen zur Umsetzung der Wasserrahmenrichtlinie im Main-Kinzig-Kreis. Open Acess URL: https://www.gfg-fortbildung.de/images/stories/gfg_pdfs_ver/Hessen/Kinzig/2018/18_kinzig_v1a.pdf. Zugegriffen: 22. 11. 2023

Main-Kinzig-Kreis. (2020). Umweltbericht 2020. Open Acess URL: https://www.mkk.de/media/resources/pdf/mkk_de_1/buergerservice_1/lebenslagen_1/natur__umwelt__landwirtschaft_und_tierschutz_1/70_umwelt__naturschutz__laendlicher_raum_1/umweltbericht_1/MKK_Umweltbericht_2020.pdf. Zugegriffen: 22. 11. 2023

Matern, A. (Hrsg.). (2016) *Urbane Infrastrukturlandschaften in Transformation. Städte – Orte – Räume.* Bielefeld: Transcript.

Mein Blättche Online. (26.08.2023). Im Feuchtgebiet Herrenbruch entsteht ein Kiebitzrefugium. Open Acess URL: https://mein-blaettche.de/2023/08/26/im-feuchtgebiet-herrenbruch-entsteht-ein-kiebitzrefugium/. Zugegriffen: 22.11.2023

Meise, E. (2003). Auch ein Jubiläum: das Ende des Hanauer Schweinetriebs 1878. *Neues Magazin für Hanauische Geschichte*, 143–231

Meyer, R. & Priefer, C. (2021). Nachhaltigkeitsbewertung landwirtschaftlicher Systeme. Herausforderungen und Perspektiven. Endbericht zum TA-Projekt. TAB-Arbeitsbericht Nr. 188. Open Acess URL: https://www.agrarraum.info/material/TAB-Arbeitsbericht-ab188.pdf#page=108. Zugegriffen: 22.11.2023

Ministerium für Heimat, Kommunales, Bau und Digitalisierung NRW. Open Acess URL: https://www.mhkbd.nrw/themenportal/die-regionalen. Zugegriffen: 22.11.2023

NaTourHuKi – Nachhaltiges Tourismuskonzept für Hanau und den westlichen Teil des Main-Kinzig-Kreises im Kontext des Regionalparks RheinMain. BMBF Verbundforschungsprojekt StadtLandPlus. Projektleitung TU Darmstadt. Open Acess URL: www.natourhuki.de. Zugegriffen: 22.11.2023

Nitsche, L. & Nitsche, S. (2002). *Naturschutzgebiete in Hessen – schützen – erleben – pflege. Band 1 Main-Kinzig-Kreis und Stadt Hanau.* Niedenstein: Cognito Verlag.

Pioneer Kaserne Hanau. Open Acess URL: https://de.wikipedia.org/wiki/Pioneer-Kaserne. Zugegriffen: 22.11.2023

Radrouten in Hessen. Open Acess URL: https://de.wikivoyage.org/wiki/Radrouten_in_Hessen. Zugegriffen: 22.11.2023

Regierungspräsidium Darmstadt Hessen. (2015). Hochwasserrisikomanagementplan für das Gewässersystem Kinzig. Bearbeitet von der Abteilung Arbeitsschutz und Umwelt Frankfurt. Open Acess URL: https://www.hlnug.de/fileadmin/dokumente/wasser/hochwasser/hwrmp/Kinzig/berichte/Erlaeuterungsbericht-zum-HWRM-Kinzig_Langfassung.pdf. Zugegriffen: 22.11.2023

Regierungspräsidium Darmstadt Hessen. (2021). Hochwasserrisikomanagementplanung im Risikogebiet Kinzig 2016–2021. Ergänzungsbericht zum Hochwasserrisikomanagementplan für das Gewässersystem der Kinzig 2015. Regierungspräsidium Darmstadt, Abteilung Umwelt Frankfurt, Dezernat IV/F-41.2 – Oberflächengewässer. Open Acess URL: https://www.hlnug.de/fileadmin/dokumente/wasser/hochwasser/hwrmp/Kinzig/berichte/Ergaenzungsbericht_Kinzig_Dez_2021.pdf. Zugegriffen: 22.11.2023

Regierungspräsidium Darmstadt Hessen. Open Acess URL: https://rp-darmstadt.hessen.de/infrastruktur-und-wirtschaft/regionalplanung/rek-aktualisiertes-plankonzept. Zugegriffen: 22.11.2023

Regierungspräsidium Kassel Hessen. Schutzgebiete Natura 2000 Gebiete. Open Acess URL: https://rp-kassel.hessen.de/natur/schutzgebiete/natura-2000. Zugegriffen: 22.11.2023

Regionalpark RheinMain. Open Acess URL: https://www.regionalpark-rheinmain.de/portfolio-item/regionalpark-kinzigroute/. Zugegriffen: 22.11.2023

Regionalverband FrankfurtRheinMain (a): Der Regionalverband. Open Acess URL: https://www.region-frankfurt.de/%C3%9Cber-uns/Der-Regionalverband/. Zugegriffen: 22.11.2023

Regionalverband FrankfurtRheinMain (b): Regionaler Flächennutzungsplan. Open Acess URL: https://www.region-frankfurt.de/Unsere-Themen-Leistungen/Regionaler-Fl%C3%A4chennutzungsplan/. Zugegriffen: 22.11.2023

Regionalverband FrankfurtRheinMain (c): Der regionale Landschaftsplan. Open Acess URL: https://www.region-frankfurt.de/Unsere-Themen-Leistungen/Regionaler-Fl%C3%A4chennutzungsplan/Landschaftsplan/. Zugegriffen: 22.11.2023

Rösener, W. (2010). Die Wüstungen des Spätmittelalters und der Einfluss der Klimafaktoren. *Zeitschrift des Vereins für hessische Geschichte und Landeskunde* 115, 57–77.

Scheid, E. & Vinnen A. (2018). Der Weinbau. In: R. Böhm (Hrsg.): *Gelnhausen – das horribelste Nest dieser Erde in einer herrlichen Gegend. Sonderedition 850 Jahre Stadtrechte Barbarossastadt Gelnhausen.* Gelnhausen: Klecks Verlag, 66–69

Sieferle, R.P. (1997). *Rückblick auf die Natur – Eine Geschichte des Menschen und seiner Umwelt.* München: Wargengau.

Sieber, S., Beil, M., Dettmar, J., Heidemann, K., Mosbacher, B., Schmidt, K., Schwemm, A., Siegl, C. & Wittmann, C. (2025). Zwischen Autobahn und Idylle. Naherholung und Tagestourismus als Bausteine der sozial-ökologischen Transformation in einer Metropolregion – das Verbundprojekt NaTourHuKi. In S. Sieber, O. Kühne, J. Dettmar & R. Vogler (Hrsg.), Landschaft und Naherholung – Bedeutung und Nutzung für den Tagestourismus und die Naherholung im Stadt-Land-Kontext. (S. 19–47). Wiesbaden: Springer VS.

Sondey, E.B. (2008). Frühling in der Bulau: Eine naturkundliche Exkursion. In: G. Seidenschwann (Hrsg.), *Jahresberichte der Wetterauischen Gesellschaft für die gesamte Naturkunde zu Hanau.* Sonderband, 158. Jahrgang.

Structurae – Internationale Datenbank und Galerie für Ingenieurbauwerke. Kinzigtalsperre. Open Acess URL: https://structurae.net/de/bauwerke/kinzigtalsperre. Zugegriffen: 22.11.2023

Sundermann, D. (13.09.2021). Frankfurt muss künftig aus der Kinzig trinken. Open Acess URL: https://www.fr.de/rhein-main/frankfurt-muss-kuenftig-aus-der-kinzig-trinken-90979079.html. Zugegriffen: 22.11.2023

Vicenzotti, V. (2019). Die Landschaft der Zwischenstadt. In: O. Kühne, F. Weber, K. Berr & C. Jenal (Hrsg.), *Handbuch Landschaft* (S. 743–753). Wiesbaden: Springer VS.

Wasserverband Kinzig. Open Acess URL: https://www.wasserverband-kinzig.de/. Zugegriffen: 22.11.2023

Zobel, T., Wolf, L., Brauneck, A. & Abbasi, B. (2022). Radverkehrskonzept Main-Kinzig-Kreis. Abschlussbericht. Open Acess URL: https://www.mkk.de/media/resources/pdf/mkk_de_1/aktuelles_1/themen_1/radwegkonzept/2022_04_08_Abschlussbericht_Radverkehrskonzept_Main_Kinzig_Kreis_inkl_Anlagen_kl.pdf. Zugegriffen: 22.11.2023

Autor

Jörg Dettmar ist Professor an der Technischen Universität Darmstadt am Fachgebiet Entwerfen und Freiraumplanung des Fachbereichs Architektur.

Erzählungen über das Kinzig-Auental

Potentiale ortsbezogener Narrative für eine landschaftsbezogene Erholung in der Metropolregion FrankfurtRheinMain

Lara Reusch, Yane Conradi & Inga Bolik

Abstract

Der nachfolgende Artikel beschäftigt sich mit Potentialen ortsbezogener Narrative für landschaftsbezogene Erholung am Fallbeispiel des hessischen Kinzig-Auentals. Basierend auf Interviews untersuchen die Autorinnen, was Vertreter*innen kommunaler Verwaltungen sowie Architekturstudierende der TU Darmstadt über das Kinzig-Auental erzählen und machen so implizite, ortsbezogene Narrative explizit. Ziel dieser explorativen Herangehensweise ist es, ortsbezogene Narrative als einen zusätzlichen Baustein in der Beschäftigung mit regionaler Erholung im Kinzig-Auental zu diskutieren und hierdurch Anknüpfungspunkte für weitere Untersuchungen zu schaffen. Die Interviews geben einerseits Einblicke in das Selbstverständnis der kommunalen Verwaltungen und bilden andererseits den Außenblick der Studierenden auf den Talraum ab. Die Region wird insgesamt als attraktiv für landschaftsbezogene Erholung in der Metropolregion FrankfurtRheinMain empfunden und die ‚unberührte Natur' innerhalb einer ‚ländlichen Struktur' als positives Merkmal konnotiert. Im Gegensatz zu den kommunalen Verwaltungen sind die Umwelt- und Lärmbelastungen durch den Infrastrukturkorridor für die Studierenden ein weiteres wesentliches und charakteristisches Element, sodass ein ambivalentes Bild zwischen erholsamen Naturräumen und lärmintensiven Infrastrukturen entsteht. Die Ergebnisse der Untersuchung können Anknüpfungspunkte in der Diskussion um eine nachhaltige Entwicklung des Talraumes liefern und in zukünftigen Planungsprozessen Berücksichtigung finden.

S. Sieber et al. (Hrsg.), *Landschaft und Naherholung*, RaumFragen: Stadt – Region – Landschaft, https://doi.org/10.1007/978-3-658-45410-4_4

Keywords

Ortsbezogene Narrative, Narrativanalyse, Regionaler Tagestourismus, Naherholung, Landschaftsbezogene Erholung, kleine Kommunalverwaltungen, Infrastrukturkorridor, Metropolregion, metropolitane Kooperationen, Stadt-Land-Beziehungen

1 Landschaftsbezogene Erholung im Spannungsfeld der Metropolregion

Durch den Klimawandel und vor dem Hintergrund der COVID-19-Pandemie scheinen regionale, landschaftsbezogene Erholungsziele verstärkt in den Fokus zu rücken. Insbesondere in Metropolregionen steigt die Nachfrage nach Möglichkeiten einer landschaftsbezogenen Naherholung und einem regionalen Tagestourismus[1] (Epple et al. 2023). Potentiale für regionale Erholung im Kinzig-Auental untersucht in diesem Zusammenhang das vom Bundesministerium für Bildung und Forschung (BMBF) geförderte Verbundforschungsprojekt Nachhaltiges Tourismuskonzept für Hanau und den westlichen Teil des Main-Kinzig-Kreises im Kontext des Regionalparks RheinMain (NaTourHuKi). Der betrachtete Forschungskorridor erstreckt sich von der Stadt Hanau bis nach Steinau an der Straße entlang des Flusses Kinzig (vgl. Sieber et al. 2025). Neben der Großstadt Hanau ist der Untersuchungsraum durch eine Agglomeration kleinerer Gemeinden (zwischen 3 400 und 23 000 Einwohnenden) gekennzeichnet, die sich innerhalb der Metropolregion FrankfurtRheinMain und teilweise im Gebiet des Regionalverbandes FrankfurtRheinMain befinden.

Neben Hanau gibt es im Untersuchungsgebiet zwei kleine Mittelstädte sowie vierzehn Kleinstädte und zwei Landgemeinden (gemäß Einteilung Bundesinstitut für Bau-, Stadt- und Raumforschung 2021). Die Gemeinden sind eingebettet in land- und forstwirtschaftliche Flächen, die von Bächen durchzogen werden. Entlang der Kinzig befinden sich einerseits abwechslungsreiche Talräume mit bedeutenden Naturschutzgebieten, die Lebensraum für geschützte Tierarten wie Störche, Biber und Eisvögel bieten. Andererseits ist das Tal ein stark frequentierter Infrastrukturkorridor. Die Autobahn A66, die Regionalbahn Hanau-Fulda sowie die ICE-Strecke, die in naher Zukunft weiter ausgebaut werden soll, verlaufen parallel zur Kinzig inmitten des Tals. In Teilen ragen zudem Gewerbegebiete und Logistikflächen in das Kinzigtal und

1 Die Übergänge zwischen landschaftsbezogener Naherholung sowie regionaler Tagestourismus lassen sich nicht trennscharf bestimmen. In diesem Artikel wird sowohl die Nachfrage von Anwohnenden sowie Ausflügler*innen aus der Region betrachtet. Im Folgenden wird daher der Begriff regionale bzw. landschaftsbezogene Erholung verwendet, der beide Perspektiven auf landschaftsbezogene Erholungsziele einschließt (vgl. dazu Bolik et al. 2022; Epple et al. 2023)

seine Auen hinein und blockieren die Verbindung zwischen Siedlungen und Talraum (Bolik et al. 2022).

Vor diesem Hintergrund geht NaTourHuKi davon aus, dass sich die Nachfrage nach regionaler Erholung in der Metropolregion FrankfurtRheinMain in Zukunft intensivieren wird und sich bereits bestehende Konflikte zwischen Erholungssuchenden sowie den Interessen des Naturschutzes, der Landwirtschaft und der Siedlungsentwicklung im engen Kinzig-Auental verstärken werden. Die Suche nach Potentialen für landschaftsbezogene, regionale Erholung sowie die Etablierung eines nachhaltigen Tourismuskonzeptes soll einen Beitrag zur metropolitanen Kooperation und zum Ausgleich dieser konkurrierenden Interessen leisten (Epple et al. 2023). Auf der Suche nach den Erholungspotentialen nimmt dieser Artikel (als ein Puzzleteil neben weiteren Analysen) beispielhaft Vertreter*innen kommunaler Verwaltungen aus dem Untersuchungsraum sowie Architekturstudierende der TU Darmstadt in den Fokus und beschäftigt sich mit den folgenden Fragestellungen:

1) Was erzählen Vertreter*innen kommunaler Verwaltungen und Studierende der TU Darmstadt über den Forschungskorridor?
2) Lassen sich in den Erzählungen der beiden Personengruppen geteilte, ortsbezogene Narrative zum Kinzig-Auental finden?
3) Welche Anknüpfungspunkte für regionale, landschaftsbezogene Erholung könnten sich aus diesen ortsbezogenen Narrativen ableiten lassen?

Diesen Fragestellungen nähern sich die Autorinnen zunächst mit einem kurzen Exkurs über ortsbezogene Narrative an. Es folgen die Beschreibung der methodischen Überlegungen sowie die Erkenntnisse aus den Untersuchungen zu ortsbezogenen Narrativen innerhalb kommunaler Verwaltungen im Kinzig-Auental und von Studierenden der TU Darmstadt. Abschließend werden mögliche Anknüpfungspunkte für regionale Erholung diskutiert, die sich aus den erfassten Narrativen, bzw. Narrativfragmenten ableiten lassen.

Exkurs

Auf der Suche nach ortsbezogenen Narrativen

In der Literatur gibt es eine Vielzahl von Definitionen, die versuchen, das breite Konzept der Narrative zu fassen. In Anlehnung an Espinosa et al. (2017) können Narrative als sprachliche Sequenzen charakterisiert werden, durch die Ideen, Metaphern und Argumente miteinander in Beziehung gesetzt werden (Keller 2013). In diesem Artikel werden Narrative daher nicht als eine (literarische) Gattung unter vielen betrachtet, sondern im Sinne eines sozialkonstruktivistischen Forschungsansatzes als ein „Prinzip der Sinn- und Bedeutungserzeugung" (Keller et al. 2020, S. 36). Der Artikel geht somit davon aus, dass Akteure ihre Welt u. a. durch Narrative erleben, verstehen und interpretieren (Espinosa et al. 2017). In Narrativen können eine Vielzahl von Bedeutungen zusammengefasst werden, sodass komplexe (auch widersprüchliche) Situationen und Prozesse nachvollziehbar werden (Kaplan 2013; Espinosa et al. 2017).

Nach Somers (1994) können Narrative, die über das Individuum hinausgehen und somit an bestimmte kulturelle Konstellationen gebunden sind, als öffentlich bezeichnet werden – zum Beispiel Narrative innerhalb einer Personengruppe. Diese Narrative können sowohl aus (öffentlichen) Diskursen entstehen als auch rekursiv in diese eingebracht werden (Espinosa et al. 2017). Öffentliche Narrative sind dynamisch und offen für eine selektive Aneignung oder Neuinterpretation durch verschiedene Parteien. In einem isolierten Einzeltext finden sich oft nur Fragmente von öffentlichen Narrativen. Zusammenfassend beschreibt Viehöver öffentliche Narrative als „meist themenbezogene Narrative, mit denen Akteure ihre Position definieren" (2011, S. 198–200). Gleichzeitig können mit Hilfe dieser öffentlichen Narrative durch die Benennung vergangener Problemursachen, gegenwärtiger Verantwortlichkeiten und zukünftiger Ziele zeitliche (Planungs-)Prozesse organisiert werden (vgl. Roe 1994; Barbehön und Münch 2014). In diesem Sinne können öffentliche Narrative (institutionelles) Handeln fördern (Gadinger et al. 2022), aber auch Innovationen behindern, durch ihre starke Verankerung im Status quo (Markscheffel 2022). Folglich prägen sie lokale Realitäten und haben somit das Potential, regionale bzw. lokale Planungsentscheidungen zu beeinflussen sowie metropolitane Kooperationen fördern bzw. verhindern zu können (vgl. Davoudi et al. 2018; Valler et al. 2023).

In diesem Artikel steht die Suche nach Fragmenten von öffentlichen, ortsbezogenen Narrativen zweier Personengruppen und den darin enthaltenen Anknüpfungspunkten für regionale Erholung im Mittelpunkt. Können durch diesen explorativen Ansatz neue Perspektiven und Anknüpfungspunkte im Diskurs um landschaftsbezogene Erholung gewonnen werden?

2 Narrative zum Kinzig-Auental

2.1 Methodische Überlegungen

Im Rahmen der Suche nach ortsbezogenen Narrativen werden in diesem Artikel zwei Personengruppen gegenübergestellt: Vertreter*innen kommunaler Verwaltungen mit ihrer lokalen Perspektive aus dem Forschungskorridor sowie Architekturstudierende der TU Darmstadt, die von außen auf das Kinzig-Auental schauen. Einschränkend soll darauf hingewiesen werden, dass die Interviews und der ausgewertete Stegreif (vgl. Sieber 2025) nur eine Momentaufnahme der Meinungen innerhalb der Stadtverwaltungen und der Studierendenschaft darstellen können. Das primäre Ziel des Artikels ist es jedoch nicht, umfassende Ergebnisse einer Fallstudie zu präsentieren, sondern vielmehr die Suche nach ortsbezogenen Narrativen als einen zusätzlichen Baustein in der Beschäftigung mit regionaler Erholung im Kinzig-Auental zu erproben, zu diskutieren sowie hierdurch Ansätze für weitere Untersuchungen zu liefern. Gerade die Gegenüberstellung zweier Personengruppen aus unterschiedlichen Kontexten, mit jeweils ganz eigenen fachlichen Einstellungen und Sichtweisen (einer spezifischen ‚déformation professionnelle'), kann diese explorative Herangehensweise unterstützen.

Die Suche nach ortsbezogenen Narrativen innerhalb der kommunalen Verwaltungen im Forschungskorridor begann mit offenen Leitfrageninterviews, die zwischen November 2020 und März 2021 per Videokonferenz durchgeführt wurden[2]. Der zeitliche Rahmen der Interviews war je nach Interviewpartner*in unterschiedlich und dauerte im Durchschnitt etwa eine Stunde. Die Interviews umfassten u. a. Fragen zu Orten der landschaftsbezogenen Erholung sowie zur wahrgenommenen Rolle der Kommune innerhalb der Metropolregion. Darüber hinaus wurden die Befragten gebeten, ihre jeweilige Kommune in kurzen Stichworten zu charakterisieren.

Die Beschäftigung mit der zweiten Personengruppe startete mit der Ausgabe eines Stegreifs[3] an zwanzig Architekturstudierende im Master an der TU Darmstadt im April 2023 (vgl. Sieber 2025). Im Rahmen des Stegreifs „Bilder machen Wirklichkeit – Ein erholsamer Tag im Kinzig-Auental" sollten „identitätsstiftende Vorstellungsbilder innerhalb einer erstrebenswerten nachhaltigen Zukunft für das Kinzig-Auental sowie die anliegenden Kommunen" erforscht und abgebildet werden. Im Nachgang des Stegreifs erfolgte eine nähere Auseinandersetzung mit drei Studierenden mit Hilfe halbstrukturierter Interviews sowie einem anschließenden Kodierungsprozess. Die drei Architekturstudierenden befanden sich zum Zeitpunkt der Interviews im höheren Mastersemester. Die Ergebnisse des Stegreifs zeigen damit beispielhaft Perspektiven von Besucher*innen auf das Kinzig-Auental und (Fragmente von) Narrativen, die innerhalb dieser kurzen Beschäftigung mit dem Forschungskorridor entstanden sind.

In Anlehnung an Roses (2016) Methodik der Foto-Elicitation wurden innerhalb der Interviews mit den Studierenden die im Rahmen der Vor-Ort-Besuche entstandenen Fotos und Collagen im Detail diskutiert (vgl. dazu Abbildung 1–4). Die Foto-Elicitation basiert auf der Idee, ein Foto nach dessen Erstellung im Rahmen eines Forschungsinterviews zu diskutieren und als Ausgangspunkt für weitere Überlegungen zu nutzen. Die Methodik erfolgt über einen Zeitraum von wenigen Wochen und bezieht sich auf die persönlichen Sichtweisen der Fotograf*innen. Es wird argumen-

2 Von den 19 Kommunen im Forschungskorridor nahmen Vertreter*innen aus 16 kommunalen Verwaltungen an den Interviews teil. Aus der Großstadt Hanau wurden keine Vertreter*innen interviewt, sodass die Interviews vor allem die spezifische Perspektive kleiner Verwaltungen abbilden. An dem Austausch nahmen insgesamt zehn Bürgermeister sowie neun Vertreter*innen kommunaler Verwaltungen, z. B. aus Haupt- und Personalämtern, dem Bauamt oder den Bereichen Tourismus und Stadtmarketing, teil. Die Auswahl der Interviewpartner*innen erfolgte auf Anregung der jeweiligen Verwaltungen.

3 Als Stegreif wird eine Entwurfsaufgabe für Architekturstudierende in kleinerem Umfang bezeichnet. Ziel ist es, innerhalb geringer Zeit eine wettbewerbsartige, kleine Aufgabe unabhängig von größeren thematischen Zusammenhängen zu konzipieren, zu entwerfen und zu präsentieren.

Abbildung 1 Subjektive Collage zum Kinzig-Auental – Vor-Ort aufgenommene Fotos zusammengestellt, Josefine Ebeling

Abbildung 2 Subjektive Collage zum Kinzig-Auental – Vor-Ort aufgenommene Fotos zusammengestellt, Josefine Ebeling

Abbildung 3 Collage Büdingen – Überlagerung der aufgenommenen Fotos mit imaginierten Zeichnungen, Lea Kräckmann

tiert, dass die Methode der Foto-Elicitation, da sie sich auf Bilder und Fotografien stützt, durch die vielen enthaltenden Informationen (Metadaten, visuelle Daten, Gespräch) unterschiedliche Einblicke auf ein Thema gibt. Ebenso kann die Diskussion einer Collage oder eines Fotos dazu führen, verschiedene weitere Themen im selben Kontext anzusprechen. Bilder können in einem Interview unterschiedliche Arten von Erinnerungen hervorrufen, sodass die Teilnehmenden über die visuellen Aufnahmen weitere Eindrücke und Wissen ansprechen (Rose 2016).

Die Interviewdaten beider Personengruppen wurden mit Hilfe einer inhaltlich strukturierenden, qualitativen Inhaltsanalyse (Kuckartz und Rädiker 2022) ausgewertet. In diesem Sinne wurden die transkribierten Interviews durch deduktive (a priori) Kategorien strukturiert, zum Beispiel durch Kategorien, die sich auf Merkmale des Kinzig-Auentals oder das Verhältnis zur Metropolregion beziehen. In einem weite-

Abbildung 4 Zeichnung Ronneburg – Überlagerung der aufgenommenen Fotos mit imaginierten Zeichnungen, Lea Kräckmann

ren Schritt wurden aus den transkribierten Texten Sub-Kategorien entwickelt. Der Schwerpunkt lag dabei auf der Suche nach Fragmenten ortsbezogener Narrative. Von besonderem Interesse waren daher ununterbrochene Stegreiferzählungen sowie markante Metaphern, Rollenzuschreibungen oder wiederkehrende Narrativstränge (Gadinger et al. 2022). Der Prozess wurde durch ein Kodierungsprogramm unterstützt. Um die Eindeutigkeit und Wiederholbarkeit der subjektiv entstandenen Kategorien zu überprüfen, wurde die Zuordnung zu den bereits gebildeten Kategorien von verschiedenen Personen wiederholt und somit gegengeprüft.[4]

4 Anmerkung zum Umgang mit wörtlichen Zitaten: Die spontanen Antworten wurden in diesem Artikel zur besseren Lesbarkeit redigiert, z. B. wurden Füllwörter und Doppelungen gestrichen. Aus

2.2 Die Innensicht: Das Kinzigtal aus der Perspektive der lokalen Verwaltungen verstehen

Während der leitfadengestützten Interviews sind die kommunalen Vertreter*innen u. a. gebeten worden, ihre Gemeinde in kurzen Stichworten zu beschreiben. Oft zeichnen die Befragten ein ambivalentes Bild ihrer Gemeinde, das sich meist zwischen Abgrenzung von und Verortung in einer wachsenden Metropolregion bewegt (vgl. Bolik und Conradi 2024) In den Interviews werden häufig die Nähe zur ‚Natur' oder die dörflichen Strukturen als besondere Stärke der betrachteten Kommunen hervorgehoben. Die kommunalen Vertreter*innen verbinden ihre Kommune meist mit einem sehr positiv konnotierten Narrativ von ‚Ländlichkeit'. Stellvertretend für diese Wahrnehmung, die sich in den meisten Interviews wiederfindet, sind Aussagen wie die folgenden:

> A: „Die Gemeinde im Grünen, das sind wir. Gemeinde, das ist auch wirklich Gemeinde und man kann auch sagen fast Dorf und im Grünen liegen wir zweifelsohne, die größte Fläche ist bewaldet."

> B: „Es gibt ja mittlerweile Leute, die von der Stadt aufs Land [gemeint ist die Kleinstadt B] ziehen und von da aus lieber fahren, als da täglich in diesem Chaos, in Hektik zu leben, weil ja die Mieten auch immer unerschwinglicher werden in dem städtischen Raum. Da nimmt man das halt in Kauf, zahlt weniger Miete, ist dann vielleicht mal eine Stunde unterwegs, aber hat dann entsprechend abends wieder seine Ruhe."

Die oft als ländlich beschriebene Lage in Verbindung mit anderen Standortvorteilen wie bezahlbarem Wohnraum wird in den Interviews als wesentliches Merkmal der Kommunen in Nähe des Kinzig-Auentals beschrieben. ‚Ländlichkeit' wird in diesem Zusammenhang aber nicht als defizitär oder peripher konnotiert, sondern als der entscheidende Vorteil gegenüber den Großstädten der Metropolregion. Dabei spielt auch oft die Größe der Gemeinden eine Rolle, die mit einem Narrativ von Überschaubarkeit, Familienfreundlichkeit und dörflichem Zusammenhalt verbunden wird. „Liebens- und lebenswerte Stadt" ist eine immer wiederkehrende Beschreibung.

Meist überwiegt das überraschend positive Narrativ von ‚Ländlichkeit', ‚Naturnähe' und ‚dörflichen Strukturen', obwohl alle Gemeinden Teil einer schnell wachsenden und zentralen Metropolregion sind. Diese Selbstbeschreibung wird auch zur Abgrenzung von den Großstädten in der Nachbarschaft genutzt, die entsprechend mit Gegenbegriffen wie „Anonymität, Chaos und täglicher Hektik" belegt werden. Diese Gegenpole finden sich z. B. in folgender Aussage eines Bürgermeisters:

---

datenschutzrechtlichen Gründen wurden die Aussagen der Befragten anonymisiert und mit fortlaufenden Buchstaben gekennzeichnet.

C: „Es ist jetzt nicht so diese Anonymität wie in Hanau, ich denke, das ist auch nochmal ein wesentlicher Charakterzug. [...], dieser öffentliche Zusammenhalt."

Während die Verbindungen zwischen einzelnen Stadtteilen manchmal als schwierig beschrieben werden, wird die Anbindung an die benachbarten Metropolen als wesentlicher Standortvorteil gesehen. Dieser zweite Narrativstrang taucht, neben dem oben beschriebenen, ebenfalls immer wieder auf. Hier stehen eindeutig die Vorteile der Metropolregion im Vordergrund, die sich vor allem auf die „gute Anbindung" sowie auf die „gute Versorgung" beziehen und die auch als wesentliches Merkmal der betrachteten Kommunen beschrieben werden. Ein Bürgermeister fasst diesen Narrativstrang wie folgt zusammen:

D: „Wir sind so die Nah-dran-Stadt. Wir sind nah dran am Rhein-Main-Gebiet, nah dran, was die Versorgung angeht und wir sind natürlich auch nah dran, mittendrin in unserer Natur."

In den Interviews wurden die Großstädte des Rhein-Main-Gebiets meist mit den Stichworten „pendeln" und „arbeiten" verbunden und dem Leben in den kleinen Kommunen gegenübergestellt. Teile dieses wiederkehrenden Narrativs vom Arbeiten in den „hektischen Großstädten" und dem Leben in der „grünen und ruhigen" kleinen Stadt beschreibt ein Bürgermeister mit Blick auf seine Gemeinde folgendermaßen:

H: „Bisher war das ebenso, sagen wir: Arbeiten im Rhein-Main-Gebiet und Wohnen am Rande des Rhein-Main-Gebiets und dann auch die Lebensqualität genießen, die ist einfach da in der Nähe der Natur – die wir [Kleinstadt H] eben bieten."

Insgesamt zeichnen die Befragten auf Grund der weiterwachsenden Metropolregion ein eher positives Zukunftsbild für ihre Gemeinden. „Zukunftsorientiert", „innovativ" und „wohlhabend" sind Adjektive, die in diesem Zusammenhang immer wieder auftauchen. Die Vorteile und das bereits bestehende Potential der guten Anbindung durch den Infrastrukturkorridor des Kinzig-Auentals und die zentrale Lage innerhalb der Metropolregion stehen hier im Vordergrund.

Auffällig ist, dass im Narrativ vom Arbeiten in den hektischen Großstädten und dem Leben in der grünen, ruhigen, kleinen Kommune die Lärm- und Emissionsbelastungen durch den Infrastrukturkorridor sowie die landschaftszerschneidende Wirkung, die durch den Ausbau der ICE-Strecke in Zukunft noch verstärkt wird, kaum vorkommen. Den geplanten Ausbau der ICE-Hochgeschwindigkeitsstrecke kommentiert ein Bürgermeister beispielsweise folgendermaßen:

D: „Ja, da entsteht eine talzerschneidende Brücke, aber ganz ehrlich: Ich sehe das sehr gelassen."

Diese Einschätzung wiederholt sich in ähnlichen Aussagen anderer Befragten und erscheint insofern überraschend, da die Interviewpartner*innen gleichzeitig immer wieder die Ruhe und ‚Naturnähe' als wesentlichen Bestandteil ihres kommunalen Narrativs betonen. Gefragt nach landschaftsbezogenen Erholungsmöglichkeiten in ihrer Kommune, bewegt sich der Blick der Interviewpartner*innen meist weg vom Kinzig-Auental und hin zu den angrenzenden Naturräumen, wie z. B. dem Spessart oder dem Vogelsberg. Es lässt sich daher nur vermuten, dass mit den Begriffen wie ‚ländlich' oder ‚natürlich/naturnah' zur Beschreibung des gemeindlichen Selbstverständnisses weniger die zerschnitten, lärmbelasteten und überformten Räume im Kinzig-Auental gemeint sind. Dies unterstreicht die Beobachtung bei Vor-Ort-Begehungen, dass die Kinzig vielerorts hinter Gewerbeflächen oder Verkehrsinfrastrukturen zu verschwinden scheint und das Kinzig-Auental als zusammenhängender Talraum kaum wahrnehmbar ist. Das Kinzig-Auental scheint in den Interviews weniger als Ort der Erholung, sondern vielmehr als verbindender Infrastrukturkorridor in den Ballungsraum wahrgenommen zu werden.

Zusammenfassend lässt sich sagen, dass die Interviewpartner*innen immer wieder die Vorteile einer wirtschaftlich starken Metropolregion betonen, ohne jedoch das eigene Narrativ einer kleinen, überschaubaren und ‚ländlichen' Kommune (in Abgrenzung zu den Großstädten) aufgeben oder in Frage stellen zu wollen. Im Vordergrund der Erzählung steht die Sichtweise eines Gemeindelebens in der grünen und ruhigen, kleinen Stadt durch die Betonung von ‚Ländlichkeit', ‚Überschaubarkeit' und ‚Naturnähe'. Das Kinzig-Auental scheint dabei aber vorrangig als infrastrukturelles Rückgrat der Region und wichtige Verbindung in die Großstädte des Rhein-Main-Gebiets wahrgenommen zu werden, die vor allem als Arbeitsorte beschrieben werden. Gleichzeitig wird das Tal auch als eine Art „Verfügungsmaße" für Gewerbe und Logistikflächen und einen weiteren Infrastrukturausbau genutzt. Wie ein „blinder Fleck" hingegen erscheint das Kinzig-Auental in Bezug auf eine landschaftsbezogene Erholung in der Region. Hier richtet sich der Blick explizit weg vom Tal auf die Naturräume in der Umgebung (vgl. dazu auch Epple et al. 2023, Bolik et al. 2022, Bolik und Conradi 2024).

2.3 Die Außensicht: Das Kinzig-Auental aus Perspektive der Studierenden

Architekturstudierende als spezifische Zielgruppe werden im Rahmen ihres Studiums mit verschiedenen Landschaftsauffassungen konfrontiert. Die persönliche Auffassung und Wertung einer Landschaft und ihrer Potentiale aus Studierendensicht wird als weitere spannende neue Perspektive auf das Kinzig-Auental betrachtet (Sieber 2023). Dieser Teil des Artikels widmet sich daher den Erzählungen der Studierenden und sucht nach öffentlichen Narrativen über das Tal und insbesondere dessen Potentialen für eine landschaftsbezogene Erholung. Die Methodik der Foto-Elicitation wurde als Ausgangspunkt genutzt, um über die verschiedenen dargestellten Themen der Studierenden in einen vertiefenden Dialog zu gelangen. Anhand dieser Auseinandersetzung wurde den Studierenden genauer bewusst, welche Themen sie als besonders präsent empfunden haben. In den meisten Fällen beschreiben die Studierenden ein ambivalentes Bild, mit zwei kontrastierenden Polen:

Einerseits wird das Kinzig-Auental in den Interviews als erholsamer ‚Naturraum' am Rande des Rhein-Main-Gebietes gesehen, der das Interesse der Studierenden weckt. Zahlreiche Ackerflächen, Wiesenflächen und Wälder für ausgiebige Spaziergänge oder gut ausgebaute Rad- und Wanderwege im Kinzig-Auental werden als Möglichkeiten für landschaftsbezogene Erholung und als einen Grund für den Besuch beschrieben. Die Wahrnehmung der ‚Natur' und Möglichkeiten der Erholung konnotieren die Studierenden als positiv, insbesondere durch die kurze Entfernung zu den Städten Darmstadt und Frankfurt. Die große Weitläufigkeit entlang von Feldern, vermeintlich unberührte Stellen im Talraum sowie der Weitblick von den Hügeln empfinden die Studierenden insbesondere im Vergleich zur ‚Enge' in der Stadt als angenehm und erholsam. Dieses Narrativ, dass sich in allen geführten Interviews wiederfindet, zeigt sich zum Beispiel in folgenden Aussagen:

> E: „Also ich fahr da schon gerne hin, ich mach da auch gerne Wanderungen und da ist es dann auch wie so ein Urlaub […], auch wenn es wirklich nicht weit weg ist."

> E: „Also ich fand tatsächlich, dass man total viel von diesen Wiesen umgeben ist und ich finde diese kleinen Ortschaften, die an den Hängen sitzen total schön. Und dann denke ich mir […], dass ich eigentlich gerne dahinziehen würde."

Weitere Potentiale sehen die Studierenden in den unterschiedlichen Gemeinden, die verschiedene Ausflugsziele und Veranstaltungen anbieten. Neben den Kurorten, dem Wildtierpark oder Cafés in der Nähe von Spielplätzen wurde besonders das starke Vereinsleben mit Festen und Märkten hervorgehoben.

> F: „Das war ein richtiges Happening [gemeint ist ein Mittelaltermarkt]. […] In jeder Gemeinde gibt es Vereine und die Leute kommen wirklich auch von weiter weg, weil in der Gegend die Vereine richtig aktiv sind. Da war einfach so richtig viel los, das war voll nett […]. Da ist dann auch Ausnahmezustand."

Andererseits werden, neben dem Narrativ der erholsamen ‚Natur', in den Interviews häufig die Wahrnehmungen zahlreicher Lärmfaktoren sowie eine fehlende Ausstattung genannt. Die drei interviewten Studierenden bemängeln beispielsweise fehlende Aufzüge an den Bahnhöfen oder Schienen für das Schieben von Fahrrädern und Kinderwägen. Auch Beschilderungen und Wegweiser oder Unterführungen an Autobahnbrücken fehlen, was eine Ankunft mit dem ÖPNV im Kinzig-Auental für die ortsfremden Studierenden erschwerte.

Neben der fehlenden Ausstattung dominiert die Wahrnehmung akustischer Störungen durch Autobahn und Zugstrecke die Interviews. Der Lärm an Fuß- und Radwegen entlang der Autobahn und in den Wohngebieten in Bahnhofsnähe empfinden die Studierenden als starke Belästigung. An zahlreichen Stellen überdeckt die akustische Wahrnehmung der Straße und der Gleise die visuellen Eindrücke des Kinzig-Auentals. Das „penetrante und laute Geräusch" vorbeifahrender Autos und Züge mindert laut der Studierenden das Erholungspotential im Kinzig-Auental stark. Substantive wie „Geräusch, Lärm, Störung oder Rauschen" tauchen in diesem Zusammenhang an zahlreichen Stellen in den Interviews auf. Auch wenn es Bereiche ohne starke Geräuschemissionen gibt, wird der ‚Lärm' als „permanentes Hintergrundrauschen" beschrieben und stellt dadurch einen wesentlichen Nachteil beim Bewegen durch das Kinzig-Auental dar. Dieser Narrativstrang ist in allen Interviews mehrfach das zentrale Thema. Eine Studentin fasst dies wie folgt zusammen:

> G: „Wir haben es am Anfang im Wald gar nicht bemerkt, wir haben einfach geredet und dann habe ich gemerkt, dass wir inzwischen so laut reden, weil es wegen der Bahn ist, die an uns vorbeikam. [...] Da habe ich verstanden, was für einen Einfluss das hat."

Mit den beiden kontrastierenden Polen ‚erholsames Natur- und Landschaftserlebnis' und ‚Erholung störende Infrastruktur und Lärmfaktoren' versuchen die drei interviewten Studierenden umzugehen und sie sogar zu vereinen. Die Studierenden empfinden den Ort ‚naturnah' und betrachten die Region als Erholungsregion, auch wenn zahlreiche Lärmfaktoren das Erholungspotential einzuschränken scheinen und dadurch das ‚Naturerlebnis' gemindert wird. Mit dem „Clash" aus „Natur, Landschaft und Erholung" im Zusammenspiel mit „Infrastruktur, Autobahn und Zugstrecke" versuchen sich die Studierenden zu arrangieren, da man in der Metropolregion FrankfurtRheinMain keine ‚unberührte Natur' erwarten könne. So wird die Einsicht, dass Anbindung immer gewisse Auswirkungen mit sich trägt, in folgender Aussage treffend umschrieben:

> F: „Also irgendwie muss man ja auch Kompromisse [...] akzeptieren, vielleicht, in dem Moment einfach in die andere Richtung gucken. Weil also, auch selbst, wenn ich Fahrrad fahren würde, würde ich wahrscheinlich mit der Bahn und dem Fahrrad da erstmal hinfahren. [...] Das heißt, wenn ich die Bahn oder auch wenn ich das Auto jetzt einerseits selbst nutze, dann muss ich halt irgendwie akzeptieren, dass die dann auch da ist, wenn ich da lieber gerade Fahrrad fahren möchte."

Auch zeigte sich in allen Interviews, dass das Kinzig-Auental als eine von Darmstadt gut erreichbare regionale Erholungsdestination bisher nicht bekannt war – die ersten Eindrücke vom Tal aber durchweg positiv konnotiert waren.

> G: „Wir waren eigentlich ganz überrascht, dass das so schön da ist. [...] Also wir wissen hier, wenn wir in Darmstadt wohnen, [...] dass es im Odenwald schön ist, [...] am Rhein ganz schön ist, aber das Kinzig-Auental haben wir noch nie gehört."

Zusammenfassend lässt sich sagen, dass die Studierenden in den Interviews das Narrativ des grünen, vermeintlich unberührten Naturraums des Kinzig-Auentals am Rande des Rhein-Main-Gebietes aufzeigen und auch die Ausflugsziele, Feste und Märkte in der Region hervorheben. Gleichzeitig wird der einschneidende Faktor Lärm durch den Infrastrukturkorridor als zweiter Narrativstrang ausgeführt. Es wird versucht, den Konflikt aus den Verkehrsinfrastrukturen sowie den damit verbundenen Lärmemissionen mit dem vermeintlich unberührten Naturraum zu vereinen. Diesen Kontrast beider Pole, auch als „Clash" bezeichnet, versuchen die Studierenden neu zu interpretieren, indem das Zusammenspiel aus Naturräumen und Infrastruktur als spannendes und charakteristisches Thema im Kinzig-Auental gedeutet wird. Diese Weiterentwicklung bekannter Narrative könnte einen Anknüpfungspunkt für eine zukünftige planerische Auseinandersetzung mit dem Tal und der Region bieten.

3 Fazit: Ortsbezogene Narrative als Anknüpfungspunkte für regionale, landschaftsbezogene Erholung

In den Erzählungen der Vertreter*innen kommunaler Verwaltung und der Studierenden über das Kinzig-Auental, lassen sich zahlreiche Fragmente von öffentlichen Narrativen finden. Beide Personengruppen beschreiben die Region als attraktiven Standort für landschaftsbezogene, regionale Erholung. Die kommunalen Interviewpartner*innen betonen insbesondere das positiv konnotierte Narrativ der überschaubaren, ‚ländlichen' Gemeinden im Grünen im Gegensatz zu den größeren Städten in der Metropolregion. Emissions- und Lärmbelastungen durch den Infrastrukturkorridor werden von den kommunalen Verwaltungen hingegen kaum thematisiert. Vielmehr steht hier das verbindende Element des Infrastrukturkorridors in die Metropolregion im Vordergrund. Es bleibt offen, welche Orte die kommunalen Vertreter*innen meinen, wenn sie von „natürlich", „Naturnähe" und „Ländlichkeit" sprechen. Es scheint jedoch, dass dabei weniger das Kinzig-Auental als die angrenzenden Naturräume (wie der Spessart) gemeint sind. Es liegt somit die Vermutung nahe, dass das Kinzig-Auental derzeit kaum oder nur inselartig als Ort der Erholung und nicht als zusammenhängender Talraum wahrgenommen wird.

Die Studierenden hingegen schreiben explizit dem Kinzig-Auental vielfältige Potentiale für eine landschaftsbezogene Naherholung zu. Neben dem Narrativ der vermeintlich ‚unberührten Natur' werden die Lärmemissionen auf Grund des Infrastrukturkorridors häufig thematisiert.

Die Studierenden versuchen, diese beiden kontrastierenden Narrative miteinander zu verknüpfen und interpretieren das Zusammenspiel von Naturraum und Infrastrukturen als ein zentrales und spannendes Thema im Kinzig-Auental und der Region.

Auch wenn auf Grund der begrenzten Fallzahlen die Interviews nur subjektive Momentaufnahmen liefern können, haben sie für das Projekt NaTourHuKi wertvolle Einblicke in das lokale Selbstverständnis der Kommunen (Innensicht) und die persönliche Wahrnehmung von Studierenden als jüngere, auswärtige Zielgruppe (Außensicht) auf das Kinzig-Auental geben können. Die Ergebnisse können im Kontext von Konfliktlösung, Vermarkungspotential und nachhaltiger Entwicklung weitergedacht werden. Die Analyse und Aufschlüsselung unterschiedlicher Zuschreibungen, kann zu dem übergeordneten Projektziel beitragen, ein vielseitiges Bild des Kinzig-Auentals zu erfassen und dadurch vielfältige Anknüpfungspunkte in der Diskussion um regionale, landschaftsbezogene Erholung zu generieren.

Gerade Narrative der lokalen Kommunalverwaltungen können diesbezüglich wichtige Anknüpfungspunkte liefern, da anzunehmen ist, dass die Etablierung von regionalen, landschaftsbezogenen Erholungsinfrastrukturen im Wesentlich auf dieser Ebene entschieden und getragen werden muss. Beispielsweise beim Thema ‚nachhaltigen Anreise aus der Region mit dem ÖPNV' könnte an das bereits etablierte Narrativ des Kinzig-Auentals als verbindender Infrastrukturkorridor angeknüpft und dadurch komplexe Sachverhalt besser greifbar und kommunizierbar gemacht werden.

Gleichzeitig bietet aber auch der Blick von außen durch die Studierenden großes Potential. Das, was die Studierenden als „Clash" zwischen erholsamen Naturräumen und lärmenden Infrastrukturkorridor bezeichnen, könnte Ausgangspunkt für ein neues Narrativ zum Kinzig-Auental inmitten der Metropolregion sein, indem bewusst die Infrastrukturen im Talraum inszeniert werden. Das Aufgreifen und Inszenieren von landschaftlichen Kontrasten ist seit vielen Jahren bewährte Praxis des Regionalpark RheinMain (Epple et al. 2023). Diese Methode könnte auch im Kinzig-Auental angewendet werden und zu einer besseren Wahrnehmung des Talraums als Erholungsort beitragen.

Auch innerhalb der Region könnten „Points of interest" wie zum Beispiel Aussichtspunkte gestaltet und innerhalb einer Kinzig-Route im Regionalpark RheinMain gebündelt werden. So könnten die Besonderheiten der Region erfahrbar und das Kinzig-Auental im Sinne einer landschaftsbezogenen Erholung angebunden werden.

Ein gezieltes Marketing für das Kinzig-Auental könnte die Sichtbarkeit des Tals und der Region weiter verbessern. Öffentliche Narrative (aus unterschiedlichen Blickwinkeln, sowohl Innen- und Außensichten) können hierfür passende, ortsspezifische Themen und Ansatzpunkte liefern. Sie haben das Potential regionale und lokale Planungsentscheidungen sowie metropolitane Kooperationen beeinflussen zu können (vgl. Davoudi et al. 2018; Valler et al. 2023) und sollten daher im Sinne einer nachhaltigen Planung mitberücksichtigt werden.

Literaturverzeichnis

Barbehön, M. & Münch, S. (2014). Die Stadt als Sinnhorizont: Zur Kontextgebundenheit politischer Narrative. In F. Gadinger (Hrsg.), *Politische Narrative. Konzepte – Analysen – Forschungspraxis* (1st ed., S. 149–172). Wiesbaden: Springer Fachmedien Wiesbaden GmbH.

Bolik, I. & Conradi, Y.M. (2024). Towards cooperation? Reflections on spatial narratives and imaginaries regarding small town and metropolitan cores interrelations. *European Journal of Spatial Development* (unpublished).

Bolik, I., Conradi, Y.M., Epple, K. & Wittmann, C. (2022). Zentrale Kleinstädte und landschaftsbezogene Erholung. Interessensausgleich im Kontext der Metropolregion? Das Fallbeispiel Kinzigtal. In N. Gribat, B. Ülker, S. Weidner, B. Weyrauch & J. Ribbeck-Lampel (Hrsg.), *Kleinstadtforschung. Interdisziplinäre Perspektiven* (Urban studies, S. 121–146). Bielefeld: transcript.

Bundesinstitut für Bau-, Stadt- und Raumforschung (Hrsg.). (2021). Indikatoren und Karten zur Raum- und Stadtentwicklung. INKAR. Ausgabe 2021.

Davoudi, S., Crawford, J., Raynor, R., Reid, B., Sykes, O. & Shaw, D. (2018). Policy and Practice Spatial imaginaries: tyrannies or transformations? *Town Planning Review 89* (2), 97–124. https://doi.org/10.3828/tpr.2018.7

Epple, K., Wittmann, C., Conradi, Y.M. & Bolik, I. (2023). Tagestourismus und Naherholung im Kinzigtal – Potenziale einer Alltagslandschaft. In O. Kühne, T. Sedelmeier, C. Jenal & T. Freytag (Hrsg.), *Landschaft und Tourismus* (RaumFragen, S. 597–612). Wiesbaden: Springer VS.

Espinosa, C., Pregernig, M. & Fischer, C. (2017). *Narrative und Diskurse in der Umweltpolitik: Möglichkeiten und Grenzen ihrer strategischen Nutzung. Zwischenbericht* (Umweltbundesamt, Hrsg.) (UBA Texte 86/2017), Dessau-Roßlau. https://www.umweltbundesamt.de/sites/default/files/medien/1410/publikationen/2017-09-27_texte_86-2017_narrative_0.pdf.

Gadinger, F., Jarzebski, S. & Yildiz, T. (2022). Narrative in der Stadtentwicklung: Urbane Erzählungen zwischen Alltag und Diskurs. In Bundesinstitut für Bau-, Stadt- und Raumforschung (BBSR) (Hrsg.), *Narrative in der Stadtentwicklung. Ergebnisse aktueller Forschung im BBSR* (BBSR-Online-Publikation, 29/2022). Bonn.

Kaplan, T.J. (2013). Reading Policy Narratives: Beginnings, Middles, and Ends. In F. Fischer, J. Forester, B. Jennings, M.A. Hajer & R. Hoppe (Hrsg.), *The Argumentative Turn in Policy Analysis and Planning* (S. 167–185). Durham: Duke University Press.

Keller, R. (2013). Diskursanalyse. In K. Umlauf, S. Fühles-Ubach & M.S. Seadle (Hrsg.), *Handbuch Methoden der Bibliotheks- und Informationswissenschaft. Bibliotheks-, Benutzerforschung, Informationsanalyse* (S. 425–443). Berlin: deGruyter.

Keller, R., Landwehr, A., Liebert, W.-A., Schneider, W., Spitzmüller, J. & Viehöver, W. (2020). *Diskurse untersuchen. Ein Gespräch zwischen den Disziplinen* (1. Auflage). Weinheim: Beltz Juventa.

Kuckartz, U. & Rädiker, S. (2022). *Qualitative Inhaltsanalyse. Methoden, Praxis, Computerunterstützung* (Grundlagentexte Methoden, 5., überarbeitete Auflage). Weinheim: Beltz Juventa.

Markscheffel, F. (2022). Narrative Interviews: A Tool for Transformative Research? Pnd – rethinking planning 2022(1), 198–212 (2022). special issue: „Transformatives Forschen trifft Stadtentwicklung: Einführung und Reflexion", herausgegeben von Laura Brings, Lea Fischer, Agnes Förster und Fee Thissen, S. 198–212. https://doi.org/10.18154/RWTH-2022-05185

Roe, E. (1994). *Narrative Policy Analysis. Theory and Practice.* Durham: Duke University Press.

Rose, G. (2016). *Visual methodologies. An introduction to researching with visual materials* (4th edition). Los Angeles: SAGE.

Sieber, S. (2023). Schön, weit und unberührt – Freizeitorientierte „Sehnsuchtslandschaften", eine vergleichende Studie. In O. Kühne, T. Sedelmeier, C. Jenal & T. Freytag (Hrsg.), *Landschaft und Tourismus* (S. 343–362). Wiesbaden: Springer Fachmedien Wiesbaden.

Sieber, S. (2025). Erfassung des Alltäglichen. Zugänge der stadtgeographischen Atmosphären-Forschung als Basis einer experimentellen Landschaftsbewertung in der Metropolregion FrankfurtRheinMain. In S. Sieber, O. Kühne, J. Dettmar & R. Vogler (Hrsg.), *Landschaft und Naherholung – Bedeutung und Nutzung für den Tagestourismus und die Naherholung im Stadt-Land-Kontext.* (S. 111–130). Wiesbaden: Springer VS.

Sieber, S., Beil, M., Dettmar, J., Heidemann, K., Mosbacher, B., Schmidt, K., Schwemm, A., Siegl, C. & Wittmann, C. (2025). Zwischen Autobahn und Idylle. Naherholung und Tagestourismus als Bausteine der sozial-ökologischen Transformation in einer Metropolregion – das Verbundprojekt NaTourHuKi. In S. Sieber, O. Kühne, J. Dettmar & R. Vogler (Hrsg.), *Landschaft und Naherholung – Bedeutung und Nutzung für den Tagestourismus und die Naherholung im Stadt-Land-Kontext.* (S. 19–47). Wiesbaden: Springer VS.

Somers, M.R. (1994). The narrative constitution of identity: A relational and network approach. *Theory and Society 23* (5), 605–649. https://doi.org/10.1007/BF00992905

Valler, D., Jonas, A.E.G. & Robinson, L. (2023). Evaluating regional spatial imaginaries: the Oxford–Cambridge Arc. *Territory, Politics, Governance 11* (3), 434–455. https://doi.org/10.1080/21622671.2020.1851751

Viehöver, W. (2011). Diskurse als Narrationen. In R. Keller (Hrsg.), *Handbuch sozialwissenschaftliche Diskursanalyse* (Interdisziplinäre Diskursforschung, 3., erw. Aufl., S. 193–224). Wiesbaden: VS Verl. für Sozialwiss.

Autorinnen

Lara Reusch studierte im Bachelor Architektur an der Technischen Universität in Darmstadt und der UPM in Madrid. Ihren Masterabschluss in Architektur absolvierte sie im Frühjahr 2024 an der TU Darmstadt im Bereich des Städtebaus und erarbeitete zum Thema „Kurleben: Über die gesunde Kleinstadt", wie Kur- und Kleinstädte im Spannungsfeld zwischen Ballungsraum und attraktivem Landschaftsraum in die Zukunft getragen werden können. Sie arbeitet als wissenschaftliche Mitarbeiterin am Fachgebiet Entwerfen und Freiraumplanung an der TU Darmstadt. Kontakt: kontakt@freiraum.tu-darmstadt.de

Yane Marie Conradi studierte Landschaftsarchitektur und Urban Design in Deutschland, Neuseeland und China. Sie ist Stadtplanerin (Architektenkammer Hessen) und Professorin im Lehrgebiet „Raum- und Umweltmanagement“ an der Hochschule Koblenz. Zudem lehrt und forscht sie als wissenschaftliche Mitarbeiterin an der TU Darmstadt im Fachgebiet Entwerfen und Freiraumplanung. Forschungsinteresse: interdisziplinäre Schnittstelle zwischen Städtebau, Landschaftsplanung und dem Baubzw. Umweltrecht. Kontakt: kontakt@freiraum.tu-darmstadt.de

Inga Bolik, Dr., ist Architektin und war bis 2021 am Fachgebiet Entwerfen und Freiraumplanung der TU Darmstadt tätig. Sie studierte Architektur an der TH Köln und der UPM Madrid, absolvierte den postgradualen „Master of Human Settlements“ an der KU Leuven und promovierte an der TU Darmstadt. Im interdisziplinären Verbundforschungsvorhaben NaTourHuki untersuchte sie die Kommunen im Kinzigtal und deren Verflechtungen innerhalb der Metropolregion Rhein-Main. Seit 2021 ist sie im Bundesinstitut für Bau-, Stadt- und Raumforschung beschäftigt. Forschungsinteressen: urbanen Klimaanpassung, wassersensiblen Stadtplanung sowie im Stadt-Land-Beziehungen. Kontakt: kontakt@freiraum.tu-darmstadt.de

Erfassung des Alltäglichen

Zugänge der stadtgeographischen Atmosphären-Forschung als Basis einer experimentellen Landschaftsbewertung in der Metropolregion FrankfurtRheinMain

Sandra Sieber

Abstract

Das hessische Kinzigtal, östlich von Frankfurt, kann als typische Landschaft der Metropolregion oder ‚Zwischenstadt' bezeichnet werden. Hier liegen Fachwerk-Altstadt und Autobahn, Stromtrasse und Auenwiese eng beieinander. In klassischen Verfahren zur Bewertung des Landschaftsbildes wären solche Landschaften – trotz ihrer Qualitäten und Funktionen – immer Mängellandschaften. Dort, wo das Landschaftsbild im Kinzigtal als stereotyp ‚schön' bezeichnet werden kann, wird der bildhafte Eindruck oft durch die Lärmemission der Autobahn mitgeprägt. Im Rahmen des Forschungsprojekts ‚NaTourHuKi' wurde eine experimentelle Form der Landschaftserfassung erprobt, mit der Zielstellung der multisensualen Wirkung dieses suburban-ländlichen Raums besser gerecht zu werden. Der Beitrag stellt die Methode mit ihren Chancen und Grenzen vor.

Keywords

Metropolregion, Ballungsraum, Zwischenstadt, Atmosphäre, Atmosphärenforschung, Landschaftsbewertung, Landschaftsbildbewertung, Landschaft, Naherholung

S. Sieber et al. (Hrsg.), *Landschaft und Naherholung*, RaumFragen: Stadt – Region – Landschaft, https://doi.org/10.1007/978-3-658-45410-4_5

1 Bis heute schwer zu fassen – Alltagslandschaften in Metropolregionen

Die ‚Metropolregion FrankfurtRheinMain' mit fast 6 Mio. Bewohnenden erstreckt sich über drei Bundesländer (Hessen, Rheinland-Pfalz und Bayern), im Kern der Metropolregion liegt der ‚Ballungsraum Frankfurt/Rhein-Main' mit 2,4 Millionen Bewohnenden (Regionalverband FrankfurtRheinMain 2023, vgl. Sieber et al. 2025). Die Region bildet den Knotenpunkt wichtiger Nord-Süd- und Ost-West-Verbindungen im Schienen-, Straßen- und Luftverkehr. Entsprechend dicht ist hier das Geflecht an Siedlungs- und Infrastruktur (Dettmar 2022; Dettmar 2025).

Am östlichen Rand des Ballungsraums liegt im Main-Kinzig-Kreis das hessische Kinzigtal, eingebettet zwischen Spessart und Vogelsberg. Landschaftlich ist das Tal durch bewaldete Hänge, Siedlungen am Rand der Hänge und das Auental der Kinzig mit Ackerflächen, Wiesen und Auwäldern geprägt. Das Tal hatte und hat eine wichtige Bedeutung als Infrastrukturkorridor (vgl. Dettmar 2025). Hier verläuft die Bahntrasse Frankfurt-Fulda, die aktuell zwischen Hanau und Gelnhausen von zwei auf vier Schienen ausgebaut wird. Zukünftig soll die ICE-Trasse von Gelnhausen bis Fulda auf einer komplett neuen Trasse verlaufen (DB Netze 2023). Dazu kommen die A 66, eine Stromtrasse und eine Ferngasleitung im Talraum. Auch eine der historischen Linienführung der Hohen Straße oder Via Regia verlief hier (BMVBS 2007, S. 4). Hinsichtlich seines Raumtyps und seines Selbstverständnisses kann das Kinzigtal als ‚hybrid' bezeichnet werden (Bolik et al. 2022, BBSR 2017, BBSR 2010, SPESSARTregional 2023): Obwohl der Main-Kinzig-Kreis zur ‚Metropolregion FrankfurtRheinMain' und in Teilen zum ‚Regionalverband FrankfurtRheinMain' gehört (vgl. Sieber et al. 2025, Abb. 1) werden Teile des Kreises im Zusammenschluss ‚SPESSARTregional' seit 2008 durch ‚LEADER' (EU-Ansatz für die Regionalentwicklung ländlichen Räumen) gefördert (BMI 2019).

Mit Blick auf Verfahren zur Bewertung des Landschaftsbildes, wie sie von Roth und Bruns (2016) analysiert wurden, weist das Kinzigtal fast alle Mängel und Störfaktoren auf, die z. B. bei Nohl (2001, S. 134–137 sowie S. 140–144) und Wöbse (2001, S. 256), aber auch in neueren Bewertungen durch Roth et al. (2018), zur Abwertung des Landschaftsbildes führen (Lärm, Flugverkehr, Zersiedelung/Versiegelung, Gewerbe- und Industriekomplexe, Auto- und Eisenbahn, Stromtrassen, unattraktiven Ortsausgängen, fernwirksame Reklame). Dennoch erfüllt das Tal mit seinen Auen wichtige Funktionen für Arten- und Hochwasserschutz (vgl. Dettmar 2025). Mit dem Radfernweg R3 (Rüdesheim-Fulda-Tann in der Rhön), der ‚Kinzigroute' des Regionalpark RheinMain (vgl. Sieber et al. 2025) und drei Regionalbahnlinien, die die Großstädte Frankfurt und Hanau mit dem Talraum und seinen kulturellen und landschaftlichen Angeboten verknüpfen, ist das Kinzigtal durchaus prädestiniert für Naherholung und Tagestourismus im Kontext der Metropolregion.

Im Projekt ‚NaTourHuKi' wurde daher ein Ansatz zur Landschaftserfassung gesucht und erprobt, der dem Nebeneinander von Qualitäten und Mängeln der metropolitanen Landschaft besser gerecht werden könnte, als bestehende Verfahren zur Landschaftsbildbewertung. Der Bewertungs- oder besser Erfassungsansatz sollte – so die Zielstellung – die Charakteristik des Raumes herausarbeiten, ohne in deterministische Bewertungen des engen Landschaftsbegriffs (vgl. Kap. 2.1) zu verharren.

Der Beitrag beschreibt eingangs die Bedeutung des engen und des weiten Landschaftsbegriffs im Kontext der Landschaftsbewertung, er gibt einen kurzen Überblick zum Begriff der ‚Atmosphäre', stellt den verwendeten Ansatz des ‚kommentierten Spaziergangs' (‚parcours commentés') vor, ordnet die Ergebnisse des Versuchs ein und ergänzt diese durch die Ergebnisse zweier studentischer Seminare.

2 Vom Bewerten jenseits des Sichtbaren

2.1 Enger und weiter Landschaftsbegriff

Während die Stärken und Schwächen des Kinzigtals und seiner Kommunen im Projekt ‚NaTourHuKi' methodisch gut in einer SWOT-Analyse[1] erfasst werden konnten (Dettmar 2022), stellte die Bewertung der ‚Landschaft' selbst eine Herausforderung dar. Das Kinzigtal mit seinen Siedlungs- und Infrastrukturen lässt sich eher dem weiten (Kultur-)Landschaftsbegriff zuordnen (Hokema 2013, S. 11, Abb. 1), den auch die europäische Landschaftskonvention verwendet (Czybulka, S. 76). Dieser weite, sozial-konstruktivistische Begriff von ‚Landschaft' schließt wertfrei immer auch Elemente der Siedlungs- und Infrastruktur mit ein (Council of Europe 2000). Das Kinzigtal ließe sich wertfrei auch als ‚Alltagslandschaft', also als Ort und Umgebung der alltäglichen Praxis und des lebensweltlichen Handels bezeichnen (Sieber 2021, S. 172). Der weite Landschaftsbegriff steht im Gegensatz zum tradierten engen (Kultur-)Landschaftsbegriff (Hokema 2013, S. 10) bzw. einem essentialistischen/konservierenden Kulturlandschaftsverständnis, das nach Schenk/Tillmann (2018, S. 1261) in Denkmalpflege und Naturschutz im Zentrum steht. Dieser enge Landschaftsbegriff ist am Bild der kleinbäuerlichen oder historischen Kulturlandschaft orientiert und findet sich auch in den oben beispielhaft genannten Bewertungsansätzen als impliziter Idealzustand (Sieber 2021, S. 146–149). Nach den Wertmaßstäben des engen Landschaftsbegriffs können Alltagslandschaften wie das Kinzigtal als ‚gesichtslose Allerweltslandschaften' abgewertet werden, von denen es „viel zu viele und in zunehmendem Maße" gäbe und die „nicht näher beschrieben zu werden" bräuchten (Schmidt et al. 2006, S. 121). Schenk/Tillmann (2018, S. 1261) weisen allerdings darauf hin, dass es dem weiten bzw. konstruktivistischen (Kultur-)Landschaftsbegriff noch an „einer institutionalisierten Rückbindung, korrespondierenden Wissenschaften und einer daraus ableitbaren Operationalisierung von Kulturlandschaft" mangele.

1 SWOT-Analyse = Analyse von Stärken (Strengths), Schwächen (Weaknesses), Chancen (Opportunities) und Risiken (Threats).

Abbildung 1 Der enge und der weite Landschaftsbegriff im hessischen Kinzigtal (Quelle: TU Darmstadt, FG Entwerfen + Freiraumplanung 2022)

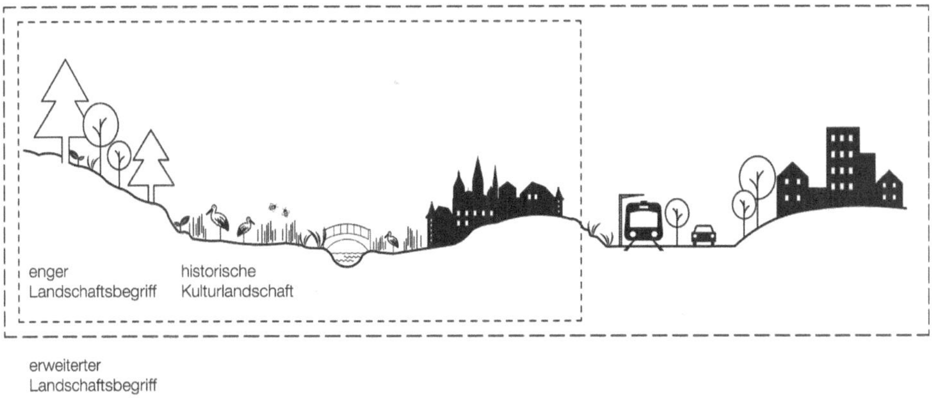

Der enge Landschaftsbegriff ist dabei kein rein fachliches Spezifikum. Er prägt die Landschaftsvorstellungen im deutschsprachigen Raum seit der Etablierung des Natur- und Heimatschutzes Ende des 19. Jahrhunderts (Weber, I. 2017) und mündet bei fachfremden Personen in einer Gleichsetzung von ‚Landschaft', ‚Natur' und ‚ländlicher Idylle' (Hokema 2013, S. 261). Er ist Kern der sogenannten ‚primären Landschaftssozialisation' (Kühne 2008, S. 80; Kühne 2019, S. 304–306), die unsere Landschaftsvorstellungen prägt und wird in Form der ‚sekundären Landschaftssozialisation' (Kühne 2008, S. 90) im Studium (z. B. in Landschaftsarchitektur bzw. Landschaftsplanung) noch verstärkt (ebd.). Nach Kühne hänge auch der erfolgreiche Abschluss des Studiums immer von der Übernahme vorgelebter/gelehrter Wertmaßstäbe ab (ebd., S. 90 f.).

Im Projekt ‚NaTourHuki' wurde zur Erfassung der Landschaft daher ein Ansatz aus der Atmosphären-Forschung im Bereich Stadtgeographie adaptiert (Kap. 3). Kernfragen dieses Versuches waren: Kann eine Methode der Stadtgeographie auch auf Räume des Außenraums übertragen werden? Liefert die Methode verwertbare Ergebnisse? Ist der Aufwand vertretbar? Wird der Ansatz dem multisensorischen, weiten Raum der Metropolregion besser gerecht als Bewertungsverfahren des engen Landschaftsbegriffs? Dabei muss die im Rahmen der ‚primären Landschaftssozialisation' stattfindende Verankerung des engen Landschaftsbegriffs bei Fach- wie fachfremden Personen, als Faktor beim Versuch, alternative Ansätze zur Landschaftserfassung zu nutzen, mit bedacht werden: Weder Fach- noch fachfremde Personen sind frei von ‚stereotyp-schönen' Landschaftsvorstellungen (exemplarisch: Nohl 2001), dieses implizite Idealbild schwingt immer mit und kann ggf. auch Erwartungen an bzw. Vorstellungen von landschaftlichen Atmosphären mit determinieren (Kap. 3.3).

2.2 Atmosphäre – Das Greifbare im nicht Fassbaren?

Zur Erfassung der Charakteristik des Kinzigtals wurde im Projekt ‚NaTourHuKi' eine Methode der Atmosphären-Forschung aus der Stadtgeographie adaptiert[2]. Rainer Schönhammer (2013, S. 292–296) beschreibt ‚Atmosphäre' als einen gleichermaßen diffusen wie spezifischen bzw. typischen Gesamteindruck oder Umgebungscharakter, der nicht ohne Weiteres auf einzelne Faktoren zurückzuführen ist, wie z.B. der Eindruck des ‚urbanen' oder des ‚ländlichen/dörflichen'. Für Schönhammer (2013, S. 296) ist eine – durch etwas oder durch eigene Anstrengung – herausgehobene Aufmerksamkeit oder Wahrnehmung ein wichtiges Element im Verständnis des Erlebens von Atmosphären, die dann wirksam werde, wenn eine Person „sich und das Leben am Ort" spüre (Schönhammer 2013, S. 296). Diese Annahme beinhaltet aber auch schon das methodische Grundproblem des Atmosphären-Begriffs (Abb. 2): Vermittelt der Gesamteindruck einer Umgebung ‚Stimmungen', die von Betrachtenden wahrgenommen/empfunden werden oder projizieren Betrachtende ihre Stimmung in den Gesamteindruck einer Umgebung (vgl. dazu Böhme 1996)?

Ein anderer methodisch kritischer Aspekt des Atmosphärenbegriffs ist die Frage, wie intersubjektiv (allgemein wahrnehmbar) Atmosphären tatsächlich sein können

Abbildung 2 Die zwei konträren Thesen zur Wirkung von ‚Atmosphäre' (Quelle: TU Darmstadt, FG Entwerfen + Freiraumplanung 2022)

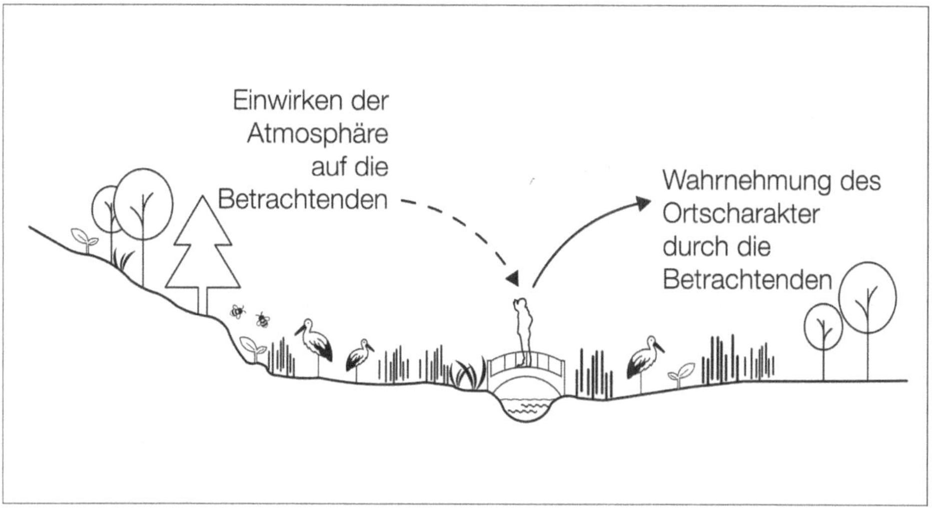

---

2 Ausführlicher dazu siehe auch: Dettmar, Henneke, Sieber (2023): Fleeting Beauty and Constant Noise – Perception of the Urban Landscape (Using the Example of the Eastern Edge of the Rhine-Main Agglomeration), in: Lara Koegst, Olaf Kühne, Dennis Edler (2023): Multisensory Landscapes – Theories and Methods.

oder ob Personen nicht einfach ihre erlernte Landschaftssozialisation (im Sinne der sozialkonstruktivistischen Landschaftstheorie) in die erlebten ‚Atmosphären' hineininterpretieren (siehe auch Kap. 4). Wären Atmosphären tatsächlich intersubjektiv erfahrbar, bräuchte es keine geschulten Personen zu ihrer Erfassung, wie es z. B. Ulber (2017, S. 73 f.) nahelegt. Der Geograph Rainer Kazig (dessen Ansatz im Projekt ‚NaTourHuKi' adaptiert wurde) versucht differenziert auf die Möglichkeit der Intersubjektivität von Atmosphären einzugehen (Kazig 2007, S. 179–181). Er verweist auf Orte mit hoher atmosphärischer Dichte und Homogenität, die dann auch von unterschiedlichen Personen erlebt werden können und nennt Kirchenräume als Beispiel (Kazig 2007, S. 179). Andererseits können Sozialisation und individuelle Vorerfahrungen dazu führen, dass vorhandene Elemente, kulturell bedingt, unterschiedlich interpretiert werden (Kazig 2007, S. 180–181). Unabhängig von Sozialisation oder Kultur seien aber elementare Atmosphären erfahrbar, wie die der Gefahr (Kazig 2007, S. 173–174) oder die von Schönhammer (2013, S. 296) genannte emotionale Überwältigung. Hier berührt das Konzept der Atmosphäre auch Aspekte der Umweltgerechtigkeit (z. B. Doernberg et al. 2022, S. 33–25), wenn der typische Gesamteindruck eines Ortes von dauerhaften Stressfaktoren wie Lärm und Gefahr geprägt ist (z. B. Hellbrück und Kais 2012, S. 34–35).

Schönhammer zählt aus der Perspektive der Wahrnehmungspsychologie einige Effekte auf, wie besondere Licht- und Glanzeffekte oder flüchtige/ephemere Effekte, wie Nebel oder Sonnenuntergänge, die als ‚hervorgehobene Aufmerksamkeit' bestimmte Stimmungen evozieren können (Schönhammer 2013, S. 145–147). Diese ephemeren Effekte sind auch für Nohl (neben der Begegnung mit Tieren, vgl. Kap. 3.2) bei der Landschaftswahrnehmung von besonderer Bedeutung (Nohl 2001, S. 106–107; Nohl 2015, S. 191–200). Nach Schönhammer sei es denkbar, dass der Gesamteindruck einer Umgebung auch durch das Abrufen von Erinnerungen zur (teilweisen) Änderung der eigenen Stimmung führen könne (Schönhammer 2013, S. 192–193). Gernot Böhme (1994) hat in den 1990er-Jahren versucht, ‚Atmosphäre' als Ausgangspunkt einer neuen, eher erfahrungsorientierten als künstlerisch-normativen ‚Ästhetik' zu denken. Ein Beispiel für die Herstellbarkeit von Atmosphären sieht Böhme in der ‚Theorie der Gartenkunst' von Hirschfeld (1779), in der dieser u. a. beschreibt, mit welchen Mitteln im englischen Landschaftsgarten spezifische Stimmungen (heiter, heroisch, sanft-melancholisch etc.) geschaffen werden könnten (Böhme 1994, S. 36). Mit Blick auf Schönhammers Erläuterungen zur Wahrnehmungspsychologie erscheint dieses Schaffen von Stimmungen durchaus plausibel. Auch bei den landschaftsästhetischen Kategorien von Nohl liegt eine enge Verbindung von Elementen und Stimmungen nahe (Nohl 2001, S. 38–43). Jürgen Weidinger (2014) greift diese Thematik in seinem Sammelband ‚Atmosphären Entwerfen' als Entwurfsansatz auf.

Der Begriff der Atmosphäre wird also einerseits in Teilen durch Erklärungen der Wahrnehmungspsychologie nachvollziehbar, er lässt andererseits aber Zweifel an seiner methodischen Validität offen.

3 Der „kommentierte Spaziergang“ – Chancen und Grenzen

3.1 Methode und Adaption

Der Geograph Rainer Kazig (2007, 2018, 2019) versucht daher, in Abgrenzung zu eher konzeptionell-philosophischen Auseinandersetzung mit dem Atmosphären-Begriff wie die von Böhme, eine empirisch valide Methode zu entwickeln, um die Charakteristik eines Ortes erfassen zu können (Kazig 2007, S. 181). Er greift dabei den Ansatz des ‚parcours commentés' (kommentierter Spaziergang, nach Thibaud 2001) auf, der es erlaubt, einen Ort in der Bewegung zu erleben und zu erfassen (Kazig 2007, S. 182). Der Ansatz umfasst mehrere Schritte (ebd., S. 182–183):

1) die Probanden äußern (einzeln) auf einem festgelegten Parcours (Spaziergang) im öffentlichen Raum ihre spontanen Wahrnehmungen und Empfindungen (Tonaufnahme);
2) es folgt eine Reflektion über zusammenhängend Abschnitte und die Wahrnehmung/Empfindung innerhalb dieser Abschnitte (Tonaufnahme);
3) in einer Auswertung werden die Aussagen der Probanden abschnittsweise überlagert, um wiederkehrende Wahrnehmungen herauszuarbeiten (idealtypische Zuspitzung/Kondensat);
4) dann werden vor Ort die materiellen Voraussetzungen der Wahrnehmungen abgeklärt (Rekontextualisierung);
5) in einer abschließenden Gegenüberstellung der materiellen Voraussetzungen und der zugespitzten Wahrnehmungen lässt sich die ‚Atmosphäre' eines Ortes und ihre Auslöser erfassen.

Im Projekt ‚NaTourHuKi' wurde dieser Ansatz im Sommer 2022 in einem Seminar mit Architektur-Studierenden der TU Darmstadt aufgegriffen und auf zwei Teststrecken von jeweils etwa 1 km Länge erprobt (bei Gelnhausen und Bad Soden-Salmünster). Ziel des Experimentes war es, herauszufinden ob die ‚parcours commenté' Methode für einen Landschaftsraum wie das Kinzigtal anwendbar und vom Aufwand her vertretbar ist, und ob die Ergebnisse plausibel sind.

Der Wegabschnitt bei Gelnhausen (Abb. 3) startete in einer ehemaligen Landstraße mit alter Lindenallee (heute Fuß- und Radweg), führte an einem Wirtschaftsgebäude der Wasserwerke vorbei und verlief über einen längeren Abschnitt zwischen Auwiesen und Bahntrasse. Der Wegabschnitt bei Bad Soden-Salmünster (Abb. 4) startete mit dem Gang über eine Brücke, führte an Weiden vorbei und verlief zuletzt entlang bzw. unter einer Brücke der A66.

Im Seminar wurde vorab die Durchführung des Spaziergangs besprochen, die Methodik des ‚parcours commentés' von Kazig wurde dabei für das studentische Seminar angepasst: Während des experimentellen Spaziergangs sollte (analog zu Schritt 1 bei Kazig) die Charakteristik des Weges beschrieben und begründet werden, warum

Abbildung 3.1 und 3.2 Der Wegabschnitt bei Gelnhausen (Quelle: Jörg Dettmar)

Abbildung 4.1 und 4.2 Der Wegabschnitt bei Bad Soden-Salmünster (Quelle: Jörg Dettmar)

diese so wahrgenommen wird (Tondokumentation). Atmosphärisch prägende Elemente sollten fotografiert und am Zielort eine assoziative ‚mental map' skizziert werden (in Anlehnung an Schritt 2). Erste methodische Probleme bei der Adaption von Kazigs Ansatz ergaben sich aus der räumlichen Ausdehnung des Untersuchungsraums und seiner eventuell zu geringen atmosphärischen Dichte und Homogenität, da Kazig sich in seinen Versuchen auf städtische Räume mit klarerer Abgrenzung und höherer Erlebnisdichte bezieht (Kazig 2007, S. 173). Eine Herausforderung für die analytisch geschulten Studierenden war es, nicht nur bauliche oder landschaftliche Fakten aufzuzählen (‚Hier ist …' etc.), sondern die Wirkung der Wegstrecken auf die eigene Person zu benennen (‚Das wirkt auf mich …').

Die Tondokumente wurden nachfolgend von den Studierenden transkribiert und die Aussagen der jeweiligen Gruppe in Abschnitte unterteilt, so dass einheitliche aber auch abweichende Empfindungen und Wahrnehmungen ablesbar wurden („Kondensat" des Spaziergangs). Die beiden „Kondensate" wurden vertiefend nach wiederkehrenden Stichwörtern untersucht, die einen Vergleich der beiden Wegstrecken erlauben (Schritt 3). Diese Untersuchung erfolgte im Seminar händisch und zur Überprüfung der Ergebnisse später im Projekt noch einmal mit dem Codierungsprogramm MAXQDA (vgl. Reusch et al. 2025).

Schritt 4 – die Abklärung der materiellen Voraussetzungen der Wahrnehmungen vor Ort (Rekontextualisierung) konnte im Experiment entfallen, da die prägenden Elemente wie Autobahn, Bahn oder auch die Allee durch die Bestandsaufnahme im Projekt bereits bekannt waren. Die ‚zugespitzten Wahrnehmungen' (Kondensate) und deren materielle Voraussetzungen konnten daher gut zugeordnet werden, um daraus die ‚Atmosphäre' eines Ortes und ihre Auslöser ableiten zu können (Schritt 5).

3.2 Auswertung und Ergebnisse

Für beide Wegabschnitte zeichnen sich in den Tondokumenten klar abgrenzbare Abschnitte ab. Für den Wegabschnitt bei Gelnhausen sind das die ‚Allee', das ‚Wasserhäuschen', ein Abschnitt ‚Parallel zur Bahn I', die Passage ‚Unter der Landstraße', eine ‚Eine Bank' sowie noch einmal ein Abschnitt ‚Parallel zur Bahn II'. Dazu kommen einzelne Kommentare zum Start- und Endpunkt der Strecke. Beim Weg nahe Bad Soden-Salmünster waren es die ‚Autobahn im Rücken', ‚Brücke', ‚Hühner', ‚Autobahn', ‚Kühe', ‚Feldweg' und ‚Wechsel des Weges', wieder ergänzt durch Anmerkungen zum Start- und Endpunkt. Die auf der Basis der Texte gewählten Titel der Abschnitte/Kondensate verdeutlichen die prägenden Elemente und Eindrücke der beiden Wegstrecken: Die Bahntrasse (Gelnhausen) und die Autobahn (Bad Soden-Salmünster) mit ihren Lärmemissionen einerseits, Tiere wie Vögel (Gelnhausen) sowie Hühner und Kühe (Bad Soden-Salmünster) mit ihren akustischen und olfaktorischen Eindrücken sowie ihrer emotionalen Wirkung andererseits. Auch Raumeindrücke wie das Erleben von Weite oder die Wahrnehmung von Temperaturen/Temperaturwechseln prägen die Abschnitte. Schon in den Tondokumenten erfolgt bereits eine Reflektion der akustischen Eindrücke (Autobahn und Vogelgezwitscher) oder ein Vergleichen von ‚Stadt' und ‚Land' bzw. die hybride Gleichzeitigkeit an bestimmten Stellen im Kinzigtal.

Die Elemente und Eindrücke der Abschnitte sind dabei nicht konsistent, sie haben durchaus eigene Abfolgen und innere Widersprüche wie beispielsweise im Abschnitt der ‚Allee' bei Gelnhausen (vgl. Abb. 5): Hier werden Aspekte von ‚Grün/Weite/Ausblick' thematisiert, Vogelzwitschern und Autobahnlärm wahrgenommen und verglichen (ohne Autobahn wäre es ‚unendlich idyllisch und erholsam', Lärm als Kontrast zur Szenerie (unpassend)), unterschiedliche Empfindungen geäußert (angenehm, gemütlich, frei und geschützt versus noch leer/einsam oder auch mal wärmer, mal kälter) und auch der Weg selbst wird reflektiert (alte Landstraße, gut zu begehen versus irritierend weil wie eine Straße). Bei Bad Soden-Salmünster (vgl. Abb. 6) ist der Abschnitt ‚Kühe' beispielsweise untergliedert in die Beschreibung von Wetter und Temperatur (angenehm/atmosphärisch), die Thematisierung der Autobahn/Autobahnbrücke (Blick auf Autobahn, interessant; Kühe und Brücke, skurril/merkwürdig) und der Kühe (Stacheldraht, einengend; ländliche Gerüche, angenehm; Kühe, glück-

Abbildung 5 Auswertung der Wegstrecke bei Gelnhausen mit charakteristischen Abschnitten und häufig genannten Themenfeldern (Quelle: Eigene Abbildung 2024)

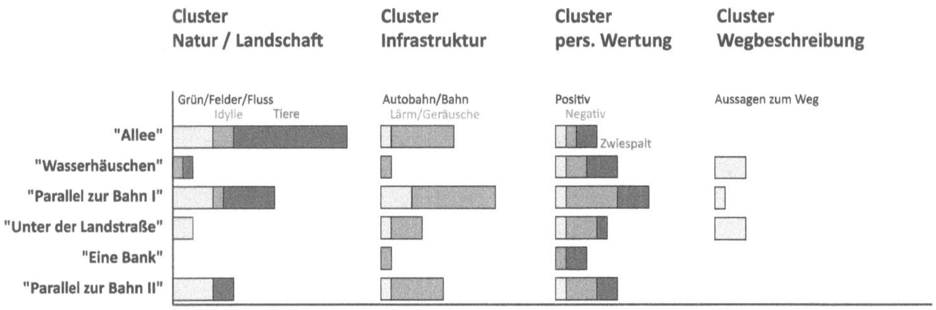

Abbildung 6 Auswertung der Wegstrecke bei Bad Soden-Salmünster mit charakteristischen Abschnitten und häufig genannten Themenfeldern (Quelle: Eigene Abbildung 2024)

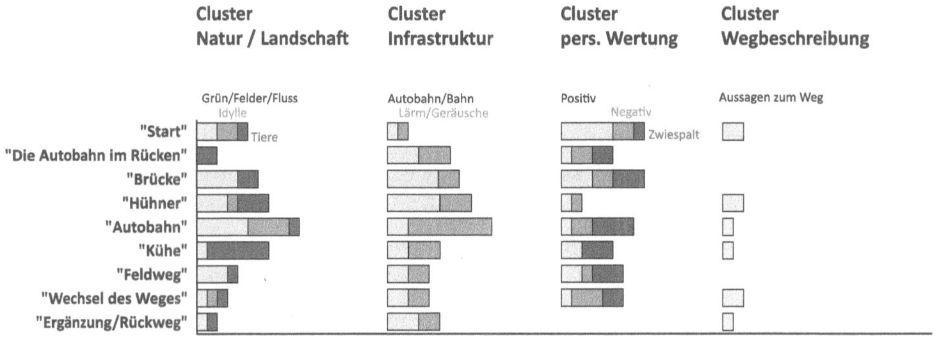

lich), die Nennung von Weite/Gefühl von Weite und die Erwähnung der Wegedecke (Wechsel wird deutlich wahrgenommen).

Beide Beispiele zeigen, dass es in den atmosphärischen Beschreibungen nicht um Fachwissen zu Landschaft und Naturschutz geht, auch nicht um das Erleben von etwas ganz Besonderem. Die von Schönhammer im Kontext der Atmosphäre thematisierte ‚hervorgehobene Aufmerksamkeit' (vgl. Kap. 2.2), kann sich auch auf sublimere oder alltägliche Reize und Elemente beziehen. Auch der Versuch von Kazig in einer Fußgängerzone fokussiert dezidiert das Erfassen ‚alltäglicher' Atmosphären. Insofern vermitteln die ‚Kondensate' der einzelnen Abschnitte durchaus einen nachvollziehbaren atmosphärischen Eindruck der beiden Wegstrecken. Unklar bleibt allerdings, inwieweit Thematisierung der Lärmbelastung im Kinzigtal vorab im Seminar, die Wahrnehmung der Studierenden vor Ort beeinflusst hat. Möglich wäre sowohl eine erhöhte ‚Sensibilität' gegenüber der Lärmbelastung, als auch eine abwägende Haltung im Sinne eines ‚So schlimm wie erwartet, war es dann doch nicht'. Die ‚Kondensate' liefern nur Hinweise auf das Stattfinden einer Thematisierung und Abwägung.

Was sich aus den ‚Kondensaten' herauslesen lässt, ist die tradierte Gleichsetzung von ‚Natur' und nicht bebauter Umgebung mit dem Begriff der ‚Landschaft' (enger Landschaftsbegriff) seitens der Studierenden. In der Nachbereitung des Experiments wurden bestehende Infrastrukturelemente von den Studierenden einerseits als Quelle einer störenden Lärmbelastung genannt, aber auch als spannende, ortsbildprägende Elemente des Kinzig-Auentals mit eigenständigem Erlebniswert gewertet.

Abschließend ist wichtig, dass der Versuch nicht den Anspruch erhebt, repräsentativ zu sein, da die Durchführung nur mit Studierenden erfolgte. Die Auswertung der studentischen Wahrnehmung kann aber ggf. Aufschlüsse darüber geben, was für jüngere Zielgruppen beim landschaftlichen Erleben im Rahmen der geplanten Weiterführung der Kinzigroute relevant sein könnte. Auch Aussagen zum Erleben unterschiedlicher Mobilitätsformen (Wandern/Radfahren) lassen sich aus dem Spaziergang nicht ableiten, da hier das Erleben ‚zu Fuß' im Fokus stand und akustische Elemente wie der Autobahnlärm bei Touren mit dem Rad anders wahrgenommen und gewertet werden.

3.3 Offene Fragen und erste Kontroversen

Im Rahmen des Symposiums ‚Von der Erwartung zur Erzählung – Landschaft, Erholung und Tourismus'[3] wurde das Experiment vorgestellt und seine Ergebnisse von den Anwesenden partiell kontrovers diskutiert: Während einerseits fachliche Bedenken bestanden, weil die Studierenden gerade nicht vorab landschaftsplanerisch geschult wurden, wurden die Ergebnisse andererseits als ‚typische Sicht' einer urbanen Jugend[4] und damit einer potenziellen touristischen Zielgruppe eingeordnet. In der Diskussion stellten sich auch Fragen nach dem Atmosphären-Begriff: Muss Atmosphäre immer etwas Besonderes/Hervorgehobenes sein, oder gibt auch eine Atmosphäre des (besonders) Normalen oder Alltäglichen? Hierzu liefern z. B. die wahrnehmungspsychologischen Einordnungen von Schönhammer keine abschließenden Hinweise, Kazigs Versuchsaufbau in einer Fußgängerzone sprechen jedoch für Letzteres. An diese Frage knüpft an, inwiefern unsere Vorstellungen von Landschaft als ‚grüner Außenbereich'/‚Natur' (primäre Landschaftssozialisation vgl. Kap. 2.1) auch in hypertypischen Erwartungen an deren Atmosphäre münden. So beschreibt Linke (2018) z. B. die Ergebnisse einer Internetrecherche zum Suchbegriff ‚Landschaft' (als Methode zur Ermittlung von Landschaftskonstruktionen, vgl. dazu auch Sieber 2022, S. 113–117): Die Bilder ähneln einander sehr, sie zeigen meist blauen Himmel, „weite Wiesenlandschaften, Berge oder Seen" (Linke 2018, S. 419), fast nie Elemente der

3 Darmstadt, 12. 12. 2022, Symposium im Rahmen des Projekts NaTourHuKi.

4 Ob die Studierenden das tatsächlich waren, wurde im Seminar nicht erfasst.

Siedlungs- und Infrastruktur oder Menschen, was nach Linke als Signet einer ‚unberührten Natur' gelten kann (Linke 2018, S. 419). Es sind „zu fast 90 % romantisierte und idyllisch anmutende Landschaften", die der „ästhetischen Kategorie der Schönheit (angenehme, malerische Landschaft)" sowie „der Kategorie der Erhabenheit" zuzuordnen sind (Linke 2018, S. 418, vgl. auch Nohl 2001, S. 38–43). Indizien für Ruhe/ruhige Landschaften würden den positiven Eindruck noch verstärken (Linke 2018, S. 419). Damit stehen die atmosphärisch aufgeladenen, hypertypischen Internetbilder von Landschaft in einem deutlichen Gegensatz zu Umgebungen des Alltags, Linke dazu: „Diese zum Teil sehr inszeniert wirkende Darstellung entspricht nur selten dem Eindruck einer vorgefundenen Landschaft." (2018, S. 418). Böhm (1994, S. 7 ff.) sieht im Begriff der ‚Atmosphäre' eher eine Stimmung und weniger einen festgelegten Katalog an Ausstattungselementen. Mit Blick auf erlernte bildhafte Vorstellungen idealer Landschaften, besteht wohl immer die Gefahr, dass sich auch die Erwartung an eine Atmosphäre immer an solchen Idealbildern messen lassen muss, alltägliche Umgebungen des Außenbereichs also auch bei der Arbeit mit dem Atmosphärenbegriff eine Abwertung erfahren können.

3.4 Ergänzende Zugänge zum Kinzigtal

An dieser Stelle soll auf zwei weitere studentische Formate eingegangen werden. Im Gegensatz zur Adaption des ‚parcours commentés' nach Kazig (2007) bzw. Thibaud (2001), sind diese Formate nicht als methodisch nachvollziehbare Versuche zu verstehen. Sie boten aber die Option, stichprobenartig Eindrücke von der Wirkung des Kinzigtals auf eine bestimmte jüngere Zielgruppe (hier eben junge Planende) zu erhalten.

Als Ergänzung zum Atmosphären-Seminar im Sommer 2022 (Kap. 3.1 und 3.2) wurde im Wintersemester 2022/23 das Format des Stegreifs[5] genutzt, um die herbstliche bis winterliche ‚Atmosphäre' des Kinzigtals bestmöglich in Fotos, Zeichnungen oder Collagen zu erfassen. Der Stegreif ‚Atmosphäre erfassen – Facetten des hessischen Kinzig-Auentals' lehnt sich dabei an die Arbeit von Ulber (2017) an, die in ihrer PHD-Thesis die Möglichkeit einer nachvollziehbare Erfassung von landschaftlichen Atmosphären durch den Dreiklang von Zeichnung, Text und Relief untersucht. Der Atmosphären-Stegreif beschränkte sich zur besseren Vergleichbarkeit der Arbeiten (Benotung) auf grafische Formate in der Größe DIN A3 sowie einen Erläuterungstext.

Festhalten lässt sich, dass die Erfassung landschaftlicher Atmosphäre durch die Studierenden durchaus situativ war, im Gegensatz zu professionellen (Werbe-)Bildern (wie sie sich bspw. im Spessart Magazin[6] finden), die einen höheren Grad an

5 Eigentlich ein Spontanentwurf mit geringer Bearbeitungstiefe in der Architekturausbildung.
6 Touristisches Magazin der Spessart Tourismus GmbH, das räumlich den Spessart und das Kinzigtal abdeckt.

Abbildung 7.1–7.3 Arbeiten aus dem Stegreif ,Atmosphäre erfassen' von Annika Beissner, Leonie Konz und Janis Korell, Wintersemester 2022/23

Planung, Zeit und Expertise voraussetzen. Die situativen Bilder lassen sich in zwei Gruppen teilen: Diejenigen, die quasi die Alltagserfahrung eines Spaziergangs in der Alltagslandschaft widerspiegeln. Photographisch eher ungeeignete Lichtverhältnisse, Farbgebungen, Witterungsverhältnisse etc. werden ohne besondere Inszenierung hingenommen und dokumentiert. In der Erläuterung wird gerade dieses Alltägliche, nicht-Herausgehobene des Kinzigtals von den jeweiligen Studierenden thematisiert: Es ist eine ‚unaufgeregte' Alltagslandschaft, durchaus geeignet für Spaziergänge und Ausflüge (Naherholung/Tagestourismus), aber nicht gekennzeichnet durch jene hervorgehobene Wahrnehmung/Erfahrung, die Schönhammer als Kennzeichen des Erlebens von ‚Atmosphären' beschreibt. Auf der anderen Seite stehen jene Bilder, die den Raum mit (photo-)grafischen Mitteln überspitzen, besondere Elemente oder Situationen suchen bzw. hervorheben und damit die von Schönhammer beschriebene hervorgehobene Wahrnehmung/Erfahrung herausarbeiten. Diese Bilder ‚überwältigen' mit (herbstlichen/winterlichen) Lichteffekten und ephemeren Phänomenen, sie zeigen teils nur biotische Elemente im Talraum (Wiesen, Wälder), teils beziehen sie dezidiert anthropogene Artefakte (wie Autobahnbrücken) in die Inszenierung mit ein. Damit zeigen die studentischen Arbeiten wieder den hybriden Charakter des Kinzigtals (‚Alltagslandschaft' versus ‚unberührte' und leiblich erfahrbare ‚Natur'), aber auch die unterschiedlichen Zugänge zu solch einem Raum (hinnehmen versus bewusst erleben/erfahren).

Das andere studentische Format zum Kinzigtal befasste sich (wieder als Stegreif, diesmal aber im Frühsommer/Sommer 2023) mit möglichen ‚Narrativen' (prägende Erzählungen, vgl. Reusch et al. 2025) für den Raum. Die Studierenden waren im Stegreif ‚Bilder machen Wirklichkeit – Ein erholsamer Tag im Kinzig-Auental' aufgefordert, das Motto ‚Ein schöner Tag im Kinzig-Auental' mit grafischen Mitteln (wieder in der Größe DIN A3) umzusetzen bzw. einzufangen sowie den Ansatz textlich zu erläutern. Was genau ‚ein schöner Tag' sein könnte, wurde im Narrativ-Stegreif nicht vorgegeben, es sollte aber dezidiert auf Aspekte der Nachhaltigkeit eingegangen werden: Ein ‚schöner Tag' kann/soll im Sinne eines nachhaltigen Konzepts für Tagestourismus und Naherholung nicht auf Kosten sensibler Habitate und Arten im Auental gehen. Die Arbeiten der Studierenden befassten sich einerseits mit Erlebnissen und Aktivitäten, die im Kinzigtal möglich sind, wie das Erleben von Fachwerk-Altstädten oder der Kurstadt Bad Orb, das Zelebrieren/Erfahren des Mittelalters auf Mittelaltermärkten (vor Altstadtkulisse), die quirlige, multikulturelle Atmosphäre Hanaus oder auch die diversen Optionen sportlicher Aktivitäten im Talraum, vom Wandern und Radfahren bis zum Reiten und Gassi-Gehen. Andere Arbeiten thematisieren, teils grafisch sehr gekonnt, das entspannte Sein als solches im Kinzigtal: Spazieren zwischen den Wiesen oder am See, Picknick mit Freunden oder Familie oder das Erkunden verwunschener Grünräume ‚gleich nebenan', wie dem Schlossgarten in Hanau oder dem Auwald der Bulau östlich von Hanau. In den Erläuterungen wurde das auch thematisiert: Die Grünräume des Auentals (inner- wie außerorts) laden dazu ein, ‚einfach mal nur zu sein', zu entspannen, die Zeit zu vergessen. Das entspricht ei-

Abbildung 8.1–8.3 Arbeiten aus dem Stegreif ‚Bilder machen Wirklichkeit' von Catharina Wesner und Olivia Wahler, Sommersemester 2023 (siehe auch Abbildungen im Beitrag von Reusch et al. 2025)

nerseits dem vorgegebenen Motto des Narrativ-Stegreifs, zeigt andererseits aber auch, dass es den Studierenden möglich war, das Motto im Kinzig-Auental umzusetzen. Motto und Raum schließen sich also trotz der bestehenden Stressoren (wie Bahntrasse und Autobahn) für die Studierenden nicht grundsätzlich aus.

4 Resümee und Ausblick

Im Mittelpunkt des Beitrages stand die Frage nach der Eignung einer Methode der Atmosphärenforschung aus der Stadtgeographie zur Erfassung von Räumen im Außenbereich als mögliche Alternative zu bestehenden Verfahren der Landschaftsbildbewertung, die durch ihre inhärenten Landschaftsideale (kleinbäuerlich, vorindustriell) immer zu einer Abwertung von Räumen in der Metropolregion führen.

Mit Blick auf die Atmosphärenforschung, lässt sich zum Versuch einer experimentellen Landschaftserfassung nach der Methode des ‚parcours commentés' (in Anlehnung an die Forschungen von Rainer Kazig, vgl. Kap. 3) zusammenfassend sagen, dass der Ansatz durchaus geeignet war, um (zielgruppenspezifische) Aussagen über die Qualitäten des Kinzigtals für die Naherholung abzuleiten. Die verdichteten Eindrücke (‚Kondensate') der Spaziergänge sind teils sublim und für sich genommen unspektakulär (wie die Wahrnehmungen von Sonnen, Lärm oder Tieren, vgl. Kap. 3.2). Andererseits spiegeln sie aber auch das Erlebnisspektrum alltäglicher Landschaftserfahrungen wider, die latent vorhanden sind, aber durch die erhöhte Aufmerksamkeit während der Spaziergänge in den Vordergrund gerückt wurden. Wichtig erscheint hier, dass es Alltagserfahrungen bzw. ‚Atmosphären' einer Landschaft des weiten Landschaftsbegriffs sind, die immer auch durch ‚störende Elemente' (im Sinne des engen Landschaftsbegriffs), Brüche oder Stressoren geprägt sind.

Offen bleibt mit Blick auf die Atmosphärenforschung ob ‚Atmosphäre' immer etwas Besonderes sein muss (herausgehobene Aufmerksamkeit, vgl. Kap. 2.2) oder ob es auch eine Atmosphäre des Alltäglichen gibt? Die betrachtete Literatur liefert hierzu keine abschließenden Hinweise, jedoch spricht Kazigs Versuchsaufbau zur Erfassung der Atmosphäre einer Fußgängerzone für eine ‚Atmosphäre des Alltäglichen'. Auch die landschaftsästhetischen Kategorien von Nohl (2001) lassen sich als ein Spektrum von alltäglichen bis hin zu hervorgehobenen Landschaftsatmosphären interpretieren. Problematisch erscheint in diesem Zusammenhang, dass die primäre Landschaftssozialisation insbesondere an Vorstellungen besonders spektakulärer Landschaften anknüpft und diese verfestigt (vgl. Kap. 3.3).

Die Erfassung mit der Methode des ‚parcours commentés' kommt nicht zu Wertungen im Sinne einer Landschaftsbildanalyse (die implizit von einem engen Landschaftsbegriff ausgeht), sondern bietet (wie in der Methode von Kazig angedacht) eine multisensorische Charakteristik des Raumes (Erfassung einer Landschaft im Sinne des weiten Landschaftsbegriffs). Mit dem Experiment sollte auch geklärt werden, ob sich diese bislang nur im urbanen Raum eingesetzte Analyse-Methode auch auf größere Raumeinheiten übertragen lässt. Mit Blick auf die Ergebnisse kann dies bedingt bejaht werden, die geringere Erlebnisdichte im Außenraum (im Vergleich z. B. zu einer belebten Innenstadt) bleibt jedoch ein Faktor. Mit Blick auf den Aufwand des Experiments (Zeit- und Personeneinsatz) muss die Frage eher verneint werden. Als Verfahren zur Landschaftserfassung wäre der Ablauf in der Praxis – mit Freiwilligen vor Ort und mit nachbereitenden Workshops – kaum ökonomisch realisierbar. Hilfreich und im Aufwand vertretbar, könnte ein solch differenziertes Vorgehen aber möglicherweise im Rahmen von Partizipationsprozessen zur Landschaftsentwicklung sein. Auch für das Projekt ‚NaTourHuKi' wäre eine Wiederholung des Versuchs mit einer anderen Zielgruppe (Wandertouristinnen, Ortsansässige etc.) anzustreben.

Zur Erholungseignung des Kinzig-Auentals lässt sich mit Blick auf das Atmosphären-Experiment und die beiden flankierenden Stegreife sagen, dass der Raum nicht konfliktfrei ist, aber die adressierte jüngere, planerisch geschulte Zielgruppe mit seinem Nebeneinander von vermeintlich ‚unberührter Natur' und Infrastrukturelementen durchaus beeindruckt. Oder anders formuliert: Landschaften im Sinne des weiten Landschaftsbegriffs können Qualitäten haben, die sich in Landschaften des engen Landschaftsbegriffs nicht finden lassen bzw. in diesen als Störung gewertet werden (auch wenn erstere natürlich immer auch die Qualitäten des letzteren inkludieren). Im Sinne der landschaftsästhetischen Kategorien von Nohl ist es kein durchgehend ‚schöner' oder ‚erhabener', aber ein ‚interessanter/faszinierender' Raum. Seine Qualitäten sind strukturell (gute Erreichbarkeit, gutes Wegesystem, hohe Dichte an Angeboten, durchgehendes Auental), seine vermeintlichen Mängel (fehlende ‚Naturnähe', Brüche, Lärmbelastung) Teil einer Metropolregion, die auch mit einem ‚das gehört eben dazu' in die Charakteristik einer Metropolregion internalisiert werden können.

Literaturverzeichnis

Berndt, C. & Pütz, R. (Hrsg.). (2007). Kulturelle Geographien: Transcript Verlag.

Bundesinstitut für Bau-, Stadt- und Raumforschung (Hrsg.). (2010). Laufende Raumbeobachtung – Raumabgrenzungen. Raumtypen 2010 auf Kreisebene. https://www.bbsr.bund.de/BBSR/DE/forschung/raumbeobachtung/Raumabgrenzungen/deutschland/kreise/Raumtypen2010_krs/Raumtypen2010_Kreise.html;jsessionid=BF83983F3FD74CD66E12CEEEFDE64828.live11294. Zugegriffen: 15. März 2024.

Bundesinstitut für Bau-, Stadt- und Raumforschung (Hrsg.). (2017). Laufende Raumbeobachtung – Raumabgrenzungen. Städtischer und Ländlicher Raum. https://www.bbsr.bund.de/BBSR/DE/forschung/raumbeobachtung/Raumabgrenzungen/deutschland/kreise/staedtischer-laendlicher-raum/kreistypen.html;jsessionid=BF83983F3FD74CD66E12CEEEFDE64828.live11294. Zugegriffen: 15. März 2024.

Bundesministerium des Innern, für Bau und Heimat (Hrsg.). (2019). Netzwerk Daseinsvorsorge. MORO Informationen Nr. 19/1 2019. https://www.bbsr.bund.de/BBSR/DE/veroeffentlichungen/ministerien/moro-info/19/moroinfo-19-1-dl.pdf?__blob=publicationFile&v=2. Zugegriffen: 15. März 2024.

Bundesministerium für Verkehr, Bau und Stadtentwicklung & Amt für Straßen- und Verkehrswesen Fulda (Hrsg.). (2007). Neubau der BAB A66. Frankfurt/Main-Fulda. Kreisgrenze Fulda bis Neuhof-Süd. https://www.total-lokal.de/pdf/36037_baba66.pdf. Zugegriffen: 15. März 2024.

Council of Europe. (2000). Europäisches Landschaftsübereinkommen. Sammlung Europäischer Verträge – Nr. 176, 3. https://rm.coe.int/1680080630.

Czybulka, D. (2008). Landschaftsschutz und „Landschaftspolitik": zur Europäischen Landschaftskonvention. In R. Schindler (Hrsg.), Points of view. Landschaft verstehen – Geographie und Ästhetik, Energie und Technik (S. 69–81). Freiburg: Modo Verlag.

DB InfraGO AG (Hrsg.). DB Netze – Ausbau-/Neubaustrecke Hanau–Würzburg/Fulda: Regierungspräsidien Darmstadt und Kassel bestätigen die Antragsvariante IV der Deutsche Bahn. https://www.hanau-wuerzburg-fulda.de/aktuelles-reader/regierungspraesidien-darmstadt-und-kassel-bestaetigen-die-antragsvariante-iv-der-deutsche-bahn.html. Zugegriffen: 15. März 2024.

Dettmar, J. (2025). Genese einer zeitgenössischen Kulturlandschaft – das hessische Kinzigtal. In S. Sieber, O. Kühne, J. Dettmar & R. Vogler (Hrsg.), *Landschaft und Naherholung – Bedeutung und Nutzung für den Tagestourismus und die Naherholung im Stadt-Land-Kontext.* (S. 49–92). Wiesbaden: Springer VS.

Dettmar, J. (TU Darmstadt, Fachbereich Architektur, Fachgebiet Entwerfen und Freiraumplanung, Hrsg.). NaTourHuKi. Nachhaltiges Tourismuskonzept für Hanau und den westlichen Teil des Main-Kinzig-Kreises im Kontext des Regionalparks RheinMain. www.natourhuki.de.

Doernberg, A., Eichenauer, E., Köck, W., Weith, T. (2022). Umweltgerechtigkeit. In T. Weith, S. Barthold, A. Doernberg, L. Gailing, W. Köck & T. Köhler (Hrsg.), Regionale Gerechtigkeit. Grundlagen und Lösungsansätze für den Stadt-Land-Kontext. Discussion paper (S. 33–35). Zenodo.

DVS Deutsche Vernetzungsstelle Ländliche Räume (Hrsg.). (2023). LEADER – kurz erklärt. https://www.netzwerk-laendlicher-raum.de/dorf-region/leader/leader-kurz-erklaert/. Zugegriffen: 15. März 2024.

Hellbrück, J. & Kals, E. (2012). Umweltpsychologie. Wiesbaden: VS Verlag für Sozialwissenschaften.

Hirschfeld, C. C. L. (1779). Theorie der Gartenkunst: 10000.

Hokema, D. (2013). Landschaft im Wandel? Wiesbaden: Springer Fachmedien Wiesbaden.

Kazig, R. (2018). Atmosphären als Ressource von Partizipation und Quartiersentwicklung. Expertise im Auftrag des vhw – Bundesverband für Wohnen und Stadtentwicklung (UMR Ambiances – Architectures – Urbanités/CRESSON, Hrsg.). https://www.vhw.de/fileadmin/user_upload/08_publikationen/studien/PDFs/Studien_Befragungen/2018_Abschlussbericht_Expertise_Atmospha__ren.pdf. Zugegriffen: 16. März 2023.

Kazig, R. (2019). Atmosphären und Landschaft. In O. Kühne, F. Weber, K. Berr & C. Jenal (Hrsg.), Handbuch Landschaft (S. 454–460). Wiesbaden: Springer VS, Wiesbaden.

Kühne, O. (2008). Distinktion, Macht, Landschaft. Zur sozialen Definition von Landschaft (1. Aufl.). Wiesbaden: VS Verl. für Sozialwiss.

Kühne, O. (2019). Die Sozialisation von Landschaft. In O. Kühne, F. Weber, K. Berr & C. Jenal (Hrsg.), Handbuch Landschaft (S. 301–312). Wiesbaden: Springer VS.

Kühne, O., Megerle, H. & Weber, F. (2017). Landschaftsästhetik und Landschaftswandel. Wiesbaden: Springer Fachmedien Wiesbaden.

Kulturlandschaft Thüringen. (2006). Erfurt: Fachhochschule Erfurt, Forschungsgruppe Kulturlandschaft.

Linke, S. (2018). Ästhetik der neuen Energielandschaften – oder: „Was Schönheit ist, das weiß ich nicht". In O. Kühne & F. Weber (Hrsg.), Bausteine der Energiewende (S. 409–429). Wiesbaden: Springer Fachmedien Wiesbaden.

Lynch, K. (2013). Das Bild der Stadt (Bauwelt Fundamente, Bd. 16). Basel, Schweiz: Birkhäuser Verlag.

Nohl, W. (2001). Landschaftsplanung. Ästhetische und rekreative Aspekte; Konzepte, Begründungen und Verfahrensweisen auf der Ebene des Landschaftsplans. Berlin: Patzer.

Nohl, W. (2015). Landschaftsästhetik heute. Auf dem Wege zu einer Landschaftsästhetik des guten Lebens. München: Oekom.

Regionalverband Frankfurt RheinMain (Hrsg.). (2023). Die Metropolregion kurz erklärt. https://www.region-frankfurt.de/Unsere-Themen-Leistungen/Kooperation-Metropolregion/Die-Metropolregion-kurz-erkl%C3%A4rt/. Zugegriffen: 15. März 2024.

Reusch, L., Conradi, Y. & Bolik, I. (2025). Erzählungen über das Kinzig-Auental. Potentiale ortsbezogener Narrative für eine landschaftsbezogene Erholung in der Metropolregion FrankfurtRheinMain. In S. Sieber, O. Kühne, J. Dettmar & R. Vogler (Hrsg.), *Landschaft und Naherholung – Bedeutung und Nutzung für den Tagestourismus und die Naherholung im Stadt-Land-Kontext.* (S. 93–110). Wiesbaden: Springer VS.

Roth, M. (2016). Landschaftsbildbewertung in Deutschland. Stand von Wissenschaft und Praxis; Ergebnisse eines Sachverständigengutachtens im Auftrag des Bundesamtes für Naturschutz (BfN-Skripten, Bd. 439). Bonn: Bundesamt für Naturschutz.

Roth, Michael, Fischer, Carolin, Knebel, Rolf. (2018). Abgrenzung von Landschaftsbildeinheiten als Basis für die Bemessung der Höhe von Ersatzgeldzahlungen in Thüringen. Landschaftspflege und Naturschutz in Thüringen (55 (3)), 99–105.

Schenk, Winfried und Tillmann, Elena. (2018). Kulturlandschaft. In H. H. Blotevogel (Hrsg.), Handwörterbuch der Stadt- und Raumentwicklung (S. 1255–1267). Hannover: Akademie für Raumforschung und Landesplanung.

Schönhammer, R. (2013). Einführung in die Wahrnehmungspsychologie. Sinne, Körper, Bewegung (UTB Psychologie, Bd. 3142, 2., überarbeitete, aktualisierte und erweiterte Auflage). Wien: facultas.wuv.

Sieber, S. (2021). Auswirkungen neuer Wahrnehmungsmuster im Bereich der regenerativen Energiesysteme im Orts- und Landschaftsbild und ihre Bedeutung für die räumliche Planung – Alltags-, Sehnsuchts- und Energielandschaften im Fokus. Dissertation, RWTH Aachen University.

Sieber, S., Beil, M., Dettmar, J., Heidemann, K., Mosbacher, B., Schmidt, K., Schwemm, A., Siegl, C. & Wittmann, C. (2025). Zwischen Autobahn und Idylle. Naherholung und Tagestourismus als Bausteine der sozial-ökologischen Transformation in einer Metropolregion – das Verbundprojekt NaTourHuKi. In S. Sieber, O. Kühne, J. Dettmar & R. Vogler (Hrsg.), *Landschaft und Naherholung – Bedeutung und Nutzung für den Tagestourismus und die Naherholung im Stadt-Land-Kontext.* (S. 19–47). Wiesbaden: Springer VS.

Sieverts, T. (2005). Zwischenstadt – inzwischen Stadt? Entdecken, Begreifen, Verändern. Wuppertal: Müller + Busmann.

SPESSARTRegional (Hrsg.). (2023). REGION. https://www.spessartregional.de/region/. Zugegriffen: 15. März 2024.

Thibaud, J.-P. (2001). La méthode des parcours commentés. In M. Grosjean & J.-P. Thibaud (Hrsg.), L' espace urbain en méthodes (Collection Eupalinos: Série Architecture et urbanisme, S. 79–99). Marseille: Éd. Parenthéses.

Ulber, M. (2017). Landschaft und Atmosphäre: Transcript Verlag.

Weber, I. (2007). Die Natur des Naturschutzes. Wie Naturkonzepte und Geschlechtskodierungen das Schützenswerte bestimmen (Hochschulschriften zur Nachhaltigkeit, Bd. 37). München: Oekom.

Weidinger, J. (Hrsg.). (2014). Atmosphären Entwerfen. Berlin: Universitätsverlag der TU Berlin.

Wöbse, H. H. (2002). Landschaftsästhetik. Über das Wesen, die Bedeutung und den Umgang mit landschaftlicher Schönheit. Stuttgart (Hohenheim): Ulmer.

Autorin

Sandra Sieber war bis Juli 2024 wissenschaftliche Mitarbeiterin am Fachgebiet Entwerfen und Freiraumplanung der TU Darmstadt. Sie studierte Landschaftsarchitektur an der Fachhochschule Erfurt und arbeitete in verschiedenen Forschungsprojekten an der TU Darmstadt und der RWTH Aachen zu erneuerbaren Energien, Stadt- und Landschaftsentwicklung. Von 2018 bis 2024 war sie mit den Themen Gebäudebegrünung und klimaangepasste Stadtentwicklung an der RWTH Aachen in der Lehre vertreten und hat dort ein digitales Lehrformat zum Thema Gebäudebegrünung mitinitiiert und realisiert. Seit August 2024 ist sie bei INFRASTRUKTUR & UMWELT in Darmstadt tätig.

Ihre fachlichen Schwerpunkte liegen im Bereich erneuerbare Energien, Stadtentwicklung, Klimaanpassung und Gebäudebegrünung.

Ihre Dissertation befasst sich mit der Wahrnehmung und Wertung regenerativer Energietechniken durch jüngere Planende aus dem Bereich der Landschaftsarchitektur und der Architektur. Aufbauend auf der Arbeit entstand das Buch „Landschaft und erneuerbare Energien. Wahrnehmung – Technik – Bewertung".

Läuft doch, oder?

Regionale Gerechtigkeit und nachhaltige Entwicklung, ein Zielkonflikt?

Sandra Sieber

Abstract

Bewohnende und Unternehmen im hessischen Kinzigtal profitieren im Sinne der Verteilungsgerechtigkeit durchaus von der belastenden Verkehrsinfrastruktur in ihrem Talraum, insbesondere von der Autobahn. Arbeitsplätze im Ballungsraum Frankfurt/Rhein-Main begünstigen das ressourcenverbrauchende Pendeln, kurze Wege zur Autobahn erschließen Unternehmen Absatzmärkte in der Region wie im europäischen Maßstab. Die Teilhabe für nicht motorisierte Personen, die Stärkung der Erholungsfunktion oder eine Mobilitätswende (als Zielstellung innerhalb der Generationengerechtigkeit) münden so jedoch in Zielkonflikten. Der Beitrag versucht am Beispiel des hessischen Kinzigtals mögliche Zielkonflikte im Kontext der räumlichen Gerechtigkeit zu beleuchten. Er blickt auf die Chancen und Hemmnisse einer nachhaltig ausgerichteten Naherholungsstrategie und fragt zugespitzt, wie tragfähig die Idee einer nachhaltigen Transformation in einer Region ist, deren Prosperität eine ‚fossile' Basis hat?

Keywords

Verteilungsgerechtigkeit, Generationengerechtigkeit, sozial-ökologische Transformation, Metropolregion, Naherholung, Tagestourismus

S. Sieber et al. (Hrsg.), *Landschaft und Naherholung*, RaumFragen: Stadt – Region – Landschaft, https://doi.org/10.1007/978-3-658-45410-4_6

1 Die Gleichzeitigkeit von Mangel und Überfluss?

Räumliche Gerechtigkeit – verstanden als Versuch, „die soziale und wirtschaftliche Situation in benachteiligten Regionen zu verbessern, bis ein Mindestniveau erreicht ist" (Rosenfeld 2018, S. 837) – wird entsprechend dieser Definition meist aus der Perspektive des (sozio-ökonomischen) Mangels bzw. fehlender Teilhabe betrachtet (u. a. BMI 2019; Stadt-Land-Plus 2023b; Weith 2020; Miosga 2020) und als Zielstellung gleichwertiger Lebensverhältnisse teils auch kritisch diskutiert (u. a. ARL 2020; BBSR 2018). Das Diskussionspapier ‚Regionale Gerechtigkeit' (Weith et al. 2022) arbeitet im Kontext des Projekts ‚ReGerecht'[1] den Diskussionsstand zum Themenfeld ‚Räumliche Gerechtigkeit' heraus. Anknüpfend an diese Übersicht, soll im vorliegenden Beitrag auf die Bedeutung unterschiedlicher Gerechtigkeitsdimensionen im Kontext der sozial-ökologischen Transformation eingegangen werden. Der Beitrag erhebt dabei nicht den Anspruch die ganze Komplexität von Gerechtigkeitsfragen im räumlichen Kontext zu erfassen. Ausgangspunkt und Fokus sind vielmehr die möglichen Zielkonflikte im Kontext einer sozial-ökologischen Transformation am Beispiel des hessischen Kinzigtals und ihre tendenzielle Einordung im Feld der räumlichen Gerechtigkeit.

Das oben genannte Diskussionspapier verweist bereits in seinem Vorwort auf die Sustainable Development Goals (SDG) und damit auf die globale und generationsübergreifende Dimension von Gerechtigkeitsdebatten[2] (Weith et al. 2022, S. 5 und S. 12–13). Zielstellungen wie die SDGs oder die sozial-ökologische Transformation (zum Begriff vgl. u. a. BMBF 2015; Luks 2019, S. 3–18) deuten an, dass sich die Bezug-

---

1 ReGerecht – Integrative Entwicklung eines gerechten Interessenausgleichs zwischen Stadt und Land, Projekt in der Fördermaßnahme ‚Stadt-Land-Plus' des Bundesministeriums für Bildung und Forschung (BMBF), angesiedelt im Cluster ‚Regionale Gerechtigkeit', Verbundleitung: Thomas Weith, Leibniz-Zentrum für Agrarlandschaftsforschung (ZALF) e. V., www.regerecht.de.

2 Kühne (2019, S. 77–78) geht (übergeordnet und mit Bezug auf Bohmeyer (2005), Kersting (2005) und Sen (2009, 2016)) auf neun Definitionen von Gerechtigkeit ein. Zum besseren Verständnis der räumlich/zeitlichen Gerechtigkeitsformen soll auf diese kurz eingegangen werden: 1. Egalitarismus (Gleichheitsprinzip oder auch ‚Gießkannenprinzip') – jeder Mensch hat Anspruch auf die gleiche Menge eines Gutes, unabhängig von erbrachten Leistungen, Ungleichheit soll durch (staatliche) Eingriffe entgegengewirkt werden; 2. Leistungsgerechtigkeit – wer viel leistet hat Anspruch auf mehr Güter, Ungleichheit ist ein Leistungsanreiz; 3. Kommunistisches Prinzip – jeder trägt im Rahmen eigener Fähigkeiten bei und erhält entsprechend eigener Bedürfnissen erhält, Ungleichheit spiegelt die unterschiedlichen Fähigkeiten; 4. Bedarfsgerechtigkeit – alle können ihre Grundbedürfnisse befriedigt, Ungleichheit darüber hinaus ist tolerierbar; 5. ‚Windhundprinzip' – wer zuerst Bedarfe äußert bekommt auch zuerst, Ungleichheit ist Anreiz für eigenes Bemühen; 6. Zufallsprinzip – alle haben die gleiche (zufällige) Chance, Ungleichheit wird durch die Option auf die nächste (zufällige) Chance hingenommen; 7. Autoritäres Prinzip – Herrschende entscheiden, Ungleichheit ist Anreiz für Loyalität; 8. Verfahrensgerechtigkeit – für gelten die gleichen Regeln und alle können sich am Verteilungsprozess beteiligen, Ungleichheit ist unproblematisch solange die Regeln eingehalten werden; 9. Chancengleichheit – alle sollen die gleichen Chancen haben, das Nutzen von Chancen liegt in der individuellen Verantwortung, Ungleichheit beim Ergreifen von Chancen ist unproblematisch solange alle die gleichen Chancen haben.

Tabelle 1 Im Text erwähnte Gerechtigkeitsformen im Kontext der räumlichen Gerechtigkeit (eigene Darstellung auf der Basis der aufgeführten Quellen)

Im Text erwähnte Gerechtigkeitsformen im Kontext der räumlichen Gerechtigkeit	**Zur Definition siehe**
Räumliche Gerechtigkeit: Versuch, die soziale und wirtschaftliche Situation in benachteiligten Regionen zu verbessern, bis ein Mindestniveau erreicht ist	Rosenfeld 2018, S. 837
Verteilungsgerechtigkeit: Gewährleistung der Grundversorgung/ Güterverteilung	Eser et al. (2013)
Verfahrensgerechtigkeit: Gewährleistung der Teilhabe/Mitgestaltung	Eser et al. (2013)
Verfahrensgerechtigkeit: Für alle gelten die gleichen Regeln und alle können sich am Verteilungsprozess beteiligen, Ungleichheit ist unproblematisch solange die Regeln eingehalten werden	Kühne (2019, S. 77–78)
Chancengerechtigkeit: Gewährleistung der Entfaltungsmöglichkeiten	Koppers et al. (2018, S. 159–163)
Chancengleichheit: Alle sollen die gleichen Chancen haben, das Nutzen von Chancen liegt in der individuellen Verantwortung, Ungleichheit beim Ergreifen von Chancen ist unproblematisch solange alle die gleichen Chancen haben	Kühne (2019, S. 77–78)
Generationengerechtigkeit: Gewährleistung gleichwertiger Lebensverhältnisse und/oder Arbeitsbedingungen unter der Prämisse der Nachhaltigkeit	Koppers et al. (2018, S. 159–163)
Generationengerechtigkeit: Wird als zeitliche Dimension von Gerechtigkeitsfragen unter dem Begriff der ‚Zukunftsgerechtigkeit' aufgeführt	Eser et al. (2013)
Generationengerechtigkeit: Auch ‚Zeit-Gerechtigkeit' oder ‚Enkelgerechtigkeit' genannt	(vgl. Weith et al. 2022, S. 12–13).
Umweltgerechtigkeit (im deutschsprachigen Raum): Räumliche Betroffenheit durch negative Umweltauswirkungen/Gesundheitsbelastungen, insbesondere als Folge sozialer Benachteiligung von Betroffenen	Weith et al. 2022, S. 13; Doernberg et al. 2022, S. 33–25; Eser et al. 2013, S. 29–30
Umweltgerechtigkeit: Wird als sozialen Dimension von Gerechtigkeitsfragen aufgeführt	Eser et al. (2013)
Internationalen Gerechtigkeit: Wird als globale Dimension von Gerechtigkeitsfragen aufgeführt	Eser et al. (2013)
Ökologische Gerechtigkeit: Wird als physiozentrischen Dimension von Gerechtigkeitsfragen aufgeführt (moralischer Eigenwert der Natur/Flora und Fauna, unabhängig von menschlichen Interessen)	Eser et al. (2013)

nahme auf das ‚Räumliche' in Fläche (global) und Zeit (intergenerationell) ausdehnt (Weith et al. 2022, 9 u. 12–15; vgl. auch Müller 2017 93–94; Koppers et al. 2018, S. 316; Eser et al. 2013, S. 28–35; Hofmeister et al. 2021). Entsprechend werden Begriffe wie ‚Zeit-Gerechtigkeit' oder ‚Enkelgerechtigkeit' genannt (vgl. Weith et al. 2022, S. 12–13). An diesen seit den 1990er-Jahren virulenten Aspekt der räumlichen Gerechtigkeit knüpfen auch Fragen der ‚Umweltgerechtigkeit' an (vgl. Weith et al. 2022, S. 13; Doernberg et al. 2022, S. 33–25; Eser et al. 2013, S. 29–30), im deutschsprachigen Raum vor allem verstanden als räumliche Betroffenheit durch negative Umweltauswirkungen/Gesundheitsbelastungen, insbesondere als Folge sozialer Benachteiligung von Betroffenen (Doernberg et al. 2022, S. 33).

Eser et al. (2013) unterschieden zwischen Verteilungsgerechtigkeit (Gewährleistung der Grundversorgung/Güterverteilung) und Verfahrensgerechtigkeit (Gewährleistung der Teilhabe/Mitgestaltung). Koppers et al. (2018, S. 159–163) ergänzen in ihrer Kategorisierung noch die Chancengerechtigkeit (Gewährleistung der Entfaltungsmöglichkeiten) und die Generationengerechtigkeit (Gewährleistung gleichwertiger Lebensverhältnisse/Arbeitsbedingungen unter der Prämisse der Nachhaltigkeit). Die Generationengerechtigkeit wird von Eser et al. (2013) als zeitliche Dimension von Gerechtigkeitsfragen unter dem Begriff der ‚Zukunftsgerechtigkeit' aufgeführt, zusammen mit der sozialen Dimension (Umweltgerechtigkeit), der internationalen Gerechtigkeit (globale Dimension) und der physiozentrischen Dimension (ökologische Gerechtigkeit) (ebd.). Räumliche Gerechtigkeit, als sozio-ökonomische Zielstellung, ist vor dem Hintergrund einer angestrebten sozial-ökologischen Transformation eng verbunden mit sozial-ökologischen Dimensionen von Gerechtigkeit.

Ökonomische Wettbewerbsfähigkeit als Basis einer sozialen und räumlichen Gerechtigkeit kann inzwischen als Teil einer nachhaltigen Regionalentwicklung verstanden werden, sofern diese den Schutz der natürlichen Lebensgrundlagen berücksichtigen (BBSR 2011, S. 2), womit implizit auch eine Generationengerechtigkeit angedacht ist. Bereits 2011 wies das BBSR aber darauf hin, dass in ländlichen Regionen ein „sorgloser Umgang" (BBSR 2011, S. 14) mit Ressourcen festgestellt werden kann: „Unter dem Konkurrenzdruck um Arbeitsplätze und Einwohner wird noch allzu oft mit einer großzügigen, teilweise überdimensionalen Gewerbe- und Siedlungsflächenausweisung reagiert" (BBSR 2011, S. 14). Auch die Flächeninanspruchnahme für touristische Nutzungen oder touristische Infrastruktur kann unter diesen ‚sorglosen Umgang' fallen. Nachhaltigkeitsdefizite (vgl. BBSR 2011, S. 14) beruhen dann auf einem vermeintlichen Überfluss der eigentlich begrenzenden Ressource ‚Fläche' (ebd., S. 12). Was im Sinne einer Verteilungsgerechtigkeit von Vorteil für eine Region sein kann, erscheint mit Blick auf die Generationengerechtigkeit als Nachteil.

Mit Blick auf unterschiedliche Gerechtigkeitsdimensionen (wie oben verkürzt aufgeführt) im Kontext der sozial-ökologischen Transformation, soll nachfolgend nach einer Gleichzeitigkeit räumlich bedingter Vor- und Nachteile (vgl. auch das Differenzprinzip bei Müller 2017, S. 92–94) und einer zeitlichen Ungleichverteilung von Vor- und Nachteilen gefragt werden. Der Beitrag möchte am Beispiel der teils ländlichen Region des Main-Kinzig-Kreises, gelegen im östlichen Teil der Metropolregion Frankfurt/Rhein-Main (vgl. SPESSARTregional 2022, S. 9), Formen der räumlichen (Un-)Gerechtigkeit und Hemmnisse bei der nachhaltigen Entwicklung innerhalb prosperierender Räume beleuchten.

Mit dem Instrument einer nachhaltig ausgerichteten Strategie für (Tages-)Tourismus und Naherholung wird im Projekt ‚NaTourHuKi' (vgl. Sieber et al. 2025) versucht, für den Bereich des Kinzigtals und seiner Kommunen Prozesse anzustoßen, die im Sinne einer sozial-ökologischen Transformation bestehende Hemmnisse (wie z. B. sektorale Betrachtung oder fehlende Besuchslenkung) abbauen und Chancen (wie z. B. ressourcenschonende Mobilität oder die Stärkung von naturverträglicher Naherholung) weiter auszubauen. Dies kann auf der praktischen Ebene (die im Projekt NaTourHuKi angestoßenen Umsetzungsmaßnahmen) möglicherweise gelingen, auch wenn sich auf dieser Ebene bereits ein „moralisches Dilemma" (Eser et al. 2013, S. 91) abzeichnet (vgl. Abschnitt 2.4). Auf der Ebene der ‚handlungsleitenden Wertvorstellungen' (vgl. u. a. Blühdorn et al. 2019, S. 28; Zimmermann und Zimmerman-Janschitz 2016) kann der Versuch einer sozial-ökologischen Transformation weiterhin auf Widerstände stoßen und eine Transformation in Richtung Nachhaltigkeit ausbremsen (vgl. Fazit), weil ein bestehender, nicht nachhaltiger Komfort (wie z. B. der immer noch relativ günstige motorisierte Individualverkehr ihn bietet) nicht gern aufgegeben wird.

Der Beitrag stellt daher, wie eingangs beschrieben, einige Dimensionen der ‚räumliche Gerechtigkeit' überblickhaft und mit Bezug auf das Projekt NaTourHuKi bzw. dessen Betrachtungsraum vor, um anhand dieser mögliche Zielkonflikte im Kontext der räumlichen Gerechtigkeit und der sozial-ökologischen Transformation zu thematisieren. Einen tieferen Einstieg in die Thematik der räumlichen Gerechtigkeit bietet, wie erwähnt, das Projekt ReGerecht und die hier zitierte Publikation von Weith et al. (2022) sowie das Themenheft ‚Räume für Gerechtigkeit' (Gailing und Weith 2023).

2 Regionale Gerechtigkeit und nachhaltige Entwicklung – Zielkonflikte?

Als Förderkonzept für eine gesellschaftsbezogene Nachhaltigkeitsforschung nimmt die FONA-Strategie unter dem Label der sozial-ökologischen Forschung auch Bezug auf die globalen Herausforderungen, resultierend aus der Überlastung natürlicher Lebensgrundlagen (BMBF 2015, S. 3). Das Projekt NaTourHuKi (vgl. Sieber et al. 2025) ist innerhalb der FONA-Strategie der Fördermaßnahme ‚Stadt-Land-Plus' des Bundesministeriums für Bildung und Forschung (BMBF) zugeordnet. Die Projekte im Rahmen von ‚Stadt-Land-Plus' wollen Impulse für eine sozial-ökologische Transformation (Stadt-Land-Plus 2023) setzen und dabei übertragbare Lösungsstrategien entwickeln bzw. erproben. NaTourHuKi gehört im Rahmen von ‚Stadt-Land-Plus' zum Cluster ‚Regionale Gerechtigkeit' und fokussiert damit einen Interessensausgleich zwischen urbanen und ländlichen Räumen (Stadt-Land-Plus 2023) als Teilaspekt der ‚räumlichen Gerechtigkeit' (zum Begriff vgl. Rosenfeld 2018, S. 837).

Nachfolgend werden anhand des Projekts NaTourHuKi mehrere mögliche Zielkonflikte betrachtet, die sich aus der Zielstellung einer nachhaltigen Entwicklung bzw. sozial-ökologischen Transformation ergeben könnten.

2.1 Zielkonflikt zwischen Verteilungsgerechtigkeit und Umweltgerechtigkeit?

Ausgangspunkt des scheinbar gelungenen Stadt-Land-Ausgleichs, aber auch der Disparität innerhalb des Main-Kinzig-Kreises, ist die A 66 (und zuvor bereits die Bahntrasse) an deren Verlauf sich u. a. die Gewerbegebietsentwicklung im Kreis konzentriert (vgl. Dettmar 2025). Roland Koch, der damalige Hessische Ministerpräsident, sagte 2007 zum Ausbau der A 66: „Die Attraktivität der Region Osthessen als Standort für zukunftsträchtige Industrien und Arbeitsplätze hängt nicht zuletzt vom Anschluss an die Mobilitätsströme in Europa ab. Denn: Nur gut ausgebaute Straßen und Schienenverkehre sichern Wachstum und Wohlstand" (BMVBS 2007, S. 1).

Die Autobahn kann durchaus als wichtige Basis der sozial-ökonomischen Prosperität gesehen werden und ermöglicht so gleichwertige Lebensverhältnisse (Zugang zu Infrastruktur und Arbeit/Chance auf Teilhabe). Heute verfügt der Main-Kinzig-Kreis über 17 Anschlussstellen an die A 66 (Braune 2020) und zudem neun Regionalbahnhalte auf rund 50 Kilometern (Dettmar 2022, S. 9). Fast 90 Prozent der Ortsansässigen im Kreis brauchen nur 10 Minuten zur nächsten Autobahnauffahrt (Braune 2020). Die Dichte der Autobahnanschlussstellen verweist auf das im Jahr 1966 durch den damaligen Bundesverkehrsminister Georg Leber formulierte Ziel, dass „[k]ein Deutscher […] mehr als 20 Kilometer von einer Autobahnauffahrt entfernt leben [soll]." (BBR o. D.). Diese Zielstellung kann heute als weitgehend erfüllt angesehen werden (ebd.). Daraus resultiert für Hessen aber auch, dass nur noch 10 Prozent der Landesfläche als unzerschnitten von Bahnlinien, Siedlungen, Flughäfen, Kanälen oder Straßen gelten (BMU 2007, S. 128 f.). Das verweist bereits auf die Zielkonflikte zwischen Verteilungsgerechtigkeit und ökologischer Gerechtigkeit (Auswirkung auf die Natur/Flora und Fauna; zum Begriff vgl. Eser et al. 2013, S. 34–35 und Abschnitt 2.4 in diesem Beitrag).

Die Autobahn als sozio-ökomische Erfolgsgeschichte, hat aber auch Umweltauswirkungen (Umweltgerechtigkeit, Auswirkung auf Ortsansässige), obwohl eine ihrer Zielstellungen (neben der Stärkung des Wirtschaftsstandorts, vgl. BMVBS 2007) die Reduktion der innerörtlichen Lärm- und Abgasbelastung war, verbunden mit einer Verbesserung der Sicherheit und der Option einer besseren Entwicklung in den Kommunen an der B 40 (vgl. BMVBS 2007, S. 1). Hier zeigt die ‚Gesamtlärmkarte Straße/Schiene' für den Kreis heute eine deutliche Belastung im Bereich des zentralen Auenraums (vgl. Dettmar 2022, S. 29; SPESSARTRegional 2022, S. 26). Eine mögliche Reduktion des Lärms in den Kommunen wird – bedingt durch die begrenzt verfügbare Fläche im Talraum – mit der deutlichen Lärmbelastung außerhalb der Ortslagen erkauft.

Blickt man aktuell auf die Radmobilität attestiert das Radwegekonzept des Kreises (MKK 2022) mit seinen Maßnahmenvorschlägen einen Verbesserungsbedarf in Bezug auf Sicherheit und Komfort innerorts, aber auch zwischen den Kommunen (vgl. auch SPESSARTRegional 2022, S. 48–49). Das Selbstverständnis der Kommunen im Kreis (Bolik et al. 2022) deutet darauf hin, dass dies im Sinne einer ‚Tauschgerechtigkeit' (vgl. Weith 2020) ein hinnehmbarer Nachteil ist, da die Vorteile des Auto- und LKW-Verkehrs überwiegen. Aktuellere Proteste gegen den Ausbau der Bahntrasse im Talraum weisen aber auf Grenzen der Akzeptanz hin, da hier je nach Trassenführung kein Benefit für die Region gesehen wird (vgl. Osthessen-News 2018).

2.2 Zielkonflikt zwischen Verteilungsgerechtigkeit und Generationengerechtigkeit?

Ein weiterer nachhaltigkeitsbezogener Zielkonflikt kann in der ökonomisch begründeten Förderung des motorisierten Individual- und Lieferverkehrs (Autobahn als Basis gleichwertiger Lebensbedingungen) und der Zielstellung der Reduktion von Treibhausgasen/Ressourcenverbrauch im Mobilitätssektor (Generationengerechtigkeit) gesehen werden (vgl. u. a. Wagner et al. 2022, S. 10–11). Mit Blick auf die kontinuierlich steigende Auspendlerzahl im Main-Kinzig-Kreis (vgl. Pendleratlas 2023) erscheint es naheliegend, dass die A 66 die Pendlerbewegung begünstigt (vgl. Braune 2020), trotz steigender Zahl der Erwerbstätigen mit Arbeitsplatz im Kreis (vgl. Arbeitskreis 2020, S. 14). Der Pendleratlas (2023) verzeichnet für den Kreis rund 81 500 Auspendler (nach Angabe der Bundesagentur für Arbeit (2023) fast die Hälfte der Beschäftigten), 91 000 Binnenpendler und 50 000 Einpendler (in Summe 223 000 Pendlerbewegungen bei 430 000 Ortsansässigen). Für alle Pendelbewegungen wird nach dem Pendleratlas (2023) seit 2013 ein Anstieg verzeichnet (bei den Auspendlern z. B. von rund 67 500 auf 81 500). Hauptziel der Auspendler ist Frankfurt (rund 33 800 und damit fast 10 Prozent der Einpendler Frankfurts), gefolgt von Stadt und Kreis Offenbach (11 000). Die durchschnittliche Pendlerdistanz im Kreis liegt bei rund 20 Kilometern (Kallert et al. 2020, S. 36). Auf die große Bedeutung des Automobils im Kreis verweist auch SPESSARTregional (2022, S. 23), hier kommen 622 PKW auf 1 000 Ortsansässige, der Durchschnitt in Hessen liegt bei 600, der Bundesdeutsche bei 580 (vgl. auch MKK 2023a). Auch die Studie Mobilität in Deutschland (Nobis und Kuhnimhof 2017, S. 50) verzeichnet beim Verkehrsaufkommens nach Wochentagen (bundesweit) eine große Bedeutung des motorisierten Individualverkehrs (Anteil rund 45 Prozent) und eine eher geringe des ÖPNV (rund 11 Prozent). Blühdorn et al. (2020, S. 258–259) verweisen darauf, dass gerade der motorisierte Individualverkehr eine soziale Praktik ist, die elementar in unsere Routinen und Alltagspraktiken eingeschrieben ist und eine Entscheidung gegen den motorisierten Individualverkehr strukturell nur schwer möglich ist.

Die gleichwertigen Lebensbedingungen heute, gehen mit Blick auf Ressourcenverbrauch und Treibhausgasemissionen auf Kosten der Entfaltungschancen kommender Generationen (Müller 2017 S. 92–94). Diese ungleiche Nutzen-Lasten-Verteilung interpretieren Blühdorn et al. (2020; 2019) als ein (gesellschaftlich durchaus legitimiertes) Beharren auf dem Komfort des Heute, zu Lasten kommender Generationen. Daran wird, mit Blick auf den Ressourcenverbrauch der Verkehrsinfrastruktur und der privaten wie gewerblichen Fahrzeugflotten, auch eine Umstellung auf Elektromobilität wenig ändern.

Dieser Aspekt erscheint gerade mit Blick auf die Nutzung von Infrastrukturen bedeutsam. Denn auch in Bezug auf den Freizeitverkehr stellen Stolte et al. (2023) und Epple und Vogler (2022) im Main-Kinzig-Kreis einen hohen Stellenwert des privaten PKW und der vorhandenen Verkehrsinfrastruktur (inkl. A 66) fest. Blickt man auf das bundesdeutsche Mobilitätsverhalten, verdeutlicht sich die Bedeutung des Freizeitverkehrs und seiner Verkehrsmittelwahl: In Deutschland entfallen nach Nobis und Kuhnimhof (2017, S. 61) etwa 28 Prozent aller Fahrten (unabhängig von den Verkehrsmitteln) auf die Freizeit (Stolte et al. 2023, S. 46). Nach Angaben des UBA (2022) macht der Urlaubs- und Freizeitverkehr sogar gut 41 Prozent am Personenverkehr aus. Bei der PKW-Nutzung sind es 24 Prozent der Fahrten, die für die Freizeit aufgewendet werden (Nobis und Kuhnimhof 2022, S. 71), zum Vergleich: Beim Fahrrad sind nach Angaben der gleichen Quelle nur 12 Prozent Freizeitfahrten[3] (Nobis und Kuhnimhof 2022, S. 96). Mit Blick auf die fehlende Attraktivität der Radmobilität hält SPESSARTRegional (2022, S. 26) fest, dass der motorisierte Individualverkehr „in Orten (fast) allen Verkehrsraum [beansprucht]", und damit den ressourcenschonenderen und emissionsärmeren „Rad- und Fußverkehr beeinträchtigt bis gefährdet", was zur nächsten Konfliktdimension führt.

2.3 Zielkonflikt zwischen Verteilungsgerechtigkeit und Chancengerechtigkeit?

Auf die große Bedeutung des privaten Automobils im Kreis verweisen auch SPESSARTRegionaL (2022, S. 23) und der MKK (2023a). Die Bedeutung des PKW schlägt sich u. a. im Bereich der Nahversorgung nieder (SPESSARTRegional 2022, S. 20–26): Einrichtungen der Daseinsvorsorge wie Nahversorgungseinrichtungen oder Praxen können im Kreis gut mit dem PKW aber weniger gut mit dem ÖPNV erreicht werden.

3 Der niedrige Anteil könnte allerdings auch auf definitorische Probleme zurückzuführen sein, vgl. dazu die Beiträge von Stolte sowie Epple und Reif in diesem Band.

Dies bedeutet immer auch unzureichende Mobilitätsangebote und Verkehrskonzepte in Bezug auf eine alternde Gesellschaft (ebd., 26), aber auch bezogen auf den Aspekt einer gendergerechten Mobilität (Kläver 2021).

Auf einen Zielkonflikt zwischen guter Verkehrsinfrastruktur für den motorisierten Individual- und Lieferverkehr (als ökonomische Basis lokaler Prosperität und damit räumlicher Gerechtigkeit) und sozialen Faktoren der räumlichen Gerechtigkeit (hier Chancengerechtigkeit für bestimmte Gruppen wie Jüngere, Ältere oder auch Frauen (Kläver 2021)) verweisen auch die von Claßen (2016, S. 82) formulierten Qualitätskriterien für (urbane) Grünräume als soziale und ökologische Basis zum Erhalt oder Erreichen von Gesundheit und Wohlbefinden. Obwohl für urbane Grünräume entwickelt, lassen sich die Kriterien durchaus auch auf die land- und forstwirtschaftlichen Grünräume im Kinzigtal übertragen, da diese (analog zu Parks im urbanen Raum) zur Naherholung genutzt und zu ihrem Erreichen ähnliche Distanzen überwunden werden. Kriterien wie die „direkte Erreichbarkeit und Zugänglichkeit öffentlicher Grünräume, möglichst ohne Notwendigkeit der Nutzung eines Autos (z. B. hohe Erschließungsqualität durch nutzbare Bürgersteige, Fahrradwege, Zebrastreifen, Barrierefreiheit, geringeres Verkehrsaufkommen und Erreichbarkeit mit Öffentlichen Personennahverkehrsmitteln [...]“ und „Vermeidung von Angsträumen und Mobilitätsbarrieren (z. B. möglichst geringes Verletzungsrisiko, Beleuchtung von Wegen)“ verdeutlichen (in städtischen wie in dörflichen Strukturen) die exkludierenden Folgen der motorisierten Individual- und Lieferverkehrsinfrastruktur. Verteilungsgerechtigkeit innerhalb einer Region geht hier zu Lasten der Chancengerechtigkeit unterschiedlicher Gruppen. Die Fokussierung auf die private PKW-Nutzung kann aber auch als Zeichen einer impliziten gesellschaftlichen Privilegierung bestimmter Gruppen gedeutet werden (Kläver 2021), die nicht auf eine Chancengerechtigkeit abzielt. Das Beispiel des Main-Kinzig-Kreises zeigt, dass dies kein rein urbanes Problem ist, sondern auch oder gerade eines der Orte der Metropolregion, die sich durchaus über ‚Vorteile des Ländlichen‘ definieren (Bolik et al. 2022, S. 135).

SPESSARTRegional (2022, S. 23) hält daher fest: „Die Mobilität in der Region ist nach wie vor vom Pkw-Verkehr geprägt“, trotz des politisch verankerten Grundprinzips einer nachhaltigen Mobilität (ebd. 26). Die Stärkung der Schieneninfrastruktur wird vor allem mit Blick auf die Pendelströme und die Überlastung des Straßennetzes aber inzwischen auch vom Kreis und der Industrie- und Handelskammer forciert (vgl. MKK 2023b; Braune 2020; IHK 2023).

2.4 Weitere Zielkonflikte – Ökologische Gerechtigkeit und internationale Gerechtigkeit

Neben den vorab dargestellten Zielkonflikten zwischen ökonomischen und sozialökologischen Aspekten in Bezug auf räumliche Gerechtigkeit, gibt es aber auch zwischen den sozialen und den ökologischen Aspekten Konfliktpotenzial. Dieses war mit ausschlaggebend dafür, die geplante Weiterführung der ‚Kinzigroute' des Regionalpark RheinMain (vgl. Sieber et al. 2025) nicht einfach als Planungsleistung zu vergeben, sondern diese erst einmal im Rahmen des Verbundprojektes NaTourHuKi multiperspektivisch zu sondieren. Konkurrierende Zielstellungen ‚im Kleinen' sind u. a. die Förderung ressourcenschonender und emissionsarmer Mobilitätsformen durch die Schaffung komfortabler Rad- und Fußverbindungen zwischen Kommunen auf der einen Seite und die Erfordernisse des Artenschutzes z. B. in Form von nicht-asphaltierten oder nicht-befestigten Wegebelägen bzw. der gänzliche Verzicht auf neue Wegeverbindungen (vgl. u. a. Rebhan 2010) auf der anderen Seite. Eser et al. (2013, S. 91) verwenden in Bezug auf solche Fragestellungen den Begriff des ‚moralischen Dilemma' und halten fest: „Ziel eines vorsorgenden Handelns muss es sein, das Auftreten solcher Dilemmata zu vermeiden" (ebd.). Im Projekt NaTourHuKi wird darauf eingegangen, indem sich der Verlauf einer zukünftige ‚Kinzigroute' – als komfortable Radroute – am Verlauf des bestehenden, bereits Großteils asphaltierten hessischen Radfernweg R 3 orientiert. Eher auf fußläufiges Naturerleben ausgerichtete Varianten der Route können auf bestehenden nicht-befestigen Feld- und Waldwegen geführt werden. Neue Wege werden nicht erschlossen.

Weitere konkurrierende Zielstellungen sind die schon erwähnte Erholung und Gesunderhaltung durch Aufenthalt ‚im Grünen' (im BNatSchG verankert in § 1) und der Schutz wertvoller Habitate und Arten im Auenbereich (gleichfalls verankert in § 1 BNatSchG). Auch hier versucht das Projekt ein Austarieren durch Interventionen, wie Zugänge zur Kinzig oder Aufenthaltsorte entlang des R 3, an schon bestehenden Infrastrukturelementen (wie Brücken oder Bauwerken der Wasserwerke). Also eine gezielte Steuerung von Besuchsströmen, weg von sensiblen Bereichen. Auch mögliche Synergien von Renaturierungen im Zuge der Wasserrahmenrichtlinie und der Möglichkeit des Naturerlebens werden im Projekt geprüft. Diese konkurrierenden Zielstellungen verweisen auch auf unterschiedliche Schwerpunktsetzungen und Kompetenzen im lokal ausgerichtet bzw. verankerten Naturschutz und einem eher global ausgerichteten Umweltschutz (vgl. dazu u. a. Weber). Im Sinne einer sachlichen Auseinandersetzung bedarf es bei konkreten Projekten daher auch einer sensiblen Abwägung zwischen Naturschutz und Umweltschutz, die oft als Synonyme (miss-)verstanden werden.

Komplexer wird diese Abwägung dann, wenn nur schwer zu erkennen ist, ob Belange, z. B. des Naturschutzes, instrumentalisiert werden. Neben bekannten politischen Instrumentalisierungen des Naturschutzes (vgl. u. a. Leibenath et al. 2012) und Instrumentalisierungen im Kontext der Energiewende (vgl. u. a. FA Wind 2017, S. 16), deuten Bühdorn et al. (2019; 2020) noch eine weitere Ebene an: Die gesellschaftliche Zustimmung zu Positionen, resultierend aus dem Wunsch, auf den – durchaus als nicht nachhaltig erkannten – Lebensstandard nicht verzichten zu müssen. Externalisierte Effekte (zum Begriff vgl. Lessenich 2018; Novy 2019), wie Emissionen oder Ressourcenverbrauch, werden nach Bühdorn et al. (2019; 2020) für den eigenen Komfort gern hingenommen. Einer solchen Haltung kämen z. B. naturschutzfachliche Argumente gegen Radwege durchaus entgegen, liefern diese doch ungewollt eine Legitimierung fossiler Mobilitätsformen. Überspitzt formuliert würde das Schutzargument für nicht-nachhaltiges Verhalten dann lauten: Wenn Radwege schlecht für die Natur sind, fährt man doch besser mit dem Auto …

Als Anschluss an internationale Mobilitätsströme berührt die A 66 auch Fragen der internationalen Gerechtigkeit, die u. a. Lessenich (2018) unter dem Schlagwort der ‚Externalisierungsgesellschaft', also die Auslagerung von Lasten/Nachteilen in Länder des globalen Südens durch den Globalen Norden, zusammenfasst. Gleichwertige Lebensverhältnisse in einer Region stehen so in Bezug zur Auslagerung von Lasten im internationalen Maßstab. So betrachtet wäre die A 66 im Kinzigtal – oder allgemeiner: die auf dem motorisierten Individual- und Lieferverkehr aufbauende lokale Prosperität als Basis räumlicher Gerechtigkeit – der ‚Elefant im Raum' bei Diskussionen um räumliche Gerechtigkeit und eine sozial-ökologische Transformation. Sprich: Was auf der einen Seite ein unbestreitbares wirtschaftliches Erfolgsmodell ist, wie die A 66, wäre auf der anderen Seite ein Hemmnis im Prozess der sozial-ökologische Transformation. Ökologische und internationale Gerechtigkeit sind aktuell noch nicht vereinbar mit der unbestreitbar berechtigten Zielstellung, die soziale und wirtschaftliche Situation in hiesigen Regionen zu erhalten oder verbessern, also räumliche Gerechtigkeit anzustreben. Kurz- bis mittelfristig könnten aus dem Beharren auf dem Komfort des Heute (Bühdorn et al. 2020; Bühdorn et al. 2019) kaum zu lösende Zielkonflikte und Umsetzungshemmnisse für eine sozial-ökologische Transformation resultieren.

Diese Zielkonflikte durch ‚handlungsleitende Wertvorstellungen' adressieren auch Zimmermann und Zimmerman-Janschitz (2016) in ihrem Beitrag *Das Paradoxon der Nachhaltigkeit und warum Nachhaltigkeit in der Geographie (k)eine Rolle spielt.* Sie verweisen auf das Konzept der ‚Logical Levels', die eine „natürliche Klassifikationshierarchie in Denk- und Lernprozessen, in Veränderungsprozessen und in der Kommunikation" (ebd., S. 151) seien. Dies bedeute, „dass unser Handeln und Denken durch fünf Ebenen beeinflusst oder vielmehr bestimmt wird" (ebd.). In diesem System bilden gegebene Rahmenbedingungen, Verhalten und Fähigkeiten aber auch Maßnahmen und Strategien die unteren Ebenen. Diese werden nach Zimmermann und Zimmerman-Janschitz (2016, S. 151–153) durch die höheren Ebenen (Glaubens- und Wertesysteme, Identitäten, Prinzipen/Missionen und Visionen) geleitet oder determiniert. Mit Blick auf eine nachhaltige oder sozial-ökologische Transformation gehen beide davon aus, „dass Veränderungen auf den höheren Hierarchieebenen eines Entwicklungsprozesses die Prozesse auf den niedrigeren Hierarchieebenen organisieren und kontrollieren" würden. Oft würden aber „aus (medialer oder politischer) Opportunität und im Sinne schneller Erfolge jedoch Maßnahmen auf der untersten Ebene durchgeführt (beispielsweise Infrastruktur-, Tourismus-, Regionalentwicklungsprojekte etc.)" (ebd., S. 152). Zimmermann und Zimmerman-Janschitz (2016, S. 152) zweifeln daher am Erfolgt solcher maßnahmenorientierten Transformationsprozesse, „wenn sie mit Identität, Wertesystemen und schlussendlich auch mit den Fähigkeiten und Bedürfnissen der lokalen Bevölkerung nicht kompatibel sind", z. B. wenn also der Nutzen nicht nachhaltiger Praktiken größer erscheint.

3 Naherholung und Tagestourismus als Bausteine eines nachhaltig orientierten Stadt-Land-Ausgleichs?

Versteht man regionale Gerechtigkeit als ‚Gleichwertigkeit der Lebensverhältnisse' mit dem eingangs genannten Ziel, „die soziale und wirtschaftliche Situation in benachteiligten Regionen zu verbessern" (Rosenfeld 2018, S. 837), ist der Main-Kinzig-Kreis sicher keine typische Defizitregion. Seine innere Disparität zeigt aber, das regionale Gerechtigkeit bzw. eine graduelle Gleichwertigkeit der Lebensverhältnisse auch innerhalb prosperierender Regionen eine Rolle spielen können. So sind nach Analysen von SPESSARTRegional (2013; 2022) die Lebensbedingungen innerhalb der Gebietskulisse durchaus unterschiedlich. Daher setzt die ‚Lokale Entwicklungsstrategie 2023–2027' von SPESSARTRegional (2022) unter dem Leitbild ‚Vernetzt. Innovativ. Nachhaltig' bisherige Zielstellungen und Handlungsfelder (vgl. SPESSARTRegional 2013) fort, um einen Erhalt oder eine Verbesserung der Lebensverhältnisse in den benachteiligten Bereichen zu erreichen.

Mit der Bahntrasse Frankfurt-Fulda und dem Radfernweg R 3 im Kinzigtal, der von Rüdesheim entlang von Main und Kinzig Richtung Fulda führt (vgl. Radroutenplaner.Hessen 2023), besteht grundsätzlich bereits eine Wegeachse im Main-Kinzig-Kreis, die das Potenzial hat, den Fuß- und Radverkehr zu steigern und eine Reduktion des motorisierten Individualverkehrs zu begünstigen. Das Projekt NaTourHuKi nimmt daher genau diese Stadt-Land verbindende Rad-Route im Tal- und Kernraum des Kreises in den Fokus. Durch die im Projekt für die neue Kinzigroute entwickelten Visionen, könnte die Erlebbarkeit der Kinzig im Stadtgebiet von Hanau und im Kreis sowie die Erlebnis- und Aufenthaltsqualität des Radfernwegs R 3 (als Basis für den Verlauf einer neuen Kinzigroute) verbessert werden. Mit der Verbesserung der verbindenden Freizeitroute, könnte auch der Alltagsradverkehr attraktiver und mehr Strecken im Nah-Bereich von 2 bis 5 Kilometern mit dem Rad zurückgelegt werden (vgl. Stolte 2025).

Insgesamt wäre das Kinzigtal – mit seinen Kultur- und Naturgütern – durch die Dichte der Bahnhalte, die direkte Verbindung zum Ballungsraum Frankfurt/Rhein-Main und den Radfernweg R3 sehr gut für einen niedrigschwelligen und nachhaltig orientieren Freizeitverkehr auf der Basis von Rad und Bahn geeignet. Im Sinne eines Stadt-Land-Ausgleichs könnten Bewohnende des Ballungsraum Frankfurt/Rhein-Main (inkl. Hanau) sowie Bewohnende der Kleinstädte im Kreis durch landschaftsbezogene Freizeit und Erholung gesundheitlich profitieren (vgl. u. a. Claßen 2016; Völker 2016; Kowarik et al. 2016), während Kultur- und Freizeiteinrichtungen (inkl. Gastronomie) von Tagesgästen profitieren können. Letzteres ist gerade mit Blick auf die Zielstellung eines ganzheitlich ausgerichteten Destinationsmanagements wichtig, da dieses (Tages-)Tourismus auch als Mehrwert für die Region fokussiert (Wittmann und Helleisz 2021).

Damit ergeben sich große Schnittmengen zwischen einem nachhaltig ausgerichteten Destinationsmanagement und den Zielen einer nachhaltigen Entwicklung ländlicher Räume, wie im Programm von SPESSARTregional für seine Gebietskulisse im Kreis. Touristische Vermarktung und Standortmarketing werden daher im Main-Kinzig-Kreis zusammengedacht, z. B. wenn es darum geht die Region auch als attraktiven Wohn- und Arbeitsort zu vermarkten (Wittmann und Helleisz 2021, S. 153).

4 Vorläufiges Fazit – Konflikte im Kleinen und ein Elefant im Raum

Der vorliegende Beitrag will auf die Bedeutung unterschiedlicher Gerechtigkeitsdimensionen im Kontext der sozial-ökologischen Transformation in einer Metropolregion eingehen. Es wird eine Region betrachtet, in der das Ziel gleichwertiger Lebensverhältnisse in Bezug auf den weitgehenden Ausbau der Infrastruktur für den PKW- und LKW-Verkehr als ‚Großteils erreicht' bezeichnet werden kann. Aber auch hier zeigen sich Disparitäten innerhalb der Region, die in Bezug zur Zugänglichkeit zu diesen Infrastrukturen stehen. Blickt man auf weitere Dimensionen der Gerechtigkeit, wie Generationengerechtigkeit und Umweltgerechtigkeit, oder auch internationale und ökologische Gerechtigkeit, ergeben sich allerdings Zielkonflikte in Bezug auf die sozial-ökologische Transformation, aber auch moralische Dilemma innerhalb einzelner Dimensionen.

Im Projekt NaTourHuKi adressiert eine nachhaltig ausgerichtete ‚Strategie für (Tages-)Tourismus und Naherholung' die von Zimmermann und Zimmerman-Janschitz (2016) beschriebenen Ebenen der ‚handlungsleitenden Werte und Visionen' als Schritt hin zu einer sozial-ökologischen Transformation, bezogen auf den Bereich Naherholung und Tourismus. Es besteht aber auch hier die von Zimmermann und Zimmerman-Janschitz (2016) beschriebene Gefahr, dass sichtbare Maßnahmen schnellere Erfolge versprechen, da die Etablierung einer nachhaltig ausgerichteten Strategie auf gemeinsamen Visionen, Werten und gelebten Praktiken aufbauen muss.

Mit Blick auf ‚den Elefanten im Raum' (die fossile/ressourcenverbrauchende Mobilität als Basis räumlicher Prosperität/gleichwertiger Lebensverhältnisse) bleibt aber abzuwarten, wie gut die ‚handlungsleitenden Werte und Visionen' im Sinne einer sozial-ökologischen Transformation adressiert werden können, denn: Wie nachhaltig kann Tourismus und Naherholung in einem räumlichen Kontext etabliert und praktiziert werden, dessen Prosperität aktuell auf zumeist nicht-nachhaltigen Praktiken und Werten basiert? Oder noch allgemeiner: Wie nachhaltig kann Tourismus und Naherholung in Regionen sein, in der die Verfügbarkeit eines Autos strukturelle Voraussetzung von Teilhabe und Alltagsroutine ist? Naheliegender wäre daher auch das von Blühdorn et al. (2019; 2020) vermutete Beharren auf dem Komfort des Heute, zu

Lasten kommender Generationen. Insofern erfährt die räumliche Gerechtigkeit gerade in prosperierenden Regionen durch das Einkalkulieren externalisierter Effekte/ Lasten (internationale Gerechtigkeit) sowie das Mitdenken zukünftiger Generationen eine weitere Komplexität.

Literaturverzeichnis

Akademie für Raumentwicklung (Hrsg.). (2020). Räumliche Gerechtigkeit. Nachrichten der ARL 1-2/2020, 50. Jahrgang. https://www.arl-net.de/system/files/media-shop/pdf/nachrichten/2020-1-2/nachrichten-2020-1-2.pdf. Zugegriffen: 21. März 2024.

Arbeitskreis „Erwerbstätigenrechnung des Bundes und der Länder" (Hrsg.). (Dezember 2020). Erwerbstätigenrechnung. Erwerbstätige in den kreisfreien Städten und Landkreisen der Bundesrepublik Deutschland 1991 bis 2019. Vorläufige Ergebnisse. Berechnungsstand: August 2020. (2). https://www.statistikportal.de/sites/default/files/2020-12/ETR_R2B1_2019_hj.pdf. Zugegriffen: 21. März 2024.

Blühdorn, I., Butzlaff, F., Deflorian, M. & Hausknost, D. (2019). Postwachstumsgesellschaft und Transformationsnarrativ. Soziologische Überlegungen zum Nachhaltigkeitswandel. In F. Luks (Hrsg.), Chancen und Grenzen der Nachhaltigkeitstransformation (S. 21–41). Wiesbaden: Springer Fachmedien Wiesbaden.

Blühdorn, I., Butzlaff, F., Deflorian, M., Hausknost, D. & Mock, M. (2020). Nachhaltige Nicht-Nachhaltigkeit. Warum die ökologische Transformation der Gesellschaft nicht stattfindet (X-Texte zu Kultur und Gesellschaft, [1. Auflage]). Bielefeld: transcript.

Bohmeyer, A. (2005). Der Begriff „Gerechtigkeit" – Eine philosophische Einführung. https://library.fes.de/pdf-files/akademie/online/03579.pdf. Zugegriffen: 17. November 2018.

Bolik, I., Conradi, Y., Wittmann, C. & Epple, K. (2022). Zentrale Kleinstädte und landschaftsbezogene Erholung: Interessenausgleich im Kontext der Metropolregion? – Das Fallbeispiel Kinzigtal. In Kleinstadtforschung: Interdisziplinäre Perspektiven (S. 121–146). Transcript Verlag.

Braune, H.-H. (2020, 25. Februar). Tag für Tag eine Million Pendler-Kilometer auf der A 66 – IHK im Gespräch. https://kinzig.news/3688/tag-fuer-tag-eine-million-pendler-kilometer-auf-der-a-66-ihk-im-gespraech. Zugegriffen: 21. März 2024.

Bundesagentur für Arbeit (2023). 46 400 pendeln zum Arbeiten in den Main-Kinzig-Kreis ein. 20.02.2019 | Presseinfo Nr. 19. URL: https://www.arbeitsagentur.de/vor-ort/hanau/2019-019. Zugegriffen: 22. März 2024.

Bundesamt für Bauwesen und Raumordnung (Hrsg.). Wie weit ist es zur nächsten Autobahn? Neue Erreichbarkeitsanalyse des BBSR. https://www.bbr.bund.de/BBSR/DE/Raumentwicklung/Verkehrspolitik/Projekte/Archiv/Erreichbarkeiten/autobahnen_node.html. Zugegriffen: 24. März 2024.

Bundesinstitut für Bau-, Stadt- und Raumforschung (BBSR) im Bundesamt für Bauwesen und Raumordnung (Hrsg.). (2011). Regionalentwicklung auf dem Weg zu mehr Nachhaltigkeit. Aktuelle Ergebnisse des BBSR-Indikatorenkonzepts, Bonn. https://www.bbsr.bund.de/

BBSR/DE/veroeffentlichungen/berichte-kompakt/2011/DL_4_2011.pdf?__blob=publicationFile&v=1. Zugegriffen: 23. März 2024.

Bundesinstitut für Bau-, Stadt- und Raumforschung (Hrsg.). (Januar 2018). Mal über Tabuthemen reden. Sicherung gleichwertiger Lebensbedingungen, Mindeststandards, Wüstungen … – worüber nur hinter vorgehaltener Hand diskutiert wird.

Bundesinstitut für Bau-, Stadt- und Raumforschung (Hrsg.). Großstadtregionen. https://www.bbsr.bund.de/BBSR/DE/forschung/raumbeobachtung/Raumabgrenzungen/deutschland/regionen/Grossstadtregionen/Grossstadtregionen.html;jsessionid=BF83983F3FD74CD66E12CEEEFDE64828.live11294. Zugegriffen: 11. März 2024.

Bundesministerium des Innern, für Bau und Heimat (Hrsg.). (2019). Netzwerk Daseinsvorsorge. MORO Informationen Nr. 19/1 2019. https://www.bbsr.bund.de/BBSR/DE/veroeffentlichungen/ministerien/moro-info/19/moroinfo-19-1-dl.pdf?__blob=publicationFile&v=2. Zugegriffen: 15. März 2024.

Bundesministerium des Innern, für Bau und Heimat (Hrsg.). (Januar 2020). Netzwerk Daseinsvorsorge. MORO Informationen Nr. 19/2 2020, Berlin. https://www.bbsr.bund.de/BBSR/DE/veroeffentlichungen/ministerien/moro-info/19/moroinfo-19-2-dl.pdf?__blob=publicationFile&v=1. Zugegriffen: 19. März 2024.

Bundesministerium für Bildung und Forschung (Hrsg.). (August 2015). Sozialökologische Forschung. Förderkonzept für eine gesellschaftsbezogene Nachhaltigkeitsforschung. https://www.bmbf.de/SharedDocs/Publikationen/de/bmbf/7/31075_Sozial-oekologische_Forschung.pdf?__blob=publicationFile&v=3. Zugegriffen: 21. März 2024.

Bundesministerium für Umwelt, Naturschutz, Bau und Reaktorsicherheit (Hrsg.). (2007). Nationale Strategie zur biologischen Vielfalt, Berlin.

Bundesministerium für Verkehr, Bau und Stadtentwicklung & Amt für Straßen- und Verkehrswesen Fulda (Hrsg.). (2007). Neubau der BAB A66. Frankfurt/Main-Fulda. Kreisgrenze Fulda bis Neuhof-Süd. https://www.total-lokal.de/pdf/36037_baba66.pdf. Zugegriffen: 15. März 2024.

Claßen, T. (2016). Empirische Befunde zum Zusammenhang von Landschaft und physischer Gesundheit. In U. Gebhard & T. Kistemann (Hrsg.), Landschaft, Identität und Gesundheit (S. 71–91). Wiesbaden: Springer Fachmedien Wiesbaden.

Dettmar, J. (2022). Nachhaltiges Tourismuskonzept für Hanau und den westlichen Teil des Main-Kinzig-Kreises im Kontext des Regionalparks RheinMain. https://irp.cdn-website.com/off887fd/files/uploaded/4_220221_Pr%C3%A4sentation_NaTourHuKi_Klein.pdf. Zugegriffen: 15. März 2024.

Dettmar, J. (2025). Genese einer zeitgenössischen Kulturlandschaft – das hessische Kinzigtal. In S. Sieber, O. Kühne, J. Dettmar & R. Vogler (Hrsg.), Landschaft und Naherholung – Bedeutung und Nutzung für den Tagestourismus und die Naherholung im Stadt-Land-Kontext. (S. 49–92). Wiesbaden: Springer VS.

Doernberg, A., Eichenauer, E., Köck, W., Weith, T. (2022). Umweltgerechtigkeit. In T. Weith, S. Barthold, A. Doernberg, L. Gailing, W. Köck & T. Köhler (Hrsg.), Regionale Gerechtigkeit. Grundlagen und Lösungsansätze für den Stadt-Land-Kontext. Discussion paper (S. 33–35). Zenodo.

Epple, K. & Vogler, R. (2022). Tagestourismus, Verkehr und Naturschutz. Spannungsfelder einer nachhaltigen Tourismusentwicklung im hessischen Main-Kinzig-Kreis. Berichte aus der Praxis 46 (3), 184–187. https://doi.org/10.1007/s00548-022-00799-x

Eser, U., Benzing, B. & Müller, A. (2013). Gerechtigkeitsfragen im Naturschutz. Was sie bedeuten und warum sie wichtig sind. Gutachten im Auftrag des Bundesamtes für Naturschutz (Naturschutz und biologische Vielfalt, Heft 130). Bonn-Bad Godesberg: Bundesamt für Naturschutz.

Fachagentur Windenergie an Land (Hrsg.). (Januar 2017). Ergebnisse der anwendungsorientierten Sozialforschung zu Windenergie und Beteiligung. Auswertung von ausgewählten Forschungsvorhaben der FONA 2-Reihe, Berlin.

Fienitz, M. (2021). Für einen differenzierteren Umgang mit Landnutzungskonflikten. Ökologisches Wirtschaften – Fachzeitschrift 36 (4), 23–25. https://doi.org/10.14512/OEW360423

Gailing, L. & Weith, T. (2023). Themenheft: Räume für Gerechtigkeit. Berichte Geographie und Landeskunde. Band 96, Oktober 2023, Heft 4. https://biblioscout.net/journal/bgl/96/4. Zugegriffen: 21. März 2024.

Herbert, R. (2010). Radwege und Naturschutz in Oberfranken. Bicycle paths and nature conservation in Upper Franconia. Zeitschrift für Naturschutz, Pflege der Kulturlandschaft und Nachhaltige Entwicklung 34, 34–40. https://www.anl.bayern.de/publikationen/anliegen/doc/an34004rebhan_2010_radwege_naturschutz_oberfranken.pdf. Zugegriffen: 14. März 2024.

Hofmeister, S., Warner, B. & Ott, Z. (Hrsg.). (2021). Nachhaltige Raumentwicklung für die große Transformation. Herausforderungen, Barrieren und Perspektiven für Raumwissenschaften und Raumplanung (Forschungsberichte der ARL, Bd. 15). Hannover: ARL – Akademie für Raumentwicklung in der Leibniz-Gemeinschaft.

Industrie und Handelskammer Hanau-Gelnhausen-Schlüchtern (Hrsg.). (2023). Anbindung des Main-Kinzig-Kreises an die Schiene. Stärkung des ICE-Haltes in Hanau und verbesserte Anbindung des MKK an die Schiene. https://www.ihk.de/hanau/standort/verkehr-und-logistik/schienengutachten-5024630. Zugegriffen: 21. März 2024.

IVM RheinMain (Radroutenplaner Hessen, Hrsg.). (2023, 19. März). Hessischer Radfernweg R 3. Auf den Spuren des Spätlesereiters. Von Rüdesheim/Rhein bis Tann/Rhön. https://radroutenplaner.hessen.de/themenrouten/hessischer-radfernweg-r-3/. Zugegriffen: 15. März 2024.

Kallert, A., Belina, B., Miessner, M. & Naumann, M. (2020): Gleichwertige Lebensverhältnisse? Zur Entwicklung ländlicher Räume in Hessen. Studie im Auftrag der Rosa-Luxemburg-Stiftung. URL: https://www.rosalux.de/fileadmin/rls_uploads/pdfs/Studien/Studien_14-20_Lebensverhaeltnisse.pdf. Zugegriffen: 22. März 2024.

Kersting, W. (2005). Gerechtigkeit und Sozialstaatsbegründung. In O. Neumaier, C. Sedmak, & M. Zichy (Eds.), Gerechtigkeit. Auf der Suche nach einem Gleichgewicht (pp. 57–88). Frankfurt a. M.: Ontos.

Kläver, A. (Forschungsinstitut für Nachhaltigkeit. Helmholtz-Zentrum Potsdam, Hrsg.). (2021). Frauen, Gender und Mobilität. https://www.rifs-potsdam.de/de/blog/2021/06/frauen-gender-und-mobilitaet. Zugegriffen: 21. März 2024.

Koppers, L., Miosga, M., Sträter, D., Höcht, V., Hafner, S., Koschny, W. & Wardenburg, S. (07. 01. 2018). Räumliche Gerechtigkeit – Konzept zur Herstellung gleichwertiger Lebensverhältnisse und Arbeitsbedingungen in ganz Bayern. Eine Studie im Auftrag des Bayerischen Landtags im Rahmen der Enquete-Kommission zur Herstellung gleichwertiger Lebensverhältnisse und Arbeitsbedingungen (Institut für angewandte Geoinformatik und Raumanalysen e. V., Hrsg.). https://www.bayern.landtag.de/fileadmin/Internet_Dokumente/Sonstiges_P/EK-Lebensverhaeltnisse-Auftragsstudie_raeuml._Gerechtigkeit.pdf. Zugegriffen: 15. März 2024.

Kowarik, I., Bartz, R., Brenck, M. & Hansjürgens, B. (Hrsg.). (2016). Ökosystemleistungen in der Stadt. Gesundheit schützen und Lebensqualität erhöhen: Kurzbericht für Entscheidungsträger. Berlin: Technische Universität; Helmholtz-Zentrum für Umweltforschung-UFZ.

Kühne, O. (2019). Landscape Theories. A Brief Introduction. Wiesbaden: Springer VS.

Leibenath, M., Eser, U., Katz, C., Kurth, M. S., Ober S., Poblocki, A. & Wessel, M. J. (2021). Naturschutz in Zeiten sozial-ökologischer Transformationen: Triebkraft oder Getriebener? GAIA, 144–149. https://www.oekom.de/_files_media/zeitschriften/artikel/GAIA_2021_03_144.pdf. Zugegriffen: 17. März 2024.

Lessenich, S. (2018). Neben uns die Sintflut. Die Externalisierungsgesellschaft und ihr Preis. München: Hanser Berlin.

Luks, F. (2019). (Große) Transformation – die neue große Nachhaltigkeitserzählung? In F. Luks (Hrsg.), Chancen und Grenzen der Nachhaltigkeitstransformation (S. 3–18). Wiesbaden: Springer Fachmedien Wiesbaden.

Main-Kinzig-Kreis (Hrsg.). (2023a). Der Main-Kinzig-Kreis in Zahlen. https://www.mkk.de/landkreis/mkk_in_zahlen_1/mkk_in_zahlen.html. Zugegriffen: 21. März 2024.

Main-Kinzig-Kreis (Hrsg.). (2023b). Schienenprojekte: Schneller per Bahn durchs „Nadelöhr" Kinzigtal. https://www.mkk.de/aktuelles/themen_1/mobilitaet/mobilitaet_1.html. Zugegriffen: 21. März 2024.

Miosga M. (2020). Räumliche Gerechtigkeit – neues Leitmotiv für die Raumentwicklung? Akademie für Raumentwicklung (ARL), 11–14. https://www.akademie-bayern.de/wp-content/uploads/2020/09/04_ARL_Magazin_1-2-2020_Thema_Beitrag-Miosga_Dossier.pdf. Zugegriffen: 21. März 2024.

Müller, A. (2017). Planungsethik. Eine Einführung für Raumplaner, Landschaftsplaner, Stadtplaner und Architekten. Tübingen: UTB; Francke, A.

Nobis, C. & Kuhnimhof, T. (Bundesministers für Verkehr und digitale Infrastruktur, Hrsg.). (2017). Mobilität in Deutschland – MiD. Ergebnisbericht. https://www.mobilitaet-in-deutschland.de/archive/pdf/MiD2017_Ergebnisbericht.pdf. Zugegriffen: 18. März 2024.

Novy, A. (2019). Kritik der westlichen Lebensweise. In F. Luks (Hrsg.), Chancen und Grenzen der Nachhaltigkeitstransformation (S. 43–60). Wiesbaden: Springer Fachmedien Wiesbaden.

Osthessen-News (Hrsg.). (2018, 11. Juni). Ausbau ICE-Bahnstrecke: Die Region sagt „Nein" zur möglichen Trasse VII. https://osthessen-news.de/n11590851/ausbau-ice-bahnstrecke-die-region-sagt-nein-zur-moeglichen-trasse-vii.html. Zugegriffen: 11. März 2024.

Pendleratlas (Hrsg.). (2023). Landkreis. Main-Kinzig-Kreis. https://www.pendleratlas.de/hessen/main-kinzig-kreis/. Zugegriffen: 11. März 2024.

Regionalverband Frankfurt RheinMain (Hrsg.). (2023). Die Metropolregion kurz erklärt. https://www.region-frankfurt.de/Unsere-Themen-Leistungen/Kooperation-Metropolregion/Die-Metropolregion-kurz-erkl%C3%A4rt/. Zugegriffen: 15. März 2024.

Rosenfeld, M. T. W. (2018). Gleichwertigkeit der Lebensverhältnisse. In A. f. Raumforschung und Landesplanung (Hrsg.), Handwörterbuch der Stadt- und Raumentwicklung (S. 837–849). Hannover: Akademie für Raumforschung und Landesplanung.

Sen, A. (2009). The idea of justice. Cambridge: Harvard University Press.

Sen, A. (2016). What do we want from a theorie of justice?. In T. Campbell & A. Mancilla (Eds.), Theories of justice (pp. 27–50). Abingdon: Routledge.

Sieber, S., Beil, M., Dettmar, J., Heidemann, K., Mosbacher, B., Schmidt, K., Schwemm, A., Siegl, C. & Wittmann, C. (2025). Zwischen Autobahn und Idylle. Naherholung und Tagestourismus als Bausteine der sozial-ökologischen Transformation in einer Metropolregion – das Verbundprojekt NaTourHuKi. In S. Sieber, O. Kühne, J. Dettmar & R. Vogler (Hrsg.), Landschaft und Naherholung – Bedeutung und Nutzung für den Tagestourismus und die Naherholung im Stadt-Land-Kontext. (S. 19–47). Wiesbaden: Springer VS.

SPESSARTRegional (Hrsg.). (2013). Regionales Entwicklungskonzept 2014–2020. Die starke Brücke zwischen der Metropolregion und dem ländlichen Raum. https://www.spessartregional.de/wp-content/uploads/REK-2014-2020-Brosch%C3%BCre-gek%C3%BCrzte-Fassung.pdf. Zugegriffen: 21. März 2024.

SPESSARTRegional (Hrsg.). (2022). Lokale Entwicklungsstrategie 2023–2027. Vernetzt. Innovativ. Nachhaltig. https://www.spessartregional.de/wp-content/uploads/SPESSARTregional_Lokale-Entwicklungsstrategie-2023-2027.pdf. Zugegriffen: 15. März 2024.

SPESSARTRegional (Hrsg.). (2023). Region. https://www.spessartregional.de/region/. Zugegriffen: 15. März 2024.

Stadt-Land-Plus (Hrsg.). (2023). Gleichwertigkeit der Lebensverhältnisse fördern – Attraktive Regionen gestalten. https://www.zukunftsstadt-stadtlandplus.de/gleichwertigkeit.html. Zugegriffen: 21. März 2024.

Statistisches Bundesamt (Hrsg.). (2022). Zahl der E-Bikes in Privathaushalten 2021 um 1,2 Millionen gestiegen. Zahl der Woche Nr. 38 vom 21. September 2021. https://www.destatis.de/DE/Presse/Pressemitteilungen/Zahl-der-Woche/2021/PD21_38_p002.html. Zugegriffen: 21. März 2024.

Stolte, D. (2025). Freizeit- und Ausflugsradverkehr. Eine Analyse von Typologien und ihrem Bezug zum Außenbereich. In S. Sieber, O. Kühne, J. Dettmar & R. Vogler (Hrsg.), Landschaft und Naherholung – Bedeutung und Nutzung für den Tagestourismus und die Naherholung im Stadt-Land-Kontext. (S. 271–290). Wiesbaden: Springer VS.

Stolte, D., Schäfer, P., Epple, K. & Vogler, R. (2023). Nachhaltige Mobilität – Defizit im Freizeitverkehr. Das Forschungsprojekt NaTourHuKi liefert Daten zum Freizeitverkehr im hessischen Kinzigtal. Internationales Verkehrswesen, 46–49. https://fhffm.bsz-bw.de/frontdoor/deliver/index/docId/6533/file/46-49_m_wiss_stolte_IV202301.pdf. Zugegriffen: 21. März 2024.

Terfrüchte, T. & Flex, F. (2018). Zentraler Ort. In Akademie für Raumentwicklung. In H. H. Blotevogel (Hrsg.), Handwörterbuch der Stadt- und Raumentwicklung (S. 2969–2979). Hannover: Akademie für Raumforschung und Landesplanung.

Umweltbundesamt (Hrsg.). (2022). Fahrleistungen, Verkehrsleistung und „Modal Split". https://www.umweltbundesamt.de/daten/verkehr/fahrleistungen-verkehrsaufwand-modal-split#anmerkung. Zugegriffen: 21. März 2024.

Völker, S. (2016). Natur, Landschaft und mentale Gesundheit. In U. Gebhard & T. Kistemann (Hrsg.), Landschaft, Identität und Gesundheit (S. 93–108). Wiesbaden: Springer Fachmedien Wiesbaden.

Wagner, O., Bierwirth, A. & Fischedick, M. (2022). Klimaschutz und Energiewende in Deutschland. In U. Sahling (Hrsg.), Klimaschutz und Energiewende in Deutschland (S. 3–27). Berlin, Heidelberg: Springer Berlin Heidelberg.

Weber, I. (2007). Die Natur des Naturschutzes. Wie Naturkonzepte und Geschlechtskodierungen das Schützenswerte bestimmen (Hochschulschriften zur Nachhaltigkeit, Bd. 37). München: Oekom.

Weith, T. (2020). Regionale Räumliche Gerechtigkeit – Eine essayistische Skizze. In JUST SPACES? Gemeinwohl und Gerechtigkeit in räumlicher Planung und Entwicklung.

Weith, T., Barthold, S., Doernberg A., Eichenauer E., Gailing, L., Köck, W., Köhler, T. (2022). Regionale Gerechtigkeit – Grundlagen und Lösungsansätze für den Stadt-Land-Kontext, Re-Gerecht Discussion Paper (ZALF (Leibniz-Zentrum für Agrarlandschaftsforschung, Hrsg.). https://regerecht.de/wp-content/uploads/2022/06/Discussion-Paper_ReGerecht_Regionale_Gerechtigkeit.pdf. Zugegriffen: 15. März 2024.

Wittmann, C. & Helleisz, L. (2022). Neue Aufgaben des Destinationsmanagements: Zwischen Tourismus und Lebensqualität. Standort 46 (3), 151–156. https://doi.org/10.1007/s00548-022-00771-9

Zimmermann, F.M. & Zimmermann-Janschitz, S. (2016). Das Paradoxon der Nachhaltigkeit und warum Nachhaltigkeit in der Geographie (k)eine Rolle spielt. In Die Welt verstehen. Eine geographische Herausforderung, mit 25 Beiträgen: eine Festschrift der Geographie Innsbruck für Axel Borsdorf (Innsbrucker geographische Studien, Band 40). Innsbruck: Geographie Innsbruck Selbstverl.

Zobel, T., Wolf, L., Brauneck, A. & Abbasi, B. (2022). Radverkehrskonzept Main-Kinzig-Kreis. Abschlussbericht (Main-Kinzig-Kreis, Hrsg.). https://www.mkk.de/media/resources/pdf/mkk_de_1/aktuelles_1/themen_1/radwegkonzept/2022_04_08_Abschlussbericht_Radverkehrskonzept_Main_Kinzig_Kreis_inkl_Anlagen_kl.pdf. Zugegriffen: 15. März 2024.

Autorin

Sandra Sieber war bis Juli 2024 wissenschaftliche Mitarbeiterin am Fachgebiet Entwerfen und Freiraumplanung der TU Darmstadt. Sie studierte Landschaftsarchitektur an der Fachhochschule Erfurt und arbeitete in verschiedenen Forschungsprojekten an der TU Darmstadt und der RWTH Aachen zu erneuerbaren Energien, Stadt- und Landschaftsentwicklung. Von 2018 bis 2024 wa sie mit den Themen Gebäudebegrünung und klimaangepasste Stadtentwicklung an der RWTH Aachen in der Lehre vertreten und hat dort ein digitales Lehrformat zum Thema Gebäudebegrünung mitinitiiert und realisiert. Seit August 2024 ist sie bei INFRASTRUKTUR & UMWELT in Darmstadt tätig.

Ihre fachlichen Schwerpunkte liegen im Bereich erneuerbare Energien, Stadtentwicklung, Klimaanpassung und Gebäudebegrünung.

Ihre Dissertation befasst sich mit der Wahrnehmung und Wertung regenerativer Energietechniken durch jüngere Planende aus dem Bereich der Landschaftsarchitektur und der Architektur. Aufbauend auf der Arbeit entstand das Buch „Landschaft und erneuerbare Energien. Wahrnehmung – Technik – Bewertung".

Teil II

Bedeutung und Entwicklungsfähigkeit von StadtLandschaften für Naherholung (und Tagestourismus): der Frankfurter GrünGürtel

Thomas Hartmanshenn

Abstract

Mit Blick auf die Bedeutung der Frankfurter StadtLandschaften (einschließlich der Freiflächen im innerstädtischen Bereich) für Tagestourismus und Naherholung ist die Stadt beides, Quell- *und* Zielgebiet. Während die Tagestouristen aus der Region und von weltweit vor allem durch die Merkmale der Innenstadt angezogen werden, stellen die Stadtparks wie auch die StadtLandschaften im Außenbereich (mit Fokus im GrünGürtel) das Zielgebiet für diejenigen dar, die in Frankfurt wohnen oder arbeiten.

Drei größere Landschaften prägen den Frankfurter GrünGürtel: das Tal der Nidda an dessen Nordwestflanke, der Berger Rücken im Nordosten und der Stadtwald im Süden.

Neben Angeboten für die Naherholung sind die StadtLandschaften wertgebend für die Bereiche der Arten- und Biotopvielfalt, der Naturerfahrung wie auch der Umweltbildung.

Das Wachstum der Stadt, Veränderungen im Freizeitverhalten, fehlendes Wissen über Naturgüter und die Grenzen der Belastbarkeit von Natur und Landschaft stellen die Nachhaltigkeit der Naherholung zusehends in Frage. Hier gilt es gegenzusteuern. Bewährte und neue Instrumente der Kommunikation kommen zum Einsatz oder werden entwickelt. Das Umweltamt der Stadt Frankfurt sieht dies als eine zentrale Herausforderung für die Überlebensfähigkeit des GrünGürtels und die Wahrung der Lebensqualität in der Rhein-Main-Metropole.

S. Sieber et al. (Hrsg.), *Landschaft und Naherholung*, RaumFragen: Stadt – Region – Landschaft, https://doi.org/10.1007/978-3-658-45410-4_7

Keywords

StadtLandschaften, GrünGürtel, Grenzen der Belastbarkeit, Arten- und Biotopvielfalt, Naherholung, Natur- und LandschaftsLotsen, Ziel- und Quellgebiet

1 Einleitung

Mit dem Frankfurter GrünGürtel verfügt die Rhein-Main-Metropole über einen rund 8 000 Hektar großen, von facettenreichen StadtLandschaften[1] geprägten Freiraum, der den innerstädtischen Bereich als grünes Band umgibt – das entspricht in etwa einem Drittel der Gesamtfläche von Frankfurt am Main. Als Teil eines noch größeren Landschaftsschutzgebietes basiert der GrünGürtel auf der kommunalen GrünGürtel-Verfassung aus dem Jahr 1991. Diese ist wesentliche Grundlage dafür, dass der GrünGürtel vom Grundsatz her vor weiterer Bebauung für Wohnen und Gewerbe geschützt ist: „Im Bewusstsein ihrer Verantwortung für die nachkommenden Generationen erklärt die Stadtverordnetenversammlung der Stadt Frankfurt am Main hiermit ihren Beschluss, rings um die Kernstadt freie Flächen als „GrünGürtel Frankfurt" langfristig zu sichern und zu entwickeln" (Stadt Frankfurt am Main, Umweltamt 2021a, S. 102).

Drei größere Landschaftseinheiten finden sich in diesem räumlichen Übergang von der dicht bebauten Kernstadt in den – für manche sicherlich überraschend – vielerorts auch mit ländlichen Merkmalen[2] ausgestatteten suburbanen Bereich Frankfurts und ins Umland der Nachbargemeinden: die Flussaue der Nidda im Nordwesten (ergänzt durch Flusslandschaften im Westen und Osten, die der Main geschaffen hat), das Hügelland des Berger Rückens im Nordosten sowie der annähernd 3 400 Hektar große Frankfurter Stadtwald im Süden (vgl. Abb. 1).

Die landschaftliche Attraktivität und Anziehungskraft des GrünGürtels resultiert aus den vielerorts offenen, z. T. mit Bäumen bestandenen (Vegetations-)Strukturen, was die Möglichkeit der Orientierung wie auch eine Übersicht des Raums schafft. Evolutionsbiologische Erklärungsansätze für Landschaftspräferenzen sehen einen engen Bezug zu solchen savannenartigen Landschaften (eine Studienübersicht dazu gibt Hartmanshenn, B. 2023, S. 13–14): Hier finden sich Ackerflächen neben Grünland, die für Frankfurt typischen Streuobstwiesen, mit Baumgruppen bestandene Bachauen und Parks sowie durch Strauchgesellschaften geprägte Areale.

1 Der Begriff der StadtLandschaft wird hier verwendet wie im Rahmen des Freiflächenentwicklungsplans der Stadt Frankfurt am Main (Stadt Frankfurt am Main, Umweltamt 2022, S. 104–105): die Frankfurter StadtLandschaften sind gekennzeichnet durch ihren „Stellenwert als gemeinsames landschaftliches Natur- und Kulturerbe und ihre Bedeutung für die Naherholung".

2 wie z. B. landwirtschaftlich geprägte Räume (hier v. a. Ackerbau, Grünland und Streuobstwiesen) und solche mit ökologischen Ausgleichsfunktionen (Bachauen, Kulturbrachen, kleine Wäldchen u. a.)

Abbildung 1 Die Lage des Frankfurter GrünGürtels im Stadtgebiet mit seinen prägenden Landschaften (Umweltamt der Stadt Frankfurt am Main)

Der Stadtwald erfüllt die „Sehnsucht" nach Wald – trotz der vielerorts starken Belastung durch Fluglärm. An heißen Sommertagen bietet er Schatten und Kühle, und der Wechsel der Jahreszeiten kann hier besonders gut wahrgenommen werden. Unzählige Wege erschließen ihn für Radfahrer und Wanderer.

Neben der angesprochenen Landschaftspräferenz ist der GrünGürtel auch allein schon deshalb beliebtes Ziel der Naherholung, weil er für viele binnen weniger Minuten mit dem Rad, zu Fuß oder dem ÖPNV zu erreichen ist. Einen Aufenthalt in Landschaft und Natur setzen viele mit Wohlbefinden und einem hohen Erholungswert gleich. Die Weitläufigkeit und schöne Wege laden zu vielfältigen Freizeitaktivitäten ein: Wandern, Radfahren, Chillen – nicht zuletzt am Wasser – Joggen, Hundeausführen und vieles mehr. Die Menschen finden frische Luft und können der Hektik und Hitze der Großstadt entfliehen. Man kann einerseits allein sein, aber auch mit Freunden und der Familie Zeit verbringen.

Innerhalb der größeren Landschaftseinheiten finden sich Teillandschaften und besondere Orte, von denen im Folgenden jene angesprochen werden, die für die Naherholung und für das in einer pulsierenden Großstadt so bedeutsame Ausspannen-Können im Feierabend und am Wochenende eine hohe Anziehungskraft besitzen.[3]

Die zunehmende Hitzebelastung und restriktive Bestimmungen während Corona haben die Bedeutung der StadtLandschaften in Frankfurt für die Naherholung noch einmal verstärkt (vgl. Abschnitt 3).

Welche speziellen Funktionen besitzen die Frankfurter StadtLandschaften; was zieht die Menschen dorthin und wer nutzt diese? In welcher Art und Weise können Menschen in all diesen Landschaftsteilen Natur erleben – auch im Innerstädtischen? Wo und durch welches Verhalten stößt der GrünGürtel an die Grenzen seiner Belastbarkeit, und wie kann dem begegnet werden? Auf diese Fragen sollen hier Antworten gegeben werden.

2 Merkmale der Frankfurter StadtLandschaften für Tagestourismus und Naherholung

2.1 Anziehungspunkt Kernstadt – auch mit internationalem Publikum

Auch wenn die Begriffe der Naherholung, Freizeit und des (Tages-)Tourismus fließende Übergänge zeigen und keine einheitliche oder allgemein gültige Definition haben (Hopfinger 2011, S. 1222), so kann für Frankfurt am Main doch konstatiert werden, dass sich der internationale, nationale und regionale Tagestourismus an der Attraktivität ausrichtet, die die Kernstadt zu bieten hat. Die Menschen werden hier von den städtebaulichen, kulturellen und konsumorientierten Angeboten angezogen. Noch dazu lädt der Main mit seinem durchgängig befestigten Ufer, seinen kilometerlangen Liegewiesen und attraktiven Wegen zum Spazieren, Inlinern, Radfahren, Joggen und Erholen ein. Ein lauer Sommerabend am Mainufer mit Blick auf die Skyline, acht Brückenverbindungen allein zwischen dem West- und Osthafen, die Vielzahl an Museen und Festen sowie die am Eisernen Steg startenden Ausflugsschiffe machen den Main zu einem Anziehungspunkt mit herausragender Bedeutung für Naherholung und Tagestourismus. Ein Besuch in der teilweise rekonstruierten Neuen Altstadt, in der geschichtsträchtigen Paulskirche, im Römer oder einem der vielen Museen,

3 Eine umfassende und aktuelle Betrachtung zu den wertgebenden Merkmalen der Frankfurter StadtLandschaften und Stadtteile erfolgt durch Andreas Mengel und Team (Universität Kassel) in: Stadt Frankfurt am Main, Umweltamt 2022.

Abbildung 2 Außen- und Innenbetrachtung – die Frankfurter Skyline zieht die Blicke auf sich (Fotos: Thomas Hartmanshenn)

ein Fußbad am Brunnen vor der Alten Oper, ein Einkaufsbummel auf der Zeil, in der Fressgass oder in der Goethestraße, die von regionalen Produkten geprägte Getränke- und Speisekarte in der Berger Straße oder in Sachsenhausen wie auch das Eintauchen in Wochenmärkte wie auf der Konstablerwache stehen repräsentativ für die Attraktivität, die die Kernstadt zu bieten hat, die sich zumindest aus der Altstadt, der Innenstadt und Alt-Sachsenhausen zusammensetzt.

Die Rhein-Main-Metropole besitzt noch dazu ein Deutschland weites Alleinstellungsmerkmal: die aus der Hochhausbebauung resultierende Skyline. Sowohl innerstädtisch als auch von außen betrachtet oder wenn man sich mit dem Zug in Anfahrt auf den Hauptbahnhof befindet – die vielfach gegebenen Blickbeziehungen auf die Skyline haben fast etwas vom Blick auf die Alpen, wenn man sich diesen von Norden her nähert (vgl. Abb. 2).

Doch die „offenen Räume in der Stadt" (Stadt Frankfurt am Main, Umweltamt 2022, S. 12–17) sind nicht nur Zielgebiet der Besucher:innen von außen – sie sind zugleich bedeutsame Faktoren für die Lebensqualität der hier wohnenden und arbeitenden Bevölkerung. Dazu zählen im innerstädtischen Bereich und in den vielen Frankfurter Stadtteilen gerade auch die Angebote und Möglichkeiten der Naherholung, der Entspannung und des Ausgleichs, wie dies die städtischen Grünanlagen zu bieten haben. Beispielhaft zu nennen sind hier der Günthersburgpark, die Wallanlagen, der Grüneburgpark, der Höchster Stadtpark, der Sinaipark[4], aber auch viele der parkähnlich angelegten Friedhöfe. Diese sind in ihrer Bedeutung für Ruhe und Entspannung (wie übrigens auch für ein angenehmes Mikroklima und für die Arten- und Biotopvielfalt) mitten in einer hektischen Umgebung besonders wertgebend.

Im innerstädtischen Bereich kommen weitere Anziehungspunkte hinzu. Da sind zum Beispiel der Frankfurter Zoo, der Palmengarten und der Botanische Garten – hier können die Besucher:innen Naturerfahrung mitten in der Stadt machen. Allein, mit den Kindern und/oder der Kamera unterwegs – Pflanzen, Tiere und Lebensräume ziehen jährlich hunderttausende an Besucher:innen an.[5] Zum anderen gibt es die vielen landschaftsprägenden Kleingartenanlagen und Freizeitgärten – auch wenn sich deren Mehrzahl innerhalb des GrünGürtels finden. Sie sind wertgebend für individuelles und oft auch gemeinschaftliches Lebensglück ebenso wie für Naherholung – innerhalb des eigenen Zauns.

Auch Naturerlebnisse sind im innerstädtischen Bereich Frankfurts möglich. Die Skyline als Ersatzhabitat für Mauersegler, Turmfalken und Rotmilane; die grünen, durch alte Baumbestände geprägten Parks und Friedhöfe als Brut- und Jagdrevier für Fledermäuse, Grünspechte und Halsbandsittiche – die Innenstadt besitzt viele Ecken

4 Weiterführende Informationen dazu: https://frankfurt.de/themen/umwelt-und-gruen/orte/parks/parks-von-a-bis-z/

5 Ausgewählte Besucherzahlen für Frankfurt am Main im gerundeten Mittel der drei Jahre vor Corona: Übernachtungen 9,9 Millionen, Gäste 5,9 Millionen, Frankfurter Museen 2,5 Millionen, Zoo 870 000, Palmengarten 600 000 (Stadt Frankfurt am Main, Bürgeramt; Tourismus+Congress GmbH).

und Freiflächen, wo Alltagsbegegnungen mit Tier- und Pflanzenarten einen Beitrag zur Lebensqualität der Menschen leisten können.

2.2 Die Frankfurter StadtLandschaften im GrünGürtel

Die Frankfurter StadtLandschaften sind multifunktional: Sie bieten Rückzugsräume für eine vergleichsweise hohe Arten- und Biotopvielfalt (Stadt Frankfurt am Main, Umweltamt 2021b), Platz und Angebote für Sport, Freizeit und Naherholung (Stadt Frankfurt am Main, Umweltamt 2022), Ziele für Umweltbildung und Naturerlebnis (Hartmanshenn, T. et al. 2023), sie sind mitverantwortlich für die Ausprägung des Stadtklimas (Stadt Frankfurt am Main, Umweltamt 2015), hier finden sich gute Böden für die landwirtschaftliche Produktion und damit das Angebot an regionalen Produkten – alles Faktoren, die die Lebensqualität des urbanen Raums positiv prägen.

Ebenso wie die Parkanlagen im innerstädtischen Bereich dienen die Freiflächen der StadtLandschaften deutlich stärker der Naherholung, Freizeitgestaltung und dem Ausspannen der hier wohnenden und arbeitenden Bevölkerung. Damit ist Frankfurt sowohl Ziel- als auch Quellgebiet der Naherholung. Dies schließt insbesondere auch Kinder der Frankfurter Schulen und Kindergärten mit ein, wenn ihre Betreuer:innen die vielfältigen Angebote an Führungen und Ausflügen im Rahmen des Bildungsprogramms „Entdecken, Forschen und Lernen im Frankfurter GrünGürtel" nutzen – jährlich bis zu 12 000 von ihnen.

Im GrünGürtel findet sich der Großteil der für Frankfurt beschriebenen 16 sogenannten „bedeutsamen Landschaften". Aufgrund ihrer ökologischen Ausstattung und ihres Wertes für die Naherholung gibt es dort viele Möglichkeiten der Naturerfahrung, auch wenn dies im urbanen Raum vielfach bedeutet, dafür erst einmal den Blick fürs Kleine (wie die schillernde Libelle am Ufer…) zu schulen.[6]

Schon hier sei aber auch darauf verwiesen, dass der GrünGürtel punktuell und flächenhaft starke Einschränkungen der Attraktivität und des freien Zugangs aufweist. So sind rund 1 000 Hektar seiner Gesamtfläche mit Verkehrsinfrastruktur u. a. versiegelt und rund 800 Hektar der Nutzung in Form von eingezäunten Hobbygärten (etwa 23 000 Klein- und Freizeitgärten im gesamten Stadtgebiet) vorbehalten (vgl. Abschnitt 3).

6 Eine ausführliche Zusammenstellung der bedeutsamen Landschaften in Frankfurt am Main findet sich in Stadt Frankfurt am Main, Umweltamt 2022, S. 156–241.

2.3 Charakter und Anziehungskraft ausgewählter Frankfurter StadtLandschaften in der Niddaaue und am Main

Frankfurt am Main – der Fluss, seine Ufer und Brücken sind auf einer Länge von ca. vier Kilometer prägend für die Attraktivität der Kernstadt. An drei Flussabschnitten gehört der Main zum GrünGürtel und hat dort entscheidenden Einfluss auf das StadtLandschaftsbild. Das ist im Westen die Uferpromenade am Fuße der Höchster Altstadt mit der Mündung der Nidda sowie das südlich davon gelegene Schwanheimer Unterfeld – der Main kann hier mit einer Fähre überquert werden. Dort findet sich eine der landschaftlichen Besonderheiten Frankfurts: die Schwanheimer Düne, das mit 58 Hektar größte Naturschutzgebiet Frankfurts und eine der wenigen Binnendünen südlich der norddeutschen Tiefebene. Das gewünschte Nebeneinander von Naturschutz und Naherholung wird hier durch einen 420 Meter langen Bohlenweg ermöglicht, der sich quer durch diese savannenartige Landschaft mit einem Wechsel von Trockenrasengesellschaften und alten Kieferbeständen zieht (vgl. Abb. 3).

Rund 10 Kilometer weiter östlich – am anderen Ende der Stadt – fließt der Main wieder im GrünGürtel, nämlich im Abschnitt zwischen Deutschherrenbrücke und Offenbacher Staustufe. Als Teil der sogenannten LandschaftsLücke im GrünGürtel bildet der erst 2015 fertiggestellte Hafenpark mit Ruhrorter Werft (vgl. Fußnote 4) einen Treffpunkt für diejenigen, die sich für Sport und Bewegung, Sehen und Gesehen-Werden begeistern – und das am Fuße der Europäischen Zentralbank.

Die Deutschherrenbrücke mit der Klanginstallation Sonic Vista und die Honselbrücke mit attraktiven Sichtbeziehungen zur Skyline (vgl. Abb. 2) führen ans südliche Mainufer, wohin das gastronomische Angebot ebenso lockt wie die landschaftliche Besonderheit der Oberräder Kräuterfelder – dem rund 200 Hektar großen Anbaugebiet der Frankfurter Grünen Soße.

Noch weiter im Osten bestimmt der Main noch einmal Genese und Erscheinungsbild einer StadtLandschaft im GrünGürtel: im Fechenheimer Mainbogen, dem Gleithang der Mainschleife an der Grenze zu Offenbach. Derzeit noch landwirtschaftlich geprägt, entsteht hier seit 2016 eine Landschaft, die von einem gesteigerten Angebot an aquatischen Lebensräumen einschließlich erweiterter Auenwälder sowie von Naherholung bestimmt sein wird. Mit der Anlage von Stillgewässern und einem knapp sechs Hektar großen Seitenarm, für dessen Anlage über 90 000 Kubikmeter Sandboden bewegt wurden, ist man diesem Ziel bereits nähergekommen (vgl. Abb. 4). Die Anlage eines neuen, über einem Kilometer langen Nebenarms, neue Wegebeziehungen und die Umlegung der landwirtschaftlichen Flächen soll in den nächsten zehn Jahren folgen.

Die Nordwestflanke des GrünGürtels wird durch die Niddaaue und den Zufluss von sechs Taunusbächen bestimmt. Doch spätestens hier tritt auch ein kritisches bzw. typisches Merkmal der Frankfurter StadtLandschaften offen zutage: die vielfache Überprägung des Naturraums mit Verkehrslinien. Das Frankfurter Westkreuz, die A 66, die A 661 sowie die im Ausbau befindliche Bahnlinie nach Bad Vilbel machen

Abbildung 3 Auf dem Bohlenweg quer durch die Schwanheimer Düne (Foto: Thomas Hartmanshenn)

Abbildung 4 Schaffung neuer aquatischer Lebensräume und Förderung des Landschaftswertes für Naherholung: am Fechenheimer Seitenarm – hier nach der Fertigstellung in 2018 (Foto: Beuerlein/Baumgartner Landschaftsarchitekten)

beispielhaft deutlich, dass Naherholung und Naturerlebnis in Frankfurt oftmals die Fähigkeit zur Toleranz von Lärm und Zerschneidung von Natur und Landschaft voraussetzt. Das ist auf dem Berger Rücken und im Frankfurter Stadtwald nicht anders (vgl. dazu auch Sieber 2023).

Die Nidda, im Frankfurter Abschnitt während der 1920er Jahre durchgehend begradigt und mit Stau- und Streichwehren versehen, zeigt in ihrem Uferbereich eine überwiegend offene Struktur. Dichte Auenwälder, die die Blickbeziehung zwar einschränken, dafür aber andere Werte für Naturerfahrung und Arten- und Biotopvielfalt besitzen, sind eher die Ausnahme (so am Berkersheimer Niddabogen) und beschränken sich weitgehend auf die Uferbereiche der bei der Begradigung entstandenen Altarme (vgl. Abb. 5).

Die freie, öffentliche Erlebbarkeit der Landschaft wird durch die vielfach großflächige Ausweisung von Kleingartenanlagen stark eingeschränkt; dies betrifft insbesondere den unteren Flussabschnitt ab Heddernheim/Ginnheim. Auch wenn sich diese Anlagen nahezu „unauffällig" ins Niddatal einfügen, so ist deren Erholungswert doch auf die Pächter:innen der Gärten beschränkt. Der GrünGürtel-Rundwanderweg, der Randrundweg wie auch einige Themenwanderwege wie der Obstpfad im Sossenheimer Unterfeld erschließen diesen Raum für die Naherholung. Je erfolgreicher der Umstieg der Berufspendler:innen vom Auto aufs Fahrrad vollzogen wird, umso brisanter wird aber auch die Nutzungskonkurrenz, insbesondere auf dem Niddauferweg. Maßnahmen der gegenseitigen Rücksichtnahme zwischen Rad und Fußgängerverkehr sind eingeleitet.

Mit der stellenweise Wiederanbindung der Altarme und der Renaturierung der Nidda und einiger Auen der Taunusbäche steigt der Wert der Landschaft und der Ökosysteme für Naherholung, Naturerfahrung und Artenvielfalt. Dies zeigen die Beispiele des Altarms am Nordpark Bonames wie auch das geschliffene Höchster Wehr. Derzeit im Rückbau begriffen ist das Sossenheimer Wehr mit gleichzeitiger Wiederanbindung des Grill'schen Altarms. Der Rückbau der Wehre in Praunheim und in Hausen liegt planfestgestellt bereits in der Schublade.

Nicht erst die Rückkehr des Bibers, des Storchs und des Eisvogels belegen die Attraktivität der Nidda; an warmen und heißen Sommertagen verwandeln sich die Uferwege zu beliebten, vielbefahrenen Radreisestrecken, und die Nidda selbst wird zum Chillen genutzt. Die Grenze zur Überschreitung der Tragfähigkeit ist dann nicht mehr weit (vgl. Abschnitt 3).

Für die Naherholung spielt der Volkspark Niddatal eine große Bedeutung. Diese weitläufige, von kleineren Baumgruppen und Wäldchen durchsetzte, rund 110 Hektar große Freifläche ist aus der Nutzung als Gelände der Bundesgartenschau des Jahres 1989 hervorgegangen. Vereinssport, individuelles Laufen und Radfahren, auf den Wiesen chillen und mit den Kids auf attraktiven Spielplätzen den Sommerabend verbringen – all das bietet der Volkspark (vgl. Fußnote 4). Dass im Süden die A 66 dröhnt und weite Teile als Kleingartenanlagen für die Öffentlichkeit nicht zugänglich sind, gehört (wiederum) zu Frankfurt.

Abbildung 5 Wieder angebundener Altarm der Nidda am Nordpark Bonames – Biber und Eisvogel sind längst zurück (Foto: Thomas Hartmanshenn oben, Reinhard Teuber unten)

An vielen Abschnitten der aus dem Taunus kommenden Bäche, die nahezu alle in die Nidda münden, finden sich parkähnliche Anlagen oder kleine Wälder, die gegenüber den Auwäldern entlang der Nidda-Altarme einen besseren Zugang zum Wasser und Naturerfahrung im aquatischen Lebensraum ermöglichen. Fische und Insektenlarven im Wasser, leuchtend gelb blühende Schwertlilien und Sumpfdotterblumen sowie eine artenreiche Libellen- und Vogelwelt am Ufer gehören zu den dortigen Naturerlebnissen. Im Stadtteil Sossenheim ist die Sulzbachaue zwischen Siedlungsrand und A 66 zu einer multifunktionalen Freifläche entwickelt worden: Naturerlebnis im Wasser des langsam fließenden Bachs, Naherholung unter schattenspendenden Bäumen, Retentionsraum nach Starkregen – ein gelungenes Beispiel für Gestaltung eines naturnahen Gewässers im Siedlungsraum.

Außerhalb des GrünGürtels gelegen bilden die Auen und sanften Hügel entlang des Eschbachs und des Erlenbachs im landwirtschaftlich geprägten Norden Frankfurts zwei besondere Teillandschaften im Niddatal, wobei der Talraum des Erlenbachs sogar als Fauna-Flora-Habitat (FFH-Gebiet) ausgewiesen ist. Bewaldete Uferabschnitte mit breiten Bachläufen wechseln mit engeren Bachabschnitten im extensiv genutzten Grünland. Die Hänge sind weitgehend mit Streuobstwiesen bestanden, die eine Teilhabe am Farbenwechsel der Jahreszeiten sehr gut ermöglichen.

Doch der Klimawandel setzt den Taunusbächen, seiner Lebewelt und dem Naturerlebnis enorm zu. Niedrigwasser führt zu einer Belastung der Wasserqualität durch die Dominanz von Wasser aus den Kläranlagen im Oberlauf; die Bäche drohen regelmäßig zu kippen oder auszutrocknen. Erlebbare intakte Bachlandschaften gehören in Zeiten des Klimawandels schon heute regelmäßig der Vergangenheit an.

Mit dem Alten Flugplatz Bonames/Kalbach verfügt der GrünGürtel über einen besonderen Ort. Bis Anfang der 1990er Jahre als Militärstützpunkt der Amerikaner genutzt, ist der Alte Flugplatz seitdem durch Maßnahmen der Renaturierung (großflächige Entsiegelung der Betonflächen bei weitgehendem Erhalt der Landebahn) und Förderung der Aufenthaltsqualität zu einem zentralen Ort der Frankfurter Naherholung und der Entwicklung von Stadtwildnis geworden. Als Lernstation im GrünGürtel fungiert er zudem als Ort der Bildung für nachhaltige Entwicklung. Heute steht die Stadt Frankfurt vor der Herausforderung, die Multifunktionalität des Alten Flugplatzes zu wahren. Durch die wirtschaftlich erzwungene Schließung der Gastronomie (nicht zuletzt durch Corona) bei gleichzeitigem Sanierungsstau der Gebäude im Bestand sind Übergangslösungen gefragt. Grundlage für die Weiterentwicklung bildet ein im Juli 2023 vorgelegtes integriertes Entwicklungskonzept, dessen Ziel das langfristige Neben- und Miteinander von Umweltbildung, Naherholung und Arten- und Biotopvielfalt ist. Auch die Zukunft des im Osten anschließenden Nordpark Bonames, der durch ein enges Nebeneinander von Sportflächen, Kleingärten, Grünland und Wildnis an der Nidda besticht, ist Bestandteil des Entwicklungskonzeptes. Die erfolgreiche Mobilisierung entsprechender Mittel für die Umsetzung ausgewählter Bausteine des Entwicklungskonzeptes ist entscheidend für die Zukunftsfähigkeit dieses besonderen Ortes (vgl. Abb. 6).

Abbildung 6 Der besondere Ort im GrünGürtel: Frankfurt erfreut sich am Alten Flugplatz in Bonames/Kalbach (Fotos: Thomas Hartmanshenn)

Auf dem Berger Rücken

Auf dem Berger Rücken, der Nordostflanke des GrünGürtels, finden sich die Teillandschaften des Heiligenstock, der Lohrberg, der Berger Nord- und Südhang, der Gisisberg und der Enkheimer Wald. Von hier startet die Hohe Straße als Rad- und Wanderangebot bis nach Büdingen. Sie ist Teil der mittelalterlichen Verbindungsachse, die bis nach Leipzig reichte. Direkt am östlichen Ortsrand von Bergen ist sie mit einem landschaftsarchitektonisch gelungenen Entree in Szene gesetzt. Anziehungspunkt Nr. 1 für Naherholung und Wochenendausflüge ist hier aber der Lohrberg mit seinem beliebten Nebeneinander von Streuobstwiesen, Parklandschaft, Weinanbau, Gastronomie, Kleingartenanlage und einer beeindruckenden Blickbeziehung zur Frankfurter Skyline (vgl. Abb. 7). Mit dem MainÄppelHaus verfügt der Lohrberg über ein beliebtes Ausflugsziel im Frankfurter GrünGürtel. Auch hier treffen Naherholung, Natur- und Landschaftsschutz mit Umweltbildung zusammen. Allein das gastronomische Angebot mit Hofladen und die Lage mitten in Streuobstwiesen locken die Menschen aus der Region, schwerpunktmäßig aber aus Frankfurt selbst. Saisonale Märkte, das Handwerk des Kelterns, die Kunst des Obstbaumschnitts, das Management und die ökologische Bedeutung einer Streuobstwiese, Führungen für Schulklassen zählen zu den Angeboten im Bildungsbereich – mit fließenden Übergängen zur Naherholung.

Auch auf dem Heiligenstock und am Berger Südhang wird die Landschaft von Streuobstwiesen mitgeprägt. Hier trifft man auf ein Mosaik aus einzelnen, vielfach in die Jahre gekommenen Obstbäumen, Grünland, langsam verbuschenden Wiesenbrachen und kleineren Gehölzgruppen. Weite Blicke über die (stellenweise auch monotone) Agrarlandschaft an der Grenze zu Bad Vilbel im Norden und bis hin zur Skyline im Süden sind hier ebenso beliebt, wie man um den Wert dieser Landschaft für eine Vielzahl von Tierarten weiß. In einigen Bereichen werden die Streuobstbestände im Unterwuchs über die Beweidung durch Schafe erhalten.

Der Berger Rücken ist der südlichste Ausläufer der Wetterau, wobei die südexponierten Hänge durch die Arbeit des nacheiszeitlichen Mains noch stärker akzentuiert wurden. Hier hat Frankfurt also selbst einen Anteil an einem Mittelgebirge, während man sonst auf solche nur blicken kann: den Taunus im Westen, den Odenwald im Süden und den Spessart im Osten.

Besondere Orte, anziehende Teillandschaften und die Erschließung mit Wander- und Radwegen machen den Berger Rücken zu einem beliebten Raum für die Feierabend- und Wochenenderholung. Mit dem Seckbacher und dem Enkheimer Ried, dem Berger Südhang sowie dem innerdörflichen Mühlbachtal verfügt die Hügellandschaft gleich über vier Naturschutzgebiete, z. T. ergänzt durch den europäischen Schutzstatus der FFH-Gebiete.

Der Enkheimer und der südlich angrenzende Fechenheimer Wald sind wertmindernd durch die breite Trasse der A 66 durchschnitten. Für die Naherholung mag dies beeinträchtigend sein – es hält die Menschen aber nicht davon ab, dort den Feierabend und das Wochenende zu verbringen, zumal mit dem Heinrich-Kraft-Park

Abbildung 7 Blick vom Berger Südhang auf die Skyline (Foto: Stefan Cop)

und den Angeboten an Rad- und Wanderwegen weitere Anziehungspunkte bestehen. In intensiver Weise überprägt, durch Verkehrsadern fragmentiert und mit Wohnbebauung umgeben zeigt sich der südöstliche Ausläufer des Hügellandes im Bereich des Bornheimer Hangs, des Riederwaldes und des Ostparks. Mitten drin: die Eissporthalle und das Festgelände der Dibbemess. Unter dem Gesichtspunkt der Naherholung und der Entspannung im Feierabend finden hier dennoch viele das, was sie suchen: Liegewiesen, Bolzplätze, ihren Kleingarten und Räume zum Ausleben der Feierlaune direkt vor der Haustür.

Im Frankfurter Stadtwald

Der Frankfurter Stadtwald gilt als die Grüne Lunge der Rhein-Main-Metropole. Doch seine Größe von annähernd 3 400 Hektar, die 14 % der Gesamtfläche Frankfurts entsprechen und knapp 43 % des GrünGürtels einnehmen, wie auch die Vielzahl an wertvollen Biotopen und seine Bedeutung für die Artenvielfalt und die Naherholung dürfen nicht darüber hinwegtäuschen, dass der Wald einem riesigen Flickenteppich gleicht. Frankfurt am Main ist europäischer Verkehrsknotenpunkt – und Stadt des Sports. Drei, zum Teil sechsspurige Autobahnen, weitere stark frequentierte Bundes- und Kreisstraßen, regionale und überregionale Schienenverbindungen, die baulichen Anlagen von vier Landes- bzw. Bundessportbünden, das in seiner baulichen Entwicklung noch nicht abgeschlossene Stadion mit Parkplatzangeboten für nahezu 1 000 PKWs sowie die täglich weit über 1 000 Flugbewegungen auf dem im Süden angrenzenden internationalen Flughafen Frankfurt Rhein-Main setzen dem Wald und seiner landschafts- und naturbezogenen Funktionsvielfalt mächtig zu. In Momenten sportlicher oder kultureller Großveranstaltungen geht rund ums Stadion nichts mehr. Und jetzt leidet der Wald auch noch unter den Folgen des Klimawandels. 93 % des Baumbestandes zeigen leichte bis sehr schwere Schadsymptome. Auf den sandigen Böden im Westen lichtet sich der Wald zusehends. Und dennoch zieht es die Menschen hierher! Hier finden sie Naherholung, Entspannung und Sport, was für viele eine echte Alternative zu den oben beschriebenen Angeboten in der Innenstadt darstellt. Mit dem Stadtwald besitzt Frankfurt zugleich eine Ausnahmeerscheinung. Nirgends sonst in der Rhein-Main-Ebene oder in der Oberrheinebene gibt es einen solch großflächigen Wald. Auch die Menschen aus Kelsterbach, Neu-Isenburg und Offenbach wissen dies zu schätzen. Selbst Radsportgruppen aus dem Taunus oder dem Odenwald zieht es hierher, weil der Wald auf einem engen Netz von Wegen dazu einlädt, eine Tour im Schatten mit einigen landschaftlichen Besonderheiten zu organisieren. Zu diesen zählen im Westen die knapp 100 Hektar große Schwanheimer Wiese wie auch die im Wald gelegene Kelsterbacher Terrasse, ein Relikt der letzten Eiszeit. Die gut beschilderten GrünGürtel-Wege für Radfahrer und Wanderer führen quer durch den knapp 14 Kilometer langen Wald und können jederzeit über Wege, die aus dem Wald herausführen, oder an einer Straßenbahnstation abgekürzt werden. Mit dem Waldlokal Oberschweinstiege, dem Goetheturm und mehreren Waldspielparks verfügt der östliche Waldabschnitt über weitere Ausflugsziele, die die Frankfurter:innen aus der Innenstadt anlocken (vgl. Abb. 8).

Ein Naturerlebnis der besonderen Art findet sich im äußersten Südosten des Stadtwaldes, in unmittelbarer Nachbarschaft zum Offenbacher Kreuz. Hier ist der Wald zunächst in den 1920er Jahren für die Anlage einer offenen Mülldeponie und dann noch einmal in den 1990er Jahren zu deren Sanierung auf einer Fläche von insgesamt rund 40 Hektar gerodet worden. Sowohl das technische Bauwerk Altdeponie wie auch die Entstehung der Stadtwildnis am Fuße des Berges ziehen heute bei Führungen und Veranstaltungen mehrere tausend Menschen auf das nicht öffentlich zugängliche Gelände. Wie an vielen Orten innerhalb und außerhalb des GrünGürtels agiert die Stadt Frankfurt hier als Anbieter für Umweltbildung. Die Artenvielfalt bei Pflanzen und Tieren ist von überregionaler Bedeutung, und viele Besucher:innen kommen, um zu sehen, was aus ihrem Ausflugsort der Kindheit in den 1970er und 80er Jahren geworden ist.

Abbildung 8 Unterwegs im Frankfurter Stadtwald – so viele Wege, so viele Möglichkeiten für Sport, Entspannung und Naturerfahrung (Foto: Stefan Cop)

3 Wahrnehmung und Akzeptanz – wenn (und wo) der GrünGürtel an seine Grenzen stößt

Die Multifunktionalität der StadtLandschaften kann – wie oben mehrfach angedeutet – nicht frei von Nutzungskonkurrenz und -konflikten sein. In der prosperierenden Metropolregion, wo allein in Frankfurt am Main in den letzten fünfzehn Jahren ein Bevölkerungszuwachs von über 110 000 Menschen zu verzeichnen ist, stoßen die Freiflächen vielfach bereits an die Grenze ihrer Leistungsfähigkeit.

Die Wohnraumentwicklung im Innen- und Außenbereich, begleitet vom Ausbau der sozialen Infrastruktur, der Versiegelung für Gewerbe und Verkehr hat für die Verfügbarkeit an Freiflächen einen doppelten Effekt: Das Angebot wird geringer, und die Nutzung auf den verbliebenen Flächen verstärkt sich. Auch wenn mit Blick auf die GrünGürtel-Verfassung dieser von der baulichen Entwicklung bis heute weitgehend verschont geblieben ist – gehen Freiflächen andernorts verloren, konzentrieren sich die Menschen noch stärker auf das dortige Angebot. Das gilt übrigens auch für jene Menschen, die aus den ebenfalls z. T. dicht bebauten und mit weiteren Gewerbegebieten und Dienstleistungszentren umgebenen Nachbargemeinden wie Eschborn, Offenbach oder Kelsterbach in den GrünGürtel kommen.

Nicht nur der Nutzungsdruck, sondern auch illegale Nutzungen nehmen im GrünGürtel beständig zu. Vorsichtige, auf Luftbildauswertungen gestützte Schätzun-

Abbildung 9 Badeverbot versus „Badespaß" an der Nidda – zu Lasten der ökologischen Entwicklungsziele der Renaturierung (Fotograph untersagt Namensnennung; Nutzungserlaubnis liegt vor)

gen führen zu dem Ergebnis, dass im Außenbereich der Stadt Frankfurt am Main mindestens 2 000 illegale permanente Eingriffe der besonderen Dimension zu verzeichnen sind.[7] Dazu zählen der Umbau von Gartenhütten zu großräumigen Wochenend- oder Wohnhäusern – begleitet vom Baum noch höherer Sichtschutzwände und der Anlage eines Swimmingpools – durch Baustoffe und Maschinen zugestellte und den Boden belastende umgenutzte Freizeitgärten, das illegale Einzäunen von Freiflächen für den privaten Bedarf, weitgehend versiegelte Erweiterungen gastronomischer Angebote, das Abladen von Bauschutt und vieles mehr. Da sind die zeitlich begrenzten illegalen Eingriffe nicht mitgezählt: weder die mit Badegästen überfüllte Nidda am Höchster Wehr (vgl. Abb. 9), noch die vermüllten Freiflächen am Mainufer und in den Stadtparks, illegales Grillen, das Verlassen des Bohlenwegs in der Schwanheimer Düne, freilaufende Hunde während der Brutzeit, vermüllte Ecken mit Zufahrtsmöglichkeiten oder verbotene Floßfahrten auf der Nidda und auch nicht das Befahren der Landebahn am Alten Flugplatz mit Motorrädern etc.

Aber auch diesem Verhalten liegen (tatsächlich!) viele der Werte zugrunde, die oben für die Bedeutung des GrünGürtels für Naherholung und Lebensqualität angeführt worden sind. Doch bei den hier beschriebenen Aktivitäten handelt es sich um eine individualistische bis egozentrische Auslegung der Nutzung von Natur und Landschaft. Für den einzelnen mag sie zum Wohlbefinden beitragen, weil man sich im ausgebauten Wochenendhäuschen und Pool mit Wasser- und Stromanschluss noch wohler fühlt als in der Gartenhütte, weil man sich auch hinter meterhohen Sichtschutzanlagen für sich allein an der frischen Luft befindet und der Hitze der

7 aus einer nicht veröffentlichten Arbeit des Umweltamtes der Stadt Frankfurt am Main (2019)

Großstadt entflieht, und weil ein Nachmittag auf einer Kiesbank in der Nidda mit Einweggrill und der Kiste Bier dem Zusammenhalt der Großfamilie und der Clique dienlich ist. Hundebesitzer erfreuen sich am freien Spiel ihrer Vierbeiner in der Schwanheimer Düne, während man sich selbst am offenen Feuer die Bratwurst grillt.

Sozial-ökologische Studien belegen, dass hierbei die Wertschätzung von Natur und Landschaft – insbesondere in urbanen Räumen – von Seiten der Nutzer:innen in ihrer Mehrzahl aus der tatsächlichen Nutzung bzw. Nutzbarkeit der Freiflächen resultiert (Hartmanshenn, B. 2023, S. 67–70). Die Ausführungen haben gezeigt, dass dies im Frankfurter GrünGürtel sowohl im Einklang wie auch im Widerspruch mit dem Erhalt seiner Multifunktionalität stehen kann. Das heißt im Umkehrschluss aber auch, dass die Mehrzahl der Nutzer:innen nicht das Schutzgut der Schutzgebiete im Auge haben – das wird an einem Ort wie dem Höchster Wehr besonders deutlich. Dieses wurde primär mit dem Ziel geschliffen und in der Nidda mit grobem Kies und Geröll ein Rauschebereich und Kiesbänke geschaffen, um den Fischaufstieg wie auch das Ablaichen der Fische zu optimieren. Den ökologischen Wert bzw. den Grund der vollzogenen Maßnahme kennen die Wenigsten, oder es wird ignoriert. Denn: Die Nutzer:innen finden dort genau das, was sie suchen (vgl. oben). Es geht um den Gebrauch von Natur und Landschaft. Damit haben sie weder eine kritische Selbstreflexion, was ihr Handeln betrifft, noch sehen sie darin ein Problem.[8] Diese interne Toleranz findet interessanterweise an zwei Stellen ihre Grenze: Wenn man auf Müll trifft (den man ggf. am Vortag selbst hinterlassen hat) wie auch oftmals dort, wo sich die Natur- und Landschaftsnutzer:innen von der landwirtschaftlichen und auch forstwirtschaftlichen Nutzung gestört sehen (vgl. dazu auch Hartmanshenn, B. 2023, S. 69–70).

In den Oberräder Kräutergärten bedrohen weitere Ausprägungen des Fehlverhaltens die Zukunftsfähigkeit dieser einmaligen und kontrastreichen urbanen Landschaft mit dem prägenden Element der Produktion der Kräuter für die Grüne Soße – einem Frankfurter Kulturgut: dreister Diebstahl (von Salat, Gemüse und Kräuter), Hundekot im Kräuterfeld, Graffiti an den Gewächshäusern, verbotene Nutzung der Parzellen und Radfahrer:innen, die auf den Wirtschaftswegen gegenüber landwirtschaftlichem Gerät ein Vorfahrtsrecht deklarieren, könnten in absehbarer Zeit zum Verschwinden einer Frankfurter Charakter-Landschaft führen – ohne dass diese bebaut würde.

Die Verantwortlichen der Stadt Frankfurt am Main sind selbstkritisch genug, um zu wissen, dass auch die bisher gewählten Inhalte und Formate unterschiedlicher Medien der Information und Öffentlichkeitsarbeit nicht ausreichen, angepasst über notwendige Verhaltensregeln und Verbote zu informieren. Ein kleines, unbedeutendes Schild, aus dem das Bade- und Grillverbot abgelesen werden soll, fehlende

8 Das Umweltamt der Stadt Frankfurt am Main startet in 2024 eine Studie zur „Wahrnehmung und Akzeptanz im Frankfurter GrünGürtel“, mit dem Ziel, das Bewusstsein für die ökologische Wertigkeit der städtischen Freiflächen zu schärfen.

Informationen zum eigentlichen Sinn eines neugeschaffenen Stillgewässers, niemand, der Verstöße ahndet, niemand, der einem sagen kann, warum man hier nicht mit dem Kanu fahren darf… – hier mangelt es an angepasster Kommunikation (vgl. Fußnote 8). Das gilt sogar für „legale" Eingriffe in Natur und Landschaft wie z. B. für die notwendige Rodung eines kleinen Abschnitts von Auengehölz, um an dieser Stelle einen Altarm wieder an das Fließgewässer anzuschließen. Die Menschen fragen sich monatelang: Warum nur rodet die Stadt hier Wald.

4 Funktionalität wahren: Naherholung (noch) nachhaltiger machen

Die Stadt Frankfurt begreift den GrünGürtel (wie auch die Wahrung und Qualifizierung der innerstädtischen Freiflächen) als Daueraufgabe. Dabei wird sie unterstützt vom Regionalpark RheinMain, der den GrünGürtel gerne als Herz des Regionalparks bezeichnet. Mit einem Basisbudget für investive und öffentlichkeitswirksame Maßnahmen ausgestattet, arbeitet die ämterübergreifende Projektgruppe GrünGürtel mit dem Mandat, Beiträge zum Erhalt und zur Weiterentwicklung des GrünGürtels zu leisten. Landschaft erhalten und gestalten, Natur, Arten- und Biotopvielfalt fördern und die Umweltbildung mit infrastrukturellen und inhaltlichen Angeboten ausstatten, bilden die Aufgabenschwerpunkte. Hierbei kooperieren Kolleg:innen der Stadtverwaltung und suchen zugleich Partner:innen und Verbündete für die Umsetzung entsprechender Maßnahmen – innerhalb und außerhalb der Kommune.

Seit einigen Jahren fließt ein signifikanter Teil der investiven Mittel in die Sanierung bzw. den Neubau von Objekten, die in die Jahre gekommen sind. So wurden seit 2015 der Bohlenweg durch die Schwanheimer Düne ebenso runderneuert wie das Grüne-Soße-Denkmal in Oberrad, der Irrgarten am Fuße des Goetheturms oder so manches Objekt der Komischen Kunst – ein Alleinstellungsmerkmal des Frankfurter GrünGürtels, bei dem Werke der Karikaturisten der so genannten Frankfurter Schule plastisch in Szene gesetzt werden. Und tatsächlich stellt sich die Frage, ob der GrünGürtel noch wirklich Neues braucht, um die Natur und die Landschaft in Szene zu setzen, oder es eher um den Erhalt und die Optimierung von Bestehendem geht. Dazu gehört auch die Frage, inwiefern sich die Maßnahmen noch stärker an zwei weltweiten Kernproblemen ausrichten sollten, nämlich an der Anpassung an den Klimawandel und an der Minderung des Artenschwundes (vgl. dazu das Arten- und Biotopschutzkonzept der Stadt Frankfurt am Main, Umweltamt 2021b).

Die Realität und die Herausforderungen im Frankfurter GrünGürtel – das haben die Ausführungen in Kapitel 3 gezeigt – erfordern aber definitiv nicht nur reaktive, sondern vor allem innovative Ansätze. Mit der Entwicklung des Arten- und Biotopschutzkonzeptes hat die Stadt Frankfurt im Jahr 2021 eine für die gesamte Stadt prägende Grundlage für diesen Part der Stadtentwicklung vorgelegt. Vergleichbar dazu ist der zu erwartende Wert des in Entstehung befindlichen Freiflächenentwicklungsplans. Und anhand des 2023 vorgelegten Entwicklungskonzeptes für den Alten Flugplatz Bonames/Kalbach (einschließlich Nordpark Bonames) wird exemplarisch, wie gesamtstädtische Planungen und Konzepte auf die Umsetzungsreife für die Wahrung der Multifunktionalität eines besonderen Ortes im GrünGürtel heruntergebrochen werden können.

Der Alte Flugplatz bietet noch dazu seit nahezu 20 Jahren ein erfolgreiches Instrument der zielgruppenspezifischen, auf Wahrung und Entwicklung des Ortes zielenden Kommunikation: die LandschaftsLotsen. Mit der flächenhaften Ausweitung und weiteren Qualifizierung dieses Instrumentes in Form zertifizierter Natur- und LandschaftsLotsen (NaLos) mit dem Schwerpunkt Stadtnatur werden in Frankfurt schon ab Herbst 2023 weitere besondere Orte, die für ihren Besucherandrang bekannt sind, betreut. Ausbildungsbausteine sind u. a. die Stärkung ihres biologischen und ökologischen Wissens, naturschutzfachliche und -rechtliche Aspekte, die Befähigung, Gruppen durch Natur und Landschaft zu führen, eine konfliktmindernde Kommunikation sowie ihre Rolle als Scharnier zwischen Stadtverwaltung und Bürgerschaft. Sie schaffen neue Blicke auf die Natur und Landschaft, indem sie Naturerfahrung vermitteln und Natur zu einem Erlebnis machen. Dies soll zu einer veränderten, bewussteren Wahrnehmung und gesteigerten Wertschätzung von Natur und Landschaft beitragen. Entscheidend ist zudem, dass sie – anders als dies vielleicht eine Ordnungsbehörde kann – über eine entsprechende Argumentationskompetenz verfügen. Durch die Art und den Inhalt der Kommunikation und der Ansprache jener, die sich nicht an Regeln halten, wird nicht nur vermittelt, *dass* Regeln bestehen, sondern eben auch, *warum* diese bestehen. Sozial-ökologische Studien belegen auch hier, dass damit die Akzeptanz gegenüber Regeln und die Selbstreflexion gegenüber dem eigenen Handeln steigen kann (Hartmanshenn, B. 2023).

In enger Kooperation mit dem Regionalpark RheinMain und dem Naturpark Taunus wird das Instrument der NaLos in den kommenden Jahren auf andere Mitgliedskommunen in der Rhein-Main-Region übertragen werden, die vor vergleichbaren Herausforderungen stehen.

Dass die Stadt Frankfurt am Main darüber hinaus auch andere Instrumente der Kommunikation ausbauen und optimieren muss, liegt auf der Hand: Pressearbeit, noch stärkere Einbeziehung der Ortsbeiräte, ansprechende, informative, mit QR-Code versehene Schilder im Corporate Design. Und vielleicht muss man tatsächlich auch noch mehr Hundewiesen und Bademöglichkeiten schaffen. Unverzichtbar ist eine personell verstärkte und zeitlich präsentere Kontrolle im Gelände und die Ahndung von Fehlverhalten, sonst multiplizieren sich diese weiter. Illegale Eingriffe und die Missachtung von Regeln müssen negative Folgen für die Verursacher:innen nach sich ziehen.

Bei zunehmenden Besucherzahlen und neuen Freizeitaktivitäten, dem Voranschreiten des Arten- und Biotopverlustes und gleichzeitig gestiegenem Wunsch, bei der Versorgung mit landwirtschaftlichen Produkten auf Regionalität setzen zu können, stellt sich die Frage nach innovativen Lösungsansätzen, mit denen auf die

Herausforderung der Wahrung der Lebensgrundlagen im urbanen Raum geantwortet werden kann, wozu insbesondere die StadtLandschaften gehören.

Dazu zählt die Stadt Frankfurt auch die enge Kooperation mit dem Regionalpark. Eine weitere Verknüpfung der Landschaften in Rhein-Main mit Hilfe ausgewiesener Rad- und Wanderwege wie auch die Übertragung von Erfahrungswerten funktionierenden Natur- und Landschaftsschutzes sind zwei der aktuellen Anknüpfungspunkte.

Literaturverzeichnis

Hartmanshenn, B. (2023). Freizeit und Naturschutz in den Naturschutzgebieten Siegmündung und Siegaue. Eine sozial-ökologische Konfliktanalyse. Masterarbeit Universität Bonn.

Hartmanshenn, Th. et al. (2023). Städte wagen Wildnis – Vielfalt erleben. Mehr Mut zu wilder Stadtnatur. BfN-Schrift Nr. 662. Bonn.

Hopfinger, H. (2011). Geographie der Freizeit und des Tourismus. In H. Gebhardt et al. (Hrsg.), *Geographie. Physische Geographie und Humangeographie* (S. 1021–1043). Heidelberg: Springer.

ISOE: http://www.isoe.de/publikationen/isoe-publikationen/

Regionalverband FrankfurtRheinMain. (2023). Schätze der Region. 44 Bedeutsame Landschaften im Ballungsraum Frankfurt/Rhein-Main. 2. aktualisierte u. ergänzte Auflage. Frankfurt am Main.

Sieber, S. (2023). Zwischen Vogelzwitschern, ICE und Autobahn. *Stadt+Grün 72* (8), 19–23.

Stadt Frankfurt am Main, Bürgeramt, Statistik und Wahlen. (2023). *statistik.aktuell 23*. Frankfurt am Main.

Stadt Frankfurt am Main, Tourismus+Congress GmbH. (2023). *Gäste- und Übernachtungszahlen 2022. Offizielle statistische Auswertung für die Stadt Frankfurt am Main.* Frankfurt am Main.

Stadt Frankfurt am Main, Umweltamt (Hrsg.). (2022). Was uns ins Freie zieht. Bestandsaufnahme und Bewertung zur Fortschreibung des Freiflächenentwicklungsplans. – Bearbeitung: Universität Kassel, Fachgebiet Landschaftsentwicklung/Umwelt- und Planungsrecht. A. Mengel et al. 2. erweiterte Aufl. Frankfurt am Main.

Stadt Frankfurt am Main, Umweltamt. (2021a). 30 Jahre GrünGürtel Frankfurt (1991–2021). Menschen, Daten und Projekte. Frankfurt am Main.

Stadt Frankfurt am Main, Umweltamt (Hrsg.). (2021b). Arten- und Biotopschutzkonzept der Stadt Frankfurt am Main. – Bearbeitung: PAN Planungsbüro für angewandten Naturschutz GmbH, München.

Stadt Frankfurt am Main, Umweltamt (Hrsg.). (2015). Klimaplanatlas Frankfurt am Main. – Bearbeitung: Institut für Klima- und Energiekonzepte (INKEK). L. Katzschner, S. Kupski. Lohfelden.

Zwilling, J. (2016). Vision und Verpflichtung. Frankfurts GrünGürtel. Frankfurt am Main

Autor

Dr. Thomas Hartmanshenn, 60 Jahre, hat 1989 an der Johannes-Gutenberg-Universität zu Mainz seinen Abschluss als Diplom-Geograph mit den Nebenfächern Botanik und Politikwissenschaft gemacht. Gestützt auf ein Stipendium des DAAD und der Landeshochschulkasse Rheinland-Pfalz hat er seine Dissertation über Möglichkeiten und Grenzen des integrierten Schutzes des tropischen Bergnebelwaldes von Gishwati im Nordwesten Rwandas geschrieben. Die Promotion wurde im Juni 1995 in Mainz abgelegt.

Nach 23 Jahren in der internationalen Entwicklungszusammenarbeit mit Langzeiteinsätzen in Rwanda, Senegal, Haiti, Äthiopien und Afghanistan ist er seit März 2013 als Abteilungsleiter Umweltvorsorge im Umweltamt der Stadt Frankfurt am Main tätig. Zu seinen fachlichen Kernaufgaben gehören der Schutz und die Weiterentwicklung des Frankfurter GrünGürtels, die Standortentwicklung am Alten Flugplatz Bonames/Kalbach sowie die Förderung der Stadtwildnis.

Er ist Vater zweier Töchter im Alter von 25 und 29 Jahren.

Landschaftsbezogene Wegekonzepte

Zugänge zu Erholungslandschaften am Stadtrand

Henrik Schultz & Börries v. Detten

Abstract

Angesichts der Flächenknappheit in Ballungsräumen rückt verstärkt die Qualität der Stadtrandlandschaften in den Fokus, die vielfach durch Diskontinuitäten und eine rasante Transformation geprägt sind. Der Beitrag folgt der Hypothese, dass landschaftsbezogenen Wegekonzepten eine strategische Bedeutung für die integrierende Entwicklung nachhaltiger Stadtrandlandschaften zukommen kann. Dazu nimmt er solche in den Blick, die resiliente Zugänge zu sich transformierenden Stadtrandlandschaften schaffen und dabei auf die intuitive Orientierung der Erholungssuchenden setzen.

Im ersten Teil des Textes wird das „Wegethema" in Forschungs- und Praxiskontexte eingeordnet, dann im zweiten Teil das zugrundeliegende Verständnis zum Zusammenhang von Wegen und Orientierung, Stadtrand, Landschaft und Resilienz aufgedeckt. Im dritten Teil werden die identifizierten Bestandteile der Wegekonzepte dargestellt, die verfolgten Strategien reflektiert und auf die im Grundlagenteil beschriebenen Aspekte bezogen. Schließlich wird im vierten Teil der Prozess der Erstellung von Wegekonzepten in den Blick genommen und Schlussfolgerungen für deren Umsetzung gezogen.

Keywords

Wegekonzepte, Wegetypologie, Intuitive Orientierung, Aktive Mobilität, Grüngürtel, Stadtrand, Resilienz, Ko-kreation, Walks

S. Sieber et al. (Hrsg.), *Landschaft und Naherholung*, RaumFragen: Stadt – Region – Landschaft, https://doi.org/10.1007/978-3-658-45410-4_8

1 Landschaftsbezogene Wegekonzepte

Im Kontext der großen Transformation (Schneidewind 2018) werden in Forschung und planerischer Praxis passende Strategien für eine Mobilitätswende hin zu mehr aktiver Mobilität diskutiert (Agora Verkehrswende 2023). Umfassend erforscht werden dabei bereits notwendige Anpassungen der Verkehrsinfrastruktur etwa bei der Umverteilung des Straßenraums (Umweltbundesamt 2022 und 2023) und weitere Rahmenbedingungen für eine Verhaltensänderung hin zum Wechsel auf nachhaltigere Mobilitätspraktiken (Sugden 2009; Lehner et al. 2016). Eine Forschungslücke zeigt sich bezogen auf eine integrierte Betrachtung von Landschaftsentwicklung und Fuß- bzw. Radwegeplanung, die als resiliente, also an sich wandelnde räumliche Rahmenbedingungen und Bedürfnisse anpassungsfähige Grüne Infrastruktur (Flitner 2017; Hansen et al. 2018; Maes et al. 2019; Rößler 2015) funktioniert. Der folgende Text nimmt deshalb prototypische landschaftliche Wegekonzeptionen in den Blick, die entwickelt wurden, um speziell die durch Diskontinuitäten und rasante Transformation geprägten Stadtrandlandschaften resilienter zu machen. Er folgt der zentralen Fragestellung „Wie können landschaftsbezogene Wegekonzepte die intuitive Orientierung der Erholungssuchenden stärker ansprechen und zugleich resiliente Zugänge zu sich transformierenden Stadtrandlandschaften schaffen?"

Die drei Fallbeispiele sind alle an der Schnittstelle von Planung und Forschung angesiedelt. Die Wegekonzeption für den Stadtrand in Osnabrück lässt sich als planende Forschung einordnen, da sie ein Ergebnis des transdisziplinären BMBF-Forschungsprojektes „Produktiv. Nachhaltig. Lebendig. Grüne Finger für eine klimaresiliente Stadt" ist (Dressler et al. 2023) und aufzeigt, wie eine klimaresiliente Stadtrandgestaltung mittels einer integrierten Wegeplanung für aktive Mobilität aussehen kann. Die landschaftsbezogene Wegekonzeption für den Grüngürtel in München lässt sich als forschende Planung bezeichnen. Als Gutachten im Auftrag der Landeshauptstadt München sucht sie nach ortsspezifischen Konzepten und gleichzeitig nach einer übertragbaren Methodik der Entwicklung landschaftsbezogener Wegekonzepte, die für unterschiedliche Bereiche des Stadtrandes anwendbar ist. Das in der Studie generierte Transformationswissen wurde im Norden und Westen des Münchner Stadtrands angewendet und getestet. Schließlich ist das integrierte landschaftliche Wegekonzept für den westlichen Stadtrand in Freiburg im Breisgau eine Planung, die im Auftrag der Stadt Freiburg im Vorfeld einer Schutzgebiets-Verträglichkeitsprüfung (Natura2000) für den neuen Stadtteil Dietenbach entstanden ist.

Die Autoren dieses Beitrags haben als Inhaber der Landschaftsarchitekturbüros (freiwurf LA, Landschaft 3) und als Forschende im Projekt Grüne Finger an den Konzepten federführend mitgewirkt. Entsprechend erfolgte die Auswahl der Fallbeispiele aufgrund des umfassenden Erfahrungswissens aus der Erarbeitung und des Zugriffs auf Informationen aus den gewöhnlich schlecht dokumentierten Entwurfsprozessen. Gemeinsam haben die Städte, in denen die Fallbeispiele liegen, dass sie mit ähnlichen Transformationserfordernissen konfrontiert sind. Bei der Suche nach Strategien zum

Umgang mit Flächenknappheit, Klimaanpassung, Wohnungsmangel etc. sind sie in besonderer Weise auf die Qualifizierung ihrer siedlungsnahen Landschaftsräume angewiesen. Die systematische Auswertung der Erkenntnisse aus den Projekten basiert auf einer Dokumentenanalyse, Interviews mit Projektbeteiligten und einer selbstreflexiven Evaluation. Entsprechend dem Charakter einer Fallstudie erheben die Ausführungen nicht den Anspruch, repräsentativ zu sein, sondern sind vielmehr geeignet, begründete, erfahrungsgestützte Hypothesen im Sinne einer grounded theory (Barney et al. 1967) zu bilden und anschauliches System-, Ziel- und Transformationswissen für die Planung zu generieren (Schneidewind 2018).

2 Grundlagen: Wege, Orientierung, Stadtrandlandschaften, Resilienz

2.1 Wege und Orientierung

Unser Erleben alltäglicher Umgebungen ist geprägt von gewohnheitsmäßigen Handlungen und unbewusst ablaufenden Wahrnehmungsprozessen. Wenn man den Weg zum nahegelegenen Wald, zum Badesee oder die eigene Laufstrecke gefunden hat, findet das räumliche Umfeld zumeist nicht mehr die anfängliche Aufmerksamkeit. Beiläufigkeit prägt unsere Raumwahrnehmung, zumal auch die Geschehensästhetik Vorrang hat: „Unsere Augen fungieren ja wie „Bewegungsmelder“ und wenden sich fast automatisch jeder Art von Bewegung oder Veränderung im Raum zu, während das Konstante, das Statische, schon Bekannte (…) zur Kulisse des Ereignisses wird.“ (Tessin 2004, S. 12). Die bewusste Augenblicklichkeit, dieser herausgeforderte, wache Blick bleibt hingegen auf ein unbekanntes Terrain oder eine touristische Attraktion beschränkt und insofern eine kurzweilige Ausnahme. Ihn gleichsam auf Dauer stellen zu wollen, gliche einer kognitiven Überforderung. Unterwegs lassen wir es also intuitiv angehen. Wir stellen gleichsam auf „Autopilot“ und steuern mehr oder weniger unterbewusst durch die uns vertrauten Räume. Das Angenehme eines Ausflugs in nahgelegene Landschaftsräume verschafft uns der Korridor einer hinreichenden Bekanntheit, der uns dort souverän mit Neuem oder Unerwartetem umgehen lässt. Das Verhältnis von Orientierung und Orientiertheit muss stimmen. Zu wenig Orientierung macht ein entspanntes Landschaftserlebnis unmöglich, übertriebene Ausschilderung und Erschließung widersprechen den Bedürfnissen vieler Menschen, Natur und Abenteuer außerhalb der Stadt zu erleben.

Orientierungspraktiken unterliegen indes einem Wandel. Unsere „Erlebnisse“ auf Ausflügen sind mittlerweile vielfach „vorgemeldet“, da wir die Route häufig vorab online recherchieren und einer Vielzahl von Empfehlungen, auch aus entsprechenden Apps folgen – gepaart mit entsprechenden Erwartungshaltungen (Pohl 2023). So gleicht der Ausflug – zumal wenn er GPS-gestützt erfolgt – dem Abfahren oder -laufen einer Liste von important places. Tim Ingold findet hierfür die passende Unterscheidung zwischen dem „Walk", als kontinuierliche Geste bzw. Linie und der „Assembly", einer zusammengesetzten Abfolge von Punkten, als zielorientiertem Transport (Ingold 2023, S. 98). Letzteres steht dem eigenen Erkunden und dem Vertrauen in die eigene intuitive Orientierung entgegen. Das Gefühl einen Pfad, eine Gegend für sich entdeckt zu haben, vermag sich da schwerlich einstellen.

Unter Orientierung verstehen wir somit das oft auf Intuition angewiesene Unterwegssein in einem Spannungsfeld aus intrinsischer Bewegung und räumlich-organisatorischen Leitplanken, häufig in Form von Wegen.

2.2 Wege und Stadtrand

Stadtrandlandschaften mit ihren Brüchen, Nutzungskonflikten, Vorläufigkeiten und den damit verbundenen ästhetischen Herausforderungen kommt bei der Entwicklung von Wegekonzepten eine besondere Bedeutung zu. Nicht erst seit Thomas Sieverts „Zwischenstadt" (Sieverts 1997) ist klar: Je weniger kohärent eine gesamträumliche Planung ausgebildet ist, umso weniger zusammenhängend ist das System öffentlicher Räume – und damit auch das öffentliche Fuß- und Radwegesystem. Das zeigt sich speziell am Stadtrand, wenn etwa Wege abrupt an Gemarkungsgrenzen, vor Werkstoren, Autobahnzufahrten oder Ackerrändern enden. Räume und Raumnutzungen folgen hier scheinbar zufällig aufeinander. Obwohl sie durch Bauleitplanung und Regionalplanung alle offiziell geplant wurden, orientieren und optimieren sich die teils großen Systeme aus Hochregallagern, Einfamilienhausgebieten, Naturschutzgebieten etc. eher nach innen und nicht auf ein durchgängiges System öffentlicher Wege. Die Folge ist ein Verlust an Kontinuität und an Bedeutung – für Menschen, die sich in diesen heterogenen Räumen erholen und bewegen wollen.

Nach welchen Maßgaben aber ließe sich nun in solchen Räumen einer intuitiven Orientierung wieder zu mehr Wirksamkeit verhelfen? Die Kriterien des Deutschen Wanderinstituts (Deutsches Wanderinstitut e. V. 2024) etwa passen für einen urbanen Verflechtungsraum nur bedingt. Bei dessen Premiumwegen geht es nicht darum, Kontinuität (wieder-)herzustellen und damit eventuell Alltagswege zur Arbeit mit körperlicher Betätigung und Erholung zu verknüpfen. Vielmehr wird mit diesen Wanderwegen dem tief verankerten Wunsch nach einer romantischen Landschaft entsprochen (Schultz 2014a). Stadtränder, überhaupt nahezu alles Gebaute wird im wahrsten Sinne umgangen. Die meist geschwungenen, möglichst nicht asphaltierten Wege führen durch kleinteilige Kulturlandschaften, umgehen Verkehrstrassen und andere Lärmimmissionen. Auch die Kategorie der Premium-Stadtwanderwege setzt auf eine „Wegedramaturgie in einem ausgewogenen Verhältnis zwischen städtischen und Naturerlebnissen" und ein „... geschlossenes, touristisch interessantes, städtebauliches Ortsbild ..." (Deutsches Wanderinstitut e. V. 2023). Wird man dem Prinzip einer Gestaltung abwechslungsreicher, dramaturgisch geschickt angelegter Wege prinzipiell auch im urbanen Raum noch folgen wollen, so wird sich der „malerische-

Abbildung 1 Vorschlag für einen neuen Wanderweg längs der östlichen Hangkante des Würmtales bei München

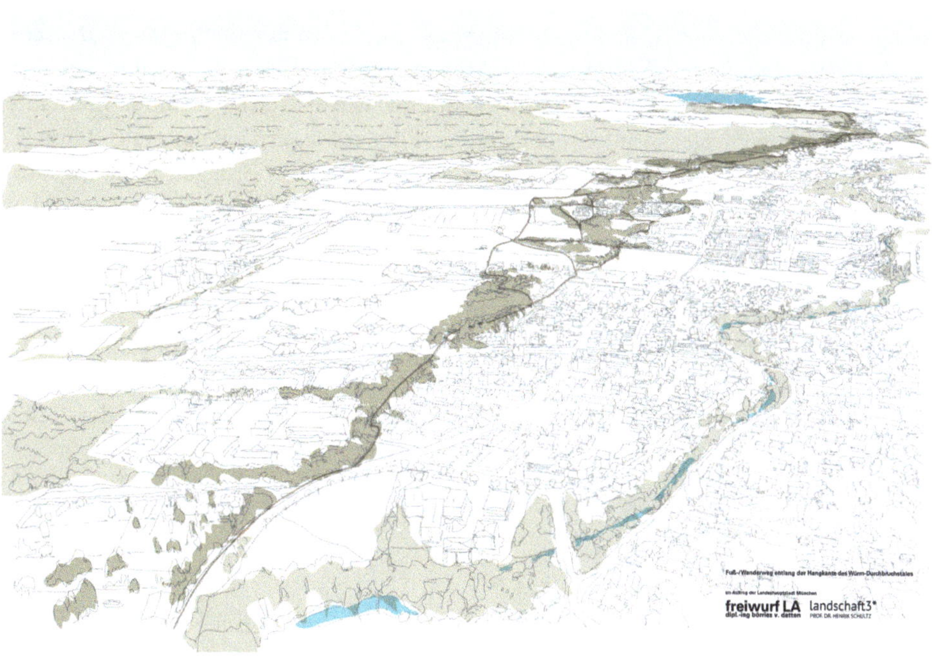

pittoreske“ bzw. kleinstädtische Gestus doch kaum auf viele stadtnahe Räume übertragen lassen. Sie sind vielerorten durchsetzt mit wenig ortsbezogenen oder „identitätsbildenden“ Nutzungsstrukturen. Es wird daher vielmehr darum gehen müssen – um es mit François Julien zu formulieren – „...nicht illusorisch, in einen kompensatorischen und pittoresken Partikularismus zu flüchten, sondern erneut Singuläres zu prägen...“ und „zahlreiche Polaritäten herausbilden, die die Weltgegend in Spannung versetzen“ (Julien 2016, S. 212). Und von Ernst Gombrichs Ausführungen (Gombrich 1982, S. 14) motiviert, ließe sich ergänzen: eine urbane Landschaft verträgt die visuelle Einbeziehung von Stadt, wenn sich Ordnungsmuster verbinden und Bezüge in der Landschaft aufgenommen werden.

Um landschaftliche Kontinuität neu aufbauen zu können, benötigen wir eine Wegeplanung, die die vorherrschende oftmals rein ziel- bzw. infrastrukturell orientierte Netzbetrachtung um eine landschaftsräumliche Sichtweise ergänzt. Es ist eine landschaftsaffine Netzausprägung erforderlich, die sich des gesamten Vorhandenen als Substrates bedient, um eine intuitive Orientierung zu erleichtern, und dabei gezielt auch neue Landschaftselemente „anspielt“, die bislang kaum durch alltagsweltliche Routinen an Bedeutung gewinnen konnten. Gerade in sich verdichtenden Stadtregionen gilt es die vielfach generischen Elemente in soziale Kontexte einzubinden (Julien 2016, S. 212). Grundlegend für landschaftliche Kontinuität sind selbstverständlich hier auch die landschaftsmorphologischen Gegebenheiten: etwa einer Hangkante oder einem Gewässerverlauf folgen zu können, verschafft dem Weg eine je eigene Räumlichkeit, Deckung, Sichtbezüge und mitunter auch eine spezifische Akustik. Das Relief einer Gegend, der Reichtum topographischer Elemente, wie Gipfel, Hang, Mulde usw., setzen Raumwiderstände wie Anreize, mitunter markante Aussichtspunkte, die gerne aufgesucht werden. Fließgewässern wieder mehr Raum zu geben, kann einen Landschaftsraum angenehm zentrieren. Sie legen Richtungsqualitäten an, denen man gerne folgt. Zuweilen sind dies auch Überbleibsel historischer Landschaftselemente, ein Kanal mit ehemaligen Treidelwegen oder eine aufgelassene Lade- und Startbahn, heute eine Piste, auf der sich freies Laufen bahnbrechen kann. Günther Grzimek hat zur Topologie einmal Grundlegendes formuliert: „Der Randeffekt basiert auf dem psychologischen Phänomen der Schwellenerfahrung. Grenzsituationen jeglicher Art, auch landschaftliche, verschärfen das Selbsterleben. Fluß, Seeufer, Waldränder, überall dort, wo Zwei Landschaftsbereiche aufeinanderstoßen (…) ergeben sich gesteigerte Sensibilitätswerte“ (Grzimek 1973, S. 18).

2.3 Wege und Landschaft

In den Wegekonzepten gehen wir von einem phänomenologischen Landschaftsverständnis aus, als von „Landschaft als ein durch individuelles und kollektives, alltägliches Handeln gelebter Raum“ (Kühne 2019, S. 137). Menschen, die auf Fuß- und Radwegen unterwegs sind, sind nicht nur ausschließlich Nutzende physischer Infrastrukturen, sondern erleben Landschaft. Sie verknüpfen wandernd Landschaftselemente (Schultz 2014). „In der Landschaft gelangen wir stets nur von einem Ort zum anderen Ort; jeder ist allein bestimmt durch sein Verhältnis zu den benachbarten Orten im Umkreis der Sichtbarkeit“ (Straus 1978, S. 335). Insofern spielen Wege und Wegenetze eine zentrale Rolle in der landschaftsbezogenen Naherholung. Sie legen Zugänge an, verbinden die „Umkreise der Sichtbarkeit“, schreiben der Landschaft Richtungen und Bezüge ein. Gewissermaßen systematisieren sie den Landschaftsraum. Dabei folgen wir vorgezeichneten Wegen in ihrer gewinnenden Selbstverständlichkeit gern: „Trotz der besonderen Freude, die wir beim freien Lauf (etwa durch den Neuschnee; Anm. der Verf.) erleben, ist in der Regel unser Wunsch nach bequemer Lenkung und guter Orientierung größer“ (Humpert 2007, S. 90). Klaus Humpert (2007) hat sich in seinem Buch „Laufspuren“ mit der Morphologie von Wegen und den damit zusammenhängenden Laufarten beschäftigt. Er untersucht darin die Genese von Trampelpfaden, die diesen Zusammenhang prototypisch beschreiben. Darin wird etwa deutlich, wie unser Blick unterbewusst zwischen Vorfeldkontrolle (Stolperfallen?) und Fernzielpeilung pendelt oder wie wir auf steilen Hängen einem abwägenden Kalkül zwischen Wegelänge (kürzeste Verbindung) und Neigung (Anstrengung, Rutschgefahr) folgen. Er offeriert damit eine Sichtweise, die explizit

Navigation und Landschaftsmorphologie in den Zusammenhang bringt. Es ist eine wirkmächtige Beiläufigkeit, mit der wir uns im Gelände zu orientieren scheinen, die jedoch besonders in stadtnahen Räumen kaum mehr zur Geltung kommen kann. Im Gegensatz zu alten, überkommenen Wegenetzen folgen hier die geplanten Wege ganz anderen Prinzipien. So wird etwa das Abkürzungsprinzip vielfach außer Kraft gesetzt (Humpert 2007, S. 84). Das Wegeraster der Siedlungen folgt vielmehr einer abstrakten Ordnung bzw. einem Rechts-Links-Schema (Duany Plater-Zyberk & Company 2003). Naturräumliche Strukturen werden vielfach geschliffen. So fällt es hier zunehmend schwer, in den Modus einer intuitiven, weil landschaftsaffinen Navigation zu gelangen.

2.4 Wege und Resilienz

Angesichts der wenig intuitiv sich erschließenden Textur heutiger Stadtrandlandschaften und dem Wandel der Orientierungspraktiken, stellt sich die Frage, welche Relevanz der Landschaftsraum, insb. der landschaftliche Nahbereich der Wege bzw. ihr wechselseitiges Verhältnis für unser Unterwegssein insbesondere abseits gewohnter Lauf- und Fahrstrecken denn noch haben kann. Dies erscheint gleich mehrfach von strategischer Bedeutung: Landschaftsbezogene Naherholungsnutzung findet – erstens – weit überwiegend auf Wegen statt (vgl. Buchecker, M. et al., 2013, S. 2 f.). Zweitens – die Corona-Pandemie machte es wie durch ein Brennglas besonders sichtbar – entdecken viele aktuell das alltägliche Unterwegssein in seiner rekreativen Bedeutung neu (Sauer 2019; O'Mara 2020; Schneeberger et al. 2021) und suchen für ihre Bewegung nach reizvollen und möglichst immissionsfreien Wegen. Dies stellt die etablierte Trennung von Alltags- und Freizeitnetzen in Frage und hat bereits Eingang in neue Forschungsvorhaben gefunden (UBA 2023). Drittens treffen auf den Wegen verstärkt widersprechende Bedürfnisse von Nutzenden aufeinander, die sich unterschiedlich schnell im Raum bewegen und mehr oder weniger intensiv in Kontakt mit den Landschaften treten wollen. Hinzukommen dann noch – viertens – Konflikte mit Flächennutzenden wie Landwirt*innen und Naturschützer*innen (Deutsches Wanderinstitut e. V. et al. 2019).

Wie ließe sich vor diesem Hintergrund die Bedeutung der Wege als Bindeglied zwischen Naherholenden und Landschaft neu begründen? Motiviert durch die Beobachtungen von Humpert, ließe sich zunächst die Frage stellen, inwieweit in der Wiederentdeckung dieser wirkmächtigen Beiläufigkeit unserer Navigation bzw. im gezielten gestalterischen Anspielen unserer intuitiven Orientierungsfähigkeiten ein Potenzial begründet liegt, um die Landschaft wieder in Spannung zu versetzen und vor der Uniformität zu retten, die sie bedroht, und um abseits medial vermittelter Routenvorschläge wieder Entdeckungen machen zu können (Kieran, 2013). Und wenn es gelänge, die individuelle Navigationsfähigkeit wieder gezielt anzusprechen bzw. freizusetzen, wie sähe dann ein adäquates, landschaftsbezogenes, angesichts der vielen Anforderungen, Konflikte wie auch Veränderlichkeiten resilientes Wegenetz in urbanen Räumen aus?

Resilienz wird hier im Sinne von Catrin Schmidt als Anpassungs- und Selbsterneuerungsfähigkeit einer Landschaft verstanden, also der Fähigkeit, trotz fortlaufender Veränderungen die grundlegenden landschaftlichen Qualitäten zu erhalten, zu erneuern und zu stärken (Schmidt 2020a, S. 6). Für alle im folgenden portraitierten Wegekonzepte wurde als Forschungs- oder Auftragsziel mehr ohne weniger explizit der Anspruch formuliert, dass sich die Wegekonzepte flexibel an die sich im Zuge der großen Transformation adressierten Veränderungen anpassen können sollen. Für Cathrin Schmidt (2020) sind die Prinzipien der dezentralen Konzentration, der redundanten Vielfalt und der robusten Elastizität Grundlage resilienter Landschaften. Damit betont sie die Notwendigkeit, eine Balance zwischen Extremen herzustellen, die auch für landschaftsbezogene Wegesysteme zentral scheinen. Ein weiterer Aspekt der landschaftlichen Resilienz ist die Passung der Wege für unterschiedliche Nutzungsansprüche. So kann ein Wegesystem als resilient bezeichnet werden, wenn es unterschiedlichen Naherholungstypen (Ketterer, Siegrist 2018) gerecht wird.

3 Ergebnisse aus den Fallstudien: Wegelandschaften, Wahrnehmungsleitende Raumstrukturen, Wegetypen und Wegesysteme

Die Arbeit an den Wegekonzepten war durch Dokumentenanalysen, Literaturrecherchen, Experteninterviews, eine Vielzahl von Walks mit Schlüsselakteuren, Nutzungsbeobachtungen, Kartierungen und Entwürfen (teilweise Testentwürfen im Sinne experimentellen Testens von generiertem Transformationswissen) geprägt. Entlang eingeschriebener Spuren wurde sondiert, wie Bewegung und Landschaftsmorphologie zusammenhängen. Diese Sondierungen bildeten die Grundlage für konzeptionelle Vorschläge für landschaftsbezogene Wegenetze, die in allen Projekten zugleich ein Beitrag zur landschaftlichen Resilienz im Umfeld urbaner Siedlungsrändern bilden sollten: Welche Wege können die Hauptlast der Erholungsnutzung aufnehmen, welche Teilräume sollten nur äußerst behutsam wie zurückhaltend erschlossen werden? Wie stark sollte das Netz hierarchisiert, wie dicht angelegt sein? Gemeinsam haben die drei Projekte, dass die Fuß- und Radwege nicht als von den Landschaften losgelöste Infrastruktur betrachtet werden, die ausschließlich das Ziel haben, Raum zu überwinden. Vielmehr sollten Wegelandschaften gestaltet, unterschiedliche Typen von Wegen in ihren Wechselwirkungen mit der Landschaft analysiert, verstanden und entworfen werden.

3.1 Wegelandschaften

Im Rahmen des Forschungsprojektes „Produktiv. Nachhaltig. Lebendig. Grüne Finger für eine klimaresiliente Stadt“ in Osnabrück bilden – dem oben beschriebenen phänomenologischen Ansatz folgend – Beschreibungen von Wegelandschaften den konzeptionellen Ausgangspunkt. Sie skizzieren, wie Wegenutzung und Landschaftserleben zusammenhängen. Dabei werden die Wege selbst betrachtet, ihr Nahraum als Verbinder analysiert und die Einordnung in den Landschaftsraum vorgenommen. So wird etwa das mitunter sehr reizvolle Spannungsverhältnis von Überschaubarkeit und Zugänglichkeit eines Geländes beleuchtet. Wie durchlässig bietet es sich den Erholungssuchenden? Wie wirkt sich das Relief auf den Wegeverlauf aus? Was gibt ihm eine Richtung vor? Durchläuft ein Weg eine offene Feldflur, wird er etwa von einem Fließgewässer auch akustisch begleitet? Hiermit werden also die spezifischen Qualitäten von Wegelandschaften zusammengetragen, nutzungsbezogene Besonderheiten beschrieben, raumtypische Herausforderungen umrissen und erste prinzipielle Gestaltungsempfehlungen gegeben.

Diese gezielt landschaftliche Betrachtung wird unterlegt mit einer eher geografischen Betrachtung der Wegenetze: hier werden der Ausbauzustand des Fuß- und

Abbildung 2 Wegelandschaften im Südwesten Osnabrücks

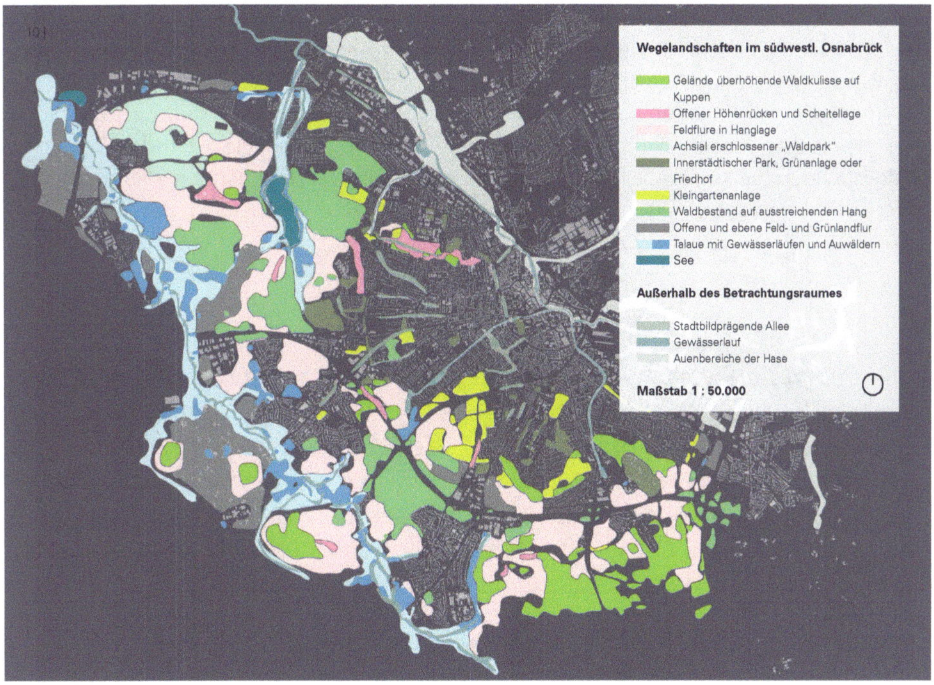

Abbildung 3 Beschrieb einer Wegelandschaft: Gelände überhöhende Waldkulisse auf Kuppen (Auszug)

Die Stadtlandschaft von Osnabrück ist stark durch die Orografie geprägt. Gründominierte Hügel prägen das Stadtbild. Die Wälder im Kuppenbereich einer Anhöhe haben meist einen hallenwaldartigem Bestandsaufbau. Trotz der wenig geschlossenen Waldsäume öffnen sich kaum Ausblicke in die benachbarten Talungen. (…). Siedlungsnah gelegene Waldbestände haben aufgrund der geringen Bestandstiefe eine eher kulissenhafte Wirkung. Zudem ist der unmittelbare Kuppenbereich häufig durch Versorgungseinrichtungen, Kleingartenanlagen oder öffentliche Einrichtungen (Sportplätze etc.) besetzt. Besonders auf dem Schölerberg ist die Wegedichte sehr hoch. Hier ist der Wald stellenweise durchzogen von Trampelpfaden. In steilen Bereichen folgen letztere einem abwägenden Kalkül zwischen Wegelänge und Neigung (Anstrengung, Rutschgefahr). In Abhängigkeit der Witterung ist der Boden dort zuweilen stark aufgeweicht; dies produziert wiederholt Ausweichstrecken um Pfützen oder matschigen Bodenstellen. Eine Hierarchisierung der Wege ist generell mit Ausnahme der Zufahrten zu den Infrastrukturen kaum ausgeprägt. Die exponierte, jedoch siedlungsnahe Lage, weiche Wege und die Geländebewegung prädestinieren die Kuppenbereiche für das Spazieren, Joggen und nordic walking und für informelle Nutzungen (Hüttenbau von Kindern etc.). Mit Radverkehr kaum zu rechnen (…) ist.

Radwegenetzes aufbereitet, Barrieren und Restriktionen ermittelt und aktuelle Netzplanungen für den Fuß- und Radverkehr aus Sicht der landschaftsbezogenen Naherholung bewertet. Auf Basis strategischer Perspektiven etwa zum Abbau von Disparitäten der Freiraumversorgung oder zur Lenkung von Erholungssuchenden im Bereich von Schutzgebieten werden fünf Strategien zur Entwicklung der Wegelandschaften im Südwesten Osnabrücks skizziert. Sie werden übersetzt in einen Katalog von Prüfaufträgen und Einzelmaßnahmen (Stadt Osnabrück und Hochschule Osnabrück 2022).

Abbildung 4 Übergeordnete Strategien zur Entwicklung der Wegelandschaften im Südwesten Osnabrücks

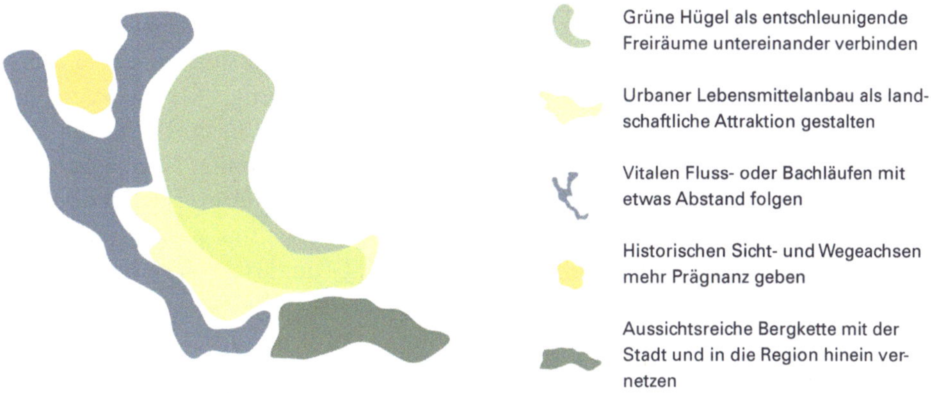

3.2 Wahrnehmungsleitende Raumstrukturen

Das Münchner Konzept „Wege machen Landschaften" koppelt in seinem methodischen Ansatz Kartierungen und phänomenologische Skizzen mit dialogorientierten Ansätzen wie Raumerkundungen und Workshops. Es wurden drei Typen wahrnehmungsleitender Raumstrukturen ausgemacht, die den Landschaften großräumig ein Gepräge geben. So nehmen im Münchner Grüngürtel sogenannte Starke Richtungen wie die Olympia-Regattastrecke, die aufgelassene Lande- und Startbahn eines Fliegerhorstes oder das Isartal sowohl starken Einfluss auf den Verlauf der Fuß- und Radwege als auch auf die Wahrnehmung der Landschaften. Schmiegt sich etwa ein Weg an eine solche Starke Richtung an, kann diese Orientierung und Schutz bieten. Lässt sie hingegen nur sehr selten das Über- oder Unterqueren zu, wird sie evtl. als lästige Barriere in der Landschaft empfunden. Sodann geben Anziehungs- und Orientierungspunkte, wie Kirchtürme, Hochhäuser, Heizkraftwerke oder auch Endpunkte barocker Sichtachsen der Landschaft Struktur, zumal sie häufig Ausflugziele und beliebte Treffpunkte abgeben. Die dritte für den Grüngürtel typische Raumstruktur sind in sich gekehrte Ruhepole, wie die Siedlungsinseln im Süden, Heideflächen oder auch die deutlich kleineren Kiesseen im Norden. Es sind versteckte Landschaftsräume, die ihren Reiz aus der zurückgezogenen Überschaubarkeit und dem je eigenen Wechselspiel von Raum und Wegen gewinnen.

3.3 Wegetypologie

Darauf aufbauend wurden dann typische Wege in den verschiedenen Landschaftsräumen des Münchner Grüngürtels beschrieben, etwa gewässerbegleitende Wege in den Mooslandschaften, Radialsysteme rund um die Dörfer im Süden oder die Hangkantenwege längs der Durchbruchtäler von Isar und Würm. Diese Beschreibungen münden in einer landschaftsbezogenen Wegetypologie. So unterscheiden sich etwa Begleiterwege von den Durchmesserwegen dadurch, dass hier eine begleitende Struktur das Landschaftserlebnis prägt – sei es ein Fließgewässer, ein Gehölzsaum oder eine Schallschutzwand. Die Wegetypen beschreiben also das Zusammenspiel von Weg und Landschaft. Sie kommen im gesamten Grüngürtel vor, sind dabei aber

Abbildung 5 Typologie der landschaftsbezogenen Wege im Münchner Grüngürtel

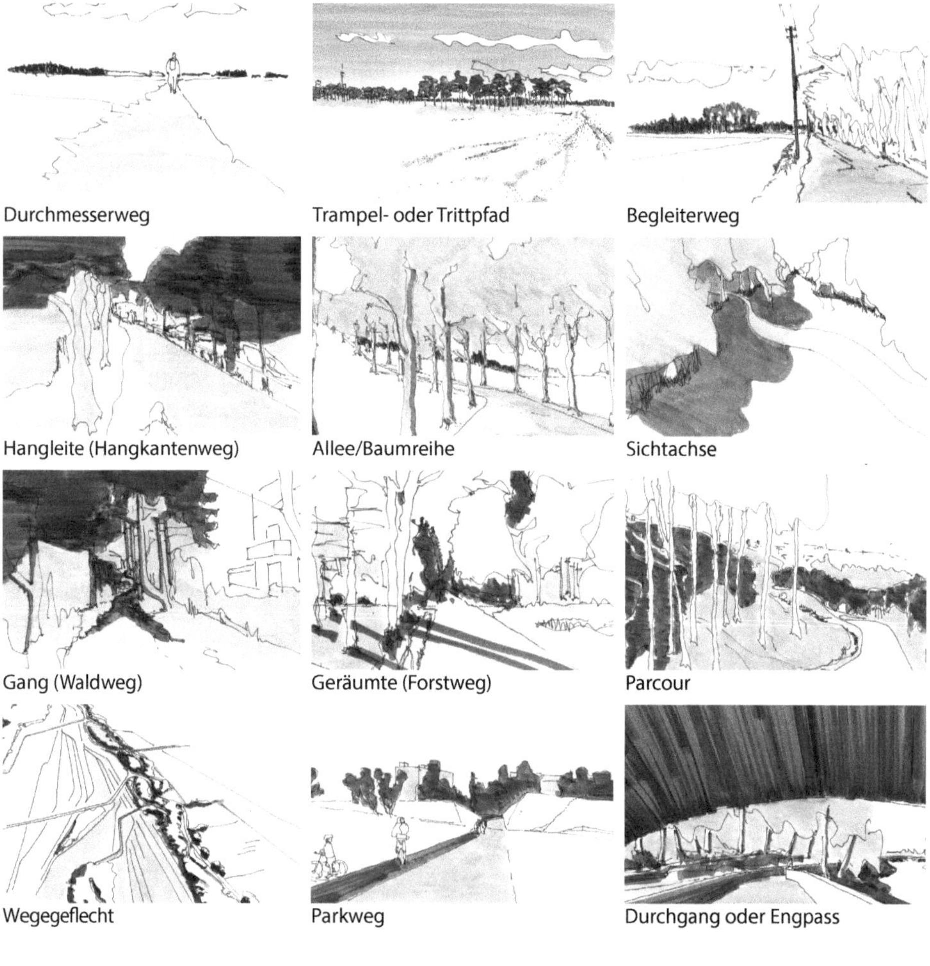

in ihrer Verteilung kennzeichnend für bestimmte Landschaftsräume. So tragen sie zur Differenzierung der Landschaftsräume rund um München bei. Die Typologie vorgefundener Wege ist jeweils mit Ansätzen für die Entwicklung der Wegelandschaft verbunden. Das Konzept ist eine Grundlage für die anstehenden Naherholungsplanungen im Kontext von großräumigen Siedlungserweiterungen.

3.4 Wegesysteme

In Freiburg im Breisgau wird die Stadtrandsituation durch die Planung des neuen Stadtteils Dietenbach stark verändert. Das Wegekonzept hatte hier die Aufgabe, ein kohärentes, reizvolles wie zurückhaltendes Wegenetz zu finden, das als Beitrag zur landschaftlichen Resilienz Raumwiderstände auf- und abbauen hilft. Dies ist dort besonders wichtig, weil der Stadtrand durch Naturschutzgebiete und Natura2000-Schutzgebiete geprägt ist. So galt es beim Verstehen und Gestalten von Wegelandschaften und Wegetypen einerseits robuste Erholungsräume längs der Dreisam vorzusehen, die in der Lage sind, den Andrang der Erholungssuchenden – auch aus dem

Abbildung 6 Konzeptschema für das landschaftsbezogene Wegenetz im Umfeld des neuen Stadtteils Dietenbach in Freiburg im Brsg.

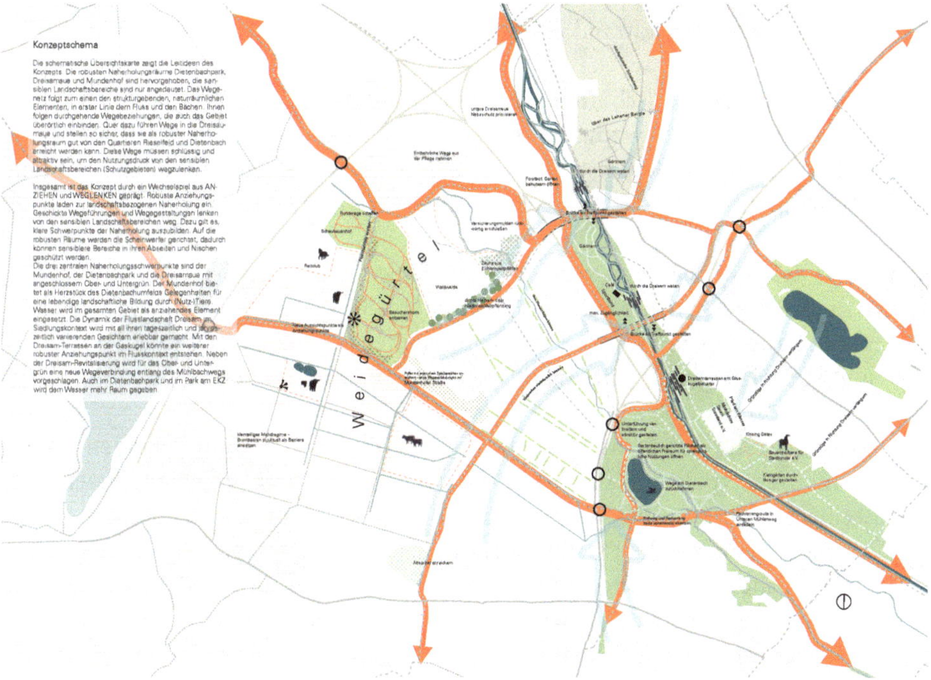

neuen Stadtteil – aufzunehmen. Hier eröffnet eine Revitalisierung und Aufweitung des bislang kanalisierten Flussbettes die Chance, Wasser als Anziehungspunkt zu nutzen und das Erleben von natürlicher Dynamik im urbanen Raum zu ermöglichen. Die Wege im Konzept spielen hier eine entscheidende Rolle, den Stadtteil auf diese Räume hin zu orientieren. Neben neu zu schaffenden, gut erreichbaren Erholungsräumen sind andererseits auch sensible Landschaftsbereiche wie selbstverständlich durch Ausbildung eines Weidegürtels zu schützen. Dieser umfasst bestehende Weiden im Naturschutzgebiet Freiburger Rieselfelder, den Tier-Natur-Erlebnispark Mundenhof sowie eine neu zu schaffende Waldweide. Die Weidetiere sind die Attraktion, flößen aber gleichzeitig Respekt ein, so dass ein Betreten von empfindlichen Landschaftselementen verhindert werden kann.

Die Arbeit mit Wegelandschaften, wahrnehmungsleitenden Raumstrukturen, Wegetypen und Wegesystem lässt sich auf viele Stadtrandbereiche übertragen. Bei der Anwendung wird es jedoch immer wieder notwendig sein, gebietsspezifische Strukturen zu identifizieren und auf diese Weise maßgeschneiderte Wegekonzepte zu finden. Bezogen auf die herausgearbeiteten Aspekte (vgl. 2.) lassen sich aus der Betrachtung der drei Projekte dennoch folgende drei verallgemeinerbare Rückschlüsse in Form von Hypothesen ziehen.

Hypothese Orientierung: Ein vielseitiges Wechselspiel von Wegelandschaften, wahrnehmungsleitenden Raumstrukturen, Wegetypen und Wegesystemen erleichtert es sich großräumig zu orientieren, landschaftliche Zusammenhänge zu erkennen und das Unterwegssein am Stadtrand zu strukturieren.

Hypothese Stadtrandlandschaften: Die landschaftsaffine Anlage des Wegenetzes ist ein wesentlicher Beitrag zum Aufbau von Kontinuität in Stadtrandlandschaften. Wahrnehmungsleitende Raumstrukturen übernehmen hier eine wichtige Funktion der Identifikation.

Hypothese Resilienz: Der Entwurf eines resilienten Wegesystems, also eines robusten Netzes mit unterschiedlichen Maschenweiten und Wegetypen passt viel besser zu den Herausforderungen von Stadtrandlandschaften als die bloße Einteilung in Alltags- und Freizeitwege oder die Ausweisung von Themen-Routen.

Reflektiert man die Arbeit mit Wegelandschaften, wahrnehmungsleitenden Raumstrukturen, Wegetypologien und Wegesystemen in den drei Projekten, lassen sich drei Resilienz-Strategien für Wegesysteme identifizieren, die einen gelungenen Zugang zu mehrfachgenutzten Stadtrandlandschaften schaffen, auf diese Weise Naherholung und andere Nutzungen integrieren und Orientierung ermöglichen.

Eine resiliente Netzstruktur wird einmal durch Zielpunkte und Verbindungsbedeutung bestimmt. Es geht hier darum, Ausflugsziele, Points of Interest (POI) unterschiedlicher Bekanntheit, aber auch um geeignete Ein- wie Ausstiegspunkte wie

Abbildung 7 Büffel an den Wasserlöchern im zukünftigen Weidegürtel am neuen Stadtteil Dietenbach in Freiburg im Brsg.

Regional-, S-/U-Bahnhöfe zu Knotenpunkten im Wegenetz zu machen. Dabei muss das Wegenetz unterschiedliche Aktionsräume/-radien bedienen. Neben übergeordneten Verbindungen bedarf es aber auch lokaler Abkürzungen, die idealiter für Gassi-Runden, Jogging oder den abendlichen Spaziergang als Schleifen angelegt sind. Dem Prinzip der dezentralen Konzentration von Schmidt (2020) folgend braucht es sowohl die Ausrichtungen auf Ziele als auch die Tangenten und dezentrale Subsysteme. Von den Zielen gilt es die Landschaft aufzuspannen und die Wege entsprechend zu zentralen Verbindungen zu machen oder ihre Bedeutung zurückzuschrauben oder sie sogar zurückzubauen. Denn als Pendant zu den gut erreichbaren Zentralitäten bedarf es jedoch auch „Pole der Unerreichbarkeit", die dann für empfindliche Nutzungen reserviert bleiben. Sie spielen in der Balance von Kontrolle und Selbstregulierung einer Landschaft eine entscheidende Rolle.

Die Diskussionen mit den beteiligten Akteuren und die entwurfliche Arbeit an den Wegekonzepten haben zudem gezeigt, dass Wegesysteme zweitens von einer Mischung aus vielfältigen und redundanten Verbindungsoptionen profitieren. Je übergeordneter eine Verbindung ist, desto standardisierter kann und sollte sie ausgebaut sein. Steter Wechsel im Ausbaustandard irritiert zum Beispiel Radler*innen. Je lokaler die Verbindungsbedeutung hingegen ist, desto spezifischer darf und sollte der Weg ausgeprägt sein. Das weiträumige System der sogenannten Geräumte im Staatsforst südlich von München, einem strengem Raster aus sehr breiten Forstwegen, fällt hier negativ auf. Die übertriebene Vereinheitlichung im Schachbrettmuster produziert Langeweile, schlechte Orientierung und nicht das Gefühl im Wald unterwegs zu sein. Dem Forst fehlt hier die Balance zwischen Spezifik und Standardisierung. Generell erschweren die in der Land- und Waldwirtschaft oft mit der Bewirtschaftung einhergehenden, uniformierten Wegequerschnitte die wünschenswerte Abstufung und Spezifizierung von Wegenetzen. Dies ist insbesondere für Wandernde von Nachteil (Heigl 2020). Demgegenüber ermöglicht ein ganzes Bündel recht unterschiedlich ausgebauter Wege längs der Isar den spontanen Wechsel je nach Witterung, Bewegungsinteresse, Wunsch nach Be- und Entschleunigung, Andrang etc. Die Balance zwischen Redundanz und Vielfalt gilt es auch bei der unmittelbaren Wegegestaltung im Blick zu haben. Durch wiederkehrenden Ausbaustandard, Elemente und Materialien können Richtungen priorisiert werden, denen dann die Naherholungssuchenden sehr wahrscheinlich intuitiv folgen. Die Frage der unmittelbaren Wegegestaltung ist nicht nur für eine Kontinuitätserfahrung in der Landschaft und konkrete Lenkungswirkung entscheidend, sie gewinnt auch durch den Klimawandel zunehmend an Bedeutung (Schattierung). Krautsäume und Blühstreifen oder Hecken entlang von Wegen können zudem dem Biotopverbund und dem Habitatschutz dienen.

Als dritte Balance spielt jene zwischen Elastizität und Resistenz eine entscheidende Rolle für die Ausprägung resilienter Wegelandschaften. Es bedarf sowohl anpassungsfähiger, „elastischer" Wege, die neue Ziele und Bewegungen aufnehmen können, als auch resistenter Wegeverläufe, die über Jahrzehnte Teil der landschaftliche Grundstruktur sind. Historische Wege wie alte Landstraßen folgen meist dem Prinzip der kurzen Wege. Vielerorten haben sie sich als Bundesstraßen bis heute erhalten (Humpert 2007, S. 84). Sie stehen gleichsam für die Stabilität zentraler Verbindungen. Sind sie von überörtlichem Autoverkehr befreit, bilden sie beliebte Rad- und Fußverbindungen, da sie bestens in den Siedlungsbereich eingebunden sind. In Schutzgebieten wiederum sind stabile, oftmals durch reizvolle wie abhaltende Säume begleitete Wegeverbindungen essentiell für den Habitatschutz. So haben sich etwa im NSG Freiburger Rieselfelder wiesenbrütende Vögel an hohe Verkehrsdichten auf einem klar begrenzten Korridor durchaus gewöhnt (mündl. Auskunft Striet am 18.09.2020). Daneben braucht es anpassungsfähige Wegestrukturen. Sie orientieren sich etwa an den jahreszeitlichen Wasserständen bzw. Hochwasserereignissen an Gewässern. Wenngleich bislang wenig erforscht, könnte auch in diesem Zusammenhang eine verstärkte Kooperation mit Anbietern von Tracking-Services hilfreich werden, um in Schutzgebieten oder schützenswerten Landschaftsbestandteilen durch gezielte Blockade der Trackingfunktion ein wiederholtes Einschreiben der Routen zu unterbinden. Viele Wanderapps haben den Naturschutz bereits für sich entdeckt und thematisieren das auch in ihren Portalen (Deutscher Wanderverband 2023). Bei der Balance zwischen Elastizität und Resistenz waren die Wegekonzepte auch oft mit der Frage konfrontiert, wie die Lenkungswirkung durch die Zonierung von Landschaftsräumen entfaltet werden kann (Prominski et al. 2014).

Während in Räumen mit sensiblen Habitaten die Wegedichte bewusst zurückgenommen wird, werden in robusteren Bereichen alternative Angebote für Erholungssuchende geschaffen. Lenkungswirkung kann hier auch gezielt durch Nutzungen aufgebaut werden. So können etwa Hutewälder oder extensive Beweidungen von Auen geschickt Abstoßung und Anziehung kombinieren. Viele Projekte zeigen, dass etwa die Beweidung mit horntragenden Großherbivoren Naherholungssuchende vom Betreten der Weideflächen abhält. (Rieken et al. 2004) Gleichzeitig können die Tiere vom sorgsam geplanten Wanderweg beobachtet werden. Sie werden dann zur Destination in der Landschaft. Hier können zudem hidden places als Einblicke in störungssensible Habitate gestaltet werden.

4 Schlussfolgerungen: Wegekonzepte als Integrationsprozess

Sucht man nun nach Schlussfolgerungen für die Planung ist es zunächst nötig zu klären, was mit der Umsetzung landschaftsbezogener Wegekonzepte gemeint ist. Wegekonzepte sind nicht erst dann erfolgreich umgesetzt, wenn sie – wie etwa eine Parkplanung – gebaut sind. Sicherlich wird es darum gehen, Lücken in Wegesystem zu schließen und im oben beschriebenen Sinne Wegesyteme resilienter zu machen, indem durch großräumige Landschaftsplanung und punktuelle Interventionen ihre Verbindung mit der Landschaft gestaltet wird. Landschaftsbezogene Wegekonzepte wirken jedoch auch, indem sie bei den vielen Entscheidungen, die die Akteure in unterschiedlichen Projektzusammenhängen treffen, zur Leitlinie werden und gleichsam in die strategische Ausrichtung einer Stadt oder Region einsickern. Die Erfahrung auch in den drei hier zitierten Projekten zeigt zudem, dass ein gemeinsamer Erarbeitungsprozess zur Klärung beiträgt, was im Sinne des Konzepts ist und was nicht. Er stärkt die Kenntnis der Talente und Sensibilitäten einer Landschaft. Damit die beteiligten Akteure das Konzept in ihren alltäglichen Entscheidungen als Leitlinie nutzen und es so Schritt für Schritt umsetzen, braucht es also die aktive Mitwirkung am kokreativen Prozess und die Verortung der Handlungsansätze im Konzept. Die Konzepte müssen dabei helfen, die Stellschrauben zu erkennen, beispielsweise indem sie Wegelandschaften, wahrnehmungsleitende Raumstrukturen und Wegetypen identifizieren.

4.1 Ko-kreative Prozesse

Eine zentrale Herausforderung – nicht nur am Stadtrand – ist es, ein resilientes Fuß- und Radwegesystem zu etablieren und dabei nicht am Widerstand von Naturschutz und Landwirtschaft zu scheitern. Sicherlich gibt es Landwirt*innen, die sich über Naherholungssuchende in ihrem Hofcafé freuen und es gibt auch Naturschützende, die es zentrales Ziel ansehen, Naherholungssuchende in Kontakt mit Tieren und Pflanzen zu bringen, um so ihre Wertschätzung für die Anliegen des Naturschutzes zu erhöhen. Die große Mehrzahl an Vertreter*innen der beiden Bereiche sind jedoch alarmiert, wenn es um Wege entlang oder gar durch „ihre“ Flächen geht. Das zeigte sich besonders deutlich am westlichen Münchner Stadtrand, in der Osnabrücker Düte-Aue und in den Naturschutzgebieten rund um den neuen Stadtteil Dietenbach in Freiburg. Eine zentrale Aufgabe der Wegekonzepte ist es somit, konkurrierende Nutzungen aus den Bereichen Naherholung, Landwirtschaft und Naturschutz zu integrieren. Dabei gilt es gemeinsam zu diskutieren und zu verstehen, wie ein abgestimmtes, in sich stimmiges und intuitiv zu verstehendes Wegesystem die Chancen erhöht, das empfindliche Landschaftsbereiche nicht durch zu intensive Naherholungsnutzung in Mitleidenschaft gezogen wird. Dies wird vielerorten durch einen allzu standardisierten Wegeausbau oder auch eine fehlende konzeptionelle Abstimmung von Ausgleichsflächen und Erholungsplanung erschwert. Auch insofern geht es darum, Kompromisse zwischen den Akteuren auszuhandeln. Bei den drei interkommunal gedachten Landschaftsbezogenen Wegekonzepten gehörten zu den Schlüsselakteuren neben den Landwirt*innen und Naturschutzorganisationen Behörden, wie die Naturschutzbehörden, Planungsämter, Vertreter der Verkehrsplanung und Zuständige für die Pflege und Verwaltungen öffentlicher Infrastrukturen wie Deichen, Einrichtungen des Hochwasserschutzes und Wasserrückhalts etc. Wegekonzepte können nur im Austausch mit diesen Akteuren erfolgreich entwickelt und umgesetzt werden. Die Erfahrungen in der Bearbeitung der Projekte zeigt, dass die Wegeplanungen die Akteure auf den Plan riefen, die sich in der Optimierung der Flächen nach innen und Abgrenzung nach außen oft sehr wohl fühlen. Die Projekte konnten (wenn auch teilweise nur in Ansätzen) zeigen, wie sich „harte" und „weiche" Lenkungsmaßnahmen die Hand geben und so empfindliche Bereiche vor intensiver Erholungsnutzung geschützt werden können. Die Erfahrung zeigt dabei, dass schon die kooperative Erarbeitung von Wegekonzepten ein Beitrag zur nachhaltigen Wahrnehmungsänderung der Stadtlandschaften bei Schlüsselakteuren sein kann. In zwei der drei Beispiele war der Schlüssel in diesem Kontext die gemeinsame Erkundung der Stadtrandlandschaften auf den Wegesystemen, die es zu optimieren galt. Nicht nur die Projektbearbeiter haben die Landschaften des Münchner Grüngürtels mehrere Wochen durchwandert und dabei die Eigenschaften dieser Landschaften und im Besonderen das Zusammenspiel aus Wegen und Landschaftserlebnis zu verstehen versucht und eine Wegetypologie sowie Wahrnehmungsleitende Raumstrukturen identifiziert. Auch die am Projekt beteiligten Akteure aus Politik, Verwaltung, Vereinen und interessierter Bürgerschaft haben an geführten Wanderungen, den „Walks", durch den Grüngürtel mitgemacht, vor Ort Herausforderungen, Potenziale und erste von den Landschaftsarchitekten erarbeiteten Konzeptideen für ein landschaftsbezogenes Wegesystem diskutiert und sich vor allem ein Bild von den Landschaften und ihren Wegen gemacht (Lampert et al. 2019, Schultz 2014b, Schultz 2023). So war sich die Gruppe im München Norden einig, dass es „hier draußen nicht so wie in der Stadt ist, nicht so aufgeräumt, so gestaltet, dass man wirklich ein Draußen-Gefühl hat" (mündl. Auskunft).

Neben den Walks gab es in München mehrere Workshops, über kommunale und sektorale Grenzen hinweg. Diese ko-kreative Zusammenarbeit trug dazu bei, die in-

Abbildung 8 Walks folgen zuweilen ungewohnten Pfaden, um Potenziale aufzuspüren

terkommunale Zusammenarbeit zu stärken und bei den Beteiligten aus Politik, Verwaltung und Zivilgesellschaft ein Bewusstsein für die Bedeutung des Grüngürtels zu schaffen. Dabei wurde aber auch der komplexe Kontext von Interessen, Anforderungen und Befürchtungen deutlich, in den die Wege eingebettet sind und auch, aus welch unterschiedlichen Perspektiven sie betrachtet werden. Während die einen perfekt ausgebaute schnelle Radverbindungen vor Augen hatten, bestanden auf der anderen Seite Befürchtungen, dass selbst der Hinweis auf einen attraktiven Weg dazu führen könnte, dass wertvolle Landschaftsbereiche zu stark belastet würden, oder das unkalkulierbare Haftungsrisiken entstünden.

Es zeigte sich aber auch, dass Wege ein idealer Einstieg in Gespräche über die Landschaftsräume des Stadtrandes, ihre Nutzungen und die Möglichkeiten ihrer Qualifizierung sind. Jede und jeder kann aus eigener Erfahrung etwas zu ihnen sagen und im Grunde sind sie positiv belegt. Die zahlreichen Testentwürfe diesseits und jenseits der Stadtgrenze wurden, anders als befürchtet, von den Nachbarkommunen nicht als übergriffig empfunden, sondern als wertvolle Diskussionsgrundlage verstanden.

4.2 Integrierte Wegeplanungen

Tritt man nun einen Schritt zurück, stellt sich neben den vielen praktischen Aspekten die Frage, was das Thema Wege für die aktuellen Fragen der Landschafts- und Erholungsplanung bereithält. Die Projekte haben deutlich gemacht, dass es nicht darum gehen kann, die Systeme Freizeitlandschaften und Alltagslandschaften getrennt voneinander zu optimieren. Längst nutzen viele Pendler ihre Arbeitswege per Rad zum Gesundheitserhalt, zur Gesundheitsvorsorge oder zur Entspannung (Prehn et al. 2023). Entsprechend sollte etwa die Linienbestimmung von Radschnellrouten nicht wie eine Autobahnplanung betreiben werden und sich dabei die anderen Wegesysteme unterordnen.

Resiliente Wegenetzentwicklung sollte als Querschnittsaufgabe begriffen werden. So zeigt die Planungsrealität am Stadtrand, dass gerade große Infrastrukturen wenig Rücksicht auf das feingliedrige Netz an Fuß- und Radwegen nehmen. Stattdessen sollten bei Autobahnerweiterung oder Ausbau von Bahntrassen stets die querenden Wege, bei jeder Siedlungserweiterung die Qualifizierung der angrenzenden Wegelandschaften mitgedacht und mitbudgetiert werden. Bei jeder Schutzgebietsausweisung und Verortung von Ausgleichsmaßnahmen sollte die Erholungsnutzung zeitgleich und kooperativ im Schulterschluss mit Verbänden und Behörden mitgestaltet werden, um gegenseitige Blockaden zu verhindern.

Die anfangs aufgezeigte Forschungslücke rund um integrierte landschaftsbezogene Wegesysteme ist mit der Auswertung der drei Projekte noch lange nicht geschlossen. Weitere Forschungen sollten neben einer breiteren Anzahl an Fallstudien vor allem auch die Auswirkungen bereits umgesetzter Konzeptbestandteile in den Blick nehmen. Zentral scheint es, gerade am Stadtrand das Wechselspiel aus Wegen und Landschaft in seinen Balancen noch eingehender zu verstehen, um die Potenziale der Wegenetzgestaltung als orientierenden Zugang zu einer landschaftlichen Kontinuitätserfahrung zu erhärten, und um auch aufzeigen zu können, wie sich landschaftsbezogene Wege gesellschaftlich erfolgreich aushandeln lassen.

Abbildungsnachweise

Abb. 1: Landeshauptstadt München, 2023

Abb. 2: Stadt Osnabrück/Hochschule Osnabrück, 2022

Abb. 3: Stadt Osnabrück/Hochschule Osnabrück, 2022

Abb. 4: Landeshauptstadt München, 2017

Abb. 5: Landeshauptstadt München, 2017

Abb. 6: Stadt Freiburg im Brsg., 2023

Abb. 7: freiwurf LA und Landschaft3*, 2022

Abb. 8: Matthias Lampert, Landeshauptstadt München, 2021

Literaturverzeichnis

Agora Verkehrswende (2023). Leitfaden Fahrradstraßen. https://www.agora-verkehrswende.de/blog/so-lassen-sich-fahrradstrassen-schnell-realisieren/. Zugegriffen: 5. Februar 2024.

Barney, G., Glaser, A. & Strauss, L. (1998). The Discovery of Grounded Theory. Strategies for Qualitative Research (1967).

BSLA – Bund Schweizer Landschaftsarchitekten und Landschaftsarchitektinnen. anthos (2023). Essen. Aus Landwirtschaft wird Landschaft.

Buchecker, M., Kienast F., Degenhardt B., Widmer, S. & Moritzi, M. (2013). Naherholung räumlich erfassen. Eidgenössische Forschungsanstalt für Wald, Schnee und Landschaft WSL. Merkblatt für die Praxis (= Heft 51) 06/2013.

Bucksch J. & Schneider S. (Hrsg.). (2014). Walkability. Das Handbuch zur Bewegungsförderung in der Kommune. Verlag Hans Huber.

Careri, F. (2017). Walkscapes. Walking as an aesthetic practice. Culicidae Architectural Press, Ames, IA. 202

Deutsches Wanderinstitut e.V., Fachhochschule Erfurt – Landschaftsarchitektur & Bundesverband Beruflicher Naturschutz e.V. (2019). Wandertourismus und Naturschutz – Statementpapier zur Konfliktvermeidung.

Deutsches Wanderinstitut e.V. (2024). Premium-Wanderwege. https://www.wanderinstitut.de/deutsches-wandersiegel/kriterien/. Zugegriffen am 25. Januar 2024.

Deutscher Wanderverband (2023). https://natursport-umwelt-bewusst.de/. Zugegriffen am 1. September 2023.

DLR Verkehr (Hrsg.). (2021). Vierte DLR-Befragung: Wie verändert Corona unsere Mobilität? https://verkehrsforschung.dlr.de/de/news/news/vierte-dlr-befragung-corona-mobilitaet-hintergrundpapier. Zugegriffen am 20. Oktober 2021.

von Dressler, H., Nikolaus, L., Schultz, H. & Eckhardt, F. (2023). Osnabrück Stadt der Grünen Finger. Forschungsergebnisse des Forschungsprojekts Produktiv. Nachhaltig. Lebendig. Grüne Finger für eine klimaresiliente Stadt. Osnabrück: Hochschule Osnabrück. https://gruene-finger.de/wp-content/uploads/2022/07/2022_05_OsnabrueckStadtDerGruenenFinger_Forschungsergebnisse.pdf. Zugegriffen am 2. Februar 2024.

Duany Plater-Zyberk & Company (2003). SmartCode. https://transect.org/transect.html. Zugegriffen 12.02.2024.

Flitner, M. (2017). Grüne Infrastruktur und die Erneuerung städtischer Naturen. In M. Flitner, J. Lossau & A. Müller (Hrsg.). Infrastrukturen der Stadt (S. 45–64). Wiesbaden: Springer Fachmedien.

Gombrich, E. (1982). Ordnung und Zweck in der Natur. In: ders. Ornament und Kunst. Schmucktrieb und Ordnungssinn in der Psychologie des dekorativen Schaffens. Stuttgart, Klett-Cotta.

Grzimek, G. (1973). Gedanken zur Stadt- und Landschaftsarchitektur seit Friedrich Ludwig von Sckell. Verlag Georg D. W. Callwey, München.

Hansen, R., Born, D., Lindschulte, K., Rolf, W., Bartz, R., Schröder, A., Becker, C. W., Kowarik, I. & Pauleit, S. (2018). Grüne Infrastruktur im urbanen Raum: Grundlagen, Planung und Umsetzung in der integrierten Stadtentwicklung. Bonn, Bad Godesberg: Bundesamt für Naturschutz.

Herrmann, S. (2022). Tief in unserem Inneren sind wir noch immer Wegefinder. https://www.sueddeutsche.de/wissen/gps-orientierungssinn-navigation-verloren-psychologie-1.5507521?print=true. Zugegriffen am 25. Januar 2024.

Hochparterre Velojournal. (04/2022). Stadt Land Velo.

Humpert, K. (2007). Lauf-Spuren. Stuttgart, Edition Esefeld & Traub.

Ingold, T. (2021). Eine kurze Geschichte der Linien. Konstanz University Press.

Julien, F. (2016). Von Landschaft leben oder das Ungedachte der Vernunft. Matthes & Seitz.

Kaussen, L. & Bernstein, F. (2023). Die virtuelle Konstruktion von Landschaft – Points of Interest im Kreis Lippe; in: Kühne, O. et al. (2023). Landschaft und Tourismus. Wiesbaden: Springer VS.

Ketterer Bonnelame L., Siegrist D. (2018). Naherholungstypen. Leitfaden für die nachfrageorientierte Planung und Gestaltung von naturnahen Naherholungsgebieten. Schriftenreihe des Instituts für Landschaft und Freiraum. HSR Hochschule für Technik Rapperswil. Nr. 15.

Kieran, D. (2013). Slow Travel. Die Kunst des Reisens. Rogner und Bernhard.

Kühne, O., Sedelmeier, T., Jenal, C. Freytag, T. (Hrsg.) (2023). Landschaft und Tourismus. Wiesbaden: Springer VS.

Kühne, O. (2019). Phänomenologische Landschaftsforschung. In: Kühne, O., Weber, F., Berr, K. und Jenal, C. (Hrsg.), Handbich Landschaft (S. 135–144). Wiesbaden: Springer VS.

Landeshauptstadt München. (2019). Wege machen Landschaft. Landschaftsbezogenes Wegekonzept für den Münchner Grüngürtel. Bearbeitung: freiwurf LA und Stein+Schultz Projekte.

Landeshauptstadt München. (2023). Wege machen Landschaft. Landschaftsbezogenes Wegekonzept für den Grüngürtel im Münchner Westen. Bearbeitung: freiwurf LA und Landschaft3*.

Lampert, M.; Schultz, H.; von Detten, B. (2019). Wege machen Landschaft. Landschaftsbezogenes Wegekonzept für den Münchner Grüngürtel. In: Stadt und Grün 12/2019.

Lehner, M., Mont, O. & Heikanen, E. (2016). Nudging – A Promising tool for sustaiinable consumption behaviour. In: Journal of Cleaner Production, Vol. 134 Part A, 166–177m. https://doi.org/10.1016/j.jclepro.2015.11.086.

Maes, J., Zulian, G., Günther, S., Thijssen, M. & Raynal, J. (2019). Enhancing Resilience Of Urban Ecosystems through Green Infrastructure (EnRoute). Luxembourg: Publications Office of the European Union.

Marquardt C. & Viergutz K. (2021). Mobilitätswende in Zeiten von Corona. Chancen für Veränderungen. PlanerIn (1): 38–39

https://natursport-umwelt-bewusst.de/. Zugegriffen am 20. Februar 2024.

https://medium.com/komoot/wie-komoot-zum-naturschutz-beiträgt-und-in-besucherlenkung-investiert-2572230eb4. Zugegriffen am 20. Februar 2024.

O'Mara, S. (2019). In Praise of Walking. The new science of how we walk and why it's good for us. London: Bodley Head.

Pohl, M. (2023). RedaktionsNetzwerk Deutschland GmbH RND 01./02. 07. 2023.

Prehn et al. (2023): A new understanding of being physically and virtually en route, ECLAS 2022 Conference Proceedings

Prominski, M., Maaß, M. & Funke, L. (2014). Urbane Natur Gestalten. Birkhäuser Verlag.

Riecken, U., Bunzel-Drüke, M., Dierking, U., Finck, P., Härdtle, W., Kämmer, G., Reisinger, E. & Sandkühler, J. (2004). Perspektiven großflächiger Beweidungssysteme für den Naturschutz: Lüneburger Erklärung zu Weidelandschaften und Wildnisgebieten. – In: Finck, P., Härdtle, W., Redecker, B. & Riecken, U. (Bearb.): Weidelandschaften und Wildnisgebiete – Vom Experiment zur Praxis. – Schr.-R. f. Landschaftspfl. u. Natursch. 78: S. 527–539.

Rodaway P. (1994). Sensuous Geographies. body, sense and place. Routledge.

Rößler, S. (2015). Klimawandelgerechte Stadtentwicklung durch grüne Infrastruktur. Raumforschung und Raumordnung 73(2), 123–132.

Sauer, Ch. (2020). Draußen gehen. Inspiration und Gelassenheit im Dialog mit der Natur. Verlag Hermann Schmidt.

Schmidt, C. (2020). Landschaftliche Resilienz. Grundlagen, Fallbeispiele, Praxisempfehlungen. Springer Spektrum, Berlin, Heidelberg. 228 S. https://doi.org/10.1007/978-3-662-61029-9.

Schneeberger P./Van Weezemael J. (2021). Dezentralschweiz. Wie Corona sesshafter macht und was das für unsere Lebensräume bedeutet.

Schneidewind, U. 2018. Die große Transformation: Eine Einführung in die Kunst gesellschaftlichen Wandels. Frankfurt am Main: Fischer Taschenbuch.

Schultz, H. (2014a). Landschaften auf den Grund gehen. Wandern als Erkenntnismethode beim Großräumigen Landschaftsentwerfen, Berlin: Jovis.

Schultz, H. (2014b). Designing large-scale landscapes through walking. Journal of Landscape Architecture 9 (2): 6–15. https://doi.org/10.1080/18626033.2014.931694.

Schultz, H. (2023). Landschaftsforschung En Route. In Karsten Berr, Edewecht | Sebastian Feldhusen, Berlin (Hrsg.): Forschungsmethoden Landschaftsarchitekturtheorie, Springer Nature.

Sieverts, Th. (1998). Zwischenstadt zwischen Ort und Welt, Raum und Zeit, Stadt und Land. Bauwelt Fundamente 118

Stadt Freiburg im Breisgau (2022). Erholungs- und Wegekonzept für das Umfeld des neuen Stadtteils Dietenbach. Bearbeitung: freiwurf LA und Landschaft3*.

Stadt Osnabrück & Hochschule Osnabrück (2022). Forschungs- und Entwicklungsvorhaben „Produktiv. Nachhaltig. Lebendig. Grüne Finger für eine klimaresiliente Stadt. Landschaftsbezogene Wegebeziehungen im siedlungsnahen Raum. Vernetzung der Grünen Finger Schölerberg, Kalkhügel und Westerberg in Osnabrück. Bearbeitung: freiwurf LA – Dipl.-Ing. Börries v. Detten.

Sugden, R. (2009). On Nudging: A Review of Nudge: Improving Decisions About Health, Wealth and Happiness by Richard H. Thaler and Cass R. Sunstein, International Journal of the Economics of Business, 16:3, 365–373, https://doi.org/10.1080/13571510903227064.

Stemmer, B., Bernstein, F., Behre, E. & Kaussen, L. (2023). Naherholung als Teil der grünen Infrastruktur – ein neupragmatischer Ansatz. In: Kühne, O. et al. (2023). Landschaft und Tourismus. Springer VS.

Straus, E. (1978). Vom Sinn der Sinne. Ein Beitrag zur Grundlegung der Psychologie. Springer-Verlag.

Umweltbundesamt (UBA). 2021. Aktive Mobilität und Freiräume im Zusammenspiel von Stadt und Umland. https://www.umweltbundesamt.de/presse/pressemitteilungen/umland-stadt-nachhaltig-verflechten. Zugegriffen am 14. August 2023.

Umweltbundesamt (UBA). (2022). Modellvorhaben nachhaltige Stadtmobilität unter besonderer Berücksichtigung der Aufteilung des Straßenraums (MONASTA): https://www.umweltbundesamt.de/publikationen/modellvorhaben-nachhaltige-stadtmobilitaet-unter-0. Zugegriffen am 5. Februar 2024.

Umweltbundesamt (UBA). (2023). Maßnahmen zur Neuverteilung und Umwidmung von Verkehrsflächen. https://www.umweltbundesamt.de/publikationen/massnahmen-zur-neuverteilung-umwidmung-von. Zugegriffen am 05. 02. 2024.

Autoren

Henrik Schultz ist Professor für Landschaftsplanung und Regionalentwicklung an der Hochschule Osnabrück. Er forscht zu klimaresilienten Landschaften, nachhaltigem Unterwegssein, Wandern als Erkenntnismethode und ko-kreativen Transformationsprozessen. h.schultz@hs-osnabrueck.de

Börries v. Detten, Landschafts- und Freiraumplaner, ist Inhaber und Geschäftsführer von freiwurf LA, Hannover. Schwerpunkte seiner Arbeit sind regionales Landschaftsentwerfen, landschaftsbezogene Wegekonzepte, Studien zur kommunalen Freiraumversorgung und Strukturkonzepte zur Ortsentwicklung. detten@freiwurf.org

Grüne Infrastruktur als Instrument der Erholungsplanung im regionalen und lokalen Maßstab

Evelyn Behre & Boris Stemmer

Abstract

Grüne Infrastruktur soll ein breites Spektrum an Ökosystemleistungen erbringen. Dazu zählen auch die bisher weniger beachteten (sozio-)kulturellen Ökosystemleistungen, die sich auf menschliche Bedürfnisse wie Erholung und Identifikation beziehen. Mit dem E+E-Vorhaben „Grüne Infrastruktur in ländlichen Regionen" konnte gezeigt werden, wie Grüne Infrastruktur zur Sicherung und Entwicklung (sozio-)kultureller Ökosystemleistungen beitragen und so die Naherholungsfunktion gestärkt werden kann. Gleichzeitig wird zur Sicherung und Förderung zahlreicher weiterer Ökosystemleistungen beigetragen. Grundlage der Arbeit ist eine Analyse der Erholungsfunktion innerhalb des Kreises Lippe, mit welcher prioritäre Räume mit besonderer Bedeutung für die Erholung identifiziert werden konnten. Basierend auf der Überlagerung mit prioritären Räumen der weiteren Themengebiete (Biotopverbund und Kulturlandschaft) wurden im Rahmen der Synthese sieben Schwerpunkträume ausgewählt, für welche themengebietsübergreifende Ziele, Leitbilder und Maßnahmen entwickelt wurden. Das resultierende Handlungskonzept, welches im kürzlich begonnen Hauptvorhaben umgesetzt wird, entspricht so unter besonderer Berücksichtigung der (sozio-)kulturellen Ökosystemleistungen dem Anspruch der Multifunktionalität und gewährleistet durch die Schaffung multifunktionaler Netzwerke die Bereitstellung eines breiten Spektrums unterschiedlicher Ökosystemleistungen.

Keywords

Grüne Infrastruktur, Naherholung, Ökosystemleistungen, Erholungspotential, Erholungsnachfrage

S. Sieber et al. (Hrsg.), *Landschaft und Naherholung*, RaumFragen: Stadt – Region – Landschaft, https://doi.org/10.1007/978-3-658-45410-4_9

1 Einleitung

Die Bedeutung einer naturnahen Umgebung für die Erholung, welche zunehmend an Bedeutung in der Gesellschaft gewinnt, wird in einer Reihe von Studien betont (Abraham et al. 2007, Abraham et al. 2010, Finke 2009, Körner et al. 2009). Demgegenüber steht die Konkurrenz um Flächen und deren Nutzung, wobei die Flächenkonkurrenz „in den letzten Jahren durch die zunehmende Erzeugung erneuerbarer Energien, den nach wie vor anhaltenden Ausbau von Siedlungs- und Verkehrsflächen und durch die Intensivierung und Veränderung von Erholungsaktivitäten zugenommen" (Heiland et al. 2017, S. 24) hat. „Aus diesem Grund ist es explizites Ziel von Strategien zur Erhaltung und Etablierung Grüner Infrastruktur, eine Vielfalt an Ökosystemleistungen auf einer Fläche zu gewährleisten" (Heiland et al. 2017, S. 24), woraus sich der u. a. im Bundeskonzept Grüne Infrastruktur (im Folgenden „BKGI" genannt) (Bundesamt für Naturschutz (BfN) 2017) erhobene Anspruch der Multifunktionalität an die Grüne Infrastruktur ergibt.

Am Beispiel des in diesem Beitrag thematisierten E+E-Vorhabens „Grüne Infrastruktur in ländlichen Regionen"[1] soll verdeutlicht werden, wie Grüne Infrastruktur zur Planung und Förderung der Naherholung genutzt und dabei gleichzeitig aufgrund der entstehenden Synergieeffekte zur Sicherung und Förderung zahlreicher Ökosystemleistungen beitragen und somit dem Anspruch der Multifunktionalität gerecht werden kann.

Dieser Beitrag befasst sich zunächst mit dem Thema der Erholung als kulturelle Ökosystemleistungen der Grünen Infrastruktur. Dazu wird u. a. das Landschaftsverständnis und der Ansatz der Ökosystemleistungen kurz thematisiert sowie die Erholungsplanung im Rahmen von Grüner Infrastruktur betrachtet. Anschließend wird das E+E-Vorhaben „Grüne Infrastruktur in ländlichen Regionen" vorgestellt. Der Fokus liegt dabei auf dem Themengebiet der Erholung, sodass die im Projekt durchgeführte Analyse von Erholungspotential und -nachfrage detailliert dargestellt wird. Anschließend werden Beispiele für die Entwicklung der Grünen Infrastruktur im Projektgebiet aufgezeigt und insbesondere anhand eines Beispielraumes erläutert. Es folgt ein abschließendes Fazit.

---

1 Das diesem Bericht zu Grunde liegende Vorhaben wurde und wird durch das Bundesamt für Naturschutz (BfN) mit Mitteln des Bundesministeriums für Umwelt, Naturschutz und nukleare Sicherheit (BMU) (Förderkennzeichen: 3520892014) bzw. des Bundesministeriums für Umwelt, Naturschutz, nukleare Sicherheit und Verbraucherschutz (BMUV) (Förderkennzeichen: 352289210A) gefördert. Die Verantwortung für den Inhalt dieser Veröffentlichung liegt bei den Autor*innen.

2 Erholung als kulturelle Ökosystemleistung der Grünen Infrastruktur

Die Grundlage der landschaftsgebundenen Erholung ist die ästhetische (wahrnehmbare) Qualität der Landschaft. Diese unterscheidet sich grundlegend von der im Rahmen der Landschaftsplanung nach Bundesnaturschutzgesetz (im Folgenden „BNatSchG" genannt) sowie der Planung der Grünen Infrastruktur relevanten ökologischen Qualität der Landschaft. Auch die Bedeutung der Naturnähe für die Erholung (siehe oben) bezieht sich auf die wahrnehmbare und nicht die ökologische Naturnähe (Roth 2012, S. 63–64).

Damit ist die ästhetische Qualität, um die es bei der Erholung geht, nicht Eigenschaft der Landschaft, sondern eine Zuschreibung, die durch die bewusstseinsinterne Konstruktion durch die Betrachtenden erst entsteht (Burckhardt 1995, Ipsen 2006, Kühne 2009). Dieses sozialkonstruktivistische Landschaftsverständnis unterscheidet sich grundsätzlich von dem positivistischen Landschaftsverständnis der rationalen an naturwissenschaftlichen Überlegungen orientierten Landschaftsplanung, dem Konzept der Grünen Infrastruktur sowie dem Konzept der Ökosystemleistungen (Kühne 2013, S. 132).

In den Planungsdisziplinen ist ein grundlegender Wandel hin zu einem konstruktivistischen Landschaftsverständnis kurzfristig nicht zu erwarten, daher ist die Herausforderung, welcher sich in dem beschriebenen Vorhaben gestellt wird, unter weitgehender Berücksichtigung des konstruktivistischen Landschaftsverständnisses einen Beitrag zur Planung der Grünen Infrastruktur, die das Konzept der Ökosystemleistungen einschließt, zu leisten. In diesem Beitrag werden sozialkonstruktivistische Überlegungen zur Anwendung gebracht, um ein Ergebnis zu produzieren, dass im Rahmen einer positivistisch geprägten Planung Eingang finden kann (Kaußen 2021).

Die Europäische Kommission definiert Grüne Infrastruktur als „ein strategisch geplantes Netzwerk natürlicher und naturnaher Flächen mit unterschiedlichen Umweltmerkmalen, das mit Blick auf die Bereitstellung eines breiten Spektrums an Ökosystemdienstleistungen angelegt ist und bewirtschaftet wird und terrestrische und aquatische Ökosysteme sowie andere physische Elemente in Land- (einschließlich Küsten-) und Meeresgebieten umfasst, wobei sich grüne Infrastruktur im terrestrischen Bereich sowohl im urbanen als auch im ländlichen Raum befinden kann" (Europäische Kommission 2013, S. 3).

Dieser Definition folgt auch das BKGI (Bundesamt für Naturschutz (BfN) 2017). Dabei wird als ein zentrales Ziel der Grünen Infrastruktur die Sicherung von Ökosystemleistungen benannt. Unter Ökosystemleistungen werden dabei „Leistungen verstanden, die von der „Natur" bzw. den oben genannten Elementen Grüner Infrastruktur, einschließlich Boden, Wasser, Luft, erbracht werden und Beiträge zum menschlichen Wohlergeben leisten" (Heiland et al. 2017, S. 28). Für die Klassifikation dieser Ökosystemleistungen gibt es unterschiedliche Ansätze (MA 2005, TEEB 2010,

CICES; Haines-Young und Potschin 2013, Bastian et al. 2013), wobei alle „drei Kategorien, die wiederum eine Vielzahl einzelner unterschiedlicher oder unterschiedlich benannter Ökosystemleistungen enthalten:

- Versorgungsleistungen, z. B. Trinkwasser, Nahrung, Holz, medizinisch nutzbare Stoffe
- Regulationsleistungen, z. B. Hochwasserrückhaltung, klimatischer Ausgleich
- (Sozio-)Kulturelle Leistungen, z. B. die Ermöglichung von Naturerleben und Erholung" (Heiland et al. 2017, S. 28)

Der Ansatz der Ökosystemleistungen wird insbesondere in Deutschland kritisch gesehen, weil dieser anders als das BNatSchG nur einen Begründungsstrang zum Schutz der Natur abdeckt und zwar die Nützlichkeit für den Menschen sowie das menschliche Wohlbefinden. Das BNatSchG (§ 1 Abs. 1) benennt darüber hinaus aber auch den eigenen Wert von Natur und Landschaft. Damit können ökosystemleistungsbasierte Ansätze nicht die Anforderungen des BNatSchG in vollem Umfang erfüllen. Anderseits wird der Ansatz im Rahmen der EU-Strategie zur Grünen Infrastruktur explizit benannt und auch im BKGI wird dem gefolgt. Ziel des hier dargestellten Vorhabens ist die Konkretisierung des BKGI auf der regionalen Ebene, daher wird auf den Vorgaben des BKGI, welches sich dem Konzept der Ökosystemleistungen bedient, aufgebaut und trotz berechtigter Kritik diesem Ansatz gefolgt.

Ein „explizites Ziel von Strategien zur Erhaltung und Etablierung Grüner Infrastruktur [ist es nun], eine Vielzahl an Ökosystemleistungen auf einer Fläche zu gewährleisten" (Heiland et al. 2017, S. 24). Die Grüne Infrastruktur soll „in ihrer Gesamtheit in der Lage sein, alle [...] wesentlichen Funktionen angemessen und im erforderlichen Umfang zu erfüllen" (Heiland et al. 2017, S. 210), wozu u. a. die ästhetische Aufwertung des Landschaftsbildes, „Erholungs- und Freizeitnutzungen, Naturerfahrung und Naturerleben, gesundheitliche Funktionen, Lebensraum für Tiere und Pflanzen, Klimaregulation und Wasserrückhaltung" (Heiland et al. 2017, S. 210) gehören. Dabei sollen bereits „einzelne Elemente und Flächen der GI [...] soweit möglich mehrere Funktionen erfüllen" (Heiland et al. 2017, S. 210). Dieser im Konzept der Grünen Infrastruktur zentrale Anspruch der Multifunktionalität bietet dabei große Chancen für die Erholungsplanung, da die Elemente der Grünen Infrastruktur, insbesondere Grünflächen, „für die Menschen soweit irgend möglich nutzbar und zugänglich" (Heiland et al. 2017, S. 24) gemacht werden sollen. Zudem profitiert die Erholungsplanung davon, dass mit der Grünen Infrastruktur ein „strategisch geplantes Netzwerk" (Europäische Kommission 2013, S. 3) und somit ein großräumiger Flächenverbund geschaffen wird, da den Erholungssuchenden somit eine Vielfalt an Erholungsräumen mit unterschiedlichen Qualitäten zur Verfügung stehen.

In der bisherigen Planung der Grünen Infrastruktur in ländlichen Regionen dominiert die Haltung, dass der Kern der Grünen Infrastruktur (natürliche und naturnahe Flächen, siehe oben) durch den Biotopverbund mit seinen Kernlebensräumen (namentliche das Netz Natura 2000 (Europäische Kommission 2014, S. 10)) und die Herstellung von Lebensraumnetzwerken gebildet wird (z. B. Europäische Kommission 2013, Heiland et al. 2017). In diesen liegt der Fokus auf der Bereitstellung von Versorgungs- und Regulationsleistungen (siehe oben). Dennoch werden auch die Sicherung und Entwicklung (sozio-)kultureller Ökosystemleistungen im Fachgutachten zum BKGI als Aufgabe des Naturschutzes benannt (Heiland et al. 2017, S. 34). Insbesondere geht es um die folgenden Leistungen:

- Erholung
- Physische Betätigungen und Erfahrungen von Natur und Landschaft
- Ästhetische, spirituelle und symbolische Werte und Leistungen, inkl. Identifikation

Hierin liegt der Anknüpfungspunkt für die Schwerpunktsetzung im Rahmen des hier E+E-Vorhabens „Grüne Infrastruktur in ländlichen Regionen", welches sich mit den Schwerpunkten

- Biotopverbund,
- Kulturlandschaft und
- Erholung

einem wesentlichen Teil der oben genannten Ökosystemleistungen widmet.

Während im Themengebiet Biotopverbund vor allem das Netzwerk natürlicher und naturnaher Räume adressiert wurde, werden mit dem Themengebiet Kulturlandschaft darüber hinaus die „[ä]sthetische[n], spirituelle[n] und symbolische[n] Werte und Leistungen, inkl. [der] Identifikation" (Grunewald et al. 2023, S. 98–99) angesprochen, während das Themengebiet Erholung ebendiese sowie „[p]hysische Betätigungen und Erfahrungen von Natur und Landschaft" anspricht (Grunewald et al. 2023, S. 98–99). Damit wird eine konsequente Weiterführung des BKGI auf der regionalen Planungsebene gewährleistet.

3 Ziele des E+E-Vorhabens „Grüne Infrastruktur in ländlichen Regionen"

Das Beispiel des E+E-Vorhabens „Grüne Infrastruktur in ländlichen Regionen" verdeutlicht, wie die Naherholung als (sozio-)kulturelle Ökosystemleistung ein wesentlicher Baustein Grüner Infrastruktur wird und dabei entstehende Synergieeffekte zur Sicherung und Förderung zahlreicher weitere Ökosystemleistungen beitragen können.

Das E+E-Vorhaben „Grüne Infrastruktur in ländlichen Regionen" (Stemmer et al. in Vorbereitung a) hat zum Ziel, die Vorgaben der Europäischen Union und des Bundeskonzeptes Grüne Infrastruktur für die regionale Ebene, hier den Kreis Lippe, zu konkretisieren, Maßnahmen zur Etablierung und Förderung einer Grünen Infrastruktur zu entwickeln und übertragbare Handlungsempfehlungen für andere Regionen abzuleiten. Dabei wurden, wie bereits zuvor erläutert, die drei Themengebiete Biotopverbund, Kulturlandschaft und Erholung im Rahmen des Projektes fokussiert. Die ausgewählten Themengebiete besitzen dabei eine hohe Relevanz für die Grüne Infrastruktur im Kreis Lippe und ermöglichen durch entstehende Synergie die Förderung weiterer Ökosystemleistungen (siehe Kapitel 2).

Der Kreis Lippe befindet sich zwischen den Ballungsräumen Hannover und Bielefeld im Nordosten von Nordrhein-Westfalen an der Grenze zu Niedersachsen. „Mit einer Flächengröße von 1 246 km^2 handelt es sich um einen eher ländlich geprägten Raum. 50 % der Kreisfläche werden landwirtschaftlich genutzt. […]. Naturräumlich und von seiner Geografie ist der Kreis Lippe […] von großer Vielfalt geprägt. […] Der überwiegende Teil wird vom Naturraum des Lipper Berglandes als eine strukturreiche Hügellandschaft eingenommen, welche durch zahlreiche Fluss- und Bachtäler weiter untergliedert ist. Diese weiten sich zum Teil zu größeren ebenen Talbecken, die im Westen vor allem von Siedlungen eingenommen werden und im Osten überwiegend als ertragreiche Ackerstandorte mit fruchtbarem Lößlehm dienen. […] Im Süden des Kreisgebietes dominiert der zum Naturraum des Bielefelder Osning gehörende Teutoburger Wald, welcher als Faltengebirge ebenfalls kleinräumig eine große Standortvielfalt aufweist. […] Dem Teutoburger Wald südlich vorgelagert erstreckt sich die Senne als eine der größten Binnensalzlandschaften und zusammenhängende Offenlandfläche, die sich auch auf die benachbarten Kreisgebiete erstreckt“ (Stemmer et al. in Vorbereitung a).

Der Fokus dieser Veröffentlichung liegt auf dem Themengebiet der Erholung. Dabei werden im „Rahmen des Vorhabens […] unter dem Themengebiet Erholung landschaftsorientierte und naturverträgliche Erholungs-, Sport- und Freizeitnutzungen im Sinne des Landesentwicklungsplans (Die Landesregierung des Landes Nordrhein-Westfalen 2016) verstanden“ (Stemmer et al. in Vorbereitung a). Der Fokus liegt dabei auf der Naherholung. Das Verständnis von Naherholung entspricht dabei der Definition von Billion und Flückiger (1978), nach welcher Naherholung „die Feierabend-, die Tages- und die Wochenenderholung [umfasst]. Sie ist begrenzt auf eine Dauer von wenigen Stunden bis zu maximal einem Tag und umfasst damit keine Übernachtungen. Sie findet außerhalb des unmittelbaren Wohnumfeldes im städtischen Randbereich um im Stadtumland statt und setzt Distanzüberwindung zwischen Quell- und Zielgebiet voraus“ (Billion und Flückiger 1978, S. 3). Das Projekt fokussiert daher die Feierabend- und Wochenenderholung der ansässigen Bevölkerung.

Im Rahmen des Projektes werden für das Themengebiet Erholung zwei wesentliche Aufgaben definiert:

- „*Sicherung und Entwicklung von bedeutsamen Räumen:* Identifikation von für die Erholung bedeutsamen Räumen einschließlich der Beschreibung von Funktionen und Bedeutungen. Analyse und Bewertung dieser Räume in Bezug auf die landschaftliche Qualität insbesondere mit Blick auf eine Charakterisierung unterschiedlicher Erholungslandschaften" (Stemmer et al. in Vorbereitung a)

- „*Schutz, Entwicklung und Wiederherstellung der verbindenden Strukturen:* Konzept für den Schutz, die Entwicklung und Wiederherstellung der die räumlichen Schwerpunkte verbindenden Strukturen mit Bedeutung für die Erholung (zum Beispiel Wegeverbindungen, Sichtbeziehungen)" (Stemmer et al. in Vorbereitung a)

Folglich soll die Grüne Infrastruktur dazu genutzt werden, für die Erholung bedeutsame Räume sowie entsprechende Verbindungsstrukturen zu identifizieren, zu sichern und zu entwickeln, sodass die Versorgung der ansässigen Bevölkerung mit qualitativ hochwertigen, multifunktionalen Naherholungsräumen langfristig gesichert ist.

4 Analyse von Erholungspotential und -nachfrage zur Bewertung sozio-kultureller Ökosystemleistungen

In der Literatur werden verschiedene Erholungstypen unterschieden (Bernet 2010, Buchecker et al. 2013, Ketterer Bonnelame und Siegrist 2018, Wolf und Appel-Kummer 2009), welche unterschiedliche Ansprüche an ihre Umgebung und somit die Erholungsräume stellen. Allen Erholungssuchenden ist jedoch gemeinsam, „dass sie attraktive und als naturnah wahrgenommene Landschaften aufsuchen (u. a. Bernet 2010, Buchecker et al. 2013, Ketterer Bonnelame und Siegrist 2018). Das Erholungspotential wird daher durch die ästhetische Qualität der Landschaft in Bezug und den Erholungswert abgebildet (Erholungspotential). Für das tatsächliche Aufsuchen von Räumen ist die Zeitdistanz jedoch maßgeblich (Ketterer Bonnelame und Siegrist 2018), welche wiederum hauptsächlich von der Mobilität der Erholungssuchenden abhängt (Erholungsnachfrage)" (Behre et al. 2022, S. 256–257).

Im Rahmen der Voruntersuchung zum E+E Vorhaben wurde daher eine Analyse der Erholungsfunktion der Landschaft durchgeführt, bei welcher sowohl das Erholungspotential als auch die Erholungsnachfrage untersucht wurde (siehe Abb. 1). Durch die anschließende Überlagerung von Erholungspotential und -nachfrage konnten Potentiale und Defizite identifiziert und erste Maßnahmen zur Verbesserung der Naherholung abgeleitet werden.

Abbildung 1 Analyseschritte des Themengebietes Erholung für das gesamte Kreisgebiet (Stemmer et al. in Vorbereitung a)

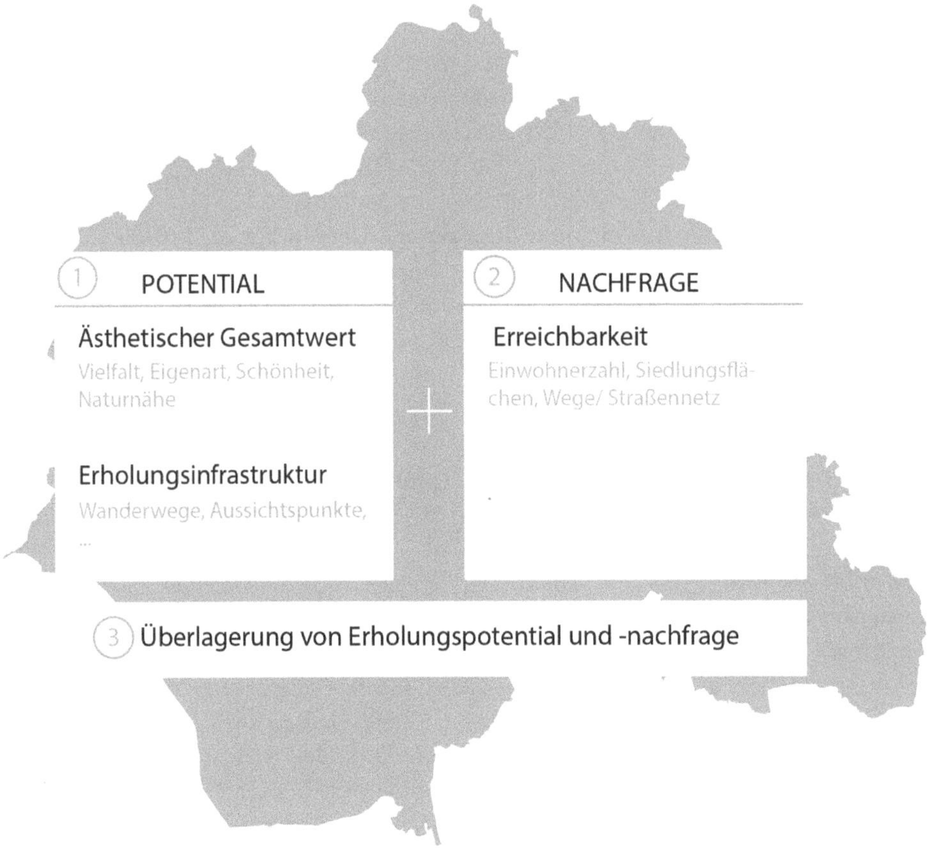

4.1 Analyse des Erholungspotentials

Zunächst wurde das Erholungspotential untersucht, welches einerseits durch den ästhetischen Gesamtwert der Landschaft und andererseits durch die Erholungsinfrastruktur geprägt ist.

Zur Ermittlung des ästhetischen Gesamtwertes wurde ein modifizierter AIGILaP-Ansatz (Riedl et al. 2021; Stemmer et al. 2019; Stemmer et al. in Vorbereitung b) verwendet. Dieser beruht auf der Bewertung der aus dem BNatSchG abgeleiteten Attribute Vielfalt, Eigenart und Schönheit sowie Naturnähe, wobei den Attributen operationalisierbarer Kriterien und Indikatoren zugeordnet werden (siehe Tab. 1).

„Der Wert für die Vielfalt wird „durch die Menge aller in der Landschaft deutlich wahrnehmbaren und unterscheidbaren Landschaftsbildkomponenten" (Nohl 2001) bestimmt und stellt somit die Gesamtvielfalt, nicht etwa die Biodiversität, dar (Roth

Tabelle 1 Zusammensetzung des ästhetischen Gesamtwerts aus den Attributen Vielfalt, Eigenart, Schönheit und Naturnähe (nach Stemmer et al. in Vorbereitung a) – Fortsetzung nächste Seite

Attribut	Aggregation	Kriterium	Bewertung	Indikator
Vielfalt	Mittelwert aus Nutzungsvielfalt und Reliefvielfalt	Nutzungsvielfalt	Sehr hoch Hoch Mittel Gering Sehr gering	Anzahl der verschiedenen Nutzungstypen pro definierter Flächeneinheit (500 × 500 m) (Nutzungszahl)
		Reliefvielfalt	Sehr hoch Hoch Mittel Gering Sehr gering	Terrain Ruggedness Index (TRI)
Eigenart	Mittelwert aus Eigenart der Nutzungsverteilung und Landschaftswandel	Eigenart der Nutzungsverteilung	Sehr hoch Hoch Mittel Gering Sehr gering	Mittlere Abweichung der Nutzungsverteilung einer definierten Flächeneinheit (500 × 500 m) von der Nutzungsverteilung des Kreises
		Landnutzungswandel	Sehr hoch Hoch Mittel Gering Sehr gering	Flächenanteil mit Veränderung der Landnutzung von 1990 bis 2018 pro definierter Flächeneinheit (500 × 500 m)
Schönheit	Auf-/Abwertung (+1 für das Vorhandensein von Schutzgebieten, 0 für nicht Vorhandensein)	Schönheit in Schutzgebieten	Sehr hoch Hoch Mittel Gering Sehr gering	Vorhandensein von Schutzgebieten (Naturdenkmal)

Tabelle 1 Zusammensetzung des ästhetischen Gesamtwerts aus den Attributen Vielfalt, Eigenart, Schönheit und Naturnähe (nach Stemmer et al. in Vorbereitung a) – Fortsetzung

Attribut	Aggregation	Kriterium	Bewertung	Indikator
	Auf-/Abwertung (+1 für sehr hohen Gewässeranteil, −1 für sehr niedrigen Gewässeranteil	Wahrgenommene Dominanz von Wasser	Sehr hoch Hoch Mittel Gering Sehr gering	Anteil Wasserfläche pro definierter Flächeneinheit (500 × 500 m)
	Mittelwert der wertgebenden Landschaftselemente in %	Wahrgenommene Schönheit der Landschaft	Sehr hoch Hoch Mittel Gering Sehr gering	Flächenanteil an wertgebenden Landschaftselementen
	Abwertung (−1) bei Anzahl an Landschaftselementen von 1 oder weniger	Wahrgenommene Schönheit der Landschaft	Vier Elemente Drei Elemente Zwei Elemente Ein Element Kein Element	Anzahl an wertgebenden Landschaftselementen
Naturnähe	Maximalwert aus der Naturnähe der Landnutzung und der Naturnähe in Schutzgebieten und bedingte Abwertung durch die Anwesenheit von Störungen	Wahrgenommene Naturnähe der Landnutzung	Sehr hoch Hoch Mittel Gering Sehr gering	Naturnähe der Nutzungstypen
		Wahrgenommene Naturnähe in Schutzgebieten	Sehr hoch Hoch Mittel Gering Sehr gering	Vorhandensein von Schutzgebieten (FFH, VSG, NSG)
		Anwesenheit von Störungen	Sehr hoch Sehr gering	Vorhandensein von akustischen und visuellen Beeinträchtigungen

2012)“ (Gauglitz et al. 2021, S. 131). Dabei wird die „Ausprägung der Vielfalt [...] von allen in der Landschaft enthaltenen Elementen beeinflusst, sodass bei der Bewertung sowohl natürliche (z. B. Wald) als auch anthropogene Elemente (z. B. Bebauung) einbezogen werden müssen (Nohl 2001)“ (Gauglitz et al. 2021, S. 131). Das Attribut der Vielfalt wird daher durch die Kriterien Nutzungsvielfalt und Reliefvielfalt operationalisiert (Gauglitz et al. 2021)“ (Stemmer et al. in Vorbereitung a) (siehe Abb. 2, Tab. 1).

Abbildung 2 Zusammensetzung der Bewertung des Attributs „Vielfalt“ (Stemmer et al. in Vorbereitung a)

„Unter ‚Eigenart‘ wird in diesem Zusammenhang das „‚Typische, Charakteristische und Unverwechselbare‘ (Roth 2012) einer Landschaft [...] [verstanden, welche] durch die Entwicklung der Landschaft im Laufe der Zeit“ (Gauglitz et al. 2021, S. 135) entsteht. „Die Eigenart ist dabei keinesfalls allein auf die Zusammensetzung der einzelnen objektiv erfass- und messbaren Elemente einer Landschaft beschränkt. Vielmehr stehen zum Beispiel Traditionen und regionale Spezifika, wie besondere Wirtschaftsweisen, im Zusammenhang mit der Eigenart der Landschaft“ (Gauglitz et al. 2021, S. 135). „Diese sind jedoch [...] nicht praktikabel erfass- und vor allem nicht bewertbar“ (Gauglitz et al. 2021, S. 135). Als messbare Kriterien [wurden] daher die Eigenart der Nutzungsverteilung und der Landnutzungswandel zur Bewertung herangezogen“ (Stemmer et al. in Vorbereitung a) (siehe Abb. 3, Tab. 1).

Abbildung 3 Zusammensetzung der Bewertung des Attributs „Eigenart“ (Stemmer et al. in Vorbereitung a)

Eine Besonderheit des verwandten Ansatzes stellt die Bewertung des Attributs Schönheit dar.

„Schönheit von Landschaft gilt mithin als nur schwer operationalisierbar, da die Wahrnehmung besonders stark variieren kann (Roth und Bruns 2016)" (Gauglitz et al. 2021, S. 137). „Dennoch ist die landschaftliche Schönheit ein eigener Wert, der selbstständig neben Eigenart und Vielfalt steht (Gassner und Jedicke 1995)" (Gauglitz et al. 2021, S. 137), sodass auch dieses Attribut durch verschiedene Kriterien und Indikatoren zu operationalisieren ist" (Stemmer et al. in Vorbereitung a). Zur Bewertung der Schönheit wurden daher die Kriterien Schönheit in Schutzgebieten, wahrgenommene Dominanz von Wasser und wahrgenommene Schönheit der Landschaft verwendet, wobei den sogenannten „wertgebenden Landschaftselementen" eine besondere Bedeutung zukommt. Die Ermittlung dieser soll nun kurz erläutert werden (siehe Abb. 4, Tab. 1).

Abbildung 4 Zusammensetzung der Bewertung des Attributs „Schönheit" (Stemmer et al. in Vorbereitung a)

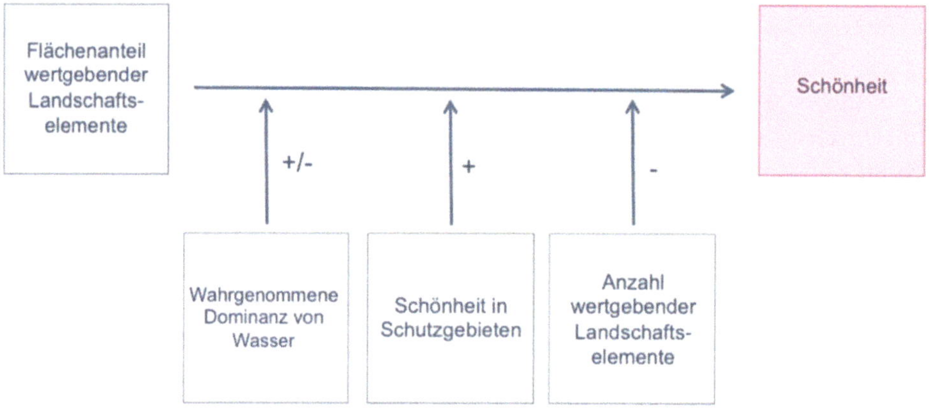

Im Rahmen eines Fotowettbewerbes mit dem Thema „Unsere Lippische Landschaft" waren die Bewohner*innen des Kreises Lippe dazu eingeladen, Bilder einzusenden, „mit denen sie zeigen, was ihnen an Lippe gefällt, was typisch für den Kreis ist und was den Kreis zu etwas Besonderem für sie macht" (Stemmer et al. in Vorbereitung a). Insgesamt wurden 120 Fotografien eingereicht, welche einer Bildanalyse unterzogen wurden. „Dabei [wurden] die auf den Fotografien erfassten Elemente mittels eines Objektkatalogs identifiziert und quantifiziert, sodass sich eine Aufstellung von besonders häufig fotografierten Objekten [ergab]" (Behre et al. 2022, S. 262). Die fünf häufigsten Elemente, „Wald", „Gehölz", „Felsen, Klippen, Berge", „Grünland" und „Ackerland", wurden als wertgebende Landschaftselemente in die Bewertung der

Schönheit eingebunden, „sodass die innerhalb der Bevölkerung konstruierten Landschaften in der Bewertung der Landschaftsqualität berücksichtigt [wurden]" (Behre et al. 2022, S. 262).

Zur Bewertung des Attributs Naturnähe wurden die Kriterien wahrgenommene Naturnähe der Landnutzung, wahrgenommene Naturnähe in Schutzgebieten sowie die Anwesenheit von Störungen betrachtet (siehe Abb. 5, Tab. 1). Dies resultiert daraus, dass es im Kontext der Bewertung des Schutzgutes Landschaft nicht um die Naturnähe im streng ökologischen Sinne geht. „Vielmehr geht es um eine durch die die Öffentlichkeit wahrnehmbare Naturnähe, die sich mit der erstgenannten nur teilweise deckt (Roth 2012). Es geht also um solche Teile der Landschaft, von denen erwartet werden kann, dass ihnen durch die Öffentlichkeit eine hohe Naturnähe zugewiesen wird" (Gauglitz et al. 2021, S. 140)" (Stemmer et al. in Vorbereitung a).

Abbildung 5 Zusammensetzung der Bewertung des Attributs „Naturnähe" (Stemmer et al. in Vorbereitung a)

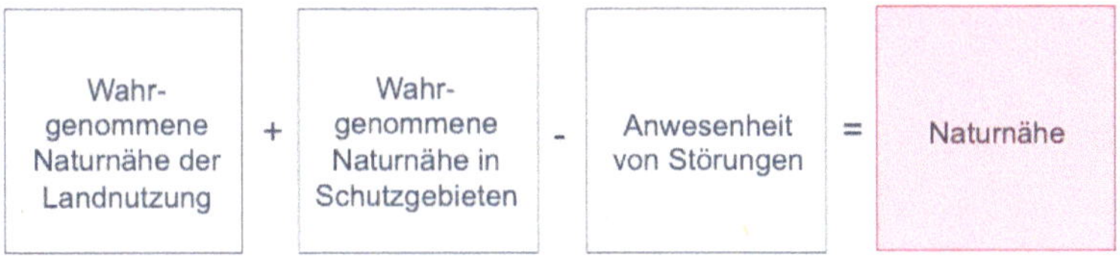

Der ästhetische Gesamtwert resultiert aus der Aggregation der Bewertungen der Attribute, sodass sich eine fünfstufige Bewertung ergibt (siehe Abb. 6).

Abbildung 6 Zusammensetzung der Bewertung des ästhetischen Gesamtwertes (Stemmer et al. in Vorbereitung a)

Des Weiteren wurde die Erholungsinfrastruktur berücksichtigt. Dabei wurde einerseits die Wanderwegedichte betrachtet, anderseits die Ausstattung mit Erholungsinfrastrukturelementen, wie zum Beispiel das Vorhandensein von Parkplätzen, Touristeninformationen, Schutzhütten und kulturhistorischen Elementen.

Anschließend wurden die Bewertungen des ästhetischen Gesamtwertes und der Erholungsinfrastruktur aggregiert und reklassifiziert, sodass sich eine fünfstufige Bewertung des Erholungspotentials ergibt (siehe Abb. 7).

Abbildung 7 Zusammensetzung der Bewertung des Erholungspotentials (Stemmer et al. in Vorbereitung a)

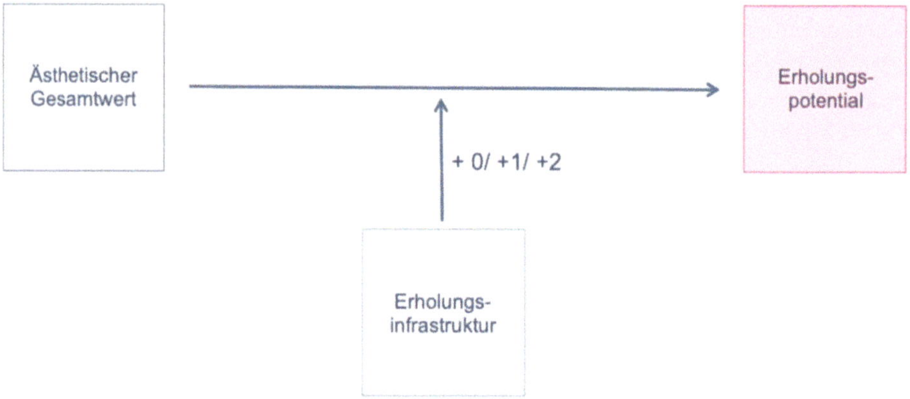

4.2 Analyse der Erholungsnachfrage

Neben dem Erholungspotential wurde weiterhin die Erholungsnachfrage GIS-basiert analysiert. Dabei wurde einerseits die Erreichbarkeit im Rahmen der Feierabenderholung (Zeitaufwand 15 Minuten) für die Verkehrsmittel Fahrrad, Elektrofahrrad und Fußgänger untersucht. Für das Verkehrsmittel PKW wurde andererseits die Erreichbarkeit im Rahmen der Wochenenderholung (Zeitaufwand 60 Minuten) modelliert.

4.3 Überlagerung des Erholungspotentials und der Erholungsnachfrage

Abschließend wurden die Ergebnisse der Bewertung des Erholungspotentials und der Erholungsnachfrage grafisch überlagert. Die Ergebnisse der Analyse der Erholungsfunktion des Kreises Lippe sind in der folgenden Grafik dargestellt (siehe Abb. 8). Es wird ersichtlich, dass das Erholungspotential im Westen bzw. Nordwesten des Kreises Lippe, v. a. im dicht besiedelten Umfeld der Städte Bad Salzuflen, Lage und Detmold, als sehr gering bewertet wurde. Die Erholungsnachfrage hingegen ist in diesen Teilen des Kreisgebietes sehr hoch. In den waldreichen Gebieten östlich von Lemgo sowie

Abbildung 8 Ergebnisse der Bewertung des Erholungswertes (Stemmer et al. in Vorbereitung a)

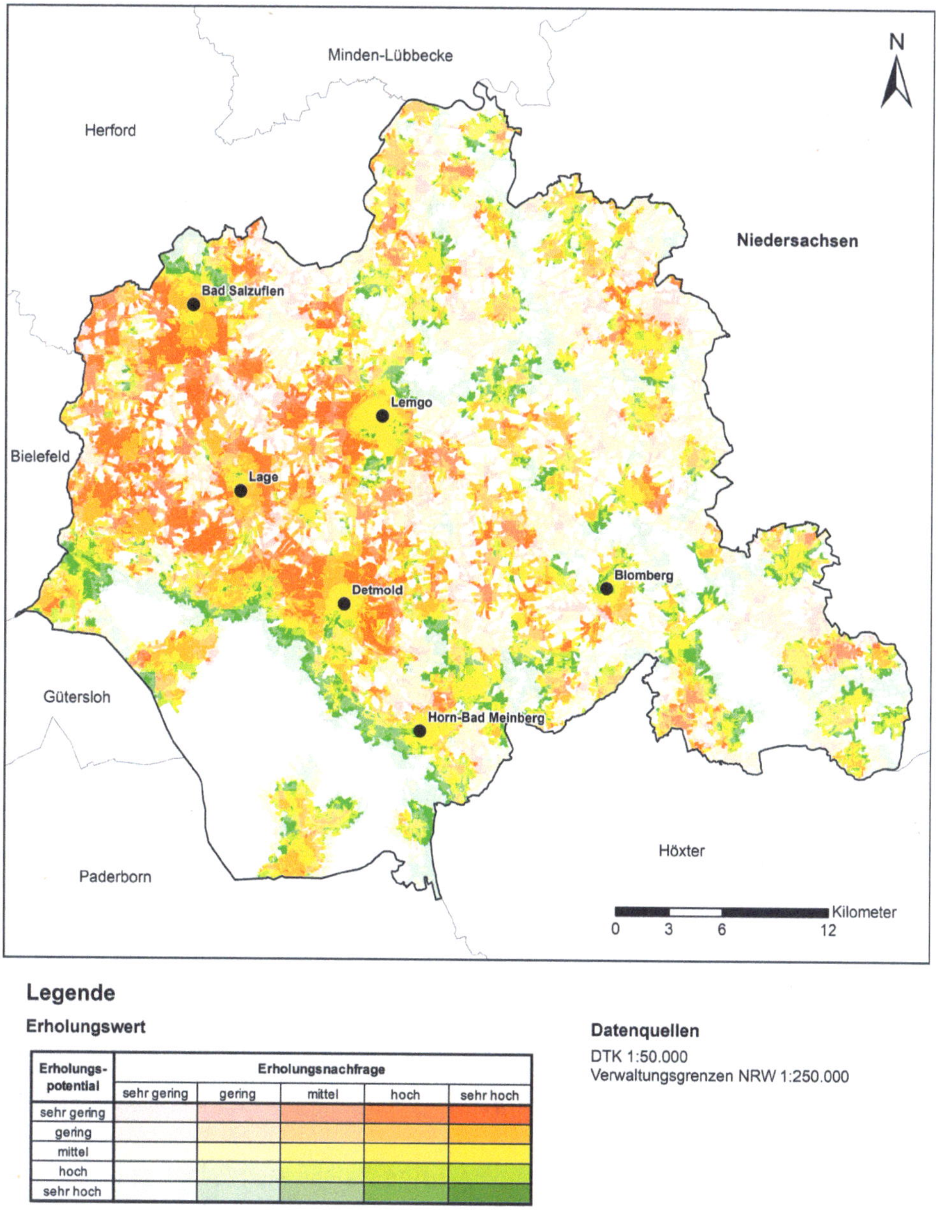

den Wäldern um Blomberg und dem Schwalenberger Wald ist das Erholungspotential ebenfalls sehr hoch, die Erholungsnachfrage jedoch gering.

Mittels dieser Darstellung des Erholungswertes konnten prioritäre Räume der Erholung im Kreis Lippe abgeleitet werden, wobei eine Klassifizierung in Potential-, Defizit- und Entwicklungsräume sowie eine Priorisierung vorgenommen wurde. Dabei zeichnen sich Potentialräume durch hohe Bewertungen des Erholungspotentials und der Erholungsnachfrage aus, während Defiziträume eine hohe Erholungsnachfrage und ein geringes Erholungspotential aufweisen. Als „Konsequenz der Analyse [wurden weiterhin] Entwicklungsräume identifiziert, welche funktionale Verbindungen zwischen Potentialräumen schaffen und bestehende Defizite beheben" (Stemmer et al. in Vorbereitung a).

5 Entwicklung der Grünen Infrastruktur in ausgewählten Schwerpunkträumen

Im Abgleich mit den prioritären Räumen des Biotopverbundes und der Kulturlandschaft sowie unter Berücksichtigung weiterer Faktoren, wie beispielsweise der Flächenverfügbarkeit, wurden sieben themengebietsübergreifende Schwerpunkträume identifiziert, welche für die Förderung und Entwicklung der Grünen Infrastruktur von zentraler Bedeutung sind (siehe Abb. 9).

Für diese Schwerpunkträume wurden im Rahmen der Voruntersuchung bereits weitere Detailanalysen der Themengebiete durchgeführt, um Ziele, Leitbilder und Maßnahmen abzuleiten. Dabei ergibt sich für die Erholung die Besonderheit, dass viele der entwickelten Maßnahmen die Umweltbildung fokussieren, mit dem Ziel durch die qualitativ hochwertige Informationsvermittlung die Erlebbarkeit charakteristischer Lebensräume und Strukturen zu fördern und somit den Erholungswert bzw. die Qualität der Naherholungsräume zu steigern Durch den Zusammenhang von Maßnahmen der Erholung und der Umweltbildung ergibt sich ein enger Zusammenhang zu den Themengebieten Biotopverbund und Kulturlandschaft. Im Folgenden sind einige Beispiele für Ziele, Leitbilder und Maßnahmen der Erholung dargestellt (siehe Tab. 2).

Das daraus resultierende Handlungskonzept wird nun im aktuell laufenden Hauptvorhaben konkretisiert und realisiert, sodass die entwickelten Maßnahmen umgesetzt werden. Die Maßnahmenumsetzung wird dabei durch die wissenschaftliche Begleitforschung untersucht.

Weiterhin werden die im Rahmen der Voruntersuchung erzielten Analyseergebnisse durch die wissenschaftliche Begleitforschung detailliert untersucht und evaluiert. Beispielsweise erfolgt für ausgewählte Teilbereiche eine Erfassung und Bewertung der landschaftlichen Qualität der Landschaft entlang der bestehenden Wegesysteme, wobei die Erfassung vor Ort und dementsprechend nicht GIS-basiert sowie auf einer deutlich kleineren Maßstabsebene erfolgt. Die Ergebnisse werden

Abbildung 9 Prioritäre Schwerpunkträume im Kreis Lippe (Stemmer et al. in Vorbereitung a)

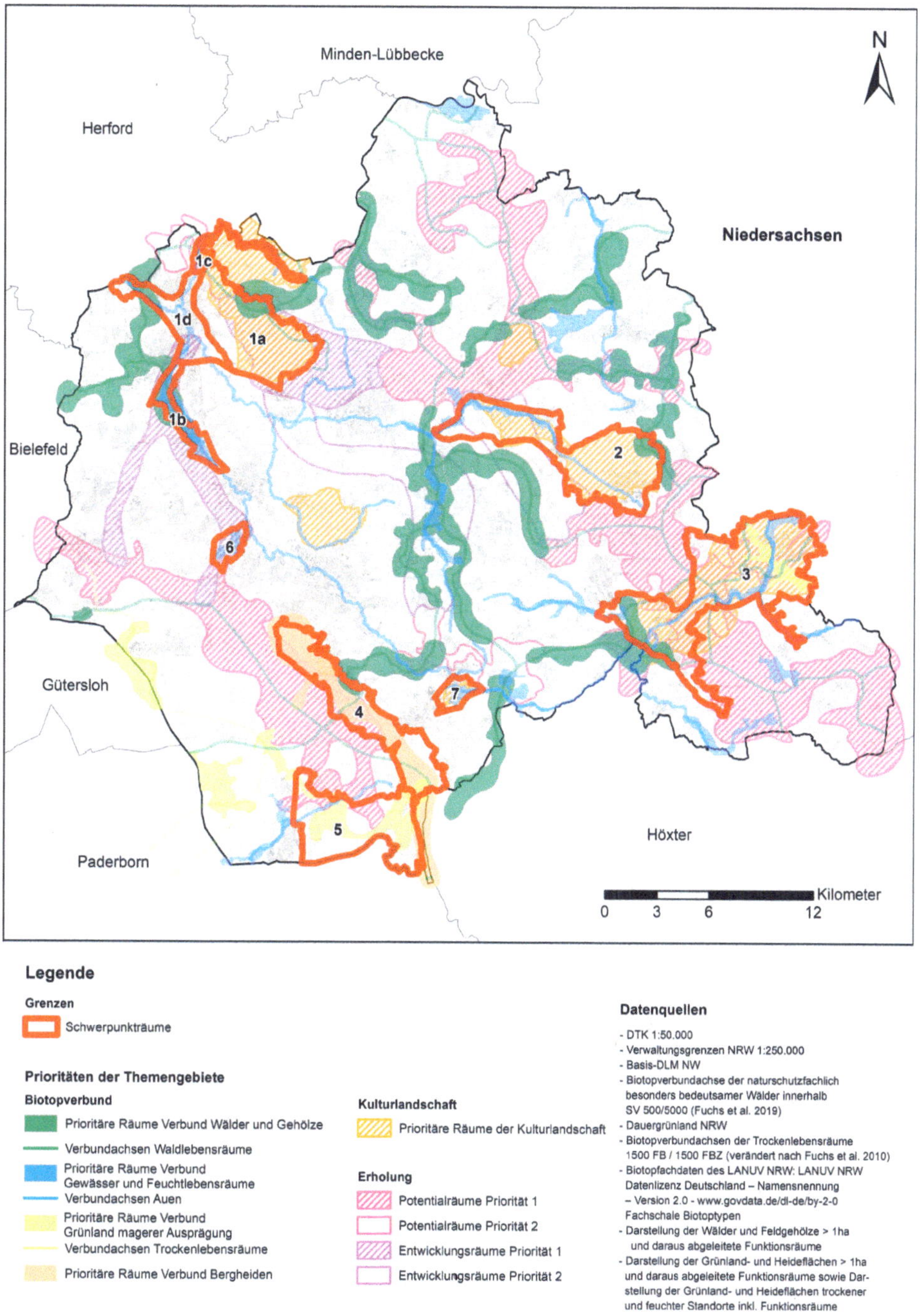

Tabelle 2 Beispiele für Ziele, Leitbilder und Maßnahmen (nach Stemmer et al. in Vorbereitung a)

Ziele und Leitbilder	Maßnahmen
Verbesserung des Erholungspotentials	Förderung des Strukturreichtums (zum Beispiel durch die Entwicklung von Gehölzstrukturen, Säumen, Streuobstbeständen)
	Maßnahmen der Siedlungsentwicklung (zum Beispiel Berücksichtigung ortstypischer Baustrukturen, Freiraumgestaltung)
	Maßnahmen der Ortsrandgestaltung (zum Beispiel Gehölzpflanzung zur Eingrünung, geordnete Siedlungsentwicklung)
Management der Erholungsnutzung	Entwicklung und Etablierung eines Besucherlenkungssystems (zum Beispiel Beschilderung, Verhaltensregeln)
	Ausbau der Erholungsinfrastruktur zur Schaffung eines qualitativ hochwertigen Erholungsangebots
Verbesserung der Erreichbarkeit	Ausbau des Wander- und Radwegenetzes
	Schaffung attraktiver, durchgängiger Wander- und Radwegeverbindungen
Reduktion der Störungsintensität	Minimierung der Barrierewirkung der Straßenachsen (zum Beispiel durch Schaffung von Querungsmöglichkeiten für den Fuß- und Radverkehr)
Förderung der Erlebbarkeit charakteristischer Lebensräume und Strukturen sowie Informationsvermittlung	Entwicklung und Umsetzung eines Informations-/Kommunikation-/Umweltbildungskonzeptes
	Schaffung von Themen-Wanderwegen
	Schaffung der Zugänglichkeit der Gewässer

anschließend mit den GIS-basiert ermittelten Bewertungen der Landschaftsqualität verglichen. Zur Evaluation der Erholungsnachfrage werden u. a. Besucherzählungen und Befragungen durchgeführt.

6 Beispiel: Der Abgrabungskomplex im Rethlager Bachtal südlich von Lage

Am Beispiel des Rethlager Bachtales, einem der Schwerpunkträume der Grünen Infrastruktur im Kreis Lippe, können einige geplante sowie zum Teil bereits umgesetzte Maßnahmen zur Entwicklung der Grünen Infrastruktur, insbesondere zur Förderung der Naherholung und damit der (sozio-)kulturellen Ökosystemleistungen, vorgestellt werden. Das Rethlager Bachtal befindet sich im Westen des Kreises Lippe zwischen den Ortschaften Müssen und Pivitsheide und wird maßgeblich durch zahlreiche aktive sowie sich in verschiedenen Renaturierungsstadien befindliche Abgrabungsgewässer von unterschiedlicher Größe geprägt (siehe Abb. 10).

Abbildung 10 Renaturiertes Stillgewässer im Rethlager Bachtal (Stemmer 2022)

Aufgrund der Vielfalt an Still- und Fließgewässerlebensräumen sowie Lebensräumen feuchter Standorte ist der Schwerpunktraum für die Biodiversität, den Biotopverbund und somit den Naturschutz von zentraler Bedeutung, aber auch Zeugnisse der historischen Kulturlandschaft finden sich zwischen den Abgrabungsbereichen. Weiterhin ist das Gebiet schon heute ein stark frequentierter Naherholungsraum, wobei u. a. das Fehlen von Rundwegen zu unkontrollierten Aneignungsprozessen, wie beispielsweise der Etablierung von Trampelpfaden über die Uferzonen zu den Stillgewässern, zu negativen Auswirkungen auf die ästhetische Qualität der Landschaft sowie die Flora und Fauna geführt hat. Das Leitbild für diesen Schwerpunktraum sieht vor, einerseits die charakteristische Gewässerlandschaft zu erhalten und naturschutzfachlich zu optimieren sowie andererseits einen attraktiven und einzigartigen Naherholungsraum zu schaffen. Dazu wurden im Rahmen der Voruntersuchung die folgenden Maßnahmenvorschläge erarbeitet:

- Erhalt und naturschutzfachliche Optimierung der Gewässer nach Beendigung der Abbautätigkeiten
- Entwicklung und Umsetzung eines Erschließungskonzeptes sowie Schaffung von Wegeverbindungen

- Entwicklung und Umsetzung eines Nutzungskonzeptes inklusive eines Kommunikations- und Umweltbildungskonzeptes sowie die Schaffung der Zugänglichkeit der Gewässer
- Umsetzung von Maßnahmen der Ortsrandgestaltung und der Siedlungsentwicklung sowie Entwicklung von Konzepten und Maßnahmen der Freiraumgestaltung

Eine bereits in der Umsetzung befindliche Maßnahme stellt die Beweidung eines renaturierten Uferbereiches um einige Abgrabungsgewässer dar, wobei die Beweidung ein weiteres Voranschreiten der natürlichen Sukzession verhindern und die Fläche offenhalten soll. Ziel ist damit der Erhalt und die naturschutzfachliche Optimierung der Uferzone zur Förderung der Flora und Fauna. Im Frühjahr 2023 wurde unter Berücksichtigung der naturschutzfachlichen Ansprüche bereits ein Beweidungskonzept für die renaturierten Uferbereiche erarbeitet und die Fläche umzäunt, sodass die Fläche seit dem Sommerhalbjahr von einer Herde aus Schottischen Hochlandrindern und Wasserbüffeln beweidet wird (siehe Abb. 11). Durch die Präsenz der Tiere auf der Fläche sollen auch unkontrollierte Aneignungsprozesse der naturschutzfachlich sensiblen Bereiche verhindert oder abgemildert werden.

Vor dem Beginn der Beweidung wurden Vegetationsaufnahmen durchgeführt und die Struktur der Fläche durch Drohnen-Befliegungen und Fotoaufnahmen dokumentiert, sodass die erhobenen Daten als Grundlage für das wissenschaftliche Monitoring und damit der Erfolgskontrolle der Maßnahmen genutzt werden können. Aktuell wird zudem ein Erschließungs- und Wegekonzept erarbeitet, sodass die

Abbildung 11 Wasserbüffel beweiden den Uferbereich eines renaturierten Abgrabungsgewässers im Rethlager Bachtal (Kreis Lippe 2023)

Besucher*innen die Beweidungsfläche von den Wegen aus erleben können. Das Erschließungs- und Wegekonzept berücksichtigt dabei auch die Frequentierung durch Besucher*innen sowie die Ein- und Ausgänge in das Gebiet, wobei dazu u. a. im Vorfeld Zählungen und Erhebungen durchgeführt wurden. Ergänzend dazu wird ein Konzept für die Informationsvermittlung erarbeitet, sodass die Besucher*innen u. a. Informationen zur Beweidung und dem Zusammenhang zur Förderung der Flora und Fauna sowie zur Entstehung dieser jungen Kulturlandschaft erhalten. Zusätzlich soll der Erholungswert über die Etablierung von Erholungsinfrastrukturelementen, wie z. B. Aussichtsplattformen, gesteigert werden.

7 Fazit

Das E+E-Vorhaben „Grüne Infrastruktur in ländlichen Regionen" zeigt modellhaft auf, wie Grüne Infrastruktur zur Planung und Förderung der Naherholung genutzt und so (sozio-)kulturelle Ökosystemleistungen bereitgestellt werden können. Gleichzeitig wird zur Sicherung und Förderung zahlreicher weiterer Ökosystemleistungen beigetragen. Grundlage der Arbeit war eine Analyse der Erholungsfunktion des Kreises Lippe, mit welcher prioritäre Räume der Erholung abgeleitet werden konnten. Basierend auf der Überlagerung der prioritären Räume der betrachteten Themengebiete Biotopverbund, Kulturlandschaft und Erholung wurden im Rahmen der Synthese sieben Schwerpunkträume ausgewählt, für welche auf der Grundlage weiterführender Analysen themengebietsübergreifende Ziele, Leitbilder und Maßnahmen entwickelt wurden. Das resultierende Handlungskonzept, welches im aktuell laufenden Hauptvorhaben praktisch umgesetzt wird, entspricht dem Anspruch der Multifunktionalität und fokussiert durch die Schaffung von Synergien die Förderung verschiedener Ökosystemleistungen, wie es am Beispiel des Schwerpunktraums im Rethlager Bachtal gezeigt wurde.

Darüber hinaus gewährleistet das übergeordnete, aus zahlreichen Elementen bestehende Netz der Grünen Infrastruktur die Strahlwirkung der positiven Effekte der Maßnahmen über die Maßnahmenfläche hinaus. Folglich ist das E+E-Vorhaben ein Beispiel dafür, wie das Konzept der Grüne Infrastruktur dazu beitragen kann, der Flächenkonkurrenz entgegen zu wirken und durch die Schaffung multifunktionaler Netzwerke zur Sicherung und Förderung zahlreicher Ökosystemdienstleistungen beizutragen.

Literaturverzeichnis

Abraham, A., Sommerhalder, K. & Abel, T. (2010). Landscape and well-being: a scoping study on the health-promoting impact of outdoor environments. *International Journal of Public Health 55 (1)*, 59–69.

Abraham, A., Sommerhalder, K. & Bolliger-Salzmann, H. (2007). *Landschaft und Gesundheit. Das Potential einer Verbindung zweier Konzepte.* Bern: Institut für Sozial- und Präventivmedizin, Abt. Gesundheitsforschung.

Bastian, O., Grunewald, K. & Syrbe, U. (2013). Klassifikation von ÖSD. In K. Grunewald & O. Bastian (Hrsg), *Ökosystemdienstleistungen* (S. 48–56). Berlin Heidelberg: Springer Verlag.

Behre, E., Bernstein, F., Kaußen, L. & Stemmer, B. (2022). Naherholung als Teil der grünen Infrastruktur – ein neopragmatischer Ansatz. In O. Kühne, T. Sedelmeier C. Jenal & T. Freytal (Hrsg.), *RaumFragen: Stadt – Region – Landschaft. Landschaft und Tourismus* (S. 253–275). Wiesbaden: Springer VS.

Bernet, L. (2010). Gesellschaftliche Ansprüche an Naherholungsgebiete. Ergebnisse empirischer Studien zum Verhalten und zu den Erwartungen von Naherholungssuchenden in Schweizer Agglomerationen. http://www.ikaoe.unibe.ch/publikationen/SR_Studentische_Arbeiten_49.pdf. Zugegriffen: 6. Juli 2021.

Billion, F. & Flückiger, B. (1978). *Bedarfsanalyse Naherholung und Kurzzeittourismus.* Gesellschaft für Landschaftsentwicklung.

Buchecker, M., Kienast, F., Degenhardt, B., Widmer, S. & Moritzi, M. (2013). Naherholung räumlich erfassen. *Eidg. Forschungsanstalt WSL. Merkblatt für die Praxis 15.*

Bundesamt für Naturschutz (Hrsg.). (2017). *Bundeskonzept Grüne Infrastruktur: Grundlagen des Naturschutzes zur Planung des Bundes.* Bonn.

Burckhardt, L. (1995). *Design ist unsichtbar* (H. Hoger, Hg.). Cantz.

Die Landesregierung des Landes Nordrhein-Westfalen. (2016). Landesentwicklungsplan Nordrhein-Westfalen (LEP NRW).

Europäische Kommission. (2013). Grüne Infrastruktur (GI) – Aufwertung des europäischen Naturkapitals. https://eur-lex.europa.eu/resource.html?uri=cellar:d41348f2-01d5-4abe-b817-4c73e6f1b2df.0012.04/DOC_1&format=PDF. Zugegriffen: 3. März 2020.

Europäische Kommission. (2014). Eine grüne Infrastruktur für Europa. Amt für Veröffentlichungen der Europäischen Union.

Finke, R. (2009). Grünflächen und Gesundheit. Erkenntnisse über Zusammenhänge aus internationaler empirischer Forschung. *Stadt und Grün 58* (2), 27–32.

Gassner, E. & Jedicke, E. (1995). *Das Recht der Landschaft. Gesamtdarstellung für Bund und Länder.* Radebeul (Naumann): 360 S.

Gauglitz, P., Moczek, N., Mülder, J., Pape, C., Peters, W., Philipper, S., Riedl, U., Schicketanz, S., Stemmer, B. & Westarp, C. (2021). *Szenarien für den Ausbau der erneuerbaren Energien aus Naturschutzsicht.* (Bundesamt für Naturschutz).

Grunewald, K., Bastian, O., Syrbe, R.-U., Walz, U. & Wende, W. (2023). Konzeptionelle Rahmensetzung. In K. Grunewald & O. Bastian (Hrsg.), Ökosystemleistungen: Konzept, Methoden, Bewertungs- und Steuerungsansätze (2. Aufl. 2023, S. 67–136). Berlin Heidelberg: Springer.

Haines-Young, R. & Potschin, M. (2013). *Common International Classification of Ecosystem Services (CICES): Consultation on Version 4, August–December 2012.* EEA Framework Contract No: EEA/IEA/09/003.

Heiland, S., Mengel, A., Hänel, K., Geiger, B., Arndt, P., Reppin, N. Werle, V., Bokema, D., Hehn, C., Mertelmeyer, L., Burghardt, R. & Opitz, S. (2017). *Bundeskonzept Grüne Infrastruktur Fachgutachten.* BfN-Skripten 457. Bonn-Bad Godesberg.

Ipsen, D. (2006). *Ort und Landschaft.* Wiesbaden: VS Verlag für Sozialwissenschaften, GWV Fachverlage GmbH Wiesbaden.

Kaußen, L. (2021). *Die Wahrnehmung von Landschaft in sozialen Medien: Eine Analyse von nutzergenerierten Inhalten.* RaumFragen. Wiesbaden: Springer Fachmedien Wiesbaden GmbH. https://ebookcentral.proquest.com/lib/kxp/detail.action?docID=6747490.

Ketterer Bonnelame, L. & Siegrist, D. (2018). *Naherholungstypen. Leitfaden für die nachfrageorientierte Planung und Gestaltung von naturnahen Naherholungsgebieten. Rapperswill.* Rapperswill: HSR Hochschule für Technik Rapperswill.

Körner, S., Nagel, A. & Bellin-Harder, F. (2009). Qualität und Vielfalt. Folgerungen und Ergebnisse aus einer Literaturstudie zum Zusammenhang von Grün und Gesundheit. *Stadt und Grün 58 (7),* 32–40.

Kühne, O. (2009). Grundzüge einer konstruktivistischen Landschaftstheorie und ihre Konsequenzen für die räumliche Planung. *Raumforschung und Raumordnung, 67* (5/6), 395–404.

Kühne, O. (2013). *Landschaftstheorie und Landschaftspraxis: Eine Einführung aus sozialkonstruktivistischer Perspektive.* Wiesbaden: Springer VS.

MA – Millennium Ecosystem Assessment (2005). *Ecosystems and Human Well-being: Synthesis.* Island Press, Washington, DC, 137.

Nohl, W. (2001). *Landschaftsplanung. Ästhetische und rekreative Aspekte. Konzepte, Begründungen und Verfahrensweisen auf der Ebene des Landschaftsplans.* Berlin, Hannover: Patzer Verlag.

Riedl, U., Stemmer, B., Philipper, S., Peters, W., Schicketanz, S., Thylmann, M., Pape, C., Gauglitz, P., Mülder, J., Westarp, C.& Moczek, N. (2021). *Szenarien für den Ausbau der erneuerbaren Energien aus Naturschutzsicht.* BfN-Skripten (in Vorbereitung).

Roth, M. (2012). *Landschaftsbildbewertung in der Landschaftsplanung. Entwicklung und Anwendung einer Methode zur Bewertung des Landschaftsbildes durch internetgestützte Nutzerbefragungen.* Berlin: Rhombos-Verlag.

Roth, M. & Bruns, E. (2016). *Landschaftsbildbewertung in Deutschland. Stand von Wissenschaft und Praxis.* BfN-Skripten. Bonn-Bad Godesberg.

Stemmer, B., Philipper, S., Moczek, N. & Röttger, J. (2019). Die Sicht von Landschaftsexperten und Laien auf ausgewählte Kulturlandschaften in Deutschland – Entwicklung eines antizipativ-iterativen Geo-Indikatoren-Landschaftspräferenzmodells (AIGILaP). In K. Berr & C. Jenal (Hrsg.), *RaumFragen: Stadt – Region – Landschaft. Landschaftskonflikte.* Wiesbaden: Springer VS.

Stemmer, B., Behre, E., Bernstein, F., Hänel, K., Schröder-Rühmkorf, H., Schäffner, A., Boesler, D., Milde, B., Kruse, A., Telaar, D., Steffen-Waschek, B., Sowa, J. & Stipp, T. (in Vorbereitung) [a]. *Abschlussbericht zur Voruntersuchung des E+E-Vorhabens „Grüne Infrastruktur in ländlichen Regionen"*. Detmold.

Stemmer, B., Steffen-Waschek, B., Milde, B., Müller-Pfannenstiel, K., Hoffmeier, A., Bernstein, F. & Ropers, D. (in Vorbereitung) [b]. *Flächen-Innovation-Lippe. Umsetzung einer modellhaften zukunftsorientierten Landschaftsplanung im Kreis Lippe.* Detmold.

TEEB – The Economics of Ecosystems and Biodiversity (2010). *TEEB Ecological and Economic Foundations.* London: Earthscan.

Wolf, A. & Appel-Kummer, E. (Hrsg.). (2009). *Naherholung in Stadt und Land.* Norderstedt: Books on Demand.

Förderung und Dank

Fördermittelgeber: Bundesamt für Naturschutz
Förderkennzeichen: 3520 89 2014 und 3522 89 210A

Autorin und Autor

Evelyn Behre durchlief ab 2016 das Studium der Landschaftsarchitektur und Umweltplanung an der Technischen Hochschule Ostwestfalen-Lippe und schloss dieses 2021 erfolgreich als Master of Science ab. Seit dem Frühjahr 2021 arbeitet sie im Fachgebiet Landschaftsplanung und Erholungsvorsorge der Technischen Hochschule Ostwestfalen-Lippe und forscht im Rahmen des E+E-Vorhabens „Grüne Infrastruktur in ländlichen Regionen" unter anderem zur Erholungsvorsorge und zum planerischen Umgang mit dem Thema Erholung. Zudem promoviert Evelyn Behre an der Technischen Universität Dresden zum Thema „Entwicklung einer Methode zur Bewertung des Erholungswertes für die umsetzungsorientierte Planung regionaler Grüner Infrastruktur".

Boris Stemmer ist Professor für Landschaftsplanung und Erholungsvorsorge an der Technischen Hochschule Ostwestfalen-Lippe. Er promovierte an der Universität Kassel und war als Landschaftsplaner in Hameln und Rottenburg a. N. tätig. Schwerpunkte seiner Arbeit sind die öffentliche Mitwirkung in der Planung unter Nutzung neuer Medien, Landschaftsbewertungsmethoden und erneuerbare Energien in der Raum- und Landschaftsplanung.

Naturerfahrungsräume für Kinder – Spielen in städtischer Wildnis

Hans-Joachim Schemel

Abstract

In heutigen Städten mangelt es an Räumen, in denen Kinder ungestaltete („wilde“) Natur erleben können. Um Stadtkindern den unmittelbaren Naturkontakt zu ermöglichen, wurde der „Naturerfahrungsraum“ als städtebauliche Grünflächenkategorie konzipiert und sowohl im Bundesnaturschutzgesetz als auch im Baugesetzbuch verankert. Der Naturerfahrungsraum wird als Angebot einer nachhaltigen Naherholung für Kinder beschrieben. Mit der Ausweisung eines solchen Raumes erfüllt die Kommune sowohl Ziele des Naturschutzes als auch Ziele des Kinderwohls. Spiel und Bewegung auf solchen naturnahen Flächen dienen der gesunden Entwicklung vorwiegend älterer Kinder und schaffen eine emotionale Beziehung zur Natur als inszenierter „Wildnis“, deren Tier- und Pflanzenwelt in ihrer weitgehenden Eigendynamik erlebbar wird. Die positiven Wirkungen des Naturkontakts auf die Entwicklung von Kindern werden beschrieben. Es werden sodann planerische Hinweise zur Einrichtung von Naturerfahrungsräumen gegeben. Anhand von realisierten Beispielen in fünf Kommunen werden abschließend Erfahrungen geschildert, die im Umgang mit von Bürgern initiierten Naturerfahrungsräumen gemacht worden sind.

Keywords

Naturerleben, Kinder, Spiel, Kommunen, Flächennutzung, Naturschutz, Naherholung

S. Sieber et al. (Hrsg.), *Landschaft und Naherholung*, RaumFragen: Stadt – Region – Landschaft, https://doi.org/10.1007/978-3-658-45410-4_10

1 Einleitung

Naturerfahrungsräume bieten Kommunen die Möglichkeit des Angebots von nachhaltiger Naherholung. Es geht hier um eine im Baugesetzbuch (BauGB § 9, Nr. 15) verankerte Grünflächenkategorie, die das von baulichen Strukturen dominierte Erleben von Stadt mit dem Erleben von „wilder" Natur kontrastiert. Diese besonders für spielende Kinder attraktive Flächenkategorie erfüllt ökologische, soziale und pädagogische Zielsetzung gleichermaßen. Städtische Grünflächen, die zahlreiche Angebote für Erholung, Spiel und Bewegung bieten, finden in Naturerfahrungsräumen eine spezielle Ausprägung, die eine unmittelbare (nicht-gelenkte) Begegnung mit Natur möglich macht.

Die Flächenkategorie Naturerfahrungsraum kann laut der von Kühne (2023) skizzierten Theorie von Landschaft als ein Raum gesehen werden, der als „materieller Gegenstand" („Landschaft 1") vom einzelnen Besucher („Landschaft 2": Landschaft des Individuums) als eine besonders erlebnisreiche Ausformung von Natur erlebt wird und insofern für ihn (als Ergebnis eines individuellen Konstruktionsprozesses, „Landschaft 3") eine wichtige Erholungsfunktion erfüllt. Der städtische Naturerfahrungsraum gehört zum Potential einer Alltagslandschaft für Wohnbevölkerung und Gäste (im Sinne von „Landschaft 2"). Er umfasst eine Fläche von mindesten einem Hektar und kann auch Teil einer größeren Alltagslandschaft sein, z. B. eines größeren Parks oder eines Freizeitgeländes mit Sportflächen und Spielgeräten.

Die im NaTourHuKi-Projektgebiet außerhalb des bebauten Raumes liegenden Kinzig-Auen, die bereits in mehrfacher Hinsicht eine naturbezogene Erholungsfunktion erfüllen, unterscheiden sich hinsichtlich des Charakters der Naturbegegnung erheblich von innerstädtischen Naturerfahrungsräumen, insbesondere hinsichtlich Gestaltung und nicht-reglementierter Zugänglichkeit (dazu Näheres in Kap. 2 und 5).

Mit Blick auf die ebenfalls im Projektgebiet befindliche Stadt Hanau soll der vorliegende Beitrag die Kommunalpolitiker und die an stadtpolitischen Fragen interessierten Bürger anregen zu prüfen, ob ein Naturerfahrungsraum ein geeignetes Erholungsangebot für die Wohnbevölkerung und Gäste dieser Stadt sein könnte. Um die dafür nötigen Informationen zu liefern, wird im Folgenden dargelegt,

- worin das Besondere dieser Freiflächenkategorie besteht (Kap. 2),
- wie in diesem Raum Schutz und Erleben von Natur zusammenspielen (Kap. 3),
- weshalb Naturerfahrung für Kinder so wichtig ist (Kap. 4),
- was bei der Einrichtung eines Naturerfahrungsraumes zu beachten ist, ergänzt und erläutert mit Beispielen in Kommunen aus fünf Bundesländern (Kap. 5).

2 Raumangebote für Kinder in der Stadt

Kinder brauchen Bewegung und Freiräume, die dazu anregen. Nur so können sie sich bei gemeinsamem Spiel körperlich und geistig gesund entwickeln (Oerter 1977, Flade 2009, Dunkelberg et al. 2012, Hüttenmoser 2023). Der Soziologe und Kindheitsforscher Baldo Blinkert, der die Spielbedingungen von Kindern untersucht hat, stellt fest: „Kinder leben heute in urbanen Umwelten unter Bedingungen, bei denen ein ganz beträchtlicher Anteil der Vorschul- und Grundschüler außerhalb der Wohnung keine ausreichenden Spielmöglichkeiten mehr hat. (…) Die Möglichkeiten zum spontanen und unbeaufsichtigten Spielen draußen und in unmittelbarer Wohnungsnähe werden für viele Kinder immer ungünstiger." (Blinkert 1993, S. 7) Die Lebensqualität von Kindern und das Gelingen von Sozialisationsprozessen sei in hohem Maße davon abhängig, in welchem Umfang Kinder über geeignete Aktionsräume („Räume, mit denen Kinder etwas anfangen können") verfügen. Solche Räume müssten zugänglich, gefahrlos bespielbar, von Kindern gestaltbar sein und die Chance bieten, Spielkameraden anzutreffen (ebenda, S. 10).

Der Autor benennt zwei besonders problematische Trends der Raumerfahrung von Stadtkindern: erstens die Verlagerung der Aktivitäten von Außenräumen in Innenräume („Verhäuslichung von Kindheit") und zweitens die simulierte Abwendung von realen Räumen und Erfahrungen, was sich in der Dominanz des Fernsehens und der Internetspiele im Kinderalltag zeige („Ersatz des Realen durch das Fiktive"). Diese Trends seien auch die Folge mangelnder Aktionsraumqualität (Blinkert 1993 und Blinkert et al. 2015). Kindern wird beim Spielen im Freien immer weniger zugetraut, Erfahrung abseits elterlicher Beaufsichtigung zu machen. Erst mit eigenständigen Erfahrungen können Kinder Sozial- und Risikokompetenz entwickeln (Richard-Elsner 2017 und ABA Fachverband – „Draußenkinder" 2023).

Aktionsräume für Kinder finden sich in der Stadt insbesondere auf grünen Freiflächen. Zu den städtischen Grünflächen, die in ihrer Gesamtheit als „urbanes Grün", „Stadtnatur" oder „grüne Infrastruktur" (BfN 2017) bezeichnet werden, gehört auch die „urbane Wildnis" (Knapp et al. 2016). Das sind weitgehend naturbelassene Flächen, auf denen die Spuren menschlicher Nutzung kaum wahrnehmbar sind und deshalb als „wild" empfunden werden.

Der Stadtplaner Karl Ganser grenzt diesen „wilden" Flächentyp von den übrigen Erscheinungsformen von Natur in der Stadt wie folgt ab: „Es handelt sich um das Gegenteil von gestaltet, geordnet, diszipliniert, hergerichtet, vorgeprägt, ästhetisiert, also nicht um Kinderspielplätze, nicht um Parks, nicht um kultivierte Landschaft, auch nicht um den Garten, die Dachterrasse oder den Blumentopf." Er fragt: „Wo findet sich Wildnis in der Stadt, wo doch fast alles bebaut oder durchgestaltet ist, noch nicht bebaute Flächen möglichst bald der Bebauung zugeführt werden sollen?" (Ganser 2008)

Um in dichter Bebauung lebenden Kindern, die in „wilden Räumen" spielen wollen, ein geeignetes Flächenangebot machen zu können, wurde 1998 im Auftrag des

Bundesamtes für Naturschutz im Rahmen eines Forschungs- und Entwicklungsvorhabens der „Naturerfahrungsraum“ konzipiert (Schemel 1998). Der städtische Naturerfahrungsraum (NER) ist eine mindestens einen Hektar große Fläche, die weitgehend ihrer natürlichen Eigendynamik überlassen bleibt und in Wohnungsnähe vor allem älteren Kindern die Möglichkeit bietet, frei zu spielen – ohne Spielgeräte und ohne Anleitung durch Erwachsene. Dahinter steckt die Idee einer doppelten Freiheit: freies (unbeaufsichtigtes und pädagogisch nicht betreutes) Spielen in freier (möglichst ungezähmter) Natur.

Schon an dieser Stelle sei in der Definition auf das Wörtchen „weitgehend“ hingewiesen, mit der die natürliche Eigendynamik eingeschränkt wird. Bei der Einrichtung eines NER werden auch gestalterische und pflegende Eingriffe vorgenommen, allerdings solche, die sich dem vom Kind wahrgenommenen Charakter von „wilder“ Natur anpassen. Ein NER ist somit eine inszenierte Wildnis. Auf das NER-Konzept und seine planungspraktische Umsetzung wird in Kap. 5 näher eingegangen.

Die Kinder sollen den NER zwar eigenständig nutzen können. Eine Betreuung durch Erwachsene mit Aktivitätsangeboten kann in geeigneten Situationen jedoch durchaus sinnvoll sein. Das kann zum Beispiel dann angebracht sein, wenn es gilt, zögerlichen Kindern die Scheu vor der ihnen fremden „zu wilden“ Natur zu nehmen, etwa dann, wenn sich Kinder beim Anblick oder bei der Berührung von Käfern, Würmern und anderem Kleingetier ekeln oder gar ängstigen, weil sie sich bisher im Außenraum nur auf Rasenflächen und anderen aufgeräumten Plätzen bewegt haben. Wenn dadurch spontan spielende Kinder nicht gestört werden, können NER auch als „grüne Lernorte“ genutzt werden, um bei Kindern Verständnis für die Naturprozesse zu wecken (Knapp et al. 2016).

Naturerfahrungsräume lassen sich mit anderen für Kinder geeignete Flächen kombinieren, um das für eine gesunde Entwicklung unerlässliche Bedürfnis nach Bewegung im Freien zufriedenzustellen. Dazu gibt es planerische Hinweise, die von Kommunen aufgegriffen werden können (Apel 2009 und Schemel/Müller 2010).

Der Naturerfahrungsraum ist seit 2010 als eigenständige Flächenkategorie im Bundesnaturschutzgesetz (BNatSchG) verankert. Dort heißt es in § 1 Abb. 6: „Freiräume im besiedelten und siedlungsnahen Bereich einschließlich ihrer Bestandteile, wie Parkanlagen, großflächige Grünanlagen und Grünzüge, (…) Naturerfahrungsräume (…) sind zu erhalten und dort, wo sie nicht in ausreichendem Maße vorhanden sind, neu zu schaffen.“ Im Jahr 2021 ist diese Flächenkategorie auch ins Baugesetzbuch als eine Ausprägung öffentlicher Grünflächen aufgenommen worden (BauGB § 9 Inhalt des Bebauungsplans, Nr. 15).

Ein städtischer Naturerfahrungsraum bietet die Möglichkeit einer besonderen Art der Naherholung hauptsächlich für die Kinder der Wohnbevölkerung, aber auch für Kinder aus benachbarten Gemeinden. Der Wunsch, „unberührte Natur“ kennenzulernen, führt so manche Familie (meist mit Auto) in ferne Nationalparke, die als Sehenswürdigkeit bestaunt werden – unter Beachtung des Wegegebots. Aus der Sicht eines Kindes bietet ein NER sicherlich mehr als nur einen kleinräumigen „Ersatz“ für diesen (nur elterlichen?) Wunsch. Denn hier kann es sich mit weniger Reglementierung und Zeitbeschränkung in der „Wildnis“ aufhalten. Alltäglich (weil wohnungsnah) kann das Kind spielerisch die Natur erkunden – und das unmittelbar, also nicht nur vom Wege aus. Auf die Erlebnisqualitäten, die ein NER für Kinder bereithält, geht Kap. 4 vertieft ein.

3 Naturerfahrung und Naturschutz

Zur „urbanen Wildnis“ zählen (neben Naturerfahrungsräumen) auch Naturschutzgebiete und geschützte Biotope: Lebensräume von Pflanzen und Tieren, die sich hier in möglichst ungestörter Eigendynamik entwickeln können, oder solche Bewuchs-Strukturen, die als Spuren einer aufgegebenen Landnutzung erhaltungswürdig sind und keine Trittbelastung vertragen. In diesen hoch empfindlichen Räumen wird die Begegnung des Menschen mit der Natur aus guten Gründen eingeschränkt. Die geschützten Gebiete sind entweder nicht oder nur auf Wegen zugänglich. Hier kann der Stadtbewohner Natur also nur aus der Distanz erleben – quasi hinter unsichtbaren Mauern.

Der Schutz bedrohter Arten – auch in der Stadt – ist ein wichtiges gesellschaftliches Anliegen. Die Durchsetzung dieses Anliegens ist auf Zustimmung in der Bevölkerung angewiesen. Eine hohe Wertschätzung von Natur entsteht durch positive Emotionen, die bei der Begegnung mit ihr geweckt werden. „Wenn persönliche Erfahrungen in und mit der Natur fehlen: wie können Menschen dann eine emotionale Beziehung zur Natur entwickeln und sich für die Erhaltung oder Schaffung naturnaher Bereiche einsetzen? Genügt es, wenn Kinder und Jugendliche in der Schule oder über Medien über Natur informiert werden?“ (Reidl et al. 2005, S. 9)

Kinder lernen bekanntlich nicht nur besonders schnell, sondern auch mit lebenslanger Prägung. Der Hirnforscher Gerald Hüther weist auf die Bedeutung emotionaler Bindungen an die Natur hin. Sie sei eine Voraussetzung für die Übernahme von Verantwortung gegenüber der Natur. Er erläutert: „Frühe Erfahrungen werden strukturell tiefer und fester verankert als spätere. Entscheidend für die Verankerung von Erfahrung ist das Ausmaß der damit einhergehenden Aktivierung emotionaler (subkortikaler, limbischer) Systeme im Gehirn. Wenn also bei möglichst vielen Menschen die Bereitschaft zur Übernahme von Verantwortung gegenüber der Natur geweckt und fest im Frontalhirn verankert werden soll, so kann das nur durch möglichst frühe und möglichst emotional vermittelte Erfahrung gelingen, die zur Festigung einer engen, weniger über den Verstand als vielmehr über das Gefühl vermittelten Mensch-Natur-Beziehung beitragen.“ (Hüther 2005, S. 232)

In gleicher Richtung argumentiert der Stadtplaner Karl Ganser mit Blick auf Naturbereiche in der Stadt: „Wenn es also darum geht, ein Menschenbild einzupflanzen, das den Heranwachsenden im Einklang mit der Natur und mit Respekt vor derselben formt, dann wird die Naturbegegnung im Kindesalter entscheidend. (…) Natur muss

‚um die Kinder herum' sein. Sie müssen ungeregelten Zutritt zu dieser Natur haben. Eltern sollen nicht jeden Schritt bewachen und nicht jedes Tun zensieren. Die Anwesenheit von Pädagogen oder Geologen ist nicht erwünscht. Apparate wie zum Beispiel ein elektronisch überfrachteter ‚Naturerkundungskoffer' behindern eine unmittelbare Begegnung. (...) Es geht nicht um Wissen und gelehrt werden, sondern um ungestörte und unverstellte spontane Eindrücke. Emotionen sollen entstehen" (Ganser 2008, S. 48).

Die Zitate bringen zum Ausdruck, dass es den Zielen des Naturschutzes dient, wenn Kinder sich in der Natur aufhalten. Die spielerische Begegnung mit den Tieren und Pflanzen in ungestalteter Natur ist eine Erfahrung, die zur Wertschätzung ökologisch wertvoller Räume beiträgt. Damit einher geht auch die Einsicht, dass hoch empfindliche Lebensräume wildlebender Arten des Schutzes bedürfen.

Kann die Anlage von Naturerfahrungsräumen mit Zielen des Naturschutzes in Konflikt geraten? Nein. Denn bei der Standortsuche und Gestaltung/Pflege von Naturerfahrungsräumen ist die Vereinbarkeit mit den Zielen des Naturschutzes geboten. Darüber hinaus wird auf der Fläche, die Kindern als erlebnisreicher Spielraum dienen soll, die Qualität und Vielfalt der Lebensräume für wildlebende Tiere und Pflanzen nach Möglichkeit erhöht. Um diese beiden Anliegen zu erreichen, sind zwei Bedingungen zu erfüllen: erstens kommen als NER-Standorte solche Flächen nicht in Betracht, in denen geschützte Arten durch das Spiel der Kinder beeinträchtigt werden würden. Zweitens wird die Fläche des NER so gestaltet und gepflegt, dass die ökologischen Standortbedingungen für schützenswerte Pflanzengesellschaften und Tierarten gegenüber der Vornutzung nach Möglichkeit eine Aufwertung erfahren.

Wilke und Winkelbrandt (2008) weisen darauf hin, dass ein NER die Funktion einer ökologischen Ausgleichsfläche erfüllen kann – als Maßnahme zur ökologischen Kompensation baulicher Eingriffe, die auf dem Gebiet der Kommune an anderer Stelle vorgenommen worden sind. Ob die Bedingungen dafür erfüllt sind, ist im Einzelfall zu prüfen.

Die ökologische Aufwertung und der Schutz von Flächen durch gezielte Nutzung ist eine gängige Praxis zur Erreichung naturschutzfachliche Ziele. Im NaTourHuKi-Projektgebiet findet sich dafür ein Beispiel bei der Stadt Hanau. Im Naturschutzgebiet Campo Pond werden die ökologischen Standortbedingungen vieler seltener Tier- und Pflanzenarten mit der Haltung von acht Przewalski-Wildpferden geschaffen (siehe Stadt Hanau, Rathaus-Webseite 2023).

4 Zur Bedeutung von Naturerfahrung für Kinder

Wie wichtig sind Naturkontakte für die Entwicklung der Kinder? Der Psychoanalytiker Alexander Mitscherlich hat schon 1965 mit kritischem Blick auf die „Unwirtlichkeit unserer Städte" festgestellt: „Jeder junge Mensch ist noch arm an höherer geistiger Leistungsfähigkeit – er ist weitgehend ein triebgestimmtes Spielwesen. Er braucht deshalb seinesgleichen, nämlich Tiere, überhaupt Elementares: Wasser, Dreck, Gebüsch, Spielraum. Man kann ihn auch ohne das alles aufwachsen lassen, mit Teppichen, Stofftieren oder auf asphaltierten Straßen und Höfen. Er überlebt es – doch man soll sich dann nicht wundern, wenn er später bestimmte soziale Grundleistungen nie mehr erlernt, z. B. ein Zugehörigkeitsgefühl zu einem Ort und Initiative. Um Schwung zu haben, muss man sich von einem festen Ort abstoßen können, ein Gefühl der Sicherheit erworben haben. (…) Je weniger Freizügigkeit, je weniger Anschauung der Natur und ihrer biologischen Prozesse, je weniger Kontaktanregung zur Befriedigung der Neugier, desto weniger kann ein Mensch seine seelischen Fähigkeiten entfalten und mit seinem inneren Triebgeschehen umzugehen lernen." (Mitscherlich 1965, S. 24 f.)

Der Soziologe Hermann Zinn weist auf Folgen mangelnder Naturbegegnung hin: „Ein Mangel an primären Naturerfahrungen in der ‚sensiblen' Altersphase, in der Kinder für Natureindrücke besonders empfänglich zu sein scheinen, kann wahrscheinlich durch keine noch so stimulierende Ersatzwelt kompensiert werden und später wohl auch nicht aufgeholt werden. Entwicklungsstörungen (…) sind also bei Kindern, die keine Gelegenheit hatten, Naturerfahrungen zu sammeln, nicht auszuschließen, ohne dass man heute schon Genaueres über die Art solcher Störungen sagen könnte. Ein Kind, das nur in der Kunstwelt menschlicher Zivilisation aufgewachsen ist, in der Welt der Technik und Maschinen, die auf Knopfdruck jede beliebige Reaktion hervorbringen können, wird leicht dazu neigen, die gesamte gesellschaftliche Umwelt einschließlich der zwischenmenschlichen Beziehungen für beliebig manipulierbar zu halten. Die natürliche Basis menschlicher Existenz, die trotz aller Vergesellschaftungsprozesse nach wie vor elementare Bindung des Menschen an die Natur und das Bewusstsein von den schwerwiegenden Folgen, die die Missachtung von Naturgesetzen für die menschliche Gesellschaft haben kann, wird einem Kinde, das sich selbst niemals als Teil der Natur erlebt hat, nur schwer verständlich zu machen sein" (Zinn 1980, S. 19 f.).

Inwiefern kommen naturnahe Flächen den Wünschen von Kindern entgegen? Der US-amerikanische Kindheitsforscher R. Hart (1982, zitiert bei Gebhard 1994) hat beobachtet, dass sich ältere Kinder relativ wenig auf Spielplätzen aufhalten. Am meisten würden von ihnen Flächen geschätzt, die von den Planern „vergessen" worden seien. Er stellte eine sehr innige Beziehung von Kindern zur Natur fest. Ihre Auseinandersetzung mit der Natur sei meist eher sanft, ein Experimentieren und Erforschen. Der Umgang mit der Natur sei pfleglich. Eine solche Sensibilität und die damit verbundene Kreativität sei nur bei wenigen Erwachsenen (z. B. bei Künstlern) anzutreffen. Kinder in ihrem besonders offenen Bewusstseinszustand („open-mindedness") seien ausgesprochen interessiert an der äußeren physischen Welt wie z. B. an Tieren und Pflanzen. Sie suchen nach einem Verständnis der Welt. In späteren Entwicklungsphasen nehme diese Offenheit ab, etwa bei Jugendlichen, die ab einem bestimmten Alter viel mehr mit sich selbst beschäftigt seien.

Um das theoretisch entwickelte NER-Konzept einem Praxistest zu unterziehen, wurde ein interdisziplinäres Forschungsprojekt mit der Bezeichnung „Naturerfahrungsräume im besiedelten Bereich" durchgeführt (Reidl et al. 2005). Daran beteiligt waren die Hochschule für Wirtschaft und Umwelt Nürtingen-Geislingen (Reidl), das Freiburger Institut für angewandte Sozialwissenschaft (Blinkert) und das Münchner Büro für Umweltforschung und Stadtentwicklung (Schemel). Im Rahmen dieser im Auftrag der Stiftung Naturschutzfonds Baden-Württemberg durchgeführten zweijährigen Forschung (2002 bis 2004) wurden in vier Städten (Stuttgart, Freiburg, Karlsruhe und Nürtingen) Kinder in informellen NER beobachtet und befragt. Befragungen und Gespräche fanden auch mit Eltern im Umkreis dieser NER statt.

Um die Bedeutung der NER für Kinder und Jugendliche zu ermitteln, wurden im Zeitraum zwischen April und November 2003 an insgesamt 96 Tagen Kinderbeobachtungen und Interviews mit Kindern der Altersgruppe sechs bis zwölf Jahre durchgeführt. Die Spielaktivitäten von 823 Kindern wurden auf NER und auf konventionellen Spielplätzen zu bestimmten Zeiten protokolliert. Hinzu kamen weitere Beobachtungen von spielenden Kindern an 16 Tagen außerhalb der festen Beobachtungstermine, die in naturbestimmten Räumen der vier Städte durchgeführt wurden und 124 verschiedene Kinder erfassten.

Als ein Ergebnis dieser empirischen Untersuchung wurden folgende Wirkungen von NER auf ältere Kinder festgestellt:

- Gesunde Entwicklung: Naturerfahrungsräume üben – anders als konventionelle Spielplätze – eine hohe Anziehungskraft auf ältere Kinder aus, die außerhalb der Wohnung Gelegenheit zu abwechslungsreichem Spiel suchen. Wenn sich Kinder viel im Freien bewegen, kommt das ihrer Gesundheit zugute.
- Stärkung von Eigenverantwortung und sozialer Kompetenz: Das natürliche Angebot der Naturerfahrungsräume regt Kinder zu Rollenspielen und sonstigen gemeinschaftlichen Formen des Naturerlebens an. Kinder, die im Spiel selbst entscheiden, welche der natürlichen Erlebnis- und Aktivitätsangebote sie auf welche Weise nutzen wollen, begegnen Herausforderungen, deren Bewältigung ihre Selbständigkeit und Eigenverantwortung fördert.
- Förderung der Kreativität: Der spielerische Umgang mit Naturmaterialien, die funktional nicht festgelegt sind, mit lebenden Tieren und Pflanzen sowie mit Wasser und Boden regt die Fantasie an. Entdeckungsfreude und Erfindungsreichtum werden in der Natur geweckt und ermöglichen die Entwicklung von Kreativität. Die Kinder können im Spiel die Fläche kleinräumig umgestalten.
- Erhöhung der Risikokompetenz: Die im Vergleich zu Geräten und gestalteten Spielplätzen überraschenden und weniger berechenbaren Bestandteile und Prozesse in Naturerfahrungsräumen stärken die Achtsamkeit der Kinder und ihre Fähigkeit zur Selbsteinschätzung. Bei ihrer Bewegung im „Spielraum Natur" – etwa beim Klettern auf Bäume – stellen sich Kinder gewissen Herausforderungen und lernen, ihre Kräfte und ihre Geschicklichkeit abzuschätzen. Durch den spielerischen

Umgang mit unsicheren Situationen erhöht sich die Kompetenz der Kinder, mit altersgemäßen Risiken gefahrlos umzugehen. Nur „versteckte", vom Kind nicht beherrschbare, Gefahrenquellen sind in einem Naturerfahrungsraum zu vermeiden.

5 Einrichtung von Naturerfahrungsräumen und Beispiele

Was sind die Merkmale eines NER? Wer ergreift die Initiative zu einem NER und wie verläuft der Entscheidungsprozess zu seiner Errichtung? Wie und durch wen wird es geplant und ausgeführt? Detaillierte Ausführungen hierzu finden sich bei Schemel u. Wilke (2008), Stopka u. Rank (2013), Marx et al. (2017) und Pretzsch et al. (2020).

Zu unterscheiden sind formell ausgewiesene NER und solche informeller Art. Informelle NER erfüllen die Merkmale dieser Flächenkategorie und werden bereits von Kindern und Jugendlichen als Spielraum genutzt, sind jedoch (noch) nicht formell als NER ausgewiesen. Sie stehen angesichts der sehr harten Nutzerkonkurrenz um die knappen Flächen in Gefahr, von anderen Nutzungsansprüchen verdrängt zu werden, etwa durch Siedlungsbau oder Grünflächen mit sterilem Rasen. Daher empfiehlt es sich, informelle NER über die Bauleitplanung rechtzeitig zu sichern. Inzwischen gibt es formell ausgewiesene NER in mehr als zwanzig großen und auch kleineren Städten (Der Fachbereich Naturerfahrungsräume im Bund der Jugendfarmen und Aktivspielplätze e. V., www.naturerfahrungsraum.de).

Ein NER lässt sich aus zwei sehr unterschiedlichen Ausgangssituationen entwickeln: entweder aus Flächen mit naturferner Nutzung (Acker, Intensivgrünland, Rasen) oder aus naturnahen Flächen (Wald, naturnahe Acker- oder Industriebrache), die sonst überbaut oder einer anderen intensiven Nutzung zugeführt werden könnten. Bei einer naturnahen und bereits gut strukturierten Fläche als Ausgangssituation bedarf es keiner oder nur geringfügiger Eingriffe. Bei naturferner Ausgangssituation jedoch liegt es nahe, Pflanzungen vorzunehmen und eine ebene Geländeform durch Hügel erlebnisreicher zu machen. Hier bedarf die Eigendynamik (Sukzession) also einer deutlichen Starthilfe. Vorher ist standortspezifisch zu klären, ob aus Sicht des Naturschutzes und der Erlebnisqualität die Eigendynamik wünschenswerter ist als bestimmte Entwicklungszustände. Danach richtet sich das Pflegekonzept für den NER.

Merkmale eines Naturerfahrungsraums (ergänzend zu Ausführungen weiter oben):

- *Charakter:* Inszenierte Wildnis auf vielfältig strukturierter Fläche, auf der Kinder Natur hautnah erleben können: Boden, Wasser, Pflanzen- und Tierwelt in weitgehend eigendynamischer Entwicklung. Der menschliche Einfluss (zurückhaltende Maßnahmen der Gestaltung und Pflege) ist unauffällig, keine Spielgeräte, keine befestigten Wege. Die (Um-)Gestaltung natürlicher Elemente durch Kinder ist zulässig und erwünscht – im Rahmen von Regeln der Sicherheit und des Pflegekonzepts.

- *Lage:* Das entscheidende Standortkriterium ist die Lage des NER in Wohnungsnähe. Der NER ist in Wohnbereiche integriert oder diesen möglichst nahe zugeordnet. So ist er für das alltägliche Spiel älterer Kinder gefahrlos zu Fuß oder mit dem Rad erreichbar (auch ohne elterliche Begleitung).
- *Größe:* Ein NER weist einen Flächenumfang von mindestens einem Hektar (10 000 qm) auf. Bei der genannten Mindestgröße können die hier spielenden Kinder das Gefühl haben, von Natur umgeben zu sein – abgesetzt von dem sonst vorherrschenden Charakter gebauter, technischer und gestalteter Räume. Die akustischen und optischen Einflüsse der städtischen Umwelt sollen das Erleben von Natur nicht überlagern. Die Störungen können bei hinreichender Flächengröße „außen vor" gelassen oder zumindest abgeschwächt werden. So sind die Kinder in der Lage, miteinander ungestört zu spielen und die Naturprozesse und Naturphänomene in Ruhe zu erleben. In der Nachbarschaft eines NER sind Spielräume anderen Typs (z. B. ein Bolzplatz oder ein Platz mit Spielgeräten) willkommen.
- *Nutzung und Sicherheit:* Die Nutzer eines NER sind vorrangig Kinder im Alter zwischen 6 und 12 Jahren, nachrangig auch ältere Jugendliche, Erwachsene und (unter Aufsicht) Kleinkinder. Freies Spielen auf der gesamten Fläche ist möglich, alle Aktivitäten außer Motorsport sind erlaubt. Um Gefahren, die von Kindern nicht erkennbar sind (z. B. brüchige Äste großer Bäume), auszuschließen, sind Sicherheitsstandards einzuhalten (z. B. bei Feuerstellen). Eine regelmäßige Kontrolle der Fläche durch eine dazu legitimierte Person ist erforderlich, um die Sicherheit zu gewährleisten. Eine pädagogische Betreuung ist nicht vorgesehen, die älteren Kinder bleiben unter sich. Auf die Ausnahmen von dieser Regel (Betreuung kleiner Kinder, Überwindung von Schwellenängsten) wurde weiter oben bereits hingewiesen.
- *Gestaltung und Pflege:* Um den NER für das Spiel der Kinder attraktiv zu machen beziehungsweise zu erhalten, sind außerhalb des überwiegenden Flächenanteils mit naturbelassenem Bewuchs gestalterische Maßnahmen erforderlich, mit denen nicht nur eine abwechslungsreiche Raumstruktur sichergestellt ist, sondern auch die ökologische Vielfalt erhöht wird. So etwa können bewegte Geländeformen geschaffen und unterirdische Bachläufe geöffnet werden. Teile der Fläche werden durch gelegentliche Mahd oder Beweidung offengehalten und (wie weiter oben dargelegt) nach ökologischen Gesichtspunkten gepflegt (abhängig von Bodenart, Nährstoff- und Lichtverhältnissen).

Mehr als zwanzig große und kleine Städten verfügen über mindestens einen Naturerfahrungsraum (Fachbereich Naturerfahrungsräume 2023). Aus den *folgenden Beispielen* wird deutlich, wer jeweils bei welcher Ausgangssituation die Initiative ergriff, wie der politische Entscheidungsprozess ablief, wer sich wie engagierte, wo die Zuständigkeiten lagen und welche sonstigen Akteure bei der Realisierung des NER-Projekts beteiligt waren.

Abbildung 1 Eine Hütte bauen (Quelle: Hans-Joachim Schemel)

Abbildung 2 Im Schlamm waten (Quelle: Hans-Joachim Schemel)

Oppenheim, Rheinland-Pfalz: Der unter dem Namen „Paradies" im Jahr 1995 eingeweihte NER wurde schon vor seiner offiziellen Ausweisung von den Kindern der Umgebung als Spielraum genutzt („informeller NER"). Als bekannt wurde, dass die Brachfläche bebaut werden sollte, schlossen sich einige Eltern zu einer Interessengemeinschaft zusammen. Durch rege Öffentlichkeitsarbeit konnte den Bewohnern und dem Gemeinderat vermittelt werden, wie wichtig die Erhaltung dieser Fläche für spielende Kinder ist. Die Eltern forderten von der Kommune die Erhaltung der Fläche in ihrem Natur-Charakter. Der Gemeinderat stimmte 1993 der Ausweisung als öffentliche Grünfläche mit der Zweckbestimmung „Naturnaher Spielraum" zu. Die ausgewiesene Fläche wurde dann mit Hilfe des städtischen Bauhofs und unter maßgeblicher Mitwirkung der Eltern zu einem hügeligen Gelände mit Felsengruppen, Lehm- und Sandbereichen ökologisch vielfältig und erlebnisreich entwickelt. Sie wird von den Kindern der nahen Schule und der angrenzenden Wohnbereiche genutzt (Degünther 2008).

Vaihingen an der Enz, Baden-Württemberg: Im Mai 2001 kam die BUND-Ortsgruppe Vaihingen auf die Idee, einen NER anzulegen, weil es in Siedlungsnähe keinen naturnahen Spielraum gab. Gemeinsam mit der Lokalen Agenda 21 bildete sich die Projektgruppe „Naturerlebnisraum am Bächle". Die vom Sinn dieses Projekts überzeugte Kommune stellte die notwendigen Flächen (1,6 ha) an einem Wassergraben zur Verfügung, der in gerader Linie durch einen Acker am Stadtrand verlief. Mit gesammelten Spenden wurde die für notwendig erachteten Maßnahmen wie Baggerarbeiten, Gehölzpflanzungen, Aussaaten finanziert. Das Projekt wurde von den Bürgern in guter Zusammenarbeit mit der Stadtverwaltung vorangetrieben. Der eintönige Graben wurde in einen mäandrierenden Bach umgestaltet und die begleitenden Ackerflächen so bepflanzt, dass sie sich für die Kinder zum Spielen eigneten. Es entstand eine kleine Insel, mehrere Kletterhügel, Sandbereiche, ein kleines Wäldchen und Flächen, auf denen sich Flora und Fauna spontan entwickeln konnten. Die differenzierte Pflege und die Spielaktivitäten der Kinder sowie natürliche Entwicklungsprozesse sorgten dafür, dass sich die Natur immer wieder veränderte und weiterentwickelte. Aus einer zuvor monotonen Nutzfläche ist ein biologisch vielfältiger Raum geworden, der sich für das Spielen hervorragend eignet. „Das Bächle" ist Hauptanziehungspunkt für die Kinder. Sie kommen oft mit Schaufeln, um Staudämme zu bauen und das Bachbett umzugestalten. Das Gebiet dient sowohl als alltäglicher Spielraum als auch als Ausflugsziel von Familien am Wochenende. Schulkinder und Kindergartengruppen spielen und picknicken hier. Ein Kindergarten veranstaltet alljährlich die Ferienaktion „Matschwochen". Für das Spielen gelten bestimmte Regeln, die einzuhalten sind, damit versteckte Gefahren vermieden und gegenseitige Rücksichtnahme gesichert ist (Marx et al. 2017).

Auf der Webseite des „Fördervereins Naturerlebnisraum am Bächle in Vaihingen" (www.ner-vaihingen.de) wird über Aktivitäten berichtet und auf mögliche Aktionen hingewiesen. Zum Charakter des NER, sein Erleben durch die Kinder und das Engagement der Erwachsenen heißt es dort unter anderem: „In diesem naturnahen Spiel- und Bewegungsraum genießen Kinder die Natur mit allen Sinnen." … „Gemeinschaft erleben – gemeinsam aktiv sein – zusammen aktiv sein."

Herne und Bochum, Nordrhein-Westfalen: Die Biologische Station Östliches Ruhrgebiet ist besonders erfolgreich in der Errichtung von Naturerfahrungsräumen und wird dabei von der NRW-Stiftung unterstützt. Die Station betreibt in und mit den Städten Herne und Bochum inzwischen insgesamt acht NER („Wildnis für Kinder") in verschiedenen Stadtteilen: „quartiernahe Grünflächen zum selbstbestimmten Spielen der Kinder in der Natur" (aus der Einladung zu einer zweitägigen Tagung im Sept. 2023 in Bochum, wo über Einrichtung und Betrieb von NER informiert wurde). „Städtische Grünflächen im Umfeld von Wohnquartieren werden als Naturerfahrungsräume gesichert und sollen als Rückzugsorte für das selbstbestimmte Spiel dienen."

Auf der Webseite der Biologischen Station wird die Entstehungsgeschichte des vielgestaltigen Projekts skizziert: „Die Pilotwildnis für Kinder entstand 2011 in Herne auf einer ehemaligen Industriebrache. Das Projekt weckte bald das Interesse der Nachbarstadt Bochum, wo man den politischen Beschluss zu mindestens einer Wildnis für Kinder pro Bezirk fasste. Auf der Grundlage einer stadtweiten Recherche potenziell geeigneter Areale durch die Biologische Station wurden die sechs Auswahlflächen mit dem Grünflächenamt abgestimmt. Seit 2013 wird jährlich eine neue Wildnis für Kinder „eröffnet". Mit gezielten Initialgestaltungen (z. B. Freischneiden von Lichtungen oder „Dschungelpfaden", Geländemodellierungen, Gehölzpflanzungen) wird zunächst die Attraktivität der Flächen erhöht. Ein breit angelegter Kommunikationsprozess mit den Bürgern und allen relevanten Akteuren des Stadtteils schafft die notwendige Akzeptanz. Ein „Einweihungsfest", auf dem Eltern und Kinder vor Ort die Möglichkeiten der Naturerfahrung kennenlernen, setzt den offiziellen Startschuss. Für all diese Aufgaben ist die Biologische Station der „Kümmerer". Die Finanzierung erfolgt weitgehend durch die NRW-Stiftung Naturschutz, Heimat- und Kulturpflege (Biologische Station Östliches Ruhrgebiet, 2023).

München, Bayern: Im Jahr 2001 tagte über Wochen das „Münchner Bündnis für Ökologie" – eine größere Anzahl engagierter Bürger, die sich auf Anregung des zweiten Bürgermeisters zusammengefunden hatte, um den Stadtpolitikern Maßnahmen zur Erhöhung der städtischen Lebensqualität vorzuschlagen. Das Ergebnis eines Auswahlprozesses unter den zahlreichen Vorschlägen waren einige sog. „Leitprojekte". Eines davon war die Einrichtung eines Naturerfahrungsraumes. Seine Realisierung wurde vom Stadtrat beschlossen und das Baureferat HA Gartenbau mit der Durchführung betraut. Ein in dessen Auftrag erstelltes Gutachten zur Standortfindung ermittelte sodann im Stadtgebiet insgesamt fünfzehn potenziell geeignete Flächen. Nach einer vertieften Untersuchung von sieben dieser potenziellen NER-Standorte wurde eine 1,5 ha große Fläche im Stadtteil Lerchenau (an der Eberwurzstraße/Dahlienstraße) ausgewählt. Die Fläche wurde nach der Planung eines Landschaftsarchitekten gestaltet und ist im Jahr 2009 als NER ausgewiesen und eingeweiht worden. Der NER besteht überwiegend aus einem großen „Naturspielberg" mit Pfaden durch urwaldartigen Bewuchs und aus ebenen Flächen mit artenreichem Bewuchs auf mageren Böden. Für mehrere gepflanzte Obstbäume haben Bewohner aus der Umgebung die Patenschaft übernommen.

Da seitdem kein weiterer NER ausgewiesen wurde, obwohl die Möglichkeit dazu besteht, hat sich das Aktionsbündnis „Mehr Natur für Münchner Bürger" zusammengefunden, dem neben dem „Arbeitskreis Städtische Naturerfahrungsräume" (2023) fünf weitere Münchner NGOs aus den Themenbereichen Naturschutz, Stadtentwicklung und Kinderförderung angehören.

Berlin: Im September 2011 gründete eine Gruppe aus zehn Eltern und Erziehern eine Initiative mit dem Ziel, in dem mehr als 30 ha großen Park „am Gleisdreieck" in Berlin Kreuzberg einen wohnungsnahen NER zu schaffen. Mit einem Flugblatt und mit Führungen wurde dafür am potenziellen Standort geworben. Auch bei der Stadt setzte sich die Gruppe für das Projekt ein – und fand offene Ohren. Denn unter dem Titel „Wildnis für Kinder" war schon vorher (im Jahr 2008) eine Tagung über die Realisierungschancen für NER in Berlin durchgeführt worden, veranstaltet vom Fachforum Soziale Stadtentwicklung, gefördert durch die Senatsverwaltung für Stadtentwicklung Berlin. Der „Naturerfahrungsraum Gleisdreieck" ist inzwischen realisiert und erfreut sich großer Beliebtheit bei Kindern und Eltern des Stadtteils.

Ein weiterer NER wurde im Rahmen der Internationalen Gartenausstellung IGA 2017 in Hellersdorf angelegt – als Teil eines mehr als 100 ha großen Parks in einem Waldstück. Hier waren kaum Gestaltungsmaßnahmen nötig. Bis zum Jahr 2020 wurden weitere „NER-Pilotprojekte" in den Berliner Bezirken Marzahn, Pankow und Spandau eingerichtet und wissenschaftlich begleitet. Anhand der Pilotprojekte wurde in einem vom Bundesamt für Naturschutz (BfN) geförderten „Erprobungs- und Entwicklungsvorhabens" (E+E) mit dem Titel „Naturerfahrungsräume in Großstädten am Beispiel Berlin" die Entstehung der NER beobachtet und die Erfahrungen systematisch ausgewertet. Daraus ist ein Leitfaden entstanden, der Bürgern, Ämtern und anderen Akteuren als Arbeitshilfe für die Vorbereitung, Planung, Einrichtung und Betrieb dient (Pretzsch et al. 2020).

Als eine Folge des E+E-Vorhabens hat die Stiftung Naturschutz Berlin 2011 die Beratungsstelle „Naturerfahrungsräume" eingerichtet. Dort werden für Interessierte in Berlin und in ganz Deutschland NER-Erfahrungen weitergegeben und z. B. mit einem Video anschaulich gemacht (Stiftung Naturschutz Berlin, 2023).

Aus den hier skizzierten Beispielen wird deutlich, dass die Entscheidungsträger von Kommunen vor allem dann für die Schaffung eines oder mehrerer NER aufgeschlossen sind, wenn die Initiative von Bürgern ausgeht, die erkannt haben, wie wichtig solche städtischen Natur-Spielräume für Kinder sind. Bei Planungen von Freiflächen generell und speziell bei der Gestaltung von Spielräumen für Kinder kann das bürgerschaftliche Engagement erheblich dazu beitragen, die Identifikation der Bürger mit ihrer Gemeinde zu stärken (Schemel 2014).

6 Schlussbemerkung

Wie in diesem Beitrag aufgezeigt wird, kann mit der Realisierung der Flächenkategorie „Naturerfahrungsraum" ein Beitrag zu drei kommunalpolitischen Anliegen geleistet werden:

- Beitrag zum Kindeswohl: für Kinder werden Spiel- und Bewegungsmöglichkeiten geschaffen, die sowohl Gesundheit als auch Kreativität fördern.
- Beitrag zum Erholungswert: durch das zusätzliche Erholungsangebot wird die touristische Attraktivität der Kommune erhöht.
- Entwicklung von Natur: durch die Schaffung eines naturnahen Lebensraumes im besiedelten Raum wird die Vielfalt der wildlebenden Tier- und Pflanzenwelt im Gemeindegebiet erhöht. Darüber hinaus wird bei Kindern das spontane Interesse an von Menschen unbeeinflussten Naturvorgängen geweckt.
- Die Stadt Hanau und ihre Bevölkerung wird durch die beschriebenen Eigenschaften und Qualitäten eines NER mit der Frage konfrontiert, ob sie ernsthaft die Möglichkeit prüft, diese Flächenkategorie auch in ihrem Hoheitsgebiet zu realisieren. Hierin liegt eine Chance zur sozialen, ökonomischen und ökologischen Aufwertung des NaTourHuKi-Projektgebiets.

Zum Forschungsbedarf: wissenschaftliche Begleitung des mit diesem Beitrag eventuell angestoßenen Entscheidungsprozesses zur Frage der Schaffung eines NER in der Stadt Hanau. Dabei sollte der Umgang mit folgenden Fragen dokumentiert, analysiert und hinsichtlich der Übertragbarkeit auf andere Kommunen kommentiert werden:

- Wie wird die Information über den NER und seine Eigenschaften unter der Wohnbevölkerung und den kommunalen Entscheidungsträgern verbreitet?
- Welche ersten Reaktionen der Bevölkerung und der Kommunalpolitiker werden beobachtet?
- Wird die Initiative zur Schaffung eines NER ergriffen? Wenn ja, von wem? (Einzelpersonen, Organisationen, Kommunalpolitiker, Allianzen)
- Wie verläuft die Diskussion: pro und contra NER, Wortführer, Veranstaltungen, Presse? Welche Argumente haben in der Debatte welches Gewicht?
- Wie funktioniert die Kommunikation zwischen der Kommune und den interessierten Teilen der Bevölkerung? Und welche Rolle spielen überörtliche Genehmigungsbehörden? Welche Regeln (mit welchen Ermessensspielräumen) sind einzuhalten?

- Wie wird die Standortfrage gelöst? Suche nach geeigneten NER-Standorten und deren Auswahl. Lage des NER auf privater oder stadteigener Fläche?
- Welche Rolle spielt die Kostenfrage? Welche Kosten fallen bei welchem Standort an? Werden sie von Seiten der Kommune akzeptiert? Gibt es Sponsoren?
- Wird ein Landschaftsarchitekt beauftragt? (Standortanalyse, Gestaltung, Alternativen)
- Ist mit längerfristiger Bürgerbeteiligung zu rechnen? Welche Personen, welche Gruppen in der Gemeinde zeigen Bereitschaft, sich (neben zuständigen kommunalen Stellen) bei Einrichtung und Unterhalt eines NER zu engagieren (Mitwirkung bei Fragen der Planung, Gestaltung, Pflege, Aufsicht…)?

Eine solche praxisnahe Forschung würde erstens zu einem Erkenntnisgewinn führen, der auch anderen Kommunen zugutekommt. Zweitens würde sie für Hanau ein zusätzlicher Ansporn sein, die mit einem NER gebotene Gelegenheit einer Verbesserung der Lebensqualität zu ergreifen.

Literaturverzeichnis

ABA Fachverband – „Draußenkinder", Webseite https://draussenkinder.info/, zugegriffen am 03.09.2023

Apel, P. (2009). Spielleitplanung – ein neues Planungsinstrument zur Umsetzung kinder- und familienfreundlicher Städte und Gemeinden. In Flade a.a.O. 55–70

Arbeitskreis Städtische Naturerfahrungsräume München (2023), www.naturerfahrungsraum-muenchen.de, zugegriffen am 03.09.2023

Biologische Station Östliches Ruhrgebiet – Wildnis für Kinder (2023), http://www.wildnis-fuer-kinder.de/unser-ziel.html, zugegriffen am 03.09.2023

Blinkert, B. (1993). Aktionsräume von Kindern in der Stadt. Eine Untersuchung im Auftrag der Stadt Freiburg. Pfaffenweiler

Blinkert, B., Höfflin, P., Schmider, A. & Spiegel, J. (2015). Raum für Kinderspiel! Eine Studie im Auftrag des Deutschen Kinderhilfswerkes über Aktionsräume von Kindern in Ludwigsburg, Offenburg, Pforzheim, Schwäbisch Hall und Sindelfingen, Münster: Lit-Verlag

Bundesamt für Naturschutz (Hrsg.) (2017). Urbane grüne Infrastruktur – Grundlage für attraktive und zukunftsfähige Städte. Berlin

Degünther, H. (2008): Naturnahe Spielräume in Rheinland-Pfalz. In Schemel u. Wilke (2008) a.a.O. 137–208

Dunkelberg, H., Schröder, J. & Schemel, H.J. (2012): Gesundheitsförderung von Schulkindern im Wohnumfeld – Erhebung, Vernetzung, Verbesserung des kommunalen Bewegungsangebots. In Gesund aufwachsen in Kita, Schule, Familie und Quartier. Forschung und Praxis der Gesundheitsförderung Band 41, Bundeszentrale für gesundheitliche Aufklärung BZgA (Hrsg.), Wiehl, 268–276

Fachbereich Naturerfahrungsräume im Bund der Jugendfarmen und Aktivspielplätze (2023), www.naturerfahrungsraum.de, zugegriffen am 01. 09. 2023

Flade, A. (2009). Spielen in der Stadt – Instrumente und Strategien für eine kinderfreundliche Stadt. Hrsg. Bernd Kammerer (Hrsg.), Nürnberg: emwe

Förderverein Naturerlebnisraum am Bächle in Vaihingen (2023), http://www.ner-vaihingen.de/, zugegriffen am 01. 09. 2023

Ganser, K. (2008). Kinder in der Stadt – Was hat das mit Natur zu tun? In: Schemel u. Wilke (2008) a. a. O. S. 48

Gebhard, U. (1994). Kind und Natur. Die Bedeutung der Natur für die psychische Entwicklung, Opladen: Westdeutscher Verlag

Gebhard, U. (2005). Naturverhältnis und Selbstverhältnis. In: Gebauer & Gebhard (Hrsg.): Naturerfahrung. Die graue Reihe 44, Kusterdingen, 144–178

Hanau, Rathaus-Webseite (2023). https://www.hanau.de/freizeit/ur-wildpferde/index.html, zugegriffen am 02. 09. 2023

Heuser, J. (2007). Wildnis für Kinder in der Stadt. In CONTUREC 2 (2007), S. 153–157, siehe auch: https://draussenkinder.info/images/Heuser_2007_-_Wildnis_f%C3%BCr_Kinder.pdf

Hüther, G. (2005). Die Bedeutung emotionaler Bindungen an die Natur als Voraussetzung für die Übernahme von Verantwortung gegenüber der Natur. In Gebauer, M. & Gebhard, U.: Naturerfahrung. Die graue Reihe 44, Kusterdingen

Hüther, G. (2008). Das Erleben von Natur aus Sicht moderner Hirnforschung. In Schemel u. Wilke a. a. O. 15–27

Hüttenmoser, M. (2023). Kindheit ohne Raum. Wien: LIT

Knapp, S., Keil, A., Reidl, K., Rink, D. & Schemel, H.-J. (2016): Naturerleben, Naturerfahrung und Umweltbildung in der Stadt. In I. Kowarik, R. Bartz, & M. Brenck, M. (Hrsg.): Naturkapital Deutschland – TEEB DE. Ökosystemleistungen in der Stadt. Technische Universität Berlin, Helmholtz-Zentrum für Umweltforschung – UFZ. Berlin, Leipzig, 146–169

Kühne, O. (2023): Landschaft – eine theoretische Einordnung. In O. Kühne, T. Sedelmeier, C. Jenal & T. Freytag (Hrsg.), Landschaft und Tourismus. Wiesbaden: Springer VS, 19–34

Marx, J., Marx, B. & Jantschik, P. (2017). Naturerfahrungsräume in Kommunen, denn Kinder brauchen Natur, In Zeitschrift BWGZ 17/2017, Gemeindetag Baden-Württemberg (Hrsg.), 768–776

Mitscherlich, A. (1965). Die Unwirtlichkeit unserer Städte, Berlin: edition suhrkamp SV

Oerter, R. (1977). Moderne Entwicklungspsychologie. 17. Auflage. Donauwörth: Ludwig Auer

Pretzsch, M., Heimann, J., Martens, D., Friede, C., Wilitzki, A., Bloem-Trei, B., Peters, J. & Molitor, H. (2020): Leitfaden Naturerfahrungsräume in Großstädten – Eine Arbeitshilfe für Vorbereitung, Planung, Einrichtung und Betrieb. Bundesamt für Naturschutz (BfN) (Hrsg.).

Reidl, K., Schemel, H.-J. & Blinkert, B. (2005). Naturerfahrungsräume im besiedelten Bereich. Ergebnisse eines interdisziplinären Forschungsprojekts. Hochschulbund Nürtingen/Geislingen: Nürtingen

Richard-Elsner, C. (2017): Draußen spielen. Weinheim Basel: Beltz https://draussenkinder.info/

Schemel, H. J. (1998). Das Konzept der Flächenkategorie Naturerfahrungsräume und Grundlagen für die planerische Umsetzung. In: Schemel u. a. (Bearb.), Bundesamt für Naturschutz BfN (Hrsg.): Naturerfahrungsräume – Ein humanökologischer Ansatz für naturnahe Erholung in Stadt und Landschaft. Angewandte Landschaftsökologie Heft 19. Bonn-Bad Godesberg: Landwirtschaftsverlag

Schemel, H. J. & Wilke, T. (Bearb.) (2008). Kinder und Natur in der Stadt – Spielraum Natur: Ein Handbuch für Kommunalpolitik und Planung sowie Eltern und Agenda-21-Initiativen. Bundesamt für Naturschutz (Hrsg.). BfN-Skripten 230: Bonn-Bad Godesberg. 272 Seiten, Digital: https://www.bfn.de/fileadmin/BfN/service/Dokumente/skripten/skript230.pdf

Schemel, H. J. (2008). Das Konzept der städtischen Naturerfahrungsräume und Thesen zu seiner Umsetzung. In Schemel u. Wilke a. a. O., 79–92

Schemel, H. J. & Miller, A. (2010). Bewegungsräume im Wohnumfeld zur Förderung der Gesundheit von älteren Kindern. Ein Leitfaden für Kommunen und Bürgergruppen. www.umweltbuero-schemel.de pdf-Text unter „Stadt- u. Regionalentwicklung", München

Schemel, H. J. (2014). Partizipative Stadtteilentwicklung – Beispiele aus München und Göttingen. In Walkability – Das Handbuch zur Bewegungsförderung in der Kommune, J. Bucksch & Schneider, S. (Hrsg.), Bern: Verl. Hans Huber, 271–281

Stiftung Naturschutz Berlin (2023), https://www.stiftung-naturschutz.de/naturschutz/naturerfahrungsraeume-ner-beratungsstelle, zugegriffen am 04. 09. 2023

Stopka, I. & Rank, S. (2013). Naturerfahrungsräume in Großstädten. Wege zur Etablierung im öffentlichen Freiraum. Bundesamt f. Naturschutz (Hrsg.), BfN-Skripten 345, Bonn-Bad Godesberg

Wilke, T. & Winkelbrandt, A. (2008). Das Notwendige mit dem Nützlichen in der Stadt verbinden – Kompensation von Eingriffen durch Naturerfahrungsräume oder Naturerfahrung auf Kompensationsflächen. In Schemel/Wilke, a. a. O., 105–117.

Autor

Hans-Joachim Schemel, Dr.-Ing., Studium der Landschaftsplanung mit städtebaulichem Aufbaustudium an der TU München, arbeitete dann acht Jahre im Alpeninstitut, promovierte 1983–85 zum Thema Umweltverträglichkeitsprüfung (UVP) als Instrument der Entscheidungsvorbereitung, gründete dann das „Büro für Umweltforschung, Stadt- und Regionalentwicklung" (www.umweltbuero-schemel.de), das bis 2010 bestand. Sein Arbeitsschwerpunkte waren Planung, Begutachtung bzw. Forschung für nachhaltige Raumentwicklung in den Bereichen Siedlung, Verkehr, Landwirtschaft, Schutzgebiete, Sport, Tourismus und Naturerfahrung – im Auftrag von Ministerien (auf Bundes- und Länderebene), Kommunen, Stiftungen, Unternehmen, Verbänden und Bürgerinitiativen. Er war öffentlich bestellter und beeidigter Sachverständiger für Fragen der Eingriffsregelung, Bundesfachsprecher des BDLA für Umweltverträglichkeitsprüfung, Mitglied des Beirats Sport und Umwelt beim Bundesumweltminister, Lehrbeauftragter der TU München zum Thema Erholungsplanung.

Teil III

Tagestourismus und Naherholung – Eine begriffliche Annäherung

Kristina Epple & Julian Reif

Abstract

Tagestourismus und Naherholung sind zwei Phänomene, die sowohl aus tourismuswissenschaftlicher als auch geographischer und raumplanerischer Perspektive definitorisch nicht scharf voneinander abgrenzbar sind. Vielmehr lassen sich im Hinblick auf deren räumlichen und zeitlichen Merkmalsdimensionen als auch ihrer Zweckdienlichkeit viele Überschneidungen feststellen. Diese erarbeitet der Beitrag basierend auf einem interdisziplinären Literaturüberblick, durch welchen auch eine integrative Einordnung beider Konzepte und somit ein ganzheitlicheres Verständnis der Phänomene geschaffen werden soll. Die Analyse kommt u. a. zu dem Ergebnis, dass keines der beiden Phänomene dem anderen unterzuordnen ist oder als Überbegriff des anderen fungieren kann. Außerdem wird die begriffliche Untergliederung von *nicht-touristischen* und *touristischen* Tagesreisen sowie Naherholung veranschaulicht, wobei die drei konstitutiven Elemente des Tourismus sowie das Verlassen oder Nichtverlassen des gewöhnlichen Wohnumfeldes als entscheidende Faktoren identifiziert werden.

Keywords

Tagestourismus, Naherholung, Definition, Begriffsbestimmung, Freizeit, Tourismus, Tagesreisen

S. Sieber et al. (Hrsg.), *Landschaft und Naherholung*, RaumFragen: Stadt – Region – Landschaft, https://doi.org/10.1007/978-3-658-45410-4_11

1 Ausgangslage

Tagestourismus und Naherholung sind eng miteinander verbunden. Diese Verflechtungen führen zur Komplexität der begrifflichen Einordnung beider Konzepte (Smith und Godbey 1991, S. 86). Von beiden Phänomenen existieren abweichende Definitionen aus verschiedenen wissenschaftlichen Fachrichtungen. Im Hinblick auf empirische Forschung hat dies bspw. eine Problematik der Messbarkeit und Quantifizierung von Tagestourismus und Naherholung zur Folge, was sich an unzureichenden Daten zu Volumen, der raum-zeitlichen Ausprägung und auch den ökonomischen Effekten widerspiegelt.

Erschwerend kommt hinzu, dass nicht nur eine begriffliche Abgrenzung zwischen Tagestourismus und Naherholung auf Basis deutschsprachiger Fachliteratur unscharf ist. Kommen Begrifflichkeiten und deren Definitionen aus englischsprachigen Fachpublikationen hinzu, gilt es zunächst noch zu klären, welche englischen „Synonyme" berücksichtigt werden sollen. Englische Äquivalente zu *Tagestourismus* könnten bspw. *day trips, same-day trips* oder *excursions* sein (Stetic et al. 2011; Suriñach et al. 2019). Für *Naherholung* lässt sich hingegen in englischsprachiger Fachliteratur nur schwer ein exaktes Synonym identifizieren. Denn *local recreation* wird meist nicht spezifiziert, sondern vielmehr von *recreation* im allgemeineren Sinne gesprochen – oft auch in Verbindung mit *leisure* (McKay 2008; Smith und Godbey 1991).

Für eine akademische Auseinandersetzung als auch für die Gestaltung von Reiseprodukten und Planung öffentlicher Erholungsflächen ist eine klare Begriffsbestimmung von Tagestourismus und Naherholung jedoch notwendig. Neuere Literatur weist weiterhin auf bestehende Forschungslücken zwischen *Wohnumfeldnutzung* und *Tagestourismus* hin (Arnberger et al. 2016). Dieses Defizit bildet den Ausgangspunkt des vorliegenden Beitrags. Ziel ist es, ein besseres Verständnis der beiden freizeit- und erholungsbezogenen Mobilitätsphänomene zu erlangen und diese zu definieren. Dafür wird zunächst auf die Besonderheiten der touristischen Mobilität eingegangen. Darauffolgend werden, auf Basis einer Literaturrecherche, die wesentlichen definitorischen Merkmale von Naherholung und Tagestourismus identifiziert und im Rahmen einer integrativen Einordung beider Konzepte diskutiert.

2 Besonderheiten touristischer Mobilität

Um die Unterschiede und Gemeinsamkeiten von Tagestourismus und Naherholung effektiv zu diskutieren, ist es zunächst wichtig, die spezifischen Charakteristika touristischer Mobilität klar zu definieren. Tourismus stellt eine spezifische Form der Mobilität dar (Bauder und Freytag, 2020), die sich durch drei Hauptelemente von anderen Mobilitätsarten auszeichnet: (1) einen Ortswechsel, (2) einen zirkulären Reiseverlauf und (3) spezifische (touristische) Reisemotive, also den Zweck der Reise (Kagermeier 2020). Diese drei Elemente spiegeln sich in der allgemein anerkannten, auf internationalen Konventionen basierenden Definition von Tourismus wieder: „A visitor is a traveller taking a trip to a main destination outside his/her usual environment, for less than a year, for any main purpose (business, leisure or other personal purpose) other than to be employed by a resident entity in the country or place visited. These trips taken by visitors qualify as tourism trips. Tourism refers to the activity of visitors [...] A visitor (domestic, inbound or outbound) is classified as a tourist (or overnight visitor) if his/her trip includes an overnight stay, or as a same-day visitor (or excursionist) otherwise." (UNSD und UNWTO 2010, S. 10). Entscheidend bei der Definition ist, dass unabhängig von der konkreten Begriffsbezeichnung „tourist" oder „same-day visitor", Reisen von *beiden* Besucher:innengruppen als touristische Reisen zu betrachten sind.

Das Verständnis von Tourismus ist durch räumliche, zeitliche und motivationale Komponenten charakterisiert. Bei der *räumlichen* Komponente, dem Ortswechsel, geht es um das Verlassen des gewöhnlichen Wohnumfelds der Reisenden. Reisen innerhalb dieses Umfelds gelten nicht als touristisch, während Reisen außerhalb davon, als touristische Reisen betrachtet werden. Mit dem gewöhnlichen Wohnumfeld wird in der Regel der (nicht zwingend zusammenhängende) Raum beschrieben, in dem eine Person ihre alltäglichen Lebensroutinen ausführt (UNSD und UNWTO 2010). Hilfreich zur Verdeutlichung des gewöhnlichen Wohn- und Arbeitsumfeldes sind regelmäßig aufgesuchte Orte einer Person, bspw. Sportstätten oder Arbeitsplatz. Wöchentliche Bewegungszyklen (Roseman 1971) können hier als Orientierung für das Merkmal der Regelmäßigkeit dienen. Auch die zurückgelegte Distanz zwischen Quell- und Zielregion spielt hier eine Rolle. Es gibt jedoch keine allgemeingültige Mindestdistanz für touristische Reisen. Die *zeitliche* Komponente, die sich zwingend aus der zirkulären Mobilitätsform ergibt (Eisenstein 2021), bezieht sich auf die Rückkehr zum Ausgangspunkt und setzt eine maximale Dauer von weniger als einem Jahr als Reisezeitraum fest, ohne eine Mindestdauer zu definieren. Für die *Zweckdienlichkeit* der Reise unterscheidet Eisenstein (2021) verschiedene Kategorien, die touristische Motive von anderen Mobilitätsformen abgrenzen, wie zirkuläre Mobilität in der gewohnten Umgebung (z. B. Versorgungseinkäufe), residentielle Mobilität (z. B. Migration), unfreiwillige Mobilität/Aufenthalte (z. B. Krankenhausaufenthalte), berufsbedingte Mobilität (z. B. Pilot:innen) und lebensstilbedingte Mobilität (z. B. Nomadentum). Die Anlässe für *touristische* Reisen sind vielfältig und reichen von Urlaubsreisen mit mehreren Übernachtungen, die unterschiedliche Motive wie Erholung oder Entspannung bedienen, bis hin zu Kuraufenthalten und medizinischen Motiven, Besuchen bei Verwandten, geschäftlichen Reisen oder Reisen zu eigenen Ferienwohnungen (Eisenstein 2021).

3 Nexus zwischen Tourismus und Naherholung

Der Nexus zwischen *Tourismus* und *Naherholung* wird im deutschsprachigen Raum seit der Münchner Schule für Sozialgeographie der 70er Jahre thematisiert. So unterscheiden Maier et al. (1977, S. 146) das Freizeitverhalten im *Wohnumfeld* vom Freizeitverhalten im *Naherholungsraum* und im *Fremdenverkehrsraum,* weisen aber auch auf Überschneidungsbereiche hin. Diese räumlichen Überlagerungen wurden in der Folge weiter thematisiert. So diskutiert bspw. bereits Jurczek (1980) die raum-zeitlichen Unterschiede zwischen Naherholung und Urlaub und arbeitet dabei Schnittmengen heraus. Mit Blick auf die Entwicklungen im Transportsektor weist Steinbach (2003) jedoch darauf hin, dass es „heute nicht mehr ohne weiteres möglich [ist], raumbezogene außerhäusliche Freizeitformen ohne Übernachtung als „Naherholung“ zu bezeichnen“ (Steinbach 2003, S. 11).[1]

Erholung wird häufig in Verbindung mit Freizeit behandelt und Naherholung als eine Ausprägungsform von letzterer bezeichnet (Jurczek 1981, S. 45). Smith und Godbey (1991, S. 93) stellten fest: „While the traditions of recreation and leisure studies have historically ignored tourism, […] this attitude is changing.“ Aus ihrer Sicht wurde die Erholungsforschung nicht explizit mit dem Tourismus in Verbindung gebracht, da der Tourismus als gewinnorientiertes Phänomen betrachtet wurde, während Freizeit- bzw. Erholungsleistungen als wohlfahrtsorientiert eingestuft wurden (Smith und Godbey 1991, S. 88). Auch Müller (2002, S. 63–64) spricht bspw. von *mobiler Freizeit* und meint damit Tourismus mit privatem Motiv (inklusive privatem Tagesausflugsverkehr, jedoch ohne den geschäftlichen Tourismus). Mit dieser Begrifflichkeit grenzt er Tagesausflugsverkehr von Freizeitaktivitäten ab, die am eigenen Wohnsitz oder im Wohnbereich stattfinden.

Smith und Godbey (1991, S. 93, 97) beobachteten, dass sich Forschende aus den Bereichen Erholung und Freizeit schwerpunktmäßig auch mit einstellungs- oder nachfragebezogener Tourismusforschung auseinandersetzten. So z. B. wenn die Aktivitäten und Auswirkungen von Personen, die zu Freizeitzwecken an Orte reisen, untersucht werden, wodurch zwangsläufig Überschneidungen mit der Tourismusforschung auftreten (Smith und Godbey 1991, S. 88). Abbildung 1 verdeutlicht diese Beziehungen zwischen Freizeit, (Tages-)Tourismus und Naherholung. Dabei wird ersichtlich, dass (Tages-)Tourismus im Gegensatz zu Naherholung nicht nur im Rah-

---

1 Mit Blick auf Tagesausflüge wird festgestellt, dass im Laufe der Zeit die zurückgelegte Entfernung bei Tagesausflügen abnimmt. So lag bspw. im Jahr 1993 die durchschnittliche Entfernung pro Tagesausflug bei 70 km (Harrer et al. 1995) im Jahr 2012 bei knapp 66 km (Harrer und Scherr 2013). Bei Urlaubsreisen hingegen machen sich die Veränderungen auf dem Transportsektor (bspw. Low Cost Airlines etc.) deutlicher bemerkbar, insbesondere bei den Urlaubsreisen ab vier Übernachtungen. Hier stieg die Zahl der Anreisekilometer pro Reisetag von 106 km im Jahr 2002 auf 140 km im Jahr 2019 (Kuhn et al. 2023) Wieder andere Autor:innen argumentieren, dass die räumliche Dimension zur Definition von Naherholung bzw. Tagesausflugsverkehr im Zeitverlauf an Wichtigkeit verloren habe, da durch die zunehmende Mobilisierung bei derselben verfügbaren Zeit größere Entfernungen überwunden werden können (Reimoser et al. 2012, S. 49–51).

Abbildung 1 Beziehungen zwischen Freizeit, (Tages-)Tourismus und Naherholung. Quelle: Eigene Darstellung in Anlehnung an Hall und Page 2014, S. 9.

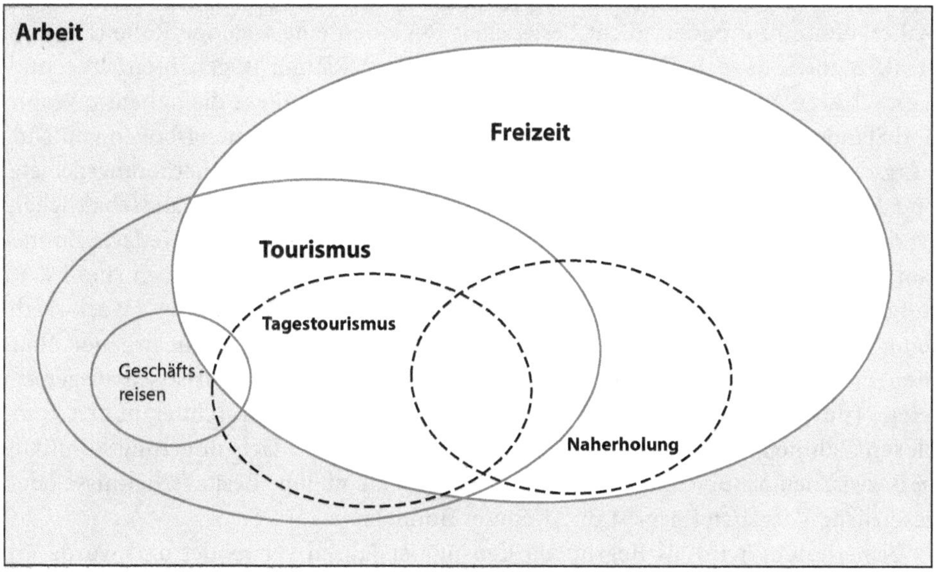

men der Freizeit stattfindet, sondern auch im Kontext von Arbeit. Darüber hinaus weist die Erholungs- und Freizeitforschung weitere Parallelen zur Tourismuswissenschaft auf: Beide Disziplinen haben vielfältige Ursprünge und sind von Interdisziplinarität geprägt, sie zeichnet eine deskriptive und angewandte Forschung und das Streben nach akademischer Legitimität aus (Smith und Godbey 1991, S. 85).

4 Definitorische Annäherung an die Naherholung

Naherholung findet in „räumliche[n] Umgebungen mit Freizeitinfrastruktur als Kulisse für Erholungstätigkeiten" (Münderlein 2021, S. 102) statt. Erholsame Umgebungen besitzen restoratives Potential, aufgrund der „Abwesenheit von wahrgenommenen sozialen oder physischen Verpflichtungen wie Gedrängel, Lärm, Erinnerung an den Arbeitsalltag, etc." (Münderlein 2021, S. 104) sowie aufgrund von physisch-strukturellen und immateriellen Qualitätsmerkmalen der Räume, die durch einen Aufenthalt aktiv zur Erholung beitragen. Besonders „natürlichen" Räumen und Landschaften wird ein großes Potenzial für Restoration und Erholung zugeschrieben (Münderlein 2021, S. 103). Es lässt sich ableiten, dass Naherholung sowohl in Form von infrastrukturbezogener Naherholung (z. B. regelmäßiger Besuch des nahegelegenen Schwimmbads für Sport und Erholung) als auch in Form von landschaftsbezogener Naherholung (z. B. Joggen im nahegelegenen Waldgebiet) unternommen werden kann.

Allerdings sind zu Naherholung im Allgemeinen kaum offizielle statistische Daten in Deutschland vorhanden. Die meisten Informationen basieren auf lokalen oder regionalen Einzelstudien (Schnell 2001). Dabei spielt vor allem landschaftsbezogene Naherholung in urbanen, dicht besiedelten Regionen eine wichtige Rolle (Hermes et al. 2020, S. 61–63). Die Bewohner:innen dieser Räume fragen Freiräume und Landschaften zur Erholung nach und somit beeinflussen diese die Lebens-, Wohn- und Standortqualität von Kommunen. Dabei existiert ein Spannungsbogen von Nutzungsdruck (also Ansprüche der Erholungssuchenden) auf die Naherholungsgebiete und Erhaltung der Räume an sich sowie deren ökologischen und landschaftlichen Wertigkeit (z. B. Biodiversität) (Hermes et al. 2020, S. 63; Siegrist und Ketterer Bonnelame 2018, S. 5). Empfehlungen zur Sicherung von Naherholungsräumen sind i. d. R. Aufgabe der Landschafts-, Freiraum- und Flächennutzungsplanung (Weckwerth 1999, S. 503–504). Bei der Gestaltung von Naherholungsgebieten in urbanen Räumen, Freiräumen in suburbanen Agglomerationen sowie auch touristisch ausgerichteten Naturparks in ländlichen Räumen begegnen Landschaftsarchitekt:innen komplexen Rahmenbedingungen. Darunter bspw. vielfältige Flächennutzungskonflikte (z. B. zwischen Naturschutz und Landwirtschaft), kleinteilige Besitzverhältnisse oder gesetzliche Vorgaben (Siegrist und Ketterer Bonnelame 2018, S. 5).

Naherholung wird als Begriff seit den 1960er-Jahren verwendet und wurde im Laufe der Zeit als interdisziplinäres Forschungsgebiet erkannt (Schnell 2001). In Tabelle 1 werden ausgewählte Definitionen von Naherholung im Zeitverlauf aufgeführt Die gelisteten Definitionen stammen fast ausnahmslos von Autor:innen aus der Geographie, Raum- und Freiraum-, Landschafts- sowie Umweltplanung. Ausführungen, wie die von Mönnecke et al. (2006) und Freytag (2023), in welchen Naherholung in Abgrenzung oder Verbindung zum Tourismus beleuchtet wird, finden sich erheblich seltener.

Die Definitionen von Naherholung, die in der Literatur zu finden sind, weichen teils nicht nur bezüglich deren Merkmalsfestlegungen (z. B. zeitlicher und räumlicher Dimension) voneinander ab, sondern weisen auch deutliche Widersprüche auf. So ordnen Stemmer et al. (2023, S. 255) die Naherholung bspw. als eine Form des Tourismus ein, während Jurczek (1980, S. 102) Naherholung nicht als Fremdenverkehr (alias Tourismus) definiert, da Naherholung seines Erachtens ausschließlich intra- und interlokal sowie intraregional stattfindet.

Diese unscharfen Definitionen von Naherholung sind auch in den uneindeutigen Begriffsverständnissen von „nah“ und „Erholung“ im Einzelnen begründet (Jurczek 1981, S. 45–46; Kemper 1977, S. 1–2), worauf in den nachfolgenden Abschnitten genauer eingegangen wird.

Räumliche Dimension der Naherholung

Aus räumlicher Sicht bedarf es für Naherholung zunächst einem Ortswechsel. Also einer „räumliche[n] Distanzierung von der Beanspruchung“ (Münderlein 2021, S. 102) – wie bspw. dem Arbeitsplatz oder Haushalt – um die gewünschte Regenera-

Tabelle 1 Ausgewählte und chronologisch geordnete Definitionen von Naherholung. Quelle: Eigene Zusammenstellung.

Autor:innen	Definition von Naherholung
Ruppert und Maier 1970, S. 33	Kurzfristige Erholung, in geringer Entfernung von der Stadt und mit relativ kurzer Dauer des Verkehrsvorgangs. Nach Zeit und Dauer der Erholung wird unterschieden zwischen a) stundenweiser Erholung; b) Halbtageserholung; c) Tageserholung; d) Zwei- oder Dreitageserholung und e) Urlaubserholung (> 3 Tage)
Kemper 1977	Kurzerholung, die alle Freizeitaktivitäten umfasst, die im zeitlichen Rahmen von Stundenbruchteilen bis Urlaubserholung (> 3 Tage) und *im Freien* unternommen werden.
Billion und Flückiger 1978, S. 3	„Touristische Naherholung umfasst die Feierabend-, die Tages- und die Wochenenderholung. Sie ist begrenzt auf eine Dauer von wenigen Stunden bis zu maximal einem Tag und umfasst damit keine Übernachtung. Sie findet außerhalb des unmittelbaren Wohnumfeldes im städtischen Randbereich und im Stadtumland statt und setzt Distanzüberwindung zwischen Quell- und Zielgebiet voraus."
Schnell 2001	Außerhäusliches Freizeitverhalten ohne Übernachtung
Nohl 2001, S. 53	Kurzfristige Naherholung findet werktags oder am Wochenende in der freien Landschaft statt. Abgrenzbar ist Naherholung von längerfristiger Ferienerholung, die in größerer Distanz zum Wohnort des/der Erholungssuchenden über einen längeren Zeitraum stattfindet.
Mönnecke et al. 2006, S. 19	Spezifische Erholungsform, gekennzeichnet durch den Orts- und Zeitaspekt
Siegrist und Ketterer Bonnelame 2018, S. 57	Aktivitäten in meist naturnahen Landschaften zur Wiederherstellung der körperlichen und psychischen Leistungsfähigkeit der Bevölkerung
Hermes et al. 2020, S. 61–62	Kulturelle Ökosystemleistung, die direkten und indirekten Beitrag zum menschlichen Wohlergehen leistet
Stemmer et al. 2023, S. 255	„Form der Erholung, welche nur von kurzer Dauer ist, sich in der Nähe des eigenen Wohnortes befindet und […] sich als Form des Tourismus einordnen [lässt]"
Freytag 2023, S. 37	„In Abgrenzung vom Tourismus ist von Naherholung die Rede, wenn eine geringere raumzeitliche Distanz gegenüber der Alltagsumgebung vorliegt."

tion zu erreichen. In der Attention Restoration Theory wird die subjektive Wahrnehmung vom *being away* „als wichtiger räumlicher Aspekt der Wiederherstellung von Aufmerksamkeit herausgearbeitet" (Münderlein 2021, S. 103).

Beim Versuch die räumliche Dimension von Naherholung zu präzisieren, stellt sich die Herausforderung sehr diverser Definitionen. Manche benennen die Distanz des Zielortes vom Wohnort, -umfeld oder der Stadt als Definitionsmerkmal, andere die Dauer der Anreise und wieder andere, dass Naherholung in der Natur bzw. Landschaft stattfindet (vgl. Tabelle 1).

Diese diversen Interpretationen der räumlichen Dimension von Naherholung sind auch auf die unterschiedliche Auslegung von *Nähe* zurückzuführen. Das räumliche Präfix *Nah-* in Verbindung mit Erholung bildet im deutschsprachigen Raum eine Besonderheit (Kemper 1977, S. 2) und dennoch besteht Uneinigkeit darüber, ab welcher Entfernung Naherholung beginnt und endet (Schnell 2001). In § 2 des Raumordnungsgesetzes (ROG) finden sich Grundsätze für die Entwicklung des Gesamtraumes der Bundesrepublik Deutschland (Korda 1999b, S. 43–45). Einer dieser Grundsätze verlangt auch die Sicherung von Freiräumen zum Zwecke der Naherholung und des ökologischen Ausgleichs. Darüber hinaus wird unter den Bewertungskriterien für Wohnanlagen, in der Kategorie der Lage auch die „Erreichbarkeit von Freiflächen für die tägliche Naherholung (Parks, öffentl. Grünflächen, Kinderspielplätze, Sportanlagen) [gelistet]" (Korda 1999a, S. 106). Jedoch existiert bislang auf der umsetzenden Landes- bzw. Kommunalebene in der Bundesrepublik keine *verbindliche* Regelung für die Ausstattung von Siedlungsräumen mit Freiflächen zur Naherholung. So wird vielerorts noch nach dem Prinzip „Freiraum [...] als Restgröße der Siedlungsentwicklung" (Gailing 2005, S. 36) verfahren und die Planung von qualitativ hochwertigen Erholungsräumen somit nicht priorisiert. Aufbauend auf den *Masterplan Stadtnatur* der Bundesregierung liegen mittlerweile zumindest bundeseinheitliche Orientierungswerte für die Grün- und Erholungsversorgung vor. Dabei werden u. a. Orientierungswerte bezogen auf die Funktionen *Erholung* und *Gesundheit* festgelegt, wie konkret bspw. eine Erreichbarkeit von Grünflächen in max. 500 m Fußweg für 100 % der Stadtbewohner:innen (Blum et al. 2023, S. 15–16). Auch der Naturschutzbund Deutschland (NABU) fordert in seinem Grundsatzprogramm zu einer nachhaltigen Siedlungsentwicklung die „Gewährleistung einer hohen Freiraum- und Lebensqualität innerhalb des Baugebiets. Grünräume und andere Naherholungsflächen müssen in fußläufiger Entfernung erreichbar sein." (NABU-Bundesverband 2020, S. 16). Allerdings sind die Forderungen und Einschätzungen bezüglich der Definition von Nähe augenscheinlich vielfältig. So sieht Weckwerth (1999, S. 522–523) einen etwas geringeren Bedarf von Naherholungsgebieten im Außenbereich von Siedlungsflächen, welche in etwa 30 min mit dem ÖPNV erreichbar sein müssten.

Wenn der Blick von der Angebots- zur Nachfrageseite geschwenkt wird, zeigt sich des Weiteren, dass das Verständnis von Nähe – und damit das Ausmaß der Distanzüberwindung zum Naherholungsgebiet – vom Mobilitätsverhalten der Erholungssuchenden abhängt (Reimoser et al. 2012, S. 52–53). Einfluss auf das individuelle Mobilitätsverhalten nehmen wiederum subjektive (z. B. soziales Umfeld und Motive) sowie objektive Variablen (z. B. Verkehrsinfrastruktur, verfügbares Einkommen, Wohnort und -situation).

Darüber hinaus ist die räumliche Dimension von Naherholung auch von den unternommenen Aktivitäten abhängig. Bspw. werden bei der Ausübung unterschiedlicher Sportarten, wie Joggen, Reiten und Wandern auch unterschiedliche Distanzen zurückgelegt (Reimoser et al. 2012, S. 52).

Zeitliche Dimension der Naherholung

Frühe Definitionen von Naherholung aus den 1970er Jahren benennen explizit, dass auch Urlaubserholung mit einer Dauer von über drei Tagen als Naherholung eingeordnet werden könne (Tabelle 1). Spätere Definitionen begrenzen Naherholung entweder explizit auf Erholungsformen *ohne* Übernachtung oder formulieren die Begrenzung der zeitlichen Dimension eher vage (Stemmer et al. 2023, S. 255).

Motivationale Dimension der Naherholung

Auch die Auslegung und Definitionen von *Erholung* sind vielfältig. Der gemeinsame Nenner ist oftmals in der physischen und psychischen Erneuerung bzw. Wiederherstellung durch eine als angenehm empfundene Aktivität zu finden (Agricola 2001, S. 82; Münderlein 2021, S. 99–100; Simmons und Moore 2016, S. 777–778; Schüle und Vogler 2025, S. 397–410). Zwei der ausgewählten Definitionen inkludieren auch die Zweckdienlichkeit von Naherholung, welche sie in der Regeneration (Siegrist und Ketterer Bonnelame 2018, S. 57) oder der Steigerung des Wohlbefindens (Hermes et al. 2020, S. 61–62) sehen.

Bemerkenswert ist, dass Erholung in Natur und Landschaft in Deutschland (Münderlein 2025, S. 347–372) auch im Bundesnaturschutz (BNatSchG) thematisiert wird. Dort wird festgehalten, dass Natur und Landschaft geschützt werden sollen, um u. a. den Erholungswert dieser zu erhalten (§ 1 BNatSchG). Des Weiteren definiert ein allgemeiner Grundsatz, dass „das Betreten der freien Landschaft auf Straßen und Wegen sowie auf ungenutzten Grundflächen zum Zweck der Erholung [...] allen gestattet [ist]" (§ 59 BNatSchG) und, dass für die Erholung geeignete Flächen in öffentlichem Besitz zugänglich zu machen sowie ausreichend bereitgestellt werden sollen – unter der Bedingung einer Natur- und Landschaftsschutz konformen, nachhaltigen Nutzung (§ 62 BNatSchG). Natur und Landschaft werden folglich als Erfüllungsgehilfinnen bei der Wohl- und Gesunderhaltung der Gesellschaft eingestuft (Münderlein 2021, S. 105). Die Verbindung von Naherholung mit Natur- und Landschaftsräumen spiegelt sich auch in einigen Definitionen wider. So sprechen Siegrist und Ketterer Bonnelame (2018, S. 57) von „Aktivitäten in meist naturnahen Landschaften" in ihrer Naherholungsdefinition oder Nohl (2001, S. 53) definiert, dass „Naherholung [...] in der freien Landschaft statt[findet]". Auch empirische Studien zur Motivation von Freizeitunternehmungen belegen deutlich den hohen Stellenwert des Erlebens von Natur und Landschaft. Bei 74 % der Freizeitunternehmungen der deutschsprachigen Wohnbevölkerung in Deutschland von 18–70 Jahren im Jahr 2015 stand das Naturerlebnis im Vordergrund, wird jedoch häufig auch mit weiteren Motiven kombiniert (Hermes et al. 2023, S. 54).

5 Definitorische Annäherung an Tagesreisen

Volumen, ökonomische Bedeutung und Methoden der Erfassung von Tagesreisen

Während Urlaubsreisen meist im Mittelpunkt von empirisch ausgerichteter angewandter Tourismusforschung stehen, spielen Tagesreisen oft nur eine untergeordnete Rolle. Dies zeigt sich bspw. in der geringen Verfügbarkeit von öffentlich verfügbaren Daten zu Tagesreisen in Deutschland. Während im Rahmen großangelegter Erhebungen zum Urlaubsreiseverhalten der Deutschen, bspw. durch die Reiseanalyse (Lohmann et al. 2017) oder die Tourismusanalyse (Reinhardt et al. 2017), die wichtigsten Eckdaten zur Nachfrage der Öffentlichkeit kontinuierlich zur Verfügung gestellt werden, finden sich nur periodisch veröffentlichte Kennzahlen zum Tagesreiseverhalten, die sich auf unterschiedliche Zeitpunkte beziehen. Die Vernachlässigung dieses touristischen Segments spiegelt sich neben einer mangelnden akademischen Auseinandersetzung auch in der Einordnung in das System Tourismus als ein „touristischer Randbereich" (Freyer 2015, S. 4) wider. Diese Geringschätzung ist aus zweierlei Gründen bemerkenswert: Auf der einen Seite erscheint diese vor dem Hintergrund einer durchschnittlichen Tagesreiseaktivität der Inländer in Deutschland im Jahr 2012 von 30,3 *privaten Tagesausflügen* und einer durchschnittlichen Tagesreiseaktivität von 7,4 *Tagesgeschäftsreisen* verwunderlich. Resultiert dies doch in einem Gesamtvolumen von 2,95 Mrd. Tagesreisen (Harrer und Scherr 2013, S. 40). Zweitens ist der wirtschaftliche Effekt, welchen die von In- und Ausländer in Deutschland unternommenen Tagesreisen erzeugen, enorm. Gemessen an einem bundesweiten touristischen Konsumanteil von 45 % im Jahr 2015 (Krüger 2021), müssten Tagesreisen vielmehr als ein Grundpfeiler des Tourismus angesehen werden. Ein Hindernis und gleichsam ein möglicher Erklärungsansatz für die Geringachtung des Tagesreiseverkehrs mag in dem Problem der Messbarkeit und Quantifizierung von Tagesreisen liegen.

In Deutschland werden für die Ermittlung der Tagesreisen in der Regel zwei Primärerhebungen herangezogen, die in ihrer Definition, Methodik und Aussagekraft teilweise deutlich voneinander abweichen. Dabei handelt es sich zum einen um den Destinationmonitor von GfK Consumer Panel Services (Reif et al. 2017) und zum anderen um den Tagesreisenmonitor des dwif (dwif-Consulting GmbH 2024). Neben unterschiedlicher Befragungsmethodik und Grundgesamtheiten betrachten beide bevölkerungsrepräsentativ angelegten Erhebungen auch unterschiedliche Untersuchungsgegenstände.

Das dwif untersucht Tagesreisen außerhalb des gewöhnlichen Wohnumfeldes aus Sicht der Befragten. Dabei findet für private Tagesreisen i. d. R. – in Anlehnung an die Definition der UNSD und UNWTO (2010) – die Definition von Zeiner und Pinnow (2020, S. 10) ihre Anwendung: „Als Tagesausflug wird jedes Verlassen des Wohnumfeldes bezeichnet, mit dem keine Übernachtung verbunden ist und das nicht als Fahrt von oder zur Schule, zum Arbeitsplatz, zur Berufsausübung vorgenommen wird, nicht als Einkaufsfahrt zur Deckung des täglichen Bedarfs dient (z. B. Lebensmittel) und nicht einer gewissen Routine oder Regelmäßigkeit unterliegt (z. B. regelmäßige Vereinsaktivitäten im Nachbarort, tägliche Krankenhausbesuche, Arztbesuche, Behördengänge, Gottesdienstbesuche)."

Die GfK erfasst hingegen Tagesreisen ab 50 km Entfernung vom *Wohnort.* Auch die Berechnung der Entfernungen divergieren bei den beiden Instrumenten, bspw. hinsichtlich der tatsächlich zurückgelegten Fahrtstrecke oder der automatischen Berechnung der Quell-Ziel-Beziehung. Dies resultiert entsprechend in unterschiedlichen Angaben über das Volumen der Tagesreisen. So weist die GfK für das Jahr 2019 ein Volumen von rund 477 Mio. inländischer Tagesreisen aus, das dwif für das Jahr 2018 rund 3,8 Mrd. Tagesreisen (Krüger 2021).

Technische Innovationen erlauben es, den Tagesreiseverkehr auch abseits klassischer touristischer Marktforschung zu quantifizieren. Mithilfe von Tracking-Technologien ist es möglich, neben der Quantifizierung von Volumen (bspw. wie viele Menschen waren vor Ort) auch Aussagen zur touristischen Klassifizierung zu tätigen (bspw. ob diese Menschen Einheimische oder Tagestourist:innen waren). Der aktuelle Stand der Forschung macht deutlich, dass sich Strukturen der Nachfrage in Reisezielen recht passabel abbilden lassen, jedoch die Nutzung von Big Data (noch) nicht in der Lage ist, ein valides Volumen zu quantifizieren (Schmücker und Reif 2022). Zukünftig könnte bspw. mithilfe von anonymisierten *Location Events* von Smartphone-Apps, das gewöhnliche Wohnumfeld identifiziert werden, um so mehr Transparenz in das nebulöse Konstrukt des *usual environment* zu bringen.

Räumliche Dimension von Tagesreisen

Mit Blick auf die räumliche Dimension von Tagesreisen finden sich divergierende Aussagen. Neben dem Verlassen des gewöhnlichen Wohnumfeldes (UNSD und UNWTO 2010) finden sich auch Studien zum Tagesausflugsverhalten, die das „engere ‚häusliche Umfeld'" (Hermes et al. 2023, S. 25) als räumliche Abgrenzung zur Erfassung von Tagesausflügen heranziehen. Bandi Tanner und Müller (2021) sprechen selbst beim Verlassen des gewöhnlichen Wohnumfeldes erst von einem Tagesausflug, wenn der Tagesgast mindestens 15 km oder 20 Minuten außerhalb seiner gewohnten Umgebung unterwegs ist. Vorliegende Studien zum Tagesreiseverkehr unterstreichen die Entfernung zum Reiseziel als diskriminierende Variable. Dabei lässt sich deutlich ein Distanzgefälle feststellen, welches dem geographischen Prinzip des *distance decay* entspricht. Dieses besagt im vorliegenden Falle, dass die Anzahl der Tagesreisen mit zunehmender Entfernung des Zielortes abnimmt. So wurden etwa 60 % aller Tagesreisen im Jahr 2012 in einem Umkreis von bis zu 50 km unternommen (Harrer und Scherr 2013, S. 65). Es zeigen sich deutliche Unterschiede zwischen *privaten Tagesausflügen,* bei denen eine durchschnittliche Distanz von 65,8 km (einfache Strecke) zwischen Wohn- und Zielort zurückgelegt wird, und *Tagesgeschäftsreisen,* bei denen die durchschnittliche Entfernung 105,6 km beträgt (Harrer und Scherr 2013, 66–67). Auch neuere Befunde, die ausschließlich Tagesreisen ab einer Entfernung von 50 km berücksichtigen, bestätigen dieses Distanzgefälle. Im Jahr 2019 fanden beispielsweise rund 59 % der rund 443,8 Mio. Tagesreisen zwischen 50 und 100 km statt. Jedoch bestehen zum Teil deutliche Unterschiede bei der Wahl des Verkehrsmittels (Abbildung 2).

Abbildung 2 Private Tagesreisen ab 50 km nach Entfernungsklassen im Jahr 2019. Quelle: Eigene Darstellung auf Basis von CPS GfK 2023.

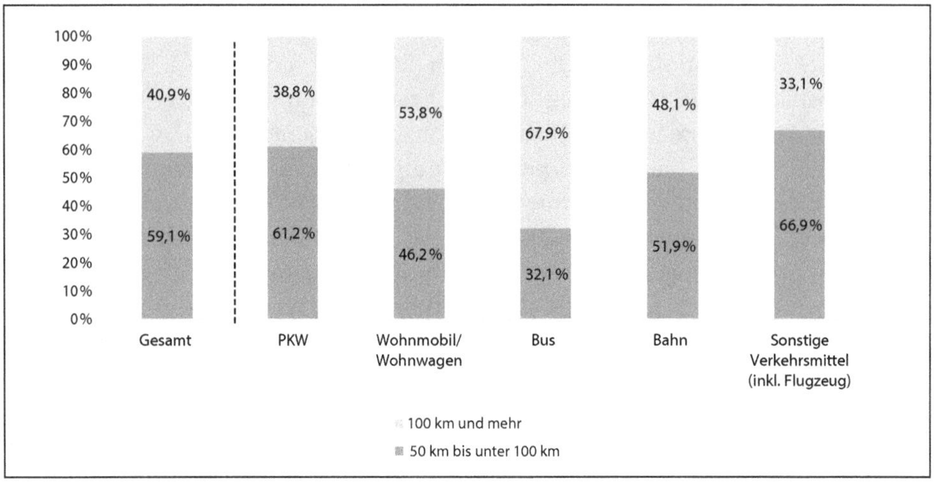

Zeitliche Dimension von Tagesreisen

Laut Definition der UNWTO ist die maximale Dauer einer tagestouristischen Reise auf 24 Stunden begrenzt, eine Minimaldauer existiert hingegen nicht. Gleichwohl finden sich in der Literatur auch Definitionen, die Mindestdauern angeben. So definiert bspw. Kemper (1977, S. 24), dass ein Tagesausflug mindestens 6 Stunden dauern muss. Mit Ausnahme der Definition von Bauder und Freytag (2015) zu funktionalen Tagesbesucher:innen, die auch Übernachtungsgäste mit einer Übernachtung enthalten, ist den Definitionen gemein, dass keine Übernachtung im Zielgebiet enthalten ist. Studien zum Tagesreiseverhalten der Deutschen (Harrer und Scherr 2013, S. 51) zeigen auf, dass die durchschnittliche Verweildauer üblicherweise zwischen 6 und 9 Stunden liegt. Dabei finden private Tagesausflüge vornehmlich an Wochenenden – insbesondere freitags, samstags und sonntags – sowie an Feiertagen statt. Tagesgeschäftsreisen hingegen überwiegend an Werktagen – vornehmlich zwischen Dienstag und Donnerstag (Harrer und Scherr 2013, S. 46–47).

Motivationale Dimension von Tagesreisen

Die Motive (oder Hauptanlässe) von *touristischen* Tagesreisen variieren je nach Anlass. Stehen bei *Tagesgeschäftsreisen* der Besuch von Geschäftskunden (36 % der geschäftlichen Tagesreisen im Inland im Jahr 2019 ab 50 km) und der Besuch von Niederlassungen (18 %; bspw. für firmeninterne Meetings) im Vordergrund, liegt der motivationale Aspekt von *privaten Tagesausflügen* vor allem im Besuch von Bekannten und Verwandten (42 %), Shoppingfahrten (19 %) und dem Besuch von Veranstaltungen und Events (15 %) (Krüger 2021).

Bei der Beschäftigung mit verschiedenen Definitionsansätzen zum Tagesreiseverkehr werden zusammenfassend drei Punkte besonders deutlich. Erstens wird ersichtlich, dass den geschäftlichen Tagesreisen kaum Berücksichtigung geschenkt wird. Der Fokus liegt meist auf Tagesreisen mit privaten Anlässen. So definiert bspw. Stetic et al. (2011, S. 113): „Same-day trips are characterized by travelling to closer tourist destinations in a relatively short period of time, considering that normally they do not last longer than 24 hours. This means that unlike other forms and types of tourist traffic they often do not include overnight services. Although in terms of duration they can take half a day, full day, or a few hours (or days, if excursion tourist movements are observed), same-day trips can be purely recreational or purely cultural, but in their form and essence they are a combined type of tourist movements."

Zweitens wird deutlich, dass neben konzeptionellen Ansätzen, wie dem von Stetic et al. (2011), Definitionen zu finden sind, die versuchen im Rahmen von empirischen Erhebungen Tagesreisen messbar zu machen und demnach deutlich pragmatischere Begriffsbestimmungen nutzen. Bspw. definieren Hermes et al. (2023, S. 25) bei ihren Erhebungen einen Tagesausflug als „Tagesausflug ins Grüne, der länger als vier Stunden dauert und am Wochenende oder an einem arbeitsfreien Tag begangen wird".

Schließlich wird drittens oftmals nicht zwischen *touristischen* Tagesreisen und *nicht-touristischen* Tagesreisen unterschieden. So wird bspw. bei Leser (2005) nicht nur auf den Tagesausflugsverkehr als Freizeitaktivität hingewiesen ohne explizit auf den Tourismus einzugehen; der Tagesausflugsverkehr wird sogar als ein Teilbereich des Naherholungsverkehrs verstanden. Dadurch wird nicht nur die Tatsache negiert, dass Tagesausflüge auch außerhalb des Nahbereichs, bspw. ins Ausland, unternommen werden können, sondern auch, dass es zwischen Naherholung und touristischen Tagesausfügen auch Unterschiede geben kann (vgl. Abschnitt 6): „Tagesausflugsverkehr day trip (traffic): im Rahmen der Freizeitgestaltung durchgeführte Reise ohne auswärtige Übernachtung, die in der Regel mit einem mehrstündigen Aufenthalt am Zielort verbunden ist. Der T[agesausflugsverkehr] ist Teil des Naherholungsverkehrs und wird meist individuell oder durch Vereine, bei Betriebsausflügen usw. durchgeführt. Auf kommerzieller Basis wird T[agesausflugsverkehr] häufig als sekundärer Ausflugsverkehr von Fremdenverkehrsorten aus veranstaltet." (Leser 2005, S. 931).

Für den vorliegenden Beitrag werden *touristische* Tagesreisen von *nicht-touristischen* Tagesreisen abgegrenzt, die in Summe die Tagesreisen (Tagesreiseverkehr) ergeben: *Touristische* Tagesreisen weisen – im Gegensatz zu *nicht-touristischen* Tagesreisen – alle konstitutiven Elemente des Tourismus auf. Beispielsweise wird ein regelmäßiger Wocheneinkauf in der Nachbarstadt trotz Ortswechsel und Rückkehr am selben Tag *nicht* als touristische Tagesreise angesehen, da die Nachbarstadt in diesem Szenario zum gewöhnlichen Wohnumfeld gezählt werden kann (siehe Kapitel 2). Nicht-touristische Tagesreisen sind Teil der alltäglichen Lebensroutinen und geprägt durch eine gewisse Regelmäßigkeit im gewöhnlichen Wohn- und Arbeitsumfeld des Reisenden. Sie können privater und geschäftlicher Natur sein. *Touristische* Tagesreisen (Tagestourismus i.e.S.) hingegen sind außeralltäglich. Sie werden dann touris-

Tabelle 2 Unterscheidung von touristischen und nicht-touristischen Tagesreisen mit privatem und geschäftlichem Motiv. Quelle: Eigene Zusammenstellung.

		Privat	Geschäftlich
Tagesreisen (Tagesreiseverkehr)	**Nicht-touristische Tagesreisen**	Nicht-touristische Tagesreisen mit privatem Motiv Bsp. Regelmäßiger Wocheneinkauf in der Nachbarstadt	Nicht-touristische Tagesgeschäftsreisen *(nicht-touristische Tagesreisen mit geschäftlichem Motiv)* Bsp. Montagefahrt
	Touristische Tagesreisen *(Tagestourismus)*	Tagesausflüge *(touristische Tagesreisen mit privatem Motiv)* Bsp. Besuch eines Freizeitparks	Touristische Tagesgeschäftsreisen *(touristische Tagesreisen mit geschäftlichem Motiv)* Bsp. Verkaufspräsentation bei potenziellen Kund:innen

tisch, wenn der Reisende sein gewöhnliches Wohn- und Arbeitsumfeld verlässt. Touristische Tagesreisen lassen sich in private touristische Tagesausflüge und touristische Tagesgeschäftsreisen unterteilen (siehe Tabelle 2). Eine Sonderform von touristischen Tagesreisen stellen Tagesausflüge dar, die von einem Übernachtungsort aus im Rahmen einer länger als 24 Stunden dauernden Reise unternommen werden (sekundärer Tagesausflugsverkehr).

6 Diskussion und integrative Darstellung

Brey und Lehto (2007, S. 161) bezeichneten Tourismus und Erholung als getrennte, aber miteinander verbundene Phänomene – diese Einschätzung wird durch die Betrachtung der Definitionen von Tagestourismus und Naherholung bestätigt. Durch die Literaturanalyse wird zudem augenscheinlich, dass zwei Typen von Definitionen unterschieden werden können: (1) theoretische Definitionen, die anstreben, das jeweilige Phänomen allgemeingültig und greifbar zu beschreiben und (2) Empirie stützende Definitionen, die formuliert werden, um in Forschungsdesigns eingebunden zu werden bzw. um das jeweilige Konstrukt zu operationalisieren und messbar zu machen.

Aufgrund der diversen Überschneidungsbereiche von Tagestourismus und Naherholung ist eine trennscharfe motivationale, raum- und zeitbezogene Unterscheidung der Phänomene jedoch nicht ohne Weiteres möglich. Gleichwohl erscheint eine Betrachtung aus der Perspektive des Zielgebietes hilfreich, um ein besseres Verständnis der beiden Phänomene zu erlangen. Siegrist und Ketterer Bonnelame (2018, S. 54) ordnen der Erholung die Nächst- und Naherholung, sowie den Tages-, Kurzzeit- und Ferientourismus unter. Sie halten zudem fest, dass Nächst- und Naherholung von Personen unternommen werde, die „in der Nähe" von Naherholungsgebieten woh-

Abbildung 3 Temporäre Nutzer:innen eines Naherholungsraumes. Quelle: Eigene Darstellung.

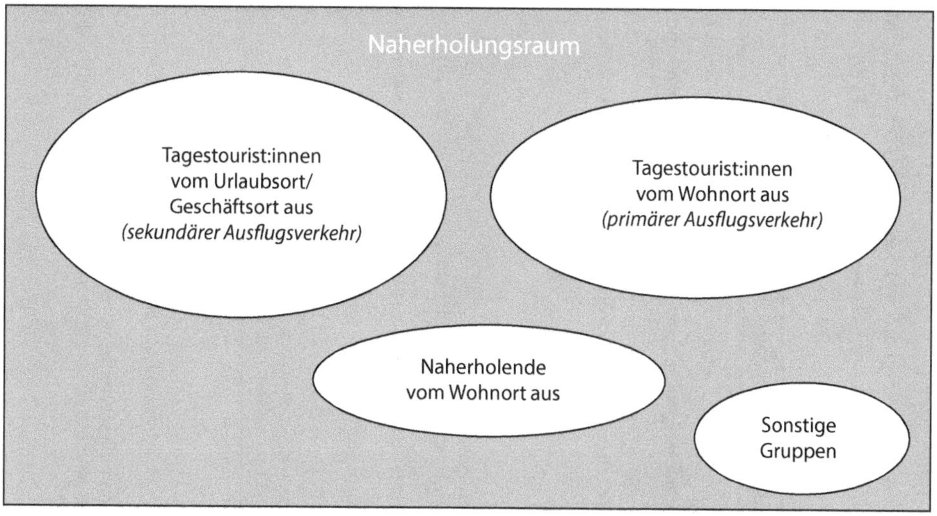

nen (Siegrist und Ketterer Bonnelame 2018, S. 7). Da es sich somit i. d. R. um Ortskundige handele, erschwere dies die Lenkbarkeit dieser Personengruppe. Zu ähnlichen Befunden bezüglich der Lenkbarkeit von Erholungsuchenden kommen auch Arnberger et al. (2016). Unter Rückbezug auf die Zielgebietsperspektive wird offenkundig, dass ein Raum von unterschiedlichen Zielgruppen mit (meist) derselben Motivationslage genutzt wird: Erholung (siehe Abbildung 3). Reiseziele sind nachfragesteuerte Konstrukte, welche Planer:innen derart gestalten sollten, dass sich die durch die Nachfragenden (unabhängig davon ob es sich dabei um Einwohnende, Naherholende oder Tourist:innen handelt) ergebenden Besucherströme beeinflussen lassen (Beritelli 2019, S. 205–206; Beritelli et al. 2020).

Anhand der drei konstitutiven Merkmale – der räumlichen, zeitlichen und motivationalen Dimension – lassen sich nun die wesentlichen Charakteristika von Tagestourismus und Naherholung gegenüberstellen. Die nachfolgende Tabelle 3 gibt einen Überblick über die Ausprägungen der Definitionsmerkmale beider Phänomene.

Kemper (1977, S. 2) sowie Schmude und Namberger (2010, S. 61–62) schlagen im Rahmen möglicher Segmentierungsansätze der touristischen Nachfrage vor, den Tagestourismus anhand der *Reisedauer* (zeitliche Dimension) und die Naherholung anhand der *Reisedistanz* (räumliche Dimension) zu differenzieren. Ausgehend von diesem Ansatz, also der Priorisierung des Distanzkriteriums bei der Naherholung und des Zeitkriteriums im Falle des Tagestourismus (weniger als 24 Stunden), lassen sich die beiden verschiedenen Spielarten eines erholungssuchenden und freizeitorientierten Mobilitätsanlasses in einem raumzeitlichen Koordinatensystem aufzeichnen (Abbildung 4).

Tabelle 3 Gegenüberstellung ausgewählter Definitionskriterien von Tagestourismus und Naherholung. Quelle: Eigene Darstellung auf Basis von Harrer und Scherr 2013 und in Anlehnung an Freyer 2015, S. 67; Harrer und Scherr 2013, S. 10–11; Jurczek 1980, S. 101; Kemper 1977, S. 1–3, 21; Mönnecke et al. 2006, S. 19; Reimoser et al. 2012, S. 49–56; Schnell 2001, 2007, S. 273–279; Siegrist und Ketterer Bonnelame 2018, S. 14–17, 56–57; Stetic et al. 2011, S. 113; Zeiner und Pinnow 2020, S. 10.

Definitionskriterium	Tagestourismus (touristische Tagesreisen)	Naherholung
Zeitliche Dimension		
Zeitliche Dauer	• Maximal 24 Stunden • Im Schnitt 6–9 Stunden	Stundenbruchteile bis zu Kurzzeiterholung (z. B. Wochenenderholung)
Zeitpunkt	• Privates Motiv: Vornehmlich am Wochenende und feiertags • Geschäftliches Motiv: vornehmlich werktags • Beginn der Tagesreisen am häufigsten zwischen 07:00 und 12:00 Uhr • Ende der Tagesreisen am häufigsten zwischen 17:00 und 21:00 Uhr	In der Freizeit (werktags, nach Feierabend, am Feiertag oder Wochenende)
Anreisedauer	Je nach Entfernung des Reisezieles	• ‚Relativ kurze Anreise' • Abweichende Angaben in der Literatur von max. 15–120 min
Übernachtung	Nein	Von ohne Übernachtung bis zu drei Übernachtungen oder mehr
Kurzfristigkeit	Kann von Kurzfristigkeit geprägt sein (z. B. Reiseentscheidung ein Tag bis zwei Wochen vorher)	Naherholung ist kurzfristige Erholung
Regelmäßigkeit	Nicht von Routine oder Regelmäßigkeit geprägt	Kann von Regelmäßigkeit geprägt sein (z. B. Aufsuchen eines Naherholungsgebietes täglich oder mehrmals pro Woche)
Räumliche Dimension		
(Ziel-)Ort	Außerhalb des gewöhnlichen Wohnumfeldes	• Außerhalb der Wohnung • Innerhalb oder außerhalb des gewöhnlichen Wohnumfeldes
Quellmarkt	• Wohnort/Arbeitsort beim primären Tagestourismus • Übernachtungsort bei sekundärem Tagestourismus	• Wohnort der Erholungssuchenden • Naherholung findet nur in primärer, nicht in sekundärer Ausprägung statt

Definitionskriterium	Tagestourismus (touristische Tagesreisen)	Naherholung
Anreiseentfernung	• Je nach Definition des (gewöhnlichen) Wohn- und Arbeitsumfeldes • Im Schnitt 72,8 km	• Verlassen der Wohnung und abweichende Distanzüberwindung je nach Verkehrsmittelnutzung • Distanz nimmt tendenziell mit zunehmender zur Verfügung stehender Zeit zu
Zweckdienlichkeit		
Zweck/Bedürfnis/ Motive	Tagestourismus kann einen privaten und/oder geschäftlichen Reiseanlass haben. Hauptanlässe bei privatem Motiv: • Besuch von Verwandten, Freund:innen oder Bekannten • Shopping (nicht alltäglicher Bedarf) • Ausübung einer speziellen Aktivität • Besuch von Sehenswürdigkeiten/Attraktionen • Spazierfahrt • Veranstaltungsbesuch • Gastronomiebesuch • Organisierte Fahrt Hauptanlässe bei geschäftlichem Motiv: • Klassische Geschäftsbesuche • Weiterbildung • Kongresse, Konferenzen etc. • Messen. Ausstellungen etc.	Naherholung liegt stets ein privates Motiv zugrunde. Meist alltägliche Motive. Hauptanlässe: • Regeneration/Erholung/Entspannung • Aktivitäten in der Natur/Erleben von Natur & Landschaft („draußen") • Körperliche Bewegung • Kreative/kulturelle Aktivitäten • Gesundheitsorientierte Motive • Soziale Motive

Abbildung 4 Raum-zeitliche Dimensionen von Naherholung und Tagesreisen mit exemplarischen Beispielen. Quelle: Eigene Darstellung mit Bezug auf Schnell (2004); Reimoser et al. (2012); Hall und Lew (2009).

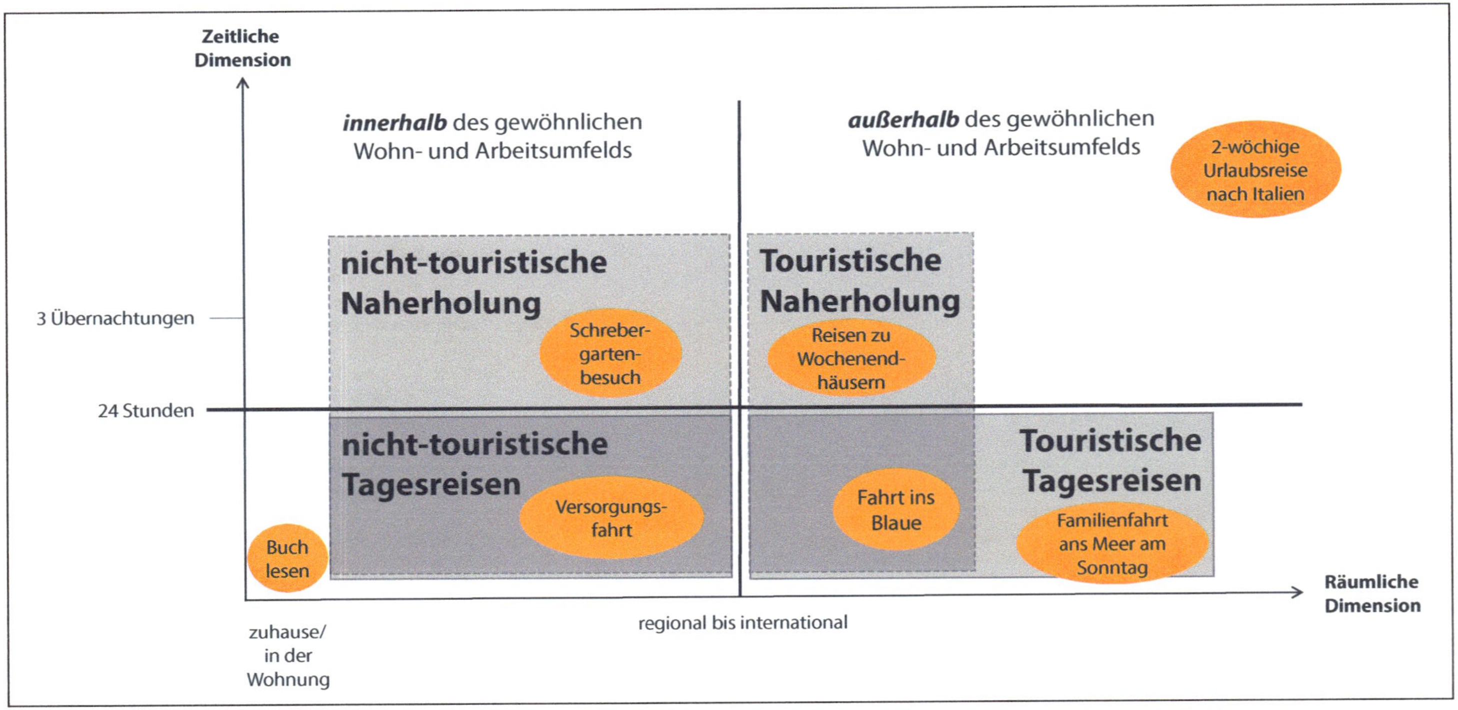

Tabelle 4 Beispiele für touristische und nicht-touristische Tagesreisen und Naherholung. Quelle: Eigene Darstellung.

Beispiele	Tagesreisen	Naherholung
Touristisch	• Einmalige Familienfahrt ans Meer an einem Sonntag • Besuch eines Theaters in nahegelegener Großstadt	• Reise zum eigenen Wochenendhaus am nahegelegenen See außerhalb des Wohnumfeldes
Nicht-touristisch	• Wocheneinkauf in der Nachbarstadt • Regelmäßiger Besuch des Karnevalsvereins in der Nachbarstadt	• Besuch des eigenen Schrebergartens im Wohnumfeld • Hundeausführen im fußläufig erreichbaren Park • Regelmäßige Besuche des nahegelegenen Schwimmbads für Sport und Erholung

Hilfreich und zur Verdeutlichung der Distanz*un*abhängigkeit von *touristischen* Reisen ist eine Fußnote in Eisenstein (2021, S. 17–18) mit Bezug auf Kaspar (1996, S. 15): „Somit ist auch die Frage, inwiefern die Nutzung von Naherholungsarealen als touristische Aktivität einzustufen ist, nicht distanzabhängig und dennoch leicht zu beantworten: Dies ist immer dann der Fall, wenn es zum Verlassen des gewohnten Umfelds kommt (…)". Wird dieser Gedanke weiter verfolgt, kann unter Berücksichtigung der Definition des Tourismus und hiermit insbesondere die Frage nach dem Verlassen eines gewöhnlichen Wohn- und Arbeitsumfeldes („usual environment", vgl. UNSD und UNWTO 2010, S. 12), zwischen *touristischen* und *nicht-touristischen* Tagesreisen sowie *touristischer* und *nicht-touristischer* Naherholung unterschieden werden (Tabelle 4).[2]

Während der *touristischen* Naherholung verlassen die Reisenden ihr gewohntes Wohn- und Arbeitsumfeld für einen zeitlich begrenzten Aufenthalt in einer Zielregion. Am Ende dieser Reise kehren sie in ihre gewohnte Umgebung zurück. Diese Reise kann entweder mit Übernachtung oder ohne Übernachtung erfolgen. Die *nicht-touristische* Naherholung findet hingegen *innerhalb* der gewohnten Umgebung der Reisenden, ohne spezielle Kilometerbegrenzung statt. Dies kann sowohl mit als auch ohne Übernachtung geschehen. Anders als bei der Definition von Tagesreisen, kann in Bezug auf die räumliche Dimension von Naherholung festgehalten werden, dass diese sowohl innerhalb als auch außerhalb des gewöhnlichen Wohnumfeldes stattfin-

2 Der Begriff der *touristischen Naherholung* wurde – in leicht abweichender Form – bereits in den 1970er Jahren von Billion und Flückiger (1978) verwendet. Hier heißt es: „Touristische Naherholung umfaßt die Feierabend-, die Tages- und die Wochenenderholung. Sie ist begrenzt auf eine Dauer von wenigen Stunden bis zu maximal einem Tag und umfaßt damit keine Übernachtung. Sie findet außerhalb des unmittelbaren Wohnumfeldes im städtischen Randbereich und im Stadtumland statt und setzt Distanzüberwindung zwischen Quell- und Zielgebiet voraus." (Billion und Flückiger 1978, S. 3–4).

den kann. Außerdem gibt es im Falle der *touristischen* sowie *nicht-touristischen* Naherholung keine strikte Begrenzung auf einen Rahmen von 24 Stunden, wie er bei der Definition von Tagesreisen vorherrscht. Darüber hinaus ist der Startpunkt von Naherholung immer der Wohnort der Erholungssuchenden, da Naherholung ausschließlich in primärer Form stattfindet. Es gibt keinen sekundären Naherholungsverkehr. Zudem hat sowohl die *touristische* als auch die *nicht-touristische* Naherholung stets einen privaten Reiseanlass[3], wohingegen der Anlass einer *touristischen* als auch einer *nicht-touristischen* Tagesreise privater oder geschäftlicher Natur sein kann (Tabelle 4).

Eine übergreifende begriffliche Klammer, die bereits in den 1990er Jahren mit Blick auf die verbindenden Faktoren der beiden raumwirksamen Mobilitätsprozesse gefunden wurde, ist die der Erholung bzw. Rekreation (Benthien, 1997, S. 39). Auch neuere Arbeiten der Tourismus- und Landschaftsforschung greifen diese begriffliche Klammer auf und verstehen Anwohner:innen und Besucher:innen als Erholungssuchende, die die Alltagslandschaften gemeinschaftlich nutzen und gleichberechtigt im Sinne einer nachhaltigen Raumnutzung nebeneinanderstehen (Epple et al., 2023, S. 602). Dies entspricht zudem dem Zeitgeist eines Verständnisses von Destinationsmanagementorganisationen, die Einwohnende verstärkt in ihren Aufgabenbereich einbeziehen und sie als eine wesentliche Gruppe von Akteur:innen begreifen, dies es gilt mitzudenken, um einen nachhaltigen Lebensraum zu gestalten (Hartman et al. 2020; Pechlaner 2019, S. 12–14).

7 Fazit und Ausblick

Die vorausgehende Betrachtung der Definitionen von Tagestourismus und Naherholung stellt einen Versuch der begrifflichen Einordnung beider Phänomene dar. Allumfassende, unveränderliche Definitionen können bislang weder für Tagestourismus noch für Naherholung festgestellt werden. Dies gilt insbesondere, wenn es sich um eine im Rahmen von empirischen Erhebungen operationalisierbare Definition handelt.

Nichtsdestotrotz verdeutlicht der Beitrag, dass die Definitionen von einer komplexen Mehrdimensionalität geprägt sind. Entgegen den Einschätzungen anderer Autor:innen (Leser 2005; Reimoser et al. 2012, S. 49; Stemmer et al. 2023, S. 255), kann nicht bestätigt werden, dass eines der Phänomene dem anderen unterzuordnen sei oder den Überbegriff des anderen bildet. Durch die systematische Aufstellung der zeitlichen, räumlichen und zweckdienlichen Merkmaldimensionen von Tagestourismus und Naherholung werden sowohl die Überschneidungen als auch Unterschiede zwischen den beiden Phänomenen sichtbar. Des Weiteren kann eine Differenzierung von *touristischen* als auch *nicht-touristischen* Tagesreisen und sowie *touristischer* und

3 Gleichwohl kann es zur Vermischung von Arbeit und Erholung kommen, wenn bspw. berufliche E-Mails während der Naherholung auf dem Smartphone gelesen und ggf. beantwortet werden.

nicht-touristischer Naherholung erfolgen, wobei die drei konstitutiven Elemente des Tourismus und insbesondere das Verlassen oder Nichtverlassen des gewöhnlichen Wohnumfeldes des Reisenden entscheidende Faktoren sind.

Hervorzuheben sind auch die engen Verbindungen, die sich aus dieser begrifflichen Überschneidung, zwischen den Fachdisziplinen Tourismus, Geographie sowie Landschafts-, Raum- und Stadtplanung ergeben. Besonders die Themen regionale Gerechtigkeit aber auch das Management von Besucherströmen stellen identifizierte Bindeglieder dar. Hinsichtlich der regionalen Gerechtigkeit geht es vornehmlich um die Diskrepanz von Bedarf und Verfügbarkeit von qualitativ hochwertigen Naherholungsmöglichkeiten in ländlichen und urbanen Räumen (Gailing 2005, S. 36). Die Forderung von Blum et al. (2023, S. 18, 39–40) nach Verbindlichkeit von Orientierungswerten für Grünausstattung und Erholungsversorgung ist daher unterstützenswert. Durch politische Beschlüsse auf kommunaler Ebene sollten Mindestwerte für Freiräume zur Erholung festgesetzt werden, um eine nachhaltige Stadtentwicklung sicherzustellen. Hinsichtlich des Managements von Besucherströmen wird deutlich, dass Naherholungsräume aus Nachfragesicht wahrgenommene Konstrukte sind, die aus Sicht der Planung für alle Nutzende – Naherholende und Tourist:innen – so zu gestalten sind, dass Nutzungskonflikte mitigiert werden.

Literaturverzeichnis

Agricola, S. (2001). *Freizeit. Grundlagen für Planer und Manager* (Lehr- und Handbücher zu Tourismus, Verkehr und Freizeit). München: Oldenbourg.

Arnberger, A., Eder, R. & Preisel, H. (2016). Tagestourismus oder Wohnumfeldnutzung? Ein Vergleich der Besuchsintensitäten und -muster von drei Erholungs- und Schutzgebieten in Wien. *Zeitschrift für Tourismuswissenschaft 8* (2), 199–221. https://doi.org/10.1515/tw-2016-0018

Bandi Tanner, M. & Müller, H. (2021). *Grundkenntnisse Tourismus. Eine Einführung in Theorie, Markt und Politik* (Berner Studien zu Freizeit und Tourismus, Bd. 61). Bern: Universität Bern Center for Regional Economic Development (CRED).

Bauder, M. & Freytag, T. (2015). Visitor mobility in the city and the effects of travel preparation. *Tourism Geographies 17* (5), 682–700. https://doi.org/10.1080/14616688.2015.1053971

Beritelli, P. (2019). From Flow Analysis to Shared Insight to Planning for Impact: The Development Campaign of Altdorf (CH). In M. Volgger & D. Pfister (Hrsg.), *Atmospheric Turn in Culture and Tourism. Place, design and process impacts on customer behaviour, marketing and branding* (Advances in Culture, Tourism and Hospitality Research Ser, Bd. 16, S. 195–207). Emerald Publishing Limited.

Beritelli, P., Reinhold, S. & Laesser, C. (2020). Visitor flows, trajectories and corridors: Planning and designing places from the traveler's point of view. *Annals of tourism research 82*. https://doi.org/10.1016/j.annals.2020.102936

Billion, F. & Flückiger, B. (1978). *Bedarfsanalyse Naherholung und Kurzzeittourismus. Forschungsarb. i. A. d. Bundesmin. f. Wirtschaft, Bonn.* Bremen.

Blum, P., Böhme, C., Kühnau, C., Reinke, M. & Willen, L. (2023). *Stadtnatur erfassen, schützen, entwickeln: Orientierungswerte und Kenngrößen für das öffentliche Grün. Naturschutzfachliche Begleitung der Umsetzung des Masterplans Stadtnatur* (Bundesamt für Naturschutz (BfN), Hrsg.) (BfN-Schriften), Bonn.

Brey, E.T. & Lehto, X.Y. (2007). The relationship between daily and vacation activities. *Annals of tourism research 34* (1), 160–180. https://www.sciencedirect.com/science/article/pii/S0160738306001241.

CPS GfK. (2023). *Private Tagesausflüge ab 50 km nach Entfernungsklassen im Jahr 2019. Sonderanfrage aus dem DestinationMonitor Deutschland* (CPS GfK, Hrsg.). Nürnberg: CPS GfK.

dwif-Consulting GmbH (dwif-Consulting GmbH, Hrsg.). (2024). Tagesreisenmonitor. https://www.dwif.de/images/Produkte/Marktforschung/dwif_Tagesreisenmonitor_Flyer.pdf. Zugegriffen: 2. Februar 2024.

Eisenstein, B. (2021). Einführung. In A. Schulz, B. Eisenstein, M.A. Gardini, T. Kirstges & W. Berg (Hrsg.), *Grundlagen des Tourismus* (3., vollständig überarbeitete und ergänzte Auflage, S. 1–72). Berlin: De Gruyter Oldenbourg.

Freyer, W. (2015). *Tourismus. Einführung in die Fremdenverkehrsökonomie* (Lehr- und Handbücher zu Tourismus, Verkehr und Freizeit, 10th ed.). München: De Gruyter.

Freytag, T. (2023). Tourismus – Eine Annäherung. In O. Kühne, T. Sedelmeier, C. Jenal & T. Freytag (Hrsg.), *Landschaft und Tourismus* (S. 35–45). Wiesbaden: Springer Fachmedien Wiesbaden.

Gailing, L. (2005). *Regionalparks. Grundlagen und Instrumente der Freiraumpolitik in Verdichtungsräumen* (Dortmunder Beiträge zur Raumplanung, Bd. 121). Dortmund: Institut für Raumplanung.

Hall, C.M. & Lew, A.A. (2009). *Understanding and managing tourism impacts. An integrated approach.* Milton Park.

Hall, C.M. & Page, S. (2014). *The geography of tourism and recreation. Environment, place and space* (Fourth edition). London: Routledge.

Harrer, B. & Scherr, S. (2013). *Tagesreisen der Deutschen* (dwif e.V. Schriftenreihe Nr. 55), München.

Harrer, B., Zeiner, M., Maschke, J. & Scherr, S. (1995). *Tagesreisen der Deutschen. Struktur und wirtschaftliche Bedeutung des Tagesausflugs- und Tagesgeschäftsreiseverkehrs in der Bundesrepublik Deutschland* (Schriftenreihe des Deutschen Wirtschaftswissenschaftlichen Instituts für Fremdenverkehr an der Universität München, Bd. 46). München: Verl. des DWIF (Grundlagenuntersuchung im Auftrag des Bundesministers für Wirtschaft und der Wirtschaftsminister/-senatoren der Bundesländer).

Hartman, S., Wielenga, B. & Heslinga, J.H. (2020). The future of tourism destination management: building productive coalitions of actor networks for complex destination development. *Journal of Tourism Futures 6* (3), 213–218. https://doi.org/10.1108/JTF-11-2019-0123

Hermes, J., Albert, C., Dirk Schmücker, Birte Bredemeier, Jan Barkmann & Christina von Haaren. (2023). *Erfassung und Bewertung kultureller Ökosystemleistungen in Deutschland. Die Qua-*

lität der Landschaft für Freizeit- und Wochenenderholung in Deutschland: Potenzial, Dargebot, Präferenzen, Nutzung (Bundesamt für Naturschutz, Hrsg.) (BfN-Schriften Nr. 659), Bonn.

Hermes, J., Albert, C. & Haaren, C. von. (2020). Erfassung und Bewertung der kulturellen Ökosystemleistung Naherholung in Deutschland. *UVP-report 34* (2), 61–70. https://doi.org/10.17442/uvp-report.034.08

Jurczek, P. (1980). Der Rand des Verdichtungsraumes als Überlagerungsgebiet von Naherholung und Urlaubsverkehr. Erläutert am Beispiel des östlichen Rhein-Main-Gebietes. In P. Schnell & P. Weber (Hrsg.), *Agglomeration und Freizeitraum. Vorträge eines Symposiums der Arbeitsgruppe „Geography of Tourism and Recreation" der Internationalen Geographischen Union (IGU/UGI) in Münster 1979* (S. 101–107). Paderborn: Schöningh.

Jurczek, P. (1981). Freizeit, Fremdenverkehr und Naherholung. *Praxis Geographie 11* (2).

Kagermeier, A. (2020). *Tourismus in Wirtschaft, Gesellschaft, Raum und Umwelt. Einführung* (UTB Tourismus, Geowissenschaften, 2., überarbeitete und erweiterte Auflage). München: UVK Verlag.

Kaspar, C. (1996). *Die Tourismuslehre im Grundriss.* Bern.

Kemper, F.-J. (1977). *Inner- und außerstädtische Naherholung am Beispiel der Bonner Bevölkerung. Ein Beitrag zur Geographie der Freizeit.* Bonn: Dümmler Verlag.

Korda, M. (1999a). Bevölkerungsstruktur und Siedlungswesen. In Müller, Korda, M. Korda, W. Bischof, B. Braun, K. Habermehl et al. (Hrsg.), *Städtebau* (S. 67–130). Wiesbaden: Vieweg + Teubner Verlag.

Korda, M. (1999b). Grundlagen und Verfahren. In Müller, Korda, M. Korda, W. Bischof, B. Braun, K. Habermehl et al. (Hrsg.), *Städtebau* (37–66). Wiesbaden: Vieweg + Teubner Verlag.

Krüger, M. (2021). Tagestourismus. „Kurz mal raus"-Gäste lohnen sich. In B. Eisenstein, J. Kampen, R. Weis, J. Reif & C. Eilzer (Hrsg.), *Tourismusatlas Deutschland* (2. Aufl., S. 38–39). UVK Verlag.

Kuhn, F., Günther, W., Braun, M., Yarar, N., Schmücker, D. & Grimm, B. (2023). *Nachhaltigkeit bei Urlaubsreisen: Bewusstseins- und Nachfrageentwicklung und ihre Einflussfaktoren. Monitoringbericht auf Basis von Daten der Reiseanalyse 2023* (Forschungsgemeinschaft Urlaub und Reisen, FUR e. V., Hrsg.), Kiel.

Leser, H. (2005). *Diercke Wörterbuch Allgemeine Geographie* (14. Aufl.). München, Braunschweig: Deutscher Taschenbuch Verlag.

Lohmann, M., Sonntag, U. & Wagner, P. (2017). Die Reiseanalyse – Instrument für Forschung und Marketingplanung. In B. Eisenstein (Hrsg.), *Marktforschung für Destinationen. Grundlagen – Instrumente – Praxisbeispiele* (S. 193–206). Erich Schmidt Verlag.

Maier, J., Paesler, R., Ruppert, K. & Schaffer, F. (1977). *Sozialgeographie* (Das geographische Seminar). Braunschweig: Westermann.

McKay, E. (2008). ‚For refreshment and preservinge health': the definition and function of recreation in early modern England. *Historical Research 81* (211).

Mönnecke, M., Wasem, K., Spiess, H. & Kümin, D. (2006). *Ansprüche von Naherholungsuchenden und deren Berücksichtigung in verschiedenen Arten von Planungsinstrumenten. Projekt im*

Rahmen des WSL-Programmes ‚Landschaft im Ballungsraum'. Rapperswil, Winterthur: Hochschule für Technik Rapperswil; Zürcher Hochschule Winterthur. Zugegriffen: 1. April 2022.

Müller, H. (2002). *Freizeit und Tourismus. Eine Einführung in Theorie und Politik* (Berner Studien zu Freizeit und Tourismus, H. 41, 9. Aufl.). Bern.

Münderlein, D. (2021). *Macht Landschaft glücklich. Ermittlung von landschaftsbezogenem Wohlbefinden und Erholung für die räumliche Planung* (Research). Wiesbaden: Springer VS.

Münderlein, D. (2025). Vom planerischen Erholungsnarrativ der Landschaft zu individuellen Erholungsmotiven. In S. Sieber, O. Kühne, J. Dettmar & R. Vogler (Hrsg.), *Landschaft und Naherholung – Bedeutung und Nutzung für den Tagestourismus und die Naherholung im Stadt-Land-Kontext.* (S. 347–372). Wiesbaden: Springer VS.

NABU-Bundesverband. (2020). *Nachhaltige Siedlungsentwicklung. Das NABU-Grundsatzprogramm zum Planen und Bauen in Deutschland,* Berlin.

Nohl, W. (2001). *Landschaftsplanung. Ästhetische und rekreative Aspekte.* Berlin: Patzer.

Pechlaner, H. (2019). Destination und Lebensraum: Perspektiven touristischer Entwicklung. 20 Jahre Tourismusforschung von Eurac Research. In H. Pechlaner (Hrsg.), *Destination und Lebensraum. Perspektiven touristischer Entwicklung* (Entrepreneurial Management und Standortentwicklung, S. 1–21). Wiesbaden: Springer Gabler.

Reif, J., Eisenstein, B., Krüger, M. & Gaßner, R. (2017). GfK/IMT DestinationMonitor Deutschland am Beispiel von Schleswig-Holstein. In B. Eisenstein (Hrsg.), *Marktforschung für Destinationen. Grundlagen – Instrumente – Praxisbeispiele* (S. 207–218). Erich Schmidt Verlag.

Reimoser, F., Lexer, W., Brandenburg, C., Ziener, K., Schreiber, B., Bartel, A., Tomek, H., Heckl, H., Hirnschall, F. & Kasper, A. (2012). *IESP – Grundlagen für eine integrierte ökologisch-räumliche Planung im Bioshpärenpark Wienerwald. Nachhaltiges Wildtiermanagement und Freizeitaktivitäten.*

Reinhardt, U., Hilbinger, K. & Eilzer, C. (2017). Die Tourismusanalyse. In B. Eisenstein (Hrsg.), *Marktforschung für Destinationen. Grundlagen – Instrumente – Praxisbeispiele* (S. 219–231). Erich Schmidt Verlag.

Roseman, C. C. (1971). Migration as a spatial and temporal process. *Annals of the Association of American Geographers 61* (3), 589–598. https://doi.org/10.1111/j.1467-8306.1971.tb00809.x

Ruppert, K. & Maier, J. (1970). Der Naherholungsverkehr der Münchner – ein Beitrag zur Geographie des Freizeitverhaltens. In K. Ruppert & E. Thiel (Hrsg.), *Münchner Studien zur Sozial- und Wirtschaftsgeographie* (Bd. 6, S. 31–44). Kallmünz: Michael Lassleben.

Schmücker, D. & Reif, J. (2022). Measuring tourism with big data? Empirical insights from comparing passive GPS data and passive mobile data. *Annals of Tourism Research Empirical Insights 3* (2), 100061. https://doi.org/10.1016/j.annale.2022.100061

Schmude, J. & Namberger, P. (2010). *Tourismusgeographie* (EBL-Schweitzer). Darmstadt: WBG.

Schnell, P. (2001). Lexikon der Geographie – Naherholung. https://www.spektrum.de/lexikon/geographie/naherholung/5331.

Schnell, P. (2004). Tagesausflugsverkehr. In C. Becker, H. Hopfinger & A. Steinecke (Hrsg.), *Geographie der Freizeit und des Tourismus. Bilanz und Ausblick* (2. Aufl., S. 273–284). München: Oldenbourg. https://www.degruyter.com/document/doi/10.1524/9783486700015/pdf.

Schnell, P. (2007). Tagesausflugsverkehr. In C. Becker (Hrsg.), *Geographie der Freizeit und des Tourismus: Bilanz und Ausblick* (3., unveränd. Aufl., S. 273–284). München: Oldenbourg. https://www.degruyter.com/document/doi/10.1524/9783486700015.273/html.

Schüle, L. & Vogler, R. (2025). Rechtliche Rahmenbedingungen der landschaftsbezogenen Erholungsnutzung. Problemlagen und mögliche Lösungsansätze nicht nur aus juristischer Perspektive. In S. Sieber, O. Kühne, J. Dettmar & R. Vogler (Hrsg.), *Landschaft und Naherholung – Bedeutung und Nutzung für den Tagestourismus und die Naherholung im Stadt-Land-Kontext.* (S. 397–410). Wiesbaden: Springer VS.

Siegrist, D. & Ketterer Bonnelame, L. (2018). Naherholungstypen. Leitfaden für die nachfrageorientierte Planung und Gestaltung von naturnahen Naherholungsgebieten. *Schriftenreihe des Instituts für Landschaft und Freiraum, HSR Hochschule für Technik Rapperswil, Nr. 15.* https://www.ilf.hsr.ch/fileadmin/user_upload/ilf.hsr.ch/Bilder/Leitfaden_Erholungstypen_klein.pdf. Zugegriffen: 18. Januar 2022.

Simmons, D. & Moore, K. (2016). Recreation. In J. Jafari & H. Xiao (Hrsg.), *Encyclopedia of Tourism* (S. 777–780). Cham: Springer.

Smith, S. L. & Godbey, G. C. (1991). Leisure, recreation and tourism. *Annals of tourism research 18* (1), 85–100. http://www.sciencedirect.com/science/article/pii/0160738391900419.

Steinbach, J. (2003). *Tourismus. Einführung in das räumlich-zeitliche System:* Oldenbourg.

Stemmer, B., Bernstein, F., Behre, E. & Kaußen, L. (2023). Naherholung als Teil der grünen Infrastruktur - ein neopragmatischer Ansatz. In O. Kühne, T. Sedelmeier, C. Jenal & T. Freytag (Hrsg.), *Landschaft und Tourismus* (S. 253–275). Wiesbaden: Springer Fachmedien Wiesbaden.

Stetic, S., Simicevic, D. & Stanic, S. (2011). Same-day trips: A chance of urban destination development. *UTMS Journal of Economics* 2 (2), 113–124.

Suriñach, J., Casanovas, J. A., André, M., Murillo, J. & Romaní, J. (2019). An operational definition of day trips: Methodological proposal and application to the case of the province of Barcelona. *Tourism Economics 25* (6), 964–986. https://journals.sagepub.com/doi/pdf/10.1177/1354816618812303.

UNSD & UNWTO. (2010). *International Recommendations for Tourism Statistics 2008* (United Nations Department of Economic and Social Affairs & Statistics Division (UNSD) und United Nations World Tourism Organization (UNWTO), Hrsg.), New York.

Weckwerth, H. (1999). Kommunale Freiraumplanung. In Müller, Korda, M. Korda, W. Bischof, B. Braun, K. Habermehl et al. (Hrsg.), *Städtebau* (S. 503–607). Wiesbaden: Vieweg + Teubner Verlag.

Zeiner, M. & Pinnow, D. (2020). *Tagesreisen im Kontext der Nachhaltigkeit* (Umweltbundesamt, Hrsg.) (Texte 12/2020), Dessau-Roßlau. https://www.umweltbundesamt.de/sites/default/files/medien/1410/publikationen/2020-01-16_texte_12-2020_themenpapier_tagesreisen.pdf.

Autor:innen

M. A. Kristina Epple arbeitet als wissenschaftliche Mitarbeiterin an der Hochschule Heilbronn und beschäftigt sich im Verbundforschungsprojekt NaTourHuKi mit einer nachhaltigeren Gestaltung von Tagestourismus und Naherholung. Sie ist Doktorandin an der TU Darmstadt und forscht im Rahmen ihres Promotionsvorhaben zu Tagestourismus im Kontext der Metropolregion. Zuvor studierte sie International Management an der Hochschule Worms und Tourismusmanagement an der Hochschule Heilbronn. kristina.epple@hs-heilbronn.de

Dr. Julian Reif ist Professor für Tourismus am Deutschen Institut für Tourismusforschung der Fachhochschule Westküste. Er absolvierte ein Studium der Geographie an der Universität Bonn und promovierte über die Messung des raum-zeitlichen Verhaltens von Tourist:innen. Seine Schwerpunkte in Forschung und Lehre sind touristische Nachfrage, insbesondere Städtetourismus und Geschäftsreisen, Digitalisierung im Tourismus und sozio-ökonomische Wirkungen des Tourismus. reif@fh-westkueste.de

Freizeit- und Ausflugsradverkehr: Eine Analyse von Typologien und ihrem Bezug zum Außenbereich

Dana Stolte

Abstract

Die Covid-19-Pandemie hat die Bedeutung des Fahrrads im Alltags- und Freizeitverkehr in Deutschland gestärkt. Studien zeigen, dass die Fahrradnutzung für Freizeitaktivitäten wie Tagesausflüge und Sport zugenommen hat. Etwa zwei Drittel der deutschen Bevölkerung nutzt das Fahrrad für Ausflüge. Das vom BMBF geförderte Verbundforschungsprojekt NaTourHuKi setzt an dieser Stelle an. Mit der Entwicklung einer neuen Radroute soll das hessische Kinzig-Auental erlebbar gemacht werden. Die im Rahmen dessen stattfindenden Analysen zeigen: über die Radfahrenden ist im Allgemeinen bisher wenig bekannt. Ähnlich wie im Bereich des Tagestourismus liegt hier eine Definitions- und Datenlücke vor. Aus den bisher bestehenden Radfahrtypologien können jedoch erste Erkenntnisse über die Radfahrenden im Freizeit- und Ausflugsradverkehr sowie deren Bedürfnisse gewonnen werden. Der Beitrag fokussiert sich dabei vor allem auf die Sichtweise der Radfahrenden auf den Außenbereich.

Keywords

Radfahrtypologie, Freizeitradverkehr, Ausflugsradverkehr, Definition, Radverkehr, Typologie

S. Sieber et al. (Hrsg.), *Landschaft und Naherholung*, RaumFragen: Stadt – Region – Landschaft, https://doi.org/10.1007/978-3-658-45410-4_12

1 Einleitung

Die Covid-19-Pandemie hat gezeigt, welche Bedeutung das Fahrrad sowohl für den Alltags- als auch für den Freizeitverkehr hat. Verschiedene Studien belegen, dass die Menschen in Deutschland in der Pandemie-Zeit mehr Fahrrad fahren als vor der Pandemie (SINUS Markt- und Sozialforschung GmbH 2021; Sunder et al. 2021). Auch nach der Pandemie bleiben die Zahlen für die regelmäßige Nutzung des Fahrrads im Alltag oder der Freizeit konstant hoch (SINUS Markt- und Sozialforschung GmbH 2023). In Hessen hat die Fahrradnutzung vor allem in den kreisfreien Städten Darmstadt, Offenbach, Wiesbaden, Kassel und Frankfurt am Main überdurchschnittlich zugenommen. Insbesondere die Nutzung des Fahrrads für Freizeitaktivitäten wie Tagesausflüge und sportliche Aktivitäten, aber auch für Fahrradurlaube ist angestiegen (SINUS Markt- und Sozialforschung GmbH 2022). Wie eine repräsentative Befragung des Allgemeinen Deutschen Fahrrad-Clubs (ADFC) ergab, ist das Fahrrad sowohl im Alltag als auch in der Freizeit nach wie vor beliebt. Rund zwei Drittel der deutschen Bevölkerung nutzen das Fahrrad für Ausflüge und Reisen (ADFC 2023).

Die Ergebnisse verdeutlichen, dass Ausflüge mit dem Fahrrad als Teil des Tagestourismus und der Naherholung eine hohe Bedeutung haben. Eine Einordnung der Begriffe Tagestourismus und Naherholung wird im Kapitel von Epple und Reif vorgenommen. Insbesondere der Außenbereich von Städten besitzt eine große Bedeutung für aktivitätsbezogene Erholungs- und Freizeitbeschäftigungen (Epple et al. 2023). Gerade im Zusammenhang mit dem Freizeit- und Ausflugsradverkehr wird erwähnt, dass die „Bewegung in schöner Landschaft, Natur und Kultur im Vordergrund" steht (Meyer 2015).

Das vom Bundesministerium für Bildung und Forschung (BMBF) geförderte Verbundforschungsprojekt NaTourHuKi[1] setzt an dieser Stelle an. Es beschäftigt sich mit den Potenzialen von regionalem Tagestourismus und Naherholung am Rande des Ballungsraum FrankfurtRheinMain. Da der Hessische Radfernweg R 3 durch den Betrachtungsraum des Projekts verläuft und zudem eine weitere Rad- und Wanderroute des Regionalpark RheinMain im Rahmen des Projekts entwickelt werden soll, liegt ein Fokus auf den Radfahrenden im Freizeit- und Ausflugsradverkehr. Doch nicht nur über die Radfahrenden im Kinzig-Auental zwischen Hanau und Steinau an der Straße ist bisher wenig bekannt. Im Laufe des Projekts wurde deutlich, dass die Radfahrenden im Freizeit- und Ausflugsradverkehr bislang insgesamt wenig bekannt sind (Dreyer et al. 2012; Francke et al. 2018; Hallerbach 2010). Daher beschäftigt sich das Promotionsvorhaben der Autorin mit dieser Thematik und dem Ziel, den Freizeit- und Ausflugsradverkehr in wissenschaftlich belegte Gruppen einzuteilen.

Dieser Beitrag greift einen Teilaspekt auf und widmet sich den Radfahrenden und ihren Bedürfnissen sowie der Bedeutung und Nutzung des Außenbereichs für diese Gruppe von Radfahrenden. In erster Linie liegt der Fokus dabei auf der Eintei-

1 Ausführlich beschrieben in Beitrag Sieber et al.

lung in Gruppen sowie deren Ansprüchen, aber auch auf den Sichtweisen auf den Außenbereich. Der Außenbereich[2] wird in diesem Beitrag sowohl von der zitierten, fachfremden Literatur als auch von interviewten Laien[3] in der Regel als „Landschaft“ oder „Natur“ bezeichnet. Aus diesem Grund erfolgt hier eine kurze Einordnung dieser Begriffe, die sich auf den gesamten Beitrag bezieht. Landschaft als Außenbereich kann als Gegenteil von Stadt (Innenbereich) gesehen werden. Von Laien wird der Begriff Landschaft als ‚natürlich', ‚ländlich' sowie ‚schön und gut' beschrieben (Hokema 2013). Daran lässt sich erkennen, dass Landschaft und Natur oft gleichgesetzt werden (Sieber 2021). Landschaft kann für diesen Beitrag wie folgt beschrieben werden:

> „Landschaft liegt außerhalb der Stadt und wird aus einem Katalog von Versatzstücken ausgestattet, der etwa Bäume, Felder, Wiesen, Wälder, Seen und Bäche, Berge, Täler, Felsen oder Moore enthält. Auch Dörfer und – in begrenztem Umfang – Siedlungen, Verkehrswege und Infrastruktur sind in der Vorstellung des Landschaftlichen enthalten; wenn Städte berücksichtigt werden, dann sind sie eher am Rand des Bildes, in der Ferne angeordnet. Unzweifelhaft ist Landschaft etwas, was mit Natur zu tun hat, was grün ist, belebt, harmonisch, eventuell idyllisch oder romantisch und eher friedlich.“ (Hokema 2013, S. 34)

2 Definition und Einordnung von Freizeit- und Ausflugsradverkehr

Bevor eine Definition von Freizeit- und Ausflugsradverkehr vorgenommen werden kann, ist es notwendig die verschiedenen Wegezwecke in der Verkehrsplanung sowie den Begriff Freizeitverkehr einzuordnen. In der Verkehrsplanung wird davon ausgegangen, dass jeder Weg einen Zweck besitzt. Diese Zwecke können sein: Beruf, Ausbildung, Geschäfts- oder Dienstreisen, Einkaufen, Urlaub, Begleitung und Freizeit. Das Deutsche Zentrum für Luft- und Raumfahrt e. V. (DLR) definiert als Freizeitverkehr alle Wege im Personenverkehr, die nicht den oben genannten Zwecken (außer Freizeit) zuzuordnen sind (Bundesministerium für Digitales und Verkehr 2022). Des Weiteren kann unterschieden werden in alltäglichen und nicht-alltäglichen Freizeitverkehr (Jain 2006). Eine allgemeingültige Definition gibt es auch hier nicht. Freizeitverkehr kann auch beschrieben werden als die „Mobilität von Individuen im Zusammenhang mit der Durchführung von […] Freizeitaktivitäten außer Haus“. Bei Freizeitaktivitäten wie beispielsweise einer Fahrradtour verschwimmen die Grenzen zwischen Weg und Aktivität (Zängler 2011).

Der Begriff Ausflugsradverkehr wird bisher eher wenig genutzt und ist ebenso wie Freizeit(rad)verkehr bisher nicht eindeutig definiert bzw. wird er unterschiedlich ver-

2 Flächen, die außerhalb von zusammenhängender Bebauung liegen.

3 Die Interviews wurden mit Menschen durchgeführt, die Fahrradausflüge jeglicher Art machen. Der Fokus lag dabei auf der Ausgestaltung der Ausflüge und der Bedürfnisse, die sie währenddessen haben.

Tabelle 1 Ausgewählte Definitionen von Freizeitradverkehr

Autor:innen	Definition von Freizeitradverkehr
Quack und Hallerbach 2007	Freizeitradverkehr findet z. B. nach Feierabend statt, um sich zu erholen oder sich sportlich zu betätigen. Auch Radfahren im Urlaub zählt dazu.
Hürten 2007	Fahrradfahren für Erholung, Entspannung oder sportliche Betätigungen.
Graf 2019	„Mit dem Fahrrad zurückgelegte Wege, die touristisch geprägt und nicht zweckgebunden sind."
Gwiasda und Fromberg 2023	Routenorientierter Radverkehr in der Freizeit und im Urlaub.

wendet und abgegrenzt. Tabelle 1 zeigt einen Überblick über verschiedene Definitionen von Freizeitradverkehr.

Im weiteren Verlauf wird der Versuch vorgenommen, die Begriffe Freizeit- und Ausflugsradverkehr zu definieren. Ausflugsradverkehr wird im Folgenden als Teil des Freizeitradverkehrs, bei dem die Aktivität und nicht der Weg im Vordergrund steht, verstanden. Aus diesem Grund wird zunächst der Begriff Freizeitradverkehr definiert.

Teilweise wird in der Literatur lediglich unterschieden zwischen dem ‚zielorientierten Alltagsradverkehr' und dem ‚wegeorientierten Freizeitradverkehr'. Allerdings werden hierbei Annahmen getroffen, die nicht immer nur auf die eine Art von Radverkehr zutreffen. Beispiele hierfür sind: Der Alltagsradverkehr fährt zügig, der Freizeitradverkehr eher gemütlich (verkehrplus GmbH Graz 2016). Da sportliche Aktivitäten wie Rennrad oder Mountainbike fahren ebenfalls dem Freizeitradverkehr zuzuordnen sind, passt dies nicht. Dass der Freizeitradverkehr nur bei gutem Wetter fährt (verkehrplus GmbH Graz 2016), ist ebenfalls eine zu pauschale Aussage.

Der Leitfaden für Planer:innen, welcher im Rahmen des Nationalen Radverkehrsplans für Deutschland entstanden ist, beschreibt den Freizeitradverkehr auf ähnliche Weise:

> „Im Freizeitradverkehr werden im Gegensatz zum Alltagsradverkehr Wege mit attraktivem Umfeld gewählt, auch wenn diese mit Umwegen verbunden sind. Zudem fahren Radfahrende im Freizeitverkehr häufiger in Gruppen. Die Geschwindigkeiten sind meist geringer als im Alltagsverkehr. Als Teil des Freizeitradverkehrs müssen auch Pausen gelten, für die entsprechende Infrastruktur vorgehalten werden sollte. Neben dem Ausflugsverkehr sind auch sportlich orientierte Radfahrende ein Aspekt des Freizeitradverkehrs. Diese Gruppe Radfahrender bewegt sich meist geschwindigkeits- bzw. zeitorientiert." (Enke et al. 2020, S. 11)

Das Fehlen einer eindeutigen Definition von Freizeitradverkehr hat dazu geführt, dass im Rahmen des Promotionsvorhabens der Begriff des Ausflugsradverkehrs entwickelt wurde. Beim Ausflugsradverkehr dient das Radfahren selbst der Freizeit-

Abbildung 1 Einordnung des Ausflugsradverkehrs (dunkelgrau) in den gesamten Radverkehr (eigene Darstellung, angelehnt an Rosinak & Partner ZT GmbH und Estuar OG (2022))

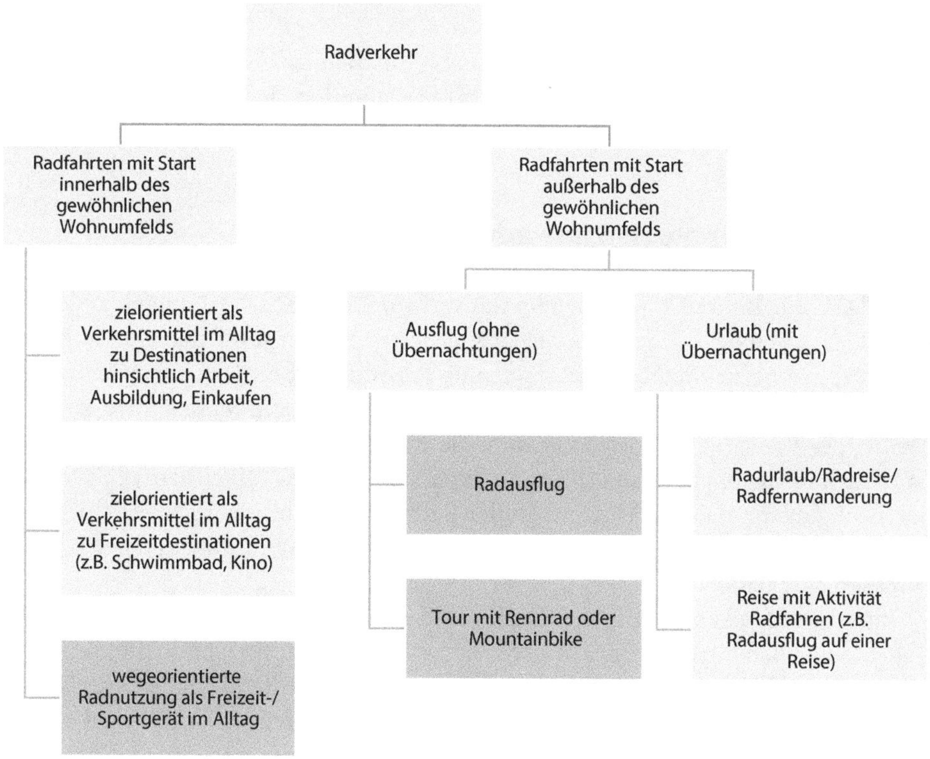

gestaltung. Der Erlebnis- und Erholungswert stehen im Vordergrund. Er ist tendenziell eher wegeorientiert. Ziele wie Gastronomie oder Sehenswürdigkeiten können aber angesteuert werden. Der zielorientierte Radverkehr zur Erreichung von Freizeiteinrichtungen (z. B. Schwimmbad, Fußballplatz) wird somit im Folgenden nicht weiter betrachtet.

Wie Abbildung 1 zeigt, kann der Ausflugsradverkehr sowohl innerhalb als auch außerhalb des gewöhnlichen Wohnumfeldes[4] stattfinden. Solche Ausflüge können von wenigen Stunden bis zu einem Tag dauern. Im Rahmen des Promotionsvorhabens wurde ebenfalls festgelegt, dass Radtouren mit mindestens einer Übernachtung, dem Radtourismus zugeordnet werden. Diese Art des Radverkehrs taucht zwar im Folgenden auf, da viele Erkenntnisse aus dem Bereich Radtourismus stammen, wird aber

4 Das gewöhnliche Wohnumfeld einer Person ist definiert als das geografische (nicht notwendigerweise zusammenhängende) Gebiet, in dem eine Person ihre regelmäßigen Lebensroutinen abwickelt (United Nations 2010).

nicht fokussiert. Besonders die Überschneidungen bei den Bedürfnissen der Radfahrenden des Ausflugsradverkehrs und des Radtourismus werden hier betrachtet. Der größte Unterschied – die benötigten Übernachtungsmöglichkeiten – werden hier außen vorgelassen.

Diese Erkenntnisse zeigen bereits, dass es im Bereich des Freizeitradverkehrs ebenso wie im Bereich des Tagestourismus ein Definitionsdefizit gibt (siehe Beitrag von Epple und Reif).

3 Exkurs: Typologien im Radverkehr

Der folgende Exkurs zu Typologien im Radverkehr dient dazu, die Hintergründe und Vorgehensweisen bei solchen Klassifizierungen vorzustellen sowie den Zweck für die Verkehrsplanung zu erläutern. Typologien im Radverkehr werden häufig genutzt, um Bedürfnisse der Radfahrenden aufzuzeigen und beispielhafte Maßnahmen zur Förderung des Radverkehrs zu formulieren. Sie dienen dazu, die Gesamtheit der Radfahrenden in Gruppen, Kategorien oder Typen einzuteilen (Mingus 2015). Sie beginnen häufig damit, dass die Gesamtheit der Radfahrenden hinsichtlich verschiedener Faktoren, wie beispielsweise Fahrpraxis, Wegezweck oder Witterung untersucht wird (Kroesen und Handy 2014).

Ein weltweit bekanntes Beispiel hierfür sind die „Four Types of Cyclist" von Roger Geller, dem ehemaligen Fahrradkoordinator von Portland. Basierend auf seinen Erfahrungen und einer Vielzahl von Daten identifizierte er die folgenden vier Typen von Radfahrenden: „strong & fearless" (< 1 % aller Radfahrenden), „enthused & confident" (7 %), „interested but concerned" (60 %) und „no way no how" (33 %) (Geller 2006). Diese Typologie hat einen Großteil der aktuellen Radverkehrsplanung in Portland mitgestaltet und wurde über die Landesgrenzen hinaus verbreitet. Graf (2020) greift diese Typologie auf und übersetzt die vier Typen in: „der Furchtlose (sicher und souverän), der Gewohnheitsfahrer (selbstbewusst, aber besorgt wegen Sicherheit), der Interessierte (interessiert, aber besorgt), der Nicht-Fahrer (wollen nicht, können nicht)". Er formuliert für die vier Radfahrtypen Bedarfe und beispielhafte Maßnahmen zur Förderung. Er zeigt damit auf, wie „bis zu zwei Drittel der Menschen […] mit der richtigen Radverkehrsförderung aktiviert werden" können (Graf 2020). Weitere internationale Studien zu Radverkehrstypologien kommen zu ähnlichen Ergebnissen und Gruppen (Dill o. J.; Francke et al. 2018). Ein Bezug zu den unterschiedlichen Wegezwecken besteht oft nicht.

Diese Typologien haben gemeinsam, dass sie die Radfahrenden im Allgemeinen betrachten und nach Häufigkeit des Radfahrens und das subjektiven Sicherheitsempfinden unterscheiden. Bei manchen Typologien kommen Faktoren wie Fahrerfahrung (Jones 2013), Spaß (GIM – Gesellschaft für Innovative Marktforschung 2018), Komfort und Bequemlichkeit (Geller 2006; Winters et al. 2011), Wetterbedingungen (Jensen 1999; Kroesen und Handy 2014; Winters et al. 2011), Streckenbedingungen

(Winters et al. 2011) und Interaktion mit Kraftfahrzeugen (Winters et al. 2011) hinzu, um die Radfahrenden in verschiedene Gruppen zu clustern.

Die Studien fokussieren sich teilweise auch stark auf die Menschen, die bisher selten oder gar nicht Rad fahren. Sie haben zum Ziel, einen Weg aufzuzeigen, wie diese Menschen zum Rad fahren motiviert werden können (Gatersleben und Haddad 2010; Winters et al. 2011).

Zu diesem Zweck werden sowohl qualitative als auch quantitative Erhebungen durchgeführt. Eine häufig genutzte Methode, um die Eigenschaften und Bedürfnisse der Radfahrenden zu ermitteln, sind Befragungen (Francke et al. 2018; GIM – Gesellschaft für Innovative Marktforschung 2018). Bei qualitativen Befragungen werden in der Regel kleinere Gruppen (z. B. Personen mit fachlicher Expertise oder eine Teilgesamtheit) zu vorgegebenen Faktoren, wie den oben beschriebenen, befragt. Diese Faktoren fließen dann in die Typenbildung ein. Bei quantitativen Erhebungen werden anhand der abgefragten Faktoren verschiedenen Typen gebildet, z. B. mittels Clusteranalysen (Damant-Sirois et al. 2014; Kruger et al. 2016) oder Hauptkomponentenanalysen (Gatersleben und Haddad 2010). Aber auch GPS-Tracks können verwendet werden, um die Radfahrenden aufgrund unterschiedlicher Fahrtattribute und Verhaltensweisen (z. B. Sicherheit, Risikobereitschaft, Wissen, Eile) in Gruppen zu untergliedern (Poliziani et al. 2021). Diese Ansätze unterscheiden sich zum Teil stark voneinander, da die betrachteten Kriterien bzw. Faktoren sowie die Vorgehensweise bei der Kategorisierung sehr unterschiedlich sind.

Nur wenige Studien beinhalten den Fahrzweck und damit einhergehend Radfahrtypologien, die sich dem Freizeitradverkehr zuordnen lassen. Oftmals ist eine von mehreren Gruppen dem Freizeitradverkehr zuzuordnen, die anderen eher dem Alltagsradverkehr bzw. Radverkehr im Allgemeinen (Damant-Sirois et al. 2014; GIM – Gesellschaft für Innovative Marktforschung 2018). Weiter vertieft betrachtet wird diese Gruppe in der Regel nicht.

4 Kategorisierung des Freizeit- und Ausflugsradverkehrs

Der Freizeit- und Ausflugsradverkehr besitzt verschiedene Merkmale mittels derer er kategorisiert werden kann. Dies sind Merkmale, die sich eher auf die Personen beziehen, sowie Merkmale, die sich eher auf die Wege bzw. die Routen beziehen. Tabelle 2 zeigt eine Auflistung dieser Merkmale.

Der Freizeitradverkehr ist, wie bereits oben beschrieben, ein bisher wenig erforschter Bereich. Schlussfolgerung der Literaturanalyse ist, dass die bisherigen Kategorisierungsversuche für den Freizeitradverkehr in drei Fälle[5] zusammengefasst werden können. Diese drei Fälle werden im Folgenden anhand exemplarischer Lite-

5 Für diesen Schritt wird das Wort „Fall" verwendet, da Begriffe wie Typ, Gruppe oder Kategorie in diesem Beitrag schon anderweitig verwendet werden.

Tabelle 2 Merkmale des Freizeit- und Ausflugsradverkehrs (Eigene Übersicht, angelehnt an Rosinak & Partner ZT GmbH und Estuar OG (2022))

Personenbezogene Merkmale	Wegebezogene Merkmale
Alter	Quell-Zielpunkt
Geschlecht	Routenführung
Fitness	Rad-Nutzungsdauer
Bekleidung	Reisedauer
Fahrradtyp	Distanz
Gepäck & Ausrüstung	Höhenmeter
Motivation	Oberfläche
Reisegrund	POIs
Anzahl der Personen	Etappen
Subjektive Sicherheit	

raturverweise beschrieben. Bei der Einteilung, der im Folgenden vorgestellten Typen wurde stets eine Auswahl der oben genannten Merkmale verwendet.

Die Literaturanalyse zeigt auch, dass wenig wissenschaftliche Studien zum Radverkehr, insbesondere zum Freizeitradverkehr, vorhanden sind und somit die Datengrundlage bisher gering ausfällt. Studien zum Freizeitradverkehr finden eher anlass- oder gebietsbezogen statt (Rosinak & Partner ZT GmbH & Estuar OG 2022; Scholl 2014).

Fall 1: Der Freizeitradverkehr ist einer von mehreren Typen.
Zu Fall 1 zählen Studien, in denen der Freizeitradverkehr als eine Kategorie oder ein Typ unter mehreren (meist dem Alltagsradverkehr zuzuordnenden) Gruppen dargestellt wird. Ein Beispiel hierfür ist der Typ „Sunday Bike Enthusiasts" aus einer Studie der Gesellschaft für Innovative Marktforschung (GIM). Diese besteht zu gleichen Teilen aus Männern und Frauen, die mehrheitlich zwischen 30 und 59 Jahre alt sind und sowohl auf dem Land als auch in der Stadt leben. Für sie ist das Fahrradfahren ein Erlebnis von Natur und Umwelt[6]. Sie nutzen das Fahrrad weniger im Alltag, sondern eher als Freizeitbeschäftigung und Sportgerät (GIM – Gesellschaft für Innovative Marktforschung 2018). Hierbei wird der Freizeitradverkehr zu einer inhomogenen Gruppe zusammengefasst.

Fall 2: Der Freizeitradverkehr wird aus touristischer Sicht betrachtet.
Im Fall 2 werden die Radfahrenden im Freizeitradverkehr aus touristischer Sicht betrachtet und z. B. anhand der Nutzung touristischer Infrastruktur und der Anzahl der

6 Natur und Umwelt sind in der zitierten Studie nicht weiter definiert.

Übernachtungen kategorisiert. Hallerbach (2010) beispielsweise unterscheidet die Freizeitradfahrenden aus touristischer Sicht zunächst in „Ausflugsradler“ und „Fahrradtouristen“. Ausflugsradler sind einige Stunden bis maximal einen Tag (ohne Übernachtung) mit dem Fahrrad unterwegs. Fahrradtouristen sind Radfahrende, die mindestens eine Übernachtung machen. Hier wird noch einmal unterschieden zwischen „Kurzreisetouristen“ (2 bis 4 Tage) und „Reiseradlern“ (5 Tage und mehr) (Hallerbach 2010). Damit wird zwar bereits davon ausgegangen, dass es sich bei den Freizeitradfahrenden nicht um eine homogene Gruppe handelt, die Unterscheidung erfolgt jedoch rein aus touristischer Sicht.

Fall 3: Die Typisierung erfolgt nicht wissenschaftlich, sondern aufgrund von (subjektiven) Erfahrungen aus der Praxis (z. B. Tourismuskonzepte).
Ein Beispiel für den Fall 3 ist die Typologie der Rheinland-Pfalz Tourismus GmbH. Hier wurde der Freizeitradverkehr vor allem für Marketing- und radtouristische Zwecke in verschiedene Gruppen eingeteilt. Die allgemeine Oberkategorie bilden die „Radtouristen“. Diese sind „aus sportlichen und gesundheitlichen Gründen mit dem Fahrrad“ unterwegs (Scholl 2014). Sie sind auf der Suche nach Naturnähe und Entspannung vom Alltag. Sie legen Wert auf eine flexible Tourenplanung und bevorzugen Strecken mit wenig Verkehr und viel Abwechslung. Wichtig ist ihnen außerdem die Beschaffenheit der Radwege und Straßen. Vor Reiseantritt informieren sie sich umfassend über ihre Radtour (Scholl 2014).

5 Radfahrende im Freizeit- und Ausflugsradverkehr und ihr Bezug zur Umgebung des Außenbereichs

Die vorherigen Abschnitte verdeutlichen, dass es im Bereich des Freizeit- und Ausflugsradverkehrs ebenso wie im Bereich des Tagestourismus neben dem Definitionsdefizit auch ein Datendefizit gibt. Dieser grundsätzliche Mangel an Daten lässt sich allgemein im Radverkehr feststellen (Hagen und Reinfeld 2021; Lißner und Francke 2017). Im Gegensatz zu den Themen Alltagsradverkehr und Radtourismus sind vor allem Aspekte, die hier unter dem Begriff Ausflugsradverkehr zusammengefasst werden, bisher wenig erforscht. Ähnlich wie im Bereich Tagestourismus könnte ein Grund dafür die fehlende eindeutige und einheitliche Definition sein. Auf Grundlage der bestehenden Typologien und im Rahmen des bereits erwähnten Promotionsvorhabens wurde dennoch eine Kategorisierung vorgenommen. Diese bezieht sich nicht nur auf den Untersuchungsraum des Verbundforschungsprojekts NaTourHuKi, sondern auf den Freizeit- und Ausflugsradverkehr im Allgemeinen.

Nicht alle der bisher beschriebenen Radfahrtypologien berücksichtigen das Thema Umgebung, konkreter des Außenbereichs[7] bei Ihrer Einordnung oder beschrei-

7 In der zitierten Literatur oft als „Landschaft“ bezeichnet.

ben, wie sich die jeweiligen Typen dazu verhalten, welche Bedürfnisse sie an die Umgebung haben. Auffällig ist, dass vor allem die praxisnahen Beiträge aus dem Radtourismus dieses Thema aufgreifen. So schreibt Hallerbach (2010), dass die „landschaftliche Attraktivität"[8] für Radfahrende wichtig sei. Die bevorzugten Landschaften seien die „Flusslandschaft [...] gefolgt von Seenlandschaft, Küstenlandschaft und ebene Landschaft" (Hallerbach 2010). Mittelgebirge und Hochgebirge seien weniger bevorzugt. Hier zeigt sich allerdings, dass Hallerbach (2010) vor allem die Menschen betrachtet und beschreibt, die Fahrradausflüge mit Fahrrädern wie Trekkingrädern oder City-Bikes unternehmen, nicht aber die Menschen, die sportlich mit Rennrädern oder Mountainbike unterwegs sind. Diese Menschen bevorzugen ebene bzw. flache Strecken (dwif-Consulting GmbH 2005). Scholl (2014) beschreibt die von ihm gebildeten Gruppen und den Bezug zum Außenbereich auf folgende Weise: Im Allgemeinen suche der Freizeitradverkehr die „Nähe zur Natur" und bevorzugt „verkehrsarme Strecken" und „abwechslungsreiche Touren".

Im Folgenden werden die selbstentwickelten Gruppen vorgestellt. Dabei werden deren Eigenschaften beschrieben und ihr Bezug zur Umgebung des Außenbereichs erläutert.

Die erste Gruppe bilden die *Radfahrenden, die eher kürzere Touren zurücklegen und sich Zeit für die Tour lassen.* Sie werden auch „Genussradler" (dwif-Consulting GmbH 2005) oder „Genießer" (Scholl 2014) genannt. Ihre Radtouren sollen mit geringer körperlicher Anstrengung verbunden sein. Meistens fahren sie 30 bis 50 km pro Tour. Neben dem Radfahren interessieren sie sich auch für die Natur[9], Kultur, Gesundheit und Besichtigungen (dwif-Consulting GmbH 2005). Laut Scholl (2014) steht diese Gruppe der Nutzung von Pedelecs positiv gegenüber. Bei dieser Gruppe handelt es sich häufig um „ältere Paare, die alleine oder mit Freunden und Bekannten unterwegs sind" (Scholl 2014). Scholl (2014) schreibt dieser Gruppe die Bedürfnisse „Ruhe und Erholung beim Radfahren (Natur als Entschleunigungsraum), kulturelles Interesse [...] sowie ein guter Zustand der Radwege und Beschilderung" zu. Sie seien „absolut naturverbunden"[10] und bevorzugten „abwechslungsreiche Streckenführungen". Diese Gruppe lässt sich sowohl innerhalb des gewöhnlichen Wohnumfelds, bei der wegeorientierten Radnutzung als Freizeitgerät im Alltag, als auch außerhalb des gewöhnlichen Wohnumfelds, bei Radausflügen, finden.

Die zweite Gruppe bilden die *Radfahrenden, die die (Urlaubs-)Region sternförmig erkunden.* Diese werden von den bisherigen Typologien meist in den Bereich des Radtourismus eingeordnet und werden dann z. B. „Regio-Radler", „Radaufenthaltstouristen" (Dreyer et al. 2012) oder „Sterntouren-Radfahrer" (Scholl 2014) genannt. Sie verbringen ihren Radurlaub in einer festen Unterkunft und unternehmen von

8 „landschaftliche Attraktivität" wird in der hier zitierten Literatur nicht erläutert.

9 Der Begriff „Natur" wird in der zitierten Literatur nicht näher definiert. Er beschreibt umgangssprachlich Bereiche, die nicht von Siedlungen, technischer Infrastruktur oder sonstigen intensiven Nutzungen geprägt sind.

10 Der Ausdruck „naturverbunden" wird in der zitierten Literatur nicht erläutert.

dort aus Tagestouren (Dreyer et al. 2012). Der Urlaub beinhaltet neben dem Radfahren auch andere Urlaubsmotive (z. B. Wandern). Aufgrund dessen „verbringen [sie] nicht den ganzen Tag auf dem Fahrrad". Sie nutzen gerne Leihfahrräder und Einkehrmöglichkeiten und „wünschen sich ein dichtes und gut beschildertes Radroutennetz" (Dreyer et al. 2012). Ihre Interessen liegen bei den Themen „Natur, Land und Leute sowie kulturelle Besonderheiten" (Dreyer et al. 2012). Die Urlaubsregion erschließen sie sich sternförmig (Dreyer et al. 2012). Diesem Radurlaubertyp schreibt Scholl (2014) ähnlich wie bei Gruppe 1 außerdem die Bedürfnisse „Ruhe und Erholung beim Radfahren (Natur als Entschleunigungsraum), kulturelles Interesse [...] sowie ein guter Zustand der Radwege und Beschilderung" zu. Auch sie seien „absolut naturverbunden" und bevorzugten „abwechslungsreiche Streckenführungen" (Scholl 2014). Diese Radfahrenden sind vor allem außerhalb des gewöhnlichen Wohnumfelds bei Radurlauben zu finden.

Die dritte Gruppe bilden die *Radfahrenden, die das Radfahren nicht als Hauptmotiv der Reise haben.* Sie machen Tagesausflüge von ihrem Standort aus. Diese Betrachtung geschieht aus dem Radtourismus heraus. Die Merkmale dieser Radfahrenden passen jedoch auch zu den Radfahrenden, *die Tagesausflüge von ihrem Zuhause aus machen.* Im Bereich des Radtourismus wird dieser Typ z. B. „Urlaubs-Radler" genannt. Im Gegensatz zu der zuvor beschriebenen Gruppe ist bei diesen das Radfahren nicht das Hauptmotiv der Reise. Sie unternehmen aber mindestens einen Radausflug im Urlaub und nutzen die vor Ort vorhandene radtouristische Infrastruktur (Dreyer et al. 2012). Diese Gruppe wird auch „Radausflügler" genannt und zeichnet sich dadurch aus, dass sie Tagesausflüge ohne Übernachtungen unternehmen. Je nach Quelle wird diese Gruppe wiederum in Untergruppen mit unterschiedlichen Bedürfnissen und Merkmalen (Familien, „Genießer", Rennradfahrer:innen, Mountainbiker:innen) unterteilt (Scholl 2014). Auch Hallerbach (2010) beschreibt die Gruppe „Ausflugsradler" als Radfahrende, die einige Stunden bis maximal einen Tag (ohne Übernachtung) mit dem Fahrrad unterwegs sind. Auch dieser Gruppe werden die Bedürfnisse „Ruhe und Erholung beim Radfahren (Natur als Entschleunigungsraum), kulturelles Interesse und Interesse an Land und Leuten sowie ein guter Zustand der Radwege und Beschilderung" zugeschrieben. Sie seien „absolut naturverbunden" und bevorzugten „abwechslungsreiche Streckenführungen" (Scholl 2014). Diese Gruppe kann zum einen außerhalb des gewöhnlichen Wohnumfelds, bei Reisen mit der Aktivität Radfahren, zum anderen innerhalb des gewöhnlichen Wohnumfelds, bei der wegeorientierten Radnutzung als Freizeitgerät, wiedergefunden werden.

Die vierte Gruppe bilden die *Radfahrenden, die als Familien (mit Kindern) unterwegs sind.* Familien mit Kindern suchen eher Kraftfahrzeugfreie, flache, gut ausgeschilderte Wege mit vielen Rastplätzen sowie Spiel- und Entdeckungsmöglichkeiten für die Kinder. Aus Sicht des Radtourismus betrachtet, fahren sie zwischen 15 und 40 km pro Tag und übernachten bevorzugt in Jugendherbergen, Heu-Hotels, Bauernhöfen oder auf Campingplätzen (dwif-Consulting GmbH 2005). Die Touren sollten kinderfreundlich sein und Freizeitmöglichkeiten und familienfreundliche Einkehrmöglichkeiten beinhalten. Sie tendieren zu kürzeren Touren auf Routen mit wenig Verkehr. Im Urlaub wird ein zusätzliches Verleihangebot von Kinderfahrrädern oder Fahrradanhängern gerne in Anspruch genommen (Scholl 2014). Auch dieser Gruppe schreibt Scholl (2014) die Bedürfnisse „Ruhe und Erholung beim Radfahren (Natur als Entschleunigungsraum), kulturelles Interesse […] sowie ein guter Zustand der Radwege und Beschilderung“ zu. Sie seien „absolut naturverbunden“ und bevorzugten „abwechslungsreiche Streckenführungen“ (Scholl 2014). Diese Gruppe tritt ebenfalls sowohl innerhalb als auch außerhalb des gewöhnlichen Wohnumfelds auf.

Im Vergleich zu den bisherigen Gruppen werden die zwei folgenden Gruppen stark durch die genutzte Fahrradart definiert. Die fünfte Gruppe bilden die *Radfahrenden, die mit einem Mountainbike fahren.* Diese präferieren naturbelassene und naturnahe Wege, bevorzugen topographisch anspruchsvolle Regionen und legen großen Wert auf eine abwechslungsreiche Streckenführung. Sie lieben das Abenteuer und verbinden ihre Radtour auch gerne mit Radsportveranstaltungen. Sie sind ebenfalls häufig in Gruppen, z. B. mit Vereinen, Freund:innen und Bekannten unterwegs (Scholl 2014). Auch im Radtourismus wird diese Gruppe über die Art des Fahrrades definiert und weniger über die Präferenz für feste oder wechselnde Unterkünfte (Dreyer et al. 2012). Diese Radfahrenden nutzen auch spezielle Mountainbike-Wegweisung sowie Strecken mit Hindernissen (dwif-Consulting GmbH 2005). Ein weiterer Unterschied zu den bisher genannten Gruppen ist, die hohe sportliche Motivation dieser Gruppe (Scholl 2014).

Diese hohe sportliche Motivation liegt ebenfalls bei den *Radfahrenden vor, die mit einem Rennrad fahren,* der sechsten Gruppe. Auch diese zeichnen sich stark durch die Art des Fahrrads aus. Die „Radsportler“ legen großen Wert auf sehr gute, durchgehend asphaltierte Wege und bevorzugen auch topographisch anspruchsvolle Regionen (dwif-Consulting GmbH 2005; Scholl 2014). Sie legen 60 bis 200 km pro Tour zurück (dwif-Consulting GmbH 2005). Ihre Radtouren verbinden sie auch mal mit Radsportveranstaltungen (z. B. RTF oder Jedermann-Rennen). Sie sind häufig in Gruppen unterwegs, z. B. mit Vereinen, Freund:innen und Bekannten (Scholl 2014). Auch die Radfahrenden, die das Fahrrad als Sportgerät nutzen, lassen sich sowohl innerhalb als auch außerhalb des gewöhnlichen Wohnumfelds wiederfinden.

Sowohl die Kategorisierung von Scholl (2014) als auch die eigens durchgeführten Interviews mit Radfahrenden zeigen, dass Herausforderungen und eine wellige bis bergige Topographie von denjenigen, die sportliche Radtouren mit dem Rennrad oder Mountainbike unternehmen, durchaus gewünscht sind (Stolte 2023). Diese zwei Gruppen sehen laut Scholl (2014) die „Natur als Abenteuer und Herausforderung“. Sie bevorzugen „verkehrsarme Streckenführungen“ und einen „guten Zustand von Straßen und Wegen“ (Klein 2022). Aufgrund der steigenden Verbreitung an Pedelecs werden hügelige Umgebungen jedoch auch bei den nicht so sportlichen Gruppen immer beliebter (Klein 2022).

Die siebte und letzte Gruppe wird ausschließlich dem Radtourismus zugeordnet. Hierbei geht es um die *Radfahrenden, die von einem Start- zu einem Zielort fahren.*

Auch für diese Radfahrenden gibt es unterschiedliche Bezeichnungen in der Literatur. Sie werden „Tourenradler" (dwif-Consulting GmbH 2005), „Reiseradler" (Hallerbach 2010), „Strecken-Radler" oder auch „Raddurchzugstouristen" (Dreyer et al. 2012) genannt. Am geläufigsten ist jedoch der Begriff „Radwanderer" (Scholl 2014). Diese Tourist:innen verbringen ihren Radurlaub nicht an einem Ort, sondern fahren von einem Ausgangs- zu einem Zielort (Dreyer et al. 2012). Sie wechseln dabei täglich das Übernachtungsquartier und sind in der Regel fünf bis acht Tage unterwegs (dwif-Consulting GmbH 2005, S. 97). Sie nutzen den Urlaub also in erster Linie zum Radfahren und verbringen den größten Teil des Tages auf dem Fahrrad. Bei ihren Touren bevorzugen sie „umwegarme, abwechslungsreiche Radverkehrsverbindungen, auf denen auch größere Entfernungen überbrückt werden können", z. B. breite Wirtschaftswege, Radwege und verkehrsarme Straßen (FGSV 2010). Sie legen durchschnittlich 50 bis 80 km pro Tag zurück (Dreyer et al. 2012). Ihre Routen legen sie gerne entlang von Flussradwegen (ADFC 2023; Scholl 2014). Flüsse wurden ebenso von den interviewten Radfahrenden als Orientierungshilfe während Fahrradausflügen (nicht nur Radwanderungen) genannt (Stolte 2023). Daher ist es auch nicht überraschend, dass „sich in den Top 10 der beliebtesten Radfernwege vornehmlich Flussradwege" befinden (ADFC 2023; Klein 2022). Oft sind sie in Gruppen mit Freund:innen oder Bekannten unterwegs (Scholl 2014).

6 Anforderungen an die Qualität von Radrouten für den Freizeit- und Ausflugsradverkehr

Nach Scholl sind die Radfahrenden im Freizeit- und Ausflugsradverkehr häufig „aus sportlichen und gesundheitlichen Gründen mit dem Fahrrad" unterwegs (Scholl 2014). Sie sind auf der Suche nach Naturnähe[11] und Entspannung vom Alltag. Sie legen Wert auf eine flexible Tourenplanung und bevorzugen Strecken mit wenig Verkehr und viel Abwechslung. Wichtig ist ihnen außerdem die Beschaffenheit der Radwege und Straßen. Vor Reiseantritt informieren sie sich umfassend über ihre Radtour (Scholl 2014).

Als Motiv für die Wahl des Fahrrads (jeglicher Art) für einen Ausflug wurde auch in den eigenen, im Zuge der Promotion durchgeführten, Interviews häufig das Erleben von „Natur und Landschaft"[12] genannt. So wird die Wahl der Route von manchen Radfahrenden aufgrund der ansprechenden Umgebung, laienhaft als ‚landschaftliches Erlebnis' bezeichnet, oder guten Aussichtspunkten getroffen. Dafür nehmen sie auch mal Umwege in Kauf. Aber auch attraktive Radwege und der Abstand von viel befahrenen Straßen führen die interviewten Menschen in die, von ihnen so bezeich-

11 Der Ausdruck „Naturnähe" wird von Scholl (2014) nicht weiter definiert.

12 Laienhafte Bezeichnung der Umgebung des Außenbereichs durch die interviewten Personen.

nete, „freie Natur“ (Stolte 2023). Sie kann außerdem ein Ort zur Pause sein (Klein 2022).

Fahrradausflüge im bzw. in den Außenbereich bringen aber auch Herausforderungen mit sich, mit denen die Radfahrenden umgehen müssen und welche in der Stadt eher nicht auftreten. Radwege außerhalb von Städten treten häufig als straßenbegleitende Radwege entlang von Landstraßen oder als Wirtschafts- und Waldwege auf. Gerade bei den Wirtschafts- und Waldwegen können Herausforderungen durch verdreckte Oberflächen, unzureichender Pflege sowie bei Nässe oder der gemeinsamen Nutzung mit landwirtschaftlichen Fahrzeugen entstehen. Auch Klein (2022) sieht asphaltierte Wege nicht als zwingend notwendig an. Sie können jedoch die Akzeptanz bei den Radfahrenden erhöhen und sich gleichzeitig „positiv auf die angestrebte Alltagsnutzung durch die lokale Bevölkerung auswirken“ (Klein 2022). Wenn Freizeitrouten unbefestigte Wege enthalten, sollten diese „dennoch ein zügiges und einfaches Vorankommen ermöglichen“ (Klein 2022). Dabei sollten Unebenheiten wie Schlaglöcher sowie sandige oder schlammige Stellen beseitigt werden.

Die Qualität von Radfernwegen[13] ab 100 km Länge kann vom Allgemeinen Deutschen Fahrrad Club (ADFC) anhand von zehn Qualitätskriterien bewertet und zertifiziert werden. Eine positive Bewertung kann die Bekanntheit des Radfernwegs steigern und die Zahl der Nutzenden erhöhen (Klein 2022). Zu den Bewertungskriterien gehören: Qualitätsmanagement, ein eindeutiger Name, die touristische Bedeutung, Verkehrsbelastung, Breite, Oberfläche, Wegweisung, Routenführung, touristische Infrastruktur, Anbindung an öffentliche Verkehrsmittel und Marketing (ADFC).

Das Land Hessen sieht drei Ausbaustufen für den Radverkehr vor. Dabei stehen an erster Stelle die Radschnellverbindungen, an zweiter Stelle die Raddirektverbindungen und zuletzt die Radverbindungen, welche auch die Hessischen Radfernwege enthalten. Für die Radverbindungen und Radfernwege werden in erster Linie die Empfehlungen für Radverkehrsanlagen (ERA) herangezogen. In seinen eigens entwickelten Qualitätsstandards und Musterlösungen hat das Land Hessen außerdem noch konkretere Vorgaben für die jeweiligen Ausbaustufen entwickelt (Hessisches Ministerium für Wirtschaft, Energie, Verkehr und Wohnen 2020).

Bei der im Verbundforschungsprojekt NaTourHuKi geplanten Kinzigroute[14] handelt es sich zwar nicht um eine überregionale Route, dennoch sollten auch regionale Routen gewisse Bedürfnisse erfüllen. Sie können beispielsweise die regionstypischen Spezialitäten und Sehenswürdigkeiten aufgreifen. Auch der Anschluss an öffentliche Verkehrsmittel oder an weitere Routen ist wichtig, da es sich bei der Kinzigroute um eine Streckenroute handelt. Mit Blick auf die Siedlungsdichte und den teilweise ge-

13 Radfernwege sind keine Radwege im Sinne der Straßenverkehrsordnung. Sie sind ausgeschilderte Routen, die über verschiedene Wegekategorien (z. B. Feldwege, Waldwege, Radwege), aber auch über Straßen führen können. Ein Beispiel ist der hessische Radfernweg R3, welcher durch das NaTourHuKi-Untersuchungsgebiet führt.

14 Regionalparkrouten, wie die Kinzigroute, sind ebenfalls keine Radwege im Sinne der Straßenverkehrsordnung. Die Routen können vom Fuß- und Radverkehr gleichberechtigt genutzt werden.

ringen Abstand zwischen den Kommunen im Main-Kinzig-Kreis, empfiehlt es sich, den Alltagsradverkehr bei der Planung mitzudenken. Dabei ist darauf zu achten, dass dieser Radverkehr andere Bedürfnisse und Ziele besitzt als der Freizeit- und Ausflugsradverkehr. Die direktere Führung auf asphaltierten Wegen ist beim Alltagsradverkehr deutlich wichtiger als eine attraktive Umgebung. Dies kann durch Alternativrouten und einer entsprechenden Wegweisung gelöst werden (Klein 2022). Ein solches Konzept ist ebenfalls für die Kinzigroute geplant.

Eine Bewertung des R 3 anhand der ADFC Qualitätskriterien wurde bisher nicht durchgeführt. Im Rahmen von NaTourHuKi wurde aber die Qualität des Abschnittes zwischen Hanau und Steinau an der Straße analysiert. Die Ergebnisse sollten in die Planung der Kinzigroute einfließen. Verbesserungsbedarf wurde hier z. B. bei folgenden Punkten festgestellt:

- Ausschilderung öffentlicher Toiletten und Gastronomie
- Informationstafeln zum Radverkehr im Kinzigtal
- Qualität und Lage von Sitz- und Rastmöglichkeiten
- Aussichtsmöglichkeiten auf die Kinzig(auen)
- Wegeführung (Einsehbarkeit, Oberfläche)

Die Nähe zum Fluss Kinzig kann ein Vorteil für die geplante Kinzigroute sein. Studien, wie die Radreiseanalyse, zeigen immer wieder, dass Flussradwege beim Ausflugsradverkehr und Radtourismus sehr beliebt sind (ADFC 2023). Ihre Vorteile, wenig Steigungen und eine eindeutige Routenführung, haben dazu geführt, dass sie „in der ersten Phase der fahrradtouristischen Entwicklung in Wert gesetzt worden sind" (Kagermeier 2011). Ein Flussname kann außerdem gut für Marketingzwecke genutzt werden (Kagermeier 2011). Auch die Anbindung an Regionalbahnen ist im Kinzig-Auental ein Vorteil, der es ermöglicht, mit dem eigenen Fahrrad in der Bahn anzureisen. Ausleihmöglichkeiten für Fahrräder sind allerdings bisher begrenzt.

7 Fazit mit Ausblick

Zusammenfassend lässt sich sagen, dass aufgrund der Definitions- und Datenlücken im Bereich des Freizeit- und Ausflugsradverkehr die Bedeutung von ‚Natur' und ‚Landschaft' als grünes Setting im Außenbereich nicht abschließend beschrieben werden kann. Dazu fehlen zum einen eindeutige und einheitliche Definitionen der Radfahrtypen und ihrer Bedürfnisse, zum anderen ist die Datenlage im Bereich des Radverkehrs, insbesondere im Freizeit- und Ausflugsradverkehr, immer noch zu gering. ‚Natur' und ‚Landschaft' werden in der verwendeten Literatur zwar genannt, fungieren jedoch eher als undifferenzierte Synonyme für den grünen Außenbereich (z. B. land- und forstwirtschaftliche Flächen). Dazu wie ‚Natur' und ‚Landschaft' von den verschiedenen Radfahrtypen wahrgenommen werden, fehlen bisher empirisch erhobene Daten. Darüber hinaus ist das Thema, welches in diesem Beitrag als Ausflugsradverkehr bezeichnet wird, noch wenig erforscht. Im Gegensatz zu dem meist als Oberbegriff verwendeten Freizeitradverkehr, liegt bei diesem der Fokus ausschließlich auf den Radfahrende, die in ihrer Freizeit des Fahrradfahrens wegen Radfahren und dabei maximal einen Tag (ohne Übernachtung) unterwegs sind.

Um die Bedürfnisse der Radfahrenden an die Umgebung und Qualität der Strecken darzustellen, wurden für diesen Beitrag verschiedene, bisher existierende Radfahrtypologien analysiert und mittels eigener Interviews mit Radfahrenden weitere Daten gesammelt. Typologien werden im Radverkehr oft angewendet, um die Gesamtheit der Radfahrenden in Gruppen zu unterteilen und ihre Bedürfnisse darzustellen. Anhand dessen können exemplarische Maßnahmen zur Förderung des Radverkehrs entwickelt werden. So lassen sich auch an die Umgebung des Außenbereichs aus den bisherigen Erkenntnissen einige Bedürfnisse feststellen. Besonders für die Gruppen Genussradfahrer:innen, Regio-Radler:innen und Radausflügler:innen nehmen ‚Natur' und ‚Landschaft' eine wichtige Rolle ein. Nach derzeitigem Stand bevorzugen sie eine ansprechende Umgebung des Außenbereichs und haben ein Interesse an Kultur. Für die Gruppe der Familien (mit Kindern) spielt die Kinderfreundlichkeit der Strecke eine größere Rolle. Für die Radfahrenden, die sportlich unterwegs sind mit dem Mountainbike oder Rennrad ist die Topographie der Landschaft und weitere Gegebenheiten wie der Untergrund ein wichtiges Kriterium.

Insgesamt lässt sich anhand der bisherigen Erkenntnisse feststellen, dass Radfahrende im Freizeit- und Ausflugsradverkehr in erster Linie aus sportlichen und gesundheitlichen Gründen unterwegs sind. Die grüne Umgebung des Außenbereichs fungiert für sie als Ort, an dem sie vom Alltag entspannen, neues entdecken und zudem erleben, was alltagssprachlich als ‚Natur' bezeichnet wird (u. a. auch land- und forstwirtschaftliche Flächen). Im Gegensatz zum Alltagsradverkehr sind sie eher bereit Umwege für eine bevorzugte Umgebung in Kauf zu nehmen. Die Beschaffenheit der Wege ist dennoch wichtig.

Um die Bedürfnisse der Radfahrenden bereits bei der Planung zu berücksichtigen, ist es hilfreich, die Qualitätskriterien des ADFC heranzuziehen. Je nach Zielstellung kann es jedoch förderlich sein, zielgruppenspezifische Informationen in die Planung einfließen zu lassen. Für diese zielgruppenspezifische Planung ist es jedoch notwendig, weitere Daten und Informationen auf wissenschaftliche Weise über die Radfahrenden im Freizeit- und Ausflugsradverkehr zu erlangen. Damit könnten genauere Erkenntnisse, unter anderem in Bezug auf bevorzugte Umgebungen und damit Routenführung und Qualität, für die verschiedenen Radfahrtypologien im Freizeit- und Ausflugsradverkehr gewonnen werden.

Literaturverzeichnis

ADFC. Klassifizierung von ADFC-Qualitätsradrouten. https://www.adfc.de/fileadmin/user_upload/Kriterien_ADFC-Qualitaetsradrouten.pdf. Zugegriffen: 26. September 2023.

ADFC. (2023). *ADFC-Radreiseanalyse. für das Radreisejahr 2022*, Berlin. https://www.adfc.de/fileadmin/user_upload/Expertenbereich/Touristik_und_Hotellerie/Radreiseanalyse/Downloads/Handout_RRA_2023_final.pdf. Zugegriffen: 24. März 2023.

Bundesministerium für Digitales und Verkehr (Hrsg.). (2022). *Verkehr in Zahlen 2022/2023* (51. Jahrgang), Flensburg. https://bmdv.bund.de/SharedDocs/DE/Publikationen/G/verkehr-in-zahlen-2022-2023-pdf.pdf?__blob=publicationFile. Zugegriffen: 28. Januar 2024.

Damant-Sirois, G., Grimsrud, M. & El-Geneidy, A. M. (2014). What's your type: a multi-dimensional cyclist typology. *Transportation 41* (6), 1153–1169. https://link.springer.com/article/10.1007/s11116-014-9523-8.

Dill, J. (o. J.). Types of Cyclist. https://jenniferdill.net/types-of-cyclists/. Zugegriffen: 12. November 2021.

Dreyer, A., Mühlnickel, R. & Miglbauer, E. (Hrsg.). (2012). *Radtourismus. Entwicklungen, Potentiale, Perspektiven* (BWL Tourismus 8-2011). München: Oldenbourg Wissenschaftsverlag.

dwif-Consulting GmbH. (2005). *Tourismusbarometer Saarland. Jahresbericht 2005* (Sparkassenverband Saar & Ministerium für Wirtschaft und Arbeit des Saarlandes, Hrsg.). https://www.svsaar.de/fileadmin/IF6/dateien/engagement/tourismusbarometer/jahresbericht-2005.pdf. Zugegriffen: 3. Februar 2023.

Enke, M., Hantschel, S. & Gerike, R. (2020). *Radfahrende und zu Fuß Gehende auf gemeinsamen und getrennten selbstständigen Wegen. Leitfaden für Planer*innen* (LISt Gesellschaft für Verkehrswesen und ingenieurtechnische Dienstleistungen mbH Hainichen, Hrsg.), Dresden. https://rad.sh/wp-content/uploads/2020/05/NRVP-Radfahrende-und-zu-Fu%C3%9F-Gehende-auf-gemeinsamen-oder-getrennten-Wegen.pdf. Zugegriffen: 12. September 2023.

Epple, K., Wittmann, C., Conradi, Y. M. & Bolik, I. (2023). Tagestourismus und Naherholung im Kinzigtal – Potenziale einer Alltagslandschaft. In O. Kühne, T. Sedelmeier, C. Jenal & T. Freytag (Hrsg.), *Landschaft und Tourismus* (RaumFragen: Stadt – Region – Landschaft, S. 597–612). Wiesbaden: Springer Fachmedien Wiesbaden.

FGSV. (2010). ERA – Empfehlungen für Radverkehrsanlagen.

Francke, A., Anke, J. & Lißner, S. (2018). Sag mir, wie du radelst und ich sage dir, welche Infrastruktur du dir wünschst. Darstellung erster Ergebnisse einer Radfahrtypologie. In J. Schönberger & S. Nerlich (Hrsg.), *26. Verkehrswissenschaftliche Tage an der Technischen Universität Dresden. Tagungsband: 14 und 15. März 2018* (S. 139–152). Dresden: TU Dresden Fakultät Verkehrswissenschaften „Friedrich List".

Gatersleben, B. & Haddad, H. (2010). Who is the typical bicyclist? *Transportation Research Part F: Traffic Psychology and Behaviour 13* (1), 41–48. https://doi.org/10.1016/j.trf.2009.10.003

Geller, R. (2006). Four Types of Cyclists. https://www.portlandoregon.gov/transportation/article/264746. Zugegriffen: 24. November 2021.

GIM – Gesellschaft für Innovative Marktforschung (2018, September). *I want to ride my bicycle. Eine quantitative Studie zu Motiven & Barrieren des Radfahrens in Deutschland.* Zugegriffen: 21. März 2023.

Graf, T. (2019). *Radverkehr von A bis Z. Universalwörterbuch mit allen wichtigen Begriffen der Radverkehrsförderung und -planung* (1. Aufl.). Röthenbach: Thiemo Graf Verlag.

Graf, T. (Hrsg.). (2020). *Handbuch: Radverkehr in der Kommune. Nutzertypen, Infrastruktur, Stadtplanung, Marketing: das Hygge-Modell, Ergänzungen zur ERA* (2. erweiterte Auflage). Röthenbach an der Pegnitz: Thiemo Graf Verlag Der Fahrradverlag.

Gwiasda, P. & Fromberg, A. (2023). Konzeptionen von Radverkehrsnetzen. In T. Becker, J. Deuster, A. Francke, F. Huber, O. Mietzsch, C. Nobis et al. (Hrsg.), *Handbuch der kommunalen Verkehrsplanung* (Handbuch der kommunalen Verkehrsplanung).

Hagen, T. & Reinfeld, N. (2021). Möglichkeiten und Grenzen der Analyse neuer Mobilitätsangebote mittels existierender Befragungen und neuartiger Erhebungsmethoden. *Journal für Mobilität und Verkehr* (10), 14–25. https://journals.qucosa.de/jmv/article/view/68/60. Zugegriffen: 30. November 2021.

Hallerbach, B. (2010). *Die regionalwirtschaftlichen Effekte des Fahrradtourismus am Beispiel von Rheinland-Pfalz.* https://nbn-resolving.org/urn:nbn:de:hbz:385-5564. Zugegriffen: 12. November 2021.

Hessisches Ministerium für Wirtschaft, Energie, Verkehr und Wohnen (Hrsg.). (2020). *Radnetz Hessen. Qualitätsstandards und Musterlösungen.* https://www.nahmobil-hessen.de/wp-content/uploads/2021/05/Qualitaetsstandards_und_Musterloesungen_2te_Auflage_inkl_Ergaenzungen_2021-05-05.pdf. Zugegriffen: 28. September 2023.

Hokema, D. (2013). *Landschaft im Wandel? Zeitgenössische Landschaftsbegriffe in Wissenschaft, Planung und Alltag.* Wiesbaden: Springer Fachmedien Wiesbaden.

Hürten, D. (2007). *„Sportscape" Mallorca. Eine geographische Untersuchung der ökonomischen Bedeutung und Raumwirksamkeit des mallorquinischen Radtourismus.* Dissertation, Universität zu Köln. Köln. https://kups.ub.uni-koeln.de/1932/1/DissertationHuerten.pdf. Zugegriffen: 12. November 2021.

Jain, A. (2006). *Nachhaltige Mobilitätskonzepte im Tourismus* (Blickwechsel. Schriftenreihe des Zentrum Technik und Gesellschaft der TU Berlin, Bd. 5). Stuttgart: Franz Steiner Verlag.

Jensen, M. (1999). Passion and heart in transport – a sociological analysis on transport behaviour. *Transport Policy 6* (1), 19–33. https://doi.org/10.1016/s0967-070x(98)00029-8

Jones, H. (2013). *Understanding walking and cycling using a life course perspective.*

Kagermeier, A. (2011). Implikationen der sich abzeichnenden Reifephase für die Angebotsgestaltung im Fahrradtourismus. In W. Gronau (Hrsg.), *Zukunftsfähiger Tourismus – Innovation und Kooperation* (Bd. 6). Verlag MetaGIS-Systems, Mannheim. https://www.kagermeier.de/mediapool/15/157354/data/Publikationen_ab_2006/Kagermeier_Fahrradtourismus_SFT_6_Stralsund_2011_Sonderdruck.pdf. Zugegriffen: 27. Januar 2024.

Klein, T. (2022). Fahrradtourismus als Wegbereiter für den Alltagsverkehr. Synergien erfolgreich nutzen. *Nationaler Radverkehrsplan – Fahrradportal Schwerpunktthemen.* Schwerpunktthema Internetportal zum Nationalen Radverkehrsplan – Fahrradportal. https://publish.fid-move.de/api/?tx_dpf%5Bqid%5D=qucosa%3A82103&tx_dpf%5Baction%5D=attachment&tx_dpf%5Battachment%5D=ATT-0. Zugegriffen: 26. September 2023.

Kroesen, M. & Handy, S. (2014). The relation between bicycle commuting and non-work cycling: results from a mobility panel. *Transportation 41* (3), 507–527. https://link.springer.com/article/10.1007/s11116-013-9491-4. Zugegriffen: 12. November 2021.

Kruger, M., Myburgh, E. & Saayman, M. (2016). A Motivation-Based Typology of Road Cyclists in the Cape Town Cycle Tour, South Africa. *Journal of Travel & Tourism Marketing 33* (3), 380–403. https://doi.org/10.1080/10548408.2015.1064057

Lißner, S. & Francke, A. (2017). *Big Data im Radverkehr. Ein anwendungsorietierter Leitfaden zur Nutzung von smartphone-generierten Radverkehrsdaten* (Technische Universität Dresden, Professur für Verkehrsökologie und Professur für Verkehrspsychologie, Hrsg.), Dresden. https://tud.qucosa.de/api/qucosa%3A29637/attachment/ATT-0/. Zugegriffen: 1. Dezember 2021.

Meyer, T. (2015). *Radroutennetz im Landkreis Marburg-Biedenkopf. Abstimmung und Bewertung eines alltags- und freizeitorientierten Radroutennetzes im Landkreis Marburg-Biedenkopf* (TOuR GmbH Marburg-Biedenkopf, Hrsg.). https://mein-marburg-biedenkopf.de/archiv/sites/default/files/downloads/radroutennetz_im_landkreis_marburg_entwurf_final_.pdf. Zugegriffen: 10. September 2023.

Mingus, C. D. (2015). *Bicyclist perceived level of traffic stress: a quality of service measure*, Georgia Institute of Technology.

Poliziani, C., Rupi, F., Mbuga, F., Schweizer, J. & Tortora, C. (2021). Categorizing three active cyclist typologies by exploring patterns on a multitude of GPS crowdsourced data attributes. *Research in Transportation Business & Management 40*, 100572. https://www.sciencedirect.com/science/article/abs/pii/S2210539520301103. Zugegriffen: 10. März 2023.

Quack, H.-D. & Hallerbach, B. (2007). *Regionalwirtschaftliche Effekte des Radtourismus in Rheinland-Pfalz. Endbericht* (Ministerium für Wirtschaft, Verkehr, Landwirtschaft und Weinbau Rheinland-Pfalz, Hrsg.).

Rosinak & Partner ZT GmbH & Estuar OG. (2022). *Freizeitradverkehr in Vorarlberg [abseits des Mountainbikens]* (Vorarlberg Tourismus GmbH & Amtes der Vorarlberger Landesregierung, Abteilung Straßenbau, Hrsg.), Dornbirn. https://vorarlberg.at/documents/302033/472213/Freizeitradverkehr+Vorarlberg_abseits+von+MTB.pdf/b2a10eaa-2bed-ba2b-18ef-218603e937fa?t=1665744710834. Zugegriffen: 12. September 2023.

Scholl, M. (2014, Mai). *Bedeutung des Radtourismus im Radwanderland Rheinland-Pfalz. Wertschöpfung durch Radtourismus.* Zugegriffen: 21. März 2023.

Sieber, S. (2021). *Auswirkungen neuer Wahrnehmungsmuster im Bereich der regenerativen Energiesysteme im Orts- und Landschaftsbild und ihre Bedeutung für die räumliche Planung: Alltags-, Sehnsuchts- und Energielandschaften im Fokus*, RWTH Aachen University.

SINUS Markt- und Sozialforschung GmbH. (2021). *Fahrrad-Monitor Deutschland Corona-Befragung 2020. Ergebnisse einer repräsentativen Online-Befragung*, Heidelberg. https://www.bmvi.de/SharedDocs/DE/Anlage/StV/fahrrad-monitor-deutschland-corona-befragung-2020.pdf?__blob=publicationFile. Zugegriffen: 30. November 2021.

SINUS Markt- und Sozialforschung GmbH. (2022). *Fahrrad-Monitor 2021 – Aufstockerbericht Hessen. Ergebnisse einer repräsentativen Online-Befragung* (Hessisches Ministerium für Wirtschaft, Energie, Verkehr und Wohnen, Hrsg.). https://www.nahmobil-hessen.de/wp-content/uploads/2022/03/220310_Fahrrad-Monitor-Deutschland-2021_BoostReport_Hessen.pdf. Zugegriffen: 29. März 2023.

SINUS Markt- und Sozialforschung GmbH. (2023). *Fahrrad-Monitor 2023. Ergebnisse einer repräsentativen Online-Befragung.* https://bmdv.bund.de/SharedDocs/DE/Anlage/StV/fahrrad-monitor-langfassung.pdf?__blob=publicationFile. Zugegriffen: 26. Januar 2024.

Stolte, D. (2023). *Interviews mit Ausflugsradfahrenden zu Verhalten und Bedürfnissen.* unveröffentlichte Studie.

Sunder, M., Hagen, T. & Lerch, E. (2021). *Mobilität während und nach der Corona-Krise. Erneute Analysen für Deutschland,* Frankfurt. https://www.bmvi.de/SharedDocs/DE/Anlage/StV/fahrrad-monitor-deutschland-corona-befragung-2020.pdf?__blob=publicationFile. Zugegriffen: 1. Dezember 2021.

United Nations. (2010). *International recommendations for tourism statistics 2008* (Studies in methods. Series M). New York: United Nations; World Tourism Organization. https://search.ebscohost.com/login.aspx?direct=true&scope=site&db=nlebk&db=nlabk&AN=434285. Zugegriffen: 26. Januar 2024.

verkehrplus GmbH Graz (Land Steiermark, Abteilung 16 Verkehr und Landeshochbau, Hrsg.). (2016). Radverkehrsstrategie Steiermark 2025. https://www.radmobil.steiermark.at/cms/dokumente/12726253/6edab5d5/Radverkehrsstrategie-2025.pdf.

Winters, M., Davidson, G., Kao, D. & Teschke, K. (2011). Motivators and deterrents of bicycling: comparing influences on decisions to ride. *Transportation 38* (1), 153–168. https://link.springer.com/content/pdf/10.1007/s11116-010-9284-y.pdf?pdf=button. Zugegriffen: 10. März 2023.

Zängler, T.W. (2011). Freizeitmobilität und Freizeitverkehr. In O. Schwedes (Hrsg.), *Verkehrspolitik. Eine interdisziplinäre Einführung* (Perspektiven der Gesellschaft, 1. Aufl., S. 297–316). Wiesbaden: VS Verlag für Sozialwissenschaften. https://link.springer.com/chapter/10.1007/978-3-531-92843-2_15. Zugegriffen: 28. Januar 2024.

Autorin

M.Eng. Dana Stolte arbeitet als wissenschaftliche Mitarbeiterin im Research Lab for Urban Transport (ReLUT) an der Frankfurt University of Applied Sciences und forscht dort vor allem in den Bereichen Rad- und Freizeitverkehr. Im Rahmen des Verbundforschungsprojekt NaTourHuKi beschäftigt sie sich mit einer nachhaltigeren Gestaltung von Verkehr, insbesondere dem Freizeitverkehr. Sie ist außerdem Doktorandin am Promotionszentrum Mobilität und Logistik und forscht im Rahmen ihrer Promotion zu den Radfahrenden im Ausflugsradverkehr.

Herausforderung Nachhaltiges Destinationsmanagement

Knut Scherhag

Abstract

Es wird die Problematik für eine nachhaltige Entwicklung von touristischen Destinationen skizziert und betont, dass eine Destinationsmanagementorganisation (DMO) keine Durchsetzungskompetenzen gegenüber den touristischen Produzenten und Stakeholder hat. Daher ist es einerseits notwendig, eine politisch verbindliche Vorgehensweise zu definieren, die dann von der DMO begleitet und moderiert werden kann. Das Bundesministerium für Wirtschaft und Klimaschutz (BMWK) hat eine Förderkulisse (LIFT Klima – Leistungssteigerung & Innovationsförderung im Tourismus) gestaltet, mit deren Unterstützung verschiedene Projekte zur touristischen Nachhaltigkeit beantragt, gefördert und umgesetzt werden können/konnten. Bei der Ausgestaltung eines nachhaltigen Destinationsmanagements ist die Zusammenarbeit aller Stakeholder notwendig, da letztendlich alle eine Dienstleistung für die Besucher erstellen und in der Gesamtsumme ein klimaneutrales Angebot bereitgestellt werden muss. Dieses spiegelt in der Regel die Kompetenz der Gesellschaft sowie die Ansprüche der Gäste wider. Eine DMO kann unterstützend moderieren, hat aber keine Durchsetzungskompetenz. Daneben sind sowohl die soziale als auch die wirtschaftliche Nachhaltigkeit zu betrachten, durch die touristischen Einnahmen kann eine große Zahl von Arbeitsplätzen bereitgestellt werden.

Keywords

Destination, Destinationsmanagement, Kooperation, Leistungsträger, LIFT, Nachhaltigkeitszertifikate, Nudging, Treibhausgase

S. Sieber et al. (Hrsg.), *Landschaft und Naherholung*, RaumFragen: Stadt – Region – Landschaft, https://doi.org/10.1007/978-3-658-45410-4_13

1 Einleitung

Touristische Destinationen werden häufig anhand geografischen Kriterien als Klimazonen, Landschaftsformen (Berge, Mittelgebirge, Flüsse/Seen, Inseln/Küsten) oder auch nach Besiedlungsstruktur (Land, Wüste/Wildnis, Stadt) betrachtet. Tourismus und Landschaft sind eng miteinander verbunden, so gilt Landschaft als eine wichtige Ressource im Tourismus, gleichzeitig prägt der Tourismus die landschaftlichen Idealvorstellungen der Individuen (Aschenbrand und Rein 2023, S. 175). Weiterhin erfolgt oftmals eine Abgrenzung aufgrund der Zuständigkeit der mit der touristischen Gestaltung befassten Organisationen, die von öffentlichen Ämtern, Gebietskörperschaften über Tourismusvereine, bis hin zu Tourismusgesellschaften mbH mit und ohne Beteiligung der öffentlichen Hand (in unterschiedlichem Umfang) (Freyer 2015, S. 333–335). Erst mit der Besiedelung/menschlichen Nutzung werden viele Räume touristisch interessant und können im Sinne des ursprünglichen Angebotes eines Reisezieles (z. B. Freyer 2015, S. 323) mit dem verbundenen sozio-kulturellen Angebot identifiziert werden. Dieser Aspekt wird unterstützt durch die Betrachtung einer Kulturlandschaft, die sich im Wesentlichen aus drei Grundkomponenten zusammensetzt (Peters 2012, S. 48): Dies sind zunächst die verschiedenen Bodenarten, das Relief der Landschaft und die natürlichen Gewässer sowie der Vegetation, die sich angepasst an die Boden- und Wasserverhältnisse entwickelt hat. Aus tourismusrelevanter Betrachtung treten aber insbesondere die anthropogenen Landschaftselemente in den Vordergrund, da diese durch die Besiedelung und Bewirtschaftung durch die Bewohner in die Landschaft eingebracht wurden und oftmals das Besondere des Reiseziels ausmachen, bspw. Siedlungen, Gebäudeensembles, Architektur, aber auch Flurformen, Wege oder Gehölze.

Neben der Wahrnehmung des Raumes, den eine Destination ausmacht, sind darüber hinaus die Organisation für das Management einer Destination sowie die damit verbundene Kommunikation der Leistungsfähigkeit der ansässigen Dienstleister von Relevanz. So sind touristische Destinationen vor allem auch Netzwerke, die auf die kooperative Zusammenarbeit der Leistungsersteller, aber auch auf das Mitwirken von Verwaltung, Politik sowie der Bewohner angewiesen sind. Ohne eine solche Zusammenarbeit ist Destinationsmanagement nicht möglich. Gleichzeitig unterliegen sie einer andauernden Dynamik von sich ständig verändernden gesellschaftlich/sozialen, wirtschaftlichen und politischen Einflussfaktoren.

Die Diskussion zu nachhaltigem und auch nachhaltigerem Reisen wird derzeit vielfältig geführt, dabei wird zwischen Tagesausflügen sowie Reisen mit Übernachtungen unterschieden. Gerade Ausflüge im Freizeitalltag sind in der Regel nur mit einer flexiblen Mobilität umsetzbar, während bei Reisen mit Übernachtung oft nur die Distanzüberbrückung vom Herkunfts- zum Zielort im Fokus steht (Flugreise). Insbesondere der Kreuzfahrttourismus hat sich im letzten Jahr sehr stark erholt, nachdem er durch Corona nahezu nicht mehr stattfand – teilweise besser als andere Reisebereiche, da auch die Zahl der Kunden gestiegen ist (Hildebrandt und Lübker 2023).

Einzelne Betriebe und Unternehmen können sich auf nachhaltige Angebote sowie die Betriebsausstattung ausrichten und so den Gästeerwartungen in diesem Segment entsprechen. Zwar ist die unternehmerische Seite in der Lage Nachhaltigkeit im eigenen Angebot immer weiter auszubauen, der überwiegende Teil der Kunden ist aber derzeit nicht bereit, dafür einen Aufpreis zu zahlen (Knosala 2023). Für Regionen erscheint dies deutlich schwieriger zu sein, da zumindest die Leuchtturmbetriebe oder der größere Teil der touristischen Betriebe entsprechend aufgestellt sein muss, um als nachhaltiges Reiseziel glaubhaft wahrgenommen zu werden. Einzelne Maßnahmen können hier unterstützend wirken. Bspw. Fähren mit emissionsfreiem Antrieb, oder – wie in Hamburg – ein Verbot von Verbrennungsmotoren in neu zuzulassenden Taxis ab 2025 (NDR 2023). Auch Zertifikate können helfen, den Reisenden eine Entscheidungshilfe an die Hand zu geben (Wöhler 2001, S. 43); allerdings sind diese für den Verbraucher nicht unbedingt eindeutig zuordenbar und oft ist nicht erkennbar, was genau untersucht wurde. So gibt es aktuell mehr als 200 Ökolabels weltweit, von denen nur ein geringer Teil als empfehlenswert eingestuft wurde. Auf der Webseite tourismus-labelguide.org[1] werden diese vorgestellt. Die Labels werden u. a. danach bewertet, ob und wie sehr diese ein breites Nachhaltigkeitsspektrum abdecken, unabhängig sind und international anerkannten Standards entsprechen. Die empfohlenen Labels zeichnen Urlaubsangebote aus, die Menschenrechte respektieren, natürliche Ressourcen und das Klima schonen sowie der Bevölkerung in den Destinationen einen Nutzen bringen (tourismus-labelguide 2023).

Oftmals wird nur auf die ökologische Nachhaltigkeit und Naturschutz geachtet, allerdings ist das Nebeneinander der drei Säulen der Nachhaltigkeit immer mit einem Kompromiss verbunden; dass Durchsetzen von Partikularinteressen führt in der Regel zu einer stärkeren Belastung der übrigen Stakeholder, beispielsweise kann die Vereinbarung von Klimaneutralität der Leistungsträger zu einem festen Termin, festgehalten in einem gemeinsamen Strategiepapier auf Destinationsebene, eine starke Belastung von Kleinstvermietern bedeuten, die die dazu notwendigen Investitionen nicht leisten können. Es wird deutlich, dass die Nachhaltigkeit im Tourismus nicht unabhängig vom technischen Fortschritt entwickelt werden kann und die Bereitschaft von Gesellschaft und Wirtschaft zur Unterstützung einer nachhaltigen Tourismusentwicklung notwendig ist (Wöhler 2001, S. 46). Dazu hat die UNWTO bereits 1999 einen globalen Ethikkodex für Tourismus verabschiedet (UNWTO, 2023), in dem u. a. die Teilhabe aller am Tourismus gefordert wird (Schuler 2017, S. 339). Das soziale Miteinander, also das Aufeinandertreffen verschiedener Stakeholder mit un-

1 Die Webseite tourismus-labelguide.org wird von folgenden Organisationen betreut: *fairunterwegs* mit Sitz in der Schweiz (www.fairunterwegs.org), Naturfreunde Internationale (NFI) mit Sitz in Österreich (www.tourismus.nf-int.org), Brot für die Welt/Tourism Watch (www.brot-fuer-die-welt.de und www.tourism-watch.de) und ECOTRANS/Tourism 2030 (www.tourism2030.eu und www.ecotrans.org) – beide mit Sitz in Deutschland.

terschiedlichen Interessen und die daraus resultierende Möglichkeit der Mitgestaltung aller Mitglieder einer Gesellschaft, wird als eine wichtige Komponente in der Nachhaltigkeitsdiskussion betrachtet (Beyer 2017, S. 208).

Die Vereinten Nationen haben einen Katalog für fairen und nachhaltigen Umgang mit Reisezielen entwickelt und 17 Ziele für eine nachhaltige Entwicklung der Welt vorgestellt (Sustainable Development Goals). Diese werden kontinuierlich mit Aktivitäten unterstützt (UN 2023). In der Nachhaltigkeitsstrategie hat die Bundesregierung in Deutschland vorgestellt, wie diese 17 Ziele umgesetzt werden sollen (Bundesregierung 2021, S. 131 ff.). Auch die Metropolregion Rhein-Neckar hat sich der Nachhaltigkeitsziele angenommen und die übergeordneten Ziele in Themen, die als wichtig erachtet werden, alle in der Region Rhein-Neckar betreffen und an denen gemeinsam gearbeitet werden soll ins Kurpfälzische übersetzt (Abb. 1), da Dialekt Nähe und Vertrautheit schafft (Metropolregion Rhein-Neckar 2024).

Der Klimawandel ist eine gesellschaftliche Herausforderung, die auch die Gestaltung touristischer Angebote sowie das Verhalten der Touristen betrifft. Rund 8 % der

Abbildung 1 Sustainable Development Goals auf Kurpfälzisch (Copyright: Metropolregion Rhein-Neckar, United Nations, SKEW)

Treibhausgase weltweit werden durch die Tourismusbranche emittiert (Balas et al. 2023, S. 5). In der Schweiz suchen Davos und Valposchiavo mit Unterstützung von myclimate und der Fachhochschule Graubünden modellhaft nach einem Weg, um umfassenden Klimaschutz im Tourismus umzusetzen (Baumgartner et al. 2023, S. 13–29). Politisch bildet dieses Projekt u. a. einen Beitrag zur Schweizerischen Tourismusstrategie (Schweizerischer Bundesrat 2021, S. 53), in der eine Beteiligung des Tourismus an Vermeidungsmaßnahmen sowie zum Erreichen der Klimaziele gefordert wird. Ausgangspunkt für die Ausarbeitung von Handlungsempfehlungen ist zunächst die Berechnung eines Klimafußabdruckes für Destinationen, was mit unterschiedlichen Herausforderungen verbunden ist; einerseits fließen eine Vielzahl unterschiedlicher Faktoren in die Berechnung ein (vor-/nachbereitende Aktivitäten zur Reise durch die Touristen, An-/Abreise, Aufenthalt – Gästemobilität, Aktivitäten, Beherbergung, Gastronomie, Events, Tourismusbüro, Aktivitäten), andererseits soll ein vertretbarer Aufwand für eine Umsetzung in den Destinationen ermöglicht werden (Baumgartner et al. 2023, S. 13–16). Balas et al. (2023, S. 11) haben zwei unterschiedliche Ansätze umrissen, mit deren Hilfe der Klimafußabdruck einer Tourismusdestination ermittelt werden kann, wobei beide Methoden erst in Kombination ein umfassendes Bild ergeben, gleichzeitig aber auch Grenzen haben. Die Bottom-up Methode nutzt Daten touristische Aktivitäten und verknüpft diese mit Emissionsfaktoren der jeweiligen touristischen Bereiche; d. h., es werden Daten des Besucherverhaltens mit durchschnittlichen Emissionen pro Aktivitätsart zusammengerechnet, was zu detaillierten Daten pro Bereich (z. B. 5-Sterne Hotel vs. Camping) oder Besuchergruppen (Übernachtungsgäste vs. Tagesgäste) führt. Bei der Top-down Methode werden Emissionen nach Wirtschaftsbereichen mithilfe der erweiterten umweltökonomischen Gesamtrechnungen erfasst, was zur Darstellung von Emissionsverflechtungen der Branche und aller Emissionsarten führt. Dadurch ist eine differenzierte Betrachtung der Emissionsquellen sowie die Identifizierung von emissionsintensiven oder -armen Teilsektoren möglich.

Ein oftmals vernachlässigter Punkt ist das Thema Lärm, welches ein fester Bestandteil im Rahmen einer sozialverträglichen, nachhaltigen touristischen Entwicklung sein sollte. Bspw. werden Lärmemissionen vom Umweltbundesamt in seinen Ausführungen zur Nachhaltigkeit explizit betrachtet und u. a. bei nachhaltigen Bauprojekten in der Planung berücksichtigt. In der Broschüre Umweltschutz im Alltag wird der Lärmschutz explizit genannt (UBA 2021). Gerade im Zusammenhang mit einer nachhaltigen Entwicklung von Destinationen sollte dieser Aspekt berücksichtigt werden, da er durch das erhöhte touristische und freizeitorientierte Verkehrsaufkommen einen Einfluss sowohl auf die Bewohner als auch auf die übrigen Touristen haben kann (Scherhag 2023, S. 84–86).

Nachfolgend sollen die Möglichkeiten einer Tourismusorganisation betrachtet werden, die für die für das Management einer Destination zuständig ist, nachhaltige Konzepte zu implementieren und so den Anforderungen an einen modernen Tourismus gerecht zu werden. Dabei ist eine Unterscheidung nach Tages- oder Übernachtungsreisen nicht notwendig, solange das Aktivitätsprofil der Gäste in der Destination zu betrachten ist.

2 Abgrenzung: Destination und Destinationsmanagement

In Destinationen ist eine Vielzahl von Akteuren im weiten Feld des Tourismus tätig, teils im Haupt-, teils im Nebenerwerb; sie stehen einerseits im Wettbewerb um den Gast (gleiches Branchensegment), andererseits bieten sie kombinierte Leistungen an, die der Gast im Verlauf seines Aufenthaltes in Anspruch nehmen kann. Diese zu einer gemeinsamen nachhaltigen Ausgestaltung des Angebotes zu gewinnen ist eine große Herausforderung, da sie – aufgrund ihrer unternehmerischen Eigenständigkeit – nicht verpflichtet sind, sondern überzeugt werden müssen, soll Nachhaltigkeit oder Klimaneutralität heute schon erreicht werden (und nicht erst 2045). Modelle aus der Spieltheorie (z. B. Gefangenendilemma) können verdeutlichen, wie das Verhalten einzelner das Ergebnis und die Wahrnehmung aller mitbeeinflussen kann. Mit der Übertragung des Gefangenendilemmas (z. B. Luce und Raiffa 1957, S. 95) auf wirtschaftliche Situationen kann in der Ausgangssituation verdeutlicht werden, dass die Spieler ein selbstoptimierendes Verhalten (Egoismus) an den Tag legen. Wenn sich beide Anbieter nicht-kooperativ zeigen, werden beide einen Gewinn von 1 realisieren, wenn sich ceteris paribus die Wettbewerbssituation nicht ändert. Arbeiten sie formal zusammen, bringen aber einen unterschiedlichen Einsatz ein, wird derjenige, der weniger einsetzt, den höheren Nutzen realisieren, denn er nutzt den anderen aus (antagonistische Kooperation); i. d. R. eher von kürzerer Erfolgsdauer. Erst wenn beide Zusammenarbeiten und sich gegenseitig ergänzen, was entweder Vertrauen oder eine übergeordnete Kontrollinstanz erfordert, können beide einen höheren Nutzen realisieren. Die jeweilige Nutzenrealisierung ist im Modell bei beiden Partnern gleichverteilt (Holler und Illing 2005). Betrachtet man in diesem Zusammenhang mögliche Umweltschutzaktivitäten für touristische Dienstleistungen, wird deutlich, dass ein Mitschwimmen innerhalb einer Destination, die sich um eine nachhaltige Positionierung bemüht, bei Leistungsträgern, die nicht investieren, zumindest kurzfristig von den gemeinschaftlichen Maßnahmen profitieren können, allerdings auch dafür sorgen, dass die Destinationsbemühungen in Misskredit geraten, sofern die „Word of Mouth"-Bekenntnisse einzelner Leistungsträger aufgedeckt werden können.

Eine starke Destinationsmanagementorganisation (DMO) mit Rückendeckung aus Politik und Verwaltung kann in der Lage sein, steuernd auf die Leistungsträger einzuwirken. Dies mag noch funktionieren, solange von gemeinschaftlichen Destinationen (community based) gesprochen wird, da hier die „klassischen Aufgaben" einer DMO noch im Vordergrund der Tätigkeit stehen (Beritell und Bieger 2023, S. 499). Demnach wäre eine DMO damit betraut, die Zusammenarbeit der Leistungsträger (z. B. Beherbergungsbetriebe, Anbieter von Freizeitdienstleistungen; aber auch mehrere Orte in einer Region) zu unterstützen und zu fördern und basierend auf ausgearbeiteten Kooperationen zwischen den Leistungsträgern durchgehende Dienstleistungsketten in der Destination zu gestalten und den Gästen zu kommunizieren. In der Realität findet sich dieser Zustand kaum, da einerseits der Einfluss der Politik auf die touristische Entwicklung, oft aufgrund finanzieller Abhängigkeiten der DMO, hoch ist, andererseits die einzelbetrieblichen Zielsetzungen über die Ausrichtung der Destination gestellt werden. Gerade im Zusammenhang mit Special Interest Angeboten wird dies immer deutlicher. Darüber hinaus soll Destinationsmanagement unter Beachtung des Dreiecks der Nachhaltigkeit erfolgen, d. h. es soll ein adäquates Verhältnis zwischen ökologischen, ökonomischen und sozialen Faktoren herrschen. Je nachdem, in welchem Kultur- und/oder Wirtschaftsraum (z. B. Entwicklungsland vs. Westeuropa) die Destination liegt, können sich hier allerdings große Unterschiede ergeben (Scherhag 2018). Die unterschiedlichen Rahmenbedingungen in den Märkten, aber auch in der Politik, gestalten das Tourismussystem in den Destinationen auf unterschiedliche Weise; so kann der Fokus auf einen individuellen wirtschaftlichen Erfolg der Leistungsträger, im Sinne der Gewinnmaximierung, ausgerichtet sein. Mit einer anderen Schwerpunktlegung kann der Erhalt der Natur bzw. des Ökosystems die touristischen Aktivitäten einschränken, bis hin zu einer regulierten Zugangskontrolle. Durch die Fokussierung auf eine ökologische Nachhaltigkeit können soziale und wirtschaftliche Aspekte vernachlässigt werden, was zu einer Wohlstands-/Einkommensgefährdung in stark vom Tourismus abhängigen Gebieten führen kann – was man bspw. durch die Reiseverbote/-einschränkung während der Corona Pandemie wahrnehmen konnte.

Im nächsten Schritt ist es notwendig, den Raum der Destination abzugrenzen. Diese Abgrenzung kann sinnvoll nur aus Sicht einer DMO erfolgen, indem diese ihren Zuständigkeitsbereich, also „ihre Destination" labelt. So kann das Tourismussystem *Destination* gestaltet und kommuniziert und die einzelne Stakeholder in diesen Prozess eingebunden werden. Der Gast wird sich meist nicht an dieser Abgrenzung durch die touristischen Organisationen, bzw. kommunale Zuständigkeiten durch lokale Tourismusorganisationen (Ämter) orientieren, da er sich an Attraktionen, Landschaftsbilder, kulturellen Besonderheiten u. ä. orientiert und seinen Bewegungsraum (Aktionsraum) während des Aufenthaltes als „seine" Destination abgrenzt (Beritelli und Bieger 2023, S. 503–505). Die Zusammensetzung des touristischen Stakeholdernetzwerkes sowie die raumspezifischen Besonderheiten beeinflussen die Realisierung eines nachhaltigen touristischen Angebotes, da in der Regel nur aktuelle Technologie genutzt werden kann (Wöhler 2001, S. 45).

Dem Landschaftsbild als soziales Konstrukt kommt aufgrund dessen Materialisierung im Zusammenhang mit der Reiseentscheidung eine besondere Rolle zu; es stehen die materielle Dimension der Landschaft in einem engen Zusammenhang mit der Vorstellung vom Raum und den dadurch möglichen Freizeit-/Urlaubsaktivitäten (Kühne 2023). Es wird ein Aktivitätsportfolio betrachtet, dass in der jeweiligen Destination als wesentliches Urlaubserlebnis wahrgenommen wird und so die Wahl der Destination unterstützt (bspw. Wintersporturlaub). Die Gäste bestimmen dabei in

Abbildung 2 Scheitern der Grenzen einer Destination (Scherhag und Gölz 2015)

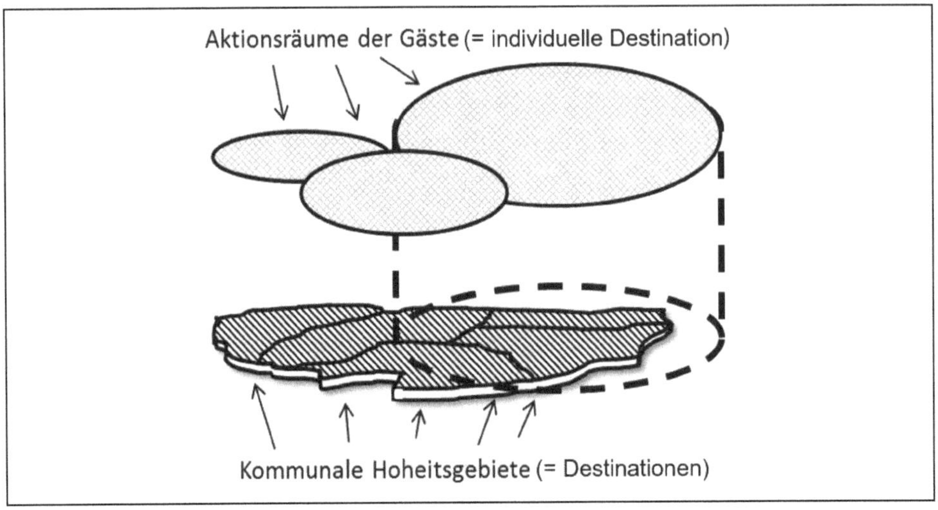

Abbildung 3 Destinationswahrnehmung durch Gäste auf einer touristischen Route (Scherhag und Gölz 2015)

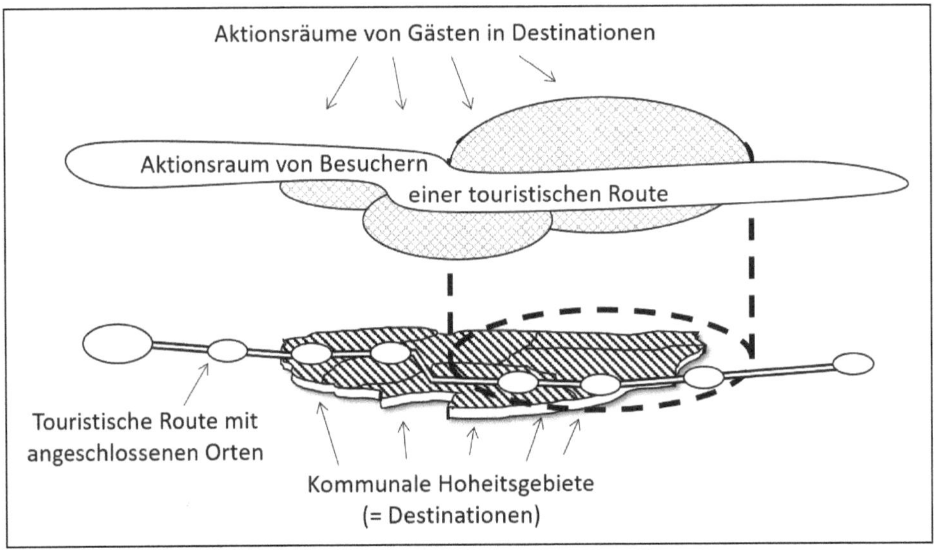

einem großen Umfang, welche Aktivitäten durchgeführt werden, wodurch dann wiederum ein Grad an Nachhaltigkeit – oft aus ökologischer Perspektive – erreicht werden kann; bspw. wird Heliskiing solange angeboten, wie eine Nachfrage besteht oder eine gesetzliche Regelung diese Aktivität unterbindet.

Aus Gästesicht spielt es in den meisten Fällen keine Rolle, ob formal mehrere kommunale Verwaltungsräume – die jeweils unabhängig „verwaltet" werden – besucht werden, solange ein durchgängiges Aufenthaltserlebnis ermöglicht wird. Um so deutlicher wird dieses Verhalten, wenn statt einer klassischen Destination eine touristische Route betrachtet wird (Abbildung 3), denn kaum eine touristische Route liegt komplett innerhalb einer Destination mit einer zuständigen DMO; eine Ausnahme ist die Deutsche Weinstraße, deren 84 km langer Verlauf komplett in der Pfalz liegt (Rheinland-Pfalz Tourismus GmbH 2023). Vielmehr ist eine touristische Route in der Regel einem spezifischen Thema gewidmet, dass die Gäste zu dem Besuch der Route motiviert (bspw. *Romantische Straße*). Freyer (2015, S. 339–340) unterscheidet touristische Routen nach drei Hauptkategorien: Landschaft (34 % – z. B. *Deutsche Alleenstraße, Deutsche Alpenstraße*), Kulturhistorik (46 % – z. B. *Bäderstraße, Burgenstraße*), Lukullik (17 % – z. B. *Deutsche Weinstraße*) sowie 3 % sonstige Themen). Zur Vermarktung ist dann oft eine Organisation gegründet worden, an der die einzelnen kommunalen und regionalen Tourismusorganisationen sowie Städte, die Bestandteil der Route sind, beteiligt sind (die *Romantische Straße* wird von der *Romantische Straße Touristik-Arbeitsgemeinschaft GbR* betreut).

Zunehmend wird Destinationsmanagement und -marketing mit einem neuen Verständnis betrachtet (z. B. Beritelli und Laesser 2019). Demnach geht es um die Gestaltung und Entwicklung von räumlichen Dienstleistungssystemen, aus denen die Gäste individuell Bestandteile „herausnehmen" und ihren Aufenthalt gestalten (Beritelli und Bieger 2023, S. 499). Gerade durch die schnellen Entwicklungen im Internet und vor allem der sozialen Medien, die von den Leistungserstellern zunehmend – teilweise bereits ausschließlich – genutzt werden, um ihre Special Interest Zielgruppe anzusprechen (Scherhag 2024, S. 102), wird die Gestaltung eines Aufenthaltes für die Gäste zunehmend vereinfacht. Allerdings wird die Mehrzahl der Gäste im eigenen Special Interest Segment nach Informationen und Erlebnissen suchen, weite Teile vom Angebot in der Destination werden dann nicht betrachtet.

3 Nachhaltige Entwicklung touristischer Destinationen

Das lokale Tourismusmanagement soll zunehmend weitere Aufgaben im Zusammenhang mit Lebensraumentwicklung (Scherhag 2024) und auch regionaler/lokaler Standortentwicklung übernehmen, bspw. soll die Destination als Plattform für den Austausch von Menschen mit unterschiedlichem Hintergrund angesehen werden (Bieger und Klumbies 2022, S. 56). Auch durch die Anforderungen einer Smart City oder Smart Destination Entwicklung werden weitere Aufgaben auf die Tourismusorganisation übertragen, auf die sie bisher nicht vorbereitet war und neue Herausforderungen für die Organisation bedeuten werden (Scherhag und Kurz 2023).

Ein regionales Tourismussystem mit seinen sozialen, ökonomischen und naturräumlichen/umweltbezogenen Ebenen kann nicht klassisch Prozessgesteuert werden, wie dies bspw. in der Produktion von Sachgütern möglich ist. Vielmehr ist eine Gestaltung als entwicklungsfähiges, soziales System notwendig; eine DMO bzw. deren Geschäftsführung, kann ein solches System allerdings nicht kontrollieren oder führen, da in der Regel entsprechende Weisungsbefugnisse fehlen; bestenfalls ist punktuelle Unterstützung bei einzelnen Projekten und Aufgaben möglich (Beritell und Bieger 2023, S. 508–509). Es können grundsätzlich Ziele und Indikatoren definiert werden, die einerseits für die teilnehmenden Betriebe individuell definiert werden müssten (außer es handelt sich um relative Leistungsindikatoren), andererseits ist ein Verständnis für eine gemeinsame Vorgehensweise notwendig. Zur Visualisierung der Zusammenhänge, aber auch zur Darstellung der Ziele, Strategien und Messgrößen, aus denen Maßnahmen abgeleitet werden können, kann eine entsprechend modellierte Balanced Score Card[2] hinzugezogen werden. Dadurch wäre es grundsätzlich möglich auch die Auswirkungen auf Finanzen und Prozesse in den Unternehmen, aber auch in der Destination als Ganzes, zu verdeutlichen.

In der Einleitung wurde bereits darauf verwiesen, dass es mittlerweile eine Reihe von Nachhaltigkeitszertifikaten bzw. -labels gibt, die von Unternehmen, Leistungsträgern und Destinationen genutzt werden können. Nicht alle dieser Labels sind für den Konsumenten transparent, d. h., es ist nicht klar erkennbar, was genau betrachtet und für die Auszeichnung genutzt wurde (tourismus-labelguide 2023). Allerdings sind laut Matthias Beyer[3] erst rund 7 000 Betriebe mit einem entsprechenden Zertifikat ausgezeichnet worden, was weltweit betrachtet im Promillebereich der touristischen Unternehmen liegt (Graue 2023). Zum Vergleich: in Deutschland gab es im Juni 2024 rund 44 000 geöffnete Beherbergungsbetriebe (Statistisches Bundesamt 2024); Freizeitdienstleister, Verkehrsbetriebe oder Gastronomiebetriebe sind dabei noch nicht berücksichtigt und würden die Zahl touristisch relevanter Betriebe deutlich erhöhen.

Einige Regionen sind bspw. von TourCert als nachhaltiges Reiseziel zertifiziert worden, bspw. die Deutsche Weinstraße (Kasten), ebenso wie die Stadt Regensburg, die sich als eine der ersten Städte in Bayern mit einer TourCert-Zertifizierung für einen nachhaltigen Tourismus qualifiziert hat. Im Verlauf des Prozesses sind verschiedene Betriebe (u. a. Hotels, Restaurants, Handwerksbetriebe, aber auch das Theater) auf ihre Nachhaltigkeit hin untersucht worden. Daher unterstützt die Regensburg Tourismus GmbH (RTG) Betriebe, wenn diese sich nachhaltig aufstellen möchten. Dazu sollen in den kommenden Jahren in regelmäßigen Abständen Work-

2 Zur Balanced Score Card generell siehe bspw. Jossé (2018), Kaplan und Norton (2018), Gutmann und Schneider (2014), S. 11–27.

3 Matthias Beyer ist Gründer und Geschäftsführer von mascontour, eines Beratungsnetzwerkes, u. a. für eine nachhaltige touristische Entwicklung (mascontour.info/de/).

shops zum Thema Nachhaltigkeit angeboten werden, vor allem um die nicht teilnehmenden Betriebe mit dem Ansatz vertraut zu machen und sie zur Mitwirkung zu gewinnen. Besonders ist, dass die Regensburger Betriebe derzeit kostenfrei bei TourCert teilnehmen können (o. V. 2023).

Die Deutsche Weinstraße macht sich auf den Weg

Wald, Wein und Reben – dieses einmalige Landschaftsbild prägt die Deutsche Weinstraße. Mediterranes Klima, regionaler Genuss, vielfältige Naturerlebnisse, Pfälzer Gastlichkeit, historische Bauten und Denkmäler, gelebte Festkultur – die Deutsche Weinstraße ist eine Region, in der es sich gut leben, arbeiten und erholen lässt.

Bei uns stehen der Mensch sowie der Schutz und die Pflege der intakten Natur- und Kulturlandschaft im Mittelpunkt der Überlegungen. Wir gehen mit den Jahreszeiten und fördern einen Tourismus im Einklang mit der Natur. Wirtschaftlicher Erfolg, ökologische Verträglichkeit und soziale Verantwortung gehen dabei Hand in Hand. Ein verantwortungsvoller Umgang mit den natürlichen Ressourcen und dem Potenzial unserer Region ist uns dabei sehr wichtig. Wir pflegen unsere Pfälzer Festkultur und sind stolz auf unsere moderne Tradition.

Wir wollen uns als Urlaubsregion langfristig nachhaltig und unsere Produkte qualitativ hochwertig entwickeln. Dabei möchten wir möglichst viele Partner gewinnen, die uns auf diesem Weg begleiten. Denn Nachhaltigkeit im Tourismus muss vor allem durch die Tourismusorganisationen selbst wie auch durch die Leistungsträger gelebt werden.

Die Region Deutsche Weinstraße steht für aktiven Lebensgenuss in intakter Natur und gewachsener Kultur – dies weiter zu fördern und für nachfolgende Generationen zu erhalten verstehen wir als unsere Aufgabe.

Genau deshalb haben wir uns im Dezember 2020 als erste Region in Rheinland-Pfalz als „Nachhaltiges Reiseziel" zertifizieren lassen. Mit der Zertifizierung zum nachhaltigen Reiseziel bekennen wir uns zu unserer Verantwortung für einen nachhaltigen Tourismus und wollen uns gemeinsam mit den Betrieben vor Ort zukunftsfähig weiterentwickeln. Wir verstehen die Zertifizierung als einen Prozess, um unsere Nachhaltigkeitsaktivitäten und die unserer Partner langfristig zu verbessern.

Doch Nachhaltigkeit ist kein Zustand, den man erreicht und abhakt, sondern ein kontinuierlicher Prozess. Mit unserer Zertifizierung wollen wir den ersten Schritt in diese Richtung gehen. Mit dem Mut anzupacken und Verantwortung für unsere Region zu übernehmen machen wir uns gemeinsam auf den Weg um Großes zu bewirken.

Dies alles haben wir in einer gemeinsamen Vision für die gesamte Urlaubsregion Deutsche Weinstraße verankert. (Deutsche Weinstraße e. V. 2023)

TourCert hat auf seiner Webseite eine Vorgehensweise für DMO formuliert, wie eine Destination das Nachhaltigkeitszertifikat erlangen kann. Dabei wird folgender Zusammenhang hergestellt (TourCert 2023):

> „Als zentrale Anlaufstelle einer touristischen Destination (DMO) werben sie gegenüber ihren Gästen mit schönen Landschaften, intakter Natur, kulturellen Traditionen und lokalen Besonderheiten. Ihr Erfolg basiert daher auf dem Erhalt der kulturellen und natürlichen Schätze. Gleichzeitig müssen sie im Rahmen der Tourismusförderung die Interessen aller beteiligten Institutionen, Betriebe und Vertreter der öffentlichen Hand berücksichtigen."

Betrachtet man die neuen Herausforderungen, mit denen sich eine DMO zukünftig auseinandersetzen soll, ist zwar ihre Rolle als Koordinator einer als nachhaltiges Reiseziel beschrieben Destination sicherlich machbar, allerdings wird es zunehmend komplexer, da die Leistungsträger nicht weisungsgebunden sind und daher die Zusammenarbeit in einer kooperativ ausgerichteten Netzwerkstruktur erfolgen muss. Mit Fokussierung auf Special Interest Angebote, die durch die Social Media Kanäle der Leistungsträger kommuniziert werden, wird die Leistungsfähigkeit des kooperativen Netzwerkes aber zunehmend in Frage gestellt, zumindest aber begrenzt. Andererseits können nachhaltig zertifizierte Betriebe das Thema Nachhaltigkeit in den Vordergrund ihrer Kommunikation stellen und so die an nachhaltigem Reisen interessierten Nachfrager unmittelbar ansprechen. Auch können sich einzelne Betriebe nachhaltig ausrichten ohne den Gästen eine Wahloption in Bezug auf die CO_2-Kompensation zu geben; bspw. kompensiert das Hotel Ritter von Böhl in Deidesheim (Pfalz) seine CO_2-Emissionen komplett und wird als klimaneutral zertifiziert (Hotel Ritter von Böhl 2023), für die Gäste besteht keine Wahloption, da die Kompensationsleistungen für einen Aufenthalt in den Zimmerpreis integriert sind.

Betrachtet man die aktuelle Diskussion um die Reduktion von Treibhausgasen, muss man feststellen, dass eine DMO nur einen begrenzten Einfluss auf die Reduktion der verschiedenen Emissionsquellen hat, da es sich bei den Emittenten um Unternehmen handelt, auf die kein unmittelbarer Einfluss ausgeübt werden kann. Allerdings ist eine DMO in der Lage die verschiedenen Stakeholder im Sinne einer nachhaltigen Entwicklung zu motivieren und zu sensibilisieren, damit diese auf der jeweiligen betrieblichen Ebene die notwendigen Maßnahmen umsetzen. Auch wenn nicht alle Akteure erreicht und überzeugt werden können, wird die DMO heute im Zusammenhang mit neuen und erweiterten Aufgaben in der Verantwortung gesehen, über Wege zur nachhaltigen Entwicklung des Tourismus aufzuklären. Je mehr Unternehmen in der Destination ihre Treibhausgasemissionen messen und erreichbare Grenzwerte festlegen, desto einfacher sollte eine Bilanzierung von Klimazielen auf Destinationsebene erfolgen (Röther und Mayer 2023).

Zur Unterstützung dieser Bemühungen hat sich die Exzellenzinitiative Nachhaltige Reiseziele weiterentwickelt und unterstützt Destinationen dabei, Nachhaltigkeitskriterien umzusetzen. Bei der Exzellenzinitiative Nachhaltige Reiseziele handelt es sich um eine Partnerschaftsplattform von Destinationen im Deutschlandtourismus; derzeit sind dort 21 Kooperationspartner aufgelistet (Wissensportal nachhaltige Reiseziele 2023), die sich für die Umsetzung von Nachhaltigkeitszielen engagieren. Die Netzwerkarbeit wird nach der LIFT-Förderphase[4] in eigener Regie fortgesetzt und steht seit 2022 unter der Überschrift „Tourismus im Klimawandel". Ziel der Initiative ist es, Kräfte und Ideen zu bündeln und sich auf Augenhöhe über Nachhaltigkeitsthemen auszutauschen, um gemeinsam auf einer Arbeitsebene umsetzbare Lösungen zu entwickeln. Die Partner der Exzellenzinitiative Nachhaltige Reiseziele vernetzen sich, um Herausforderungen gemeinsam zu meistern, Erfahrungen und Best Practices auszutauschen. Auch werden gemeinsame Projekte angestoßen, die eine Umsetzung von Nachhaltigkeit im Deutschlandtourismus forcieren und verbreiten sollen (Mayer 2023). Als Ziel wird von der Exzellenzinitiative Nachhaltige Reiseziele formuliert:

> „Wir wollen das Netzwerk der nachhaltigsten Tourismusdestinationen in Deutschland sein. Die Exzellenzinitiative Nachhaltige Reiseziele ermöglicht es Destinationen in Deutschland, sich zu vernetzen und auszutauschen, um Herausforderungen gemeinsam zu meistern, Best Practices und Lessons Learned auszutauschen, sowie gemeinsame Projekte voranzutreiben, die die Umsetzung von Nachhaltigkeit im Deutschlandtourismus forcieren und verbreiten sollen. Darüber hinaus soll das Netzwerk gezielt den Kompetenzaufbau der Partner unterstützen, indem ein Wissenspool etabliert und die kennzahlenbasierte Bewertung der eigenen Nachhaltigkeitsleistungen ermöglicht wird. Im Rahmen des Projektes werden mehrere Netzwerkveranstaltungen, die Etablierung von Arbeitsgruppen und begleitende Online-Leistungen umgesetzt."

Trotz aller Initiativen und auch bundesweiter Förderung wird deutlich, dass es sich in der Regel um eine freiwillige Zusammenarbeit motivierter Stakeholdern in den Destinationen handelt. Die involvierten Akteure müssen sich einerseits für einen gemeinsamen Auftritt der Destination engagieren, andererseits müssen die Möglichkeiten und Herausforderungen auf der jeweiligen betrieblichen Ebene umgesetzt werden. Zu berücksichtigen ist hierbei, dass keine Weisungsbefugnisse von einer DMO gegenüber den Stakeholdern in der jeweiligen Destination besteht, wodurch eine nachhaltige Ausrichtung der Destinationen und ihrer Leistungsträger erschwert wird. Allerdings kann eine DMO als Inkubator oder auch Sparringspartner bei der Diskussion um gemeinsame Projekte fungieren und den Leistungsträgern vor Ort mitteilen, was im relevanten Markt nachgefragt wird (Rüdiger 2023, S. 51). Weiterhin ist ein wichtiger Aspekt das Verhalten der Bewohner, die sich ebenfalls an den

---

4 LIFT Klima – Leistungssteigerung & Innovationsförderung im Tourismus, gefördert durch das Bundesministerium für Wirtschaft und Energie (BMWi), danach Bundesministerium für Wirtschaft und Klimaschutz (BMWK). Ziel: Klimaschutz im Tourismus soll in Angebot und Nachfrage gestärkt werden, gleichzeitig soll die mittel- und langfristige Wettbewerbsfähigkeit der mittelständischen deutschen Tourismuswirtschaft gesichert werden (Kompetenzzentrum Tourismus des Bundes 2023).

vorgegebenen Nachhaltigkeitskriterien orientieren müssen, damit sie die nachhaltige Zielsetzung der Destination unterstützen. Denn es sind in den Regionen nicht nur Touristen, sondern auch die Bewohner aktiv; vor allem ihr Wohn- und Freizeitverhalten hat einen Einfluss auf die Schadstoffbelastung, ebenso wie die Mobilität vor Ort. Daher ist eine Zusammenarbeit zur Umsetzung einer nachhaltigen Entwicklung unerlässlich. Die DMO wird dabei allerdings vor eine Aufgabe gestellt, die sich nicht ohne Weiteres erfüllen kann, solange keine gesetzliche Unterstützung gegeben ist.

In Deutschland betrug der Anteil des Pkw an der touristischen Mobilität für Urlaubsreisen ab 5 Tagen Dauer 2016 rund 76 %, was auch zu einer hohen Verkehrsbelastung innerhalb der Destinationen beiträgt, denn die Wahl des Verkehrsmittels vor Ort hängt wesentlich mit der Verkehrsmittelwahl für die Anreise zusammen (Kersten und Pinnow 2020, S. 22). In den Folgejahren hat sich der Wert etwas reduziert, liegt aber für das Reisejahr 2022 noch bei rund 72 % (Yarar et al. 2023, S. 63) Im Bereich der Mobilität ist – ab einer gewissen Größe der Destination – der Einsatz von nachhaltigen Fahrzeugen im öffentlichen Personennahverkehr (ÖPNV) wirtschaftlich sinnvoll möglich. In Städten mit einem umfassenden schienengebundenen ÖPNV ist zumindest eine CO_2-neutrale Mobilität möglich, sofern erneuerbare Energien für die Energieversorgung genutzt wird. Dazu gibt es bereits einige Ansätze, die eine Verbindung von ÖPNV-Nutzung der Bewohner und auch der Touristen vor Ort ermöglichen. Als schwieriger Punkt stellt sich aber einerseits die Fahrplangestaltung im ländlichen Raum in Verbindung mit Ballungszentren heraus, ebenso wie die Einbindung mehrere Verkehrsverbünde. Der Einsatz des Deutschlandtickets hat zumindest dafür gesorgt, dass die Nutzer keine Verständnisprobleme hinsichtlich der vielfältigen Tarifstrukturen haben und auch nicht an die Grenzen von Verkehrsverbünden stoßen.

Als Best Practice können genannt werden:

- In verschiedenen Destinationen gibt es für Übernachtungsgäste eine Mobilitätskarte, die die kostenfreie Nutzung des ÖPNV ermöglichen:
  - Die *Konus-Gästekarte* im *Schwarzwald,* gilt während des Aufenthaltes von Übernachtungsästen in der Ferienregion Schwarzwald im Nahverkehr in allen Bussen und Bahnen der teilnehmenden, derzeit neun Verkehrsverbünde als Fahrausweis in der 2. Klasse sowie in den Straßenbahnen und Bussen der Städte Freiburg und Karlsruhe (Schwarzwald Tourismus GmbH 2023).
  - Die *GästeCard* in der *Erlebnisregion Nationalpark Eifel,* mit der im gesamten Gebiet des Verkehrsverbundes Rhein-Sieg (VRS) und des Aachener Verkehrsverbundes (AVV) Busse & Bahnen kostenlos genutzt werden können. Bei rechtzeitiger Buchung wird die GästeCard schon vor dem Aufenthalt ausgegeben, wodurch die Karte bereits für die Anreise im VRS- und AVV-Gebiet genutzt werden kann (Nordeifel Tourismus GmbH 2023).
  - Die *Pfalzcard* ermöglicht die kostenfreie Nutzung aller Busse, Straßenbahnen und freigegebener Züge (S-Bahn, RB und RE, 2. Klasse) im Verkehrsverbund

Rhein-Neckar (VRN) und kann auch bereits vor der Anreise vom Hotel zugestellt werden, wodurch eine Nutzung für die Anreise möglich ist (Pfalzcard GmbH 2023).

- *Lippemobil:* Auf der TouristikLinie 792 verbindet der Naturparkbus von Detmold über Horn-Bad Meinberg, Schieder, Lügde bis nach Bad Pyrmont 14 Ausflugsziele inmitten des Naturparks Teutoburger Wald von Ostern bis zum 1. November des Jahres, jeweils an Samstagen, Sonntagen sowie an Feiertagen. Der Bus ist mit einem Fahrradanhänger ausgestattet, somit können auch Radtouristen das Angebot nutzen (Kommunale Verkehrsgesellschaft Lippe mbH 2023).

Eine Voraussetzung für nachhaltigere Mobilität in Destinationen ist die Lenkung der Besucher, so dass im Idealfall keine Überlastung der Natur erfolgt. Dieser Aspekt wurde auch in einer Untersuchung des Kompetenzzentrum Tourismus des Bundes (2020, S. 3) als wichtigster Punkt herausgestellt. Die wichtigsten Gründe für die Lenkung von Besucherströmen sind nach Angabe der Befragten Schutz der Natur (50 %), Kundenzufriedenheit (46 %), Auslastungsverteilung (43 %), Schutz der einheimischen Bevölkerung bzw. Einwohnerzufriedenheit (41 %) und Gesundheitsschutz (38 %). Die größten Herausforderungen werden von einer Mehrheit der Befragten (mehr als 90 %) in den folgenden Bereichen gesehen: Mobilitätsmanagement innerhalb des Zielgebietes/Erreichbarkeit der POI, Attraktivität des öffentlichen Verkehrs für Touristen, Berücksichtigung des Tourismus in der Verkehrsplanung, Berücksichtigung des Verkehrs in der Tourismusentwicklung und die sogenannte letzte Meile, d. h. die Erreichbarkeit der Unterkunft vom regionalen Bahnhof oder Flughafen (Kompetenzzentrum Tourismus des Bundes, 2020, S. 7). Gerade die Besucherlenkung im Zusammenhang mit den POI ist derzeit problematisch, da die Mehrzahl der Gäste diese Punkte auf jeden Fall besuchen möchte, was zwangsläufig zu einem hohen Besucheraufkommen beiträgt. Die Umleitung zu weniger ausgelasteten Punkten ist dabei nur für einen Teil der Besucher eine Lösung, vor allem, wenn es sich um POI handelt, die nicht zur Identifikation des Reisezieles beitragen.

4 Schlussbemerkung

Aktivitäten in Destinationen um mehr Nachhaltigkeit umzusetzen sind vielfältig, allerdings hängen sie in der Regel von den örtlichen, technologischen und wirtschaftlichen Rahmenbedingungen ab. So ergibt sich der *Status der Nachhaltigkeit in Destinationen* aus der Nachhaltigkeit der Gesellschaft und der Tourismuswirtschaft vor Ort. Auffällig ist dabei vor allem, dass die ökologischen Aspekte im Vordergrund der Betrachtung stehen. Beschäftigungs- und Einkommenseffekte für die Bewohner durch Tourismus werden oft stiefmütterlich behandelt. Allerdings sind in vielen Destinationen die tourismusbedingten Einnahmen eine wesentliche Voraussetzung dafür, dass dort Menschen leben können; auch trägt ein hohes Tourismusaufkommen dazu bei, dass die Versorgungslage, sowohl im Einzelhandel, der Gastronomie als auch in der medizinischen Versorgung deutlich besser ausgebaut ist, als ansonsten der Einwohnerstand es ermöglichen würde. Bspw. verfügt die Nordseeinsel Norderney bei rund 6 000 Einwohnern über ein eigenes Krankenhaus – was wohl auch mit den rund 3,4 Mio. Gästeübernachtungen (2022) zusammenhängt (Statista 2023).

Darüber hinaus gibt es eine Reihe von Projekten, mit deren Hilfe die nachhaltige Entwicklung von touristischen Destinationen vorangetrieben werden soll, meist handelt es sich um individuelle Lösungen die vom Engagement einzelner Akteure abhängen. Weiterhin werden unterschiedliche Projekte (derzeit 11 – Kompetenzzentrum für Tourismus des Bundes 2023) im Rahmen von LIFT gefördert, dabei werden Ansätze betrachtet, die eine nachhaltige(re) Entwicklung in Tourismusregionen und bei der Produktgestaltung ermöglichen können (siehe Beispiel *Juister Klima-Stups* im Kasten). Ebenso werden wissenschaftlich fundiert Ansätze zur Bewertung der Rahmenbedingungen und Ausgestaltung von Lösungsansätzen erarbeitet.

Juister Klima-Stups

Antragsteller: Inselgemeinde Juist, Projektpartner: **curiopia** – Das Ideenlabor im Tourismus

Der Juister Klimas-Stups bietet einen voll automatisierten digitalen Push-und-Pull-Service, der Reisende ab der Buchung mit personalisierten Tipps und Quizzes zum verantwortungsbewussten Handeln anregt.

Das Projekt verfolgt das *Ziel* die Gäste der Insel Juist für ein verantwortungsbewusstes Verhalten auf der Insel und einen ressourcenschonenden Urlaub zu sensibilisieren, um der Attitude-Behavior Gap entgegenzuwirken. Weitere Ziele des Projektes sind:

- die Aufklärung über das besondere Ökosystem der Insel Juist,
- die Steigerung der Wertschätzung für Fauna, Flora und Lebenswelt der Tiere und Einheimischen der Insel Juist,
- der Transfer der klimaschützenden Maßnahmen in die Privathaushalte, zur Etablierung von Nachhaltigkeits-Routinen im Alltag der Menschen,
- die Aktivierung der Reisenden zu Angeboten, Führungen und Orten zum „Erlebnis Nachhaltigkeit und Natur auf der Insel Juist".

Die *Methodik* des Juister-Klima Stups beruht auf dem Konzept des *Nudgings* nach Thaler und Sunstein (2008/2017). Hierbei wird die Entscheidungsarchitektur von Menschen so verändert, dass sich deren Verhalten ohne Verbote und Zwänge positiv im Sinne der Gesellschaft und Umwelt verändert ohne dass sie explizit darauf hingewiesen werden. (Kompetenzzentrum Tourismus des Bundes 2023b)

Der Ergebnisbericht kann auf der Webseite des Kompetenzzentrums Tourismus des Bundes (o. V. 2023b) heruntergeladen werden.

Eine aktuelle Umweltbedrohung wird allerdings nicht immer ernst genommen. Bspw. spricht Bayerns Wirtschaftsminister Aiwanger von einer Scheindebatte, wenn es um das Thema Kunstschnee in Wintersportregionen geht, da der Energieaufwand für Beschneiung in Skigebieten in keiner Relation zu anderen Urlaubs- und Freizeitaktivitäten stehe; „Es ist doch besser, wenn die Menschen aus der Stadt in die heimischen Berge kommen und hier Urlaub machen, als sich in ein Flugzeug zu setzen" (Bogner 2023). Nachvollziehbar wäre diese Diskussion, wenn mit der wirtschaftlichen und sozialen Bedeutung des Tourismus in den bereisten Gebieten gesprochen würde, da in den Wintersportregionen ein großer Teil der Umsätze in den Wintersportmonaten erfolgt.

Abschließend ist noch einmal festzuhalten, dass ein nachhaltiges Destinationsmanagement nur dann möglich ist, wenn sich die Stakeholder mit ihren individuellen Unternehmenszielen an ein abgestimmtes Konzept halten und so an einem gemeinsamen Ziel arbeiten, wobei die individuellen Unternehmensziele ggf. angepasst werden müssen. Eine besondere Herausforderung ist darin erkennbar, dass Destinationen so entwickelt werden sollten, dass ein Gleichgewichtszustand erreicht wird, um die positiven, meist wirtschaftlichen Effekte des Tourismus zu nutzen, ohne dass es zu größeren Beeinträchtigungen für Gäste, aber auch Bewohner kommt (Freytag 2023, S. 40). Hinzu kommt das Verhalten der Besucher im Zusammenhang mit ihrer Reise vor und nach dem Aufenthalt. Im Urlaub werden außergewöhnliche Ergebnisse gesucht, die nicht immer mit den Nachhaltigkeitskriterien konformgehen (z. B. Heliskiing, Fahren mit dem Bananenboot). Oder es werden gesperrte Räume aufgesucht, um für die sozialen Medien „besondere" Fotos posten zu können.

Dagegen ist die Gestaltung von nachhaltigen Destinationen bedingt möglich, da eine große Zahl von individuellen Stakeholdern am touristischen Produkt beteiligt ist, die in einem nachhaltigen Verhalten individuelle Vorteile sehen. Um sie zu realisieren ist die Zusammenarbeit der Akteure und Leistungsträger sowie der Einwohner notwendig. Für die zukünftige Umsetzung nachhaltiger Destinationen sind Aktivitäten in den Destinationen notwendig, die die Bedürfnisse der Bewohner, aber auch der touristischen Unternehmen in ein verträgliches Verhältnis setzt. Dies soll insbesondere in nicht massentouristisch genutzten Destinationen möglich sein, während aufgrund des Massentourismus die großen Leistungsträger gefordert sind (Wöhler 2011, S. 44). Es muss gemeinsam daran gearbeitet werden, einen nachhaltig ausgerichteten Lebensraum zu erreichen, in dem auch Gäste willkommen sind. Solange wirtschaftende Einheiten zusammenarbeiten müssen und gleichzeitig im Wettbewerb zueinander stehen – wie dies in touristischen Zielgebieten bei den ansässigen Leistungsträgern der Fall ist – werden immer wieder die gewinnoptimierenden Aspekte Einzelner im Vordergrund des Handels stehen. Ein Ansatz kann es in Zukunft sein, dass die touristische Entwicklung eines Raumes/einer Destination nur dann ermöglicht (von der Verwaltung „erlaubt") wird, wenn ein entsprechendes Tourismuskonzept mit einem mittelfristigen/langfristigen Maßnahmenplan gemeinsam erarbeitet wurde.

Reglementiert werden kann diese Sichtweise durch gesetzliche Rahmenbedingungen und politische Einflussnahme, so ist auf EU-Ebene ein Datum festgesetzt worden, ab dem alle Länder klimaneutral sein müssen – was nur durch ein entsprechendes Verhalten aller Individuen sowie die entsprechende (Re-)Strukturierung aller Unternehmen möglich sein wird. Soziale und wirtschaftliche Aspekte der Nachhaltigkeit werden dabei allerdings nicht berücksichtigt. Es müssen Anreize für eine nachhaltige Entwicklung von Lebensräumen entwickelt und auch umgesetzt werden. Diese Aufgabe kann aber nicht auf einer freiwilligen Initiative beruhen, sondern ist durch den Gesetzgeber vorzugeben.

Literaturverzeichnis

Aschenbrand, E. & Rein, H. (2023). Nachaltiger Tourismus und Landschaft. In Kühne, O.; Sedelmeier, T; Jenal, C. & Freytag, T. (Hrsg.), *Landschaft und Tourismus.* Wiesbaden: Springer, (173–192). https://doi.org/10.1007/978-3-658-39085-3_10

Balas, M., Mayer, M. & Kintscher, C. (2023). Auf dem Weg zur Klimaneutralität in Tourismusdestinationen. Leitfaden zu Klimabilanzierungen im Tourismus. Eberswald, München. https://kompetenzzentrum-tourismus.de/media/lift_klima_klimabilanzierungen_im_tourismus_leitfaden_final.pdf. Zugegriffen 10.11.2023

Baumgartner, C.; Rutishauser, C.; Kahlert, B. & Schenk, B. (2023). Ehrliche Klimaneutralität von Destinationen – Vom Fußabdrucks-Monitoring zu umfassenden Klimaschutzprojekten. Ein Werkstattbericht. In Bandi Tanner, M.; Wirth, S. und Roller, M. (Hrsg.), *Tourismus im Wandel – Klimaschutz und nachhaltige Entwicklung,* Berlin: Erich Schmidt Verlag, (13–29)

Beritelli, P. & Bieger, T. (2023). Wandel im Destinationsmarketing und -management – Ein Ausblick für Tourismusorganisationen. In Bruhn, M. & Hadwich, K. (Hrsg.), *Gestaltung des Wandels im Dienstleistungsmanagement.* Wiesbaden: Springer, (498–514). https://doi.org/10.1007/978-3-41815-1_19

Beyer, D. (2017): Soziale und kulturelle Herausforderungen im Tourismus. In Rein, H. & Strasdas, W. (Hrsg.), *Nachhaltiger Tourismus,* Konstanz/München: UVK, 2. Auflage, (205–239)

Bieger, T. & Klumbies, A. (2022). From Destination Management to Integrated Development of Places: Enabling Personal Networks Instead of Management and Control. In Pechlaner, H., Olbrich, N., Philipp, J. & Thees, H. (Hrsg.), *Location:City:Destination: Towards an Ecosystem of Hospitality.* Llanglennech: Graffeg, (50–59)

Bogner, F. (2023). Besuch am Brauneck: Hubert Aiwanger macht sich für bayerische Skigebiete stark. In: Merkur.de 16.02.2023. https://www.merkur.de/lokales/bad-toelz/bad-toelz-ort28297/besuch-am-brauneck-hubert-aiwanger-macht-sich-fuer-bayerische-skigebiete-stark-92092314.html. Zugegriffen 14.11.2023

Bundesregierung (2021; Hrsg.). *Deutsche Nachhaltigkeitsstrategie – Weiterentwicklung 2021.* Berlin

Deutsche Weinstraße e.V. (2023). Nachhaltiges Reiseziel. https://www.deutscheweinstrasse-pfalz.de/nachhaltigkeit/nachhaltiges-reiseziel-deutsche-weinstrasse. Zugegriffen 17.01.2024

Freyer, W. (2015). Tourismus. Berlin, München, Boston: de Gruyter, 11. Auflage

Freytag, T. (2023). Tourismus – eine Annäherung. In Kühne, O.; Sedelmeier, T.; Jenal, C. & Freytag, T. (Hrsg.), *Landschaft und Tourismus.* Wiesbaden: Springer, (35–45). https://doi.org/10.1007/978-3-658-39085-3_3

Graue, O. (2023). Forum anders reisen zieht Bilanz zum Jubiläum. FVW Travel Talk. https://www.fvw.de/touristik/veranstalter/grosse-feier-in-hamburg-mit-bildern-forum-anders-reisen-zieht-bilanz-zum-jubilaeum-238533?utm_source=%2Fmeta%2Fnewsletter%2Ffvwam-nachmittag&utm_medium=newsletter&utm_campaign=nl6891&utm_term=4bc7f17bb9044d21654fc8c5148544c4. Zugegriffen 11.10.2023

Gutmann, J. & Schneider, J. O. (2014). *Kennzahlen in der betrieblichen Praxis.* Freiburg, München: Haufe

Hildebrandt, K. & Lübker, L. M. (2023). Felix Eichhorn spricht über die Zukunft der Kreuzfahrt. In FVW Online 25. September 2023. https://www.fvw.de/touristik/kongress/interview-mit-video-felix-eichhorn-spricht-ueber-die-zukunft-der-kreuzfahrt-236542. Zugegriffen 11.10.2023

Holler, M. J. & Illing, G. (2005). *Einführung in die Spieltheorie,* Berlin u. a.: Springer

Hotel Ritter von Böhl (2023). Zertifizierte Nachhaltigkeit. https://www.ritter-von-boehl.de/zertifizierte-nachhaltigkeit.html. Zugegriffen 14.11.2023

Jossé, G. (2018). *Balanced Scorecard – Ziele und Strategien messbar umsetzen.* München: DTV, 2. Auflage

Kaplan, R. S. & Norton, D. P. (2018). *Balanced Scorecard.* Stuttgart: Schäffer-Poeschel

Kersten, I. & Pinnow, D. (2020). *Touristische Mobilität im ländlichen Raum.* Dessau-Roßlau: Umweltbundesamt (Texte 78/2020)

Knosala, N. (2023). Diese Tipps geben Experten Veranstalter-Start-ups. FVW Travel Talk. https://www.fvw.de/touristik/veranstalter/chancen-nischen-trends-diese-tipps-geben-experten-veranstalter-start-ups-238077?utm_source=%2Fmeta%2Fnewsletter%2Ffvwammorgen&utm_medium=newsletter&utm_campaign=nl6889&utm_term=4bc7f17bb9044d21654fc8c5148544c4. Zugegriffen 13.11.2023

Kommunale Verkehrsgesellschaft Lippe (KVG) mbH (2023). TouristikLinie 792 – Der Naturparkbus. https://www.lippemobil.de/de/infothek-service/touristiklinie-792/#anchor_f938f452_Accordion-Radfahren. Zugegriffen 14.11.2023

Kompetenzzentrum Tourismus des Bundes (2023a). LIFT Klima. https://kompetenzzentrum-tourismus.de/tourismusfoerderung/lift-klima/. Zugegriffen 15.11.2023

Kompetenzzentrum Tourismus des Bundes (2023b). Inselgemeinde Juist. https://kompetenzzentrum-tourismus.de/tourismusfoerderung/lift-klima/inselgemeinde-juist/. Zugegriffen 15.11.2023

Kompetenzzentrum Tourismus des Bundes (2020). Online-Panel 2/2020. https://kompetenzzentrum-tourismus.de/media/online-panel_kurzfassung_q2_2020_1.pdf. Zugegriffen 14.11.2023

Kühne, O. (2023). Landschaft – eine theoretische Einordnung. In Kühne, O.; Sedelmeier, T; Jenal, C. & Freytag, T. (Hrsg.), *Landschaft und Tourismus.* Wiesbaden: Springer, (19–34), https://doi.org/10.1007/978-3-658-39085-3_2

Luce, R. D. & Raiffa, H. (1957). *Games and decisions.* New York: Wiley

Mayer, C. (2023). Die Exzellenzinitiative Nachhaltige Reiseziele startet nach der LIFT-Förderphase auf eigenen Beinen durch. https://tourcert.org/exzellenzinitiative-startet-durch/. Zugegriffen 31. 10. 2023

Metropolregion Rhein-Neckar 2024 (2024). Die Agenda 2030 und die 17 Nachhaltigkeitsziele – auch auf Kurpfälzisch! https://www.m-r-n.com/kurpfalz-sdgs. Zugegriffen 15. 01. 2024

NDR (2023). Ab 2025: Aus für Taxis mit Verbrennermotor in Hamburg. Stand 27. 06. 2023 https://www.ndr.de/nachrichten/hamburg/Ab-2025-Aus-fuer-Taxis-mit-Verbrennermotor-in-Hamburg,etaxis106.html. Zugegriffen 11. 10. 2023

Nordeifel Tourismus GmbH (2023). GästeCard Erlebnisregion Nationalpark Eifel. https://eifel-gaestecard.de/. Zugegriffen 14. 11. 2023

o. V. (2023a). Regensburg erhält TourCert-Zertifikat als nachhaltiges Reiseziel. *TN-Deutschland-News* vom 21. 02. 2023

o. V. (2023b). Juister Klima-Stups – Ergebnisbericht. https://kompetenzzentrum-tourismus.de/media/lift_klima_juist-klimastups_ergebnisbericht_final.pdf. Zugegriffen 15. 11. 2023

Peters, J. (2012). Ortsbild und Landschaftsstruktur als Grundlage des ländlichen Tourismus. In Hartmut Rein, H. & Schuler, A. (Hrsg.), *Tourismus im ländlichen Raum,* Wiesbaden: Springer Gabler, (45–63), https://doi.org/10.1007/978-3-8349-3820-6_4

Pfalzcard GmbH (2023). Bus & Bahn. https://www.pfalzcard.de/de/bus-bahn. Zugegriffen 14. 11. 2023

Rheinland-Pfalz Tourismus GmbH (2023). Deutsche Weinstraße – Touristikroute. https://www.rlp-tourismus.com/de/tour/tour/deutsche-weinstrasse-touristikroute/tour.html. Zugegriffen 26. 10. 2023

Röther, B. & Mayer, C. (2023). Leitfaden zu Science Based Targets (SBTs) im Tourismus. Stuttgart, Eberswalde: TourCert, Exzellenzinitiative Nachhaltige Reiseziele, reCET

Rüdiger, J. (2023). *Kulinarischer Tourismus.* Tübingen: UVK

Scherhag, K. (2024). Paradigmenwechsel im Destinationsmanagement – Müssen sich Destinationsmanagementorganisationen neuen Aufgaben stellen? In Rockenbauch, R., Schröder, A. & Heuwinkel, K. (Hrsg), *Übergänge im Tourismus – analysieren und gestalten.* Tübingen: UVK (91–108)

Scherhag, K. (2023). Motorradlärm als Konfliktfeld im regionalen Tourismus – Zwischenbericht eines Forschungsprojektes zum Umgang mit Motorradlärm in touristischen Regionen. In Bandi Tanner, M.; Wirth, S. & Roller, M. (Hrsg.), *Tourismus im Wandel – Klimaschutz und nachhaltige Entwicklung,* Berlin: Erich Schmidt Verlag, (83–97)

Scherhag, K. (2018). Destinationsmanagement. In: Gabler Wirtschaftslexikon online. https://wirtschaftslexikon.gabler.de/definition/destinationsmanagement-52031/version-275180. Zugegriffen 1. 11. 2023

Scherhag, K. & Gölz, L. (2015). Destinationsabgrenzung und touristischer Aktivitätsraum. Hochschule Worms unveröffentlichte Projektskizze

Schuler, A. (2017). Institutionelle Nachhaltigkeit des Tourismus. In Rein, H. & Strasdas, W. (Hrsg.), *Nachhaltiger Tourismus,* Konstanz/München: UVK, 2. Auflage, (335–353)

Schwarzwald Tourismus GmbH (2023). Die KONUS-Gästekarte. https://www.schwarzwald-tourismus.info/planen-buchen/konus-gaestekarte. Zugegriffen 14.11.2023

Schweizerischer Bundesrat (2021). Tourismusstrategie des Bundes. Bern https://www.seco.admin.ch/dam/seco/de/dokumente/Standortfoerderung/Tourismus/Doks_neue_Internetseite/tourismusstrategie_des_bundes.pdf.download.pdf/Tourismußtrategie_des_Bundes.pdf. Zugegriffen 15.11.2023

Statista (2023). Anzahl der Übernachtungen auf den Ostfriesischen Inseln in den Jahren 2021 und 2022. https://de.statista.com/statistik/daten/studie/885970/umfrage/uebernachtungen-auf-den-ostfriesischen-inseln/. Zugegriffen 14.11.2023

Statistisches Bundesamt (2024). Anzahl der geöffneten Beherbergungsbetriebe in Deutschland von 2020 bis 2024 nach Betriebsart. in: Statista. Statista GmbH. https://de.statista.com/statistik/daten/studie/28608/umfrage/kapazitaeten-fuer-beherbergungen-in-deutschland/. Zugegriffen 15.12.2024.

Thaler, R. H. & Sunstein, C. R. (2008). *Nudge – Improving Decisions about health, wealth, and happiness.* Yale University Press.

Thaler, R. H. & Sunstein, C. R. (2017). *Nudge – wie man kluge Entscheidungen anstößt.* Berlin: Ullstein, 7. Auflage

TourCert (2023). Destinationen. https://tourcert.org/angebot/zertifizierung-destinationen/. Zugegriffen 26.10.2023

tourismus-labelguide (2023): Labelführer im Tourismus – Der Wegweiser durch die Labelwelt. https://tourismus-labelguide.org/. Zugegriffen 11.10.2023

United Nations – Department of Economic and Social Affairs (2023). The 17 Goals. https://sdgs.un.org/goals. Zugegriffen 11.10.2023

UNWTO (2023). Global Code of Ethics for Tourism. https://www.unwto.org/global-code-of-ethics-for-tourism. Zugegriffen 29.05.2023

Wissensportal nachhaltige Reiseziele (2023a). Exzelenzinitiative. https://www.wissensportal-nachhaltige-reiseziele.de/exzelenzinitiative. Zugegriffen 14.11.2023

Wissensportal nachhaltige Reiseziele (2023b). Nachhaltige Destinationen. https://www.wissensportal-nachhaltige-reiseziele.de/nachhaltige-destinationen. Zugegriffen 14.11.2023

Wöhler, K. (2001). Tourismus und Nachhaltigkeit. *Aus Politik und Zeitgeschichte* B 47/2001, (40–46)

Yarar, N; Beer, H.; Koch, A.; Weiß, B. & Grimm, B. (2023). *Reiseanalyse 2023 – Kurzfassung der Ergebnisse.* Kiel: Forschungsgemeinschaft Urlaub und Reisen e. V.

Autor

Prof. Dr. Knut Scherhag ist Professor für Destinationsmanagement an der Hochschule Worms, Studiengangleiter der touristischen Bachelorstudiengänge im FB Touristik/Verkehrswesen und Beauftragter für internationale Hochschulkooperationen. Darüber hinaus ist er stellv. Sprecher der Kommission Weintourismus/Kulinarik der

Deutschen Gesellschaft für Tourismuswissenschaft e. V. (DGT). Er promovierte 2003 an der Universität Trier zum Thema Destinationsmarken. In der Forschung liegt sein Interesse im Bereich des Special Interest Tourism in der Destination, insbesondere im Motorrad- und Weintourismus.

Landschaft als Authentizitätsenklave in der touristischen Inszenierung – von essentialistischen Abgründen zu sozialkonstruktivistischen Begründungen

Olaf Kühne, Ralf Vogler & Karsten Berr

Abstract

‚Authentizität' weist im Kontext touristischer Aktivitäten seit geraumer Zeit eine große Präsenz auf. Häufig wird hier auch die Kombination mit dem Thema ‚Landschaft' thematisiert. Der Beitrag befasst sich aus landschaftstheoretischer Perspektive damit, in welchen unterschiedlichen Arten ‚Authentizität' bei der Konstruktion von Landschaft eine Bedeutung aufweist und wie diese im Tourismus genutzt wird. Ausgehend von der Begründung der mangelnden Nützlichkeit eines essentialistischen Verständnisses von Landschaft und Authentizität (sowohl für eine touristische wie auch wissenschaftliche Befassung mit dem Themenkomplex), wird ein sozialkonstruktivistisches Verständnis herausgearbeitet. Dieses dient der Verdeutlichung, wie im materiellen Raum des Fallbeispiels ‚Mallorca' eine Vielzahl ‚authentischer Landschaften' konstruiert werden kann.

Keywords

Landschaftstheorie, Sozialkonstruktivismus, Mallorca, Tourismus, Authentizität, Landschaft

1 Einleitung

Die Diskussion um die Bedeutung von Authentizität im Tourismus wird seit geraumer Zeit und in großer Intensität geführt (hierzu schon: Wang 1999). Wird dieses Verhältnis um das Thema ‚Landschaft' angereichert, wird es endgültig unübersichtlich. Ziel unseres Aufsatzes ist, diese Unübersichtlichkeit ein wenig zu strukturieren.

S. Sieber et al. (Hrsg.), *Landschaft und Naherholung*, RaumFragen: Stadt – Region – Landschaft, https://doi.org/10.1007/978-3-658-45410-4_14

Dazu greifen wir auf in der Landschaftsforschung seit jüngerem verbreitete Theorien zurück und werden uns insbesondere kritisch mit einem die Diskussion dominierenden Verständnis von Authentizität befassen, da dieses durchaus exklusivistisch wirkt. ‚Authentisch' leitet sich vom etymologisch altgriechischen ‚*aùthentes*' ab. Dies bedeutet so viel wie „Herr, Gewalthaber, jemand, der etwas mit eigener Hand, dann auch aus eigener Gewalt vollbringt, so auch Urheber" (Röttgers und Fabian 2019, Spalte 691). Damit wird eine durchaus zu hinterfragende Machtdisposition deutlich. Doch bevor wir uns dem Begriff der Authentizität zuwenden, lohnt die Auseinandersetzung mit der Vorstellung eines landschaftstheoretischen Bezugsrahmens, der wiederum die Grundlage der Auseinandersetzung mit Authentizität und Tourismus (selbstverständlich in Relation zu Landschaft) bietet. Nach dieser Relationierung, die mit ihrer sozialkonstruktivistischen Reformulierung einen (vorläufigen) Abschluss findet, widmen wir uns dem Fallbeispiel Mallorcas – oder vielmehr der Vielzahl der ‚Mallorcas' in individuellen und sozialen Konstruktionen. Im Fazit verdeutlichen wir noch einmal die Potenziale (und teilweise auch Grenzen) unterschiedlicher theoretischer Ansätze in der Befassung der Trias Landschaft, Tourismus und Authentizität.

2 Landschaftstheoretischer Bezugsrahmen

In den vergangenen rund vier Jahrzehnten hat die abstrahierende Reflexion zum konzeptionellen Zugriff auf Landschaft zugenommen (zusammenfassend: Kühne 2021). Nachdem das lange dominierende positivistische (vielfach versetzt mit essentialistischen Residuen) durch ein sozialkonstruktivistisches Forschungsprogramm ergänzt und kritisch-theoretische Bezüge Einzug gehalten haben, hat sich die theoretische Befassung mit Landschaft in den letzten Jahren um more-than-representational-Ansätze (etwa die Assemblage-Theorie, die Akteurs-Netzwerk-Theorie wie auch einen neopragmatischen Zugriff erweitert). Da zu diesen unterschiedlichen theoretischen Zugriffen ein umfangreiches Schrifttum vorliegt (siehe etwa: D'Angelo 2021; Howard et al. 2019; Kühne 2019, 2021; Kühne et al. 2023; Wylie 2007), werden wir uns im Folgenden nur knapp mit jenen theoretischen Grundpositionen befassen, die für unser Thema relevant sind und dies auch nur so weit, als es ein Verständnis der weiteren Ausführungen erfordert (für eine genauere Befassung sei auf die einschlägige Literatur verwiesen). Insofern werden wir uns in diesem Abschnitt auf die Darstellung essentialistischer, positivistischer, sozialkonstruktivistischer und kritischer Perspektiven auf Landschaft befassen.

Der auf die Philosophie Platons zurückgehende Essentialismus hat zum Ziel, das hinter den Erscheinungen liegende ‚Wesen' eines Dings zu ermitteln. Insofern wird in der essentialistischen Landschaftsforschung versucht, das ‚Wesen der Landschaft' (beides im Singular!) zu ergründen (einen umfassenden Einblick in diese Sichtweise liefert: Paffen 1973). Dieses ‚Wesen der Landschaft' sei in Jahrhunderte dauernder wechselseitiger Prägung durch eine spezifische Kultur und eine spezifische Natur entstanden. Daraus leitet sich ab, „dass es das Ziel der Wissenschaft sei, Wesenheiten zu enthüllen und mit Hilfe von Definitionen zu beschreiben" (Popper 2003 [1945], S. 40). Eine fundamentale Unterscheidung ist dabei, das ‚Essentielle' von dem zu unterscheiden, was ‚akzidentiell' ist, also nur zufällig vorhanden. Da diesem Verhältnis eine hierarchische Über- und Unterordnung eigen ist, wird das Essentielle als wertvoll, das Akzidentielle bestenfalls als wertlos verstanden, andernfalls bekämpft. Entsprechend gelte es, jene ‚Dinge' zu erhalten, die Ausdruck des ‚Wesens der Landschaft seien' (von regionalen Bauformen und Wirtschaftsweisen bis hin zu Dialekt) und das Akzidentielle (häufig global vorkommende) fernzuhalten (Industrie, Bungalows, Standardsprache etc.). Dies gilt umso mehr, als dass akzidentielle Bestandteile teilweise Ausdruck von Akkulturationsprozessen verstanden werden.

Der positivistische Ansatz versteht Landschaft dagegen als ein materielles Objekt, das durch empirische Verfahren, mittels Messungen, Wiegungen und Zählungen erfasst werden kann (was nicht quantifiziert werden kann, wird in den Bereich der Metaphysik verbannt und als wissenschaftlich nicht behandelbar verstanden; Putnam 1982). Nach der raumrelationierten Erfassung und eindeutiger Klassenkonstruktion mittels GIS kann eine computergestützte Modellierung vorgenommen werden, etwa um Prozesse nachzuvollziehen oder Prognosen zu erstellen (siehe Tilley 1997). Neben dem genannten Reduktionismus steht der Positivismus auch in der Kritik, weder die sprachliche Gebundenheit noch deren Zeitlichkeit zu reflektieren (Noske 1997).

Der sozialkonstruktivistische Ansatz verweist als konstitutive Ebene von ‚Landschaft' weder auf ein hinter den Erscheinungen liegendes ‚Wesen' (Essentialismus) noch auf die Welt der materiellen Objekte (Positivismus), sondern auf die der sozialen Konstruktionsprozesse. Landschaft wird demgemäß als eine zeitlich kontextualisierte soziale Konstruktion von Deutungs-, Kategorisierungs- und Bewertungsmustern verstanden. Diese Konstruktion wird mittels Sozialisation an die einzelne Person vermittelt, diese wiederum (insbesondere, wenn sie gesellschaftlich – qua spezifischer Ausbildung – dazu legitimiert wurde) innovativ wirken, also kontingente Deutungen, Kategorisierungen und Wertungen entwickeln und zur Diskussion stellen. Dies hat zur Konsequenz: Der größte „Teil des Wissensvorrates des normalen Erwachsenen [ist] nicht unmittelbar erworben, sondern ‚erlernt'" (Schütz und Luckmann 2003 [1975], S. 332). Entsprechend befasst sich die sozialkonstruktivistische Landschaftstheorie damit zu untersuchen, welche Gehalte die soziale Konstruktion von Landschaft aufweist, wie diese sozial oder kulturell differenziert sind, aber auch, wie sich das Verhältnis der sozialen und der individuellen Konstruktion von Landschaft gestaltet (hierzu ausführlicher: Al-Khanbashi 2020; Kühne 2008b; Kühne und Fischer 2022; Stemmer 2016).

Da sowohl die Prozesse der sozialen Konstruktion von Landschaft, das Verhältnis von sozialen Konventionen und individuellen Konstruktionen, aber auch die Einschreibungen sozialer und individueller Interessen in materielle Räume Ausdruck von Machtbeziehungen sind, unterliegen diese der Forschung – hier kritischer Landschaftsforschung. Wobei mit Bourdieu und Passeron (1973, S. 12) unter (symbolischer) Macht „jede Macht [verstanden werden kann], der es gelingt, Bedeutungen durchzusetzen und sie als legitim durchzusetzen, indem sie die Kräfteverhältnisse verschleiert, die ihrer Kraft zugrundeliegen". Mit der Modernisierung der Gesellschaft und der diese prägenden instrumentellen Rationalität sei eine doppelte Unterwerfung der Natur einher gegangen: der Unterwerfung der äußeren Natur (etwa durch Industrialisierung und Technisierung), wie auch der Unterwerfung der inneren Natur des Menschen, die sich in einer Beschränkung der Freiheitsmöglichkeiten des Einzelnen niederschlage (Horkheimer 1977 [1937]). Aufgabe einer kritischen Landschaftsforschung wird es entsprechend, aufzuzeigen, in welcher Weise sich diese Entfremdung vollzieht, wo sie einer Normalisierung unterzogen wird, wodurch sie einer weiteren Reflexion entzogen wird, welche Interessen dieser Entfremdung zugrunde liegen.

Kritik an konstruktivistischen Zugängen zu Landschaft im Besonderen und Raum im Allgemeinen wurde insbesondere in Bezug auf die Vernachlässigung des Materiellen geäußert (siehe etwa: Holmén 1995), auch ist es – jenseits von Fairnessnormen, etwa im Kontext der Verfahrensgerechtigkeit – schwer, planerische Maßnahmen zu begründen (zusammenfassend: Kühne 2019). Vor dem Hintergrund eines kritisch-dekonstruktivistischen Ansatzes stellt sich auch die Frage, was aus der Feststellung einer machtgeleiteten Konstruktion von Landschaft/Raum folgt. Hier wiederum liefert der Neopragmatismus einen Ausweg, indem er feststellt, Wissenschaft (hier in Bezug auf Landschaft) habe zur Aufgabe, zur Lösung konkreter Probleme beizutragen (Kühne et al. 2024; Rorty 2023). Ein konkretes soziales Problem ist etwa die Verallgemeinerung individueller oder überindividueller moralischer Normen, wie sie im Kontext der Authetizitätsdebatte um Landschaft zu finden sind.

3 Tourismus, Landschaft und Authentizität

In einem weiten Sinne lässt sich unter Authentizität die Entsprechung von Form und Inhalt, von Schein und Sein bzw. von Wahrnehmbarem als Ausdruck einer Substanz verstehen. Dem entsprechend lässt sich das Auseinanderfallen dieser aufeinander bezogenen Aspekte, etwa in Form von Fälschung, Kitsch, Manipulation, Inszenierung etc. als Negativum bestimmen (Saupe 2012; Schilling 2021). Dieses Verständnis von ‚Authentizität' deckt sich weitgehend mit Heideggers Begriff der ‚Eigentlichkeit' (Heidegger 1993 [1927]) in der Existenzphilosophie, wodurch ‚authentisch' synonym zu ‚eigentlich' verwendet werden kann. Diese Verwendungsweise bezieht sich nun nicht mehr allein im ‚pragmazentristischen' (Gethmann 2002) Sinne auf ‚Handlungsurheberschaft' (Gethmann 2006) – etwa darauf, dass ein Autor auch tatsächlich der Urheber eines Textes ist –, sondern auch moralisch im Hinblick auf menschliche Haltungen und soziokulturell auf menschliche Produkte (Röttgers und Fabian 2019). Kurz: Heute hat sich die Bedeutung des Begriffes ‚Authentizität' von der Beschreibung einer Herkunft zu einer moralisch aufgeladenen Norm entwickelt, deren Missachtung mit negativen Sanktionen belegt ist.

In der Landschaftsforschung hat ‚Authentizität' in den letzten Jahrzehnten insbesondere im Kontext der Diskussion um das Themenfeld von ‚Natur-' und ‚Kulturerbe' an Bedeutung gewonnen (Harvey et al. 2019; Hunt 2016; Riesto 2018; van der Valk 2009; Vileniske 2008; Zube und Pitt 1981). Dabei wird häufig ein modernisierungskritischer Ton angeschlagen, der sich entweder aus einer konservativen oder einer kritischen Grundhaltung speist. Während die erste letztlich auf ein essentialistisches ontologisches Verständnis von Landschaft zurückgreift, in dem normativ die Erscheinungen der Landschaft ihrem zugrunde liegenden ‚Wesen' (ohne Akzidentielles) entsprechen sollen, wird im zweiten Verständnis kritisiert, die instrumentelle kapitalistische Verwertungslogik produziere Orte des Eskapismus. Auch hier liegt eine essentialistische Grundhaltung zugrunde, insofern ein ‚Wesen' des Menschen mit ‚authentischen' Bedürfnissen unterstellt wird, von dem sich der Mensch so weit entfernt habe, dass er diesen Verlust mittels Fluchten (in Scheinwelten, ‚die Natur', ‚authentische Landschaften' …) auszugleichen trachte. Dabei sei ihm infolge des verinnerlichten instrumentellen Verhältnisses zu sich und der Welt lediglich ein distanziertes Betrachten, kein ‚authentisches Erleben' möglich (Urry 2002 [1990]). Der verbreitete Wunsch nach ‚Authentizität' von Landschaft wie auch deren Erleben produziert dabei ‚Authentizitätserwartungen', die sich – u. a. durch massenmediale Inszenierungen – zu einem verbreiteten Phänomen entwickeln, das eine massentouristische Inwertsetzung nahelegt. Eine solche wiederum widerspricht dem Wunsch, einerseits eine authentische Landschaft im essentialistischen Sinne zu erleben, aber auch, sich ‚Landschaft' authentisch zu nähern (siehe in diesem Kontext: Arfini 2019; Butler 2011; Chaney 1997; Fuqua 2012).

Bevor wir uns weiter mit der Frage befassen, auf welchen Ebenen von materiellen Räumen, individuellen Zugängen und sozialen Konstruktionen ‚Authentizität' im Spannungsfeld von Tourismus und Landschaft angesiedelt ist, sei an dieser Stelle eine kurze Bezugnahme zu einem anderen Themenfeld zwischengeschaltet: Wie eingangs erwähnt, findet sich häufig eine Gegenüberstellung von Authentizität und Inszenierung, so auch in der Landschafts- und Tourismusforschung (z. B. Aschenbrand 2017; Kagermeier et al. 2015; Kühne und Berr 2023; Schäfer 2015; Zukin 2010). Vor dem Hintergrund eines normativen Verständnisses von ‚Authentizität' einerseits, der Unterstellung andererseits, es gäbe – aus essentialistischer Perspektive – auch zahlreiche ‚unauthentische Landschaften', wird – aus ökonomischer Perspektive – ‚authentische Landschaft' zu einem knappen Gut, welches sich auf Ebene der Destination monetarisieren lässt (Burkert und Chilla 2019; Mose 2019). Wodurch – aus Perspektive kritischer Landschaftswissenschaft – eine Unterwerfung des ‚Authentischen' unter die instrumentelle Logik des Kapitalismus erfolgte. Im Sinne einer konservativ-essentialistischen Sichtweise lässt sich eine solche ‚ökonomische Inwertsetzung' wiederum als Überprägung durch etwas Akzidentielles verstehen, das dem ‚Wesen der Landschaft' entgegensteht. Ein Versuch, ökonomisches Interesse mit der Erhaltung ‚authentischer', nämliche ,historisch gewachsener' Kulturlandschaft zu versöhnen, stellen Bemühungen um die ökonomische Inwertsetzung der letzteren, etwa in Form von ,Ferien auf dem Bauernhof'.

Damit kommen wir wieder auf die Ebene von ,Authentizitätskonstruktionen' zurück (hier wird unsere sozialkonstruktivistische Grundhaltung deutlich): ,Landschaft' kann auf materieller Ebene als authentisch konstruiert verstanden werden (ein nicht unerhebliches Ziel eines konservierenden Landschaftsschutzes). Wird ein solches Verständnis vertreten, schwindet die ,Authentizität' von Landschaft durch die Anwesenheit von Touristen (insbesondere für jene, die sich mit ihren expertenhaften Sonderwissensbeständen mit dem Thema Landschaft befassen, für die anderen liegt das Thema unterhalb der Problematisierungsschwelle). Schließlich sind diese (für Exper~innen mit essentialistischer Perspektive) akzidentiell und nicht konstitutiv Teil der wechselseitigen Prägung von Natur und Kultur. Hierbei stellt sich aus konstruktivistischer Perspektive die Frage, ob und inwiefern nicht auch Landschaften als ,authentisch' konstruiert werden könnten, die von einer touristischen bzw. tourismusähnlichen Nutzung geprägt sind, die seit weit mehr als einem Jahrhundert andauert (etwa die von Bädern). Eine andere Ebene der Authentizitätskonstruktion ist die individuelle Konstruktion von touristischen Bedürfnissen einer Person. So kann es für die Forschung zu Authentizität im Kontext von Landschaft und Tourismus durchaus nützlich sein, anzunehmen, dass das Aufsuchen bestimmter Landschaften (ob nun materiell oder auch virtuell) ein Ausdruck des Wunsches nach Erholung ist. Aus Perspektive der kritischen Landschaftstheorie wiederum lässt sich diesem Wunsch eine Authentizität absprechen, da unterstellt werden könnte, die oder der Erholungssuchende habe zum einen die Suche nach Erholung nur nötig, weil sie/er (infolge der instrumentellen Logik) von den eigenen Bedürfnissen und der Natur entfremdet sei und zum anderen das Bedürfnis nach Erholung durch soziale Normen (etwa des distinktiven Gebarens) vermittelt sei und nicht Ausdruck eines ,authentischen Selbst'. Hier wird die Ebene der sozialen Konstruktion von Landschaft deutlich. Aus sozialkonstruktivistischer Perspektive stellt ,Authentizität', wie ,Landschaft', eine soziale Konstruktion dar. Insofern wird die zuletzt angesprochene Frage der Distinktionsprozesse auch hier relevant: Zum Ersten, lässt sich das Streben nach ,Authentizität' ästhetisch als Wunsch eines ,legitimen Geschmacks' verstehen, der sich gegenüber dem ,mittleren Geschmack' (im Sinne von Bourdieu 2016) abgrenzen will, zum Zweiten wird sie moralisch wirksam, wenn jene, die sich ,den Scheinwelten des Massentourismus' hingeben, an die Stelle authentischer Erfahrungen ein ,billiges Vergnügen' (mit hohen ökologischen und sozialen Kosten) setzten (vgl. Mihalic 2020).

Daraus wird deutlich, dass nicht allein die Bedürfnisse an Landschaft gedeutete materielle Räume durch Touristinnen und Touristen sehr unterschiedlich sind, dass in einen materiellen Raum sehr unterschiedliche Landschaften hineingedeutet werden können und dass sehr unterschiedliche Authentizitäten auf unterschiedlichen Ebenen konstruiert werden, sondern auch, dass diese Konstruktionen für soziale distinktive Abgrenzungen herangezogen werden (können).

4 Mallorca als Versinnbildlichung von Authentizitätsdissonanzen

Ein Beispiel für vielfältige Konstruktionen einer touristischen Destination durch Touristen, ist die Baleareninsel Mallorca. In Europa gilt sie als ein touristischer Hotspot par excellence. So trägt der Tourismus nicht nur zu einem gewichtigen Teil zur wirtschaftlichen Entwicklung und des Wohlstands bei(Impactur 2021), sondern verfügt über ein vielfältiges touristisches Angebot, welches in dieser Konzentration, begünstigt durch die Insellage, fast die gesamte Palette von touristischen Aktivitäten mit Ausnahme des Wintersports ermöglicht. So ist Mallorca nicht nur Sinnbild des Sun-and-Beach-Massentourismus und das Ziel von Millionen von Kreuzfahrern. Auf der anderen Seite verfügt insbesondere die Hauptstadt Palma über ein breites Kulturangebot und das Inselinnere ist beliebtes Ziel für Sport- und Wandertouristen (Buswell 2011). Darüber hinaus ist die Insel auch Lebensort von über einer Million Mallorquinern und zumindest temporär die Heimat vieler weiterer Menschen aus aller Welt, sei es durAuswanderung oder Zweitwohnsitze (Hof und Blázquez-Salom 2013).

Schon diese Vielfältigkeit zeigt die Unmöglichkeit, ein ‚authentisches Wesen' von Mallorca zu bestimmen. Der materielle Raum Mallorca umfasst in jedem Falle alle vorgenannten Aspekte. Das mediale Mallorca transportiert je nach Medium insbesondere die in den Quellmärkten, d. h. dem Ursprungsland der Touristen, ‚gefühlten' Problemlagen, wie Party- und Kreuzfahrttourismus (Graefer 2018). Diese sind jedoch auch Bestandteil des mallorquinischen Wohlstands und daher nicht für alle Einwohner wirkliche Problemlagen, zumindest nicht in ihrer Gesamtheit. Eher indifferent, aber ebenso der Sensationslust der Quellmärkte geschuldet, ist die mediale Darstellung und Inszenierung von Prominenten auf der Insel. Sei es, dass diese dort leben oder sich als Gäste aufhalten (Hof und Blázquez-Salom 2013). Auf der anderen Seite versucht die Tourismusorganisation der Insel schon seit Jahren eine wohlhabendere Klientel in den Quellmärkten anzusprechen und die Insel medial neu zu erfinden (Buswell 2011). Diese Erneuerungsbestrebungen adressieren auf der einen Seite die durch den Massentourismus hervorgerufenen Konflikte und andererseits die durch den Massentourismus (also der Dominanz von in großen Mengen auftretenden Touristen mit einer nicht allzu hohen Ausstattung an symbolischen Kapital) zumindest teilweise hervorgerufene Stagnation in der Entwicklung. Der Destinationslebenszyklus der Insel soll daher in ein ‚frischeres' Bild überführt werden (Butler 1980). Hierbei spielen insbesondere Bilder der angenommenen Sehnsucht der Zielgruppe eine Rolle. So werden bspw. malerische Buchten dargestellt (in Rückgriff auf die stereotypen Gehalte eines *common sense*-Verständnisses von Landschaft) und ‚typisches' mallorquinisches Kulturangebot und Lebensart transportiert. Oft unterstützen Influencer diese Aktivitäten, um das ‚Authentische' zu unterstreichen (Garay 2019).

Wie sieht nun im Kontrast dazu die Authentizitätsvorstellung von Touristen aus? Eine solche kann es als inhaltliche Einheit in Bezug auf den materiellen Raum kaum geben. Der Sehnsuchtsort Mallorca ist für jeden ein anderer, in den materiellen Raum Mallorca werden entsprechend der jeweils eigenen Sozialisation, Interessen und Ansprüche sehr unterschiedliche Landschaften hineinsynthetisiert: Der Fußballverein oder die Abschlussfahrt freut sich auf Partys, Sonne und Alkohol, für Teile der Wirtschaftswundergeneration ist Mallorca eine Versinnbildlichung der Freiheit des Reisens, ohne sich allzu sehr auf eine andere Kultur einstellen zu müssen. Für Kreuzfahrer erhält die Insel entweder als Kulisse für eine Schiffsreise, als Start- und Endpunkt oder als interessantes Etappenziel Bedeutung. Sportler und Wanderer erfreuen sich an der Aussicht auf Bewegung in der mallorquinischen ästhetisierten Landschaft. Der Kulturinteressierte ‚Drifter' (Cohen 1973) verbindet unter Umständen Kulinarik und Lebensgefühl mit einem Aufenthalt auf der Insel. Sicherlich ist diese Darstellung etwas holzschnittartig, verdeutlicht jedoch die Schwierigkeiten der Authentizitätsbestimmungen auf Objektebene von als Landschaft gedeutetem materiellen Raum.

Im Kontext der Authentizitätsdebatte erscheint die Wahrnehmung des Letztgenannten am interessantesten, lässt diese doch am ehesten eine Kongruenz zwischen dem ‚wahren' Mallorca (als materiellem Raum) und dem Eindruck aus der Perspektive der Touristen erwarten. Ein Aspekt, der für viele dieser Touristen eine Rolle spielt, ist die Kulinarik. So erscheinen die meisten Tapas Bars als etwas lokal Typisches. Hierbei wird dann außer Acht gelassen, dass die Mehrzahl der angebotenen Tapas ihren kulinarischen Ursprung auf dem spanischen Festland haben und daher aus lokaler Perspektive weniger als ‚authentisch' mallorquin gelten können (Medina 2005). Da indes mit der räumlichen Entfernung auch eine Generalisierung des ‚Typischen' in immer größere räumliche Kontexte erfolgt, differieren die stereotypen Authentizitätserwartungen von Touristen mit den Standards von Einheimischen häufig (so generalisiert der amerikanische Tourist gerne Schweinshaxe als typisch Deutsch, während ein Einheimischer dies zurückweisen würde, es handele sich um eine bayrische Spezialität; Ähnliches lässt sich etwa mit Pizza und Italien beobachten, die dort als Neapolitan gilt; ausführlicher: Kühne 2006). Ähnliche Phänomene lassen sich in der Auswahl der Bars selbst beobachten. So werden insbesondere die Bars als besonders authentisch bezeichnet, die in großem Maße von Touristen frequentiert werden. Gleiches gilt für die ‚typischen' Märkte, wie den Mercado Santa Catalina und ähnliche. Auch hier dienen die Markthallen weniger der Deckung des täglichen Bedarfs der Einwohner, zu denen auch viele Nicht-Europäer gehören, als mehr der Befriedigung eines im Grunde primär touristisch-hedonistischen Lebensgefühls (Björk und Kauppinen-Räisänen 2016). Entsprechend hat sich auch das Angebot in diesen Märkten gewandelt.

Im Kern ist daher ein ‚authentisches' Mallorca heute sehr stark von kulturellen Einflüssen aus anderen Teilen Spaniens und der Welt ebenso beeinflusst, wie vom Tourismus und den Touristen selbst. So ist der ‚Ballermann' ebenso ‚authentisch' wie die Pinxto-Bar. Die Ansammlung von Kreuzfahrern in den Banjo Arabes stehen ebenso für Mallorca, wie die ruhigen Wanderwege im Tramuntana-Gebirge. Und auch der sehr touristische historische Zug von Palma nach Soller ist ein solches Sinnbild.

5 Fazit: Tagestourismus als Distinktions- und Fluchtelement im Massentourismus

‚Authentizität' von Landschaft lässt sich – aus der von uns gewählten Perspektive – nicht essentialistisch bestimmen, noch weniger lässt sie sich touristisch in Wert setzen. Die Anwesenheit von Touristen bleibt akzidentiell – es sei denn, es handele sich um eine rein ‚touristisch erzeugte Landschaft'. Diese wiederum ist schwerlich essentialistisch zu konstruieren, da sie das Akzidentielle zum Essentiellen erklären würde. Allgemein ist ein essentialistisches Verständnis von Landschaft nicht nur unbegründbar, es entzieht sich mit ihrem exklusivistischen Geltungsanspruch jeder Falsifikation. Zudem ist ein moralisch aufgeladener Exklusivismus auch dahingehend sozial problematisch, da er letztlich unregelbare Konflikte produziert und eine moralische Unterordnung des Anderen erzeugt (Berr und Kühne 2023; Grau 2017; Kühne et al. 2022; Luhmann 1993). Wobei sich Konflikte nicht auf Moral beschränken müssen, sondern auch im Modus der Ästhrik ausgetragen werden können, hier insbesondere der Unterordnung des ‚mittleren' (Landschafts-)Geschmacks unter den ‚legitimen' (Landschafts)Geschmack (in Anlehnung an Bourdieu 2016; in Bezug auf Landschaft: Kühne 2008a; Kühne et al. 2024). Essentialistische Residuen sind auch der kritischen Theorie in ihrer klassischen Form nicht fremd (sie geht nicht zuletzt von einem ‚wahren Wesen' des Menschen aus), im Vergleich zu einem klassisch konservativen Essentialismus hat sie indes geholfen, den Fokus auf problematische Zusammenhänge, die mit der Modernisierung von Gesellschaft und der Entstehung des Massentourismus verbunden waren und sind, zu lenken und kontingente Sichtweisen zu fördern. Eine positivistische Perspektive auf das Verhältnis von Tourismus, Landschaft und Authentizität erweist sich als wenig produktiv: Für ihn bleibt einerseits ‚Authentizität' außerhalb der eigenen theoretischen Zugriffe – und daher Metaphysik, andererseits ist er stark mit der Modernisierung (und ihrem Massentourismus) verbunden, die in einer ‚neoromantischen' Inszenierung der ‚Authentizität' abgelehnt wird.

Produktiv für dieses Verhältnis von Landschaft, Tourismus und Authentizität erweist sich indes eine sozialkonstruktivistische Perspektive. Diese versteht Landschaft wie Authentizität als soziale Konstruktionen, die einer touristischen Aneignung zugeführt werden. Das Konstrukt der ‚authentischen Landschaft' bildet lediglich relationale Knoten zwischen sozialen Konventionen und materiellen Räumen in der individuellen Konstruktion (eine Position, die sich mit einer neopragmatistischen Perspektive noch eingehender ausleuchten ließe als hier aus (sozial)konstruktivistischer). Infolge der unterschiedlichen Verfügbarkeit der Codes des Authentischen, ist die Konstruktion ‚authentischer Landschaften' mit distinktiven Mustern durchsetzt. Diese wiederum lassen sich in der ‚kapitalistischen Inwertsetzungslogik' (hier in Reminiszenz an die kritische Theorie') ausnutzen, um den Menschen – in seinen Sehnsüchten nach authentischen Erlebnissen – zum Element instrumenteller Rationalität zu machen.

Weniger rigoros betrachtet, lässt sich eine Pluralität von Landschafts- wie Authentizitätskonstruktionen vorstellen. Wird dies nicht als normwidriger Zustand abgelehnt, können sie als Ressource kontingenter Weltdeutungen verstanden werden.

Literaturverzeichnis

Al-Khanbashi, M. (2020). *The Social Construction and Use of Landscape and Public Space in the Age of Migration: Arab Immigrants in Berlin.* Wiesbaden: Springer VS.

Arfini, E. A. (2019). The making of authentic tortellini: Aestheticization of artisanal labor and elite univorism in the case of local food. *European Journal of Cultural Studies 22* (4), 433–451. https://doi.org/10.1177/1367549419861637

Aschenbrand, E. (2017). *Die Landschaft des Tourismus. Wie Landschaft von Reiseveranstaltern inszeniert und von Touristen konsumiert wird.* Wiesbaden: Springer VS.

Berr, K. & Kühne, O. (2023). Moral und Ethik von Landschaft. In O. Kühne, F. Weber, K. Berr & C. Jenal (Hrsg.), *Handbuch Landschaft* (2., überarbeitete und erweiterte Auflage, S. 647–662). Wiesbaden: Springer VS.

Björk, P. & Kauppinen-Räisänen, H. (2016). Local food: a source for destination attraction. *International Journal of Contemporary Hospitality Management 28* (1), 177–194. https://doi.org/10.1108/IJCHM-05-2014-0214

Bourdieu, P. (2016). *La distinction: Critique sociale du jugement* (Le Sens commun). Paris: Editions de Minuit.

Bourdieu, P. & Passeron, J.-C. (1973). *Grundlagen einer Theorie der symbolischen Gewalt.* Frankfurt (Main): Suhrkamp.

Burkert, M. & Chilla, T. (2019). Landschaft aus ökonomischer Perspektive. In O. Kühne, F. Weber, K. Berr & C. Jenal (Hrsg.), *Handbuch Landschaft* (S. 795–805). Wiesbaden: Springer VS.

Buswell, R. J. (2011). *Mallorca and tourism. History, economy and environment* (Aspects of Tourism, Bd. 49). Bristol: Channel View Publications.

Butler, R. (2011). It's only make believe: the implications of fictional and authentic locations in films. *Worldwide Hospitality and Tourism 3* (2), 91–101. https://doi.org/10.1108/17554211111122961

Butler, R. W. (1980). The concept of a tourist area cycle of evolution: Implications for management of resources. *The Canadian Geographer/Le Géographe canadien 24* (1), 5–12. https://doi.org/10.1111/j.1541-0064.1980.tb00970.x

Chaney, D. (1997). Authenticity and Suburbia. In S. Westwood & J. Williams (Hrsg.), *Imagining Cities. Scripts, signs, memories* (S. 137–147). London: Routledge.

Cohen, E. (1973). Nomads from Affluence: Notes on the Phenomenon of Drifter-Tourism. *International Journal of Comparative Sociology 14* (1–2), 89–103. https://doi.org/10.1177/002071527301400107

D'Angelo, P. (2021). *Il paesaggio. Teorie, storie, luoghi.* Bari: GLF editori Laterza.

Fuqua, J. V. (2012). „In New Orleans, We Might Say it Like This …": Authenticity, Place, and HBO's Treme. *Television & New Media 13* (3), 235–242. https://doi.org/10.1177/1527476411423675

Garay, L. (2019). #Visitspain. Breaking down affective and cognitive attributes in the social media construction of the tourist destination image. *Tourism Management Perspectives 32*, 100560. https://doi.org/10.1016/j.tmp.2019.100560

Gethmann, C. F. (2002). Pragmazentrismus. In A. Eusterschulte & H. W. Ingensiep (Hrsg.), *Philosophie der natürlichen Mitwelt. Grundlagen – Probleme – Perspektiven* (S. 59–66). Würzburg: Königshausen & Neumann.

Gethmann, C. F. (2006). Die Erfahrung der Handlungsurheberschaft und die Erkenntnisse der Neurowissenschaften. In D. Sturma (Hrsg.), *Philosophie und Neurowissenschaften* (Suhrkamp-Taschenbuch Wissenschaft, Bd. 1770, S. 215–239). Frankfurt am Main: Suhrkamp.

Graefer, A. (2018). No place like home: Patriotism and femininity in German reality television. *Critical Studies in Television: The International Journal of Television Studies 13* (1), 24–41. https://doi.org/10.1177/1749602017734129

Grau, A. (2017). *Hypermoral. Die neue Lust an der Empörung* (2. Auflage). München: Claudius.

Harvey, D., Wilkinson & Timothy J. (2019). Landscape and heritage: emerging landscapes of heritage. In P. Howard, I. Thompson, E. Waterton & M. Atha (Hrsg.), *The Routledge Companion to Landscape Studies* (2. Auflage, S. 176–191). London: Routledge.

Heidegger, M. (1993 [1927]). *Sein und Zeit.* Tübingen: Max Niemeyer Verlag.

Hof, A. & Blázquez-Salom, M. (2013). The Linkages between Real Estate Tourism and Urban Sprawl in Majorca (Balearic Islands, Spain). *Land 2* (2), 252–277. https://doi.org/10.3390/land2020252

Holmén, H. (1995). What's new and What's Regional in the ‚New Regional Geography'? *Geografiska Annaler: Series B, Human Geography 77* (1), 47–63. https://doi.org/10.1080/04353684.1995.11879680

Horkheimer, M. (1977 [1937]). *Traditionelle und kritsiche Theorie. Fünf Aufsätze.* Frankfurt (Main): Fischer Wissenschaft.

Howard, P., Thompson, I., Waterton, E. & Atha, M. (Hrsg.). (2019). *The Routledge Companion to Landscape Studies* (2. Auflage). London: Routledge.

Hunt, R. (2016). *Huts, bothies and buildings out-of-doors: an exploration of the practice, heritage and culture of ‚out-dwellings' in rural Scotland.* PhD thesis, University of Glasgow.

Impactur. (2021). *Baleares 2020. Estudio del Impacto Económico del Turismo.* https://www.exceltur.org/impactur-2/. Zugegriffen: 9. Januar 2024.

Kagermeier, A., Köller, J. & Stors, N. (2015). Share Economy im Tourismus. Zwischen pragmatischen Motiven und der Suche nach authentischen Erlebnissen. *Zeitschrift für Tourismuswissenschaft 7* (2), 117–145. https://doi.org/10.1515/tw-2015-0203

Kühne, O. (2006). *Landschaft in der Postmoderne. Das Beispiel des Saarlandes.* Wiesbaden: DUV.

Kühne, O. (2008a). *Distinktion – Macht – Landschaft. Zur sozialen Definition von Landschaft.* Wiesbaden: VS Verlag für Sozialwissenschaften.

Kühne, O. (2008b). Die Sozialisation von Landschaft – sozialkonstruktivistische Überlegungen, empirische Befunde und Konsequenzen für den Umgang mit dem Thema Landschaft in Geographie und räumlicher Planung. *Geographische Zeitschrift 96* (4), 189–206.

Kühne, O. (2019). *Landscape Theories. A Brief Introduction.* Wiesbaden: Springer VS.

Kühne, O. (2021). *Landschaftstheorie und Landschaftspraxis. Eine Einführung aus sozialkonstruktivistischer Perspektive* (3., aktualisierte und überarbeitete Auflage). Wiesbaden: Springer VS.

Kühne, O. & Berr, K. (2023). Tourismus, Landschaft und Konflikt – ein theoretischer Rahmen. In O. Kühne, T. Freytag, T. Sedelmeier & C. Jenal (Hrsg.), *Landschaft und Tourismus* (RaumFragen, 101–117). Wiesbaden: Springer.

Kühne, O., Berr, K. & Jenal, C. (2022). *Die geschlossene Gesellschaft und ihre Ligaturen. Eine Kritik am Beispiel ‚Landschaft'.* Wiesbaden: Springer VS.

Kühne, O. & Fischer, J. D. (2022). Pillepallescapes. Journeys to the edges of socially shared landscape constructions. *Human Geographies 16* (2), 157–174. http://www.humangeographies.org.ro/volume-16-issue-2-2022/1623-abstract. Zugegriffen: 8. Dezember 2022.

Kühne, O., Koegst, L. & Berr, K. (2024). *Oilscapes of Louisiana. Neopragmatic reflections on the ambivalent aesthetics of landscape constructions.* [S. l.]: Springer VS.

Kühne, O., Weber, F., Berr, K. & Jenal, C. (Hrsg.). (2023). *Handbuch Landschaft* (2. Aufl.). Wiesbaden: Springer VS.

Luhmann, N. (1993). Die Moral des Risikos und das Risiko der Moral. In G. Bechmann (Hrsg.), *Risiko und Gesellschaft. Grundlagen und Ergebnisse interdisziplinärer Risikoforschung* (S. 327–338). Opladen: Westdeutscher Verlag.

Medina, F. X. (2005). *Food culture in Spain* (Food culture around the world). Westport, Conn.: Greenwood Press.

Mihalic, T. (2020). Conceptualising overtourism: A sustainability approach. *Annals of Tourism Research 84*, 103025. https://doi.org/10.1016/j.annals.2020.103025

Mose, I. (2019). Landschaft und Regionalentwicklung. In O. Kühne, F. Weber, K. Berr & C. Jenal (Hrsg.), *Handbuch Landschaft* (S. 279–288). Wiesbaden: Springer VS.

Noske, R. (1997). *Die Sprachphilosophie Hilary Putnams.* Zugl.: Bonn, Univ., Diss., 1996, Lang. Frankfurt am Main.

Paffen, K. (Hrsg.). (1973). *Das Wesen der Landschaft* (Wege der Forschung, Bd. 39). Darmstadt: WBG.

Popper, K. R. (2003 [1945]). *Die offene Gesellschaft und ihre Feinde. Band 1: Der Zauber Platons* (8. Auflage). Tübingen: Mohr Siebeck.

Putnam, H. (1982). Why Reason Can't Be Naturalized. *Synthese 52* (1), 3–23. http://www.jstor.org/stable/20115757. Zugegriffen: 23. August 2023.

Riesto, S. (2018). *Biography of an Industrial Landscape. Carlsberg's Urban Spaces Retold* (Landscape and Heritage Research). Amsterdam: Amsterdam University Press.

Rorty, R. (2023). *Pragmatismus als Antiautoritarismus* (Erste Auflage, deutsche Erstausgabe). Berlin: Suhrkamp.

Röttgers, K. & Fabian, R. (2019). Authentisch. In J. Ritter & K. Gründer (Hrsg.), *Historisches Wörterbuch der Philosophie. Band 1: A–C.* Völlig neubearbeitete Ausgabe des „Wörterbuchs der philosophischen Begriffe" von Rudolf Eisler (Spalte 691–692). Darmstadt: WBG.

Saupe, A. (2012). *Authentizität.* Potsdam: Zentrum für Zeithistorische Forschung.

Schäfer, R. (2015). *Tourismus und Authentizität. Zur gesellschaftlichen Organisation von Außeralltäglichkeit.* Bielefeld: transcript.

Schilling, E. (2021). *Authentizität. Karriere einer Sehnsucht* (Beck Paperback, Bd. 6403, Originalausgabe). München: C.H. Beck.

Schütz, A. & Luckmann, T. (2003 [1975]). *Strukturen der Lebenswelt.* Konstanz: UTB.

Stemmer, B. (2016). *Kooperative Landschaftsbewertung in der räumlichen Planung. Sozialkonstruktivistische Analyse der Landschaftswahrnehmung der Öffentlichkeit.* Wiesbaden: Springer VS.

Tilley, C. (1997). *A phenomenology of landscape. Places, paths and monuments* (Explorations in anthropology). Oxford: Berg.

Urry, J. (2002 [1990]). *The Tourist Gaze* (2. Auflage). London: SAGE Publications.

van der Valk, A. (2009). Multiple Cultural Landscape. Research and Planning for Living Heritage in the Netherlands. In J. Hernik (Hrsg.), *Cultural Landscape – Across Disciplines* (S. 31–60). Bydgoszcz: Oficyna Wydawnicza Branta.

Vileniske, I.G. (2008). Influence of Built Heritage on Sustainable Development of Landscape. *Landscape Research 33* (4), 425–437.

Wang, N. (1999). Rethinking authenticity in tourism experience. *Annals of Tourism Research 26* (2), 349–370. https://doi.org/10.1016/S0160-7383(98)00103-0

Wylie, J. (2007). *Landscape.* Abingdon: Routledge.

Zube, E.H. & Pitt, D.G. (1981). Cross-cultural perceptions of scenic and heritage landscapes. *Landscape Planning 8* (1), 69–87. https://doi.org/10.1016/0304-3924(81)90041-1

Zukin, S. (2010). *Naked City. The death and Life of Authentic Urban Places.* New York: Oxford University Press.

Autoren

Dr. Dr. Olaf Kühne ist Professor für Stadt- und Regionalentwicklung an der Eberhard Karls Universität in Tübingen. Der promovierte Geograph und Soziologie (Habilitation in Geographie) befasst sich insbesondere mit Landschaftstheorie, Regionaler Geographie, Neopragmatismus und Sozialkonstruktivismus.

Dr. Ralf Vogler ist Forschungsprofessor für Tourismuspolitik und -entwicklung an der Hochschule Heilbronn. Er ist darüber hinaus stellvertretender Direktor des Institute of Tourism, Travel and Hospitality.

Dr. Karsten Berr ist Wissenschaftlicher Mitarbeiter am Lehrstuhl für Stadt- und Regionalentwicklung an der Eberhard Karls Universität in Tübingen.

Teil IV

Narrative als Werkzeug der Landschaftsgestaltung – eine Annäherung

Michael Domsalla

Abstract

Dieser Beitrag beschäftigt sich mit den Potentialen, Narrative in der Landschaftsgestaltung einzusetzen.

Im ersten Teil widmet sich eine theoretische Annäherung dem Spezifischen des Begriffs Narrativ. In einem kurzen Abriß wird gezeigt, dass kulturelle Schemata im Sinne der kognitiven Anthropologie und kulturelle Attraktivität zwei zentrale Dimensionen des Begriffs Narrativ sind.

Im zweiten Teil wird die praktische Eignung der theoretischen Betrachtungen geprüft. Zunächst werden Beispiele aus der wirtschaftlichen Praxis angeführt. In der Propaganda werden Narrative seit langer Zeit genutzt. Diese erweitern das Verständnis von Schemata und kultureller Attraktivität. Auf dieser Grundlage kann am Beispiel des Projektes NaTourHuKi gezeigt werden, daß der Rückgriff auf kulturell attraktive Schemata von Landschaft die Landschaftsgestaltung anleiten kann.

Die Übertragung von Wissensbeständen des kulturellen Gedächtnisses auf aktuelle Aufgaben, kann von der Gruppe der Verantwortlichen explizit und von der Gruppe der Erholungsuchenden implizit genutzt werden, um das Narrativ permanent zu aktualisieren. Narrative helfen entsprechend, sich einen Begriff von kulturellen Prozessen zu machen und die eigenen Praktiken daran auszurichten.

Keywords

Landschaft, Narrativ, Schemata, Propaganda, Tourismus, Kinzigtal, kulturelle Semantik, Wissenssoziologie

S. Sieber et al. (Hrsg.), *Landschaft und Naherholung*, RaumFragen: Stadt – Region – Landschaft, https://doi.org/10.1007/978-3-658-45410-4_15

> *„Wozu touristisches Reisen?' (...) In Tourismusräumen werden Orte vermutet, an denen sich der Sinn des Lebens erschließt, wäre eine angemessene Antwort auf diese Frage."* (Wöhler 2011, S. 9)

1 Umrisse

(1) Diese Annäherung ist ein Versuch, Narrative als Werkzeug der Landschaftsgestaltung zu nutzen (siehe auch Reusch et al. 2025).

Zu diesem Zweck wird zunächst der Begriff Narrativ eingegrenzt. Dadurch werden zentrale Eigenschaften von Narrativen sichtbar. Diese Eigenschaften verweisen auf den ursprünglichen Begriff der Propaganda. Propaganda wird mit Bernays (2007) als soziale Kommunikationstechnik verstanden, welche produktive, schöpferische Kräfte steuert. Das Verständnis des Begriffs Narrativ kann durch eine Anreicherung mit den praktischen Erfahrungen der Propaganda verbessert werden. Dieses Vorgehen liefert zudem Ansätze zu seiner Nutzung als Werkzeug.

Dieser Versuch, Narrative als Werkzeuge zu nutzen, kann gelingen, wenn deren Gestaltung und Wahrnehmung zu einer Art Sinnsystem verbunden wird. Das gleiche gilt vermutlich auch für Räume als Gegenstand von Gestaltung.

Durch die Arbeit an Elementen von Landschaft könnte ein sich selbst erzeugendes Wahrnehmungssystem gestaltet werden, welches kollektiv handlungsleitend wird. Dieses System müsste dazu auf das kulturelle Gedächtnis zurückgreifen, durch individuelle Entscheidungen entstehen und durch kulturelle Attraktivität eine hinreichende Masse von Menschen erreichen.

(2) Das Wort Annäherung verweist auf die kontingente Qualität von Narrativen. Die unüberschaubare Vielfalt an Dingen, die sich an ein Wort, einen Satz oder ein Thema heften können, einen Begriff prägen und sich dabei immer wieder verändern, macht die Arbeit mit Narrativen zu einer permanenten Annäherung. Gleiches gilt vermutlich für die Arbeit an Landschaften.

Innerhalb der Metapher Annäherung, einer geistigen Reise ohne endgültiges Ziel, wird jedes Narrativ zum Kapitän eines Schiffes auf einem Ozean aus Zeit. So wie diese Art der Formulierung vielleicht die Fantasie des Lesers öffnet, sind Narrative kontingent im Rahmen stabiler, weil sinnstiftender kultureller Bedeutungen. Als kulturell attraktive Schemata, wie im Weiteren beschrieben, wären Narrative an die Dauer der sinngebenden Kultur gebunden. Damit könnten passende Narrative einem ähnlichen Zeithorizont folgen wie die Gestaltung von Landschaften.

Das attraktive kulturelle Schema, welches hier als Narrativ für das Kinzigtal im Projekt NaTourHuKi vorgeschlagen wird, ist *Das Auental, Tal der Muße*. Die Arbeit mit diesem Narrativ sollte als gemeinsame Annäherung gestaltet werden, zumal bisher nur wenige praktische Beispiele und empirische Belege für ein solches Vorgehen vorliegen.

2 Theoretische Annäherung

2.1 Zum Begriff

Die theoretische Annäherung beginnt mit dem Begriff Narrativ selbst. Er wird in Folge des linguistic turn intensiv diskutiert, ist in einer Phase der Bedeutungstestung und infolgedessen offen.

Der linguistic turn wird auf die Essaysammlung von Rorty (1992) zurückgeführt. Assmann nutzt Sprache in diesem Verständnis in der Geschichtswissenschaft und zeigt ihre Wirkung im kulturellen Gedächtnis (Assmann 2007, vgl. die Essays von Austin und Ryle in Rorty 1992). Worte bezeichnen Dinge und können im Sprechakt auf ihre Semantik hin überprüft werden. Das eröffnet einen empirischen Zugang zur Vergangenheit und ihrer anhaltenden Wirkung über die Analyse von Sprache. Diese nachhaltige Wechselbeziehung von materieller und geistiger Welt ist im sozialen Konstruktivismus von zentraler Bedeutung (vgl. Berger und Luckmann 1974).

Bei der Arbeit mit Meta-Themen des sozialen Konstruktivismus wird das Wort Narrativ häufig mit Bedeutungen von Narration, Diskurs und Frame eingesetzt. Das liegt an der Überschneidung ihrer Semantiken. Die Worte bezeichnen soziale Konstruktionen per se. Das verleitet dazu, sie als Metaphern zu nutzen. Der Begriff Narrativ kann jedoch signifikante Unterschiede beinhalten. Sie sollen kurz skizziert werden.

In dem vorliegenden Ansatz soll Narrativ mit Nünning als ein „kognitiver Modus der Selbst- und Wirklichkeitserfahrung sowie der kulturellen und sozialen Wirklichkeitskonstruktion" verstanden werden (Nünning 2010, S. 33).

Narration: In diesem Verständnis sind Narrative keine bloßen Narrationen, auch wenn es Ähnlichkeiten in der Form geben kann. Die Narration als Erzählung macht komplexe kulturelle Zusammenhänge verständlich und nachvollziehbar. Die Narration ist bewusst in der fiktiven Welt verankert. Sie dient selten oder nie der Gestaltung von Zukünften. Das Narrativ hingegen schöpft seine Kraft aus den realen Lebensvollzügen (vgl. Lehmkuhl 2016 am Beispiel des Mythos als Grenzfall).

Diskurs: In der historischen Diskursanalyse werden leitende Themen erst im Nachhinein sichtbar, weil sich soziale Prozesse dann auf diese Themen beziehen lassen (vgl. Glasze und Mattissek 2021). Im Narrativ ist das leitende Thema von Beginn an sichtbar und ist eine bewusste Handlungsanleitung zur Gestaltung von Zukunft. Deshalb fehlt der historischen Diskursanalyse die diegetische Darstellung. Im Kontrast zur kritischen Diskursanalyse behandeln Narrative explizit Sagbares und Gesagtes.

Frame: Der Frame wiederum ist ein semantischer Raum, der sich auf das Jetzt bezieht. Für die Entstehung von Sinn sind Kontexte grundlegend. Der Frame, Kurzform von framework, ist ein Kontext, welcher die Sprechakte anleitet, während sie vollzogen werden. Der Begriff Frame ist eine linguistische Variante von Diskurs. Ihm fehlt oft der größere zeitliche Rahmen von Diskurs und Narrativ.

Diese Bedeutungselemente können Teil eines Narrativs sein. Das Narrativ geht mit Nünning in mindestens einem Punkt darüber hinaus: Es besitzt eine implizite oder explizite Attraktivität, welche das Handeln von Individuen und Gruppen auf eine wünschenswerte Zukunft hin anleiten kann. Mit Nünning und anderen ist das Narrativ ein Gegenstand der Sozialwissenschaften und nur bedingt der Literaturwissenschaften. In Letzteren wird die Erzählung als Narration und das Erzählformular oder Erzählmuster (narrative patterns), welches in vielen Narrationen verwendet werden kann, als Narrativ bezeichnet (vgl. Koschorke 2018, S. 17).

Ein einfaches Beispiel für ein Narrativ ist *vom Tellerwäscher zum Millionär*. Seine Semantik ist einfach und verständlich: In den USA kann theoretisch jeder Tellerwäscher zum Millionär werden. Tellerwäscher und Millionär sind kulturelle und soziale Metaphern für gering bezahlte Tätigkeiten (Tellerwäscher) und das Vermögen, welches eine sichere Entfernung von Armut bietet (Millionär). Die kulturelle Attraktivität wird in Form eines kulturellen Potentials durch die Beschreibung dieses Narrativs als *american dream* sichtbar (vgl. Wergin 2015).

Wird dieses Narrativ vom Individuum angenommen, handelt es im Sinne Assmanns als Person, als kulturelles Wesen, und stützt seine kulturelle und soziale Wirklichkeitskonstruktion auf dieses Narrativ (Assmann 2007, S. 130–132). Die Wirklichkeit wird auf alle Prozesse hin gefiltert, welche den Weg zu einem größeren Vermögen sichern. Es entsteht ein Modus der Selbst- und Wirklichkeitserfahrung und -konstruktion. Gelingt dies, bestätigt die Evidenz das Narrativ. Millionen US-Amerikaner, die auf diesem Weg zu Vermögen gekommen sind, haben das Narrativ vermutlich erzeugt und erzeugen es im Sinne eines kulturellen Schemas immer wieder. Dabei wird die Person zum Helden der eigenen Geschichte. Sie setzt sich gegen Widerstände durch und wird von der liberalen Demokratie der USA und einer Kultur des Erfolgs dabei unterstützt, ähnlich einer Narration. Nur ist dies keine erzählte Geschichte (story), sondern eine erlebte Geschichte (history), ein „way of worldmaking" und ein „meaning-making" in und von der Welt an sich, wie Nünning (2010, S. 33) es beschreibt.

Müller-Funk (2002, S. 48) führt als Beispiel für ein Narrativ die Philosophie im klassischen Zeitalter auf. Er bezieht sich dabei auf die sechs handlungsbestimmenden Aktanten der narrativen Semiotik nach Greimas. Aktanten sind typische Beziehungen eines Handlungsträgers innerhalb einer Narration (Maier 2018, S. 87 ff.). Es entsteht das Erzählmuster einer Narration über das eigene Selbst. Dadurch wird aus dem Erzählmuster der klassischen Heldenreise ein Muster der Lebensgestaltung: Der Philosoph ist das Subjekt. Es entsteht immer wieder, wenn ein Mensch sich das Narrativ zu eigen macht oder es im übertragenen Sinne lebt. Dazu gehören das Objekt, also die Welt, die es zu erkennen gilt, der Sender, also Gott als Erzeuger dieser Welt, und die von ihm geschaffenen Menschen als Empfänger. Die zu erkennenden Dinge sind die Opponenten und der Helfer, ebenfalls ganz im Sinne der klassischen Heldenreise, ist der Geist.

Müller-Funk beschreibt hier eine kulturelle Persona als Formular und Muster, die sich gebildet hat und von der allgemeines Wissen über die damit verbundenen Lebensvollzüge und Ergebnisse existiert.

Durch diese Abgrenzung und den Bezug zur Nutzung von Narrativen durch Menschen im Alltag lassen sie sich als semantische Räume kennzeichnen, die relativ sicher in die Zukunft weisen und deren kulturelle Praktiken erlernt und ausgeübt werden können und müssen.

Narrative beschreiben insofern den Übergang vom Individuum zur Person, da es immer eine individuelle Entscheidung ist, ein Narrativ anzunehmen und dadurch eine kulturelle Rolle zur Grundlage der eigenen Lebensgestaltung zu machen. Deshalb kann man davon ausgehen, dass jedem Narrativ eine eigene Attraktivität zugrunde liegt, welche diese Entscheidung anleitet. Damit ist implizit die Annahme verbunden, dass Narrative für viele Menschen gleichzeitig wirksam sein müssen, um ein Narrativ zu sein.

Narrative lassen sich folglich als kulturell wünschenswerte Handlungsanleitung zur Erzeugung der Zukunft beschreiben.

2.2 Zum Schema

Narrative werden hier als strengere theoretische Kategorie verstanden, die nur allgemeine Muster erfasst. Dieses Verständnis dient der weiteren Abgrenzung zu *Narration*, dessen Lehnübersetzung des englischen Wortes *narrative* die Grundlage von *Narrativ* bildet: „Zweitens kursieren allem Anschein nach im kulturellen Gedächtnis weniger ganze Geschichten, sondern eher deren komprimierte Schlüsselszenen bzw. Kernmotive (z.B. Adam und Eva mit dem Apfel), die die kognitive Psychologie ‚Schemata' bzw. ‚Skripts' genannt hat" (Ruthner 2002, S. 2). Ähnlich äußert sich Koschorke (2018, S. 17): „On the verbal level, narrative patterns thus function similarly to cognitive schemas allowing the surplus of unsorted empirical data to be reduced to typical, easily recognizable forms: to assimilate the unknown to the known, eradicate deviations, and block out redundant details."[1]

Insofern kann von Narrativen als schematisierte, semantische Räume im Sinne der kognitiven Anthropologie gesprochen werden. Insbesondere die langen Zeiträume, in denen Narrative entstehen und genutzt werden, zeigen, dass Menschen ein kulturelles Geschehen schematisieren, um damit umgehen zu können. Die beispiel-

1 Übersetzung: „Auf der mündlichen Ebene funktionieren narrative Muster also ähnlich wie kognitive Schemata, die es ermöglichen, den Überschuss an unsortierten empirischen Daten auf typische, leicht erkennbare Formen zu reduzieren: das Unbekannte dem Bekannten anzugleichen, Abweichungen auszumerzen und redundante Details auszublenden."

haften Narrative *vom Tellerwäscher zum Millionär* und *klassische Philosophie* sind Kurzfassungen eines sehr viel komplexeren Geschehens, welche als Schemata wiederum schnell verständlich und auch nutzbar sind. Narrative verbinden geistige und materielle Dinge auf schematische Weise.

Schemata können als Orientierungsmuster in der Welt verstanden werden. D'Andrade definiert Schemata als „a simplified interpretation framework used to understand events" (D'Andrade 1993, S. 47–58). Schemata beruhen auf einer relativ festen Sammlung von Werten, wobei jeder einzelne Wert auf das Ganze, also das Schema verweist. Sie sind zugleich flexible Vorlagen, die außerhalb dieser festen Werte relativ frei gestaltbar sind. Schemata können aus anderen Schemas bestehen, so wie *Tellerwäscher* und *Millionär* im Narrativ als jeweils eigene Schemata genutzt werden.

Die wichtigste Eigenschaft von Schemata ist, dass sie nicht die Wahrnehmung selbst sind, sondern diese produzieren. Sie werden genutzt, um Interpretationen zu erzeugen. Sie liegen einer jeweils spezifischen kulturellen und sozialen Wirklichkeitskonstruktion zugrunde. Im Rahmen ihres semantischen Raumes erzeugen sie *Welt*, und *Welt* meint oft zuerst *Raum*.

Ereignisse zu interpretieren bedeutet zugleich, sich in ihnen orientieren zu können. Orientierung erinnert nicht zufällig an Geografie und Räume. Es scheint ein anthropologisches Grundmuster zu sein, dass Orientierung im Raum und Orientierung im geistigen Raum eng miteinander verknüpft sind. Das Wort *oben* bezeichnet nicht nur einen Ort auf dem Berg, sondern auch Orte an der Spitze der sozialen Strukturen, zumindest im europäischen Kultur*raum*.

Das Verständnis von Narrativen als Orientierungsmuster in der Welt verhindert zugleich, in „rationalistische Phantasma" der narrativen Semiotik zu verfallen (Müller-Funk 2002, S. 60).

Narrative als Schemata geben aber nicht nur Orientierung im Sinne einer Struktur und der damit verbundenen Verhaltensweisen, sondern versprechen immer auch eine Belohnung. Sie fügen der Erzeugung von Sinn ein Element der Motivation hinzu. Es ist besser, ein Vermögen zu besitzen, als arm zu sein. Es ist auch besser, wissend zu leben, als blind und getrieben zu sein. Solcherart geordnete Wertekonstellationen lassen sich adhoc für viele Narrative finden. Dieses Element ist vermutlich das zentrale Element des Begriffs Narrativ.

Die folgende Karikatur einer europäischen Stadt von Malachi Ray Rempen (2018) zeigt beispielhaft die Eigenschaften eines Narrativs als kulturelles (Raum-)Schema (Abbildung 1).

In der Zeichnung wird das Orientierungsmuster für Touristen in einer beliebigen europäischen Stadt karikiert, womit zugleich touristische Praktiken angedeutet werden. Im Zentrum findet sich die Postkartenidylle der Altstadt, welche erfahrungsgemäß die meisten Touristen anzieht. Am Bahnhof muss man auf die Tauben achten oder Taubenfutter mitbringen, je nach Gusto. Hotels, Gastronomie und Einkaufsmöglichkeiten finden sich fußläufig um das Areal herum. Zum Nachtleben kommt man über die schöne alte Brücke oder über die hässliche neue Brücke, was wiederum

Abbildung 1 Map of every european city, Malachi Ray Rempen (2018), www.itchyfeetcomic.com

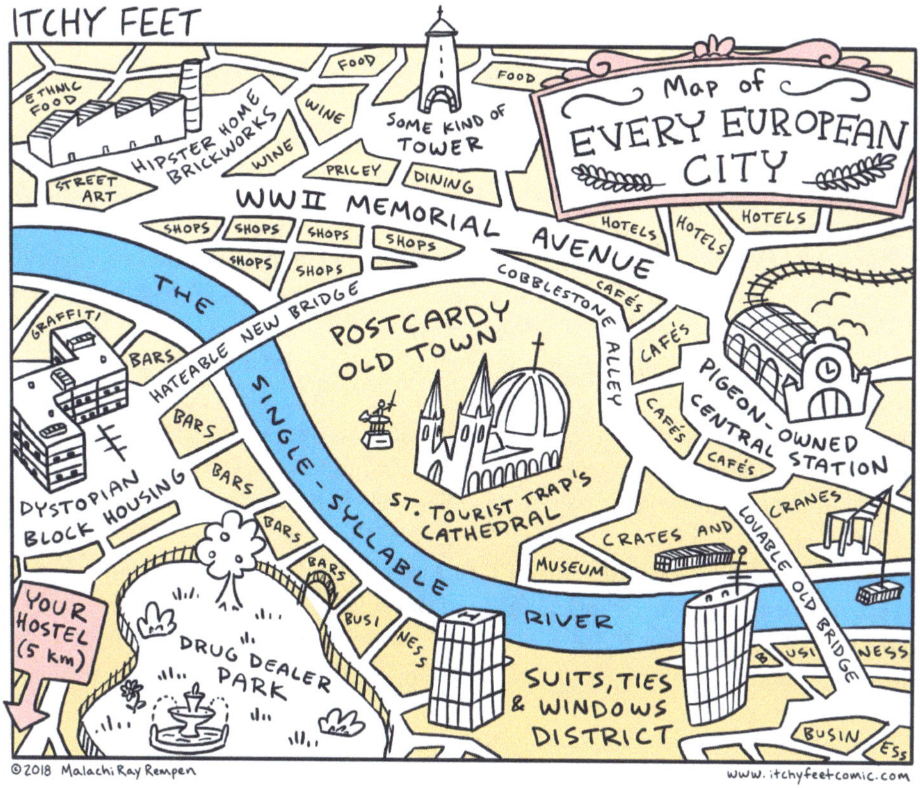

auf das Attraktivitätsmuster des historisch Gewachsenen verweist, welches sich im Zentrum verdichtet. Das preiswerte Hostel, oft ein einfaches Jugendhotel, ist von all dem weit entfernt, befindet sich aber dichter an den Bars als an der Altstadt. Inklusive des Parks der Drogendealer findet sich hier ein Verweis auf das zweite Attraktivitätsmuster des ausschweifenden sozialen Austauschs.

Als Schema ist diese Zeichnung vermutlich in den Köpfen vieler Reisender verankert und dient der allgemeinen Orientierung.

Entsprechend der bisherigen Betrachtungen beinhaltet der gezeichnete Begriff *Europäische Stadt* die beiden zentralen Dimensionen des Begriffes Narrativ am Beispiel eines Raumes: Er ist ein Schema und er besitzt handlungsleitende Attraktivitäten. Der zentrale Unterschied ist die Perspektive der Karikatur auf den Raum. Die Karikatur nutzt nicht die Perspektive des Europäers als Einwohner des Lebensraums *Europäische Stadt.* Hier ist die Stadt ein touristischer *Andersraum,* ein Raum als soziales Konstrukt der Freizeitgestaltung, in welchem Touristen Dinge abseits des eigenen Alltags suchen. Die Attraktivität des Narrativs *Europäische Stadt* bezieht sich dementsprechend auf die Freizeitgestaltung als temporäre Handlungsanleitung (z. B. Geschichte erleben oder Spaß haben) und somit auf einen Teilbereich allgemeinerer Handlungsmuster.

2.3 Zum Werkzeug

Die theoretische Annäherung soll um Erfahrungen aus der Wirtschaft ergänzt werden, um Ansätze für den Einsatz von Narrativen als Werkzeug zu skizzieren.

McCloskey konnte zeigen, dass Narrative für den Erfolg ökonomischer Theorien relevant sind, wenn sie durch massenmediale Vermittlung ein nicht mehr hinterfragbares Paradigma erzeugen (McCloskey 1990).

Diesen Effekt nutzt die Propaganda, heute Public Relations (Gestaltung öffentlicher Beziehungen), seit langem für die Steigerung des Erfolges von Unternehmen. Edward Bernays nannte die Aufgabe der Propaganda das „engineering of consent", also die Konstruktion des (massenhaften) Einverständnisses (Bernays 2007, S. 12).

Ein Beispiel dafür stammt von den Brüdern Michelin aus dem Jahr 1900, die eigentlich Autoreifen verkaufen wollten. Zu diesem Zweck erfanden sie den Michelin-Reiseführer, mit dem Ziel, die Anzahl der Autofahrten zu erhöhen (Kapferer 2012, S. 141). Aus den Michelin-Kriterien entstand das Narrativ der *besten Restaurants*. Sie sind bis heute ein eigener Reiseanlass (vgl. Hassemer und Olschowsky 2012, S. 58). Die Stärke des Narrativs zeigt sich in der Doppeldeutigkeit der Marke Michelin: Gummireifen und Sternerestaurants.

Ein aktuelles Beispiel findet sich bei der Coca-Cola Company. Im Rahmen der Contentstrategie, einer neuartigen Kommunikationsstrategie für interaktive und etablierte Massenmedien, soll ein Leitstern der Popkultur gefunden werden. Er soll die Kreativität befördern, zur Tapferkeit ermuntern, die Spielfreude anheizen usw. (vgl. Coca-Cola Company 2011).

Dieser Leitstern bezeichnet ein Narrativ, welches die Coca-Cola Company für ihre strategische Markenkommunikation nutzt. Seit ca. 2021 ist dieser Leitstern die *Real Magic,* welche in vielfältigsten Werbemitteln und Geschichten mit der Marke Coca-Cola verbunden wird. *Real Magic* wird beschrieben als Markenplattform, welche „die wahre Magie des täglichen Lebens und unsere zwischenmenschlichen Beziehungen darstellt" (Coca-Cola 2021). Im Sinne der theoretischen Herleitung des Begriffs Narrativ schreibt der Chief Marketing Officer von The Coca-Cola Company: „‚Real Magic' ist nicht einfach ein Slogan oder eine einmalige Kampagne: Es ist eine langfristige Markenphilosophie, die Marketing und Kommunikation der gesamten Coca-Cola-Marke bestimmen wird', so Arroyo." (Coca-Cola 2021). Im Begriff und in seiner Definition findet sich die leitende Idee, dass das menschliche Leben vielfältig, bunt und lebenswert ist. Magie wird hier als Metapher für die Freuden des Lebendigseins mit Anderen genutzt. Als globale Marke kommuniziert die Coca-Cola Company also ein attraktives Schema: Die Gestaltung des eigenen Lebens mit Anderen. Das verbindet die Marke zugleich mit dem Alltag der Menschen. *Real Magic* wird bei der Coca-Cola Company zum Leitbild der Kommunikationsarbeit und zum Kapitän der Marke in den bunten Welten der Popkultur.

Beide Narrative bestehen aus einem semantischen Schema, besitzen eine kulturelle Attraktivität und entstehen durch die Praktiken der Menschen immer wieder neu.

3 Narrativ für eine Region

Die bisherigen Ausführungen können nun genutzt werden, um die verschiedenen Aspekte für das Projekt NaTourHuKi (siehe Sieber et al. 2025) nutzbar zu machen.

Im Projekt NaTourHuKi wurden folgende, anspruchsvolle Oberziele definiert: Die Verbesserung der Lebensqualität, die Entwicklung der regionalen Identität, die Entschärfung von Flächennutzungskonflikten, die Nutzung der geografischen Formation Kinzigtal für die regionale Vernetzung, der Stadt-Land-Ausgleich durch nachhaltigen Tagestourismus und die regionale Erholung sowie die Etablierung eines Netzwerkes Nachhaltiger Tourismus (siehe Sieber et al. 2025).

3.1 Kulturelles Schema und Attraktivität

Der Meta-Charakter sozialer Konstruktionen verweist auf lange Zeitverläufe der Bildung und Nutzung von Narrativen. Es bietet sich an, neue Narrative auf historische Begriffe zu gründen.

Um die Narrative der Beispiele *Europäische Stadt, Beste Restaurants* und *Real Magic* zu verstehen, müssen sie ebenfalls als Begriffe der Kultur und ihrer Entwicklung verstanden werden. Im Begriff *Europäische Stadt* erfolgt das zumeist intuitiv.

Im Begriff *Restaurant* findet sich im Ursprung der Begriffsbildung die Küche des Adels als hochwertiger Standard. Diesen Standard übernehmen die neuen Restaurants erstmalig für das Bürgertum. Die Kriterien von Michelin und das Schema der besten Restaurants gründen sich folglich auf historische Wurzeln.

Im Narrativ *Real Magic* finden sich sogar anthropologische Wurzeln, wenn man den Menschen als soziales Wesen versteht. Dadurch lassen sich zahlreiche kulturelle Begriffe des Zusammenseins nutzen. Gerade die neuartige Kombination virtueller und realer Gemeinschaftsformen der derzeitigen Kommunikation von Coca-Cola besitzt eine besondere Spannung, weil das Narrativ zugleich ein neues narratives Erzählmuster im Sinne von Koschorke erzeugt. Die Coca-Cola Company kombiniert hier historische und moderne Begriffselemente.

Der Entwurf eines Narrativs für das Kinzigtal beruht auf der Idee, zunächst im kulturellen Gedächtnis nach möglichen Schemata zu suchen.

Das Kinzigtal ist von seiner geografischen Anlage überwiegend ein Auental. Da sich Schemata auf zentrale, metonyme[2] Merkmale stützen und alle weiteren Merkmale in das Schema eingeordnet werden, sollte das Auental als zentrales Element der Projektregion genutzt werden. Veits (2021, S. 49) schreibt: „Je mehr von den als prototypisch für das Aussehen eines Objekts abgespeicherten und miteinander verknüpften Variablen im Wahrnehmungsvorgang erfasst werden können, desto wahrscheinlicher wird ein damit verbundenes Objektschema aktiviert, das dann zur Identifizierung führt."

Entsprechend gilt es zu beachten, dass die wenigsten Menschen das Kinzigtal in seiner Gänze sehen werden. Das Aussehen des Gegenstandes *Kinzigtal* und des Begriffs *Auental* wird wahrscheinlich durch eine visuelle Addition von Abschnitten oder sogar nur Ausschnitten des Tales geistig konstruiert. Verschiedene Mobilitätsformen (zu Fuß, auf dem Rad) verändern die Wahrnehmung zusätzlich.

Zentral ist hier der Begriffsbestandteil *Aue* als qualitativ-differenzierendes Kriterium für *Tal* und als Ort, wo man ein Mensch sein kann, dessen Aussehen er erfassen und mit dem Schema abgleichen kann. Jeder relevante Abschnitt oder Ausschnitt muss dann wesentliche Elemente des Schemas Aue enthalten.

Ruft man sich die typischen Elemente des Schemas Aue in Erinnerung, zeigt sich die Ähnlichkeit zum literarischen Topos vom locus amoenus, dem lieblichen Ort. Der Topos zieht sich von der griechischen Antike bis in die Neuzeit durch die Literatur. Das erzeugt seine tiefe Verankerung im kulturellen Gedächtnis. Einige allgemeine Begriffselemente zum naturräumlichen Teil des Schemas sollen kurz aufgeführt werden. Ein Beispiel aus der Antike findet sich in Platons Dialog Phaidros: „die fließende Quelle, die Annehmlichkeit des Ortes, die fruchtbare Vegetation, erfreuliche Geräusche, Ruhe und Ungestörtheit, eine insgesamt schläfrige Stimmung." (Eickhoff 2013, S. 9). Ein Beispiel aus der Vormoderne des 15. Jahrhunderts in den Commentarii von Pabst Pius II.: „grünende Haine, die zur Sommerszeit höchst reizvoll sind. (…) einem Rasenplatz unter Ölbäumen (…), (…) einer grünen Wiese (…), (…) das glasklare Wasser" (Eickhoff 2013, S. 135). Die vermutlich erste volkssprachliche Schilderung eines locus amoenus beinhaltet bereits die schönen Auen (Lamprecht, der Pfaffe, 12th cent., 1993, Vers 5184) und weitere Elemente eines Auentales, also Wald, Schatten, Blumen und Gras, edle Brunnen und grüner Klee (ebd. Verse 5163–5213). Nach Samida et al. (2014, S. 203) gehört der locus amoenus zu den arkadisch-wundervollen Orten.

Der Mythos Arkadien verweist auf ähnliche semantische Strukturen wie *locus amoenus*, als Ort, wo Menschen unbelastet von mühsamer Arbeit und gesellschaftlichem Anpassungsdruck in einer idyllischen Natur zufrieden und glücklich leben

2 Metonymie ist eine Eigenschaft der Sprache. Ein Beispiel ist das metonyme Symbol, welches mit „kausalem, räumlichem, zeitlichem Zusammenhang" den Unterschied zur Metapher bildet (vgl. Schemann, 2011, S. 39–43). So kann etwas „zugrunde gehen", aber nur im metonymen Sprachgebrauch sinkt tatsächlich ein Schiff auf den Grund des Meeres (ebd., S. 41).

Abbildung 2 Arcadia, 1883, Thomas Eakins – Metropolitan Museum of Art, online collection (Met Objekt Kunstwerkkennung 20011161)

(Abbildung 2): „In ihrem ländlichen Idyll herrscht die Ruhe des Feierabends über die harte tägliche Arbeit, der kühle Schatten tritt mehr hervor als die Unbilden des Wetters, der weiche Platz am Bach ist bedeutsamer als das raue Bergland." (Snell 1945, S. 30).

Ein weiteres Muster ist das Auenland, durch J. R. R. Tolkien als Sehnsuchtsort und natur-idyllischer Lebensraum weltbekannt (vgl. Osborne, Jackson, Walsh, Sanders & Jackson, 2001, 8:45–10:21). Die Häuser sind als rundliche und bewachsene Hügel ein schematisches Abbild der hügeligen Landschaft selbst. Vorindustrielle Materialien prägen die materielle Kultur (Simek 2005, S. 51). Bäume, Schatten, Blumen und Gras, edle Brunnen und grüner Klee – sehr ähnlich wird die Landschaft zwischen den Häusern und um die Ansiedlung herum beschrieben. Die fiktiven Beschreibungen von Tolkien und die Vorlage der realen Landschaft um Sarehole Mill sowie Birmingham als industrielles Gegenbild (Simek 2005, S. 14) liefern weitere Hinweise für die zukünftige Gestaltung des Kinzigtales.

Bei all diesen Topoi wird eine wichtige, verbindende Eigenschaft von Auen, locus amoenus, Auenland und Arkadien sichtbar: die nicht-wirtschaftliche Nutzung. Hier wird geistig und kulturell die Lieblichkeit und Nicht-Feindlichkeit der Natur schematisiert, indem größtmögliche Kontraste zu wirtschaftlich genutzten Kulturlandschaften gesetzt wurden. „Die Muße (bzw. otium oder σχολή) ist zentraler Bestandteil des locus amoenus und in antiker Auffassung ebenso wichtig für die Konstitution eines schönen Ortes wie die typischen Naturelemente.“ (Hindermann J. in Eickhoff 2013, S. 91).

Im Gegensatz zu z. B. barocken Landschaftsgärten ist die Ursprünglichkeit dieser nicht-feindlichen Natur ein weiteres wichtiges Begriffselement. Das tatsächliche oder scheinbare Nicht-Eingreifen des Menschen setzt einen Kontrast zu anderen Landschaften mit nicht-wirtschaftlicher Nutzung.

Diese Eigenschaften begründen vermutlich die Attraktivität der Topoi und kennzeichnen ihren Charakter als Andersraum, gerade im touristischen Sinn, zur Abgrenzung von Alltagserfahrungen. Im Begriff Aue sind diese Bestandteile und ihre emotionalen Konnotationen verankert. Sie sind kulturell gelernt. Sonst würde die Welt des Auenlandes nicht sofort millionenfach verstanden, auch wenn die Landschaft nirgendwo existiert[3].

3.2 Praktische Annäherung an das Werkzeug

Davon ausgehend, dass diese Schemata zum Wissensbestand der Anspruchsgruppen des Projektes gehören oder erlernt werden können, sind sie für das Narrativ nutzbar.

Die literarischen Topoi als potentielle Vorlagen eines Narrativs für das Kinzigtal wurden bewusst nur skizziert. Die Strukturen und Elemente des Schemas sollten gemeinsam ausgearbeitet und mit den Möglichkeiten des Kinzigtales abgeglichen werden. Durch die enge Verzahnung von materiellen und geistigen Dingen im Narrativ kann seine Bearbeitung durch Gestaltung oder Kommunikation erfolgen.

Ein historisches Beispiel bietet das Buch *Die Heilquellen am Taunus* (Gerning 1814). Es hat den Namen Taunus für die Region nachweislich erfunden und als Schema etabliert. Das Narrativ des Buches, d. h. sein Erzählmuster, könnte analysiert, modernisiert und für das Kinzigtal genutzt werden.

Einen weiteren Ansatz bietet die Humangeografie mit Modellen im Rahmen der sense of place- und place attachment-Forschung. Sense of place differenziert die soziale Konstruktion eines Ortes von seinen physikalischen Zuständen (vgl. Relph 1976). Place attachment bezeichnet die emotionalen Bindungen von Menschen an Orte als Teilbereiche der sozialen Konstruktion (vgl. Smith 2017).

3 Selbst der Nachbau des Auenlandes bzw. des Dorfes Beutlin namens Hobbiton in Matama auf der Nordinsel Neuseelands, wird als Filmkulisse kontextualisiert und kann den Gedanken des natürlich gewachsenen, der so zentral für den Begriff ist, nicht stützen.

Auf Grundlage der vielfältigen Beschreibungen der Topoi in der Literatur lassen sich solche emotionalen Bindungen herausarbeiten und für Entwürfe zur Entwicklung des Kinzigtals als zukünftigen lieblichen Ort nutzen.

Diese Entwürfe können genutzt werden, um affektive und konative Reaktionen sowie potentielle Verhaltensformen zu testen. Die zentralen qualitativen Eigenschaften von Orten mit starker emotionaler Bindung können als Dimensionen des place attachment verstanden werden. Die place attachements des künftigen Kinzigtales können sich dann in sicheren, sozialen, verändernden, stärkenden, bestätigenden und erinnernden Bindungsdimensionen strukturieren lassen, welche sich wiederum an den verschiedenen Suborten des Kinzigtales manifestieren (vgl. Smith 2017, S. 6–11).

Bei dem Beispiel der *Europäischen Stadt* steht das Attraktivitätsmuster des ausschweifenden sozialen Austauschs für die soziale und das des historisch Gewachsenen für die erinnernde Bindungsdimension.

Die Bindungsdimensionen erlauben Freiräume für die Gestaltung der Suborte des Narrativ-Ortes *Auental*. Je nach Grenzen und Möglichkeiten bei der Umsetzung können z. B. die sozialen (laute Umgebung, Bahnstrecke) oder die erinnernden (leise Umgebung, Abgeschiedenheit) Dimensionen die Gestaltung anleiten.

Das Erleben von Zeit ist vermutlich das verbindende Element der Gestaltung des gesamten Tales, da locus amoenus und das Gefühl der Muße seit der Antike ineinander verwoben sind (vgl. Eickhoff 2013, S. 9).

Aus einer langen Perspektive heraus zeigt sich die Entwicklung des Kinzigtales als Abbild der Entwicklung des Begriffs Zeit. Bis zur Installation von Bahnhofsuhren folgte das Zeitverständnis der Natur, wie es in den Sonnenuhren mit ihrem Schattenverlauf entlang der Ekliptik sichtbar wird. Durch die Verbreitung von Bahnhofsuhren entstand in der Bevölkerung ein Zeitverständnis von Stunden, Minuten und Sekunden.

Auenlandschaften entwickelten sich ähnlich. Sie waren ursprünglich, landwirtschaftlich kaum nutzbar und folgten dem Rhythmus der Natur. Mit der Industrialisierung der Gesellschaft wurde das Auental der Kinzig zu einer *Durchgangszone* mit entsprechend getakteter Verkehrsinfrastruktur, einem placelessness place (Relph 1976, S. 79–121).

Tourismus bietet nun die Möglichkeit, die Nicht-Nutzbarkeit im wirtschaftlichen Sinn einem Zweck zuzuführen, der die Natur in ihrem Rhythmus weitgehend erhält und soweit umgestaltet, dass der touristische Nutzen für Freizeit und Naherholung das Schema des locus amoenus wieder herstellt.

Das Kinzigtal ist von der Flussquelle bei Sterbfritz bis zur Mündung in den Main in Hanau das zentrale geografische Element des Projektes. Das ermöglicht und vereinfacht die Schematisierung. Als zentrales Element erlaubt es eine einfache kognitive Abgrenzung des Raumes. Als vollständiges Element erlaubt es die Abbildung vielfältiger Variationen des Schemas. Die Nutzung des Narrativs ermöglicht damit die Gestaltung verschiedener Orte: vom kleinsten Ort mit einer Sitzbank, über naturräumliche Abschnitte ähnlich eines Landschaftsbildes bis hin zu Etappen einer Radtour. An jedem dieser Orte kann das Schema der Aue als locus amoenus als Vorlage genutzt werden, um Ziele zu skizzieren, Zielkonflikte zu bewerten und Orte zu gestalten.

Die Elemente der Topoi vom locus amoenus, des Auenlandes oder zu Arkadien sorgen für die grundlegende Attraktivität des Narrativs.

Schema und Attraktivität verweisen auf die Auszeit als freizeit-touristisches Ziel, denn die Anderswelt des Auentales erlaubt sofort die Zuordnung als Andersort im Sinne einer Abgrenzung vom wirtschaftlich dominierten Alltag der Menschen. Im Auental ist es das Erleben einer idyllischen, freundlichen Natur und sei es nur beim Ausflug, in der Freizeit und der Naherholung sowie im Kontext dessen, was Menschen heute als natürlich schematisieren.

3.3 Zum potentiellen Narrativ

Die Muster von Müller-Funk (2002, S. 48–49) lassen sich nutzen, um ein Narrativ zu formulieren, welches die Arbeit an und die Kommunikation zum Kinzigtal anleitet: *Das Auental, Tal der Muße.*

Das kulturelle Schema des Ortes ist das idealtypische Auental, als natürlich erscheinendes Tal der Muße und der kulturellen Praktik Müßiggang. Jeglicher wirtschaftliche Nutzen ist im Schema abwesend. Als kulturelle Semantik formuliert: Jeglicher wirtschaftlicher Nutzen ist nur als maximal möglicher Kontrast anwesend.

Neben den erwähnten Punkten ergibt sich als kulturelle Attraktion die implizite Aufforderung, Zeit als solche wieder zu entdecken, also einen Ort zu kennen, wo das historische oder eben *natürliche* Zeitverständnis erlebt werden kann (s. a. Sonnenuhr).

Das Subjekt sind die Verantwortungsbewussten, also Menschen, welche sich für die Gestaltung des Kinzigtales als Auental (Tal der Muße) einsetzen.

Das Objekt sind die Erholungsbedürftigen, welche eine Auszeit aus ihrem stressigen, in Minuten und Sekunden getakteten Leben benötigen.

Der Sender ist die nachhaltige und im weitesten Sinne gesunde Zukunft. Sie verweist auf etwas, förmlich aus der Zukunft zurück zu uns, dass Landschaft und Erholungsuchenden wichtig und attraktiv erscheinen muss, wie der potentielle Reichtum im Narrativ *vom Tellerwäscher zum Millionär.*

Der Empfänger sind die Tagesgäste und die Anwohner. Ein erholsamer Naturraum ist zugleich ein hochwertiger Lebensraum.

Der Opponent ist die Hektik der modernen Zeit und sich daraus ergebender Stress in allen Formen, v. a. aber die permanente Störung eines natürlichen Lebensrhythmus, bedingt durch die Strukturen des modernen Lebens.

Der Helfer ist die Wissenschaft, vertreten durch die teilnehmenden Institute und Disziplinen.

Das Narrativ ist ein potentielles Werkzeug, um eine solche Breite an Zielen und die damit verbundene Vielfalt an Themen im Sinne einer Foucaultschen Brennlinse zu bündeln, zu strukturieren und wieder in zahllose neue Richtungen zu zerstreuen, ohne dabei den Handlungsrahmen zu verlieren (vgl. Antenhofer 2010, S. 33 mit Bezug auf die Raumtheorie von Michel de Certeau, s. a. Füssen 2013).

Indem das Kinzigtal einen gemeinsamen Nutzen als idealer Mußeort erhält, kann es die Region als geografische Formation vernetzen. Das Narrativ kann diesen Prozess anleiten. Es würde sich durch die Etablierung kultureller Praktiken der mußevollen Freizeitgestaltung und Naherholung immer wieder selbst erzeugen. Das Kinzigtal als *Auental* und *Tal der Muße* würde innerhalb eines solchen langen Prozesses einen Ort der regionalen Erholung erschaffen, dessen Attraktion für Stadt und Land gleichermaßen Gültigkeit besäße. Als Kontrastort zur Moderne würde es Lebensqualität als im natürlichen Rhythmus erlebte Lebenszeit zur Verfügung stellen und könnte dem Begriff der Nachhaltigkeit eine erlebbare Qualität verleihen. Es würde Menschen zu einem Netzwerk vereinen, für die das Narrativ attraktiv ist, als locus amoenus der Region eine Identifikation ermöglichen und durch die hohe Flexibilität von Schemata Bewertungsmuster und Freiheitsgrade für die Lösung von Flächennutzungskonflikten zur Verfügung stellen.

Insofern scheint das Narrativ geeignet, die Handlungen unterschiedlichster Akteure zur Erreichung vielfältiger Ziele anzuleiten. Ist das Narrativ als Schema bei den Subjekten, Objekten und Empfängern verankert, entsteht eine Landschaft, die zugleich die Schemabildung steuert. Dadurch entsteht das Schema als Landschaft immer wieder selbst: der bestmögliche locus amoenus der Region im Kontext der Anforderungen unserer Zeit.

4 Fazit

Der vorgestellte Ansatz konzentriert den Begriff des Narrativs auf das kulturelle Schema und die kulturelle Attraktivität als dessen zentrale Eigenschaften. Die Beispiele der Propaganda und der Erfindung des Taunus belegen die potentielle Anwendbarkeit von Narrativen zur selbstbestimmten Verhaltensänderung großer Gruppen von Menschen und zur Gestaltung der Wahrnehmung von Räumen. Anhand einiger Beispiele historisch verankerter Schemata, von konkreten Orten bis hin zu mythologischen Mustern, wurde reichhaltiges Material zur gemeinsamen Entwicklung eines Narrativs aufgezeigt, welches zu den Merkmalen des Kinzigtales, den Zielen des Projektes NaTourHuKi und der Kontingenz von Narrativen passt. Das Material kann mittels der Ansätze im Abschnitt 3.2 zu einem Werkzeug entwickelt werden. Folglich konnte aufgezeigt werden, dass Narrative ein Potential zur Gestaltung von Landschaft besitzen. Auf dieser Grundlage wurde im Abschnitt 3.3 ein passendes Erzählmuster ausgearbeitet.

Aufgrund des relativ offenen Status der theoretischen und v. a. der empirischen Forschung zu Narrativen und ihrer Nutzung wurde die Form der Annäherung gewählt. Aufgrund des kontingenten Charakters von Narrativen wurde diese Form auch für die weitere Arbeit empfohlen. Entsprechend umfassend sind die offenen Forschungsfragen, von der Schärfung des Begriffs bis zu den Wirkungszusammenhängen zwischen Schemata, Attraktivität und dem Verhalten der Anspruchsgruppen. In diesem Sinn ist das Projekt NaTourHuKi ein wichtiges Realexperiment, bei welchem das Narrativ den Umriss der sozial-psychologischen System-Umwelt-Grenze beschreibt (vgl. Groß et al. 2005, S. 20–23).

Die zentrale Frage ist, ob die Erholungsbedürftigen das Narrativ annehmen und von sich aus beginnen werden, ein Tal der Muße zu nutzen und mit zu gestalten. Diese Prozesse sollten in den nächsten Jahren wissenschaftlich begleitet werden.

Es besteht die Chance, Narrative zur produktiv-schöpferischen Gestaltung von Landschaften einzusetzen. Muße könnte in diesem Prozess von einer elitären zu einer populären Aktivität werden, wie Korenjak zeigt (Eickhoff 2021, S. 131–146).

Literaturverzeichnis

Antenhofer, C. (2011). *Fetisch als heuristische Kategorie.* Bielefeld: transcript Verlag.

Assmann, J. (2007). *Das kulturelle Gedächtnis* (6. Auflage). München: C. H. Beck.

Berger, P. L., & Luckmann, T. (1974). *Die gesellschaftliche Konstruktion der Wirklichkeit: eine Theorie der Wissenssoziologie* (4. Auflage). Frankfurt am Main: S. Fischer.

Bernays, E. L. (2007). *Propaganda: die Kunst der Public Relations.* Berlin: orange-press.

The Coca-Cola Company. (2011). Content 2020, Kommunikationsstrategie. https://www.youtube.com/watch?v=LerdMmWjU_E. Zugegriffen: 08.09.2023.

The Coca-Cola Company. (2021). CocaCola präsentiert neue globale Markenplattform. https://www.coca-cola-oesterreich.at/uber-uns/presseaussendungen/Coca-Cola-praesentiert-neue-globale-Markenplattform_Real-Magic. Zugegriffen: 08.09.2023.

D'Andrade, R. (1993). Cognitive anthropology. In Schwartz, T., White G. M. & Lutz C. A. (Hrsg.), New Directions in Psychological Anthropology (S. 47–58). Cambridge: Cambridge University Press.

Eickhoff, F. C. (Hrsg.) (2021). Mußeräume der Antike und der frühen Neuzeit. Tübingen: Mohr Siebeck.

Füssel, M. (2013). Tote Orte und gelebte Räume: zur Raumtheorie von Michel de Certeau S. J. Historical Social Research, 38(3), S. 22–39.

Gerning, J. I. von (1814). *Die Heilquellen am Taunus. Ein didactisches Gedicht in vier Gesängen.* Leipzig: Amsterdamer Kunst- u. Industrie-Comptoir.

Glasze, G. & Mattissek, A. (2021). Handbuch Diskurs und Raum (3. Auflage.). Bielefeld: transcript Verlag.

Groß, M., Hoffmann-Riem, H., & Krohn, W. (2005). Realexperimente. Bielefeld: transcript Verlag.

Hassemer, K. & Olschowsky, C. (2012). Positionierung Internationale Destination Bodensee Modul 3. Konstanz: HTWG.

Kapferer, J.-N. (2012). *The New Strategic Brand Management: Advanced Insights and Strategic Thinking* (5. Auflage). London: Kogan Page Limited.

Koschorke, A. (2018). *Fact and Fiction. Elements of a General Theory of Narrative.* Berlin/Boston: De Gruyter.

Lamprecht, der Pfaffe, 12th cent. (1993). Das Alexanderlied. Literary and Linguistic Data Service, http://hdl.handle.net/20.500.14106/1994.

Lehmkuhl, T. (2016). Mythen stellen Wirklichkeit her. https://www.philomag.de/artikel/jan-assmann-mythen-stellen-wirklichkeit-her. Zugegriffen: 05.01.2022.

McCloskey, D. N. (1990). *If You're So Smart. The Narrative of Economic Expertise.* Chicago: The University of Chicago Press.

Maier, T., Müller, M., Grimm, P. (2018). *Narrative Medienforschung. Einführung in Methodik und Anwendung.* Konstanz und München: UVK Verlagsgesellschaft mbH

Müller-Funk, W. (2002), *Die Kultur und ihre Narrative.* Wien: Springer Verlag.

Nünning, A. (2013). Wie Erzählungen Kulturen erzeugen: Prämissen, Konzepte und Perspektiven für eine kulturwissenschaftliche Narratologie. In Strohmaier, A. (Hrsg.), Kultur – Wissen – Narration (S. 15–54). Bielefeld: transcript Verlag.

Osborne, B. M., Jackson, P., Walsh, F., Sanders, T. (Produzenten), & Jackson, P. (Regisseur). (2001). *Der Herr der Ringe: Die Gefährten* (Special Extended Edition), Neuseeland, USA: New Line

Relph, E. (1976). *Place and Placelessness.* London: Pion Limited.

Reusch, L., Conradi, Y. & Bolik, I. (2025). Erzählungen über das Kinzig-Auental. Potentiale ortsbezogener Narrative für eine landschaftsbezogene Erholung in der Metropolregion FrankfurtRheinMain. In S. Sieber, O. Kühne, J. Dettmar & R. Vogler (Hrsg.), *Landschaft und Naherholung – Bedeutung und Nutzung für den Tagestourismus und die Naherholung im Stadt-Land-Kontext.* (S. 93–110). Wiesbaden: Springer VS.

Rorty, R. (Hrsg.) (1992). The linguistic turn: Essays in philosophical method. Chicago: University of Chicago Press.

Ruthner, C. (2002). Das unaufhörliche Raunen des Sinns. Review. http://www.kakanien-revisited.at/rez/CRuthner2.pdf. Zugegriffen: 10.07.2021.

Samida, S., Eggert, M. K. H., & Hahn, H. P. (Hrsg.), (2014). Handbuch Materielle Kultur. Stuttgart: J. B. Metzler

Schemann, H. (2011). *Deutsche Idiomatik: Wörterbuch der deutschen Redewendungen im Kontext.* Berlin: Walter de Gruyter

Sieber, S., Beil, M., Dettmar, J., Heidemann, K., Mosbacher, B., Schmidt, K., Schwemm, A., Siegl, C. & Wittmann, C. (2025). Zwischen Autobahn und Idylle. Naherholung und Tagestourismus als Bausteine der sozial-ökologischen Transformation in einer Metropolregion – das Verbundprojekt NaTourHuKi. In S. Sieber, O. Kühne, J. Dettmar & R. Vogler (Hrsg.), Landschaft und Naherholung – Bedeutung und Nutzung für den Tagestourismus und die Naherholung im Stadt-Land-Kontext. (S. 19–47). Wiesbaden: Springer VS.

Simek, R. (2005). *Mittelerde, Tolkien und die germanische Mythologie.* München: C.H. Beck

Snell, B. (1945). *Arkadien, die Entdeckung einer geistigen Landschaft.* Hamburg: Antike und Abendland

Smith, J.S. (2019). Explorations in place attachment. London: Routledge.

Wergin, C. (2015). Der amerikanische Traum hat Dellen bekommen. Welt Online, https://www.welt.de/politik/ausland/article136548431/Der-amerikanische-Traum-hat-Dellen-bekommen.html. Zugegriffen: 11.09.23.

Wöhler, K. (2011). *Touristifizierung von Räumen: Kulturwissenschaftliche und soziologische Studien zur Konstruktion von Räumen.* Wiesbaden: VS Verlag für Sozialwissenschaften.

Veits, A. (2021). *Narratologie des Bildes: Zum narrativen Potenzial unbewegter Bilder.* Köln: Herbert von Halem Verlag.

Autor

Michael Domsalla promoviert zur Übertragbarkeit des Markenbegriffs von Waren und Dienstleistungen auf Destinationen. Er arbeitet seit über 30 Jahren als Manager, Marketingverantwortlicher und Berater für kleine, mittlere und globale Unternehmen und Destinationen.

Vom planerischen Erholungsnarrativ der Landschaft zu individuellen Erholungsmotiven

Daniel Münderlein

Abstract

Der vorliegende Beitrag verfolgt das Ziel das planerische Erholungsnarrativ der Landschaft mit individuellen Motiven von Erholungssuchenden vergleichend gegenüber zu stellen. Einleitend wird die Bedeutung von Landschaft als Erholungsressource kurz erläutert und dafür wichtige Begriffe wie Gesundheit, Wohlbefinden und Erholung bzw. der Erholungswert der Landschaft gefasst. Im Anschluss wird das Erholungsnarrativ in der Landschaftsplanung vorgestellt und disziplingeschichtlich eingeordnet. Darauf aufbauend werden ausgewählte Studien präsentiert, welche Einblicke in individuelle Erholungsmotive geben. Diese identifizierten Motive werden systematisiert, verglichen und abschließend dem planerischen Erholungsnarrativ gegenübergestellt.

Keywords

Erholungsnarrativ; Erholungsplanung; Erholungsmotiv; Erholungslandschaf, Erholungswert

1 Landschaft als bedeutsame Erholungsressource

Landschaft wird für große Teile der Bevölkerung als bedeutsame Erholungsressource verstanden und als geeignete Umgebungen für Erholungsaktivitäten genutzt, um individuelles Wohlbefinden zu steigern und durch körperliche Betätigung Landschaftsräume positiv zu erleben (Bedimo-Rung et al. 2005). Laut der einer Studie zu Naturbewusstsein, ist Natur für 94 % der Menschen in Deutschland Bestandteil eines

S. Sieber et al. (Hrsg.), *Landschaft und Naherholung*, RaumFragen: Stadt – Region – Landschaft, https://doi.org/10.1007/978-3-658-45410-4_16

guten Lebens (BMUB und BfN 2015). Diverse wissenschaftliche Studien untersuchen die Wechselwirkungen von Landschaft, Gesundheit und Wohlbefinden, um theoretische Modelle zu entwickeln (Abraham et al. 2007; Abraham et al. 2010), empirische Grundlagen zu schaffen (Garrett et al. 2019; Krekel et al. 2016) oder auch die Planung von Erholungsgebieten (Stigsdotter et al. 2011), also die sogenannte Erholungsplanung, voranzutreiben. Im Folgenden sollen steckbriefartig die Begrifflichkeiten Gesundheit und Wohlbefinden, Erholung sowie der Erholungswert der Landschaft gefasst werden, um eine gemeinsame Ausgangsbasis für die weiteren Ausführungen zu schaffen.

Landschaftsbezogene Gesundheit & Wohlbefinden

Gesundheit lässt sich als „Zustand des umfassenden körperlichen, geistigen und sozialen Wohlbefindens und nicht nur [durch] das Fehlen von Krankheit oder Behinderung" charakterisieren (World Health Organization 1946. Präambel).

Wohlbefinden „ist zunächst ein alltagssprachlicher Begriff zur Bezeichnung eines komplexen subjektiven Bewusstseinszustandes, der grundsätzlich nicht unmittelbar der Beobachtung von außen zugänglich ist" (Trojan und Legewie 2001, S. 78).

Erholung ist eine „[...] beanspruchungsregulierende, gesundheitsfördernde Ressource und ein Mediator zwischen Beanspruchung, Gesundheit [und Wohlbefinden]" (Gatt et al. 2002, S. 3)

Vor dem Hintergrund dieser Definitionen leiten sich körperliche und immaterielle Komponenten ab, welche sich in drei Grunddimensionen zerlegen lassen (Bruns und Münderlein 2018; Münderlein 2020; Münderlein und Bruns 2019).

- *Physische Gesundheit & Wohlbefinden:* Bewegung in Alltag und Freizeit (z. B. Gehen oder Radfahren in der Ebene oder im Bergland); Motorische Entwicklung; Sport, usw.
- *Psychische Gesundheit & Wohlbefinden:* Entspannung, Stressabbau; Kognitive und emotionale Entwicklung; Erzeugung positiver Emotionen durch das Erleben und Wahrnehmen eines Landschaftsraumes; Konzentrationsförderung.
- *Soziale Gesundheit & Wohlbefinden:* Soziale Interaktion, Aneignung sozialen Kapitals; kollektive Naturerfahrung; soziale Entwicklung

Völkerrechtliche Vereinbarungen, wie die Europäische Landschaftskonvention, integrieren landschaftsbezogene Gesundheitsaspekte mit dem Hinweis auf, „landscape is a key element of individual and social well-being" (Council of Europe 2000, Präambel), um diesen in Plänen und Programmen verankern zu können. Die räumliche Planung hat vor diesem Hintergrund qualitative und gestalterische Aussagen zu treffen, um das Potential zur Förderung von gesellschaftlichem Wohlergehen und individuellem Wohlbefinden zu steigern (Grahn und Berggren-Bärring 2005). Die Abschätzung und Ermittlung von Erholungspotentialen und möglichen Erholungswertigkeiten von konkreten Gebieten gilt als zentrales Aufgabenfeld der räumlichen Planung und insbesondere der Landschaftsplanung, welches disziplingeschichtlich eng mit methodischen Entwicklungen und Herausforderungen verknüpft ist (Benthien 1997; Harfst 1980; Nolte 2007).

Landschaftsbezogene Erholung wird im deutschsprachigen Raum eng mit dem Erholungswert der Landschaft diskutiert, welcher im Bundesnaturschutzgesetz als unbestimmter Rechtsbegriff enthalten ist und demnach planerisch operationalisiert und ausgelegt werden muss.

2 Einführung in das Erholungsnarrativ der Landschaftsplanung

▶ **Der Erholungswert der Landschaft**

„Natur und Landschaft sind auf Grund ihres eigenen *Wertes* und als Lebensgrundlagen des Menschen auch in Verantwortung für die künftigen Generationen im besiedelten und unbesiedelten Bereich so zu schützen, zu pflegen, zu entwickeln und, soweit erforderlich, wiederherzustellen, dass [...] die Vielfalt, Eigenart und Schönheit sowie der Erholungswert von Natur und Landschaft auf Dauer gesichert sind" (BNatSchG in Fassung von 2002, eigene Hervorhebung).

Der *Erholungswert*, „als eine schwer zu konturierende und dynamisch-prozessuale Qualität von Landschaft", resultiert „aus dem Wechselspiel von individuellem Erholungsbedürfnis [und Erholungsmotiv] des einzelnen Menschen, aktuellen und historischen Landschaftskonventionen sowie der Beschaffenheit der physisch-materiellen Landschaft und ist maßgeblich durch aktuellen Zeitgeist, soziokulturelle Einflüsse und Sehgewohnheiten geprägt" (Münderlein 2021b, S. 205).

Die planerische Identifikation von *erholungswertgebenden* Aspekten der Landschaft bewegt sich zwischen konkret-objektbezogenen Landschaftsmerkmalen, individuellen Erholungsmotiven und Landschaftspräferenzen sowie der möglichen ökonomischen Verwertbarkeit von Landschaft als Erholungsressource. Daher ist eine intersubjektivierbare Annäherung an einen absoluten Erholungswert der Landschaft kaum möglich.

In diesem Kapitel wird dargestellt, dass die Idee von einer gesunden und erholsamen Landschaft ein Narrativ ist, welches aus einem bestimmten gesellschaftlichen Kontext heraus von der Landschaftsplanung entwickelt und in konkrete Gebietsplanung überführt wurde. Vor diesem Hintergrund wird unter Narrativ eine sinnstiftende Erzählung verstanden, welche das Weltbild von bestimmten Gruppen oder Kulturen bestimmt. Ein Narrativ bezieht sich in erster Linie auf die Gesellschaft oder bestimmte Kultareale und transportiert Werte, aber auch Emotionen (Ächtler 2014). Da es Einfluss auf unsere Weltanschauung und Wahrnehmung der Umwelt nimmt, hat es weiterhin eine starke räumliche Dimension. Aufbauend auf dieser Definition lässt sich herausarbeiten, dass sowohl unsere gesellschaftliche Vorstellung von Landschaft auf einem Narrativ beruht (Kühne 2013; Trepl 2012), als auch die Idee von einer gesunden und erholsamen Landschaft als Geschichte erzählt und an die Menschen herangetragen wurde (Bruns und Münderlein 2018).

In ihren Grundzügen geht die Erholungsplanung auf gesellschaftlich-technische Entwicklungen im 20. Jahrhundert, wie Industrialisierung und starkes städtebauliches Wachstum, zurück (Buchwald 1956). Einflüsse und Rahmenbedingungen des modernen Lebens in der Stadt, wie beschleunigte und veränderte gesellschaftliche Zeitstrukturen samt Entkoppelung von natürlichen Zyklen wie Tag und Nacht oder Jahreszeiten, stoffliche und akustische Belastungen in Kombination mit dem Verlust vermeintlich etablierter und tragfähiger ländlicher Sozialstrukturen werden als omnipräsente Belastungsquelle interpretiert. Diese latent zivilisationskritische Perspektive attestiert Stadt und Stadtbevölkerung einen körperlichen, geistigen und sozialen Missstand, zu dessen Kur die Rückbesinnung auf ein naturnahes Leben anzuordnen ist. „Unter Erholung wird [vor diesem Hintergrund] der Ausgleich zu den einseitigen Beanspruchungen und den An- bzw. Überforderungen, die das moderne, alltägliche Leben mit sich bringen, verstanden" (Walz und Berger 2004, 759 Bezug nehmend auf Kiemstedt 1967). Landschaft wird zum Sinnbild für ein gesundes und gutes Leben von und mit der Natur erklärt. Natur bzw. Natürliches avanciert zum räumlichen und symbolischen Gegenpol zu den räumlichen und lebensweltlichen Auswirkungen der Industriemoderne. Aufbauend auf diesen Überlegungen und einem vermuteten gesamtgesellschaftlichen Erholungsbedürfnis wurden Planungsaufträge entwickelt, welche in den 1950er und 1960er Jahren vorwiegend darauf beruhten, „Erholungssuchende aus Ballungsräumen" in planerisch vorbereitete Erholungsgebiete zu lenken (Runge 1990, S. 211), um den Menschen in „naturnaher Umgebung" die Möglichkeit zu bieten „Gesundheit aufzutanken" (Buchwald 1956, S. 69). Im Hinblick auf den planerischen Umgang mit dem, der Gesellschaft attestierten, Erholungsbedürfnis wird vorerst für die Unterschutzstellung von naturnahen und unberührten Landschaften als Gegenwelt zur alltäglichen Lebensumgebung der Stadtbevölkerung plädiert. „Gesunde Landschaft bedeutet, dass sie für den physischen Menschen gesund ist: Die Luft ist sauber, das Wasser klar" (Trepl 2012, S. 221).

Für die Erholungsvorsorge gilt es demnach Landschaften zu entwickeln, welche möglichst wenig menschlichen Einfluss erkennen lassen, da diese für die Rückbesinnung auf ein naturnahes Leben zweckdienlich sind und auch im Hinblick auf die planerische Entwicklung einer Gegenwelt zum technologisch-überprägten Stadtleben größtmögliches Kontrastpotential besitzen. Extensive bäuerliche Kulturlandschaften, Naturlandschaften sowie Wald und Moorgebiete werden zu Idealtypen der Erholungslandschaft (Buchwald 1956). Dieser Argumentation folgend, beginnt die Landschaftsplanung die Erholungswirkung der gesunden Landschaft in großräumigen Schutzgebieten für größere Teile der Bevölkerung nutzbar zu machen. Die Naturparkentwicklung in Deutschland lässt sich planungsgeschichtlich in diesem Kontext einordnen, da sie in ihren Anfängen, ganz im Sinne von Naturschutzparks, auf Landschafts- und Naturschutz abzielte, um ab Mitte des 20. Jahrhunderts verstärkt Aufgabenfelder, wie die Schaffung von Erholungsressourcen und nachhaltiger Regionalentwicklung, zu verfolgen (Weber 2013; Weber et al. 2018).

Gesundheit und Erholung fungieren in der Gründungsphase der Naturparkbewegung nicht nur als Triebfeder für die konkrete Entwicklung von Gebieten, sondern prägen Planungsverständnis und Planungsmethoden der Landschaftsplanung (Bruns und Münderlein 2018). Im Zusammenhang mit dem Erholungsnarrativ der Landschaftsplanung gilt es den erläuterten Prozess des planerischen Aus- bzw. Umdeutens von Landschaft als Gesundheits- und Erholungsressource zu betonen, welcher sich maßgeblich aus soziokulturellen Wertzuschreibungen einschließlich einer latenten Kritik an den Auswirkungen der Industriemoderne begründet.

Zusammenfassend kann dargestellt werden, dass das Narrativ der Erholungsplanung auf der Geschichte von einer guten und gesunden Landschaft beruht, welche als Gegenpol zur krankmachenden Stadt mit ihren zahlreichen Belastungsquellen angesehen wurde.

Dieses Narrativ wurde nicht aus der Mitte der Bevölkerung heraus entwickelt, sondern maßgeblich von einzelnen Protagonisten der Landschaftsplanung erdacht und in räumliche Konzepte überführt. Heutzutage ist nicht unkritisch zu sehen, ob der im 20. Jahrhundert künstlich konstruierte Kontrast der vorindustriellen Landschaften und dem technologisch-überprägten bebauten Raum heute noch der Idee einer gesunden Landschaft entspricht, oder eher landschaftliche Stereotypen reproduziert.

Die Idee physische Naturräume als gesunde Naturerlebnislandschaften zu interpretieren, lässt sich jedoch nicht nur planungswissenschaftlich, sondern auch gesellschaftstheoretisch erklären.

Naturerlebnislandschaften bieten als relativ unangetastete Naturräume aufgrund ihres lebensweltlichen Charakters diverse Handlungsoptionen, welche als Gegenpol zu den „entmystifizierten, kontrollierten, funktionalen Bedingungen zeitgenössischen urbanen Lebens fungieren und eine Ästhetik und Kraft jenseits menschlicher Kontrollierbarkeit versprechen“ (May und Saretzki 2023, S. 122). Durch sich diversifizierende Outdoor Aktivitäten erfahren Menschen diese Naturerlebnislandschaften mit allen Sinnen und eignen diese affektiv an. Auf diesem Wege werden Landschaften als „antistrukturelle Gegenentwürfe zu den vorhersehbaren, lückenlos vermessenen, überraschungsarmen und durchstrukturierten Alltagsräumen der postmodernen Stadtgesellschaft“ (ebd., S. 122) interpretiert. Die Erfahrung von Erlebnislandschaften als „Resonanzoasen“, also als paradiesische Orte in denen das Individuum einen positiven Wiederhall außerhalb der „Entfremdungswüsten“ von beschleunigten Gesellschaften erfährt (Rosa 2005, 2016, 2022), kann demnach ebenfalls als räumliches und affektives Kontrastprogramm zu Alltagsumgebung samt Verpflichtungen des Alltags begriffen werden.

Das Naturerlebnis in diesen gesellschaftlich sowie räumlich fassbaren „Resonanzoasen", ist charakterisiert durch die gefühlte Abwesenheit von sozio-ökonomischen oder gesellschaftsinhärenten Nutzungsregeln und dem vollständigen Aufblühen in der körperlich erlebten Gegenwart des Hier und Jetzt (May und Saretzki 2023).

Gesellschaftliche Individualisierungstendenzen samt der Diversifizierung von möglichen individuellen Erholungsmotiven im 21. Jahrhundert, aber auch die räumlich changierende Hybride zwischen Stadt und Land in Form einer neuen Stadtlandschaft (Hofmeister und Kühne 2016), fordern zu einer feinkörnigeren Weiterentwicklung althergebrachter Erholungsnarrative auf. Regional- und Naturparke sind in besonderem Maße bestrebt, neue Impulse und Angebote für Erholungssuchende zu entwickeln, welche insbesondere anschlussfähig an urbane Lebensstile und Trendsportarten sind. Sowohl die Landschaftsplanung als auch das Tourismusmarketing sind vor diesem Hintergrund bereits im Prozess der Aktualisierung von klassischen Erholungsnarrativen samt der Neuinszenierung von Erlebnislandschaften und dem Branding von größeren Landschaftsräumen (Aschenbrand 2017; Leuschen und Thimm 2019).

2.1 Allgemeine Motive für Erholungsaufenthalte in der Natur

Nachdem im vorhergehenden Kapitel das planerische Narrativ von landschaftsbezogener Erholung erläutert und ein kurzer Exkurs in die Idee der Resonanzoasen vorgenommen wurde, sollen nun individuelle Motive für Erholungsaufenthalte in der Natur vorgestellt werden. Die Ausführungen zum Erholungswert der Landschaft haben verdeutlicht, dass der Versuch einer intersubjektivierbaren Annäherung an erholungswirksame Landschaftsmerkmale wenig zielführend ist. Die individuelle Erwartungshaltung sowie persönliche Erholungsmotive spielen für die Erholungssuchenden eine maßgebliche Rolle im Hinblick auf das angestrebte Erholungserlebnis. Um der Frage, ob Landschaft für den Menschen erholungswert ist, nachzugehen, sollen nun Naturtourist*Innen, Wanderer*Innen und Erholungssuchende selber durch ausgewählte Studien zu Wort kommen.

2.2 Motive von deutschen Naturtouristen

In einer Studie aus 2016[1] wurden knapp 1 000 Naturtouristen zu den Motiven ihrer touristischen Aktivitäten befragt (Diagramm 1). Der genaue Wortlaut der Fragestellung war „Warum haben Sie die nationale Naturlandschaft besucht?" (Tourismusver-

1 Die Studie liefert Ergebnisse aus einer Umfrage aus dem Jahr 2016 zu den Motiven von Naturtouristen für einen Urlaub in einer deutschen Naturlandschaft. Welche Motive haben die deutschen Naturtouristen?

Diagramm 1 Motive von deutschen Naturtouristen (Eigene Darstellung basierend auf Tourismusverband Uckermark 2016)

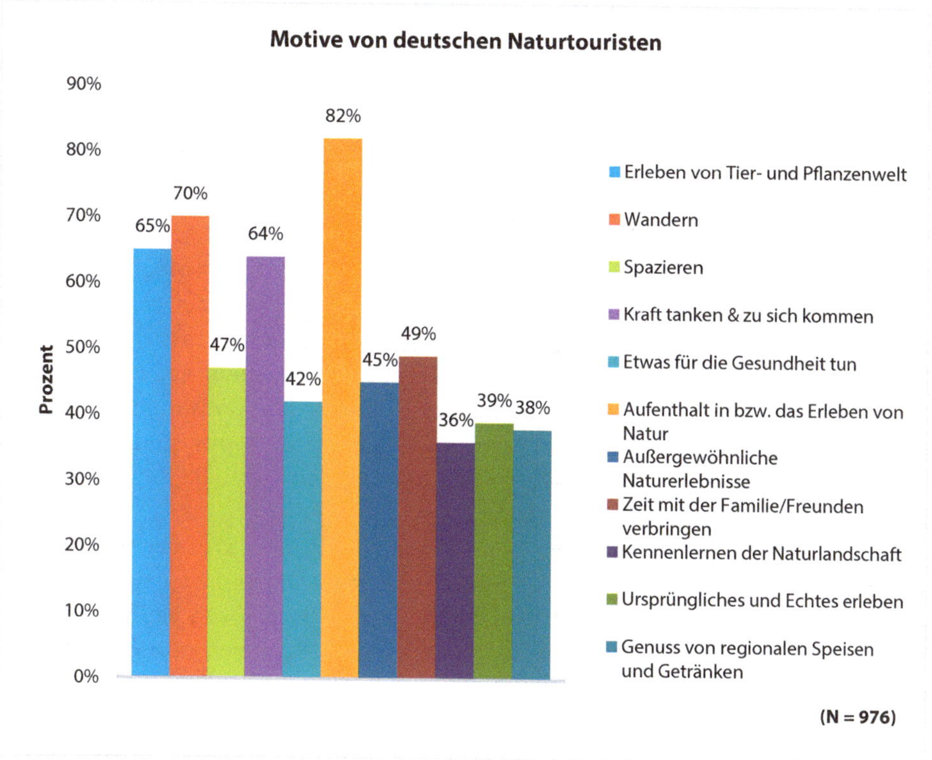

band Uckermark 2016). Mit 82 % war der Aufenthalt in bzw. das Erleben von Natur das meistgenannte Motiv der befragten Personen. Körperliche Aktivitäten wie Wandern (70 %) bzw. auch Spazierengehen (47 %) sind der Studie nach, ebenfalls wichtige Beweggründe für den Besuch von nationalen Naturlandschaften. Das Erleben von Tier- und Pflanzenwelt (65 %), außergewöhnliche Naturerlebnisse (45 %), sowie Ursprüngliches und Echtes erleben (39 %) rangiert hinter den physischen Erholungsaktivitäten. Antworten mit direktem Erholungs- bzw. Gesundheitsbezug umfassen das Kraft tanken & zu sich kommen (64 %) sowie Etwas für die Gesundheit tun (42 %).

Zusätzlich finden sich Antworten, welche die soziale Dimension von Gesundheit, wie Zeit mit der Familie/Freunden verbringen (49 %), den Genuss von regionalen Speisen und Getränken (38 %) oder das nähere Kennenlernen der Naturlandschaft (36 %), einschließen.

2.3 Profilstudie Wandern

Die Profilstudie Wandern wird jährlich vom deutschen Wanderinstitut durchgeführt und verfolgt das Ziel das Wanderverhalten von verschiedenen Menschen abzubilden. Dazu werden seit 1998 jährliche Befragungen von Wanderern vor Ort durchgeführt (Deutsches Wanderinstitut e. V. ab 1998). Die Zahl der befragten Personen variiert von 1 000 bis 5 000 Personen und die Befragungen werden in allen deutschen Wanderregionen sowie dem benachbarten Ausland durchgeführt. In der Profilstudie Wandern aus 2007 wurde explizit nach allgemeinen Motiven für einen „Gang in die Natur" gesucht und dazu eine Frage im Fragebogen integriert, um generelle Gründe für Naturaufenthalte offenzulegen. In vorangegangenen Studien wurde bisher nach spezifischen Gründen für Wandern und Spazieren gefragt (Brämer 2007). Befragt wurden dafür 1 280 Studierende an 12 deutschen Universitäten in sieben Bundesländern. Da in der, im vorhergehenden Kapitel erläuterten, Studie zu „Motiven von deutschen Naturtouristen" Wandern als eines der zentralen Motivation von Naturtouristen herausgestellt wurde, erscheinen die Ergebnisse der Profilstudie Wandern in besonderem Maße anschlussfähig, um zusätzliche Beweggründe für den Aufenthalt in der Natur herauszuarbeiten (Diagramm 2).

Als gewichtigste Motive für den Gang in die Natur lassen sich der Genuss von schöner Landschaft (81 %) und natürlicher Stille (60 %) identifizieren. Der Naturgenuss scheint einer der Hauptantriebsgründe für den Besuch von natürlichen Umgebungen zu sein. Das Entdeckten von unbekannten Regionen (49 %) sowie das Erleben von Abenteuern (29 %) rangiert hinter den landschaftsästhetischen Besuchsgründen. In der Befragung dominiert das Genussmotiv vor dem Entdeckungs- bzw. Abenteuermotiv. Das Erleben von Naturdetails (25 %) möglicherweise auch geleitet von naturkundlichem Interesse oder dem Einsatz für Natur- bzw. Umweltschutz (8 %) spielt eine untergeordnete Rolle. Geo-Caching war in der Studie von 2007 noch kaum als Motiv zu beobachten, wobei sich die technischen Möglichkeiten der digitalen Schnitzeljagd in der Zwischenzeit stark weiterentwickelt haben. Die restorativen Potentiale der Landschaft in Form der Verbesserung des psychischen Wohlbefindens sowie die Wiederherstellung der Aufmerksamkeit können in der Befragung tendenziell bestätigt werden. Die Naturerfahrung soll als Ausgleich einseitiger Kopfarbeit (67 %) sowie zur Entlastung vom Berufs- und Alltagsstress (60 %) dienen. Beide Indikatoren haben eine relativ hohe quantitative Gewichtung, welche nur vom Genussmotiv bzw. den Aktivitäten mit Partner/Freunden überwogen wird. Das Lesen und Lernen in einer ruhigen bzw. restorativen Umgebung (31 %) scheint paradoxerweise sehr viel weniger Einfluss als individuelles Motiv zu haben. Die physische Aktivierung durch einen Naturaufenthalt spiegelt sich in den Nennungen, „sich mal wieder richtig bewegen" (57 %) und der „Vollbringung von sportlichen Leistungen" (42 %) wider und zeichnet sich durch eine mittelhohe Gewichtung aus. Weiterhin versuchen die befragten Personen durch den Gang in die Natur etwas für ihre Gesundheit zu tun (41 %). Im Hinblick auf die soziale Dimension der Naturerfahrung wird durch

Diagramm 2 Besonders wichtige Gründe, in die Natur hinauszugehen (Eigene Darstellung basierend auf Brämer 2007)

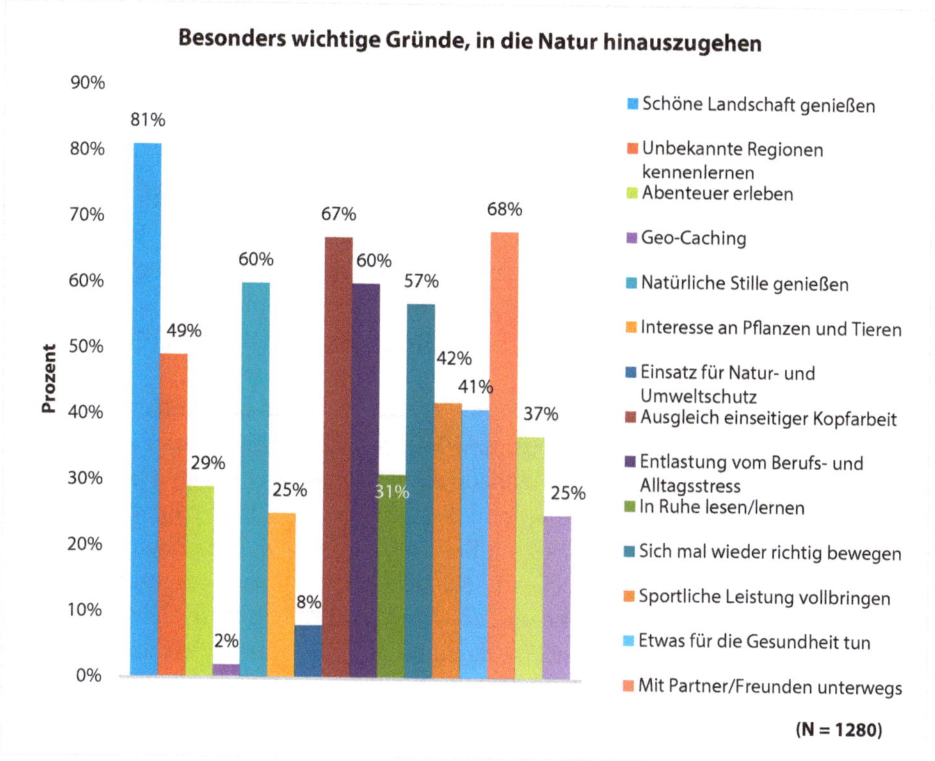

die Befragung deutlich, dass das Unterwegssein mit Partner oder Freunden (68 %) als zweitgewichtigstes Motiv identifiziert werden kann. Das kollektive Erleben von Natur oder auch die gemeinschaftliche sportliche Betätigung hat unter den befragten Personen einen hohen Stellenwert. Das Alleine sein in der Natur (37 %) oder auch die ungestörte Zweisamkeit (25 %) hat eine sehr viel geringere Gewichtung in den individuellen Motiven der Studie des Wanderinstituts.

2.4 Macht Landschaft glücklich?

Im Rahmen der Studie „Macht Landschaft glücklich? – Ermittlung von landschaftsbezogenem Wohlbefinden und Erholung für die räumliche Planung“ (Münderlein 2021b) wurden ca. 500 erholungssuchende Personen im Geo-Naturpark Bergstraße Odenwald mit Hilfe von qualitativen (Münderlein 2021a) und quantitativen Methoden befragt. Da die bisher in Kapitel 2.2 und 2.3 beschriebenen Studien Aufschluss zu allgemeinen Motiven geben, soll nun eine gebietsspezifische Studie präsentiert werden, welche detaillierte Einblicke in die Motivation des Besuchs von dem Geo-Naturpark Bergstraße-Odenwald an verschiedenen Befragungsstandorten liefern kann. Einleitend wird das Gebiets steckbriefartig vorgestellt, um im Anschluss die Ergebnisse von den verschiedenen Befragungsstandorten sowie die Gesamtübersicht zu präsentieren.

Der Geo-Naturpark Odenwald-Bergstraße wurde im Jahre 1960 während der Etablierungsphase der deutschen Naturparkbewegung gegründet. In Kapitel 2 wurden bereits detailliert gesellschaftliche Hintergründe und das Narrativ der erstarkende Erholungsplanung in den 1950er und 1960er Jahren ausgeführt. Der Geo-Naturpark kann daher im Hinblick auf Einrichtung und Planung als prototypisch für Planungsphilosophie und Herangehensweise der Erholungsplanung dieser Zeit betrachtet werden. Daher eignet dieser sich in besonderem Maße als Untersuchungsgebiet.

Der Naturpark umfasst heute eine Parkfläche von ca. 3 500 km^2 und erstreckt sich über die Bundesländer Hessen, Bayern und Baden-Württemberg. Das Parkgebiet ist aufgrund der Größe durch unterschiedliche naturräumliche Qualitäten gekennzeichnet und durch die Flüsse Rhein, Main und Neckar eingefasst. Er verfügt über zahlreiche geologische Besonderheiten wie zum Beispiel das Felsenmeer in Lautertal, wurde 2002 auf nationaler und europäischer Ebene als Geo-Naturpark ausgezeichnet und 2004 in das Weltnetz der Geoparke und 2015 in das „Internationale Geoscience und Geoparks Programm“ der UNESCO aufgenommen. Der Park spielt aufgrund dieser besonderen Eigenschaften eine wichtige Rolle für die Metropolenregion FrankfurtRheinMain und verfügt über ein entsprechend großes Einzugsgebiet (siehe Sieber et al. 2025).

In Bezug auf Erholung und Entspannung in natürlichen Umgebungen stand für den Geo-Naturpark seit Beginn primär die Gebietserschließung für Besucher durch die Entwicklung eines umfangreichen Wegenetzes im Vordergrund. Seit den 1990er Jahren wurden hierzu nicht nur Leitungs- und Lenkungssysteme und Wanderkarten entwickelt, sondern dann auch Ranger und Vor-Ort-Begleiter ausgebildet und eingesetzt. Neben dem physischen und psychischen Erleben der naturräumlichen Kulisse wurde vor allem die soziale Dimension von landschaftsbezogenem Wohlbefinden weiter ausgebaut, was sich in Form eines florierenden Umweltbildungsangebots zeigt[2]. Hier können beispielsweise Lehrwanderungen für die Insektenbestimmung sowie Infoveranstaltungen zu regionalen Lebensmitteln angeführt werden. Die Entwicklung der touristischen Infrastruktur wurde in den letzten Jahren insbesondere durch Wanderwege, einem Wegenetz für Nordic Walking sowie zahlreiche Mountainbike

2 Hier können zum Beispiel Lehrwanderungen für die Insektenbestimmung sowie Informationsveranstaltungen zu regionalen Lebensmitteln (Apfelwalzer, ‚Über Feld und Flur‘-Programm, Kartoffelprojekte für Schüler(innen), Hofführungen) angeführt werden. Auch das ‚Naturpark macht Schule‘-Programm ist eine unmittelbare Ergänzung zum schulischen Curriculum für Sachkunde, Biologie oder Heimatkunde.

Strecken vorangetrieben. Vor allem für den Bereich des Fahrradsports lässt sich belegen, dass dies zu einem erhöhten Besucheraufkommen aus einem großen Einzugsgebiet inklusive des europäischen Auslandes geführt hat (Interessengemeinschaft Odenwald e.V 2015a). Im regionalen Entwicklungskonzept werden Spazier- und Wanderwege als besonders wichtige Elemente der Naherholung angeführt, welches sowohl die regionale Bevölkerung als auch Touristen zur Nutzung animiert (Interessengemeinschaft Odenwald e.V 2015b). In der Fortschreibung des Entwicklungskonzepts wird der geographische Raum mit seiner hohen Umweltqualität und der landschaftlich attraktiven räumlichen Nähe zu den Ballungsräumen Rhein-Main und Rhein Neckar als Stärke identifiziert. Im Rahmen der LEADER Förderkulisse 2014–2020 wurde das Thema Gesundheitstourismus als Handlungs- und Teilziel identifiziert. So existieren in der aktuellen Förderperiode Arbeitskreise und Projektgruppen, welche sich dem Thema „Wald und Gesundheit" verschrieben haben.

Im Rahmen der Studie „Macht Landschaft glücklich?" wurden im Jahr 2017 ca. 500 Personen an drei Befragungsstandorten im Geo-Naturpark befragt. Die Frage *„Was ist Ihre Motivation für den Besuch dieses Naturparks?"* wurde im Fragebogen integriert, um genauere Einsicht in das Besucherverhalten zu erlangen. Im ersten Schritt der Auswertung wurden die Antworten zu der offenen Frage überblicksartig gesichtet und in Form einer Wordcloud dargestellt (Abbildung 1). In der Darstellung als Wortwolke lassen sich bereits erste Häufungen erkennen, da die Schriftgröße der Nennungen mit der Häufigkeit ihres Auftretens korrespondiert.

Der ersten Auswertung nach scheinen Motive wie Erholung, Bewegung, Spaß, Natur, Ruhe, Entspannung, Wandern oder Aktivitäten mit der Familie zu dominieren. Diese Ergebnisse sind anschlussfähig an die Befunde zu den Motiven von deutschen Naturtourist*Innen in Kapitel 2.2 und der Profilstudie Wandern in Kapitel 2.3. Aufgrund der Vielzahl der Einzelnennungen sowie einer konkreteren Vergleichbarkeit zu den konkreten quantitativen Ergebnissen der vorhergehenden Studien werden die Daten aus der Studie in einem zweiten Schritt detaillierter ausgewertet. Um konkrete statistische Berechnungen durchführen zu können, wurden die Einzelnennungen mit Hilfe einer Themenanalyse geclustert. Auf der Grundlage der Einzelnennungen wurden folgende Themencluster gebildet und dann für die eindeutige Zuordnung der Nennungen aus der offenen Frage nach dem Besuchsmotiv genutzt: *Erholung & Entspannung; Gruppenaktivität; Natur/Landschaft erleben; Sport & Bewegung; Essen gehen; Feier & Fest und Sonstiges.*

Auf diesem Wege konnten die Antworten im nächsten Schritt mit Hilfe einer statistischen Häufigkeitsanalyse analog zu den Ergebnissen der bereits erläuterten Studien ausgewertet werden.

Da die Befragung an drei verschiedenen Standorten im Geo-Naturpark Bergstraße-Odenwald durchgeführt wurde, können die Ergebnisse im Folgenden standortbezogen präsentiert werden.

Abbildung 1 Wordcloud zur Studie „Macht Landschaft glücklich?" (Eigene Darstellung mit Hilfe des Word Cloud Generators)

2.4.1 Kuralpe

Das Wandergebiet Kreuzhof-Kuralpe liegt oberhalb von Lautertal-Reichenbach und in der naturräumlichen Einheit des Vorderen Odenwaldes. Das Gebiet ist charakterisiert durch die sanfte Topographie im Wechsel mit Offenland und Mischwaldbereichen (Abbildung 2). Das Wandergebiet befindet sich an der Westgrenze zur oberrheinischen Tiefebene, so dass exponierte Aussichtspunkte imposante Ausblicke aus den Mittelgebirgsstrukturen in die flache Ebene ermöglichen. Aufgrund dieser naturräumlichen Beschaffenheit wurde seitens der Naturparkverwaltung die Entwicklung von Wanderwegen vorangetrieben, so dass der Kreuzhof-Kuralpe, ein

Abbildung 2 Wandergebiet Kreuzhof-Kuralpe (Aufnahme von Daniel Münderlein)

Diagramm 3 Motivation für Besuch der Kuralpe (Eigene Darstellung)

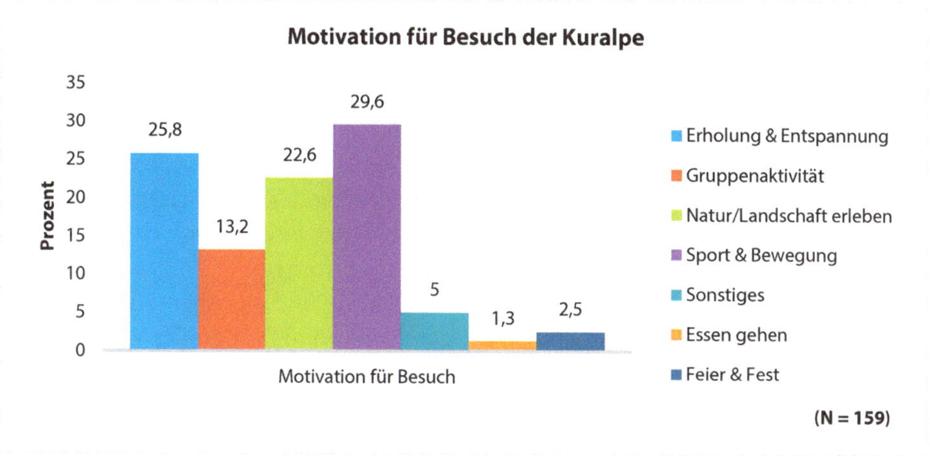

Restaurant mit landwirtschaftlichem Betrieb, als Anlaufstelle für Wanderungen und Tagesausflüge dient.

An der Kuralpe geben ca. 30 % der befragten Personen an, dass Sport und Bewegung die wesentlichen Beweggründe für den Besuch des Gebiets sind. Mit ca. 26 % ist die Suche nach Erholung und Entspannung die zweithäufigste Nennung. Ca. 23 % der Befragten geben an, dass für sie das Erleben von Natur und Landschaft bei ihrem Besuch im Vordergrund steht (Diagramm 3).

2.4.2 Felsenmeer

Bei dem Felsenmeer handelt es sich um ein Geotop aus Quarzdiorit, welcher auch als Felsberg Granit bezeichnet wird. Diese Steinlandschaft ist in einen dichten Laubmischwald eingefasst und wurde seit der Römerzeit als Quelle für Baumaterialien verwendet. Heutzutage ist das Klettern auf den Felsen bei Erholungssuchenden eine beliebte Freizeitbeschäftigung, da das Felsenmeer aufgrund seiner Ausdehnung und Haptik gute Voraussetzungen dafür bietet. Die Geo-Naturparkverwaltung unterhält unmittelbar am Fuß des Felsenmeers ein Informationszentrum, welches ein darauf abgestimmtes Umweltbildungsangebot beinhaltet. Das Felsenmeer liegt am Fuße des Wandergebiets Kreuzhof-Kuralpe und ist im selben Naturraum zu verorten (Abbildung 3).

Als Hauptmotivation für den Besuch des Felsenmeers wird von ca. 27 % der Besucher*innen das Erleben von Natur und Landschaft angegeben. Ca. 25 % sprechen in diesem Zusammenhang von Erholung und Entspannung, während Sport und Bewegung mit ca. 21 % sowie Gruppenaktivitäten mit ca. 19 %, ebenfalls eine Rolle als Motiv für den Besuch des Geotops spielen (Diagramm 4).

2.4.3 Steinbrücker Teich

Das Naherholungsgebiet Steinbrücker Teich liegt in unmittelbarer Nähe zur Stadtkante von Darmstadt und ist sowohl mit Fahrrad und PKW als auch per ÖPNV in wenigen Minuten aus der Innenstadt erreichbar (Abbildung 4). Der Name geht zurück auf das künstlich angelegte Stillgewässer, welches eine Fläche von ca. 3 Hektar umfasst und ca. 1,5 Meter tief ist. Der Steinbrücker Teich wird durch Fließgewässer mit Frischwasser versorgt und diente vermutlich ursprünglich der Fischzucht. Seit den 1960er Jahren erfolgte der sukzessive Ausbau der Erholungsinfrastruktur, so dass heute eine Minigolfanlage, Tretbootverleih, Ponyreiten für Kinder und ein Abenteuerspielplatz zur Verfügung stehen. Angrenzend an die Grünfläche wurde ein großer Wanderparkplatz gebaut, welcher sowohl von Gästen des Erholungsgebietes als auch des Oberwaldhauses genutzt wird. Das Restaurant ist ein beliebter Einkehrort für Besucher*Innen und wird auch als Veranstaltungsort für Festlichkeiten verwendet.

Abbildung 3 Felsenmeer in Lautertal (Aufnahme von Daniel Münderlein)

Diagramm 4 Motivation für Besuch des Felsenmeers (Eigene Darstellung)

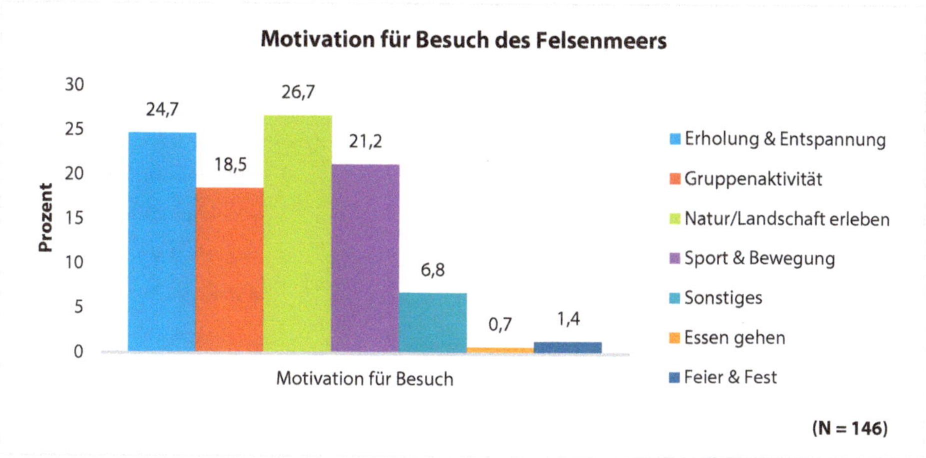

Abbildung 4 Steinbrücker Teich (Aufnahme von Daniel Münderlein)

Diagramm 5 Motivation für Besuch des Steinbrücker Teichs

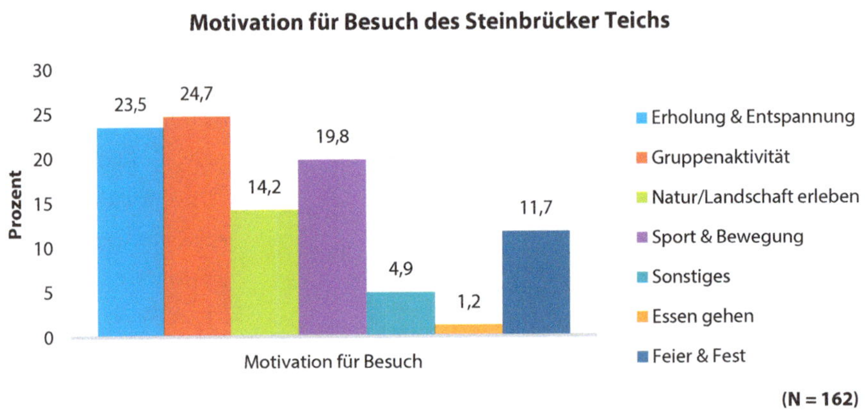

Für die Besucher*Innen des Steinbrücker Teichs steht mit ca. 25 Prozent das Durchführen von Gruppenaktivitäten an erster Stelle. Erholung und Entspannung wird von ca. 24 Prozent der Personen genannt und rund ein Fünftel der BesucherInnen gibt Sport und Bewegung als Motivation an. Mit ca. 12 Prozent wird das Durchführen von Feiern und Festen im Vergleich der Gebiete mit Abstand am häufigsten genannt (Diagramm 5).

2.4.4 Standortübergreifenden Gesamtbetrachtung

Bei der standortübergreifenden Gesamtbetrachtung aller befragten Personen wird deutlich, dass mit ca. 25 % der Nennungen die Suche nach Erholung und Entspannung die zentrale Motivation für den Besuch ist. Dicht gefolgt wird diese jedoch mit ca. 24 % der Nennungen von Sport und Bewegung, sowie dem Erleben von Natur und Landschaft mit 21 %. Das Durchführen von Aktivitäten in einer Gruppe scheint mit ca. 19 % der Nennungen jedoch auch eine wichtige Motivation für Besuche zu sein (Diagramm 6).

Zusammenfassend kann dargestellt werden, dass die Motive Erholung und Entspannung, Gruppenaktivität, Natur/Landschaft erleben sowie Sport & Bewegung in der Studie dominieren. Die quantitative Ausprägung der Motive variiert jedoch deutlich im Hinblick auf den Befragungsstandort. In dem siedlungsfernen Erholungsgebiet der Kuralpe ist Sport & Bewegung das meistgenannte Motiv, während am nahegelegenen Felsenmeer das Erleben von Natur/Landschaft überwiegt. Dies lässt sich wahrscheinlich auf die Bedeutung des Geotops als landschaftliches Highlight zurückführen. Am siedlungsnahen Steinbrücker Teich sind Gruppenaktivitäten in der

Diagramm 6 Standortübergreifende Motivation für Besuch (Eigene Darstellung)

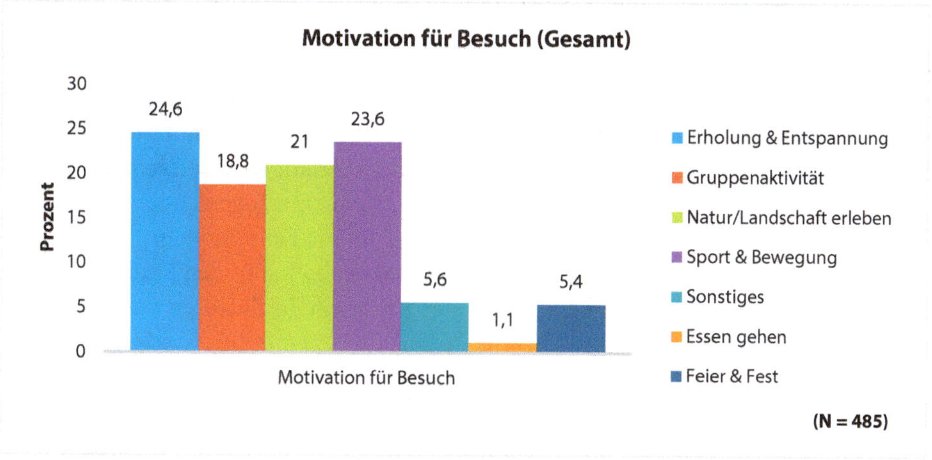

Landschaft besonders wichtig für die befragten Personen und das Durchführen von Feiern & Festen werden mit über 10 % viel häufiger genannt als an den anderen Standorten. Der Altersdurchschnitt der Erholungssuchenden an den einzelnen Standorten liegt generell im Bereich von 37 bis 40 Jahren. In der Studie wird auch eine Analyse des Anreiseweges zu den Befragungsstandorten vorgenommen. Es wird deutlich, dass vor allem das Felsenmeer gezielt aus weiterer Entfernung angesteuert wird (20–50 km und sogar auch 50–100 km), während der Steinbrücker Teich hauptsächlich von Personen aus dem Großraum des Darmstädter Stadtgebiets (bis 20 km) besucht wird (Münderlein 2021b, S. 446–447).

Die Besucher*Innen suchen den Geo-Naturpark mit einer spezifischen Motivation auf, welche je nach Befragungsstandort einen physisch-aktivierenden, psychisch-erlebnisorientierten oder sozialen Schwerpunkt besitzt. Diese Besuchsmotivation, einschließlich der damit verbundenen Erwartungshaltung, kann im Hinblick auf die Gebietscharakteristika und die angestrebte Erholungsaktivität erheblich variieren.

3 Gegenüberstellung der Studien

Nachdem in den Kapiteln 2.2, 2.3 und 2.4 die Ergebnisse zu den Motiven für den Besuch von natürlichen Umgebungen detailliert erläutert wurden, sollen diese nun abschließend in einer Zusammenschau vergleichend nebeneinandergestellt werden. Auf diesem Wege sollen Parallelen aber auch charakteristische Unterschiede herausgearbeitet werden. Um die Ergebnisse der Studien strukturiert gegenüber stellen zu können, wird auf die gesundheitlichen Wirkkomponenten von Landschaft (Abraham et al. 2007, S. 9 und ergänzt durch Claßen und Kistemann 2010) zurückgegriffen. Diese Komponenten konnten bereits in eigenen Vorarbeiten erfolgreich genutzt werden, um die gesundheitswirksamen Qualitäten verschiedener Naturparke gegenüber zu stellen (Bruns und Münderlein 2018) und komplexe empirische Daten für den Geo-Naturpark Bergstraße Odenwald systematisch aufzubereiten und zusammenzuführen (Münderlein 2021b). Anknüpfend an diese Arbeiten werden die einzelnen Indikatoren mit ihrer prozentualen Gewichtung den passenden Wirkkomponenten zugeordnet (Tabelle 1). Aufgrund von möglichen Mehrfachnennungen (Brämer 2007; Tourismusverband Uckermark 2016) bzw. reinen Einzelnennungen (Münderlein 2021b) sind die Prozentwerte in entsprechender Relation zu betrachten. Vereinzelt konnten Indikatoren nicht nur einer Wirkkomponente zugerechnet werden, da z. B. „etwas für die Gesundheit tun“ in Anlehnung an die Definition aus Kapitel 1 sowohl eine physische als auch eine psychische (und auch eine in den Studien separat erfasste soziale) Dimension besitzt. Daher werden solche Indikatoren doppelt in der Tabelle aufgeführt.

Ökologie des Raums: Das Erleben von Tieren und Pflanzen bzw. von Natur und Landschaft lässt sich in jeder Studie eindeutig als Motiv identifizieren. In der Studie zum

Tabelle 1 Analyse der identifizierten Motive anhand der gesundheitlichen Wirkkomponenten (Eigene Darstellung nach Kriterien von Abraham et al. 2007, S. 9 und ergänzt durch Claßen und Kistemann 2010)

	Studie:	**Motive von Naturtouristen** *(Tourismusverband Uckermark 2016)*	**Wandermotive** *(Brämer 2007)*	**Macht Landschaft glücklich?** *(Münderlein 2021b)*
Details zur Studie	**Fragestellung:**	*„Warum haben Sie die Nationale Naturlandschaft besucht?"*	*„Gründe für einen Gang in die Natur?"*	*„Was ist Ihre Motivation für den Besuch dieses Naturparks?"*
	Stichprobengröße	N = 976	N = 1.280	N = 485
Gesundheitliche Wirkkomponenten (Kriterien nach Abraham et al. 2007, S. 9 und ergänzt durch Claßen und Kistemann 2010)	**Ökologie des Raums**	Erleben von Tier- und Pflanzenwelt (65 %)	Interesse an Pflanzen und Tieren (25 %)	Natur/Landschaft erleben (21 %)
	Ästhetische Qualität		Schöne Landschaft genießen (81 %)	
	Physische Aktivierung	Wandern (70 %); Spazieren (47 %); Kraft tanken & zu sich kommen (64 %); Etwas für die Gesundheit tun (42 %)	Sich mal wieder richtig bewegen (57 %); Sportliche Leistung vollbringen (42 %); Etwas für die Gesundheit tun (41 %)	Sport & Bewegung (23,6 %)
	Psychisches Erleben	Aufenthalt in bzw. das Erleben von Natur (82 %); Außergewöhnliche Naturerlebnisse (45 %); Kraft tanken & zu sich kommen (64 %); Etwas für die Gesundheit tun (42 %)	Natürliche Stille genießen (60 %); Ausgleich einseitiger Kopfarbeit (67 %); Entlastung vom Berufs- und Alltagsstress (60 %); In Ruhe lesen/lernen (31 %); Etwas für die Gesundheit tun (41 %)	Erholung & Entspannung (24,6 %)
	Soziales Miteinander	Zeit mit der Familie/Freunden verbringen (49 %)	Mit Partner/Freunden unterwegs (68 %); Alleine sein (37 %); Ungestörte Zweisamkeit (25 %)	Gruppenaktivität (18,8 %); Feier & Fest (5,4 %); Essen gehen (1,1 %)
	Pädagogischer Anspruch	Kennenlernen der Naturlandschaft (36 %); Genuss von regionalen Speisen und Getränken (38 %)	Unbekannte Regionen kennenlernen (49 %); Geo-Caching (2 %)	
	Gesellschaftliche Wertzuschreibung und Symbolik	Ursprüngliches und Echtes erleben (39 %)	Abenteuer erleben (29 %) Einsatz für Natur- und Umweltschutz (8 %)	

Besuch von Nationalen Naturlandschaften Touristen lässt sich das Erleben von Tier- und Pflanzenwelt mit besonders hoher Gewichtung ablesen.

Ästhetische Qualität: In dieser Kategorie werden ästhetische Wertzuschreibungen an die untersuchten Landschaftsräume zusammengefasst. In Anschluss an klassische Landschaftstheorien werden von den befragten Personen vor allem Aussagen zum Naturschönen bzw. der Schönheit der Landschaft getätigt. Modernisierungs- und Technisierungsprozesse, welche durch den Menschen hervorgerufen wurden, werden in der Regel eher kritisch bewertet. Konkrete Aussagen zum Genuss von ästhetisch ansprechenden Landschaften als Motiv für Naturbesuche sind nur der Profilstudie Wandern zu entnehmen. In dieser spielt der zugehörige Indikator eine besonders gewichtige Rolle. Im Hinblick auf Fragestellungen der drei Studien gilt es anzumerken, dass diese nicht darauf ausgelegt sind vertiefende Erkenntnisse zur Landschaftsästhetik zu erzielen. In der Studie ‚Macht Landschaft glücklich?' wurden zu diesem Zweck ergänzende Fragen mit Präferenzskalen und qualitative Forschungsmodule mit bildgestützten Befragungen integriert. Daraus resultierende Ergebnisse attestieren zum Beispiel dem Felsenmeer im Vergleich zum Steinbrücker Teich eine besonders hohe landschaftsästhetische Qualität. Diese weiterführenden komplexen Untersuchungsmöglichkeiten von Landschaftsästhetik soll im Kontext der vergleichenden Betrachtung der Studien jedoch nicht weiter vertieft werden.

Physische Aktivierung: In allen Studien lassen sich eindeutige Motive für Wandern, Spazieren sowie Sport & Bewegung ablesen. Diese körperlichen Aktivitäten werden in den ersten beiden Studien auch unmittelbar im Zusammenhang mit der Förderung der individuellen Gesundheit genannt. Die Gewichtung der Indikatoren macht deutlich, dass die Bewegung in natürlichen Umgebungen für viele Erholungssuchende ein zentrales Motiv ist.

Psychisches Erleben: Das Erleben von Natur, der Genuss von natürlicher Stille, Erholung & Entspannung, Kraft tanken & zu sich kommen sowie der Ausgleich von einseitiger Kopfarbeit oder die Entlastung vom Berufs- und Alltagsstress sind wesentliche Motive für den Besuch von natürlichen Umgebungen. In zwei Studien dominiert das psychische Erleben in Verbindung mit der Verbesserung des geistigen Wohlbefindens in seiner Gewichtung die Besuchsmotive der befragten Personen. Auch geistige Tätigkeiten wie in Ruhe lesen und lernen finden sich unter den Nennungen. Landschaft wird in den Studien besonders häufig aufgrund seiner psychischen Erholungsqualitäten aufgesucht.

Soziales Miteinander: Das Durchführen von gemeinschaftlichen Erholungsaktivitäten lässt sich ebenfalls in allen untersuchten Studien als Motiv identifizieren. Nennungen wie Zeit mit der Familie/Freunden verbringen, das Unterwegs sein mit Partner bzw. Freunden oder Gruppenaktivitäten betonen die Bedeutung von Unternehmungen in

Gemeinschaft bzw. den kollektiven Genuss von Natur und Landschaft. Nennungen wie ungestörte Zweisamkeit verweisen auf Aktivitäten mit Partner bzw. Partnerin. Auch der Besuch von Feiern & Festen lässt sich in dieser Kategorie verorten.

Pädagogischer Anspruch: Aufenthalte in Natur und Landschaft verfolgen neben der reinen Erholung auch pädagogische Interessen. So ist das Kennenlernen der Naturlandschaft bzw. von unbekannten Regionen in zwei Studien als Motiv für den Besuch erkennbar. Genauere Details zu möglichen Umweltbildungsinhalten bzw. der Vermittlung von Landschaftswissen sind jedoch ebenfalls nur durch weitere Zusatzfragen zu erheben, welche hier nicht einbezogen werden.

Gesellschaftliche Wertzuschreibung und Symbolik: Die symbolische Wirkkomponente von Landschaft in Kombination mit gesellschaftlichen Wertzuschreiben kann ebenfalls in zwei Studien identifiziert werden. Das Erleben von Ursprünglichem und Echtem oder von Abenteuern zeichnet sich als Motiv ab. Auch der Einsatz für Natur- und Umweltschutz wird als Grund für den Gang in die Natur angeführt. Anknüpfend an den Hinweis zu Landschaftsästhetik gilt es auch hier zu erwähnen, dass die symbolische Interpretation von Landschaft im Rahmen der Einzelfragen zu den Motiven aus den Studien nicht umfänglich beantwortet werden kann. In der Studie ‚Macht Landschaft glücklich?' wurden komplexe qualitative Untersuchungen durchgeführt, welche vertiefende Einblicke in die soziale Konstruktion von Landschaft geben. Diese verdeutlichen, dass sich über die physisch-materiellen Landschaft eine schwer fassbare interpretative Symbolebene legt. Bestimmte Orte wie das Felsenmeer können als Kristallisationspunkte dieser sozialen Wertzuschreibung fungieren und die Besuchsmotive beeinflussen.

4 Diskussion und Fazit

In den vorhergehenden Kapiteln wurden sowohl das Narrativ der Erholungsplanung als auch diverse Motive von Erholungssuchenden vorgestellt. Abschließend sollen planerisches Narrativ und individuelle Erholungsmotive gegenübergestellt werden. In Kapitel 2 wurde herausgearbeitet, dass die Erholungsplanung in ihren Grundzügen auf einer starken Kontrastierung von städtischen und ländlichen Räumen beruht. Landschaft und insbesondere naturnahe Landschaftsräume wurden zu idealtypischen Orten der Gesundheit und des Wohlbefindens erklärt und dementsprechend planerisch inszeniert. Die Entwicklung von Erholungsgebieten war daher im 20. Jahrhundert trotz methodischen Fortschritten eher geleitet von zivilisationskritischen Überzeugungen. Das Narrativ der Erholungsplanung bestand im Wesentlichen aus dem Wunsch Erholung und Gesundheit in vorindustriellen Landschaften zu finden und diese als Gegenwelt zum modernen Städtebau zu begreifen. Obgleich dieses Narrativ aus dem 20. Jahrhundert aktualisierungsbedürftig ist, zeigt der kurze Exkurs in das

Konzept Resonanzoasen, dass landschaftliche Erholung weiterhin räumliche und gesellschaftliche kontrastierende Elemente beinhaltet, aber der Naturraum keine passive Kulisse ist, sondern im Sinne von Resonanz, mit dem erholungssuchenden Individuum in Interaktion tritt und es zum Handeln auffordert.

Ein erster Blick auf die in Kapitel 2 dargestellten Studien, welche allesamt Beweggründe für den Besuch von Landschaften aus Erholungsgründen im 21. Jahrhundert abbilden, verrät klassische Genuss- und Erlebnismotive. Antworten wie „Schöne Landschaften genießen", „Aufenthalt in bzw. das Erleben von Natur", „Natürliche Stille genießen" oder „Erholung und Entspannung" zeigen sich anschlussfähig an die idealtypischen Erholungslandschaften aus dem Narrativ der Erholungsplanung. Das „Erleben von Tier- und Pflanzenwelt" sowie „Interesse an Pflanzen und Tieren" lässt ebenfalls vermuten, dass die Motive der Erholungssuchenden stark auf den direkten Kontakt mit Natur bzw. naturnahen Landschaften abzielen. Die Ausübung von gesundheitsförderlichen Erholungsaktivitäten, häufig auch als Gruppe, korrespondiert mit der Idee eines guten und naturnahen Lebens, welches sich im Bild des gemeinschaftlichen Durchwanderns und der körperlichen Ertüchtigung einer idyllischen Landschaft manifestiert. Auch die Idee einer landschaftlichen Gegenwelt als Kontrast zum alltäglichen Lebensumfeld lässt sich anhand der Nennungen wie „Ausgleich einseitiger Kopfarbeit", „Außergewöhnliche Naturerlebnisse" oder „Kraft tanken & zu sich kommen" verfolgen. Diese Motive zeigen sich weiterhin anschlussfähig an einen stetig wachsenden Bestand von umweltpsychologischen Studien zu restorativen Umgebungen. Das „Erleben von Ursprünglichen und Echtem" oder von „Abenteuern" verdeutlicht die gesellschaftliche Wertzuschreibung uns symbolische Aufladung von Landschaft. Die Idee der Ursprünglichkeit und dem echten Leben, welches vermeintlich in der Natur und der Landschaft zu finden ist, rekurriert auf zivilisationskritische Momente aus dem Narrativ der Erholungsplanung. Erholungssuchende scheinen dieses Narrativ und sowie der Merkmale der idealtypischen Erholungslandschaft stark verinnerlicht zu haben. Vermutlich reproduziert es sich durch landschaftliche Sehgewohnheiten und etablierte Erholungspraktiken. Gleichzeitig gilt es aber auch anzumerken, dass sich die betrachteten Räume im Odenwald aber auch durch eine exzellente Anbindung und sehr gute Infrastruktur auszeichnen. Die Natur kann also mit dem vollen Komfort der Urbanität erlebt werden. Aus der Perspektive von postmodernen Gesellschaftstheorien zu Resonanz, lassen diese Ergebnisse zu den identifizierten Erholungsmotiven jedoch auch vermuten, dass die untersuchten Naturerlebnislandschaften aus den Studien, das menschliche Bedürfnis nach resonanzstiftenden, echten und authentischen Erfahrungen befriedigen.

Neue Impulse für die Aktualisierung bestehender des Erholungsnarratives zeichnen sich vor dem Hintergrund der analysierten Motive eher zurückhaltend ab. So lässt sich am Beispiel des Geo-Naturparks Bergstraße-Odenwald aufzeigen, dass neue Formen von Umweltbildungsangeboten beim „Kennenlernen von Naturlandschaften" oder „unbekannten Regionen" sowie der Inwertsetzung von regionalen Produkten dienlich sein können und somit das positive Landschaftserleben beeinflussen. Neue Anreize wie Geocaching, Bestimmungsapps für Tiere und Pflanzen, Instagram Walks oder die Digitalisierung von Wanderkarten können der Inszenierung von interessanten Naturerlebnisse dienlich sein. Die Optimierung der gesamten Wegestruktur scheint weiterhin eine wichtige Stellschraube in der Gebietsentwicklung zu sein. Trendsportarten wie Nordic Walking, Mountainbike oder Dirtbike tragen landschaftsbezogene Erholung an neue Zielgruppen heran, jedoch resultieren daraus auch diverse Konflikte, welche es räumlich zu moderieren gilt. Die Entwicklung von dezidierten Strecken für solche Sportarten sowie die räumliche Entzerrung von Genuss- bzw. Erholungsmotiven und Sport- und Bewegungsmotiven zeichnen sich als neue Planungsaufgabe ab.

Weiterhin deutet sich, begründet durch Trends wie Waldbaden oder auch die Neo-Nature Bewegung, eine neue Mensch-Natur Beziehung an, welche Landschaft und natürliche Umgebungen nicht nur als kitschig-sentimentale Begleiterscheinung der Industriemoderne betrachten, sondern aktive und naturbezogene Lebensstile, neue Formen von Naturromantik oder Naturliebe sowie Outdoor-orientierte Lebensstile propagiert. Diese Strömungen können als Teile eines sich aktualisierenden Erholungsnarratives interpretiert werden und dabei behilflich sein, neue Wege in die Erholungslandschaft zu beschreiten und diese aus einer neuen Perspektive zu betrachten.

Literaturverzeichnis

Abraham, A., Sommerhalder, K. & Abel, T. (2010). Landscape and well-being: a scoping study on the health-promoting impact of outdoor environments. *International journal of public health* 55 (1), 59–69. https://doi.org/10.1007/s00038-009-0069-z

Abraham, A., Sommerhalder, K., Bolliger-Salzmann, H. & Abel, T. (2007). *Landschaft und Gesundheit. Das Potential einer Verbindung zweier Konzepte.* Bern: Institut für Sozial- und Präventivmedizin Abt. Gesundheitsforschung.

Ächtler, N. (2014). Was ist ein Narrativ? *KulturPoetik* 14 (2), 244–268. https://doi.org/10.13109/kult.2014.14.2.244

Aschenbrand, E. (2017). *Die Landschaft des Tourismus. Wie Landschaft von Reiseveranstaltern inszeniert und von Touristen konsumiert wird* (SpringerLink Bücher). Wiesbaden: Springer VS.

Bedimo-Rung, A. L., Mowen, A. J. & Cohen, D. A. (2005). The significance of parks to physical activity and public health: a conceptual model. *American journal of preventive medicine* 28 (2), 159–168. https://doi.org/10.1016/j.amepre.2004.10.024

Benthien, B. (1997). *Geographie der Erholung und des Tourismus. 9 Tabellen* (Perthes Geographiekolleg, 1. Aufl.). Gotha: Perthes.

BMUB & BfN. (2015). *Naturbewusstsein 2015. Bevölkerungsumfrage zu Natur und biologische Vielfalt* (Bundesamt für Naturschutz, Hrsg.). https://www.bfn.de/publikationen/broschuere/naturbewusstseinsstudie-2015. Zugegriffen: 1. November 2023.

Brämer, R. (2007). *Profilstudie Wandern '07. Natur und Bewegung.* Studentische Vorgaben für die Wandertrends von morgen. Marburg: Deutsches Wanderinstitut e. V. https://www.wanderinstitut.de/download/DWI_Profilstudie-Wandern_07.pdf.

Bruns, D. & Münderlein, D. (2018). „Paysage à votre santé" Gesundheitsfördernde Landschaften – eine Betrachtung von Naturparken. In F. Weber, F. Weber & C. Jenal (Hrsg.), *Wohin des Weges? Regionalentwicklung in Grossschutzgebieten* (Arbeitsberichte der ARL, Bd. 21, S. 250–281). Hannover: Akademie für Raumforschung und Landesplanung.

Buchwald, K. (1956). Gesundes Land – gesundes Volk. Ein Beitrag zum Gesundheits- und Erholungsproblem. In Baden-Württembergische Landesstelle für Naturschutz und Landschaftspflege (Hrsg.), *Landschaftsschutz und Erholung.* (Bd. 24, S. 56–71). Ludwigsburg.

Deutsches Wanderinstitut e. V. (ab 1998). *Profilstudie Wandern.* Marburg: Deutsches Wanderinstitut e. V.

Garrett, J. K., Clitherow, T. J., White, M. P., Wheeler, B. W. & Fleming, L. E. (2019). Coastal proximity and mental health among urban adults in England: The moderating effect of household income. *Health & place,* 102200. https://doi.org/10.1016/j.healthplace.2019.102200

Grahn, P. & Berggren-Bärring, A.-M. (2005). *A planning model for designing sustainable and healthy cities. The importance of people's need of recreational environments in an urban context.*

Harfst, W. (1980). *Zur Gültigkeit von Erholungsbewertungsmethoden. – Kritische Analyse derzeitiger Verfahrensansätze als Instrumente der Landschaftsplanung.* Hannover: Dissertationsschrift der Universität Hannover.

Hofmeister, S. & Kühne, O. (2016). *StadtLandschaften. Die neue Hybridität von Stadt und Land* (Lehrbuch). Wiesbaden: Springer VS.

Interessengemeinschaft Odenwald e. V. (2015a). *Fortschreibung des Regionalen Entwicklungskonzeptes Odenwald 2014–2020.*

Interessengemeinschaft Odenwald e. V. (2015b). *Regionales Entwicklungskonzept Odenwald 2014–2020. Im Auftrag der Interessengemeinschaft Odenwald e. V. (IGO).*

Krekel, C., Kolbe, J. & Wüstemann, H. (2016). The greener, the happier? The effect of urban land use on residential well-being. *Ecological Economics 121,* 117–127. https://doi.org/10.1016/j.ecolecon.2015.11.005

Kühne, O. (2013). *Landschaftstheorie und Landschaftspraxis. Eine Einführung aus sozialkonstruktivistischer Perspektive.* Wiesbaden: Springer VS.

Leuschen, L. & Thimm, T. (2019). Landschaftsstereotype und Relevanz kreativwirtschaftlicher Narrative in der touristischen Vermarktung der Destination Bodensee. *Via Tourism Review* (16). https://doi.org/10.4000/viatourism.4644

May, C. & Saretzki, A. (2023). Rosa mit Lefebvre denken: Produktion von Naturerlebnislandschaften im Outdoor-Tourismus als Resonanzstiftung. In O. Kühne, T. Sedelmeier, C. Jenal & T. Freytag (Hrsg.), *Landschaft und Tourismus* (RaumFragen: Stadt – Region – Landschaft, S. 119–139). Wiesbaden: Springer Fachmedien Wiesbaden.

Münderlein, D. (2020). Gesundheits- und Erholungsprozesse. In R. Duttmann, O. Kühne & F. Weber (Hrsg.), *Landschaft als Prozess* (RaumFragen: Stadt – Region – Landschaft, S. 155–176). Wiesbaden: Springer Fachmedien Wiesbaden.

Münderlein, D. (2021a). GIS gestützte Visualisierung von wander- bzw. spaziergangsbasierten Zugängen zu landschaftlichem Erholungserleben. In D. Bruns, B. Stemmer, D. Münderlein & S. Theile (Hrsg.), *Handbuch Methoden Visueller Kommunikation in der Räumlichen Planung* (S. 349–367). Wiesbaden: Springer Fachmedien Wiesbaden.

Münderlein, D. (2021b). *Macht Landschaft glücklich. Ermittlung von landschaftsbezogenem Wohlbefinden und Erholung für die räumliche Planung* (Stadt – Region – Landschaft). Wiesbaden: Springer VS.

Münderlein, D. & Bruns, D. (2019). Landschaft und Gesundheit. In O. Kühne, F. Weber, K. Berr & C. Jenal (Hrsg.), *Handbuch Landschaft* (RaumFragen: Stadt – Region – Landschaft, S. 489–503). Wiesbaden: Springer Fachmedien Wiesbaden.

Nolte, B. (2007). Landschaftsbewertung für Tourismus und Freizeit: Fallstudie Mecklenburg-Vorpommern. In C. Becker (Hrsg.), *Geographie der Freizeit und des Tourismus. Bilanz und Ausblick* (3., unveränd. Aufl., S. 475–485). München u. a.: Oldenbourg.

Rosa, H. (2005). *Beschleunigung. Die Veränderung der Zeitstrukturen in der Moderne* (Suhrkamp Taschenbuch Wissenschaft, Bd. 1760, Orig.-Ausg). Frankfurt am Main: Suhrkamp.

Rosa, H. (2016). *Resonanz. Eine Soziologie der Weltbeziehung.* Berlin: Suhrkamp.

Rosa, H. (2022). *Resonanz. Eine Soziologie der Weltbeziehung* (Suhrkamp Taschenbuch Wissenschaft, Bd. 2272, 6. Auflage). Berlin: Suhrkamp.

Runge, K. (1990). *Die Entwicklung der Landschaftsplanung in ihrer Konstitutionsphase 1935–1973* (Landschaftsentwicklung und Umweltforschung, Bd. 73). Berlin: Universitätsverlag, Technische Universität Berlin (Zugl.: Berlin, Techn. Univ., Diss., 1990).

Sieber, S., Beil, M., Dettmar, J., Heidemann, K., Mosbacher, B., Schmidt, K., Schwemm, A., Siegl, C. & Wittmann, C. (2025). Zwischen Autobahn und Idylle. Naherholung und Tagestourismus als Bausteine der sozial-ökologischen Transformation in einer Metropolregion – das Verbundprojekt NaTourHuKi. In S. Sieber, O. Kühne, J. Dettmar & R. Vogler (Hrsg.), *Landschaft und Naherholung – Bedeutung und Nutzung für den Tagestourismus und die Naherholung im Stadt-Land-Kontext.* (S. 19–47). Wiesbaden: Springer VS.

Stigsdotter, U. K., Palsdottir, A. M., Burls, A., Chermaz, A., Ferrini, F. & Grahn, P. (2011). Nature-Based Therapeutic Interventions. In K. Nilsson, M. Sangster, C. Gallis, T. Hartig, S. de Vries, K. Seeland et al. (Hrsg.), *Forests, Trees and Human Health* (S. 309–342). Dordrecht: Springer Netherlands.

Tourismusverband Uckermark. (2016). *Welche Motive haben die deutschen Naturtouristen?* https://de.statista.com/statistik/daten/studie/733482/umfrage/motive-fuer-einen-naturlaub-in-deutschland/. Zugegriffen: 24. Juli 2023.

Trepl, L. (2012). *Die Idee der Landschaft. Eine Kulturgeschichte von der Aufklärung bis zur Ökologiebewegung* (Edition Kulturwissenschaft, Bd. 16). Bielefeld: Transcript-Verl.

Walz, U. & Berger, A. (2004). Analyse der Analyse der Auswirkungen des Landschaftswandels auf die Erholungseignung. In J. Strobl, T. Blaschke & G. & Griesebner (Hrsg.), *Angewandte Geoinformatik 2004. Beiträge zum 16. AGIT-Symposium Salzburg 2004. Beiträge zum 16. AGIT-Symposium Salzburg 2004* (759–760). Heidelberg. https://www2.ioer.de/recherche/pdf/2004_walz_berger_agit.pdf.

Weber, F., Weber, F. & Jenal, C. (Hrsg.). (2018). *Wohin des Weges? Regionalentwicklung in Grossschutzgebieten* (Arbeitsberichte der ARL, Bd. 21). Hannover: Akademie für Raumforschung und Landesplanung.

Weber, F. (2013). *Naturparke als Manager einer nachhaltigen Regionalentwicklung.* Wiesbaden: Springer Fachmedien Wiesbaden.

World Health Organization. (1946). Constitution of the World Health Organization. Signed at the International Health Conference New York 22. Juli 1946.

Autor

Dr.-Ing. Daniel Münderlein ist Vertretungsprofessor am Fachgebiet Freiraumplanung an der Universität Kassel. Er erforscht die Weiterentwicklung von Stadtlandschaften und die Integration von produktiven Freiraumsystemen sowie Wechselbezüge zwischen Landschaft, Gesundheit und Wohlbefinden.

Teil V

Natürliches und kulturelles Erbe, Alltagserfahrung und Erholungsnutzung

Bedeutungszuordnungen von Landschaften und Freiräumen im urbanen Kontext

Andreas Mengel

Abstract

Der Beitrag untersucht, welche systematischen Bedeutungszuordnungen für Freiräume und Landschaften zielführend sind und legt dabei einen exemplarischen Schwerpunkt auf urbane Räume. Nach einer kurzen Einordnung der Begriffe „Freiraum" und „Landschaft" und einem skizzenhaften Überblick zur Disziplingeschichte, werden die sogenannten Zieldimensionen in „Naturschutz und Landschaftspflege" erläutert und in einen Zusammenhang mit den einschlägigen Bestimmungen des Bundesnaturschutzgesetzes gebracht. Ein weiterer Abschnitt zeigt ausgewählte inhaltliche Aspekte zur Relevanz der Zieldimensionen speziell im urbanen Kontext. Einige wenige Beispiele aus dem Basisteil des Freiflächenentwicklungsplans der Stadt Frankfurt am Main veranschaulichen anschließend den vorgestellten Ansatz. Es wird deutlich, dass sowohl im Hinblick auf die betrachteten Handlungsgegenstände als auch bezüglich der normativen Maßstäbe ein zeitgemäßes Verständnis des Aufgabenfeldes „Naturschutz und Landschaftspflege" ein breites Betrachtungs- und Bedeutungsspektrum erlaubt und sogar einfordert. Die dabei zugrunde gelegte Begründungsstruktur kann auch unabhängig von einem gesetzlich definierten Aufgabenbereich zur Strukturierung von konzeptionellen Fragestellungen gewinnbringend verwendet werden.

Keywords

Zieldimensionen, Natürliches und kulturelles Erbe, Alltagserfahrung, Erholungsnutzung, Landschaften, Freiräume, Landschaftsplanung, Freiraumkonzepte

S. Sieber et al. (Hrsg.), *Landschaft und Naherholung*, RaumFragen: Stadt – Region – Landschaft, https://doi.org/10.1007/978-3-658-45410-4_17

1 Einleitung

Im Aufgabenfeld „Naturschutz und Landschaftspflege“ sind Landschaften traditionell und Freiräume im Siedlungskontext zunehmend Gegenstand der Betrachtung. Dabei kann die Sicherung und Entwicklung von Landschaften und Freiräumen planerisch-konzeptionell vorbereitet werden, sei es durch die formelle Landschaftsplanung oder durch informelle Pläne und Konzepte. In jedem Fall stellt sich die Frage, welche Ziele hierbei verfolgt werden und, als Grundlage der Zielentwicklung, wie die vorhandenen Ausprägungen zu bewerten sind und nach welchen Kriterien und Merkmalen eine für die spätere Planung sachgerechte Bestandserfassung zu erfolgen hat. Zielentwicklung, Bewertung und eine für diese Schritte verwertbare Erfassung verlangen nach fachlich begründeten normativen Maßstäben, also letztlich nach Bedeutungsebenen, die mit Landschaften und Freiräumen verknüpft werden.

Der Beitrag untersucht, welche grundlegenden Bedeutungszuordnungen von Freiräumen und Landschaften im urbanen Kontext eine Rolle spielen können und wie diese mit Naturschutz und Landschaftspflege als gesetzlich konturiertem Aufgabenfeld verbunden sind. Die einschlägigen Bestimmungen des Bundesnaturschutzgesetzes haben dabei Ergebnisse des Fachdiskurses zu Begründungen und Zielbereichen des Naturschutzes und der Landschaftspflege aufgegriffen. Jedenfalls für wesentliche Inhalte und für die grundlegende Systematik der Zielstrukturen wurde damit eine gewisse Verbindlichkeit erreicht. Überraschenderweise sind diese begrüßenswerten Klarstellungen und das damit verknüpfte Strukturgerüst noch nicht überall in der Praxis hinreichend zur Kenntnis genommen worden.

2 Einordnungen

2.1 Freiraum und Landschaft

Wenn im Folgenden einerseits von Freiraum und andererseits von Landschaft die Rede ist, dann sind zwei Betrachtungsebenen gemeint. Freiräume werden hier verstanden als unversiegelte Bereiche im Siedlungsraum (Freiräume im engeren Sinn) bzw. als Bereiche ohne Hochbauten im Siedlungsraum (Freiräume im weiteren Sinn). Landschaften werden dagegen als die komplexeste Betrachtungsebene raumbezogener Disziplinen aufgefasst, die sich aus siedlungsbezogenen Freiräumen, Lebensräumen (Biotopen), Baukörpern einschließlich Infrastrukturen sowie zahlreichen weiteren Einzelelementen zusammensetzt und deren Abgrenzung aus einer Zusammenschau der physischen Ausprägung vor dem Hintergrund einer im jeweiligen Planungskontext sinnhaften Ordnungsidee vorgenommen wird. Ob man beispielsweise den inneren Kern einer Stadt als „urbane Landschaft“ beschreibt, hängt davon ab, ob eine solche Abgrenzung für die jeweilige räumliche Disziplin zielführend ist bzw. Relevanz entfaltet.

Diese Einordnung ist unabhängig von der Kontrastierung zwischen „Stadt und Land" als Begriffe, die das Urbane und das Ländliche beschreiben. Sowohl die hergebrachte Kontrastierung als auch ihre Überwindung, etwa durch den Terminus „StadtLandschaft" als Zusammenführung von Stadt und Land in Form eines hybriden raumstrukturellen Gebildes (Hofmeister/Mölders 2019, S. 731), als „Zwischenstadt" (Vicenzotti 2019) oder als „urbane Landschaft", bei der die alte Trennung zwischen Stadt und Land für obsolet gehalten wird (Dettmar 2018, S. 31), bezieht sich nicht auf die analytische oder die planerische Betrachtungsebene, sondern auf die inhaltliche Prägung von Räumen. Diese inhaltliche Prägung ist allerdings für die normative Ausrichtung von Plänen und Konzepten von Bedeutung, weil beispielsweise für die Entwicklung von „Stadtlandschaften" die leitbildhafte Orientierung ausschließlich an ländlich geprägten Kulturlandschaften oder an Naturvorstellungen der vorindustriellen Phase wenig hilfreich wäre (ähnlich Dettmar 2018, S. 31).

2.2 Disziplinäre Zugänge

Die planerisch-konzeptionelle Entwicklung von Freiräumen und Landschaften ist gleichermaßen eingebunden in einen disziplinbezogenen wie in einen gesetzlich determinierten Kontext (siehe zu Letzterem Abschnitt 3).

Im Hinblick auf den disziplinbezogenen Kontext sind hier die Felder der Landschaftsarchitektur, der Freiraumplanung sowie der Landschaftsplanung zu nennen. Ihre Vorläufer und (teilweise) ihre Wurzeln haben diese Felder bekanntlich in der Landesverschönerung und dem Heimatschutz, später auch in der Landespflege. Die Landesverschönerung hatte das Ziel, das Schöne mit dem Nützlichen zu verbinden (Konold 2019, S. 209). Die freie Landschaft sollte nicht nur unter dem Aspekt der Nützlichkeit verändert, sondern zugleich gartenkünstlerisch gestaltet werden (von Haaren 2022, S. 37). Prominenter Vertreter dieser Richtung ist der Gartenarchitekt Peter Josef Lenné (Konold 2019, S. 209). Ab der Mitte des 19. Jahrhunderts entwickelte sich der Heimatschutz, der sich unter anderem dem Schutz von traditionellen Kulturlandschaften widmete (ebd., S. 209), zugleich aber auch gestalterische Inhalte verfolgte – „heimatliche Raumcharaktere zu entwickeln machte die ehemals gestalterische Praxis des Heimatschutzes vor dem Zweiten Weltkrieg aus" (Körner 2019, S. 28).

1907/1908 schlug Robert Mielke als Schriftführer des Bundes Heimatschutz vor, den Begriff der Landesverschönerung durch Landespflege zu ersetzen (Konold 2019, S. 210). Erst in der Zeit des Nationalsozialismus drang dieser Terminus aber mit dem Buch „Landespflege" von Erhard Mäding (1942) „in den allgemeinen Sprachgebrauch ein – und zwar verbunden (…) mit einschlägigem ideologischen Hintergrund" (ebd., S. 211). In den 1950er und 1960er Jahren entwickelt sich die Landespflege zu einem umfassenden Arbeitsgebiet (ebd., S. 213), das neben Agrarlandschaften unter anderem auch den Siedlungsbereich einbezieht und beispielsweise den Schutz der Tier-

und Pflanzenwelt ebenso berücksichtigt wie die Grünflächen- und Erholungsplanung (ebd., S. 212 ff., mit zahlreichen Originalquellen).

Nach längeren Auseinandersetzungen in den 1990er Jahren über die Ablösung der Bezeichnung ‚Landespflege' für die Disziplin „wurde vor allem vom Berufsstand BDLA ‚Landschaftsarchitektur' als zukunftsgewandte Bezeichnung" eingefordert (Dettmar 2018, S. 23). Nach diesem Verständnis sollen von dem Begriff „Landschaftsarchitektur" die Landschaftsplanung, die Freiraumplanung und Landschaftsarchitektur im engeren Sinn umfasst sein (ebd.). Die Disziplin habe demnach drei wesentliche Traditionen, nämlich die gestalterisch-entwerferische, die naturwissenschaftlich bio- und geoökologische Ausrichtung der Landschaftsplanung und die sozialwissenschaftliche der Freiraumplanung (ebd.) bzw. drei grundlegende Bezüge zu „Landschaft, Garten oder Park: ein subjektiv-ästhetischer, ein objektiv-sachlicher und ein intersubjektiv-sozialer" (Berr 2019, S. 237).

Nachdem Martin Wagner bereits 1915 mit seiner Dissertation „Das sanitäre Grün der Städte. Ein Beitrag zur Freiflächentheorie" die Aufmerksamkeit auf die Thematik der angemessenen Versorgung der Stadtbewohner mit verschiedene Freiflächentypen gelenkt hatte (Hennecke 2019, S. 220), war dann nach dem Zweiten Weltkrieg die Nutzerorientierung zentral für die Ausrichtung der Freiraumplanung an den Universitäten in Hannover und Kassel in den 1970er Jahren (Hennecke 2019, S. 222 ff.). Während in Hannover die sozial orientierte Freiraumplanung mit deutlichem Fokus auf städtische Freiflächen mit den Namen Werner Nohl und später Wulf Tessin verbunden wird, sind für die sogenannte „Kasseler Schule" Vertreter wie Karl-Heinrich Hülbusch, Dieter Kienast oder Gerhard Hard zu nennen (Dettmar 2018, S. 22). In der Kasseler Schule wird dabei das Potenzial der Aneignungsmöglichkeiten als zentrales Qualitätskriterium von Freiräumen angesehen (Bellin-Harder 2017, S. 48).

Die Landschaftsplanung stand ab Anfang der 1970er Jahre für eine nach ihrem Selbstverständnis „objektiv-ökologische" Ausrichtung mit zurückhaltender Einbeziehung der Thematik des Landschaftsbildes. Gestalterische Aufgaben „wurden als subjektiv angesehen und als irrational in den Hintergrund gerückt", wobei das „alte Kulturideal unterschwellig weiter [wirkte], denn es wurde unterstellt, dass ein funktionierender Naturhaushalt auch harmonisch wirkende Landschaften hervorbringt" (Körner 2017, S. 132). Zumindest als eine von zahlreichen Akteuren vertretene Position galt der Ansatz des „ökologisch-naturwissenschaftlich" motivierten Naturhaushaltsschutzes unter Zurückstellung der (Landschafts-)Gestaltung jedenfalls für längere Zeit auch für den Naturschutz als Aufgabenfeld (vgl. Körner 2019, S. 28).

3 Zieldimensionen im urbanen Kontext

3.1 Die Zieldimensionen von Naturschutz und Landschaftspflege

Das auf die Kompetenzgrundlage des Art. 74 Abs. 1 Nr. 29 GG gestützte Bundesnaturschutzgesetz benennt, wie auch die Kompetenznorm selbst, als Aufgabenfeld „Naturschutz und Landespflege". Nach allgemeiner Auffassung im rechtswissenschaftlichen Schrifttum handelt es sich um ein einheitliches Begriffspaar (Mengel 2021, § 1 Rn. 13). Es existiert also kein eigenständiger Aufgabenstrang „Naturschutz", der durch einen zweiten Aufgabenstrang „Landschaftspflege" ergänzt würde, sondern es gibt ein Aufgabenfeld, das in seinem Gehalt durch zwei Begriffe konturiert wird. Gleiches gilt für das Begriffspaar „Natur und Landschaft" (ebd., mit weiteren Nachweisen).

Hinweise zur inhaltlichen Ausfüllung des Doppelbegriffs „Naturschutz und Landschaftspflege" finden sich im Schrifttum im Rahmen von Kommentierungen des Bundesnaturschutzgesetzes oder des Grundgesetzes. So führt etwa Gassner (2003, § 1 Rn. 2a) unter Bezugnahme auf Buchwald 1971 aus, der Begriff schließe unter anderem das ein, „was die Fachwissenschaft als Landespflege versteht: Schutz, Pflege und Entwicklung der natürlichen Lebensgrundlagen des Menschen im Wohn-, Industrie-, Agrar- und Erholungsbereich." Auch Pieroth (2018, Art. 74 Rn. 79) nennt die Landespflege in diesem Kontext als Oberbegriff und betont, dass es dabei nicht nur um die Abwehr von Gefahren, sondern „auch um die gestalterische Tätigkeit des Staats" gehe (ähnlich Degenhardt 2021, Art. 74 Rn. 122: auch „positive Beeinflussung und Gestaltung"). Dabei wird auch auf die strukturelle Bedeutung des Doppelbegriffs abgestellt: „In ihrer eher passiven *(Schutz)* bzw. eher aktiven Konnotation *(Pflege)* bilden die beiden Begriffe (...) den weitgehenden Konsens ab, daß die Gesetzgebungskompetenz sich nicht im engeren Sinne auf die Abwehr von Gefahren für Natur und Landschaft beschränkt, sondern auch die gestaltende Tätigkeit des Staates erfaßt, die auf die Verbesserung des Zustandes von Natur und Landschaft zielt" (Wittreck 2015, Art. 74 Rn. 142; siehe auch Broemel 2021, Art. 74 Rn. 100). Dabei seien allerdings „Erhaltung und Gestaltung untrennbar miteinander verwoben" (Oeter 2018, Art. 74 Rn. 183).

Festzuhalten bleibt demnach, dass der Gesetzgebungskompetenztitel „Naturschutz und Landschaftspflege" im Grundgesetz ein als Einheit zu verstehendes Aufgabengebiet umfasst, zu dem sowohl bewahrende als auch gestaltende Tätigkeiten gehören, die sich auf Natur und Landschaft in ihrer ganzen Breite beziehen.

Vor diesem Hintergrund hat der Bundesgesetzgeber die sogenannten Zieldimensionen, die das Fachgebiet Landschaftsentwicklung/Umwelt- und Planungsrecht der Universität Kassel in den 2000er Jahren entwickelt hat, bei der Neufassung des Bundesnaturschutzgesetzes 2009 aufgegriffen und im Rahmen der Novelle aus dem Jahr 2021 weiter präzisiert. Der Begriff „Zieldimensionen" unterstreicht deren basalen Charakter (vgl. BT-Drs. 16/12274, S. 50). Sie sind folgerichtig in § 1 BNatSchG verankert (siehe näher Mengel 2021). Es handelt sich um drei normative Bereiche, die in der Summe die Begründung und die davon abgeleitete Zielausrichtung von Naturschutz und Landschaftspflege vollständig beschreiben:

- Zieldimension 1: Sicherung und Qualifizierung des natürlichen/kulturellen Erbes im Kontext „Natur und Landschaft" (Vielfalt von Natur und Landschaft)
- Zieldimension 2: Leistungs- und Funktionsfähigkeit des Naturhaushalts im jeweiligen Bezugsraum – essenzielle Grundfunktionen, wie saubere Luft, gesundheitsverträgliches Bioklima, ausreichendes Trinkwasser, fruchtbare Böden oder Schutz vor Gefahren (etwa durch Hochwasser)
- Zieldimension 3: Erleben und Wahrnehmen von Natur und Landschaft im jeweiligen Bezugsraum – besondere Naturerlebnisse, bewusstes Wahrnehmen der Jahreszeiten, Genuss von Naturschönheit, landschaftsgebundene Erholung u. v. m.

Bei Zieldimension 1 geht es um definierte Typen, wie beispielsweise Tier- und Pflanzenarten oder Biotoptypen, sowie um spezifische Ausprägungen von Natur und Landschaft, etwa bestimmte Böden und Geotope, Freiräume oder ganze Landschaften. Diese Typen und spezifischen Ausprägungen sollen erhalten und ggf. in ihrem Wert weiter gesteigert werden, ohne dass damit eine konkret benannte Funktion verbunden wird. So gibt es beispielsweise die gesellschaftspolitische Übereinkunft, dass alle Tier- und Pflanzenarten möglichst vor dem Aussterben, d. h. vor dem völligen Erlöschen aller Bestände, bewahrt werden sollen. Diese Übereinkunft gilt unabhängig davon, ob diese Arten im Hinblick auf ihre Nutzbarkeit etwa für die menschliche Ernährung oder die Gesundheit wertgebend sind und es ist ebenso unerheblich, ob es sich um besondere schöne oder aus anderen Gründen geschätzte Arten handelt. Bereits bei (durch den Menschen definierten) Biotoptypen und erst recht bei konkreten Ausprägungen an einem bestimmten Ort oder in einem bestimmten Raum, die sich rein typologisch gar nicht fassen lassen, also etwa die individuelle Felsbildung als Geotop, ein konkreter Park als Freiraum oder eine bestimmte, historisch gewachsene Kulturlandschaft, sind diese Übereinkünfte nicht mehr einfach aus dem physisch Vorhandenen abzuleiten. Vielmehr bedarf es hier einer fachlich hergeleiteten Untersetzung, die deutlich macht, welche Biotoptypen und welche spezifischen Ausprägungen von Natur und Landschaft warum als natürliches und/oder kulturelles Erbe wertgebend sind. Für den Handlungsgegenstand „Landschaft" liegen mittlerweile einschlägige methodische Ansätze und entsprechende Raumkulissen vor (siehe Schwarzer et al. 2022; zur Anwendung des Ansatzes in Ballungsräumen siehe Regionalverband FrankfurtRheinMain 2023).

Die Zieldimensionen 2 und 3 beziehen sich demgegenüber gerade auf benennbare einzelne Funktionen bzw. Werte von Natur und Landschaft in einem bestimmten Raum bzw. ausgehend von einem bestimmten Raum (siehe etwa die Kohlenstoffspeicherung von Böden mit Wirkung für das Globalklima). Dabei geht es bei Zieldimension 2 um essenzielle Grundfunktionen des menschlichen Lebens, wie die Bereitstellung von sauberem (Trink-)Wasser, den Anbau von Nahrungsmitteln auf fruchtbaren Böden, die Sicherstellung einer Luftqualität, die nicht zu Gesundheitsbeeinträchtigungen führt oder die Vermeidung von Gefahren, etwa durch Hochwasser oder Hangrutschungen. Die mit diesen Funktionen verbundenen Anforderungen an die Ausstattung von Natur und Landschaft können in der Regel mit naturwissenschaftlich-technischen Methoden angemessen definiert, gemessen und, in Verknüpfung mit normativen Maßstäben, bewertet werden. Die bei Zieldimension 3 angesprochenen Funktionen und Werte (zur besonderen Bedeutung des Begriffs „Werte" im Kontext der hier subsumierten Fragestellungen siehe Kirchhoff 2018, S. 146) unterscheiden sich von jenen der zweiten Zieldimension darin, dass es hier um Aspekte menschlichen Lebens geht, die sich auf das Erleben und Wahrnehmen der physischen Umwelt beziehen. Formen sinnlicher Wahrnehmung sind dabei verknüpft mit kognitiven und emotionalen Verarbeitungs- und Einordnungsmustern, die letztlich dazu führen, dass der Wechsel der Jahreszeiten bewusst erlebt wird, Freiräume und Landschaften Identität stiften oder Naturschönheiten genossen werden. Dies schließt auch Formen der freiraum- und landschaftsgebundenen Erholung mit ein. Es liegt auf der Hand, dass eine trennscharfe Unterscheidung von Zieldimension 2 auf der einen und von Zieldimension 3 auf der anderen Seite nicht möglich ist. So hat beispielsweise das eigene Sammeln von Wildfrüchten oder Pilzen eine Funktion im Sinne des essenziellen Grundbedürfnisses „Ernährung" (Zieldimension 2), erlangt aber gleichwohl in der mitteleuropäischen Zivilisationsgesellschaft tendenziell eher Bedeutung als intensives, authentisches Naturerlebnis (Zieldimension 3). Ein stark überhitztes Stadtklima kann Aktivitäten im Kontext freiraum- und landschaftsgebundene Erholung im Sinne der Zieldimension 3 beeinträchtigen, es kann aber in extremerer Ausprägung auch zu Gesundheitsbeeinträchtigungen im Sinne der zweiten Zieldimension führen.

§ 1 BNatSchG hat diese Begründungs- und Zielstruktur gesetzlich verankert, indem in Absatz 1 die drei Zieldimensionen enthalten sind und sich die Folgeabsätze 2 bis 4 darauf beziehen. Die Vorschrift sollte zwar aus Gründen der Klarstellung zukünftig noch präzisiert werden (siehe Mengel et al., in Vorber.), dies ändert aber nichts an der beschriebenen grundlegenden inhaltlichen Ausrichtung, die seit 2010 Gesetzeskraft hat. Die Absätze 5, 6 und 7 sprechen mehrere Zieldimensionen an und sind insoweit übergreifender Natur. Von besonderer Bedeutung für die Fragestellung des Beitrags ist dabei § 1 Abs. 6 BNatSchG, der sich explizit auf Freiräume im Siedlungskontext bezieht (siehe dazu Abschnitt 3.2). Insgesamt wird deutlich, dass das Aufgabenfeld Naturschutz und Landschaftspflege und seine Fachplanung (Landschaftsplanung) nicht durch „ökologische Begründungen" manifestiert wird (die eine Naturwissenschaft gar nicht liefern kann), sondern durch normative Festlegungen, die auf einer grundlegenden gesellschaftspolitischen Verständigung darüber fußen, welche Zielsetzungen beim Umgang mit Natur und Landschaft relevant sind. Es handelt sich um einen umfassenden Ansatz, der sich nicht auf die Abwehr von Gefahren für gefährdete Arten und Biotope beschränkt (so wichtig diese in der Sache auch ist), sondern der weitere Handlungsgegenstände (geoökologische Ausprägungen, Freiräume, Landschaften) einbezieht, auch auf die Herausarbeitung konkreter raumbezogener Funktionen und Werte gerichtet ist und der dabei auch Bedeutungszuordnungen wie Schönheit oder Naturerlebnis (siehe zu Letzterem die Novellierung des § 1 Abs. 4 BNatSchG im Jahre 2021) inhaltlich einschließt. Zudem macht die umfassende Aufzählung der Handlungsformen (schützen, pflegen, entwickeln, wiederherstellen) in § 1 Abs. 1 BNatSchG deutlich, dass neben dem Schutz- auch der Gestaltungsauftrag entsprechend verankert ist. Die Erstreckung auch auf gestaltungsbezogene Aufgaben wird nicht zuletzt dadurch aufgezeigt, dass der Gesetzgeber im Rahmen der neuen (2021) Aufzählung von zentralen Handlungsfeldern der Grünordnungsplanung in § 11 Abs. 6 S. 2 Nr. 1–3 BNatSchG sowohl für den Siedlungskontext als auch für kulturlandschaftliche Räume explizit eine Ausrichtung auf gestalterische Aspekte einbezieht.

Im Fachdiskurs und im Rahmen fachpolitischer Konzepte spielt ein anderer Ansatz eine wichtige Rolle, auf den daher an dieser Stelle kurz eingegangen werden soll, nämlich die Arbeit mit Ökosystem(dienst)leistungen (siehe etwa Albert et al. 2022; zum Verhältnis Zieldimensionen und Ökosystemleistungen Heiland et al. 2017, S. 30 ff.). Dabei werden bekanntlich drei Klassen von Ökosystemleistungen unterschieden: versorgende, regulierende und (sozio-)kulturelle (Bastian et al. 2013, S. 48 ff.). Die versorgenden und die regulierenden Ökosystemleistungen decken sich teilweise mit dem, was Zieldimension 2 umfasst – allerdings mit der Einschränkung, dass das mit den Zieldimensionen verknüpfte Aufgabenfeld „Naturschutz und Landschaftspflege" nicht die konkrete Bereitstellung von Gütern wie etwa Holz oder Nahrungsmittel zum Gegenstand hat, sondern sich auf die Sicherung der Voraussetzungen hierfür bezieht (siehe § 1 Abs. 1 Nr. 2 BNatSchG: „Leistungs- und Funktions*fähigkeit* des Naturhaushalts" bzw. „nachhaltige Nutzungs*fähigkeit*"). Für den Bereich der (sozio-)kulturellen Ökosystemleistungen werden im Schrifttum (berechtigte) Zweifel geäußert: „Ein spezifischer Fehler des ÖSD-Ansatzes ist, dass Natur im Hinblick auf alle ihre gesellschaftlichen Bedeutungen und Werte als Ökosystem konzeptualisiert wird. Diese naturwissenschaftliche Konzeptualisierung als funktionales Kausalsystem ist zwar für materielle Nutzwerte von Natur (versorgende und regulierenden ÖSD) sachlich angemessen und auch umweltpolitisch hilfreich (…). Für die nicht-materiellen Eigenwerte von Natur ist diese Konzeptualisierung jedoch ungeeignet, weil ästhetische Qualitäten und symbolische Bedeutungen von Natur weder in ökologischen Begriffen beschreibbar noch auf ökologische Eigenschaften rückführbar sind – ebenso wenig, wie physikalische Messungen bzw. chemische Analysen die Ästhetik und den Sinngehalt von Melodien bzw. Gemälden erschließen können" (Kirchhoff 2019: 815 f.; zum technisch-physikalischen Verständnis von Ökosystemen und der damit zusammenhängen Rolle im Naturschutz siehe auch Voigt 2010). Auch nach der hier vertretenen Auffassung ist der Ökosystemleistungsansatz für die Bearbeitung der mit der Zieldimension 3 zusammenhängenden Inhalte wenig geeignet, weil er spezifische Begriffe wie Tiere, Freiräume oder Landschaften und die damit verknüpften Werte in ein materiell-technisches Korsett presst, das dafür nicht sachangemessen ist. Für Zieldimension 1 bleibt der Ansatz zumindest unscharf bzw. stößt an seine Grenzen, etwa wenn es „um nicht marginale Veränderungen von Natur geht und Substitution nicht möglich ist (…, Aussterben von Arten, Verschwinden einzigartiger Landschaften) (Kirchhoff 2019: 815, mit weiteren Nachweisen).

3.2 Die Zieldimensionen im urbanen Kontext

Die fachliche Stringenz der Zieldimensionen und ihre strukturierende Funktion bei der Erarbeitung von Plänen und Konzepten ist in urbanen Räumen von gleicher Relevanz wie in allen weiteren Raumsituationen. Es sind nur unterschiedliche fachinhaltliche Aspekte, die in Abhängigkeit von den spezifischen räumlichen Rahmenbedingungen jeweils schwerpunktmäßig zu berücksichtigen sind.

So können beispielsweise für die Zieldimension 1 im Stadtkontext historische Gärten und Parks eine bedeutende Rolle spielen. Gärten und Parks an fürstlichen Residenzen und Adelssitzen, Wallanlagen, Stadtplätze, Volksparks, Friedhöfe oder private Hausgärten an Villen (Formann 2010, S. 145) sind Teil des freiraumbezogenen kulturellen Erbes und Zeugnisse einer vergangenen Zeitepoche. Dabei geht es im Siedlungskontext oft auch um eine Zusammenschau der gebauten Elemente und Strukturen mit ihren damit spezifisch verknüpften Freiräumen. Auch zeitgenössische Parks und andere Freiräume von besonderer Bedeutung können einschlägig sein, wobei sich hier in besonderer Weise Herausforderungen bei der bewertenden Einordnung stellen.

Grundsätzlich kann der urbane Raum auch für Zieldimension 1-relevante Arten und Lebensräume bedeutsam sein. Bekanntlich lässt sich die Stadtnatur in „vier Naturen" differenzieren, nämlich „Relikte ursprünglicher Naturlandschaften", „Ländliche Kulturlandschaften", „Gestaltete Freiräume" (z. B. Gärten und Parks) sowie „Freiräume mit neuartiger Naturdynamik" (z. B. urban-industrielle Brachflächen) (Kowarik 2017, S. 12). Dabei ergeben sich Potenziale für gefährdete Arten und Lebensraumtypen beispielsweise in alten Stadtwäldern oder in Auwaldresten entlang größerer Flüsse, die die Stadt durchqueren (vgl. die Natur der ersten Art). Dies gilt gleichermaßen etwa für aufgegebene Bahnanlagen mit ihren trocken-warmen Schotterflächen und blütenreichen Staudenfluren (vgl. Natur der vierten Art).

Im Kontext von Zieldimension 2 sind Funktionen einschlägig, die die lufthygienische und die die stadtklimatische Situation betreffen – sei es in Form der Versorgung des eigentlichen Stadtraums durch Frisch- und Kaltluft „von außen" (Luftleitbahnen u. ä.) oder durch hinreichend große Freiräume im Stadtraum selbst. Neben dem Stadtklima ist die Zunahme von Hochwasser- bzw. generell von Starkregenereignissen ein weiteres Handlungsfeld, das durch den globalen Klimawandel verschärft wird. Auch hier sind grundlegende Funktionen betroffen, nämlich die Abwehr von Gefahren für Leben und Gesundheit der Stadtbewohner/innen bzw. für Sachgüter. Die Erhaltung, Schaffung oder Qualifizierung von Freiräumen stellen bei diesen

Fragestellungen einen wichtigen Baustein neben technischen und anderen Maßnahmen dar.

Sehr vielfältig sind diejenigen Werte und Funktionen, die im urbanen Raum unter dem Gesichtspunkt der Zieldimension 3 zu berücksichtigen sind. Als Ausdruck gesamthafter Betrachtung ist dabei zunächst an das Ortsbild zu denken. Im bauplanungsrechtlichen Kontext ist Ortsbild i. S. v. § 1 Abs. 6 Nr. 5 Alt. 4 BauGB „jedes überwiegend durch Bebauung/bauliche Anlagen geprägte Bild eines Ortes oder Ortsteils" (Gierke/Schmidt-Eichstaedt 2019, § 1 Rn. 680). „Bestandteile des Ortsbilds sind bauliche Anlagen jeweils für sich oder in ihrer Gesamtheit sowie Straßen, Plätze, Freiflächen und Grünflächen sowie topgraphische Gegebenheiten", auch ein „einzelnes Gebäude oder eine Freifläche kann dem Ortsbild sein Gepräge geben" (ebd.). Auch das Bundesnaturschutzgesetz verwendet explizit den Begriff des Ortsbildes (z. B. in § 11 Abs. 6 Nr. 1 BNatSchG) als Teil des Aufgabenfeldes Naturschutz und Landschaftspflege. Die Sicherung wertgebender Ortsbilder bzw. die Qualifizierung des Ortsbildes für die Lebenswelt der Stadtbewohner/innen – und ggf. auch für Besucher/innen der Stadt bis hin zu touristischen Bedeutungen – ist damit auch Gegenstand der Landschaftsplanung.

Ein weiteres hier hervorzuhebendes Themenfeld ist das Naturerlebnis. Der Gesetzgeber hat diese so wichtige Zielkomponente der Zieldimension 3 nun (endlich) in § 1 Abs. 4 Nr. 2 BNatSchG verankert. Ein Teilbaustein stellt dabei die städtische Spontanvegetation dar, also Pflanzenbestände, die sich ohne aktives Zutun des Menschen aufgrund der spezifischen Standortverhältnisse und der dominierenden Nutzung (z. B. Tritt) entwickeln. Dabei liegt gerade in städtischen Bereichen eine Qualität in dem spontanen Sich-Einfinden von Vegetation. Es ist der „Reiz des Zufälligen" (Frei 2022, S. 64) bzw. der Reiz der Eigenständigkeit von Natur selbst in anthropogen stark geprägten Räumen, der hier bereichernd wirkt. Weiter können im Kontext „Naturerlebnis in der Stadt" Ansätze aus der Pflanzenverwendung einschlägig sein, bei denen mit „Stadien nutzungsbeeinflusster Sukzessionsdynamik" gearbeitet wird, „um vegetationskundlich fundiert ästhetisch ansprechende und leicht pflegbare Vegetationsbestände zu entwickeln" (Körner 2017, S. 146). Hierfür eignet sich etwa die Orientierung an thermophilen Säumen (Bellin-Harder 2021, S. 14). Ein großes Potenzial bieten hier zum Beispiel vegetationsfähige Randflächen im Straßenraum bzw. entlang von Gehwegen auf mageren, mineralischen, skelettreichen Substraten (Hobmeier 2021, S. 30, 33). Es erfolgt eine Ansaat mit standortangepassten Arten sowie ein bodennaher Rückschnitt vor Beginn des Frühjahrs und ein kosmetischer Pflegegang im Jahr (ebd., S. 34 f.).

Für die Frage, im welchem Situationszusammenhang qualitätsvolle Ortsbilder oder besondere Formen städtischer Natur von den Stadtbewohnern/innen (oder Dritten) wahrgenommen werden, bieten sich die Begriffe „Alltagserfahrung" auf der einen und „Erholungsnutzung" auf der anderen Seite an. Während Alltagserfahrung für das beiläufige Wahrnehmen und Erleben steht – der Weg zum Einkauf, zur Schule, zur Arbeitsstätte beispielsweise oder der Blick aus dem Fenster –, werden Freiraum und Landschaft im Kontext der Erholungsnutzung gezielt aufgesucht. Dabei kann es sich um ganz „gewöhnliche“ Betätigungen, wie etwa Spazierengehen oder den „Gang mit dem Hund“ handeln; hierzu gehören aber auch beispielsweise verschiedenste Formen des Freizeitsports, soweit diese mit Freiraum und Landschaft unmittelbar oder als „atmosphärische Kulisse“ verknüpft sind. So nützlich diese Benennung zweier „Situationspole“ allerdings gerade auch für planerisch-konzeptionelle Aufgabenstellungen ist – eine trennscharfe Differenzierung lässt sich hier nicht festlegen.

Abschließend ist darauf hinzuweisen, dass mit der neu gefassten Regelung in § 1 Abs. 6 BNatSchG nun explizit dem Aufgabenfeld „Naturschutz und Landschaftspflege“ die Aufgabe zukommt, die Qualität von Freiräumen im Siedlungskontext und die quantitativ-flächenbezogene Ausstattung von Stadträumen zu prüfen und bei festgestellten Defiziten entsprechend zu handeln. Da dies nur eingebettet in eine planerisch-konzeptionelle Betrachtung vorstellbar ist, erwachsen hieraus wichtige Aufgaben für die instrumentelle Landschaftsplanung und für informelle Freiraumentwicklungskonzepte. Für die Grünordnungsplanung als unterste Planungsebene der Landschaftsplanung (die perspektivisch wohl eine bessere Bezeichnung verdient hat) unterstreicht § 11 Abs. 6 S. 2 Nr. 1 und 2 BNatSchG die zentrale Bedeutung einer planerisch-konzeptionellen Befassung gerade im urbanen Raum.

4 Basisteil des Freiflächenentwicklungsplans der Stadt Frankfurt a. M.

Als planungspraktisches Beispiel dient der sogenannte Basisteil (Bestand, Bewertung, Potenzialanalyse) eines möglichen neuen Freiflächenentwicklungsplans (FFEP) der Stadt Frankfurt a. M., den das Fachgebiet Landschaftsentwicklung/Umwelt- und Planungsrecht der Universität Kassel in den Jahren 2018–2020 im Auftrag der Stadt Frankfurt am Main bearbeitet hat (Mengel et al. 2020) und aus dem wesentliche Inhalte in einer rund 260 Seiten starken „Fachbroschüre“ (Stadt Frankfurt a. M. 2022) zusammengeführt wurden.

Hervorzuheben sind in dem hier behandelten Kontext folgende Bausteine des Basisteils des FFEP:

- die Bearbeitung aller 46 Frankfurter *Stadtteile* in Form von Steckbriefen, die neben einer Charakteristik der städtebaulichen Situation eine Hervorhebung der wertgebenden Grünflächen, -elemente und -strukturen im Siedlungskontext und eine Gesamteinschätzung mit Perspektiven für die weitere Planung enthalten
- die Bearbeitung von 24 sogenannten *Stadtlandschaften*, die im Schwerpunkt auf die nicht baulich genutzten Bereiche fokussieren und für die eine Flächenkulisse „Bedeutsamer Landschaften“ vertieft betrachtet wird (GrünGürtel Frankfurt, gegliedert in sieben „Facetten“ sowie weitere Landschaften/Landschaftsbereiche)

- die Zusammenstellung und graphisch-zeichnerische Untersetzung von besonderen *Naturerlebnisräumen* im Stadtgebiet und
- die Identifikation von 60 *Naturerlebnisarten* im Frankfurter Stadtgebiet, denen eine besondere Relevanz für das Naturerleben zukommt.

Insbesondere die Steckbriefe der Stadtteile enthalten auch wesentliche Inhalte der Zieldimension 2, etwa zum Stadtklima, auf die im Rahmen dieses Beitrags aber nicht eingegangen werden kann (zur Bedeutung des städtischen Grüns für die Klimaanpassung in Frankfurt a. M. siehe Dannert/Friedrich 2018).

Grundlage der Bearbeitung war neben einer umfangreichen Auswertung digitaler und analoger raumbezogener Daten auch die Auswertung einschlägiger Literatur, z. B. zu bedeutenden Freiraumprojekten in Frankfurt (siehe etwa zur Mainufer-Promenade Heldmann 2010 oder zur Umgestaltung des Alten Flugplatz Bonames Förster 2010), zu Pflegekonzepten des Grünflächenamtes (siehe Jacob/Heldmann 2018; Appel/Jacob 2019), zur Naturausstattung wertgebender Bereiche (siehe Starke-Ottich et al. 2015; Starke-Ottich/Zizka 2019) oder zu Ansätzen im Forschungskontext wie das Projekt „Städte wagen Wildnis" (Zizka et al. 2019). Alle oben aufgeführten Bausteine wurden aber insbesondere durch zahlreiche Begehungen und Erfassungen vor Ort bearbeitet. So wurde beispielsweise zur Erarbeitung der Steckbriefe für die 46 Stadtteile ein Ansatz entwickelt, bei dem jeder Stadtteil unter dem Blickwinkel wertgebender Kriterien der Zieldimensionen 1 und 3 fotographisch „untersucht" wurde. Aus der Fülle an fotodokumentierten Ausschnitten wurden dann für jeden Stadtteil acht Fotos ausgewählt, die exemplarisch die besonderen Qualitäten des jeweiligen Raums (je nach Situation auch einschließlich der landschaftlichen Dimension) abbilden und transportieren. Dabei stehen jeweils vier Bilder für den städtebaulichen Gesamtcharakter einschließlich der Freiräume und weitere vier für spezifische Ausschnitte aus öffentlichen und privaten Grünflächen sowie für besondere Ausprägungen städtischer Natur.

Die nachfolgenden beiden Beispiele zeigen die für den Basisteil des FFEP ausgewählten Fotodarstellungen für die Stadtteile Heddernheim (Abbildungen 1 und 2) und Fechenheim (Abbildungen 3 und 4). Zudem ist als Textkasten die jeweilige Zusammenführung als „Gesamteinschätzung, Herausforderungen und Potenziale" wiedergegeben.

Abbildung 1 Die Fotos zeigen den historischen Ortskern mit einigen wenigen wertgebenden Gebäuden, insbesondere Fachwerkhäuser (Foto a) und die städtebaulich-historisch bedeutsame Römerstadt als Teil des Siedlungsbaus des Neuen Frankfurt (1927–29) (Fotos b, c) sowie die Großformbauten der stadtteilübergreifenden Nordweststadt (Foto d).

a

b

c

d

Abbildung 2 Öffentliche Grünanlagen befinden sich im Bereich der Römerstadt, entlang der Nidda (Foto a) sowie im Quartier in Form von Straßenbegleitgrün; im Bereich der Römerstadt besteht ein hohes Potenzial für eine Aufwertung der privaten Vor- und Hintergartenbereiche (Foto b); besonders wertgebend ist die Verzahnung der baulichen Elemente der Römerstadt, z. B. Bastionen, mit den davor liegenden Kleingärten und Grünräumen (Foto c), hier findet sich auch der Mustergarten aus den 1920er Jahren von Schütte-Lihotzky („Frankfurter Küche") (d).

a b c d

Heddernheim

Gesamteinschätzung, Herausforderungen und Potenziale

In Heddernheim dominieren die großflächigen Bauten des Nordwestzentrums, Wohnhochhäuser und die Siedlungen des Neuen Frankfurt, die ein großes Aufwertungspotenzial besitzen. Hier wäre es lohnenswert, etwa im Zuge anstehender Sanierungen, auch den Außenraum dieser Siedlungen modellhaft zu gestalten und die Beschaffung von geeigneten Pflanzen und anderen Materialien zu fördern. Vom alten Ortskern ist nur wenig Substanz übriggeblieben, umso mehr verdienen positive, private bauliche wie gärtnerische Gestaltungsbeispiele Unterstützung.

Abbildung 3 Der zentrale Bereich in der Mitte des Stadtteils wird von gewerblichen und industriellen Nutzungen eingenommen, historisch abgebildet in der markanten Backstein-Industriearchitektur der Casella-Werke u.a. (Foto a); nördlich schließt sich ein schmaler Streifen mit Wohnfunktionen an – siehe etwa die mittlerweile denkmalgeschützten Doppelhaushälften mit ihren verklinkerten Schmuckfassaden (Foto b); an der südöstlichen Seite im Mainbogen markieren Gassen, Plätze, Fachwerkhäuser, Backsteingebäude und Kirchen den alten Ortskern des ehemaligen Fischerdorfs (Fotos c, d).

a

b

c

d

Abbildung 4 Entlang der Altstadt verläuft am Mainbogen eine Promenade am ehemaligen Leinpfad (Foto a); ein wichtiger öffentlicher Straßenfreiraum ist der Straßenzug „Alt-Fechenheim" (Foto b); für das Alltagserleben von Natur durchaus bedeutsam sind die Randbereiche mit Spontanvegetation, hier mit Mäuse-Gerste und Ferkelkraut auf einem kleinen sandigen Spielplatz im Ortskern (Foto c); der Industriepark bietet besonderes Potenzial für eine artenreiche Ruderalvegetation, hier Kriechendes Fingerkraut und Spitzwegerich (Foto d).

a

b

c

d

Fechenheim

Gesamteinschätzung, Herausforderungen und Potenziale

Fechenheim ist ein kontrastreicher Stadtteil mit spannenden städtebaulichen und freiraumbezogenen Potenzialen. Sehr vielversprechend ist hier, die spontane Stadtvegetation zu fördern, besonders in den Industrie- und Gewerbegebieten. Hier lassen sich auf Brachen oder Lagerflächen entlang von Straßen und Schienengleisen sowie im Umfeld von Industrieanlagen im Industriepark und im Hafen besondere Formen von Wildnisentwicklung etablieren. Diese könnten Modellcharakter für andere Städte entfalten. Eine Herausforderung bleibt die bessere Verknüpfung der nördlichen und südlichen Bereiche des Stadtteils.

5 Ausblick

Sowohl die planerisch-konzeptionelle als auch die umsetzungsbezogene Befassung mit Freiräumen und Landschaften im urbanen Kontext (wie auch im sonstigen Raum) verlangen nach normativen Maßstäben bzw. nach Bedeutungszuordnungen. Mit den Zieldimensionen im Aufgabenfeld „Naturschutz und Landschaftspflege" liegt ein systematisch stringenter Ansatz vor, der noch dazu im Bundesnaturschutzgesetz verankert und damit verbindlich gemacht wurde. Es wird deutlich, dass ein breites Spektrum an Handlungsgegenständen zu betrachten ist, das geoökologische Ausprägungen, Tiere und Pflanzen, Lebensräume und Freiräume sowie Landschaften umfasst. Im Hinblick auf die zugrunde gelegten Zielmaßstäbe decken die Zieldimensionen sowohl konkrete Funktionen im jeweiligen Bearbeitungsraum als auch übergreifende Werte und Verantwortlichkeiten gegenüber künftigen Generationen ab. Dabei ist gleichermaßen der Schutz- wie der Gestaltungsauftrag eingeschlossen, eine Verengung etwa auf den Schutz gefährdeter Arten oder gar der Ansatz einer unmittelbaren Ableitung normativer Maßstäbe aus „der Ökologie" entspricht weder den gesetzlichen Festlegungen noch dem Stand des Fachdiskurses.

Weiter sollte deutlich geworden sein, dass es nicht sinnvoll ist, apodiktisch zwischen „rechtlichen" und „fachlichen" Aspekten zu differenzieren. Idealerweise greifen Gesetzgeber und die ein Gesetz vorbereitenden Institutionen, insbesondere die jeweiligen Fachministerien, den Stand des Fachdiskurses auf und berücksichtigen ihn bei der Gesetzesfassung. Das gelingt leider nicht immer – etwa, weil dieser Diskurs zu heterogen und unscharf ist oder weil andere gesellschaftspolitische Belange durchsetzungsstärker sind. Gleichwohl werden fachliche Begründungen und Zielstrukturen nicht zu einer „juristischen Perspektive", nur weil sie in einer gesetzlichen Regelung Gestalt gefunden haben. Und weiter benötigen die zahlreichen unbestimmten Rechtsbegriffe, Ermessensspielräume und Abwägungsaufgaben eine inhaltliche Ausfüllung, die in starkem Maße fachlich geprägt ist. Insofern ist dieser Beitrag auch als ein Aufruf zu verstehen, den fachlichen Gehalt von (rechtlichen) Regelungen ebenso zu erkennen wie deren fachliche Durchdringung bei ihrer Anwendung.

Die Befassung mit urbanen Räumen ist besonders gut geeignet, diese Strukturen klar zu stellen und ihre Anwendung zu veranschaulichen. Dies bedeutet selbstverständlich nicht, dass alle diesbezüglichen methodisch-inhaltlichen Fragen, gerade im Rahmen der Zieldimensionen 1 und 3, abschließend geklärt wären. Sowohl im Hinblick auf theoretisch-grundlegende Aspekte als auch planerisch-konzeptionell stellen sich aus fachlicher Sicht daher weiter spannende Aufgaben.

Literaturverzeichnis

Albert, C.; Hansen, R.; Dehnhardt, A.; Deppisch, S.; Fürst, C.; Geißler, G.; Gerner, N.; Marzelli, S.; Poßer, C.; Rathmann, J.; Schrapp, L.; Schröter-Schlaack, C.; Warner, B. (2022): Das Ökosystemleistungskonzept in der räumlichen Planung – zehn Thesen. Raumforschung und Raumordnung (80) 1/2022, S. 7–21.

Appel, H.; Jacob, S. (2019): Naturnahes Stadtgrün in Frankfurt. Impulse durch Förderprojet „Stadtgrün – Artenreich und vielfältig". In: Stadt+Grün 1/2019, S. 19–24.

Bastian, O.; Grunewald, K.; Syrbe, R.-U. (2013): Klassifikation von ÖSD. In: Grunewald, K.; Bastian, O. (Hrsg.): Ökosystemdienstleistungen. Konzept, Methoden und Fallbeispiele, S. 48–56, Springer-Verlag, Berlin, Heidelberg.

Bellin-Harder, F. (2021): Wiesen werden gemäht, nicht gesät. Stadt+Grün 9/2021, S. 11–16.

Bellin-Harder, F. (2017): Autonome Aneignung und planerische Regel in der Kasseler Schule. In: Hauck, T. E.; Hennecke, S.; Körner, S. (Hrsg.): Aneignung urbaner Freiräume, S. 47–74, transcript Verlag, Bielefeld.

Berr, K. (2019): Landschaftsarchitektur. In: Kühne, O.; Weber, F.; Berr, K.; Jenal, C. (Hrsg.): Handbuch Landschaft, S. 231–244, Springer VS, Wiesbaden.

Broemel, R. (2021): Kommentierung zu Art. 74 GG in von Münch, I./Kunig, P. (Begr.), Grundgesetz – Kommentar, 7. Auflage 2021, Verlag C. H. Beck, München.

Dannert, H.-G.; Friedrich, R. (2018): Klimaanpassung in Frankfurt. Kommunale Ansätze und Strategen für die Stadt der Zukunft. Stadt+Grün 6/2018, S. 16–20.

Degenhart, C. (2021): Kommentierung zu Art. 74 GG in Sachs, M. (Hrsg.), Grundgesetz – Kommentar, 9. Auflage 2021, Verlag C. H. Beck, München.

Dettmar, J. (2018): Wissenschaftliche Grundlagen der Landschaftsarchitektur. In: Berr, K. (Hrsg.): Landschaftsarchitekturtheorie, S. 21–50, Springer VS. Wiesbaden.

Förster, Y. (2010): Alter Flugplatz Bonames, Frankfurt am Main, Deutschland. In: Becker, A.; Schmal, P. C. (Hrsg.): Stadtgrün. Europäische Landschaftsarchitektur für das 21. Jahrhundert, S. 226–229, Birkhäuser, Basel.

Formann, I. (2010): Historische Gärten in der Stadt. Ein Plädoyer für Gartendenkmalpflege. In: Becker, A.; Schmal, P. C. (Hrsg.): Stadtgrün. Europäische Landschaftsarchitektur für das 21. Jahrhundert, S. 144–153, Birkhäuser, Basel.

Frei, J. (2022): Stadtwildpflanzen. AT Verlag, Aarau und München.

Gassner, E. (2003): Kommentierung § 1 BNatSchG a. F. In: Gassner, E.; Bendomir-Kahlo, G.; Schmidt-Räntsch, A.; Schmidt-Räntsch, J.: Bundesnaturschutzgesetz. Kommentar, 2., vollständig neubearbeitete Auflage, Verlag C. H. Beck, München.

Gierke, H.-G.; Schmidt-Eichstaedt, G. (2019): Die Abwägung in der Bauleitplanung. Gestaltungsspielräume – Grenzen – Direktiven, Kohlhammer, Stuttgart.

Haaren, C. v. (2022): Geschichte der Landschaftsplanung in Deutschland, in: Albert, C.; Galler, C.; Haaren, C. v.: Landschaftsplanung. 2. Auflage, S. 37–44, Eugen Ulmer, Stuttgart

Heldmann, S. (2010): Mainufer-Promenade, Frankfurt am Main, Deutschland. In: Becker, A.; Schmal, P. C. (Hrsg.): Stadtgrün. Europäische Landschaftsarchitektur für das 21. Jahrhundert, S. 60–65, Birkhäuser, Basel.

Henneke, S. (2019): Freiraumplanung. In: Kühne, O.; Weber, F.; Berr, K.; Jenal, C. (Hrsg.): Handbuch Landschaft, S. 219–230, Springer VS, Wiesbaden.

Hermes, J.; Albert, C.; Schmücker, D.; Bredemeier, B.; Barkmann, J.; von Haaren, C. (2023): Erfassung und Bewertung kultureller Ökosystemleistungen in Deutschland. Die Qualität der Landschaft für Freizeit- und Wochenenderholung in Deutschland: Potenzial, Dargebot, Präferenzen, Nutzung, BfN-Schriften 659, Bundesamt für Naturschutz, Bonn.

Hobmeier, S. (2021): Gehwegränder – mehr als nur Abstandsgrün. Stadt+Grün 9/2021, S. 30–35.

Hofmeister, S.; Mölders, T. (2019): StadtLandschaft. In: Kühne, O.; Weber, F.; Berr, K.; Jenal, C. (Hrsg.): Handbuch Landschaft, S. 731–741, Springer VS, Wiesbaden.

Jacob, S.; Heldmann, S. (2018): Wachsende Stadt mit stagnierenden Mittel. Frankfur am Main: Grünflächen unter Druck. In: Stadt+Grün 6/2018, S. 11–15.

Kirchhoff, T. (2019): Ökosystemdienstleistungen. In: Kühne, O.; Weber, F.; Berr, K.; Jenal, C. (Hrsg.): Handbuch Landschaft, S. 807–822, Springer VS, Wiesbaden.

Kirchhoff, T. (2018): „Kulturelle Ökosystemdienstleistungen". Eine begriffliche und methodische Kritik. Verlag Karl Alber, Freiburg/München.

Körner, S. (2019): Landschaft als städtebauliches Leitbild?. Raumplanung (204), 6/2019, S. 25–32.

Körner, S. (2017): Aneignung in der Freiraumplanung. In: Hauck, T. E.; Hennecke, S.; Körner, S. (Hrsg.): Aneignung urbaner Freiräume, S. 129–150, transcript Verlag, Bielefeld.

Konold, W. (2019): Landespflege. In: Kühne, O.; Weber, F.; Berr, K.; Jenal, C. (Hrsg.): Handbuch Landschaft, S. 207–218, Springer VS, Wiesbaden.

Kowarik, I. (2017): Stadtnatur und Wildnis. Geographische Rundschau 5/2017, S. 10–15.

Mengel, A. (2021): Kommentierung § 1 Bundesnaturschutzgesetz (Ziele des Naturschutzes und der Landschaftspflege). In: Frenz, W.; Müggenborg, H.-J. (Hrsg.), Bundesnaturschutzgesetz – Kommentar, 3., völlig neu bearbeitete und wesentlich erweiterte Auflage, Erich Schmidt Verlag, Berlin, S. 1–70.

Mengel, A.; Hoheisel, D.; Reppin, N.; Barthelmes, B.; Zachow, O.; Wickert, J. (in Vorbereitung): Naturschutzkonzepte zur Entwicklung urbaner und suburbaner Freiräume. Planerische Steuerung der naturschutzgerechten Siedlungsentwicklung in urbanen und suburbanen Räumen unter besonderer Berücksichtigung naturverträglicher Landnutzung. Abschlussbericht des gleichnamigen F+E-Vorhabens (FKZ 3517 84 0400), Bonn-Bad Godesberg.

Mengel, A.; Barthelmes, B.; Zachow, O.; Wickert, J. (2020): Fortschreibung des Freiflächenentwicklungsplans (FFEP) der Stadt Frankfurt am Main – Bestand, Bewertung, Potenzialanalyse, Auftraggeber: Stadt Frankfurt am Main, Auftragnehmer: Fachgebiet Landschaftsentwicklung/Umwelt- und Planungsrecht, Universität Kassel, unveröffentlichter Projektbericht.

Oeter, S. (2018): Kommentierung zu Art. 74 GG in von Mangoldt, H./Klein, F./Starck, C. (Hrsg.) Grundgesetz, 7. Auflage 2018, Verlag C. H. Beck, München.

Pieroth, B. (2018): Kommentierung Art. 74 GG. In: Jarass, H. D., Pieroth, B.: Grundgesetz für die Bundesrepublik Deutschland. Kommentar. 15. Auflage, C. H. Beck Verlag. München.

Regionalverband FrankfurtRheinMain (Hrsg.) (2023): Schätze der Region. Bedeutsame Landschaften in FrankfurtRheinMain. 2. Auflage, aktualisierte und ergänzte Fassung. Veröffentlichung auf der Grundlage des Projektberichts „Bearbeitung des Schutzgutes Landschaft als Beitrag zum Regionalen Landschaftsplan“ (Mengel et al. 2019), Frankfurt.

Schwarzer, M.; Mengel, A.; Reppin, N.; Wiechmann, S. (2022): Bedeutsame Landschaften in Deutschland – Fachbroschüre zur konsolidierten Fassung, kassel university press, Kassel.

Stadt Frankfurt am Main/Umweltamt (2022): Was uns ins Freie zieht. Bestandsaufnahme und Bewertung zur Fortschreibung des Freiflächenentwicklungsplans. 2. erweitere Auflage. Veröffentlichung auf der Grundlage des Projektberichts „Fortschreibung des Freiflächenentwicklungsplans (FFEP) der Stadt Frankfurt am Main – Bestand, Bewertung, Potenzialanalyse“ (Mengel et al. 2020), Frankfurt.

Starke-Ottich, I.; Bönsel, D.; Gregor, T.; Malten, A.; Müller, C.; Zizka, G. (2015): Stadtnatur im Wandel. Artenvielfalt in Frankfurt am Main. Senckenberg Gesellschaft für Naturforschung, Frankfurt, Schweizerbart'sche Verlagsbuchhandlung Stuttgart.

Starke-Ottich, I.; Zizka, G. (2019): Stadtnatur in Frankfurt. Vielfältig, schützenswert, notwendig. Senckenberg Gesellschaft für Naturforschung, Frankfurt, Schweizerbart'sche Verlagsbuchhandlung Stuttgart.

Vicenzotti, V. (2019): Die Landschaft der Zwischenstadt. In: Kühne, O.; Weber, F.; Berr, K.; Jenal, C. (Hrsg.): Handbuch Landschaft, S. 743–753, Springer VS, Wiesbaden.

Voigt, A. (2010): Was soll der Naturschutz schützen? – Wildnis oder dynamische Ökosysteme? In: Laufener Spezialbeiträge 2010, ANL, S. 14–21.

Wittreck, F. (2015): Kommentierung zu Art. 74 GG in Dreier, H. (Hrsg.), Grundgesetz – Kommentar, 3. Auflage 2015, Verlag Mohr Siebeck, Tübingen.

Zizka, G.; Starke-Ottich, I.; Bönsel, D.; Hartmanshenn, T.; Malten, A. (2019): Wirldnis in der Stadt – wie geht das? In: Stadtnatur in Frankfurt. Vielfältig, schützenswert, notwendig, S. 134–138, Senckenberg Gesellschaft für Naturforschung, Frankfurt, Schweizerbart'sche Verlagsbuchhandlung Stuttgart.

Autor

Andreas Mengel hat Rechtswissenschaften an der Goethe-Universität Frankfurt a. M und Landespflege (Vertiefung Landschaftsökologie) an der TU München Weihenstephan studiert. Nach Lehr- und Forschungstätigkeiten als wissenschaftlicher Mitarbeiter im Fachgebiet Umwelt- und Raumplanung im Fachbereich Bauingenieurwesen an der TU Darmstadt erfolgte dort im Jahr 2000 die Promotion zum Dr.-Ing. und 2003 die Promotion zum Dr. iur. an der Goethe-Universität Frankfurt a. M. Seit 2003 ist er Universitätsprofessor an der Universität Kassel und leitet das Fachgebiet Landschaftsentwicklung/Umwelt- und Planungsrecht. Forschungsschwerpunkte sind: Naturschutztheorie/Zielfindung und Bewertung; Landschaftsplanung; Landschaft als Schutzgut und Handlungsfeld; Inhaltlich-methodische Fragen im Kontext „Naturerlebnis“; Schutzgebiete; Prüf- und Folgenbewältigungsinstrumente bei Eingriffen; Landschaftsnutzung/Landschaftspflege, Naturschutz und erneuerbare Energien; Siedlung und Freiraum; Umweltbelange in Raumordnung und Bauleitplanung.

Rechtliche Rahmenbedingungen der landschaftsbezogenen Erholungsnutzung

Problemlagen und mögliche Lösungsansätze nicht nur aus juristischer Perspektive

Laura Schüle & Ralf Vogler

Abstract

Der Konflikt zwischen Erholung und Naturschutz stellt den Gesetzgeber vor die Herausforderungen beide Interessensdimensionen in den rechtlichen Rahmenbedingungen zu berücksichtigen. In der Praxis führt dies zu einer missverständlichen Regelungsdichte auf der Bundes- und Landesebene. Diese ist für den Erholungssuchenden nicht nur schwer zu überblicken, sondern erfordert auch ein juristisches Verständnis des Erholungsbegriffs. Dieser wiederum ist in den naturschutzrechtlichen Regelungen in einer Art und Weise definiert, die im Überblick zu anderen Disziplinen, die sich mit Erholung befassen, singulär ist.

Im Rahmen einer Systematisierung erscheint der Erholungsbegriff juristisch nicht definitionsbedürftig, da das Regelungsziel auch ohne eine ausdrückliche juristische Definition erreicht werden kann. In der Praxis ist das Verständnis von Erholung jedoch relevant, um einen Ausgleich zwischen dem Erholungsbedürfnis und dem Naturschutz zu erreichen.

Keywords

Erholung, Naturschutz, Erholungsbegriff

1 Einleitung

Tourismus- und Freizeitaktivitäten in der Landschaft haben von je her einen hohen Stellenwert für die lokale Bevölkerung als auch Erholungssuchende aus anderen Regionen (Hansen 2021). Insbesondere dienen landschaftsbezogene Erholungselemente

S. Sieber et al. (Hrsg.), *Landschaft und Naherholung*, RaumFragen: Stadt – Region – Landschaft, https://doi.org/10.1007/978-3-658-45410-4_18

der Bevölkerung urbaner Räume regelmäßig als Ausgleich für die teilweise wahrgenommene Enge der Stadt. Dieser Wunsch nach Weite und Abwechslung in der Landschaft hat im Zuge der Covid-19 Pandemie eine verstärkte Aufmerksamkeit erfahren. Erholung und touristische Aktivitäten im Inland und insbesondere im Nahbereich haben durch die Pandemie einen höheren Stellenwert erlangt. Dies gilt insbesondere für Aktivitäten an der „frischen Luft" (Eilzer und Harms 2022). Doch auch abseits von pandemiebedingten Restriktionen ist Tourismus und Erholung in der Natur von großer Bedeutung für die gesamte Bevölkerung.

Aktivitäten in der Natur insbesondere solche, die im Nahbereich des eigenen Wohnumfeld stattfinden, sind einfach umzusetzen und für einkommensschwächere Bevölkerungsgruppen oft die einzige Möglichkeit einer kostengünstigen Erholung vom Alltag (Bauer et al. 2021). Dabei spielen insbesondere die positiven Auswirkungen auf die individuelle Gesundheit eine entscheidende Rolle. Insbesondere die stresslindernde Wirkung des Aufenthalts in der Natur ist hier zu nennen (Hartig et al. 2014). Dieses Bewusstsein für die positiven Wirkungen legen den Wunsch nahe, dass Erholung im Freien, in der Natur für jeden ermöglicht werden sollte. Ein solcher Gedanke wird auch dem skandinavischen Ansatz des sog. „Jedermannsrecht" in Bezug auf Naturnutzung zugeschrieben. Dieses Recht ist jedoch nicht nur auf Erholung beschränkt und entstammt einem gänzlich anderem historischem Kontext (Reusch und Jäggi 2012).

In Ermangelung eines solchen Rechtsinstituts in der Bundesrepublik und in Ansehung der Bedeutung der Natur und freien Landschaft, im Sinne einer Landschaft im Freien, für die Erholung und deren positiven Konsequenzen für die Bevölkerung, versucht dieser Beitrag einen Überblick über die Rechtslage in Deutschland zu geben. Der Fokus liegt dabei auf dem Ziel der Erholung als Dreh- und Angelpunkt der Debatte. Ist es doch die Erholung die über Art. 14 der Allgemeinen Erklärung der Menschenrechte (AEMR) für jeden Menschen verfügbar sein muss.

2 Gesetzliche Regelungen zur landschaftsbezogenen Erholungsnutzung

Im Rahmen dieses Beitrags ist es schlicht unmöglich sämtliche gesetzliche Regelungen, die sich mit Erholung in der freien Landschaft befassen, zu beleuchten. Daher werden im Folgenden vor allem die Aspekte der Waldnutzung, als häufiges Erholungsziel (Hunziker et al. 2011) und des Naturschutzes insgesamt beleuchtet, um einen Einblick in die Problemlagen zu geben. Hierbei wird bewusst auf die umfassende Darstellung grenzüberschreitender Regelungen im Rahmen der europäischen Union sowie möglicher kommunaler Regelungen verzichtet. Kern der Ausführungen bilden die nationalen und bundeslandspezifischen Regelungen innerhalb der Bundesrepublik und die daraus resultierenden Auswirkungen für die Erholungssuchenden.

Auf Bundesebene sind zuvorderst das Bundesnaturschutzgesetz (BNatG) und das Bundeswaldgesetz (BWaldG) zu nennen. In den einzelnen Ländern finden sich hierzu korrespondierende Regelungen der Länder in Form von länderspezifischen Naturschutz- und Waldgesetzen. Diese „Doppelung" gesetzlicher Regelungen bedingt unmittelbar die Frage, ob nun Bundes- oder Landesrecht in der Erholungsnutzung von Wald und Natur zu beachten ist. So gilt gemäß Art. 72 Abs. 1 des Grundgesetzes (GG), der Vorrang eines Bundesgesetzes vor länderspezifischen Regelungen. Im Grundsatz wären somit BNatG und BWaldG alleinig ausreichend. Allerdings betreffen die Gesetze Belange des Naturschutzes, die es den Bundesländern ermöglichen über Art. 72 Abs. 3 GG abweichende Regelungen zu treffen. Der Naturschutz umfasst in diesem Punkt auch die rechtlichen Aspekte des Waldes (Kment 2022). Dies bedeutet jedoch nicht, dass in dieser Sache die Länderregelungen in jedem Fall vorrangig sind. Die Abweichungen sollen es vielmehr ermöglichen Aspekte zu konkretisieren bzw. in Einzelfällen abweichende Regelungen zu treffen, so dass in der Konsequenz beide Regelungsebenen zu beachten sind.

Dies führt zu nicht unerheblichen Komplexitäten, da die einzelnen Bundesländer von der Möglichkeit der abweichenden Regelungen in unterschiedlicher Intensität und Detailtiefe Gebrauch gemacht haben. Im Einzelfall wurden die Konkretisierungen, wie beispielsweise für Hessen im § 19 Abs. 5 HeNatG, auch auf kommunales Satzungsrecht übertragen.

Inhaltlich erlaubt das BNatG das Betreten der Landschaft zur Erholungszwecken. Hierbei wird „Betreten" wörtlich verstanden und umfasst ausschließlich das Betreten zu Fuß (Gellermann 2023a). Das originäre Betretungsrecht wird für Wälder im § 14 BWaldG entsprechend um die Aktivitäten Radfahren, Reiten und das Nutzen von Krankenfahrstühlen erweitert. Während sich die Bundesgesetzgebung vor allem auf abstrakte allgemeingültige Regelungsbereiche beschränkt hat, um Erholungsaktivitäten und -aspekte zu regeln, finden sich in einzelnen Bundesländern sehr konkrete Regelungen, die spezifische Aktivitäten explizit ansprechen (vgl. Tabelle 1 und 2).

Bei der Betrachtung der einzelnen Regelungen fällt zunächst auf, dass die Regelungen zu den einzelnen Aktivitäten höchst unterschiedlich ausfallen. Die Aktivitäten Fahrradfahren (ohne Motorkraft), Reiten und mit dem Krankenfahrstuhlfahren, sind in beinahe jedem Landesgesetz aufgeführt, mit der Maßgabe, dass diese Aktivitäten auf dafür geeigneten Straßen oder Wegen ausgeführt werden müssen. Auch das Gespannwagenfahren ist in einigen Landesgesetzen erwähnt, als eine Tätigkeit, die der Erholung dient und daher auf geeigneten Wegen erlaubt ist. Die Früchte des Waldes in kleinen Mengen zum eigenen Gebrauch zu ernten ist in Berlin und Brandenburg eine Tätigkeit, die unter den Begriff der Erholung fällt. In einigen Bundesländern wird explizit erwähnt, dass Rollstuhlfahren auch unter den Begriff betreten fällt. Weitere Aktivitäten, die unter Erholung fallen, sind Skifahren, Schlittenfahren (ohne Motorkraft), Klettern und der Genuss der Naturschönheit. Des Weiteren wird der Überbegriff der sportlichen Betätigung oder des Spielens in einigen Gesetzen als Grund für ein Betretungsrecht festgehalten. (s. Tabelle 1 u. 2).

Tabelle 1 Regelungen in den einzelnen Bundesländern (Baden-Württemberg bis Mecklenburg Vorpommern)

Aktivität	Baden-Württemberg	Bayern	Berlin	Brandenburg	Bremen	Hamburg	Hessen	Mecklenburg-Vorpommern
Fahrradfahren	§ 44 (1), NatSchG BW, § 37 (3) WaldG BW	§ 28 (1) NatSchG BY, § 13 (2) WaldG BY	§ 41 (1) NatSchG BE, § 15 (1), WaldG BE	§ 22 (1) NatSchG BB, § 15 (4) WaldG BB		§ 17 (1) NatSchG HH, § 9 (1) WaldG HH		§ 25 (1) NatSchG MV, § 28 (5) WaldG MV
Reiten	§ 44 (1), NatSchG BW, § 37 (3) WaldG BW	§ 28 (1) NatSchG BY, § 13 (2) WaldG BY	§ 41 (1) NatSchG BE, § 15 (2) WaldG BE	§ 22 (1) NatSchG BB, § 15 (4) WaldG BB		§ 17 (1) NatSchG HH, § 9 (1) WaldG HH		
Krankenstuhl fahren	§ 45 (1) NatSchG BW, § 37 (3) WaldG BW	§ 28 (1) NatSchG BY, § 13 (2) WaldG BY	§ 41 (2) NatSchG BE, § 16 WaldG BE	§ 22 (1) NatSchG BB, § 15 (4) WaldG BB		§ 18 (1) NatSchG HH, § 9 (1) WaldG HH		§ 25 (1) NatSchG MV, § 28 (6) WaldG MV
Gespannwagen-fahren	§ 45 (1) NatSchG BW		§ 42 (2) NatSchG BE	§ 22 (1) NatSchG BB, § 15 (4) WaldG BB		§ 18 (1) NatSchG HH		§ 28 (6) WaldG MV
Genießen der Naturschönheit		§ 26 (1) NatSchG BY, § 13 (1) WaldG BY						
Früchte des Waldes ernten			§ 13 WaldG BE	§ 15 (7) WaldG BB				
Rollstuhlfahren								§ 25 (1) NatSchG MV, § 28 WaldG MV
Skifahren		§ 29 NatSchG BY						
Schlittenfahren ohne Motorkraft		§ 29 NatSchG BY						
Klettern								
Sportliche Betätigung		§ 29 NatSchG BY						§ 28 (7) WaldG MV
Spielen		§ 29 NatSchG BY						

Tabelle 2 Regelungen in den einzelnen Bundesländern (Niedersachsen bis Thüringen)

Aktivität	Niedersachsen	Nordrhein-Westfahlen	Rheinland-Pfalz	Saarland	Sachsen-Anhalt	Sachsen	Schleswig-Holstein	Thüringen
Fahrradfahren	§ 25 (1) WaldG NI	§ 57 (2) NatSchG NW, § 2 (2) WaldG NW	§ 26 (1) NatSchG RP, § 22 (3) WaldG RP	§ 11 (2) NatSchG SL, § 25 (1) WaldG SL	§ 22 (1) WaldG ST	§ 27 (2) Nr. 2 NatSchG SN, § 11 (1) WaldG SN	§ 30 (2) NatSchG SH, § 17 (1) WaldG SH	§ 22 (1) NatSchG TH, § 6 (3) WaldG TH
Reiten	§§ 24, 25 (1) WaldG NI	§ 57 (2) NatSchG NW, § 2 (2) WaldG NW	§ 22 (3) WaldG RP	§ 11 (2) NatSchG SL, § 25 (1) WaldG SL	§§ 22 (1) WaldG ST	§ 27 (2) Nr. 2 NatSchG SN, § 11 (1) WaldG SN	§ 30 (2) NatSchG SH, § 17 (1) WaldG SH	§ 22 (1) NatSchG TH, § 6 (3) WaldG TH
Krankenstuhl fahren	§ 26 WaldG NI	§ 58 (1) NatSchG NW	§ 26 (1) NatSchG RP	§ 11 (2) NatSchG SL, § 25 (1) WaldG SL	§§ 22 (1), 25 (1) WaldG ST	§ 27 (2) Nr. 2 NatSchG SN, § 12 (1) WaldG SN	§ 30 (2) NatSchG SH, § 18 (1) Nr. 1 WaldG SH	§ 22 (1) NatSchG TH
Gespannwagen-fahren		§ 58 (1) NatSchG NW	§ 26 (1) NatSchG RP	§ 11 (2) NatSchG SL	§ 22 (1) WaldG ST			§ 22 (1) NatSchG TH
Genießen der Naturschönheit								
Früchte des Waldes ernten								
Rollstuhlfahren			§ 26 (1) NatSchG RP, § 22 (1) WaldG RP		§ 22 (1) WaldG ST			
Skifahren	§ 24 WaldG NI				§ 23 (1) WaldG ST	§ 27 (2) NatSchG SN	§ 17 (1) WaldG SH	
Schlittenfahren ohne Motorkraft	§ 24 WaldG NI				§ 23 (1) WaldG ST	§ 27 (2) NatSchG SN	§ 17 (1) WaldG SH	
Klettern					§ 23 (1) WaldG ST			
Sportliche Betätigung								
Spielen				§ 11 (2) NatSchG SL	§ 23 (1) WaldG ST	§ 27 (2) NatSchG SN		

Aus der Analyse der Landesgesetze geht hervor, dass beinahe in allen Bundesländern die Aktivitäten Reiten, Fahrradfahren und Krankenfahrstuhlfahren zusätzlich zum fußläufigen Betreten zu Erholungszwecken zugelassen sind. Auch wenn beispielsweise Bremen diese Tätigkeiten nicht aufführt, sind diese trotzdem durch das ranghöhere Gesetz, das BWaldG, erlaubt, da die Landesgesetze nur ergänzend zu den Bundesgesetzen gelten.

Ein Regelungsproblemfeld ist die Abgrenzung des Betretungsrecht vom Rollstuhlfahren. Rollstuhlfahren ist nicht in allen Bundesländern vom Betretungsrecht erfasst. In den Ländern, in denen in Ermangelung anderer Regelungen nur das Betreten per Fuß gemäß der Bundesregelung gestattet ist, gilt dies jedoch nicht.

Somit wäre das ein Gegensatz zum Ziel der Inklusion nach Art. 3 Abs. 3 GG, da es den Betroffenen nicht möglich ist den Wald auf andere Weise zu betreten. Auch kann das Rollstuhlfahren nicht unter den Begriff des Krankenfahrstuhls subsumiert werden, da ein Rollstuhl in der Regel mit eigener Kraft betrieben wird, wohingegen der Krankenfahrstuhl mit der Kraft von einem anderen Menschen oder einem Motor bewegt wird. Hieraus resultiert ein offensichtlicher Widerspruch zum Grundrecht auf Erholung sowie des Erholungsanspruchs als Menschenrecht. Diesem Widerspruch scheint sich der Gesetzgeber bewusst, da der Referentenentwurf zur Neufassung des Bundeswaldgesetzes hier eine explizite Gleichstellung von Betreten und der Nutzung von Krankenfahrtstühlen vorgesehen ist (Bundesministerium für Ernährung und Landwirtschaft 2023).

3 Regelungen als Eingriff in Grundrechte der Erholungssuchenden

Unabhängig der tatsächlichen Ausgestaltung ist jeder Eingriff und jede Restriktion in diesem Kontext ein Eingriff in die Grundrechte der Erholungssuchenden. Diese resultieren zunächst aus der Allgemeinen Handlungsfreiheit nach Art. 2 GG. Verstärkend kommt im Kontext der Erholung hinzu, dass diese als Menschenrecht gemäß Art. 24 AEMR gilt. Somit ist dieser Umstand in der juristischen Bewertung zu berücksichtigen (Brandt 2023). Grundsätzlich gelten Grundrechte nicht schrankenlos, sondern können durch Einzelgesetze aber auch durch die Abwägung anderer Grundrechte eingeschränkt werden (Jarass 2022).

Eine Begründung für eine solche Einschränkung können Naturschutzüberlegungen darstellen, da die schrankenlose Ausübung des Betretungsrechts geeignet ist, die Funktionsfähigkeit von Natur und Landschaft in einem nicht mehr zu vertretenden Maße zu beeinträchtigen. Ob dies alleine ausreicht, mobilitätseingeschränkte Personen komplett auszuschließen, ist jedoch zweifelhaft, da der generelle Ausschluss auch die naturverträgliche Ausübung der Erholung unterbindet. In der Konsequenz wären die betreffenden Personen gänzlich ihres Erholungsrechts beraubt. Dies kann nicht im Sinne des Gesetzgebers sein, zumal sich die Grundrechtseinschränkung in den verschiedenen Bundesländern unterschiedlich auswirkt. Aufgrund dieser systemischen Brüche, die in der Gesetzesauslegung zu vermeiden sind (Möllers 2019), kann im konkreten Fall nur davon ausgegangen werden, dass das Befahren eines Weges mit dem Rollstuhl zum Zwecke der Erholung grundsätzlich zulässig ist. Ähnlich argumentiert ebenso der Referentenentwurf zur Neufassung des Bundeswaldgesetzes (Bundesministerium für Ernährung und Landwirtschaft 2023).

Zum gleichen Ergebnis käme in diesem Fall auch eine Abwägung des Grundrechtes auf Erholung mit dem Naturschutz. Eine solche wird regelmäßig unter Zuhilfenahme der praktischen Konkordanz (Hesse 1999) vorgenommen. Wie diese Abwägung zu gestalten ist, ergibt sich bspw. aus § 7 Abs. 1 Nr. 3 BNatSchG. In dieser Definition von Erholung wird gleichzeitig die Beschränkung des abgeleiteten Betretungsrechts formuliert. So ist Erholung nur dann „zulässig" soweit die Interessen des Natur- und Landschaftsschutzes nicht beeinträchtigt sind.

4 Probleme des juristischen Erholungsbegriffs

Die vorgenannte Abwägung legt gleichzeitig ein Augenmerk auf das vielleicht schwierigste Problem des rechtlichen Rahmens: den Begriff der Erholung.

So bestimmt § 7 Abs. 1 Nr. 3 BNatG, das Erholung ein natur- und landschaftsverträglich ausgestaltetes Natur- und Freizeiterleben ist. Jede darüber hinausgehende Nutzung, kann sich nicht auf das Betretungsrecht zum Zwecke der Erholung berufen (Bundesverwaltungsgericht, Urteil vom 13.09.2017) (Bundesverwaltungsgericht 10 C 7/16). Dies gilt insbesondere im Falle von die Landschaft belastenden Aktivitäten, die schon durch ihre belastenden Auswirkungen, gesetzlich keine natur- und landschaftsverträgliche Erholung darstellen (Gellermann 2023b). Somit ergeben sich zwei Aspekte der Erholung, von denen eine im Gesetz explizit als Natur- und Freizeiterleben ausgestaltet ist. Die von Gellermann (2023b) angeführte implizite Komponente des Erholens wird jedoch nicht weiter definiert. Erschwerend in der Bewertung kommt hinzu, dass die intendierte Neufassung des BWaldG die Erholung ohne immanente Ausgestaltung versteht. Die Ausgestaltung wird in dieser als Einschränkung der grundsätzlich erlaubten Erholung verstanden (Bundesministerium für Ernährung und Landwirtschaft 2023).

So stellt zwar das BNatSchG insgesamt auf die Ausgestaltung der Erholung ab, jedoch birgt dies den Konflikt, dass die Bewertung der Landschafts- und Naturverträglichkeit in den meisten Fällen zumindest ein gewisses Maß an Expertenwissen erfordert (Grünberg 2016). Ein solches dürfte den meisten Erholungssuchenden als Nutzer jedoch fremd sein. Dies wird durch den Umstand verstärkt, dass auch die Art der Betätigung an sich nicht von vorneherein verträglich oder unverträglich ist (Stöckel und Müller-Walter 2023). Hieraus ergibt sich eine Diskrepanz zwischen dem ausübungsorientierten Selbstverständnis der Erholung und der naturschutzrechtlichen Ausgestaltung (ibid.). Erschwerend kommt für diese Diskrepanz hinzu, dass die Erholung als Tätigkeit sowohl über die allgemeine Handlungsfreiheit aus Art. 2 GG als auch über Art. 24 AEMR als Menschenrecht gilt. Somit kommt der Erholung als Ziel der menschlichen Handlung eine ungleich größere Bedeutung zu, als einer bloßen ziellosen Handlung.

Während es also zulässig ist eine nicht zielgerichtete Freizeithandlung landschafts- und naturverträglich auszuüben, ohne dass diese als solche eine Bedeutung für die Ausgestaltung als Menschenrecht hat, gilt dies im umgekehrten Falle nicht. Eine der Erholung dienende Tätigkeit wird durch naturschutzrechtliche Regularien beschränkt. Für die Bewertung der Zulässigkeit der Erholungsbeschränkung ist daher nicht nur darauf abzustellen, ob die der Erholung dienende Handlung landschafts- und naturverträglich ausgeführt wird. Vielmehr ist für die grund- und menschenrechtliche Bewertung auch von Bedeutung, ob die Handlung als solche in einem ersten Schritt überhaupt der Verwirklichung dieser Rechte dient. Erst in diesem Falle stellt sich überhaupt die Frage einer den Konflikt auflösenden Bewertung zwischen Erholungshandlung und Naturschutz.

Der Erholungsbegriff aus dem BNatSchG selbst, setzt sich mit dem Wesen der Erholung nicht auseinander. Die bloße Beschreibung der Ausübung ist für eine Bewertung nicht ausreichend. Auch muss konstatiert werden, dass es des Begriffes der Erholung nicht explizit bedurft hätte, wenn ausschließlich das natur- und landschaftsverträgliche Erleben oder Nutzen das Betretungsrecht definieren sollte. Eine wie für die Neufassung des Bundeswaldgesetzt vorgesehene Formulierung wie „Das Betreten zum natur- und landschaftsverträglichen Erleben…“ wäre ausreichend ohne eine Einschränkung des Erholungsbegriffs vorzunehmen. Generell scheint sich der Gesetztgeber insgesamt mit einem systematischem Erholungsbegriff schwer zu tun. Auch Art. 24 AEMR definiert Erholung nicht grundlegend, betont jedoch eine Dualität zwischen Erholung und Freizeit, die für den vorliegenden tagestouristischen Kontext von Bedeutung ist.

5 Konzeptionelle Lösungen zum Erholungsverständnis

Da die rein juristische Betrachtungsweise für den Erholungsbegriff nicht zielführend ist, erscheint der Blick in andere Disziplinen und Verwendungsmöglichkeiten zwingend. Ausgangspunkt sind hier lexikalische Begriffsdefinitionen. Im Duden wird Erholung als das Zurückgewinnen von Gesundheit und Leistungsfähigkeit beschrieben (Dudenredaktion 2018). Mit dieser Beschreibung lässt sich eine gewisse Verwandtschaft zum englischen Begriff der „recreation“ im Sinne einer Wiederherstellung erkennen (Merriam-Webster 2020). Während jedoch die deutsche Wortbedeutung Gesundheit und Leistungsfähigkeit hervorhebt, geht das Verständnis im englischen Kontext darüber hinaus und nimmt das persönliche Wohlbefinden und das Gefühl der Zufriedenheit in den Blick (Torkildsen 2005). Allen gemein ist jedoch die Konzentration auf im weitesten Sinne medizinische Aspekte. Dies lässt sich auch unter der Beschreibung der Wiederherstellung von körperlicher und mentaler Balance (Shivers 1959) zusammenfassen.

In anderen Fachdisziplinen wie der Sportwissenschaft wird die Verkürzung der Erholung auf den medizinischen Aspekt, insbesondere für sportliche Aktivitäten kritisch gesehen (Smith 2016). Vielmehr nutzen Sportwissenschaftler den englischen Begriff „recreation" um derartige sportliche Aktivitäten von professioneller Sportausübung abzugrenzen (Hallmann und Giel 2018). Darüber hinaus hat der Aspekt der Erholung insbesondere in der mentalen Dimension der Sportausübung eine hohe Bedeutung (Anshel 1991). Verbindend zwischen der medizinischen Perspektive und der Sportausübung kann allerdings festgehalten werden, dass sportliche Betätigung als aktive Erholung gesehen wird (Grunseit et al. 2017).

In der Tourismus- und Freizeitforschung dagegen bildet der Begriff der Erholung (‚recreation') oftmals einen wissenschaftlichen Gegenspieler zum Tourismus und es wird die Unterscheidung betont (Leiper 1979; McKercher 1996; Williams und Shaw 2009). Dies ist insofern befremdlich, als das ‚recreation' gleichzeitig als touristisches Motiv gewertet wird (Leiper 1979; McKercher 1996). McKercher (1996) versucht die Begründung eines Kontinuums bei dem ‚recreation' dem Tourismus vorausgeht und an irgendeinem Punkt in Tourismus übergeht.

Räumlich betrachtet ist dies durchaus eine nachvollziehbare Betrachtung sofern unter Erholung vor allem eine Aktivität im Nahbereich verstanden wird, für die Tourismus als solcher nicht zwingend notwendig ist. Dennoch sagt dies nichts über den Begriff der Erholung als solches aus. Zielführender ist es in diesem Zusammenhang Erholung begrifflich von Erholungsaktivitäten zu trennen. Erholung, ob mental oder körperlich (Leiper 1979) kann sowohl über reine (Nah-)Erholungsaktivitäten erreicht werden als auch über touristische Aktivitäten. Insgesamt ist eine allgemeingültige Definition und Abgrenzung zwischen Erholung und Tourismus allerdings schwierig. Dies liegt insbesondere in den multiplen Überlappungen von Tourismus, Freizeit und Erholung begründet (Hall und Page 2014).

Es lässt sich als Zwischenergebnis daher festhalten, dass mit Kontext von Freizeitgestaltung und Tourismus, eine Begriffsbestimmung schon alleine dadurch erschwert wird, dass individuelle Aspekte der Wirkung mit den Aspekten von eher abstrakten Ausübungen vermengt werden. Dabei ist zunächst einmal offensichtlich, dass Erholung eine höchst individuelle Angelegenheit ist. Sie basiert auf vielfältigen subjektiven Empfindungen des Erholungsuchenden selbst (Colton 1987). Dennoch wäre es verkürzt darauf abzustellen, dass alles Erholung ist, was der subjektiven Wahrnehmung von Erholung entspricht. Es erscheinen gewissere Kategorisierungen notwendig, um eine für das Recht objektive und objektivierbare Sichtweise zu schaffen. Das Ziel eine allgemeingültige Definition von Erholung über alle Fachdisziplinen zu schaffen, scheint hingegen aussichtslos (Hall und Page 2014).

Als einzig mögliches Konstrukt verbleibt der Versuch Aspekte von Erholung herauszuarbeiten, die objektivierbar sind. Das solche Versuche nicht neu sind zeigen exemplarisch Untersuchungen, die sich auf historische Aspekte beziehen. Ein möglicher Ansatzpunkt stellt für die nachfolgenden Überlegungen eine Untersuchung von Tagebüchern aus England aus der Periode 1500 bis 1700 dar (McKay 2008). Schon damals diente Erholung einer Reihe von Zwecken und wurde durch verschiedene Aktivitäten erreicht. Keine der damals thematisierten Aktivitäten, wie zum Beispiel Sport, Tanzen oder einfach die Beine ausstrecken ist dabei aus der Zeit gefallen. Daher lassen die geschichtlichen Analysen hier eine gewisse Relevanz für die heutige Thematik im Kontext der Freiraumnutzung vermuten. Die Erkenntnisse, die aus dieser Zeit gewonnen wurden, lassen sich ohne Weiteres auf heute übertragen. Erholung ist in diesem Verständnis die Stimulation von Körper, Gedanken und Seele durch sowohl physische, mentale und spirituelle Aktivitäten, zu denen explizit auch das Knüpfen von sozialen Kontakten und Netzen zählt (McKay 2008). Somit ist Erholung im Sinne des Ausgleichs zwischen Naturschutz und Menschenrecht jede Stimulation von Köper, Geist und Seele.

6 Überlegungen zur Neugestaltung des rechtlichen Rahmens

In diesem Verständnis der Stimulation von Körper, Geist und Seele liegt in erwartbarer Weise ein Widerspruch zu den bisherigen Definitionsbemühungen aus § 7 BNatSchG. Wie bereits angedeutet, bedarf es einer expliziten Definition der Erholung zum Erreichen der Ausgestaltung nicht. Im Gegenteil, die Definition des Gesetzgebers ist stark verkürzt auf die Nutzung gerichtet ohne jedoch dem eigentlichen Inhalt der Erholung gerecht zu werden. Das was der individuelle Erholungssuchende als für sich stimulierend und damit erholsam empfindet, ist in einem solchen Maße individuell, dass es sich der Bewertung durch den Gesetzgeber entzieht.

Das bedeutet freilich nicht, dass dadurch das Problem der potenziellen Schädigung der Natur und Landschaft durch die Erholungsnutzung verschwindet. Hier muss der Gesetzgeber weiterhin aktiv bleiben, um einen Ausgleich sicherzustellen. Das lebenspraktische Problem des fehlenden Unrechtsbewusstsein des Erholungssuchenden, aufgrund mangelnden Expertenwissens (Grünberg 2016) löst sich jedoch nicht von alleine. Der Gesetzgeber muss daher dafür Sorge tragen, dass die Ausübung von Erholungsaktivitäten einer notwendige naturschutzrechtliche Ausgestaltung folgt. Die zugrunde liegende Aktivität (zumeist physischer Natur), soll und muss natur- und landschaftsverträglich ausgeübt werden.

Hierbei ist stets die Balance zu wahren zwischen dem Erreichen des stimulierenden Effektes und dem Schutz von Natur und Landschaft. Keine der beiden Facetten, darf hierbei zum Ausschluss der jeweils anderen führen. Rein begrifflich würde es daher schon ausreichen auf Bundesebene das Betretungsrecht klarzustellen und die natur- und landschaftsschützende Komponente, wie im Referentenentwurf zum BundesWaldG, am Merkmal des Betretens und nicht am Merkmal der Erholung festzumachen. Somit könnten auch ein Teil der Konfliktsituationen zwischen Grund- und Menschenrechten auf der einen und Natur- und Landschaftsschutz auf der anderen Seite entschärft werden. Dabei muss zwingend die Erholungsfunktion der Landschaft und Natur erhalten bleiben und dieser ggfs. auch ein Vorrang vor wirtschaftlicher Nutzung eingeräumt werden.

Somit verbleibt als letzter Konflikt immer noch die Frage: Wie weit darf Erholung in die Belange des Naturschutzes eingreifen. Dem Gedanken der praktischen Konkordanz folgend (Hesse 1999), darf kein Belang den jeweils anderen dergestalt übertreffen, dass eine der beiden Rechtspositionen unmöglich wird. Hier ist eine objektive Bewertung denkbar, die eine allgemeingültige Abgrenzung anhand von vorher festgelegten Kriterien und Faktoren vornimmt. Eine solche Regelung hat jedoch die Schwäche, dass sich bei verändernden Rahmenbedingungen auch die Maßstäbe ändern. Ferner würde eine solche generelle Objektivierung ggfs. unterschiedlichen Regelungszielen der Länder zuwiderlaufen. Im Extremfall entstünde ein auf einzelne Aktivitäten abgestimmter Flickenteppich an Regelungen.

Den jeweiligen Rechtspositionen angemessener erscheint es jedoch, dem skandinavischen Vorbild folgend, ein fluides Abwägungsprinzip zu etablieren (Reusch und Jäggi 2012). Denkbar wäre zum Beispiel eine generelle Regelung, die die Erholungsnutzung der Natur und Landschaft zulässt, sofern die Belange des Natur- und Landschaftsschutzes berücksichtigt sind. Die Nutzung ließe sich jedoch im Lichte der lokalen Erfordernisse konkreter ausgestalten und dort wo notwendig. einschränken. Verbleiben würde eine rechtliche Abwägung der Positionen Erholung im Sinne dieser Ausführungen und Natur- und Landschaftsschutz. Diese Abwägung bietet sich insbesondere in den Bereichen an, in denen es noch keine konkretere Ausgestaltung von erlaubten oder nicht erlaubten Tätigkeiten gibt. Eine solche Regelungsmechanik hätte den Vorteil, dass regulatorische Konflikte zwischen den einzelnen Ländern ebenso reduziert würden, wie die notwendigen bewertenden Kontrollinstanzen im Vorfeld. Aus dieser Vereinfachung heraus ließe sich. auch eine größere Akzeptanz für Naturschutzbelange bei den Erholungssuchenden erreichen, da ihnen das Nutzungsrecht zunächst einmal vorbehaltlos gewährt wird, mit der Maßgabe die Rechtsposition von Natur und Landschaft nicht wesentlich zu beeinträchtigen.

Im Kern zielt diese Lösung auf einen balancierten Interessensausgleich, der die individuelle Freiheit und damit die Grund- und Menschenrechte der Erholungssuchenden achtet (Vogler 2023). Dem Natur- und Landschaftsschutz wird eine gleichgewichtige Rechtsposition eingeräumt. Der Ausgleich der jeweiligen Positionen erfolgt dann durch ein feines, an der konkreten Situation ausgerichteten Austarieren der Positionen.

Literaturverzeichnis

Bundesverwaltungsgericht (13.09.2017) 10 C 7/16.

Anshel, M.H. (1991). A survey of elite athletes on the perceived causes of using banned drugs in sport. *Journal of Sports Behavior 14* (4), 283–310.

Bauer, N., Hofman, M. & Young, C. (2021). Die Wirkung der Landschaft auf den Menschen: Einfluss auf Stressreduktion und Erholung. In *Erholsame Landschaft* (S. 21–31). Swiss Federal Institute for Forest, Snow and Landscape Research, WSL. Zugegriffen: 12. Oktober 2023.

Brandt, L. (2023). Der Urlaub als europäisches Arbeitsschutzrecht. *Euopäische Zeitschrift für Arbeitsrecht 16* (4), 383–393.

Bundesministerium für Ernährung und Landwirtschaft. (2023). *Referentenentwurf eines Gesetzes zur Neuordnung des Bundeswaldgesetzes* (Bundesministerium für Ernährung und Landwirtschaft, Hrsg.).

Colton, C.W. (1987). Leisure, recreation, tourism. *Annals of Tourism Research 14* (3), 345–360. https://doi.org/10.1016/0160-7383(87)90107-1

Dudenredaktion. (2018). *Duden – Das Bedeutungswörterbuch. Bedeutung und Gebrauch von rund 20 000 Wörtern der deutschen Gegenwartssprache* (Duden – Deutsche Sprache in 12 Bänden, 5th ed.). Berlin: Duden Verlag.

Eilzer, C. & Harms, T. (2022). Neues aus der Wandercommunity – Das Wanderverhalten der Deutschen in Zeiten der Covid-19-Pandemie. In F. Thiele, H.-D. Quack & Thiele/Quack (Hrsg.) (Hrsg.), *Wandern in Krisenzeiten. Pandemie und Klimawandel als Chance?* (Blickpunkt Wandertourismus, Band 6, S. 11–31). Berlin: Erich Schmidt Verlag.

Gellermann, M. (2023a) § 59 BNatSchG. In M. Beckmann, W. Durner, T. Mann, M. Röckinghausen & G. Rohmer (Hrsg.), *Umweltrecht. Kommentar,* Stand: 1. Januar 2023 (100. Ergänzungslieferung). Beck-online Bücher. München: C.H. Beck.

Gellermann, M. (2023b) § 7 BNatSchG. In M. Beckmann, W. Durner, T. Mann, M. Röckinghausen & G. Rohmer (Hrsg.), *Umweltrecht. Kommentar,* Stand: 1. Januar 2023 (100. Ergänzungslieferung). Beck-online Bücher. München: C.H. Beck.

Grünberg, K.-U. (2016). Sicherung der Vielfalt, Eigenart und Schönheit von Natur und Landschaft. In W. Riedel, H. Lange, E. Jedicke & M. Reinke (Hrsg.), *Landschaftsplanung* (Springer Reference Naturwissenschaften, 3., neu bearbeitete, aktualisierte Auflage, S. 23–29). Berlin: Springer Spektrum.

Grunseit, A., Richards, J. & Merom, D. (2017). Running on a high: parkrun and personal wellbeing. *BMC public health 18* (1), 59. https://doi.org/10.1186/s12889-017-4620-1

Hall, C.M. & Page, S. (2014). *The geography of tourism and recreation. Environment, place and space* (Fourth edition). New York: Routledge.

Hallmann, K. & Giel, T. (2018). eSports – Competitive sports or recreational activity? *Sport Management Review 21* (1), 14–20. https://doi.org/10.1016/j.smr.2017.07.011

Hansen, A.S. (2021). Understanding recreational landscapes – a review and discussion. *Landscape Research 46* (1), 128–141. https://doi.org/10.1080/01426397.2020.1833320

Hartig, T., Mitchell, R., Vries, S. de & Frumkin, H. (2014). Nature and health. *Annual review of public health 35*, 207–228. https://doi.org/10.1146/annurev-publhealth-032013-182443

Hesse, K. (1999). *Grundzüge des Verfassungsrechts der Bundesrepublik Deutschland* (Neudr. der 20. Aufl.). Heidelberg: Müller.

Hunziker, M., Freuler, B. & Lindern, E. v. (2011). Erholung im Wald: Erwartungen und Zufriedenheit, Verhalten und Konflikte. *Forum für Wissen*, 43–51.

Jarass, H. D. (2022) Art. 19. In *Grundgesetz für die Bundesrepublik Deutschland. Kommentar*, 17. Auflage. München: C. H. Beck.

Kment, M. (2022) Art 74 GG. In *Grundgesetz für die Bundesrepublik Deutschland. Kommentar*, 17. Auflage. München: C. H. Beck.

Leiper, N. (1979). The framework of tourism. *Annals of Tourism Research 6* (4), 390–407. https://doi.org/10.1016/0160-7383(79)90003-3

McKay, E. (2008). ‚For refreshment and preservinge health': the definition and function of recreation in early modern England. *Historical Research 81* (211), 52–74. https://doi.org/10.1111/j.1468-2281.2007.00398.x

McKercher, B. (1996). Differences between Tourism and Recreation in Parks. *Annals of Tourism Research 23* (3), 563–575. https://doi.org/10.1016/0160-7383(96)00002-3

Merriam-Webster. (2020). *Merriam-Webster's dictionary and thesaurus* (Newly rev. and updated). Springfield, Massachusetts: Merriam-Webster Incorporated.

Möllers, T. M. J. (2019). *Juristische Methodenlehre* (2. Auflage). München: C. H. Beck.

Reusch, M. & Jäggi, S. (2012). Das Recht auf Erholung in der Natur in Skandinavien. *Natur und Recht 34* (12), 830–831. https://doi.org/10.1007/s10357-012-2356-3

Shivers, J. S. (1959). A Taxonomy of Recreation. *The Phi Delta Kappan 40* (7), 292–295. http://www.jstor.org/stable/20342263.

Smith, A. (2016). Exercise is recreation not medicine. *Journal of sport and health science 5* (2), 129–134. https://doi.org/10.1016/j.jshs.2016.03.002

Stöckel, H. & Müller-Walter, M. H. (2023). Gesetz über Naturschutz und Landschaftspflege (Bundesnaturschutzgesetz – BNatSchG). In M. Kohlhaas, P. Häberle, G. Erbs, F. Ambs, C. Coen, H. Diemer et al. (Hrsg.), *Strafrechtliche Nebengesetze* (Beck-online Bücher, Bd. 17, 247. Ergänzungslieferung, Stand Juni 2023). München: C. H. Beck.

Torkildsen, G. (2005). *Leisure and recreation management* (5th ed.). London: Routledge.

Vogler, R. (2023). Political evaluation of tourism impacts on residents and their domain – Conceptual considerations and a call for an imperative and freedom-based perspective. *Zeitschrift für Tourismuswissenschaft 15* (2), 122–133. https://doi.org/10.1515/tw-2023-2004

Williams, A. M. & Shaw, G. (2009). Future play: tourism, recreation and land use. *Land Use Policy 26*, S326–S335. https://doi.org/10.1016/j.landusepol.2009.10.003

Autorin und Autor

Laura Schüle M. A. studierte Wirtschaftsrecht mit Schwerpunkt Umweltrecht an der Hochschule Pforzheim und Nachhaltige Tourismusentwicklung an der Hochschule Heilbronn. Während ihres Studiums an der Hochschule Heilbronn, arbeitete sie als wissenschaftliche Hilfskraft im Projekt „NaTourHuKi"

Dr. Ralf Vogler ist Forschungsprofessur für Tourismuspolitik und -entwicklung an der Hochschule Heilbronn. Er ist darüber hinaus stellvertretender Direktor des Institute of Tourism, Travel & Hospitality.

Kolibri 360 GmbH
Ferdinand-Jühlke-Straße 7
99095 Erfurt, Deutschland
produktsicherheit@kolibri360.de